遗传学教学辅导一本通

卢龙斗　石晓卫　主编

科学出版社
北　京

内 容 简 介

本书根据作者多年的教学经验、教学改革研究和体会，在参阅大量生物学、遗传学有关教学改革文献资料的基础上，对遗传学发展过程中发生的重大科学事件进行了阐述，对为遗传学发展做出了突出贡献的科学家进行了回顾，对遗传学学科中的核心知识、核心概念进行了总结和概括，对一些重要的、具有代表性的核心习题进行了解析。本书设计了核心人物、核心事件、核心概念、核心知识和核心习题5个模块，可以辅助读者结合配套教材，将遗传学中的重要人物、事件、知识点串联起来，达到事半功倍的学习效果。

本书是高等院校从事遗传学教学和科研工作教师的重要参考书，是生物学专业高年级学生考研的参考教材，同时也可以作为中学生物教师的重要教学参考书。

图书在版编目（CIP）数据

遗传学教学辅导一本通/卢龙斗，石晓卫主编. —北京：科学出版社，2018.8
ISBN 978-7-03-055793-3

Ⅰ．①遗… Ⅱ．①卢… ②石… Ⅲ．①遗传学—教学参考资料 Ⅳ．①Q3

中国版本图书馆 CIP 数据核字（2017）第 300849 号

责任编辑：席 慧 韩书云/责任校对：王晓茜
责任印制：吴兆东/封面设计：铭轩堂

科 学 出 版 社 出版
北京东黄城根北街16号
邮政编码：100717
http://www.sciencep.com

北京中石油彩色印刷有限责任公司 印刷
科学出版社发行 各地新华书店经销
*
2018 年 8 月第 一 版 开本：787×1092 1/16
2019 年 3 月第二次印刷 印张：23 1/4
字数：637 000
定价：69.00 元
（如有印装质量问题，我社负责调换）

《遗传学教学辅导一本通》编委会名单

主　　编　卢龙斗　石晓卫

副 主 编　赵晓平　刘　瑞

编写人员　(按姓氏笔画排序)

王林嵩(河南师范大学)

石晓卫(新乡医学院三全学院)

卢龙斗(河南师范大学)

刘　瑞(新乡医学院三全学院)

孙　强(新乡医学院三全学院)

张　婷(新乡医学院三全学院)

张　靖(新乡医学院三全学院)

赵晓平(包头师范学院)

陶　娟(新乡医学院三全学院)

董天宇(新乡医学院三全学院)

前　言

　　遗传学是生物学科的带头学科和核心学科，在它的形成和发展过程中，曾发生过一桩桩重要的生物学事件，涌现出了一位位杰出的科学家，形成了大量富有专业性、思想性的基本概念和知识要点，同时许多具有逻辑性的习题也被创设出来。每当你翻开遗传学教材时，这一桩桩科学事件仿佛就发生在昨天；当你站在讲台上给学生授课时，一位位鲜活的科学家好像就站在你的面前；当你凝思考虑问题时，一个个的知识要点就像一个转动着的链条在你的脑海里滚动。讲台上一节课，很难让你尽情地表达心中的激情和对先辈的那份敬意，课堂中短短的几十分钟也无法让你把那些知识的链条讲深讲透。因此，我们总想找一个机会充分表达自己的思想，用一种形式把多年来心中所想告诉学生和同行。在与各个高校讲授遗传学课程的同行的交流过程中，我们产生了编写本书的想法。

　　一个人总要了解自己来自哪里，自己是如何成长的，自己身上流淌的是什么样的血液。同样，作为一个重要的学科，也应该告诉大家，遗传学来自何方，是如何发展的，是哪些人给这个学科注入了思想的精髓。根据这一指导思想，我们把本书的每一章都设计为核心人物、核心事件、核心概念、核心知识和核心习题 5 个模块。围绕这些模块，我们查阅了有关遗传学发展历史、教学改革的文献资料，参考了国内流行的诸多遗传学教材、遗传学习题集及遗传学辞典等，力图把本书写得更好，以便能与读者更好地分享。

　　全书分为 15 章，其内容和章节顺序基本上参照河南师范大学卢龙斗教授编写的《普通遗传学》(第二版)教材。河南师范大学的王林嵩教授、包头师范学院的赵晓平教授和新乡医学院三全学院的石晓卫副教授等对本书的构思、结构设计及编写要求等进行过多次详细的讨论，提出了许多好的建议，对本书的形成起到了高屋建瓴的作用。新乡医学院三全学院遗传学教研室的刘瑞、张婷、张靖、孙强、董天宇、陶娟 6 名年轻教师也都积极、认真负责地参与了本书的编写工作。正是他们的通力合作，才使本书能够顺利地完稿。大量的参考文献为编者提供了丰富的信息资源。在此，对参编人员和参考文献的作者表示诚挚的感谢。

　　由于编者的知识水平和写作能力有限，掌握的信息和资料也不太齐全，书中难免存在不足之处，真诚地希望读者和遗传学同行多提宝贵意见，以便我们在再版时加以修正。

卢龙斗　石晓卫

2018 年 2 月于新乡

目　　录

本书配套教材教辅

本书配套教材——《普通遗传学》（第二版）为**国家精品课程**配套教材，教材文字简明、概念清晰、逻辑严密。书号 978-7-03-045207-8，扫码进入科学出版社电子商务平台优惠购买。

扫一扫

扫一扫

本书同类教辅——《遗传学考研精解》（第二版），由多所高校名师编写而成，集真题解析、试题荟萃、参考答案、考研真题于一体，书后配有三十多套各大高校及科研院所考研真题，书号 978-7-03-048186-3，扫码进入科学出版社电子商务平台优惠购买。

第一章 遗传的物质基础

一、核心人物

1. 沃森（James Dewey Watson，1928～）

沃森，美国遗传学家、生物学家，1928 年 4 月 6 日出生于美国芝加哥。沃森在孩提时代就非常聪明好学，他有一个口头禅就是"为什么"，而且往往简单的回答并不能满足他的要求。他通过阅读《世界年鉴》掌握了大量的知识，在参加一次广播节目比赛中获得了"天才儿童"的称号，赢得了 100 美元的奖励。他用这些钱买了一个双筒望远镜，专门用来观察鸟类。由于天赋迥异，沃森 15 岁时就进入芝加哥大学就读，在大学的学习中，生物学、动物学成绩特别突出。他曾打算以后能读研究生，专门学习如何成为一名"自然历史博物馆"中鸟类馆的馆长。在大学高年级时，沃森阅读了艾尔文·薛定谔（Erwin Schrödinger）的著作《生命是什么》，深深地被控制生命奥秘的基因和染色体吸引住了，注意力从鸟身上转移到了基因上。

1947 年，沃森在大学毕业后，想去加州理工学院进一步学习和研究，但是没有被加州理工学院录取。他继续向印第安纳大学提出申请，被录取后拜卢里亚（Salvador Edward Luria）（一位从事噬菌体研究的先驱者，1969 年诺贝尔生理学或医学奖获得者）为师，并立刻选学了卢里亚开设的有关病毒的课程。沃森觉得能与卢里亚一起做研究

工作是一件非常幸运的事，他从卢里亚那里学到了大量有关 DNA 的知识。

1950 年完成博士学业后，卢里亚将沃森送到了哥本哈根他的好友卡尔喀的实验室，并帮他申请了一份奖学金用来从事噬菌体的研究工作。在那里，沃森听了一场威尔金斯(M. H. F. Wilkins)的学术报告，并看到一张清晰的 DNA X 射线衍射图，沃森一下子意识到可通过分析 X 射线衍射图来揭示 DNA 的结构。于是他马上给卢里亚写信求助，问卢里亚能否想办法把他安排到剑桥实验室去学习如何分析 X 射线衍射图，在卢里亚的帮助和推荐下，1951 年，23 岁的沃森加入著名的英国剑桥大学的卡文迪什实验室做博士后研究工作，虽然其真实意图是要研究 DNA 分子结构，课题项目却是研究烟草花叶病毒。在剑桥，沃森碰到了比他年长 12 岁的克里克(F. H. C. Crick)，克里克当时正在做博士论文，论文题目是《X 射线晶体学：肽及蛋白质》，他和克里克谈得很投机。沃森认为在剑桥居然能找到一位懂得 DNA 比蛋白质更重要的人，真是幸运。更令他高兴的是，从此不必花费很多时间学习 X 射线分析技术了。沃森说服与他分享同一个办公室的克里克一起研究 DNA 分子模型，他需要克里克在 X 射线晶体衍射学方面的知识。他们从 1951 年 10 月开始拼凑模型，几经尝试，终于在 1953 年 3 月获得了正确的模型，提出了 DNA 的双螺旋结构学说。这个学说不但阐明了 DNA 的基本结构，并且为一个 DNA 分子如何复制成两个结构相同的 DNA 分子，以及 DNA 怎样传递生物体的遗传信息提供了合理的说明。它被认为是生物科学中具有革命性的发现，是 20 世纪最重要的科学成就之一。

1953～1955 年，沃森在加州理工学院工作，1955 年去哈佛大学执教，主要从事蛋白质生物合成的研究，先后任助教和副教授。1958 年，克里克提出了"中心法则"，沃森后来把"中心法则"

更明确地表示为遗传信息只能从 DNA 传到 RNA，再由 RNA 传到蛋白质。1961 年，沃森晋升为教授。1962 年，由于发现了 DNA 的双螺旋结构，沃森与克里克，偕同威尔金斯共享了诺贝尔生理学或医学奖。由于威尔金斯和富兰克林(R. E. Franklin)为 DNA 双螺旋结构的发现提供了重要的资料和关键数据，因此，1968 年沃森专门出版了《双螺旋——发现 DNA 结构的故事》一书，以谈话的形式真实地反映了 DNA 双螺旋结构的发现过程，以及威尔金斯和富兰克林为此所做的贡献。

1968 年以后，沃森担任美国纽约长岛冷泉港实验室主任，主要从事肿瘤方面的研究，他使冷泉港实验室成为世界上最好的实验室之一，该实验室主要从事肿瘤、神经生物学和分子遗传学的研究。沃森在生物科学的发展中起了非常大的作用，如在攻克癌症研究、重组 DNA 技术的应用等上，他还是人类基因组计划(human genome project，HGP)的倡导者。1985 年，美国科学家率先提出人类基因组计划，1987 年初，美国能源部和国立卫生研究院(NIH)为 HGP 下拨了启动经费约 550 万美元(全年 1.66 亿美元)，1988 年，美国成立了"国家人类基因组研究中心"，由沃森出任第一任主任，1990 年 10 月 1 日，经美国国会批准，美国 HGP 正式启动，总体计划在 15 年内投入至少 30 亿美元进行人类全基因组的分析。人类基因组计划与曼哈顿原子弹计划和阿波罗计划并称为三大科学计划。

沃森另一个感兴趣的问题就是教育，他的第一本教科书《基因的分子生物学》为生物学课本提供了新的标准。随后陆续出版了《细胞分子生物学》《重组 DNA》。他还积极探索利用多媒体进行教学的方法，并且通过互联网设立 DNA 学习中心，这一中心也成为冷泉港实验室的教学助手。

沃森被许多人描述为：才华横溢、直言不讳、性格怪异。他知识渊博而不迂腐，精力非常旺盛，在学生时代他就很喜欢打网球，每天都坚持打一会儿网球。此外，他还获得了许多科学奖和不少大学的荣誉学位。

2. 克里克(Francis Harry Compton Crick，1916～2004)

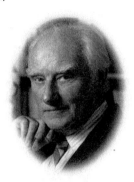

克里克，英国遗传学家、分子生物学家，1916 年 6 月 8 日出生于英国北安普顿附近的韦斯顿费尔，是家中长子。克里克的父亲和叔叔在北安普顿经营鞋厂，祖父沃尔特·德布里吉·克里克(Walter Drawbridge Crick，1857～1903)是一位业余博物学家，曾撰写过一份有孔虫(单细胞原生生物)报告，并与达尔文互相讨论。克里克在幼年时被科学所吸引，12 岁时因为比起宗教的信仰更倾向于科学研究，而不想再进入教堂。他曾就读于北安普顿文法学校(Northampton Grammar School)，1928 年开始在伦敦米尔山丘学校学习数学、物理与化学，1933 年 7 月 7 日获得沃尔特·诺克斯化学奖。克里克于 21 岁时获得了伦敦大学学院物理学士学位，在伦敦大学学院的博士研究项目是测量水在高温下的黏度(他描述为"最乏味的问题")，第二次世界大战(简称二战)爆发后，特别是在不列颠战役中，他的实验设施遭到炸弹摧毁。二战期间他曾在金钟研究实验室从事包含磁学和声学水雷的研究，并设计新的水雷来有效地打击德国扫雷舰。

受很多著名物理学家，如鲍林(Linus Carl Pauling)和薛定谔等的影响，1947 年，克里克将研究重心从物理学转移到生物学领域。1949 年，克里克参加了剑桥大学马克斯·佩鲁茨的研究小组，学习了 X 射线结晶学的数学理论基础，开始利用 X 射线来研究蛋白质结晶。在这段时间内，剑桥大学的研究员正在尝试着确认蛋白质最稳定的螺旋链模型——α 螺旋。鲍林是第一个发现 α 螺旋中氨基酸：旋转=3.6 的科学家。克里克目睹了他的同事在研究 α 螺旋中所犯的错误，并在研究 DNA 的结构中成功地避免了类似的问题。

1951 年，克里克与科克伦（W. Cochran）及泛德（V. Vand）一起推出了螺旋形分子的 X 射线衍射的数学理论。从这个数学理论得出的结果和认为含有 α 螺旋的蛋白质的 X 射线实验结果正好吻合，此结果在 1952 年的一期《自然》杂志上出版。螺旋体衍射理论对研究 DNA 的结构很有帮助。1951 年底，克里克与沃森相识，并一起在英国剑桥大学的卡文迪什实验室里从事 DNA 结构的研究工作。在综合夏格夫（E. Chargaff）、威尔金斯、葛斯林（R. Gosling）及富兰克林等研究工作的基础上，克里克和沃森提出了 DNA 分子的双螺旋结构模型，并在 1953 年 4 月 25 日的《自然》杂志上以 1000 多字和一幅插图公布了他们的模型。

1954 年，38 岁的克里克完成博士论文《X 射线晶体学：肽及蛋白质》，并获得博士学位。然后克里克在纽约科技大学的实验室工作，他在那里继续进行蛋白质 X 射线晶体学的分析研究，主要目标是核糖核酸酶与蛋白质生物合成机制。1956 年，克里克与沃森推测出小病毒的内部结构，认为球形病毒由 60 个相同亚基所组成，如番茄丛生矮化病毒。

1958 年，克里克提出了两个学说，奠定了分子遗传学的理论基础。第一个学说是"序列假说"，它认为一段核酸的特殊性完全由它的碱基序列所决定，碱基序列编码一个特定蛋白质的氨基酸序列，蛋白质的氨基酸序列决定了蛋白质的三维结构。第二个学说是"中心法则"，遗传信息只能从核酸传递给核酸，或核酸传递给蛋白质，而不能从蛋白质传递给蛋白质，或从蛋白质传回核酸。1970 年，克里克在《自然》杂志发表文章重申：分子生物学的"中心法则"旨在详细说明连串信息的逐字传送，它指出遗传信息不能由蛋白质转移到蛋白质或核酸之中。

DNA 双螺旋模型（包括"中心法则"）的发现，是 20 世纪最为重大的科学发现之一，也是生物学历史上唯一可与达尔文进化论相比的最重大的发现，它与自然选择一起，统一了生物学的大概念，标志着分子遗传学的诞生。这门综合了遗传学、生物化学、生物物理和信息学，主宰了生物学所有学科研究的新生学科的诞生，是许多人共同奋斗的结果，而克里克、威尔金斯、富兰克林和沃森，特别是克里克，就是其中最为杰出的英雄。

1961 年，克里克等在噬菌体 T_4 中用遗传学方法证明了蛋白质中 1 个氨基酸的顺序是由 3 个碱基编码的（称为 1 个密码子）。1966 年，全部密码子（64 个，包括 3 个合成终止信号）被鉴定出来，人类从此有了一张破解遗传奥秘的密码表。1962 年，由于发现了 DNA 的双螺旋结构，克里克与沃森、威尔金斯同时获得诺贝尔生理学或医学奖。

克里克后来成为冈维尔凯斯学院博士生导师和荣誉院士，也是剑桥大学丘吉尔学院及伦敦大学学院的荣誉院士。1977 年，他从剑桥大学辞职后一直在美国的索尔克研究所工作。2004 年 7 月 28 日，克里克在圣迭戈加利福尼亚大学桑顿医院因大肠癌而逝世，享年 88 岁。按照他本人的要求，骨灰撒向了太平洋。

2013 年 2 月 25 日，美国赫里蒂奇拍卖行宣布，已故英国科学家克里克因发现 DNA 双螺旋结构获得的 1962 年诺贝尔生理学或医学奖奖章将被拍卖。这是历史上首次公开拍卖诺贝尔奖章。该奖章起拍价为 25 万美元，拍卖所得的一部分将赠给位于伦敦的弗朗西斯·克里克研究所。除奖章外，拍卖物品还包括克里克的诺贝尔奖证书、亲自签名的诺贝尔奖金支票，以及航海日志、书籍等私人藏品。

3. 威尔金斯（Maurice Hugh Frederick Wilkins，1916～2004）

威尔金斯，英国物理学家、生物学家，1916 年 12 月 15 日出生于新西兰的庞加罗阿（Pongaroa）。其父母原为爱尔兰人，第一次世界大战前刚从欧洲迁至新西兰。他的父亲除了在一所学校担任校医外，业余时间喜欢做一些科学研究工作，虽然最终并没有取得十分突出的成就，但其所获得的一些成果在医疗实践中也得到了一定程度的应用。父亲的这种对科学的热爱与执着的精神，童年时代的威尔金斯耳濡目染，为他将来从事科学研究发挥了重要的启蒙作用。1922 年，6 岁的威尔金斯跟随决定去英格兰发展"预防医疗方面研究"的父亲，来到了伯明翰，就读于当地颇有名气的爱德华国王学校。在这里，他学习认真刻苦，成绩一直名列前茅。随着年龄的增长，知识面的扩大，威尔金斯对自然科学的兴趣也越来越浓厚。另外，在父亲的言传身教下，他所掌握的工艺制作技术和实验技巧也日益精湛，尤其是在显微镜制备方面表现得更为突出。所有这一切都为威尔金斯日后立志学习物理学进而转向生物学研究奠定了坚实的基础。威尔金斯因成绩优异获得了一等奖奖学金，确保了他能够顺利进入剑桥的圣约翰学院（St John's College）攻读物理学。当时的剑桥大学人才济济，大师云集，而令威尔金斯深感幸运的是：大学一年级他就引起了著名的核物理学家卢瑟福（Ernest Rutherford）的助手奥利芬特（Marcus Oliphant）教授的关注；二年级他的导师之一则是杰出的原子物理学家考克饶夫（John Douglas Cockcroft, 1951 年诺贝尔物理学奖得主）。这些大师循循善诱的教诲，使威尔金斯对神秘莫测的微观物理学更加充满了好奇心和热切的向往。特别是威尔金斯还对贝纳尔（John O. Bernal）的 X 射线衍射研究有着极大的兴趣，这可能为他后来选择通过 X 射线衍射分析的方法来研究 DNA，提供了一些前期性的思想和技术上的准备。1938 年，威尔金斯从圣约翰学院取得物理学学士学位后，随即进入了伯明翰大学物理系，荣幸地成为卓越的固体物理学家约翰·兰德尔（John T. Randall）教授的研究助手，同时攻读博士学位。其间他主要致力于研究固体发光机制，并以磷为材料取得了一些重大成果。1940 年，威尔金斯在磷光理论和磷原子中被俘获电子的稳定性机理的研究方面获得重要成果而获得博士学位。

1939 年，威尔金斯安宁平静的学习与科研环境彻底被全面爆发在整个欧洲大陆的第二次世界大战所打破。为了拯救在战争中遭到侵略者严重打击的英国，威尔金斯决心利用自己所取得的研究成果，为反侵略战争做出自己的贡献。经奥利芬特的招募，威尔金斯参与了由这位昔日恩师所主持的研究小组，致力于研究铀同位素的质谱分离工作。1943 年，威尔金斯随同奥利芬特的研究小组从伯明翰来到了美国加利福尼亚的伯克利。尔后，随着曼哈顿计划的全面落实与成功实施，终于在 1945 年研制出了原子弹，美国于同年 8 月在日本的广岛、长崎投放了两颗原子弹。当他发现原子弹的破坏力与杀伤力是如此强大，并且获悉德国不可能研制成功原子弹之后，一种极其沉重的负罪感油然而生。威尔金斯对自己的所作所为进行了深刻的反省，并在战后成了核武器强有力的反对者之一。

为曼哈顿的经历深感内疚、自责和不安的威尔金斯，几乎对物理学研究失去了兴趣。1945 年，返回英国后，威尔金斯甚至产生过放弃科学研究而去巴黎做一名画家的念头。后来威尔金斯看到了薛定谔出版的《生命是什么》一书，书中所介绍的控制生命过程的复杂生物大分子的结构概念，深深地吸引了威尔金斯，驱使和鞭策着他接受了一些朋友的劝告，重新开始了他的科学研究生涯。威尔金斯最初来到了苏格兰的圣安德鲁大学任物理学讲师。在这里，他巧然与正准备转换研究方向而又曾是自己读博士时的导师——兰德尔爵士相遇。由于是志同道合的师生关系，威尔金斯很快就加入了兰德尔的研究小组，在新设立的生物物理学实验室开展工作。1946 年，兰德尔接受了伦敦大学国王学院（King's College）的全职教授职位，于是兰德尔就离开了圣安德鲁大学，威尔金斯等研究人员自然也就随同他们实验室的搬迁来到了伦敦大学国王学院，并在那里建立了以兰德尔为首的医学研究会生物物理小组。从此，正处而立之年的威尔金斯，开始步入了自己对生命科学全新探索的伟大征程。他不但分别于 1950 年、1955 年、1970 年先后担任了生物物理小组的主任助理、副主任和主任，而且可以说他的主要科学研究，都是在伦敦大学国王学院完成的。尤其是在这里的研究，为他最终发现 DNA 的双螺旋结构起到了至关重要的作用。

在伦敦大学国王学院，威尔金斯按照兰德尔的建议——应用紫外显微镜来研究细胞内部的结构。同时他还将这些研究工作所取得的系列成果，写成论文发表在英国的权威杂志《自然》上。通过显微镜，他还观察到了细胞中的染色体。威尔金斯在被自己的研究课题深深地吸引，并为所获得的成果而兴奋不已的同时，也深刻地领悟到：运用显微镜研究细胞过于复杂的整体所取得的结果，无法真正深入生命的本质。因此，必须另觅途径，即应该先从细胞中分离出生物的大分子，然后在体外对该分子的结构进行全面深入的研究，将可获得更加理想的实验结果。在这个思想的指导下，兰德尔和威尔金斯研究小组应用了阿斯特伯里（Willian Thomas Astbury）所创的 X 射线衍射方法来研究 DNA 结构。1950 年，威尔金斯在伦敦召开的一次法拉第学会会议上，有幸得到了一些纯度很高的牛胸腺高度聚合的 DNA 样品。随后他在对该样品进行操作时发现，它们在形成凝胶后会自发地产生一些纤维，当用玻璃棒触及这些纤维结构后再移开时，一个细得几乎肉眼看不到的犹如蚕丝般的 DNA 纤维即可被抽出。DNA 纤维的这种完美性和一致性暗示着这些纤维的分子应该呈直线排列。威尔金斯立刻意识到这些纤维很有可能就是 X 射线衍射分析的极好材料。事后经过擅长研究 X 射线衍射问题的同事葛斯林的艰苦努力工作，不仅证实了威尔金斯的大胆推想，还使研究 DNA 结构的进程有了突破性的进展。威尔金斯和葛斯林还结合当时 X 射线晶体学研究的成果，通过分析这些衍射图案，得出了 DNA 是螺旋状结构，同时估算了螺旋的直径和螺距。研究结果论文发表在 1951 年 5 月 12 日的那一期《自然》杂志上。尽管当年他们关于 DNA 是单股螺旋的推论是错误的，但正是这篇具有启蒙性意义的论文，开创了第二次世界大战之后人类用 X 射线研究 DNA 结构的先河。

　　1951 年 9 月，由于威尔金斯前往美国进行了一段时间的学术交流，因此，关于 DNA 结构的研究工作就被暂时搁置起来。而就在这个“DNA 结构之谜”尚未揭开的紧要关头，对这一研究课题的进展表示了极大关注的兰德尔，为了加强研究小组的力量，他采纳了威尔金斯的建议，特邀请富兰克林（R. E. Franklin）前来伦敦大学国王学院共同攻克这一堡垒。当威尔金斯从美国回

到自己的实验室时，他俩就在关于 DNA 结构研究的主导权上产生了很大的分歧。由于他和富兰克林之间在关于谁应该是 DNA 研究项目的负责人问题上无法达成协议而分道扬镳，因此不得不另起炉灶。于是，他只好在自己新创立的实验基地上，通过物色新的研究助手、制备新的样品和改良原有的技术等渠道，重新开始 DNA 结构方面的研究。威尔金斯小组在继续对体外纯化的 DNA 晶体进行 X 射线研究的同时，还对精子头部的 DNA 进行了艰苦而细致的探索，这是一种研究活体 DNA 结构的最佳手段。因为它揭示了体内 DNA 也存在着规则的 X 射线衍射图案并显示出相似的螺旋结构，这就充分肯定了体外 DNA 晶体 X 射线研究方法同样适合于生物体内部的天然状态。此外，威尔金斯等对不同来源的 DNA 应用同样的实验方法，进行了广泛而深入的研究，结果发现衍射图像大致相同。这个发现不仅说明了体外 DNA 晶体 X 射线研究技术在破解生命奥秘方面的通用性和重要性，而且它对于探讨 DNA 结构的普遍性问题具有极其深远的意义。尽管威尔金斯对生物体的研究做到了体外与体内相结合，为人类真正理解 DNA 的结构做出了杰出的贡献。但是，他与富兰克林相比较，始终没有获得较为理想的 DNA 衍射图片。

　　1953 年 2 月 28 日，“站在巨人肩上”的沃森和克里克，在结合鲍林模型（DNA 三螺旋结构）的理论内核，参考了富兰克林 X 射线衍射照片中的关键数据，并合理地解释了夏格夫法则（按：A＝T，G≡C）是碱基互补配对等的基础上，提出了 DNA 的双螺旋结构模型。当威尔金斯获悉这一结果后，他不仅结合自己的图片和一些实验数据对这个模型给予了充分的支持，同时还表示可以将自己和富兰克林的相关研究结果一同发表，以此表达他为该模型的正确性提供有力证据的诚意。由于威尔金斯在这方面所起到的重要作用，当时沃森和克里克要求威尔金斯在他们的论文上署名，但被威尔金斯婉言谢绝了。不久，沃森和克里克的 DNA 模型于 1953 年 4 月在《自然》杂志的一篇短文中公布于世。“这个模型包括彼此缠绕的螺旋体，像是一个螺旋楼梯，梯阶由配对的碱基构成，糖-磷酸骨架在外侧”。但对

于威尔金斯和富兰克林来说，他们各自的研究小组所取得的成果，只能作为一个用于论证 DNA 双螺旋结构的附件予以发表。尽管如此，这两位 X 射线晶体学家在 DNA 模型中所做出的巨大贡献仍然功不可没。为了给 DNA 双螺旋结构寻找更多更具说服力的证据，以便使其能为科学界所广为接受。威尔金斯率领他的研究小组，仍然一如既往地坚持从 X 射线衍射的角度，呕心沥血、孜孜不倦地工作着。从 1953 年到 1962 年诺贝尔奖的颁发，威尔金斯小组为 DNA 结构提供了更充分的实验图片和数据，用于检验和证实 DNA 双螺旋结构模型的正确性。由于此时的富兰克林已经转向了病毒的组装研究，因此完全可以武断地说，在这一时期威尔金斯的贡献，对于 DNA 结构的研究发挥了极其重要的作用，他超越了富兰克林。随着 DNA 结构模型越来越深入人心及其重要性日益被人们所认识，为阐明 DNA 结构做出杰出贡献的科学家，也得到了全人类的广泛关注与尊重，各种荣誉接踵而来。他于 1959 年当选为英国皇家学会会员，沃森、克里克和威尔金斯不仅由于共同揭示了 DNA 的分子结构而于 1960 年获得了拉斯克基础医学奖，还由于他们发现了核酸的分子结构及其对生物体内信息传递的意义，而共同获得了 1962 年的诺贝尔生理学或医学奖。令人遗憾的是，在同一领域中做出过巨大贡献的英格兰玫瑰——富兰克林，因英年早逝而与这些奖项无缘。

1962 年的诺贝尔生理学或医学奖的颁奖词，其中有几句话对威尔金斯的成就做出了客观公正的评价。该颁奖词指出："威尔金斯利用 X 射线晶体技术研究了不同生物来源的 DNA……威尔金斯的 X 射线晶体技术显示 DNA 这种非常长的分子链以双螺旋的形式组装。"足见，威尔金斯关于揭示 DNA 结构的系列实验研究工作，对于 DNA 双螺旋结构模型的建立确实起到了至关重要的作用。

在 2003 年 DNA 双螺旋结构模型提出 50 周年之际，牛津大学出版社出版了威尔金斯的自传《双螺旋结构的第三人：威尔金斯自传》(*The Third Man of the Double Helix : The Autobiography of Maurice Wilkins*)，在该书中，尽管威尔金斯

"仍然对富兰克林在首次公布 DNA 双螺旋结构的 *Nature* 上，不与他联名非要单独发表自己的结果颇有微词"，但在这本回忆录的字里行间，还可以看到威尔金斯对富兰克林所表示的内疚和歉意，并且再次指出如果诺贝尔奖只授予一个人的话，富兰克林是唯一的人选。

综观威尔金斯的科学人生，虽然带有一定的悲剧性，但又是极其丰富多彩的。在荣登诺贝尔奖坛以后，威尔金斯的志趣又发生了很大的转移，即由科研转向教学与社会工作。1963 年以后，他曾先后担任了伦敦大学国王学院的分子生物学教授、生物物理学教授和生物物理系主任。此外，他还尽心竭力地投身于一些社会性的事务工作之中，并成为英国科学的社会责任协会主席以及国际食品和裁军协会主席，从而为培养和造就立志献身生命科学研究的后继者，以及大力推进人类社会的文明与进步，立下了汗马功劳。接着，威尔金斯在度过了幸福美满的晚年后，于 2004 年 10 月 5 日，因病在伦敦的一家医院逝世，享年 87 岁。

4. 富兰克林 (Rosalind Elsie Franklin, 1920～1958)

富兰克林，英国物理学家、生物学家，1920 年 7 月 25 日出生于英国伦敦一个富裕的犹太人家庭，其叔父赫伯特·山谬 (Herbert Samuel) 曾任英国内务大臣与英国驻巴勒斯坦高级专员，也是第一位进入英国内阁的犹太人。父亲埃利斯·富兰克林 (Ellis Franklin) 是伦敦工人学院 (Working Men's College) 教授，讲授电磁学与第一次世界大战史，后来成为该校校长。富兰克林在进入大学以前，就读于伦敦圣保罗女子学校 (St Paul's Girls' School)。1938 年，进入剑桥大学纽纳姆学

院 (Newnham College, Cambridge)，后人在笔记上得知她曾在 1939 年构思过 DNA 的化学结构，并且画出一个螺旋形图样。1941 年，富兰克林顺利完成大学学业，但是由于当时的剑桥大学并不授予女性"文学士"(BA Cantab.) 学位，因此富兰克林只拥有一个"名义上的学位"(decree titular)。1941～1942 年，她在罗纳德·诺里什 (Ronald Norish，1967 年诺贝尔化学奖得主) 门下进行研究工作。1942 年 8 月，由于第二次世界大战的战争需求，富兰克林进入位于泰晤士河畔金斯顿 (Kingston upon Thames) 的不列颠煤炭利用协会 (British Coal Utilisation Research Association)，在此期间对于煤的多孔性探讨，促进了她以后对于强力碳纤维的研究，如石墨的研究。1945 年，她以一篇《固态有机石墨与煤和相关物质的特殊关系之物理化学》(The physical chemistry of solid organic colloids with special reference to coal and related materials) 的优秀论文获得物理化学博士学位。

战争结束后，富兰克林于 1946 年前往法国巴黎工作，在当地的国家中央化学实验室待了三年，进行 X 射线晶体衍射技术学习。此外也发表了一些关于煤炭的研究论文，这些论文使她获得了一些国际上的名声，研究成果也在一些化学工业获得应用。1950 年，富兰克林受聘前往伦敦大学国王学院任职。1951 年 1 月，富兰克林开始在国王学院医学研究委员会 (Medical Research Council，MRC) 中的生物物理研究室工作。富兰克林原先的研究主题是蛋白质的 X 射线晶体衍射，到了国王学院之后，兰德尔重新指派她投入 DNA 化学结构的研究。这所实验室还有另外两位成员正在进行这项研究工作，分别是威尔金斯与他的学生葛斯林。当富兰克林进入实验室时，威尔金斯正好外出学习。虽然兰德尔曾在一封信中指派富兰克林独立研究 DNA，并且从威尔金斯手中接收研究。但是威尔金斯并未看过，当威尔金斯回到国王学院之后，便与富兰克林产生了误会。

威尔金斯与葛斯林从 1950 年便开始分析 DNA 结构。后来富兰克林与葛斯林发现了 DNA 的其中两种形态，在潮湿状态下，DNA 的纤维会变得较长较细，称为 A 型；而干燥的时候则变得

较短较粗，称为 B 型。后来 A 型由富兰克林进行研究，B 型则交给威尔金斯。1951 年 11 月，富兰克林提出了 A 型 DNA 的 X 射线衍射图，并进行了一场演讲。沃森与克里克获知富兰克林于 1951 年 11 月得到了 A 型 DNA 的 X 射线衍射图后，便开始尝试排列 DNA 的三股螺旋结构，并曾经邀请富兰克林、威尔金斯与葛斯林参观他们的三股螺旋结构模型，富兰克林对该模型并不认可，做了许多的批评。沃森与克里克当时的上司布拉格据此要求他们终止 DNA 结构的研究。

同一年，国王学院的大多数科学家已经接受 B 型 DNA 的结构为螺旋形，不过对于 A 型 DNA 是否也同样是螺旋形，富兰克林则仍持怀疑态度。她与葛斯林曾开玩笑地制作了一份讣闻，悼念结晶状 DNA (A 型 DNA) 失去的螺旋结构。

1952 年 5 月，富兰克林与葛林斯经过了长时间的研究，获得一张 B 型 DNA 的 X 射线晶体衍射照片，并且将专门用来解决 X 射线晶体衍射问题的帕特森函数 (Patterson function) 应用于图片分析。这张照片称作"照片 51 号"，曾经被 X 射线晶体衍射先驱之一约翰·贝尔娜 (John Desmond Bernal) 形容为："几乎是有史以来最美的一张 X 射线照片"。但是富兰克林并未发表研究成果，而且由于 A 型结构的数据仍不足以支持螺旋形，因此富兰克林继续将研究焦点放在 A 型 DNA 上。

1952 年 11 月，富兰克林也提出了一份报告，这些研究结果被收录在一份用来提交给访问委员会 (Visiting Committee) 的"MRC 报告"当中，其中说明 A 型 DNA 的对称性，意思是 DNA 的结构即使翻转 180° 之后看起来还是一样。克里克认为这显示 DNA 拥有方向相反的两股螺旋。此外，这篇报告也指出了磷酸根之间的距离以及它们在 DNA 上的位置。1952 年 11 月，另一位化学家鲍林也开始研究 DNA 结构，他认为 DNA 应该是外侧为碱基，内侧为磷酸。并且与沃森、克里克在当时都认为 DNA 的结构应该是三股螺旋。鲍林很快发表了一篇论文，但是这篇论文很快被沃森与克里克指出了错误，并经由他在剑桥大学的儿子彼得·鲍林 (Peter Pauling) 的传达得知。由于沃森也把这篇论文拿给富兰克林看，因此富兰克林

后来亲自寄了一封指出错误的信件给鲍林。

原本并不接受 A 型 DNA 为双股螺旋的富兰克林，经过一段时间的分析之后，在 1953 年 2 月 24 日得出两种 DNA 皆为双股螺旋的结论。2 月 28 日，沃森与克里克宣布他们发现了双股螺旋模型。1953 年 3 月，富兰克林离开了国王学院，前往同样属于伦敦大学的伯贝克学院(Birkbeck College，London)，且并未带走她的研究成果。在布拉格与兰德尔的介入下，《自然》期刊于 1953 年 4 月 25 日同时发表三篇论文，顺序是以沃森与克里克为先，然后是威尔金斯等，最后是富兰克林。其中富兰克林的论文是与葛斯林共同发表的，论文名称是《胸腺核酸的分子结构》(*Molecular Configuration in Sodium Thymonucleate*)。沃森与克里克在论文中提及他们是受到威尔金斯与富兰克林等的启发，但并未详细说明，也没有致谢。而威尔金斯与富兰克林，则是在论文中表示自己的数据与沃森和克里克的模型相符。

富兰克林到了伯贝克学院之后，在约翰·贝尔娜旗下工作，开始将 X 射线晶体衍射技术应用于研究烟草花叶病毒(TMV)的结构，并且由农业研究委员会(Agricultural Research Council，ARC)提供资金。1954 年，她与克鲁格(Aaron Klug)开始进行长时间的合作研究。1955 年富兰克林发表一篇论文，指出所有 TMV 颗粒的长度皆相同，这个结果与当时著名病毒学者诺曼·皮里埃(Norman Pirie)的想法矛盾，而最后证明富兰克林的结果正确。

1954 年之后，她和沃森与克里克之间的关系开始有所改善，沃森一方面成为她在病毒研究上的讨论伙伴；另一方面也援助富兰克林的研究经费。富兰克林经常到剑桥大学与克里克讨论研究，并且曾经与克里克夫妇一同到西班牙旅游。后来的几年，富兰克林仍然继续将心力专注在 TMV 等病毒之上。她的团队在 1955 年完成了 TMV 模型。此外她也研究了病毒对植物(包括马铃薯、芜菁、番茄与豌豆)的感染，以及 TMV 中的核糖核酸(RNA)。

1956 年夏天，富兰克林在前往美国进行与工作有关的旅行时，察觉了健康问题，并且在同年 9 月发现腹部有两处肿瘤。在生病期间，她有时

会在克里克夫妇的家中休养。不过富兰克林仍继续她的工作，在 1956 年发表了 7 篇论文，1957 年则发表了 6 篇以上。后来她的团队开始研究脊髓灰质炎病毒，并获得美国国立卫生研究院的资助。1958 年，富兰克林返回工作岗位，并前往生物物理研究协会(Research Associate in Biophysics)任职。

1958 年 3 月 30 日，富兰克林再度感到不适，并且在 4 月 16 日因为支气管肺炎及卵巢癌逝世于英国伦敦，享年仅 38 岁。她得癌症的原因，可能与 X 射线或是家族遗传有关。2003 年，国王学院将一栋新大楼命名为"罗莎琳-威尔金斯馆"以纪念她与同事威尔金斯的贡献。

5. 夏格夫(Erwin Chargaff，1905～2002)

夏格夫，美国生物化学家，1905 年 8 月 11 日出生于奥地利的赛诺威茨。第一次世界大战后，由于家乡遭到俄国占领，全家搬到了维也纳，在维也纳完成了自己的高中学业。夏格夫的家庭原来是一个较为富有的中产阶级，但第一次世界大战后的经济萧条和通货膨胀使全家几乎一贫如洗，因此，他的父母不得不为生计奔波，而夏格夫也需要考虑到家庭的实际情况对自己的人生做出规划。夏格夫在维也纳大学的学习成绩非常优异，特别是文学和古典语言方面，但是却最终选择化学作为专业。尽管夏格夫以前没有接触过化学这门课程，但他认为这是毕业后最容易找到工作的专业，特别是他有机会进入他叔叔的乙醇厂工作，遗憾的是夏格夫在开始进行博士论文前，他的叔叔不幸去世，因此，夏格夫的早期希望破灭。尽管如此，夏格夫还是坚持完成了自己的科学研究。由于当时化学专业的学生不得不自己为化学试剂和设备花钱，因此夏格夫选择了一个非

常特别的教授菲格(Fritz Feigl)，因为这个教授的研究工作不需要花太多的时间和金钱。1928 年，夏格夫凭借在有机银化合物和碘对叠氮化物影响方面的研究而获得博士学位。由于当时奥地利国内几乎没有研究职位，因此夏格夫在耶鲁大学奖学金的支持下来到美国。

1930 年夏天，夏格夫回到欧洲，成为德国柏林大学微生物系助教，在这里开展了广泛的科学研究，包括结核菌、白喉菌的脂类和磷脂组分。1933 年，夏格夫来到了巴黎巴斯德研究所，在这里短暂停留，研究了细菌的色素和多糖。1934 年，夏格夫回到美国，进入纽约西奈医院工作，而后接受哥伦比亚大学生物化学系的一个研究职位，进行血液凝结的生化研究，此外还研究脂类、脂蛋白、磷脂、肌醇和含羟基氨基酸等，并进行了第一个含有放射性有机物的合成，他后来的职业生涯完全在哥伦比亚大学度过。

1944 年，夏格夫阅读了埃弗里(Oswald Theodore Avery)关于转化原理的经典论文，在该篇论文中埃弗里以肺炎双球菌为材料证明了 DNA 就是遗传物质。凑巧的是，夏格夫刚刚阅读了著名物理学家薛定谔的科普名著《生命是什么》，在书中薛定谔对生命的基本特征进行了较为全面的论述，而夏格夫对其中的基因概念最感兴趣。埃弗里的论文无疑使夏格夫法则从理论上升到实践，所以，埃弗里的论文和薛定谔的著作的联合作用使夏格夫确定开始研究核酸。

1945 年，夏格夫立刻停止对脂类和脂蛋白的所有研究，把全部时间都花在 DNA 方面。当时洛克菲勒大学生物化学家列文(Phoebus Aaron Levene)的 DNA 四核苷酸假说非常流行。列文通过实验证明 DNA 中 4 种碱基(A、G、C、T)含量相等，并且通过一种非常简单的方式连接，因此作为简单重复的大分子 DNA 不可能携带遗传信息。当时通过遗传学研究已经确定基因就位于细胞核内的染色体上，DNA 的排列使科学家推测结构复杂、功能多样的蛋白质是遗传物质。尽管埃弗里的实验结果非常清晰，但科学界还是对此持怀疑态度，这也使得埃弗里最终未获诺贝尔奖。夏格夫对埃弗里的结论非常确信，但问题是如何使其他科学家接受？夏格夫决定首先破除四核苷

酸假说，能够用精确的实验证实 DNA 不像大家认为的那样简单，而是不同来源的生物体内的 DNA 存在差别，并具有相当的复杂性，具备作为遗传物质的特征。夏格夫之所以质疑四核苷酸假说，其原因在于他认为该假说缺乏足够数量的可靠数据，当时只研究了两种 DNA，而且使用的技术也不足以区分碱基含量的微小差异，因此夏格夫决定从扩大 DNA 来源和改进碱基的分析技术上着手。促使夏格夫成功的一个重要原因是第二次世界大战后生物化学技术方面的重大突破，其中两项技术发挥了关键性作用。首先，夏格夫采用当时发明不久的用于分离氨基酸的纸层析技术进行 4 种碱基的分离；其次，随着第一台商业化的紫外分光光度计投入市场，夏格夫实验室可以更精确地测量不同来源的 DNA 样品中每一种碱基的含量。这些技术方面的改进使夏格夫研究小组获得的结果更加可靠，他们对多种来源的 DNA 样品，如小牛胸腺、脾脏及肝脏，人精子，大鼠，酵母和结核菌等进行了精确分析，结果证明四核苷酸假说的错误，并于 1950 年提出了后来被称为"夏格夫法则"的两条基本原理。但遗憾的是，夏格夫当时还未意识到自己所获得的碱基组成规律的重要性。正如历史学家贾德森(Horace Judson)所评价的，现在不容易判断夏格夫当时是否意识到特定碱基相等规律的重要性而进一步来研究它的奥秘，但结果非常清楚，那就是夏格夫没有将这个问题深入下去。

夏格夫的这个重要发现被搁置了几年。1952 年，他去英国进行一次访问时，与沃森和克里克在剑桥大学相识，并将自己的发现告诉了两位年轻人。克里克当时就意识到特定碱基之间的相等关系意味着 DNA 可以以两条链中的一条作为模板进行复制，但沃森和克里克并没有立刻得出碱基配对的结论，直到他们的模型将要构建完成时才加进去。1952 年底，美国著名的化学大师鲍林发表了自己构建的 DNA 三螺旋结构，沃森和克里克立刻意识到该模型的错误，因此加速了构建自己模型的速度，后来沃森在美国冷泉港实验室的一次谈话中，提及当鲍林构建 DNA 模型时，鲍林肯定没有考虑夏格夫关于碱基含量的数据，因为 1∶1 的关系已经暗示着两条链的结构。此

外，伦敦大学国王学院的富兰克林和威尔金斯都已经根据 X 射线衍射照片得出了螺旋结构，但他们也都没有注意到碱基相等规律，克里克在 1974 年给《自然》杂志的信中提到：他们(指富兰克林和威尔金斯)都没有构建出正确的模型，一个主要原因是他们缺乏碱基配对的思想和完全没有意识到夏格夫法则的重要性。与夏格夫会见的几个月后，沃森开始使用纸板继续制作 DNA 模型，他开始也没有意识到夏格夫法则的重要性，甚至不打算考虑进去，而当他将 A 与 T、C 与 G 放在螺旋的中央位置时，二者占用的空间正好符合螺旋直径数据，而这也正是夏格夫法则的碱基相等的结论。1953 年 4 月 25 日，沃森、克里克在《自然》杂志上发表了自己构建的 DNA 结构模型，论文中他们引用了夏格夫的工作。沃森和克里克由于这项工作而与威尔金斯分享了 1962 年的诺贝尔生理学或医学奖，而对此项工作也做出重大贡献的夏格夫却没有获得这项荣誉。有 3 位科学家为阐明遗传物质 DNA 的结构和功能做出了贡献，但与诺贝尔奖擦肩而过，他们是埃弗里、富兰克林和夏格夫，相对于前两者，夏格夫更显遗憾，因为前两位都是由于逝世原因无法分享，而夏格夫未能获奖，是因为他的贡献并未得到科学界足够的重视。

在 DNA 双螺旋模型被提出后，夏格夫继续进行 DNA 和 RNA 作用机理的研究。当时的观点认为，DNA 密码翻译成蛋白质时，其序列精确确定，即蛋白质中的每一种氨基酸只与基因中一个特定的三联体对应。夏格夫使用小牛核糖核酸酶为材料来研究发现并非如此。1962 年，他在参加哥伦比亚大学一次学术讨论会上，指出或者假定单一对应密码错误，或者一种氨基酸可对应多个密码子，他的理论得到奥乔亚(Severo Ochoa)的支持，而事实证明该理论是完全正确的，即遗传密码的简并性。此外，夏格夫还对 DNA 的性质进行了研究，他第一个描述了 DNA 变性、复性及伴发的增色和减色效应。夏格夫还在生物化学多个领域如血液凝固、脂类和脂蛋白代谢、氨基酸和肌醇代谢及磷酸转移酶的合成等方面做出了重要的贡献。尽管夏格夫没有获得诺贝尔奖，但是由于他对生物化学，特别是 DNA 结构阐明

所做出的卓越贡献而获得了大量荣誉，如 1949 年的巴斯德奖(Pasteur Prize)，1958 年的纽伯格奖(Carl Neuberg Medal)，1963 的年迈尔奖(Charles Leopold Mayer Prize)，1964 年的海尼根奖(Heineken Prize) 和伯特纳基金会奖 (Bertner Foundation Award)，1973 年的孟德尔奖(Gregor Mendel Medal)，1974 年的美国国家科学奖(美国科学界的最高荣誉)，1982 年的纽约科学院医学奖，1982 年的哥伦比亚大学卓越服务奖，1976 年被授予哥伦比亚大学和巴塞尔大学荣誉博士。

1961 年，夏格夫当选美国艺术与科学院院士，1965 年当选美国国家科学院院士，1979 年当选美国哲学会会员。1940 年，夏格夫加入美国国籍。1952 年，夏格夫成为哥伦比亚大学教授，并一直工作到 1974 年退休，成为荣誉教授，其间还于 1970～1974 年担任生物化学系主任。退休后，夏格夫来到哥伦比亚附属医院——罗斯福医院的实验室继续工作到 1992 年。在夏格夫后来的岁月中，他逐渐离开了科学研究，而转向了写作，按照 1985 年在接受一家杂志专访时的说法，他对于现代科学研究正在逐渐演变成为现代商业的日用品而感到沮丧，他对科学越来越功利化而不满，并且对人类过于追求不切实际的目标而失望。夏格夫对于外界关于他没有获得诺贝尔奖感到懊恼的传闻避而不谈，尽管他的发现为沃森和克里克的工作奠定了基础，但他拒绝将沃森、克里克的工作与自己的工作进行对比。2002 年 6 月 20 日夏格夫在纽约去世，享年 96 岁。在世界科学界看来，夏格夫是生物化学特别是 DNA 生物化学的先驱，但在夏格夫自己眼中，他更多的是一位自然哲学家。

6. 埃弗里(Oswald Theodore Avery, 1877～1955)

埃弗里，美国生物学家，1877 年 10 月 21 日出生于加拿大的哈利法克斯市，其父亲被聘请到美国纽约市的一座浸礼宗教堂做神职工作，因此一家都移居到了纽约。埃弗里到位于美国纽约州的科尔盖特大学(Colgate University)就读，并在那儿获得了文学学士学位。因为演奏短号的技能卓越，埃弗里在科尔盖特大学期间是学校乐队的优秀成员。大学毕业后，埃弗里进入了哥伦比亚大

学深造，1904 年，毕业于美国哥伦比亚大学内科和外科学院并获医学博士学位。

关注医学发展的埃弗里对于人类有限的医学知识感到不满，1907 年，埃弗里进入纽约布鲁克林区的一家名为霍格兰实验室 (Hoagland Laboratory) 的私立机构对致病细菌的化学特征展开深入的研究。他的一篇有关肺结核的论文引起了洛克菲勒医学研究所 (Rockefeller Institute of Medical Research) 负责人鲁弗斯·科尔 (Rufus Cole) 的关注，邀请他参与血清的研发过程。1913 年，埃弗里进入了洛克菲勒医学研究所，并在那儿将 35 载光阴投入到对于一种肺炎双球菌的深入研究中。在第一次世界大战期间，埃弗里申请加入美国医务部队。在服役期间，埃弗里指导了医疗人员对肺炎进行诊断和治疗。1918 年由加拿大国籍转为美国国籍。

1928 年，英国细菌学家格里菲斯 (Frederick Griffith) 报告了他用肺炎双球菌感染小鼠的实验结果，发现导致细菌转化的物质，被称为转化因子。埃弗里等进一步对转化因子进行研究，他们得出结论：转化因子是 DNA。埃弗里并没有急于公布他们的实验结果，而是又进行了多次的反复实验与验证。最后，1944 年 12 月，埃弗里和他的同事科林·麦克劳德和麦克林·麦卡蒂共同在《药品实验杂志》(Journal of Experimental Medicine) 中刊登了他们的实验结果，并谨慎地表明 DNA 很有可能是主要的遗传物质。这个具有重大意义的发现颠覆了当时认为蛋白质才是遗传物质的传统观点，为后来分子遗传学的发展奠定了最初的基础。埃弗里的工作，使科学界改变了对 DNA 的认识，发现了生命的本质，奠定了分子遗传学基础，知道了研究对象是什么，并给人

们提供了巧妙的实验设计方法。有几位在以后取得了划时代成就的科学家，都直接得益于埃弗里等的研究工作。例如，美国生物化学家夏格夫受埃弗里工作的影响，于 1952 年发表论文，推翻了四核苷酸假说。在英国伦敦大学国王学院工作的威尔金斯在埃弗里等的论文启发下，从 1946 年起用 X 射线衍射法研究 DNA 的结构。埃弗里在意大利那不勒斯的一次演讲促使听众中一位正在丹麦做博士后研究的美国青年沃森决定转向 DNA 的研究。

埃弗里的工作意义重大，研究结果发表在一流杂志上；他的研究没有跨越时代，人们都理解他工作的意义；埃弗里也有较高的学术地位和知名度；同时，埃弗里不懈地努力，1946～1949 年又继续做实验，证实了自己的理论。在 1952 年赫尔希 (A. D. Hershey) 和蔡斯 (M. Chase) 的论文发表后，就有人提名埃弗里应获诺贝尔奖，但诺贝尔奖评选委员会却认为"最好等到 DNA 的转化机理更多地为人们所了解的时候再说"。以后，不断地有人提名埃弗里应获诺贝尔奖，但是，阴差阳错，一次次机会都错失。其原因是当时蛋白质是遗传物质的观念根深蒂固；评奖委员 Hammarsten 总是怀疑埃弗里的提取物里含有少量蛋白质 (0.02% 蛋白质)；埃弗里自己不善于宣传和争辩。最遗憾的是，当 1956 年诺贝尔奖评选委员会准备授予他奖的时候，他却于 1955 年去世了。埃弗里是世界上与诺贝尔奖失之交臂的十大科学家之一。

1941 年后，埃弗里被选为美国细菌学会主席，曾任美国免疫学家协会主席、美国病理学家和细菌学家协会主席。他是美国国家科学院院士和英国皇家学会会员。美国纽约大学、芝加哥大学等都曾授予他荣誉学位。晚年的埃弗里来到了美国的田纳西州生活。1955 年 2 月 20 日，埃弗里离开人世，享年 78 岁。诺贝尔奖评选委员会不得不承认："埃弗里于 1944 年关于 DNA 携带信息的发现是遗传学领域中一项最重要的成就，他没能得到诺贝尔奖是很遗憾的。"为了纪念埃弗里对科学的突出贡献，1976 年国际天文联合会正式将月球上的一座环形山命名为"埃弗里环形山"。

7. 赫尔希（Alfred Day Hershey，1908～1997）

赫尔希，美国微生物学家，1908 年 12 月 4 日出生于密歇根州奥沃索，1930 年，在密歇根州立学院（Michigan State College），也就是现在的密歇根州立大学（Michigan State University）获得学士学位，1934 年，在该校获得化学博士学位。获得博士学位以后，赫尔希受聘到密苏里州圣路易斯市（St. Louis, Missouri）华盛顿医学院（Washington University School of Medicine）细菌学系一边任教一边从事噬菌体的研究。

1940 年，他与卢里亚和德尔布吕克（Max Delbrück）发现，当两种品系的病毒同时感染同一个细菌时，这些病毒可能会因此交换遗传信息。1942 年，赫尔希、德尔布吕克、卢里亚开始交换噬菌体研究的信息，三位科学家被当时的学术界称为"噬菌体小组"。1945 年，通过各自的实验，赫尔希和卢里亚发现在宿主细胞被感染后，噬菌体和细菌都会发生自发突变，这与卢里亚同时独立做出的结果是相同的。1946 年，赫尔希证明了不同病毒的遗传物质能够自发结合产生突变的效应，这同德尔布吕克独立证明的结果也是一样的。1952 年，赫尔希和蔡斯以 T_2 噬菌体为实验材料，利用放射性同位素标记的新技术，完成了著名的"噬菌体侵染细菌实验"，由此证明，进入细菌细胞的是噬菌体的核酸，这表明携带遗传信息的是核酸而不是与它相关的蛋白质。从 1928 年格里菲斯的肺炎双球菌转化实验，到 1944 年埃弗里的实验，再到 1952 年赫尔希和蔡斯的噬菌体侵染实验，遗传物质是蛋白质还是 DNA 的争论持续了 24 年。赫尔希和蔡斯的噬菌体侵染实验使这场旷日持久的争论告一段落，才使科学界普遍接受了 DNA 是遗传物质的观点。

1950 年以后，赫尔希转到纽约州冷泉港工作。由于他设计了巧妙的"噬菌体侵染实验"，以非常直观的实验结果证明 DNA 是遗传物质，他和德国出生的美国生物学家德尔布吕克、意大利出生的美国生物学家卢里亚三人共同获得了 1969 年的诺贝尔生理学或医学奖。赫尔希于 1975 年退休，1997 年 5 月 22 日在冷泉港逝世，享年 89 岁。

8. 康拉特（Heinz Fraenkel Conrat，1910～1999）

康拉特，美国生物化学家。1910 年 7 月 29 日出生于德国布雷斯劳（现波兰弗罗茨瓦夫），是一位著名妇科医生的儿子，1933 年他在布雷斯劳大学获得医学学位。此后，随着希特勒的出现，他离开了德国。1936 年他于爱丁堡大学获得生物化学方面的哲学博士学位，然后来到美国定居，1941 年他成为一名美国公民。

从 1951 年起，他在加利福尼亚大学工作。康拉特最惊人的一项研究是与病毒有关的。20 世纪 40 年代已证明病毒在性质上是核蛋白，即包含蛋白质和核酸两者。并且也已证实仅仅核酸溶液就能改变菌株的某些特性。这使生物化学家颇为吃惊，康拉特第一次把他们的注意力引向遗传信息的可能载体核酸。1955 年，康拉特以噬菌体进行研究，发展了能将病毒的核酸和蛋白质分离而不会对核酸和蛋白质产生严重损害，而且分离后还可将它们再合在一起的技术。至少有一些经过这样重新合在一起的病毒分子仍保留着它们的传染能力，因此，根据科学家判断病毒生命的唯一判据来看，这些重新合在一起的病毒，仍如以前一样是存活的。这一成果加强了 50 年代初期所积累起来的证据，即病毒是由一个空心的蛋白质外壳与壳内一个核酸分子组成的。康拉特进一步证实被分离出来的蛋白质完全是死的，因而没有任何可以和生命相联系的特性，而被分离出来的核酸则保留着微弱的传染性，换言之，蛋白质可能是核酸进入细胞的一种工具，而核酸本身则是一种传染源，这一观点得到了其他证据的有力支持。在受感染的细胞内，核酸（它单独进入细胞，而不连同它的蛋白质外壳）不仅带来了能制造和它本身类同的核酸分子的信息，还带来了能制造表征其自身特性的蛋白质外壳的信息，这种外壳蛋白质不同于受侵细胞所产生的蛋白质。核酸的精细结构，按照某种方式支配着具有某种结构的蛋白质分子的制造，这种方式称为"遗传密码"。50年代后期，已确信生命的基本特征是核酸分子作用的结果，因此核酸的详细的化学性质就成为生物化学家研究的首要目标。正因为这样，在康拉特实验之前两年由威尔金斯、克里克和沃森所完成的研究被认为是极其重要的。

9. 普鲁辛纳（Stanley B. Prusiner，1942～）

普鲁辛纳，美国生物学家，1942 年 5 月 28日出生于美国中西部的艾奥瓦州得梅因的一个犹太人家里，父亲劳伦斯（Lawrence）在海军服役，母亲 Miriam 则带着他跟随父亲走南闯北。他的童年是在艾奥瓦州的得梅因和俄亥俄州的辛辛那提度过的。为了使自己将来在科学上能有所发展，他在读高中期间就有计划地学习了 5 年的拉丁文。此后，他进入宾夕法尼亚大学主修化学；1963年在大学期间以"低体温法与部分外科手术的应用"为题开始从事医学研究；1964 年获得化学学士学位，毕业之后进行关于棕色脂肪新陈代谢的研究。1967～1968 年，他以学者的身份到斯德哥

尔摩进修分子生物学；1968 年在自己的母校——美国宾夕法尼亚大学获医学博士学位。

1969～1972 年，普鲁辛纳转到美国国立卫生研究院厄尔斯塔特曼（著名的科学家，有"化学家的化学家"之称）实验室工作，从事大肠杆菌谷氨酰胺酶的研究。1972 年，普鲁辛纳担任加利福尼亚大学旧金山分校的神经医院医生，并从事神经病学、病毒学和生物化学的教学工作。在看到一位 60 岁的妇女被克-雅脑病（Creutzfeldt- Jakob disease，CJD）夺去生命，以及后来又有一名中青年男子吃了患疯牛病的牛肉引起此病后，普鲁辛纳下决心研究这种疾病。但是，考虑到研究人类疾病面临实验条件的限制，为了能得到更好的实验材料，他选择与这种病类似的羊瘙痒病入手。在阅读了 Tikvah Alper 及其同事的一份报告和建议的基础上，他从 1974 年开始了长达 8 年的提取工作，大约用了 25 万只小鼠，1982 年，他们终于从仓鼠中分离出了这种蛋白质因子。经过多次的实验证明，羊瘙痒病的致病因子用灭活核酸的方法不能明显降低致病性，但蛋白质变性剂却能导致症状消失。这种现象显然用基因学说不能解释。正如他所说的：我们所有的结果指向一个惊人的结论，就是羊瘙痒病的病原体仅仅是蛋白质，不含有核酸。普鲁辛纳于 1982 年在美国《科学》杂志上发表了"造成羊瘙痒病的传染性蛋白质"的研究论文，并首创了"prion"这个术语。普鲁辛纳的发现公布之初，在学术界引起强烈的质疑和反对，多数人持否定态度，因为人们普遍认为，不可能存在没有核酸的病原体。然而，经过 10 年的争论和大量的实验，人们接受了普鲁辛纳的看法。我国病毒学家田波院士将其译为朊病毒，意为仅有蛋白质的病毒。1997 年，诺贝尔生理学或医学奖授予普鲁辛纳，表彰他在生命科学领域中做出的开拓性的贡献，即发现了一种全新的病原体——朊病毒（prion）。

朊病毒的发现向蛋白质只有在基因控制下才能自我复制的理论提出了挑战，向蛋白质一级结构决定高级结构的理论提出了挑战，向核酸作为各种病原体的传染性基础提出了挑战。因此，朊病毒的发现具有重大的理论意义和应用价值。普鲁辛纳的成功首先在于他具有科学研究的创新精

神。他不迷信权威，敢于顶住压力挑战常规。正如他在自传中写道：一个科学家应该具有一种怀疑精神，敢于对公认的科学领域提出质疑，最好的科学家往往对那些不符合常规的结果怀有高度的敏感，同时还能够抵御住来自反对者的声音。另外，借鉴前人工作的成果和经验，选择病毒潜伏期仅为小鼠一半的仓鼠作实验材料也是他能抢占科学制高点和做出超人成绩的原因。

10. 薛定谔（Erwin Schrödinger，1887～1961）

薛定谔，奥地利物理学家，1887 年 8 月 12 日出生于奥地利维也纳附近的埃德伯格。幼年时期，他深受叔本华的影响，广泛阅读过叔本华的作品，他的一生对色彩理论、哲学、东方宗教深感兴趣，特别是印度教。1898 年，薛定谔进入了文理高中，1906 年开始在维也纳大学学习物理与数学，并于 1910 年取得博士学位。此后在维也纳物理研究所工作，他当时的同事包括弗兰茨·瑟拉芬·埃克斯纳（Franz Serafin Exner）、弗雷德里希·哈瑟诺尔（Friedrich Hasenöhrl）和柯劳什（Kohlrausch）。在大学期间，薛定谔还同园艺家弗朗茨·弗利摩尔（Franz Frimmel）保持了很深厚的友谊。

1911 年，薛定谔成为埃克斯纳的助理。1913 年，与科尔劳施合作编写了关于大气中镭 A（即 Po）含量测定的实验物理论文，为此获得了奥地利帝国科学院的海廷格奖金。第一次世界大战期间，他服役于一个偏僻的炮兵要塞，利用闲暇研究理论物理学，战后回到第二物理研究所。1920 年移居耶拿，担任维恩的物理实验室的助手。

1924 年，德布罗意提出了微观粒子具有波粒二象性，即不仅具有粒子性，同时也具有波动性。

在此基础上，1926 年薛定谔提出用波动方程描述微观粒子运动状态的理论，后称薛定谔方程，奠定了波动力学的基础，因而与狄拉克共同获得 1933 年的诺贝尔物理学奖。1927～1933 年接替普朗克，任柏林大学物理系主任。因纳粹迫害犹太人，1933 年离开德国到澳大利亚、英国、意大利等地。1937 年被授予马克斯·普朗克奖章。1939 年转到爱尔兰，在都柏林高级研究所工作了 17 年。

1944 年薛定谔出版了《生命是什么》专著，试图用热力学、量子力学和化学理论来解释生命的本性，提出"目前物理学和化学还缺乏能力来说明生物体中发生的各种事件"。他预言"生命系统中可能存在迄今未知的其他物理学定律"。他的著作启发和鼓励了许多物理学家、化学家纷纷改行，投入生物学的研究之中，引发了 20 世纪的"生物学革命风暴"。他还发表了许多的科普论文，它们至今仍然是进入广义相对论和统计力学世界的最好向导。

1956 年，薛定谔返回维也纳，任维也纳大学物理研究所荣誉教授，获得奥地利政府颁发的第一届薛定谔奖，在维也纳大学理论物理研究所教学直到去世。当他参加完在风景优美的阿尔卑包赫村（Alpbach）举行的高校活动后，决定死后葬在此地。1957 年他一度病危。1961 年 1 月 4 日，他因患肺结核病逝于维也纳，享年 74 岁。逝世后如愿被埋在了阿尔卑包赫村，他的墓碑上刻着以他命名的薛定谔方程。

二、核心事件

1. 核酸的发现

米歇尔（F. Miescher，1844～1895）

1868 年，在德国化学家霍佩·赛勒的实验室里，有一个瑞士籍的研究生名叫米歇尔，他对实验室附近一家医院扔出的带脓血的绷带很感兴趣，因为他知道脓血是那些为了保卫人体健康，与病菌"作战"而战死的白细胞和被杀死的人体细胞的"遗体"。他细心地把绷带上的脓血收集起来，并用胃蛋白酶进行分解，结果发现细胞遗体的大部分被分解了，但对细胞核不起作用。他进一步对细胞核内物质进行分析，发现细胞核中含有一种富含磷和氮的物质。霍佩·赛勒用酵母做实验，证明米歇尔对细胞核内物质的发现是正确的，于是他便给这种从细胞核中分离出来的物质取名为"核素"（nuclein），这是人类第一次分离出核酸，也是人类第一次接触遗传物质。

20 世纪初，德国科赛尔和他的两个学生琼斯、列文对"核素"的性质和结构进行研究，认为"核素"是由许多核苷酸组成的大分子，核苷酸是由碱基、核糖和磷酸构成的。由于发现"核素"的基本结构中含有磷酸，其性质为酸性，因此，1898 年，他们把最初命名的"核素"（nuclein）改称为"核酸"（nucleic acid）。由于发现核酸中碱基有 4 种（腺嘌呤、鸟嘌呤、胸腺嘧啶和胞嘧啶），核糖有两种（核糖、脱氧核糖），因此把核酸又分为核糖核酸（RNA）和脱氧核糖核酸（DNA）。

2. 格里菲斯的体内转化实验

格里菲斯（Frederick Griffith，1879～1941）

自从 1868 年米歇尔发现核酸以来，遗传物质究竟是蛋白质还是 DNA 的争论就持续不断。由于蛋白质发现得较早，研究比较深入，而且蛋白质也具备多样性、特异性等特征，因此大多数学者认为遗传物质应该是蛋白质。

1928 年，英国医生、细菌学家格里菲斯利用

肺炎双球菌对小鼠进行感染。肺炎双球菌主要有两种品系，一种在细菌细胞外包裹有多糖荚膜，荚膜能保护细菌免受宿主正常防御体系的杀灭，因而在感染后能导致人类罹患肺炎，对小鼠则能使其罹患败血症而死亡。荚膜的存在也使细菌在培养基上形成光滑的菌落，所以被称为光滑型或 S 型。S 型的肺炎双球菌又有许多种血清型，分别被称为 SⅠ、SⅡ、SⅢ……其物质基础是构成荚膜的多糖的差异。另一种在细菌细胞外没有多糖荚膜，不能保护细菌免受宿主正常防御体系的杀灭，因而是不致病的。它们在培养基上形成粗糙的菌落，所以被称为粗糙型或 R 型。R 型是由于 S 型的肺炎双球菌发生突变而丧失了合成荚膜的能力。不同血清型的 S 型肺炎双球菌都能突变形成 R 型，它们又都能发生回复突变形成相应的 SⅠ、SⅡ、SⅢ……格里菲斯的实验是从 SⅡ 型菌中分离得到突变的 RⅡ 型，将这些活的 RⅡ 型细菌与高温杀死的 SⅢ 型细菌混合并注射到小鼠体内，结果小鼠竟罹患败血症而死亡，并且从其心脏血液中分离到活的 SⅢ 型肺炎双球菌。这一结果可以有三种解释：①SⅢ 型肺炎双球菌也许并没有完全被高温杀死。这一解释很快被否定，因为单独注射高温杀死的 SⅢ 型细菌并不能使小鼠患败血症而死亡。②RⅡ 型细菌发生了回复突变。这一解释也不能成立，因为所使用的 RⅡ 型细菌是来自 SⅡ 型细菌的突变，如发生回复突变，从死鼠心血中理应分离到活的 SⅡ 型而非 SⅢ 型肺炎双球菌。③RⅡ 型细菌从高温杀死的 SⅢ 型细菌中获得了某种物质，导致类型转化，具备了合成 SⅢ 型多糖荚膜的能力。格里菲斯选择了这种解释。这是一个证明 DNA 是遗传物质的实验，是一个划时代的重要发现，也是一个非常重要的分子生物学事件，但是，格里菲斯不知道这种导致肺炎双球菌类型转化的某种物质到底是什么，甚至在他的论文中推测这种物质可能是"营养上的汁"，无关紧要的解释和结论抹杀了他论文的重要意义。1931 年，研究者发现高温杀死的 SⅢ 型细菌能导致体外培养的 RⅡ 型细菌发生同样的转化，1933 年，又发现 SⅢ 型细菌的无细胞提取物也能转化体外培养的 RⅡ 型细菌，进一步肯定了细菌的转化作用。为便于研究，暂时把这种能导

致肺炎双球菌转化的某种物质叫作"转化因子"（transforming factor）。1941年，格里菲斯不幸在一次希特勒发动的伦敦大轰炸中中弹身亡。

3. 埃弗里的体外转化实验

格里菲斯的实验启发和引导科学家对能使细菌发生转化的因子到底是什么产生了兴趣，许多人设计了各种实验试图揭开这个谜底，其中实验设计和实验结果最成功的是美国细菌学家埃弗里的实验。起初，埃弗里也倾向于遗传物质是蛋白质，为了证实自己的观点，1944年，他用蛋白酶将含有转化因子的SIII型肺炎双球菌无细胞提取物进行处理，然后把处理后的无细胞提取物与RII型细菌混合，再把混合物注入小家鼠，小家鼠死亡；用DNA酶将含有转化因子的SIII型肺炎双球菌无细胞提取物进行处理，然后把处理后的无细胞提取物与RII型细菌混合，再把混合物注入小家鼠体内，小家鼠不死亡。这说明转化因子是DNA，不是蛋白质。为了使实验更加精确，埃弗里用化学和生物的方法把含有转化因子的SIII型肺炎双球菌无细胞提取物进行处理，分别分离出多糖、脂类、蛋白质、RNA、DNA，将以上各种物质分别与RII型细菌体外混合一定时间，然后注入小家鼠体内。多糖、脂类、蛋白质、RNA等与RII型细菌混合物注入小家鼠后均不引起小家鼠死亡，而只有DNA与RII型细菌混合物注入小家鼠后引起小家鼠死亡。当他把提取的同样的DNA用DNase处理，然后与RII型细菌混合，再注入小家鼠体内，小家鼠却不死亡。这些足以说明引起转化作用的因子是DNA。对于如此清楚的实验结果，还是有人怀疑，认为提取物中可能有极少量的蛋白质，这极少量的蛋白质也足以发生作用。1946年，埃弗里把含DNA的提取物分别用蛋白水解酶、核糖核酸酶、DNase处理，结果证明前两种酶根本不影响提取物的转化活性，而只要一加入DNase处理，提取物的转化活性立即消失。1949年，埃弗里已经能把含DNA的提取物中的蛋白质含量降低到0.02%，几乎没有蛋白质的污染，这种高纯度的DNA提取物的转化作用效率更高。至此，仍然没有改变人们的固有观念。

为了使自己的实验结果和结论更加科学，更加容易被人们接受，埃弗里用光学、化学元素计算分析、超离心、电泳结果分析、紫外线吸收测定、氮与磷比值测定等多种方法来证明转化的因子就是DNA。埃弗里在体外进行的转化实验以及他使用的各种测定方法，都直接证明遗传物质是DNA，而不是蛋白质。虽然，埃弗里的体外转化实验是一个非常重要的分子生物学事件，从几个方面证明遗传物质是DNA，但论战仍没有终止。

4. 噬菌体侵染实验

T_2噬菌体有一个蛋白质的外壳和一个DNA的内芯，其蛋白质中含有硫，而不含磷；其DNA中不含硫，而含磷。T_2噬菌体感染大肠杆菌后，使菌体内形成大量噬菌体，菌体裂解后，释放出几十个乃至几百个与原来感染大肠杆菌时一样的T_2噬菌体。那么，T_2噬菌体是把蛋白质还是DNA注入大肠杆菌细胞内了？是什么造成了噬菌体的增生这个事件呢？

1952年，噬菌体小组主要成员赫尔希和他的学生蔡斯用放射性同位素标记技术设计了一个著名的噬菌体侵染实验。他们首先把大肠杆菌细胞分别放在含^{35}S或含^{32}P的培养基中，大肠杆菌细胞在生长过程中就分别被^{35}S或^{32}P标记上了。然后让T_2噬菌体感染被^{35}S标记过的大肠杆菌细胞，繁殖一段时间后裂解这些大肠杆菌细胞，即可获得蛋白质外壳被^{35}S标记上的T_2噬菌体；让T_2噬菌体感染被^{32}P标记过的大肠杆菌细胞，繁殖一段时间后裂解这些大肠杆菌细胞，即可获得DNA被^{32}P标记上的T_2噬菌体。接着，用分别被^{35}S或^{32}P标记的噬菌体去感染没有被放射性同位素标记的大肠杆菌细胞，感染后培养10min，然后用搅拌器激烈搅拌，使噬菌体外壳从大肠杆菌细胞脱离开，离心分离后噬菌体悬浮在上清液中，大肠杆菌细胞在底层沉淀物中。发现被^{35}S标记的噬菌体所感染的宿主菌细胞分离物的上清液中^{35}S占80%，沉淀物中^{35}S占20%。这表明T_2噬菌体感染时蛋白质并没有注入宿主细胞。被^{32}P标记的噬菌体所感染的宿主菌细胞分离物的上清液中^{32}P占30%，沉淀物中^{32}P占70%。这表明T_2噬菌体感染时是DNA注入了宿主细胞。巧妙的实验设计，漂亮的实验结果，直观地再一次证明DNA是遗传物质。至此，遗传物质是蛋白质还是 DNA 的争论终于告一段落，人们普遍接受了 DNA 是遗传物质的观点。

从 1928 年格里菲斯的肺炎双球菌转化实验，到 1944 年埃弗里的体外转化实验，再到 1952 年赫尔希和蔡斯的噬菌体侵染实验，前后历经 24 年。一个正确的科学概念的形成何等的艰难，没有那些一辈又一辈的、孜孜不倦的追求探索的科学家的努力，就不可能有今天的生物学。

5. RNA 是遗传物质的发现

烟草花叶病毒（TMV）属于 RNA 病毒。1956 年，吉尔（A. Gierer）和施拉姆（G. Schramm）将该病毒放在水和苯酚中振荡，把病毒的蛋白质与 RNA 分开。然后让分离纯化的蛋白质、RNA 分别感染烟草，结果是蛋白质没有感染能力，而 RNA 具有感染能力。当他们把纯化后的 RNA 用 RNA 酶处理，则此 RNA 丧失了感染能力。他们认为烟草花叶病毒的遗传物质是 RNA。

1957 年，美国生物化学家康拉特和辛格尔设计了更为巧妙的实验——烟草花叶病毒的重建实验。烟草花叶病毒呈杆状，直径为 18nm，长度为 300nm，它的圆筒状的外壳由 2130 个相同的蛋白质亚基组成，内芯是一条单螺旋的 RNA 分子。TMV 及其他的病毒在烟叶上引起的病斑都具有种的特异性，而且这些特性是遗传的。将 TMV 放在水和苯酚中振荡，可以把病毒的蛋白质外壳和 RNA 分开，但这种分开了的蛋白质外壳和 RNA 分子能重新组合成具有感染能力的完整 TMV。将蛋白质和 RNA 分子分别对烟草叶子进行感染实验，单是用 TMV 的蛋白质感染烟草，它不能使烟草生病；但是用 TMV 的 RNA 分子感染烟草，可以使烟草生病，而所生的病斑和病毒引起的病斑一样，但是 RNA 的感染效率要差些，可能是因为 RNA 裸露，在感染过程中容易被酶所降解。若用 RNA 酶处理 RNA，则 RNA 失去了感染能力。这些都表明遗传信息是在 RNA 中，与蛋白质无关。实验证明，分离出的 TMV 的 RNA 本身是非常不稳定的，但它可以和同种病毒蛋白质结合使自身稳定起来，其侵染能力也随之加强。康拉特利用分离而后聚合的方法，先用 TMV 株系的蛋白质外壳和车前草花叶病毒（HRV）株系的 RNA 结合起来形成杂种病毒，这些杂种病毒

有着普通 TMV 的外壳，可被抗 TMV 的抗体所失活，但不受对 HRV 株系制备的抗体所影响。当这种杂种病毒用来感染烟草时，病斑总是与 HRV 株系感染的病斑一样，从病斑分离的病毒可被对 HRV 株系制备的抗体失活，所以显而易见，第二代病毒颗粒具有 HRV 株系的 RNA 和 HRV 株系的蛋白质外壳。他们又把 HRV 株系的蛋白质和 TMV 株系的 RNA 结合起来，形成杂种病毒。这些杂种病毒有着 HRV 株系的蛋白质外壳，有着 TMV 株系的 RNA，可被抗 TMV 的抗体所失活，但不受对 HRV 株系制备的抗体所影响。当这种杂种病毒用来感染烟草时，病斑总是与 TMV 株系感染的病斑一样，从病斑分离的病毒可被用 TMV 株系制备的抗体失活，所以显而易见，第二代病毒颗粒具有 TMV 株系的 RNA 和蛋白质外壳。烟草花叶病毒重建实验进一步证明了 RNA 也是遗传物质。

6. 生物学革命风暴的爆发

截至 20 世纪上半叶，物理学、化学得到了长足的发展，随着一个个物理学定律被发现，一项项化学原理被阐明，从事物理学、化学研究的科学家认为物理学、化学领域的重要定律都被发掘已尽，继续从事这方面的研究不可能再得到什么重要的东西，那么从事何领域的研究才能做出大的成就呢？在彷徨中许多人得了科学上的抑郁症。1944 年，奥地利理论物理学家，诺贝尔奖获得者薛定谔出版了《生命是什么》一书，书中他明确指出："目前物理学和化学还缺乏能力来说明生物体中发生的各种事件，但丝毫没有理由怀疑它们不能用这两门学科来说明。预言：生命系统中可能存在迄今未知的其他物理学定律。"许多物理学家、化学家受薛定谔《生命是什么》一书的影响，纷纷改行，转而从事生物学研究，试图从对生物学的研究中发现新的物理学定律和化学定律。尤其是 1945 年，为了敦促日本政府无条件投降，美国在日本广岛、长崎投放了"小男孩"和"胖子"两颗原子弹，瞬间导致几十万人丧失了生命，几十万人受到伤害，对人类和环境造成的后遗症更是无法弥补。许多从事物理学研究的科学家，特别是那些曾经从事过原子弹研究的科学家感到良心上受到了谴责，许多人放弃了物理

学研究，转到生物学研究的队伍中。大批的物理学家、化学家加盟生物科学研究，遗传学家、微生物学家、生物化学家的通力合作，大大促进了生物学的发展，爆发了 20 世纪中期的生物学革命风暴。在这场革命风暴中，埃弗里、赫尔希等的工作证明了遗传物质是 DNA；夏格夫等的工作说明了 DNA 的基本化学组成；麦克林托克等的工作证明了基因的可流动性；Lederberg 的工作发现了细菌基因改变的第二种方式细菌接合、第三种方式转导；沃森、克里克、威尔金斯、富兰克林等的工作发现了 DNA 的双螺旋结构。当这场生物学革命风暴平息的时候，那些转行的物理学家、化学家并没有找到什么新的物理学定律和化学定律，而是给人类留下了一部分子遗传学。

7. DNA 双螺旋结构的发现

1944 年埃弗里的体外转化实验，使夏格夫意识到 DNA 是遗传物质，1945 年，夏格夫停止蛋白质方面的研究，转而把全部精力都投注在 DNA 方面。当时德国科学家科赛尔和他的两个学生琼斯、列文已经提出了 DNA 结构的四核苷酸假说，认为 DNA 中 4 种碱基(A、G、C、T)含量相等，且通过一种非常简单的方式连接。此种假说，使 DNA 分子丧失了作为遗传物质的资格。夏格夫采用纸层析技术把 DNA 分子中的 4 种碱基进行分离，然后利用紫外分光光度计，测定了来源不同的 DNA 分子中的 4 种碱基的含量。用实验结果推翻了四核苷酸假说。1950 年，夏格夫提出："DNA 大分子中嘌呤和嘧啶的总分子数量相等，其中腺嘌呤 A 与胸腺嘧啶 T 数量相等，鸟嘌呤 G 与胞嘧啶 C 数量相等，说明 DNA 分子中的碱基 A 与 T、G 与 C 是配对存在的。"这就是有名的夏格夫法则。夏格夫法则的提出，否定了四核苷酸假说，标志着 DNA 分子结构的研究，已经到了即将被破译的边缘，但遗憾的是，夏格夫当时还未意识到自己所获得的碱基组成规律的重要性，没有根据这个重要性来进一步研究 DNA 分子的奥秘。

1946 年，威尔金斯与导师兰德尔来到伦敦大学国王学院，利用阿斯特伯里(Willian Thomas Astbury)所创的 X 射线衍射的方法，对 DNA 的结构进行研究。1950 年，威尔金斯在伦敦召开的

一次法拉第学会会议上，有幸从一个 DNA 样品中得到一个细得几乎肉眼看不到的犹如蚕丝般的 DNA 纤维，这种 DNA 纤维的完美性和一致性暗示着这些纤维的分子应该呈直线排列。威尔金斯用 X 射线衍射技术对 DNA 纤维进行分析，证实了自己的大胆推想，使研究 DNA 结构的进程有了突破性的进展。根据当时 X 射线晶体学研究的成果，威尔金斯认为 DNA 是单股螺旋状的结构，同时估算了螺旋的直径和螺距。在 1951 年 5 月 12 日的那一期《自然》杂志上发表了他的研究结果。尽管他们关于 DNA 是单股螺旋的推论是错误的。但是，正是这篇具有启蒙性意义的论文，开创了第二次世界大战之后人类用 X 射线衍射技术研究 DNA 结构的先河，从理论到技术，威尔金斯已经站在了破译 DNA 结构的前列。由于各种原因，威尔金斯始终没有得到一张高质量的、理想的 DNA 衍射图片，影响了他最后的冲刺和突破。

为了加强研究小组的力量，1951 年 9 月他的导师兰德尔特邀请富兰克林前来伦敦大学国王学院共同研究 DNA 的结构。1952 年 5 月，富兰克林终于获得了一张精美的 DNA 的 X 射线晶体衍射照片——"照片 51 号"。此时，DNA 分子结构最后破译的关键技术资料都已齐备，威尔金斯只要看一眼这张精美的图片，富兰克林只要与威尔金斯有一次正确的沟通，DNA 分子双螺旋结构的破译就非他们两个莫属。但是，由于导师兰德尔在威尔金斯与富兰克林工作安排方面的误会以及二人性格上的差异，阴差阳错地错失了发现 DNA 分子双螺旋结构的机会。

1951 年秋天，经导师介绍，沃森来到英国剑桥大学卡文迪什实验室学习 X 射线晶体衍射技术，在这里与克里克相识，共同的兴趣把两个年轻人紧密地结合在一块。1951 年 11 月，富兰克林得到了 A 型 DNA 的 X 射线衍射图，并进行了一场演讲。沃森与克里克得知这些讯息之后，便开始尝试排列 DNA 的螺旋结构，当时他们的模型是三股螺旋。沃森与克里克曾经邀请富兰克林、威尔金斯与葛林斯参观他们的三股螺旋结构模型，富兰克林在看见这些模型之后，做了许多的批评。这些批评使沃森与克里克被上司布拉格要

求终止 DNA 结构的研究。1952 年，夏格夫到英国访问时，与沃森和克里克在剑桥大学相识，并将自己的发现告诉了两位年轻人。克里克当时就意识到特定碱基之间的相等关系意味着 DNA 可以以两条链中的一条作为模板进行复制。1952 年底，美国著名的化学大师鲍林发表了自己构建的 DNA 三螺旋结构，沃森和克里克立刻意识到该模型的错误。1953 年 1 月，沃森和克里克看到了富兰克林 1952 年 5 月获得的精美图片——"照片 51 号"，并聆听了威尔金斯对 DNA 结构模型的相关研究结果的介绍，这使得沃森与克里克在 2 月 4 日重启对 DNA 结构模型的建构研究。

他们根据"照片 51 号"图中的阴影和标记部分推测 DNA 可能是一个螺旋体，分子平均直径是 2.0nm；纯化的 DNA 是一种黏稠的液体，像鸡蛋清一样，但是一加热，DNA 溶液的黏度就会下降，沃森和克里克特别注意到这是由于 DNA 分子中的一些弱的化学键被破坏的结果，而氢键是一种通过适度加热可以被破坏的弱键，所以 DNA 分子中可能会存在许多氢键。于是，他们用剪裁的硬纸板和金属片构建 DNA 分子模型。好像孩子玩智力游戏一样，首先制作单个核苷酸的模型，并计算原子大小、键长和键角等。就这样建了拆，拆了建，因为至少有十几种方式可以让碱基、磷酸和糖环连接在一起，所以工作异常乏味，甚至令人产生中断研究的念头。幸运的是，沃森对生物结构的独到见解加上克里克的物理和数学知识，使他们从 X 射线衍射图上测量到 DNA 的两个周期性数据：0.34nm 和 3.4nm。沃森和克里克推测 0.34nm 可能是核苷酸的堆积距离，他们试探着在模型上把分子排成长 3.4nm、直径 2.0nm 的螺旋体。若把两个双环嘌呤横排在双链之间，螺旋体显得太窄，容纳不下，若将两个单环嘧啶横排在双链之间，螺旋体显得太宽，只有一个嘌呤通过氢键与一个嘧啶配对最合适，并由氢键形成的位置关系决定 A＝T，G≡C。当他们突然从模型上看到 A 与 T 相对、G 和 C 相对时，激动的心情难以言表，这显示的正是夏格夫法则（碱基互补配对原则），碱基对堆积在双链内侧，它们的排列方式非常像梯子上的横木，糖环和磷酸基排列在外侧，形成一个两条长链盘绕而成的双螺旋

结构。

1953 年 2 月 28 日，沃森和克里克结合鲍林模型（DNA 三螺旋结构）的理论内核，利用富兰克林 X 射线衍射照片中的关键数据和夏格夫法则提出了 DNA 分子结构的双螺旋模型。1953 年 4 月 25 日，沃森和克里克在英国著名的《自然》杂志（第 171 期）上，发表了名为《核酸的分子结构》的论文。沃森和克里克二人都是有职业道德的科学家，他们的发现离不开威尔金斯的工作和无私帮助，因此，他们两人真诚地邀请威尔金斯和他们联名发表这一成果，心底坦荡无私的威尔金斯不但拒绝了他们的邀请，而且把他与富兰克林的研究结果整理成文，与沃森和克里克的论文同期发表，以表示对他们双螺旋模型的支持。从 1953 年沃森和克里克的论文发表，到 1962 年获得诺贝尔奖，威尔金斯和他的研究小组默默无闻、呕心沥血地工作着，获得了更充分、更多的实验图片和数据，来进一步检验和证实双螺旋模型的正确性。沃森和克里克在科研上是黄金搭档，在成绩面前更展示了一代大师豪迈宽广的胸怀。在他们的论文文稿上写署名顺序时，二人互相谦让，都提出让对方排在第一名。无奈情况下，二人采取掷骰子的方法确定排名顺序，结果沃森排在了第一名，双螺旋结构也因此被人们誉为沃森-克里克结构。实际在这一成果上，克里克的付出比沃森要多、贡献比沃森要大。

沃森和克里克发现的 DNA 分子的双螺旋结构，两条链的旋向是右旋的。他们是以在生理盐溶液中抽出的 DNA 纤维，在 92% 相对湿度下进行 X 射线衍射图谱测定而推设的，在这一条件下得到的 DNA 取 B 构象，称为 B-DNA。后来发现 B-DNA 是 DNA 在细胞内最常见也是最稳定的构象。实际上 DNA 的结构是动态的，在相对湿度为 75% 时测出 DNA 分子是 A 构象（A-DNA），这一构象不仅出现于脱水 DNA 中，还出现在 RNA 分子的双螺旋区域和 DNA-RNA 杂交分子中，因此在 DNA 转录时，可能发生 B—A 型的转变。将相对湿度进一步降到 66%，就出现 C 型 DNA（C-DNA），这一构象仅在实验室中可观察到，在生物体中还未发现。这些研究表明 DNA 分子结构在不同条件下可以有所不同，但它们均

为右手双螺旋，且螺旋的表面都有一大沟和一小沟。经过二三十年的研究，发现 DNA 不仅能形成右手双螺旋，也能形成左手双螺旋，甚至还能形成三股螺旋和四联体螺旋等多种形式。

1979 年，美国麻省理工学院的亚历克斯·瑞奇和他的研究小组在研究人工合成的 CGCGCG 单晶时，发现该单晶呈向左的螺旋，且它的两条主链呈 "Z" 字形环绕分子，瑞奇就将这种独特的结构称为 Z-DNA。后来发现在细胞 DNA 分子中也存在有 Z-DNA 结构。研究表明，Z-DNA 的形成是由 DNA 单链上出现嘌呤和嘧啶交替排列所造成的，如 CGCGCG 或 CACACA。在细胞内尽管 DNA 上具有这样的区段，但在正常情况下 DNA 仍形成稳定的 B-DNA 结构。只有当胞嘧啶的第 5 位碳原子甲基化时，在甲基的周围形成局部疏水区，这一区域扩展到 B-DNA 大沟中，使 B-DNA 不稳定而转变成 Z-DNA。这种 C5 甲基化现象在真核生物中是常见的，因此 B 构象的 DNA 中存在 Z-DNA 构象是可能的。后来又利用 Z-DNA 抗体能结合 Z-DNA 的特性，为许多生物的 DNA 中存在 Z-DNA 提供了直接证据。Z-DNA 的确存在于细胞中，并具有重要的功能。

在沃森和克里克提出 DNA 双螺旋结构模型之前，美国著名的化学家鲍林等就提出过 DNA 的三股螺旋结构。至今发现的三链 DNA 可分为两类，即三股螺旋结构和中国科学院白春礼等用扫描隧道显微镜(STM)观察到的三股发辫结构。三股螺旋结构是在 DNA 双螺旋结构的基础上形成的，三链区的三条链均为同型嘌呤(homopurine，HPu)或同型嘧啶(homopyrimidine，HPy)，即整段的碱基均为嘌呤或嘧啶。根据第三条链来源不同，三股螺旋可分为分子间和分子内两组；根据三条链的组成及相对位置又可分为 Pu-Pu-Py 和 Py-Pu-Py 两型(Pu 代表嘌呤链，Py 代表嘧啶链)。在 Py-Pu-Py 型(比较多见)三链中，两条为正常的双螺旋，第三条嘧啶链位于双螺旋的大沟中，它与嘌呤链的方向一致，并随双螺旋结构一起旋转。三链中碱基配对的方式与双螺旋 DNA 相同，即第三个碱基仍以 A=T、G≡C 配对，但第三链上的 C 必须质子化，且它与 G 只形成两个氢键。在 Pu-Pu-Py 型中，存在 A=A、G=G 配对，当 DNA 双链中

含 H-回文序列(H-palindrome sequence)，即某区段 DNA 两条链分别为 HPu 和 HPy，并各自为回文结构时，任何一条完整的回文结构与另一回文结构的 5′ 部分或 3′ 部分都可以形成分子内的三股螺旋结构，它们是 Py-Pu-Py 或 Pu-Pu-Py 型，剩余的半条回文结构则游离成单链，这种三股螺旋和单链 DNA 合称为 H-DNA。近年来，在真核细胞染色质中，发现许多基因的调控区和染色质重组部位都含有 H-回文序列，研究证实在细胞完整染色体中确实存在 H-DNA。三链 DNA 的研究有助于进一步弄清染色体结构及真核基因的转录、复制、调控和重组的机理。现今还发现三链 DNA 也有相当的应用价值，如可利用单链 DNA 片段将切割剂(核酸内切酶、EDTA-Fe 等)携带到 DNA 特定位点，从而达到有选择性击断染色体 DNA 的目的；又因细胞内转录因子等调控蛋白只有和双螺旋 DNA 结合后才能打开特定基因使其转录，但是转录因子不能和三股螺旋结合，因此可以利用寡聚 DNA 片段封闭转录因子的结合位点，而达到关闭有害基因或病毒基因的目的。目前美国科学家已开发第三股 DNA 分子插入 DNA 双螺旋的技术，用以破坏病毒基因等。

四联体螺旋的研究是从 1958 年开始的，最近对 $d(G4T4G4)_n$ 重复序列的 X 射线单晶结构解析发现，该序列的结构为四螺旋。此螺旋的基本结构单位是 G-四联体(G-quarter)，它由 4 个鸟嘌呤在一个正方形平面内以氢键环形连接而成。在四联体的中心有一个由 4 个带负电荷的羧基氧原子围成的 "口袋"。通过 G-四联体的堆积，形成分子内或分子间的右手螺旋，螺旋每圈含 13 个 G-四联体。通过 DNA 双螺旋结构比较发现，G-四联体螺旋有两个显著的特点：一是它的稳定性取决于 "口袋" 内所结合的阳离子种类，已知 K^+ 的结合使四联体螺旋最稳定；二是它在热力学和动力学上都很稳定，如在含 K^+ 溶液中，$d(TTGGGG)_n$ 在 90℃时仍可稳定存在。对四联体螺旋 DNA 生物学意义的研究还处于推测阶段。通过研究，人们发现在真核染色体末端具有特异的碱基序列 [如人的为 $(TTAGGGG)_n$]，在其 3′ 端还形成一段单链突出。真核生物独特的染色体末端与相关蛋白质结合，组成染色体特定的结

构——端粒。由于端粒的特异序列，在正常生理条件下，可形成分子内四联体螺旋；两个 DNA 分子或染色体分子也可以彼此连接起来成为一个局部的分子间四螺旋结构。因此可以推测染色体末端的四联体螺旋可能起着稳定染色体和在复制过程中保持其完整性的作用，以及参与端粒 DNA 的复制。以上内容都是一种推测，还未获得直接的证据，因此对四联体螺旋 DNA 结构特点、形成条件(环境条件和序列要求)及生理功能等方面仍有待进一步的研究。

综上所述，DNA 虽然是一个动态分子，但在正常生理条件下，细胞中 DNA 最常见、最稳定的构象仍是 B 型 DNA(B-DNA)。目前关于 DNA 结构动态的研究是整个生物学研究中最活跃的一个领域。DNA 构象的多样性和可变性或 DNA 结构的多态性的发现，拓宽了人们的视野，使人们进一步认识到生物体中最稳定的遗传物质——DNA 可采用不同的构象来实现其多种生物功能。对 DNA 结构的进一步研究必将大大促进分子生物学的发展。

8. 朊病毒的发现

朊是蛋白质的旧称，朊病毒意思为蛋白质病毒。朊病毒(prion)又称为朊毒体、蛋白质感染因子等，是一类能侵染动物并在宿主细胞内复制的小分子无免疫性疏水蛋白质，为不含核酸而仅由蛋白质构成的可自我复制并具感染性的亚病毒因子。

早在 300 年前，人类在绵羊和小山羊中首次发现了一种奇特的疾病——羊瘙痒病，患病动物奇痒难熬，常在粗糙的树干和石头表面不停摩擦，以致身上的毛都被磨脱。该病广泛传播于欧洲和大洋洲，潜伏期为 18~26 个月，患病动物兴奋、瘙痒、瘫痪直至死亡。后来又相继发现了传染性水貂脑软化病、马鹿和鹿的慢性消瘦病、猫的海绵状脑病等。经病理性研究表明，这些病都侵犯动物中枢神经系统，随病程进展，在神经元树突和细胞本身，特别是在小脑区星形细胞和树枝状细胞内发生进行性空泡化，星形细胞胶质增生，灰质中出现海绵状病变。这些病均以潜伏期长、病程缓慢、进行性脑功能紊乱、无缓解康复、终至死亡为主要特征。20 世纪上半叶，大西洋的巴布亚新几内亚东部福雷族高地居民中出现了一种局部流行病——库鲁病，其主要症状为震颤、共济失调、脑退化痴呆，渐至完全丧失运动能力，患病后 3~6 个月因衰竭而死亡。"Kuru"在该部落意为"恐惧"或"寒战"，故称该病为库鲁病，患者总数约为 3 万，以女性和儿童居多。美国医学家盖杜赛克曾在该地区进行了 20 年的研究，探明该病的发生与当地人食用人肉的祭祀方式密切关联，并提出了预防措施。1968 年停止该仪式后该病得到控制，从而拯救了一个部落的人群，盖杜赛克为此获得了 1976 年的诺贝尔生理学或医学奖。但盖杜赛克并没有弄清楚以上疾病出现的真正原因，人们认为疾病的诱因可能是一种非寻常病毒、慢病毒等。

美国加利福尼亚大学的普鲁辛纳对引起羊瘙痒病的病原体进行了多年的深入研究，1982 年，普鲁辛纳发现此种病原体是一类能侵染动物并在宿主细胞内复制的小分子无免疫性疏水蛋白质，或称为蛋白质感染因子(亚病毒因子)，布鲁辛纳将它命名为朊病毒(prion)。通过进一步的研究，布鲁辛纳发现朊病毒是一类不含核酸而仅由蛋白质构成的可自我复制并具感染性的蛋白质感染因子，其对各种理化作用具有很强的抵抗力，传染性极强，能在人和动物中引起可传染性脑病(TSE)。朊病毒大小只有 30~50nm，电镜下见不到病毒粒子的结构；经负染后才见到聚集而成的棒状体，相对分子质量为 2.7 万~3 万的蛋白质颗粒，其大小为(10~250)nm×(100~200)nm。通过研究还发现，朊病毒与普通蛋白质不同，经 120~130℃加热 4h，紫外线、离子照射，甲醛消毒，并不能把这种传染因子杀灭，对蛋白酶有抗性，但不能抵抗蛋白质强变性剂。在生物学特性上，朊病毒能造成慢病毒性感染而不表现出免疫原性，巨噬细胞能降低甚至灭活朊病毒的感染性，但使用免疫学技术又不能检测出有特异性抗体存在，不诱发干扰素的产生，也不受干扰素作用。总体上说，凡能使蛋白质消化、变性、修饰而失活的方法，均可能使朊病毒失活；凡能作用于核酸并使之失活的方法，均不能导致朊病毒失活。由此可见，朊病毒本质上是具有感染性的蛋白质。普鲁辛纳将此种蛋白质单体称为朊病毒蛋白

（PrP）。普鲁辛纳提出了朊病毒致病的"蛋白质构象致病假说"：①朊病毒蛋白有两种构象，细胞型（正常型 PrPc）和瘙痒型（致病型 PrPsc），两者的主要区别在于其空间构象上的差异。PrPc 仅存在 α 螺旋，而 PrPsc 有多个 β 折叠存在，后者溶解度低，且抗蛋白酶解。②PrPsc 可胁迫 PrPc 转化为 PrPsc，实现自我复制，并产生病理效应。③基因突变可导致细胞型 PrPsc 中的 α 螺旋结构不稳定，至一定量时产生自发性转化，β 片层增加，最终变为 PrPsc 型，并通过多米诺效应倍增致病。朊病毒的发现，使人们对遗传物质多样性的概念有了新的认识，虽然经过几十年的争论，普遍认为 DNA 是遗传物质，但不能绝对化，蛋白质也能够携带遗传信息，也能复制和感染发挥作用。由于遗传物质是 DNA 的观念已经深入人心，科学界对普鲁辛纳的工作并没有给予极大的重视。

1996 年春天英国蔓延的"疯牛病"，不仅引起英国一场空前的经济和政治动荡，还波及了整个欧洲，加上法国克罗伊茨费尔特-雅各布病（克雅氏综合征）患者增多，人们很自然地与食用来自英国的进口牛肉相联系，因而引起极大恐慌。尽管后来找出了法国克雅氏综合征的主要原因是医源性传染，但其他一些例证却又排除不了疯牛病与人类朊病毒病的关联性。疯牛病和人类克雅氏综合征的出现，使人们越发感到普鲁辛纳 1982 年朊病毒发现的重大意义，1997 年，经科学家提名，普鲁辛纳获得了诺贝尔生理学或医学奖。

三、核心概念

1. 右旋 DNA、左旋 DNA

右旋 DNA（dextrorotation DNA）指具有右旋构型的双链 DNA。右旋的判断是右手半握，拇指伸开，DNA 双链旋转的方向与其他 4 指的方向相同即为右手螺旋。沃森和克里克所描述的在不同环境下的 A-DNA、B-DNA 都属于右旋 DNA。后来人们发现在不同环境下看到的 C-DNA、D-DNA、E-DNA 也都属于右旋 DNA。右旋 DNA 分子中的 C、G 的糖环都呈反式构象，外观平滑。

左旋 DNA（zigzag DNA，Z-DNA）指具有左旋构型的双链 DNA。左旋的判断是右手半握，拇指伸开，DNA 双链旋转的方向与其他 4 指的方向不相同即为左手螺旋。左旋 DNA 分子中 C 的糖环呈反式构象，G 的糖环呈顺式构象并向内侧旋转 180°，弯向小沟，使 G 残基位于分子表面。由于此 DNA 是 CGCGCG 片段，这样反式构象与顺式构象交替出现，糖磷酸骨架呈锯齿状，所以叫作 Z-DNA。Z-DNA 有什么生物学意义呢？现已证明 Z-DNA 参与基因调节——控制基因的启闭。因为 Z-DNA 的形成，局部 DNA 双链处于不稳定状态，这就有利于 DNA 双链解开，而 DNA 解链是 DNA 复制和转录的必要环节。瑞奇小组利用 Z-DNA 抗体，证实在 DNA 调节基因转录的区域中存在 Z-DNA（一个 DNA 短的片段），并发现这种短的片段既能增强基因的活性，又能抑制附近基因的活化，这主要取决于环境。在细胞分裂过程中，Z-DNA 可能还参与基因的重组。又由于 Z-DNA 分子中大沟消失，小沟深而狭，含有更多的遗传信息，也可能通过蛋白质的不同识别方式，来调节细胞的多种生命活动。

右旋 DNA 与左旋 DNA 不仅在双链的旋转方向上不一样，在分子组成、分子构象、存在位置、物理化学性质等方面都有所区别。

2. 三链 DNA、四链 DNA

三链 DNA（triplex DNA）指含有三条链的螺旋 DNA。在沃森和克里克提出 DNA 双螺旋结构模型之前，美国著名的化学家鲍林等就曾提出过 DNA 的三股螺旋，沃森和克里克起初也提出过三螺旋模型，但都被实验数据所否定。虽然，双链 DNA 是一个普遍现象，但在生物体内也确实存在三链 DNA。既然存在就有存在的道理，目前，关于三链 DNA 意义和作用的研究已成为热门课题之一。

顺式排列　　　　　　　　反式排列

四链 DNA(quadruplex DNA)指含有 4 条链的螺旋 DNA，或四联体螺旋 DNA。

三链 DNA、四链 DNA 的发现，说明了遗传物质结构上的多样性，它们的发现不是对双链结构的否定，而是对遗传物质结构特点的进一步完善，DNA 结构多样性的研究必将极大促进分子生物学的发展。

3. 夏格夫法则、当量定律

夏格夫法则指所有 DNA 中腺嘌呤与胸腺嘧啶的摩尔含量相等(A＝T)，鸟嘌呤和胞嘧啶的摩尔含量相等(G＝C)，即嘌呤的总含量与嘧啶的总含量相等(A＋G=T＋C)。DNA 的碱基组成具有种的特异性，但没有组织和器官的特异性。另外，生长发育阶段、营养状态和环境的改变都不影响 DNA 的碱基组成。

当量定律(law of equivalent)指夏格夫提出的第一碱基当量定律和第二碱基当量定律。第一碱基当量定律指不同物种的 DNA 碱基组成显著不同，但腺嘌呤(A)的总摩尔数等于胸腺嘧啶(T)，而鸟嘌呤(G)的总摩尔数等于胞嘧啶(C)；夏格夫第二碱基当量定律指在完整的单链 DNA 中，腺嘌呤(A)的总摩尔数等于胸腺嘧啶(T)，而鸟嘌呤(G)的总摩尔数等于胞嘧啶(C)。

夏格夫法则、当量定律是沃森和克里克发现 DNA 双螺旋模型关键的参考资料和数据，可以说，没有夏格夫的前期工作，就不可能在 1953 年发现 DNA 的双螺旋模型。

4. 碱基夹角、碱基倾角

碱基夹角指相邻两对核苷酸之间相差的度数。DNA 的双链围绕螺旋轴旋转，每旋转一周 360° 需要 10 对核苷酸，则每对核苷酸所占的度数是 36°，即碱基夹角为 36°。

碱基倾角指碱基对与水平面的倾斜度数。对于右旋的双链 DNA 分子中，碱基位于螺旋桶内，碱基平面与螺旋轴垂直。核糖位于螺旋轴外侧，核糖平面与螺旋轴平行。由于碱基平面与螺旋轴是垂直的，因此，碱基对与水平面的倾斜度数为零。在左旋 DNA 分子中碱基平面与螺旋轴不垂直，而是稍有倾斜，就产生了 7° 的碱基倾角。碱基平面与螺旋轴越不垂直，形成的碱基倾角就越大。

5. 碱基堆积力、非特异性作用力

碱基堆积力指同一条链中相邻碱基之间的非特异性作用力和范德瓦耳斯力，是 DNA 双螺旋结构中，碱基对平面垂直于中心轴，层叠于双螺旋的内侧，相邻疏水性碱基在旋进中彼此堆积在一起相互吸引形成的作用力。碱基堆积力是维持 DNA 双螺旋结构稳定的主要力量。每个碱基对平行伸展并且与上面的和下面的碱基对非常靠近，这一现象叫作碱基堆积，当一个个碱基在一定距离内相互排列成串时就会产生一种相互吸引的力。

非特异性作用力指疏水或难溶于水的两个分子在水中具有相互联合，成串结合在一起的趋势。非特异性作用力是碱基堆积力的一种类型。碱基堆积力中的另外一种类型是范德瓦耳斯力，是指原子间或分子间很弱的短距离吸引力。

6. 串联重复序列、反向重复序列

重复序列(repeated sequence)是指在 DNA 分子中同一种序列连续出现的现象。真核生物基因组中重复序列是一个重要特征。按照序列重复与否把 DNA 分子中的序列分为单一序列和重复序列。根据序列重复的次数多少，把重复序列又分为高度重复序列(几百次至百万次)、中度重复序列(10 次至几百次)、低度重复序列(10 次以内)。按照重复序列的排列特征把重复序列分为串联重复序列、反向重复序列。

串联重复序列(tandem repeated sequence)指一些散在的、短的、频率高的、头尾相接的序列。例如：

5′AGGGTT・AGGGTT・AGGGTT・AGGGTT 3′
3′TCCCAA・TCCCAA・TCCCAA・TCCCAA 5′

反向重复序列(inverted repeated sequence)指序列相同但取向相反的序列。例如：

5′GGATCC・CCTAGG・GGATCC・CCTAGG 3′
3′CCTAGG・GGATCC・CCTAGG・GGATCC 5′

又如：

5′AGGGTT・TTGGGA・AGGGTT・TTGGGA 3′
3′TCCCAA・AACCCT・TCCCAA・AACCCT 5′

7. 回文结构、回文序列

回文结构(palindrome)指一段能自我互补的、正读反读信息相同的核苷酸序列。"palindrome"

的英文意思为：正读或反读都相同的词组，如词组 madam、词组 nursesrun，这里是在同一条线上从左读起或从右读起。在 DNA 序列中，即使在不同的链上读起，但都强调从 5′ 读起。例如：

$$5' \text{GAATTC } 3'$$
$$3' \text{CTTAAG } 5'$$

这个序列的两条链都从 5′→3′ 方向阅读，上面一条读为 GAATTC，下面一条链也读为 GAATTC。两条链上下互补，左右互补，旋转对称。有的不完全的回文结构中间还有一些不符合以上特征的核苷酸。例如：

$$5' \text{GAA} \cdots\cdots \text{TTC } 3'$$
$$3' \text{CTT} \cdots\cdots \text{AAG } 5'$$

此种序列在变性和复性过程中每条链会形成一个发夹结构，两条链一块则形成"十"字形结构。

回文序列（palindromic sequence）指含有回文结构的 DNA 序列。有的反向重复序列中的序列可以是回文序列，有的反向重复序列中的序列可以不是回文序列。例如：

$$5' \text{NNNNGAACGTCCNNNCCTGCAAGNNNN } 3'$$
$$3' \text{NNNNCTTGCAGGNNNGGACGTTCNNNN } 5'$$

8. 正超螺旋、负超螺旋

超螺旋（superhelix）指环状双链的双螺旋 DNA 分子自身再缠绕形成的三级结构。环状 DNA 分子在受到外界应力后，为消除这种应力，使其尽量保持正常状态所采取的一种防护方式。因此，只有环状的 DNA 分子才能形成超螺旋。而线状 DNA 分子在受到外界应力时，靠自身适当扭曲就可以消除外界应力，因此，不形成超螺旋。根据超螺旋的旋向，把超螺旋分为正超螺旋和负超螺旋。

正超螺旋（positive superhelix）指以 DNA 分子双螺旋相同方向缠绕的超螺旋构型，即把 DNA 顺时针方向拧松，双螺旋的 DNA 分子为对抗这种力而产生的螺旋，此种螺旋的旋向是右旋的，此种构型的 DNA 分子在自然界很少见。

负超螺旋（negative superhelix）指以 DNA 分子双螺旋相反方向缠绕的超螺旋构型，即把 DNA 逆时针方向拧紧，双螺旋的 DNA 分子为对抗这种力而产生的螺旋，此种螺旋的旋向是左旋的。例如，在环状 DNA 分子某个部位插入某些大分子物质，就会使整个 DNA 分子螺旋变紧，为消

除这种作用，就产生负的超螺旋。自然界中大多的 DNA 分子都属于此种类型。

9. DNA 变性、DNA 复性

DNA 变性（DNA degeneration）指核酸双螺旋碱基对的氢键断裂，双链变成单链，从而使核酸的天然构象和性质发生改变。变性时维持双螺旋稳定性的氢键断裂，碱基间的堆积力遭到破坏，但不涉及其一级结构的改变。凡能破坏双螺旋稳定性的因素，如加热，极端的 pH，有机试剂甲醇、乙醇、尿素及甲酰胺等，均可引起核酸分子变性。变性 DNA 常发生一些理化及生物学性质的改变。

（1）溶液黏度降低。DNA 双螺旋是紧密的刚性结构，变性后代之以柔软而松散的无规则单股线性结构，DNA 黏度因此而明显下降。

（2）溶液旋光性发生改变。变性后整个 DNA 分子的对称性及分子局部的构性改变，使 DNA 溶液的旋光性发生变化。

（3）增色效应（hyperchromic effect），指变性后 DNA 溶液的紫外吸收作用增强的效应。DNA 分子中碱基间电子的相互作用使 DNA 分子具有吸收 260nm 波长紫外线的特性。在 DNA 双螺旋结构中碱基藏入内侧，变性时 DNA 双螺旋解开，于是碱基外露，碱基中电子的相互作用更有利于紫外吸收，故而产生增色效应。

DNA 复性（DNA renaturation）指变性 DNA 在适当条件下，两条互补链全部或部分恢复到天然双螺旋结构的现象，它是变性的一种逆转过程。热变性 DNA 一般经缓慢冷却后即可复性，此过程称为"退火"（annealing）。这一术语也用以描述杂交核酸分子的形成。DNA 的复性不仅受温度影响，还受 DNA 自身特性等其他因素的影响。

四、核心知识

1. 为什么蛋白质没有资格作为遗传物质

蛋白质的发现比核酸早 30 年，对蛋白质的研究发展迅速。到 1940 年时组成蛋白质的 20 种氨基酸已经全部被发现，同时，人们也发现蛋白质具有多样性、变异性，因此，在 1952 年之前，人们普遍认为蛋白质是遗传物质。但是蛋白质不稳

定，不能精确复制，不能世代传递，不能表达为其他大分子物质，因此，蛋白质作为遗传物质的观点受到人们的质疑。虽然，1982 年美国学者普鲁辛纳发现了朊病毒，证明蛋白质也具有感染性、复制性、传递性，但仍然不能确定蛋白质是遗传物质，只能从遗传物质多样性、从极个别现象的角度去思考这一科学问题。

2. 为什么 RNA 不能作为主要遗传物质

1956 年，美国学者康拉特用烟草花叶病毒 (TMV) 的重建实验证明了 RNA 也是遗传物质，但这也是在一些低等生物的特殊现象。RNA 虽然具备一些作为遗传物质的资格条件，但 RNA 在结构和组成上存在缺陷。例如，RNA 分子质量小，不能荷载大量的遗传信息；RNA 往往不能完成自我复制，失去了精确向后代传递的条件；RNA 多数是单链，结构上不太稳定；RNA 分子中核糖的 2 号碳上存在—OH，在碱性环境下，2 号碳上的—OH 很容易失一个氢原子而裸露出电子，这个电子对会攻击 RNA 链上邻近的磷酸二酯键，使得磷酸二酯键断裂，导致 RNA 分子断裂；RNA 分子中含有尿嘧啶 U，U 与胞嘧啶 C 的结构很相近，RNA 复制过程中如果有碱基 C 占据了 U 的位置，很难进行修复，导致遗传信息的变化。所以，RNA 不能作为主要遗传物质，而仅仅在一些病毒中才作为遗传物质。

3. 为什么 DNA 是遗传物质

随着格里菲斯的体内转化实验、埃弗里的体外转化实验以及赫尔希的噬菌体侵染实验的结论，1952 年以后，人们才接受了 DNA 是遗传物质的观点。那么，为什么 DNA 能作为遗传物质呢？作为遗传物质必须具备以下 6 个条件：能储存大量的遗传信息；结构相对稳定；能够精确复制；能够世代传递；能表达为其他大分子物质；具有变异能力。DNA 与蛋白质在作为遗传物质资格方面的区别见表 1-1。

1）DNA 的结构更加稳定　　DNA 含脱氧核糖，有利于使分子结构更加稳定。在碱性环境下，RNA 分子中核糖的 2 号碳上的—OH 会失一个氢原子而裸露出电子，这个电子对会攻击 RNA 链上邻近的磷酸二酯键，使得磷酸二酯键断裂，导致 RNA 分子断裂；而 DNA 分子脱氧核糖的 2 号

表 1-1　DNA 与蛋白质在作为遗传物质资格方面的区别

项目	DNA	蛋白质
信息量	多	多
变异性	有	有
多样性	有	有
稳定性	有	无
传递性	有	无
复制性	有	无
信息放大	有	无
物质表面	丰富	简单
敏感性	高	低

碳上没有游离的—OH，不会经由碱的作用而产生相同的反应，不会形成 2,3-环形磷酸盐的中间产物，因此，RNA 分子一般较 DNA 分子短，且不如 DNA 分子稳定。同时，DNA 分子中书写遗传信息的碱基是 A、T、C、G，为什么不用 U 呢？比较 3 种嘧啶分子的结构可以看出，C 和 U 的结构很相近，C 与 T 差异较大。DNA 以 T 代 U，其生物学意义十分重大。碱基 C 在某种条件下容易氧化脱氨基而成 U；如果 DNA 本来就有 U，那么新变过来的 U 和原有的 U 就无法区别，这样会把遗传信息搞乱。DNA 无 U 有 T，新变过来的 U 一看就是“不速之客”，可以马上清除，保持原有遗传信息的稳定性。DNA 与蛋白质在稳定性上的区别见表 1-2。

表 1-2　DNA 与蛋白质在稳定性上的区别

项目	DNA	蛋白质
结构上	稳定	不稳定
代谢过程中	不被分解	被分解
不同细胞	一样	不一样
不同组织	一样	不一样
不同发育时期	一样	不一样
不同个体	一样	不一样
变性	可复性	不可逆

2）DNA 分子大，适于储存大量信息　　假如由 4 种核苷酸组成的 DNA 分子的一条链由 n 个

核苷酸组成,则组成的重复排列种数:$N=4^n$(若 $n=1000$,则 $N=4^{1000}$,远大于人类已经知道的宇宙中全部原子数的总和 10^{79})。这说明 DNA 分子能够储存极其大量的信息。实际上生物只利用了这些可能排列种数中的一部分,有相当一部分排列方式成为没有功能的基因。在这些没有功能的基因中,仍然有极其大量的有利于突变的排列方式存在。可见,基因通过突变而产生新的排列方式的潜能几乎是无限的;通过基因的突变,为生物进化和人类改造生物的遗传属性提供了物质基础。

3)DNA 的介电常数较大 DNA 分子是已知的介电常数最大的物质,且具有高度量子简并的特征。控制论指出,许多储存信息的方法具有一个共同的重要物理要素,它们似乎都是振动方式很多且频率相同的高度量子简并性的系统。许多储存信息和能量的物质具有很高的介电常数,这种物质在微小扰动时就能产生显著而稳定的结果,即出现量子简并性。作为遗传物质的 DNA 就具有这种高度量子简并的特征。DNA 的介电常数高达 120 000 以上,是已知的介电常数最大的物质,可见大自然选择 DNA 作为遗传物质并非偶然。生物机体的新陈代谢和生殖作用的许多问题都与量子简并性物质有关。

4)DNA 分子为共轭双键体系 DNA 的组成部分——嘌呤和嘧啶基团中都具有共轭双键,它们都有自己的非偶电子。这些非偶电子不受任何个别原子的束缚,为整个分子的共轭系统所共有,电子的激发能也属于整个共轭系统。DNA 在复制和转录过程中作为模板而传递信息。由于 DNA 分子为共轭双键体系,对于实现重叠转移、共振转移、电荷络合物转移、半导性能带的电子转移等各式各样电子激发能的转移十分有利。具有共轭结构的有机高分子化合物有很多特殊的性能,除了顺磁性和导电性之外,还表现出催化活性和耐热性。DNA 在复制过程中的模板自身催化活性,以及在转录过程中对 mRNA 合成的异己催化活性都是共轭体系催化活性的表现。DNA 在介质分子的热运动中得到保护,使遗传特性相对稳定,这是共轭体系耐热性的表现。若具有遗传特性的物质一直保持在 37℃ 左右的恒温条件下,几千年来的分子热运动未能破坏它的有序结构。这说明,外界因素要引起生物的遗传物质发生突变,必须越过一量子化了的很高的能垒,即生物体内的遗传物质被一个"能障"保护着。

5)DNA 与蛋白质在传递性上的区别(表 1-3)

表 1-3　DNA 与蛋白质在传递性上的区别

项目	DNA	蛋白质
子代与亲代	一样	不一样
子细胞与母细胞	一样	不一样
复制	可以	不可以
传递	可以	不可以
配子中	减半	不定量

4. DNA 双螺旋结构的特征

1)碱基组成 有 A、T、G、C 4 种碱基,其中 A 与 T 配对,G 与 C 配对。

2)结构中的键 同一条链上核苷酸之间以共价键相连,两条链之间的碱基间以氢键相连。A 与 T 间形成 2 个氢键,G 与 C 间形成 3 个氢键。

3)各种成分的位置 由脱氧核糖和磷酸间隔相连而成的亲水骨架在螺旋分子的外侧,与螺旋轴平行;疏水的碱基对则在螺旋分子内部,碱基平面与螺旋轴垂直。

4)链的方向 两条 DNA 互补链反向平行,都为 $5' \rightarrow 3'$ 方向。

5)双链旋向 右手螺旋。

6)技术参数 螺旋直径 20Å,螺旋一周有 10 个碱基对,螺距为 3.4nm,相邻碱基平面间隔为 0.34nm,碱基夹角 36°,碱基倾角 0°。

7)分子表面构象 表面存在一个大沟(major groove)和一个小沟(minor groove)。

5. DNA 结构稳定的因素

1)共价键 A、T、G、C 4 种核苷酸组成的 DNA 的一级结构是非常稳定的,维持这种稳定的力是共价键。在糖环中的 C—C 之间的键、核糖与磷酸之间的键、核糖与碱基之间相连的键、两个核苷酸之间的磷酸二酯键等都属于共价键。共价键是高能键,比氢键稳定 10 倍或者更多倍。除了强酸和高温外,其他环境都不能破坏共价键。

2)氢键 维持 DNA 二级结构稳定的作用

力是氢键。A 与 T 间两条键，键长分别为 2.82Å 和 2.91Å，G 与 C 间三条键，键长分别为 2.84Å、2.92Å、2.84Å。通常所说的 DNA 结构就是 DNA 双螺旋结构，是 DNA 分子的二级结构，也是 DNA 存在的天然状态。在 DNA 分子双链形成时总是 A 与 T 配对、G 与 C 配对，这种碱基互补配对规则使大的双环的嘌呤与一个较小的单环的嘧啶配对，2 个碱基能整齐地插入糖基-磷酸基链间的"空隙"，这使 DNA 分子形成互补双链在空间上成为可能。在二级结构中的每一个碱基上都有适于形成氢键的供氢体，如氨基和羟基；有受氢体，如酮基和亚氨基，这些是形成氢键的基本条件。加之嘌呤碱基与嘧啶碱基互补配对规律所形成的最适合的"空隙"，这些都使碱基间氢键的形成实现最大化。因此，A 与 T、G 与 C 配对无论从立体效应维持 DNA 结构稳定性的因素考虑或是从形成最多的氢键考虑都是最稳固的构型。虽然单个氢键不太稳定，但当 DNA 分子中有几十个氢键时就会使其非常稳定，而 DNA 分子中常常有许多的氢键，足以使 DNA 分子的结构在横向上处于非常稳定的状态。

3) 碱基堆积力　　指同一条链中相邻碱基之间的疏水作用力和范德瓦耳斯力。疏水作用力指疏水或难溶于水的 2 个分子(相同或不相同)在水中具有相互联合、成串结合在一起的趋势。位于 DNA 分子同一条链上的嘌呤环和嘧啶环都带有一定程度的疏水性，它们之间虽然不能形成氢键，但这些疏水分子层层堆积时，使 DNA 分子内部形成一个疏水核心，与分子表面的介质水分子隔开，即在 DNA 双螺旋结构的内部不存在自由的水分子，这样更容易在互补碱基间形成氢键。双链之间氢键的形成，使双链 DNA 分子中碱基的堆积程度更高，而当所有碱基处于堆积状态时又更有利于双链之间氢键的形成。碱基的疏水作用不仅是核酸遗传信息传递的基础，也是核酸复性的一个重要因素。范德瓦耳斯力指原子间或分子间很弱的短距离吸引力。当把不溶于水(即不能与水形成氢键)的有机分子放入水中时，这些分子便靠范德瓦耳斯力彼此附着。任何 2 个彼此非常靠近的原子，由于它们波动的电荷而表现出的一个弱吸引结合的相互作用，直到它们变得极度靠近

时彼此会非常强烈的排斥。虽然单个的范德瓦耳斯力吸引非常弱，但是当 2 个大分子表面之间非常适合时，范德瓦耳斯力吸引就变得很重要。DNA 分子中各个分子间的距离正好处于一个适宜的距离。因此，碱基堆积力是在纵向上维持 DNA 分子结构稳定性的非常重要的原因。

4) 正负电荷的作用　　在 DNA 分子中也存在一些不利于稳定的因素，如 DNA 分子中磷酸基的静电斥力。因为每一个核苷酸的磷酸基上都带有一个负电荷，所以双链之间会产生强有力的静电排斥作用使双链分开而不稳定。但是，磷酸基团上带负电荷的氧原子，能够与介质中的金属阳离子、带正电荷的碱性蛋白质、阳离子表面活性剂、聚阳离子、精胺类等阳性离子物质形成离子键，离子键的产生减少了每条链上负电荷的总量，从而减少了 DNA 分子 2 条链间的静电斥力，加强了 DNA 分子的稳定性，即在一定的钠盐环境中，这些负电荷会被中和，从而使静电排斥作用丧失。DNA 分子中的其他弱键在维持双螺旋结构的稳定上也起到一定的作用。

5) 缺乏自由羟基　　核糖的 2'-C 原子位上无自由羟基，对碱的抵抗力特别强，因羟基可变为其他多种官能团而使分子结构不稳定。

6) 双螺旋结构本身的特征　　氢键和碱基堆积力作用形成的 DNA 分子的双螺旋结构，本身具有维护其稳定的特征。2 条脱氧核苷酸长链相互盘旋成粗细均匀、螺距相等的规则双螺旋空间结构，这样的结构就像 2 根稻草绳螺旋缠绕在一起一样，其牢固度(稳定性)大大提高；DNA 分子的双螺旋结构不是完全对称的，DNA 的 2 个螺旋骨架在其外侧形成了 2 个一宽一窄、深度大约相同的凹槽，一些小分子可以被吸附在 2 个骨架的凹槽中。一宽一窄的凹槽即大沟和小沟，在这些沟内碱基对的边沿是暴露给溶剂的，所以，与特定碱基对有相互作用的分子如一些调节蛋白，可以通过这些沟去辨认识别，而不需要将双螺旋结构破坏；碱基对位于双螺旋内部，处于一个疏水的环境中，避免了遭到水溶性活性小分子的攻击，保证了组成 DNA 分子最重要的元素碱基的稳定性；带有大量负电荷的磷酸残基位于双螺旋的外侧，形成一个亲水的环境，使 DNA 分子容易与

外界环境中的一些阳离子结合，中和 DNA 分子的静电斥力，对二级结构的稳定也起一定作用。

7)碱基对的位置　　碱基对位于双螺旋内部，处于一个疏水的环境中，避免了遭到水溶性活性小分子的攻击，保证了组成 DNA 分子最重要的元素碱基的稳定性。

8)一定的钠盐环境　　核苷酸的磷酸基上带有的一个负电荷，使每条链都带有负电荷，双链之间会产生强有力的静电斥力，使双链分开而不稳定。另外，由于温度等因素，碱基分子内能增加而削弱氢键结合力和碱基堆积力，双螺旋结构不稳定。但是，生物体一定的钠盐环境能够使这些负电荷被中和，而使静电排斥作用丧失，维持稳定。

6. 右旋 DNA 与左旋 DNA 的区别(表1-4)

表 1-4　右旋 DNA 与左旋 DNA 的区别

项目	左旋 DNA	右旋 DNA
螺旋方向	左手	右手
每圈碱基数	12bp	10bp
每残基升高	3.7Å	3.4Å
螺距	45Å	34Å
碱基倾斜度	7°	0°
碱基夹角	−30°	+36°
螺旋直径	18Å	20Å
五碳糖构象	C 反式 G 顺式	C 反式 G 反式
大沟小沟	有小沟无大沟	有小沟有大沟

7. 夏格夫法则在解析习题中的运用

不论是国际生物学奥林匹克竞赛还是国内生物学奥林匹克竞赛乃至各个省区生物学奥林匹克竞赛的试题中，遗传学部分占的比例越来越大，其中涉及利用夏格夫法则计算 DNA 结构中各种碱基比值方面的试题几乎每年的试卷中都有，出题的角度不同，类型各异，但是认真分析可以归纳为以下 12 种类型。

1)知道 DNA 分子中碱基比值关系，推断该 DNA 分子是双链还是单链　　例如，在 1 个 DNA 分子中(A+G)/(T+C)=1，A=T，G=C。此 DNA 是双链还是单链？根据夏格夫法则认为该 DNA 分子可能是双链，而不能认为一定是双链。在双链 DNA 分子中一定是(A+G)/(T+C)=1，A=T，G=C。但是当(A+G)/(T+C)=1，A=T，G=C 时不一定绝对是双链 DNA。在有的单链 DNA 中也会出现(A+G)/(T+C)=1，A=T，G=C 的现象。但是当(A+G)/(T+C)≠1，此时可以肯定 A≠T，G≠C，或者 A=T，G≠C，或者 A≠T，G=C，不论是哪种情况均可以判断该 DNA 分子为单链。

2)知道 DNA 分子中 1 条链中某种碱基比值和另一条链中某种碱基比值，计算相应单链中、互补链中以及整个 DNA 分子中各种碱基的比值

例如，在 DNA 分子一条链中 A=30%，在另一条互补链中 G=10%。根据夏格夫法则在相应单链中 A+C=40%，T+G=60%，在互补链中 T+G=40%，A+C=60%。而在整个 DNA 分子中 A+C=(30%+10%+60%)/2=50%，T+G=(30%+10%+60%)/2=50%。同理，在知道 DNA 分子一条链中的 A、另一条链中的 C 时或者一条链中的 T、另一条链中的 C 时，或一条链中的 T、另一条链中的 G 时都可以计算出相应单链中、互补链中以及整个 DNA 分子中相应碱基的比值。但在知道一条链中的 A、另一条链中的 T 时或一条链中的 G、另一条链中的 C 时则无法进行以上的计算。

3)知道 DNA 分子 1 条链中某两种同类碱基的比值，计算该单链中、互补链中以及整个 DNA 分子中相应碱基的比值　　例如，在 1 个 DNA 分子中的一条单链中 A=0.3，G=0.24，根据夏格夫法则可算出此单链中 T+C=1−(0.3+0.24)=0.46。在互补链中 T=0.3，C=0.24，A+G=1−(0.3+0.24)=0.46。在整个 DNA 分子中 A+G=0.5，T+C=0.5。同理，知道单链中 T、C 的比例能算出该单链中、互补链中以及整个 DNA 分子中相应其他两种碱基的比值。

4)知道 DNA 分子的 1 条单链中两种同类碱基与另外两种同类碱基的比值，计算互补链中、整个 DNA 分子中相应碱基的比值　　例如，在 1 个 DNA 分子的一条链中(A+G)/(T+C)=0.4。根据夏格夫法则知道一条链中 A+G 的比值等于另一条链中 T+C 的比值，则另一条链中(A+G)/(T+C)的值，等于把(A+G)/(T+C)=0.4=4/10 这个式子中的分子和分母颠倒即可，即等于 10/4=2.5。当

然在整个 DNA 分子中 (A+G)/(T+C)=1。若求互补链中 (T+C)/(A+G) 的值，则仍为 4/10=0.4。

5) 知道 DNA 分子中 1 条链某两种非同类碱基的比值，计算该单链中、互补链中以及整个 DNA 分子中相应碱基的比值　例如，在 1 个 DNA 分子的 1 条单链中 A=0.3，C=0.4，根据夏格夫法则可算出此单链中 T+G=1−(0.3+0.4)=0.3。在互补链中 T=0.3，G=0.4，A+C=1−(0.3+0.4)=0.3，在整个 DNA 分子中 T+G=0.5，A+C=0.5。同理知道单链中 A 和 T、G 和 C、T 和 G 的比值就可以计算出该单链中、互补链中、整个 DNA 分子中相应碱基的比值。若知道单链中 A、T 或 G、C 的比值，还能计算出单链中、互补链中、整个 DNA 分子中 (A+T)/(G+C) 的值。如 DNA 分子中的 1 条单链中 A=0.3、T=0.4，则在此单链中 (A+T)/(G+C)=0.7/0.3，在互补链中 (A+T)/(G+C)=0.7/0.3，在整个 DNA 分子中 (A+T)/(G+C)=0.7/0.3。也即单链中某两种非同类碱基的比值代表了互补链中、整个 DNA 分子中两种非同类碱基的比值。

6) 知道 DNA 分子 1 条单链中某两种非同类碱基与另外两种非同类碱基的比值，计算互补链中、整个 DNA 分子中相应碱基的比值　例如，在 1 个 DNA 分子单链中 (A+T)/(G+C)=0.4，则在其互补链中 (A+T)/(G+C)=0.4=4/10，(G+C)/(A+T)=10/4=2.5。在整个 DNA 分子中 (A+T)/(G+C)=0.4，(G+C)/(A+T)=10/4=2.5，此种情况下在单链中 (A+T)/(G+C) 的值就等于在互补链中、整个 DNA 分子中 (A+T)/(G+C) 的值。在单链中 (A+T)/(G+C)=0.4 的倒数就等于互补链中、整个 DNA 分子中 (G+C)/(A+T) 的值。但是在 1 个 DNA 分子单链中 (A+C)/(G+T)=0.4，在互补链中 (A+C)/(G+T) 的值等于单链中 (A+C)/(G+T) 的倒数，即 10/4=2.5，在整个 DNA 分子中 (A+C)/(G+T)=1。

7) 知道 DNA 分子 1 条单链中 4 种碱基的比值，计算其互补链中、整个 DNA 分子中 4 种碱基的比值　例如，在 1 个 DNA 分子的 1 条单链中 A：T：G：C =1：2：3：4。根据夏格夫法则，其互补链中 A：T：G：C=2：1：4：3，只要把 A 与 T 间的数值，G 与 C 间的数值换位即可。

例如，1 条单链中 A：G：T：C =1：3：2：4，则在其互补链中 A：G：T：C=2：4：1：3。在整个 DNA 分子中 A：T：G：C =(1+2)：(1+2)：(3+4)：(3+4)，即在整个 DNA 分子中 A=A+T，T=T+A，G=G+C，C=C+G。

8) 知道 DNA 分子双链中碱基比值，计算单链中、互补链中相应碱基的比值　例如，1 个双链 DNA 分子中 (A+T)/(G+C)=0.4=4/10，则在此 DNA 的 1 条单链中 (A+T)/(G+C)=0.4，在互补链中 (A+T)/(G+C)=0.4。同理在一双链 DNA 分子中 (G+C)/(A+T)=0.4 时，在此 DNA 的 1 条单链中 (G+C)/(A+T)=0.4，在互补链中 (G+C)/(A+T)=0.4。

9) 知道双链 DNA 分子中 1 种碱基的比值也可以计算单链中、互补链中相应的碱基的比值　例如，在 1 个 DNA 分子中 A=0.2，则在此 DNA 分子中 T=0.2，G=0.3，C=0.3，(A+T)/(G+C)=(0.2+0.2)/(0.3+0.3)=0.4/0.6=0.67=67/100，则在一单链中、互补链中 (A+T)/(G+C)=0.67 =67/100。也即在双链分子中 (A+T)/(G+C) 或者 (G+C)/(A+T) 的值等于单链中、互补链中 (A+T)/(G+C) 或 (G+C)/(A+T) 的值。但是当知道双链 DNA 分子中 (G+A)/(C+T) 或 (A+C)/(G+T) 的值则无法计算单链中、互补链中的相应碱基的比值。知道 DNA 分子中 A+G、A+C、T+G、T+C 的值时也无法计算单链中、互补链中相应的碱基的比值。

10) 知道 mRNA 中某两种碱基的比值，计算模板链中、非模板链中、整个 DNA 分子中相应碱基的比值　例如，1 个 mRNA 分子中 A+G=0.3，则在模板链中 A+G=1−(mRNA 中 A+G 的比值)=1− 0.3=0.7，T+C=1− 0.7=0.3。在非模板链中 A+G=0.3(mRNA 中 A+G 的比值)，T+C=0.7(mRNA 中 U+C 的比值)。在整个 DNA 分子中 A+G=0.5。在知道 mRNA 中碱基的比值如 A+C=0.3，计算模板链中、非模板链中、整个 DNA 分子中相应的碱基的比值时方法与上面的相同。但是在知道 mRNA 中 A+U=0.3 时，则模板链中、整个 DNA 分子中 A+T 的比值与 mRNA 中 A+U 的比值相同。

11) 知道 mRNA 中某两种碱基与另外两种碱基的比值，计算模板链、非模板链以及整个 DNA 分子中相应碱基的比值　例如，1 个 mRNA 中

（A+U）/（G+C）=0.4=4/10,则在模板链中 T+A=4,G+C=10,（A+T）/（G+C）=4/10=0.4。在非模板链中、整个 DNA 分子中都是（A+T）/（G+C）=4/10 =0.4,即 mRNA 中（A+U）/（G+C）的值就是模板链中、非模板链中、整个 DNA 分子中（A+T）/（G+C）的值。但是若 1 个 mRNA 中（A+C）/（G+U）=0.4 =4/10 时,则在模板链中（A+C）/（G+T）= 10/4=2.5, 在非模板链中（A+C）/（G+T）=4/10=0.4, 在 DNA 分子中（A+C）/（G+T）=1。同理, 在知道 mRNA 中（A+G）/（C+U）的值时也是如此计算。

12）知道 mRNA 中的碱基数目,计算 DNA 中某两种非同类碱基的比值　例如,1 个 mRNA 有 300 个碱基,问其基因双链中 A 和 C 的总数是多少？ 在双链中此 mRNA 的基因双链共有 300×2=600 个碱基。根据夏格夫法则在 DNA 双链中（A+G）/（T+C）=1 或者（A+C）/（T+G）=1。知道 A+C=T+G,因此,在 600 个碱基中 A+C 和 T+G 各占一半,即 A+C=300。此种类型的试题还可以计算基因双链中 A+G、T+C、T+G 的数目,但是不能计算 A+T、G+C 的数目。

五、核心习题

例题 1. DNA 序列"pAGATTAAGCC"的反向互补序列是_____。

知识要点：

(1)互补序列是碱基间的互补。

(2)两条互补序列排列方向相反,但都要从 5′端读起。

(3)核酸的书写规范是磷酸端在前,羟基端在后。

解题思路：

(1)根据知识要点(1),互补碱基序列为 TCTAATTCGG。

(2)根据知识要点(2),反向互补序列是 5′GGCTTAATCT 3′。

(3)根据知识要点(3),反向互补序列的正确写法应为 pGGCTTAATCT。

参考答案： pGGCTTAATCT。

解题捷径： 掌握 DNA 序列的阅读方向和书写规则。

例题 2. 核酸主要有_____和_____两种,由于它们的_____不同,因此_____在酸性条件下更稳定。

知识要点：

(1)核酸包括脱氧核糖核酸(DNA)、核糖核酸(RNA)两种。

(2)DNA 与 RNA 的区别主要在侧链上,DNA 没有羟基,RNA 侧链含有羟基。

(3)羟基呈碱性,与酸容易发生酸碱中和反应。

解题思路：

(1)根据知识要点(1),核酸主要有 DNA 和 RNA 两种。

(2)根据知识要点(2),DNA 与 RNA 的侧链不同。

(3)根据知识要点(3),DNA 因为没有侧链上的羟基,所以在酸性条件下更稳定。

参考答案： DNA、RNA、侧链、DNA。

解题捷径： 熟悉 DNA 和 RNA 的概念、结构和特性。

例题 3. DNA 是以半保留方式进行复制的,如果放射性全标记的双链 DNA 分子在无放射性标记的溶液中经两次复制,那么所产生的 4 个 DNA 分子的放射性如何？

A. 两个分子含有放射性

B. 全部含有放射性

C. 双键中一半含有放射性

D. 所有分子的两条链都没有放射性

知识要点：

(1)DNA 以半保留方式复制，新生的互补链与母链构成子代 DNA 分子。

(2)一个双链 DNA 分子经两次复制，产生 4 个子代分子，其中 2 个分子含有原来的母链。

(3)母链是放射性全标记的。

解题思路：

(1)根据知识要点(1)，子代分子中会保留一条完整的母链。

(2)根据知识要点(2)，两次复制后，一条双链 DNA 分子产生了 4 个子代分子，其中 2 个分子含有原来的模板链。

(3)根据知识要点(3)，两个分子中的两条模板链带有放射性标记，也就是这两个分子含有放射性。

参考答案： A。

解题捷径： DNA 复制的特点。

例题 4. 提取一种生物的 DNA，经过碱基组成分析，知其 A 含量为 23%，试问 C 占多少？假设 MS_2RNA 噬菌体基因组中 A 占 28%，试问能由此求得 C 含量吗？为什么？

知识要点：

(1)一般大多生物的基因组 DNA 都为双链。

(2)DNA 中碱基的配对规律是 A 与 T，G 与 C。

(3)DNA 中 (A+C)/(T+G)=1。

(4)MS_2RNA 噬菌体是一种 RNA 病毒，其遗传物质是单链 RNA。

解题思路：

(1)根据知识要点(1)和(2)，在该基因双链中 A 与 T 的数目相等，G 与 C 的数目相等，A 含量为 23%，所以 T 含量也为 23%。

(2)根据知识要点(3)，在该基因双链中应该 A+C 的数目等于 T+G 的数目，那么 G+C 含量为 1–(23%+23%)=54%，则 C 的含量为 54%/2=27%。

(3)根据知识要点(4)，单链 RNA 中不存在完整的碱基配对情况，所以不能由 A 的含量求得 C 的含量。

参考答案： C 占 27%。不能根据 A 的含量求得 C 的含量。因为 MS_2RNA 噬菌体的基因组是单链 RNA。

解题捷径： 双链 DNA 中，[A]=[T]、[G]=[C]，所以，$[C]\%=\dfrac{1}{2}(1-2\times[A]\%)$，而单链 DNA 或单链 RNA 中无此规则。

例题 5. DNA 连接酶(DNA ligase)是 DNA 复制必需的酶，但 RNA 复制用不着 RNA 连接酶，为什么？

知识要点：

(1)DNA 连接酶的作用是连接双链 DNA 中的缺口。

(2)在 DNA 的复制过程中，后随链的复制是不连续的。

(3)在 RNA 的复制过程中，没有 RNA 引物，是连续复制。

解题思路：

(1)根据知识要点(1)，DNA 连接酶能使双链 DNA 中的缺口共价连接。

(2)根据知识要点(2)，后随链的复制过程中，产生冈崎片段，两个冈崎片段之间存在缺口，需要连接酶的连接。

(3)根据知识要点(3)，RNA 复制过程中，无冈崎片段的产生，也没有缺口，整个 RNA 是连续合成的，因此，无须 RNA 连接酶。

参考答案：DNA 连接酶能使双链 DNA 中的缺口共价连接，缺口必须含有 3′ 羟基和 5′ 磷酰基，同时所连接的核苷酸必须在所连接的双链结构中正确配对。

在 DNA 的复制过程中，后随链的复制是不连续的，当冈崎片段形成后，其 5′ 端的 RNA 引物通过 DNA 聚合酶 I 催化的缺口位移而降解，并为脱氧核糖核苷酸片段所置换，两个冈崎片段间的缺口由 DNA 连接酶予以封闭。

在 RNA 的复制过程中，没有 RNA 引物，无冈崎片段的产生，也没有缺口，整个 RNA 是连续合成的，因此，无须 RNA 连接酶。

解题捷径：遇到此类习题，要熟悉和掌握 DNA 连接酶的作用，以及区分 DNA 复制和 RNA 复制的主要不同点。

例题 6. 大肠杆菌染色体的分子质量是 2.5×10^9 Da，每个核苷酸碱基平均分子质量是 330Da。试问：(1) 大肠杆菌染色体有多少对碱基？(2) 有多长？(3) 有多少螺圈？

知识要点：

(1) 大肠杆菌染色体 DNA 是双链结构。

(2) B 型 DNA 的相邻碱基对平面的间距是 0.34nm。

(3) B 型 DNA 的螺旋周期包含 10 对碱基。

解题思路：

(1) 根据知识要点 (1)，碱基对数为 $2.5 \times 10^9 \div 330 \div 2 = 3.8 \times 10^6$。

(2) 根据知识要点 (2)，DNA 的长度为 $3.8 \times 10^6 \times 0.34 = 1.3 \times 10^6$ nm。

(3) 根据知识要点 (3)，螺圈数为 $3.8 \times 10^6 \div 10 = 3.8 \times 10^5$。

参考答案：(1) 有 3.8×10^6 对碱基。(2) 长度为 1.3×10^6 nm。(3) 有 3.8×10^5 螺圈。

解题捷径：此类习题要求掌握 B 型 DNA 双螺旋结构参数。

例题 7. 在 DNA 分子的一条链中 A=30%，在另一条互补链中 G=10%。计算相应单链中、互补链中及整个 DNA 分子中各种碱基的比值。

知识要点：

(1) 任何一条双链 DNA 分子都有两条互补的 DNA 单链。两者之间的碱基互补符合夏格夫法则，即 A=T，C=G。

(2) 每一条互补单链中，A、T、C 和 G 4 种碱基之和为 100%。

(3) 一条双链 DNA 分子中，A、T、C 和 G 4 种碱基之和为 100%。

解题思路：

(1) 根据知识要点 (1)，在 DNA 双链中，A=T=30%，G=C=10%，在相应单链中 A+C=100%−(T+G)，T+G=100%−(A+C)。

(2) 根据知识要点 (2)，在互补链中 A+C=100%−(T+G)；T+G=100%−(A+C)。

(3) 根据知识要点 (3)，在整个 DNA 分子中 A+C=T+G=(A+C+T+G)/2=50%。

参考答案：

在相应单链中 A+C=40%，T+G=60%。

在互补链中 T+G=40%，A+C=60%。

在整个 DNA 分子中 A+C=(30%+10%+60%)/2=50%，T+G=(30%+10%+60%)/2=50%。

例题 8. 在 1 个 DNA 分子单链中 (A+T)/(G+C)=0.4，计算互补链中、整个 DNA 分子中相应碱基的比值。

知识要点： 一条双链 DNA 分子都有两条互补的 DNA 单链。一条单链中 (A+T)/(G+C) 的值等于在互补链中、在整个 DNA 分子中 (A+T)/(G+C) 的值。

解题思路： 根据知识要点，在其互补链中 (A+T)/(G+C)=0.4=4/10，(G+C)/(A+T)=10/4=2.5。在整个 DNA 分子中 (A+T)/(G+C)=0.4，(G+C)/(A+T)=10/4=2.5。

参考答案： 互补链中 (A+T)/(G+C) 的值均为 0.4；(G+C)/(A+T) 的值均为 2.5。

整个 DNA 分子中 (A+T)/(G+C) 的值均为 0.4；(G+C)/(A+T) 的值均为 2.5。

例题 9. 在 1 个 DNA 分子的 1 条单链中 A：T：G：C=1：2：3：4，求互补链中、整个 DNA 分子中 4 种碱基的比值。

知识要点：

(1) 任何一条双链 DNA 分子都有两条互补的 DNA 单链。两者之间的碱基互补符合夏格夫法则，即 A=T，C=G。

(2) 整个 DNA 分子中 4 种碱基的总数等于两个单链 DNA 分子中 4 种碱基的总数。

解题思路：

(1) 已知 1 条单链中 A：T：G：C=1：2：3：4，设其中 4 种碱基的最大公约数为 N，那么，A=N，T=2N，G=3N，C=4N。根据根据知识要点 (1)，其互补链中 A'=T=2N，T'=A=N，G'=C=4N，C'=G=3N。

(2) 根据知识要点 (2)，其整个 DNA 分子中 A^t=A+A'=(N+2N)=3N，T^t=T+T'=(2N+N)=3N，G^t=G+G'=(3N+4N)=7N，C^t=C+C'=(4N+3N)=7N。

参考答案： 互补链中 4 种碱基的比值：A：T：G：C=2：1：4：3。

整个 DNA 分子中 4 种碱基的比值：A：T：G：C=3：3：7：7。

解题捷径： 1 条单链中 A：T：G：C 4 种碱基的值=1：2：3：4，则只要把 A 与 T 间的数值、G 与 C 间的数值换位就是其互补链中 A：T：G：C 4 种碱基的值=2：1：4：3。在整个 DNA 分子中 A：T：G：C 4 种碱基的值=(1+2)：(1+2)：(3+4)：(3+4)，也即两条 DNA 单链分子中互补碱基之和 A=A+T，T=T+A，G=G+C，C=C+G。

例题 10. 1 个 mRNA 中 (A+U)/(G+C)=0.4，计算模板链、非模板链及整个 DNA 分子中相应碱基的比值。

知识要点：

(1) 1 个 mRNA 分子中的 4 种碱基 A、U、G 和 C 与一条双链 DNA 分子该 mRNA 分子的模板链中的 4 种碱基 A、T、G 和 C 之间遵循下列碱基配对原则：A=T、U=A 和 G=C。

(2) 一条双链 DNA 分子都有两条互补的 DNA 单链。两者之间的碱基互补符合夏格夫法则，即 A=T，C=G。

(3) 整个 DNA 分子中 4 种碱基的总数等于两个单链 DNA 分子中 4 种碱基的总数。

解题思路：

(1) 根据知识要点 (1) 和已知条件 mRNA 中 (A+U)/(G+C)=0.4=4/10，mRNA 分子中 A+U=模板链中 T+A=4，而两者的 G+C=10。

(2) 根据知识要点 (2)，模板链和非模板链的 T+A=4，G+C=10，(A+T)/(G+C)=0.4。

(3) 根据知识要点 (3)，整个 DNA 分子中 T+A=2×4；G+C=2×10，(A+T)/(G+C)=0.4。

参考答案： 模板链中、非模板链中和整个 DNA 分子中 (A+T)/(G+C) 的值均为 0.4。

解题捷径： mRNA 中 (A+U)/(G+C) 的值就是模板链中、非模板链中、整个 DNA 分子中 (A+T)/(G+C) 的值。

第二章 遗传的细胞学基础

一、核心人物

1. 弗莱明(Walther Flemming, 1843～1905)

弗莱明，德国生物学家、细胞遗传学的奠基者，1843 年 4 月 21 日出生于萨克森贝格(现在的萨克森州)。其父亲 Carl Friedrich Flemming 是一个精神科医生，弗莱明是父亲与第二任妻子所生，是父亲的第五个孩子，也是家里面唯一的男孩。他在 Rostock 大学接受医学训练后，于 1868 年毕业获得医学学士学位。1870～1871 年，普法战争期间在普鲁士军中作为随军医生参加了普法战争。1872～1875 年，在德国布拉格大学(University of Prague)任教，1876 年，到基尔大学(University of Kiel)任动物解剖学教授并担任解剖学研究所的所长，一直到去世。

1877 年，弗莱明发现了细胞核中可被碱性染料染上颜色的物质，他将其命名为染色质(chromatin)，10 年后德国解剖学家瓦尔德耶尔将此染色质改称为"染色体"(chromosome)。1879 年，弗莱明总结前人和自己的研究工作，发现和命名了有丝分裂，1882 年，出版了《细胞基质、细胞核和细胞分裂》的专著，指出所有细胞核都是来自其他的细胞核。染色质和有丝分裂的发现，极大地促进了细胞学、细胞遗传学的发展，弗莱明也由此成为国际上著名的生物学家和细胞遗传

学家。

弗莱明是一位富有同情心和职业道德的科学家，非常关心那些由于贫穷上不了学、接受不到科学教育的孩子们，每年他工资的 20% 都用于捐赠，以帮助那些贫穷的孩子们。1905 年 8 月 4 日，弗莱明在德国因病逝世，享年 62 岁。

2. 比耐登(Edouard van Beneden, 1846～1910)

比耐登，比利时胚胎学家、细胞学家和海洋学家，1846 年 3 月 3 日出生于比利时中部的城市鲁汶(Leuven)，有的书中译作卢万。其父亲 Pierre-Joseph van Beneden 是鲁汶大学的动物学教授，比利时有名的寄生虫学家和古生物学家，曾担任过比利时科学院院长，长期坚持对绦虫进行研究，发现了绦虫的生活史。受父辈的影响，比耐登从小就喜欢科学，在父亲海边的小实验室里看到了许多东西，也学习了许多动物方面的知识。大学期间开始对细胞理论感兴趣。大学毕业后到比利时列日大学工作，从事动物学教学和研究工作，详细阐述了弗莱明的著作，由于工作成绩优秀，很快就晋升为教授。自 1883 年起，他以染色体数很少的巨头蛔虫(一种马肠道内的寄生虫)为材料进行研究，1887 年，比耐登证明并且提出：体内的不同细胞里，染色体的数目不变，各种生物的染色体有一定的数目；由体细胞(性原细胞)形成配子(生殖细胞)时染色体数目减半，并通过

精卵结合的过程而恢复原来的数目。可以说是比耐登首先在动物中发现了减数分裂现象。他的减数分裂的发现为遗传学奠定了理论基础，促进了细胞学和遗传学的发展。1910 年 4 月 28 日，比耐登因病在列日去世，享年 64 岁。

3. 博韦里（Theodor Heinrich Boveri, 1862～1915）

博韦里，德国实验胚胎学家、细胞学家、遗传学家，1862 年 10 月 12 日出生于德国班堡。博韦里夫妇非常重视孩子们创新性和创造力的培养。在家里 4 个孩子中排行老二的博韦里，在很小的时候就练习艺术技能，在纽伦堡的文实中学接受音乐训练，音乐训练之余，他还进行绘画技能的学习。他的传记作家巴特兹（Fritz Baltzer）这么描述博韦里："在博韦里的一生当中，他是一个十分聪明并且具有创造力的人，他拥有与实际年龄不符的谦虚和成熟。"博韦里早期的音乐训练深刻地影响了他日后工作的方式和态度，无论是对自然科学还是对艺术的追求，他始终坚持科学实践的方式。同时，他对自己的学生也是如此期望。1881 年博韦里毕业于文实中学，同年考入慕尼黑大学。由于他展现出的天赋和能力，在文实中学和慕尼黑大学的资格考试中获得优异的成绩，从而被授予奖励，得以居住在马克西米利安纪念馆，该处董事会提供食宿补贴给那些成绩优异的学生。经过一个学期的历史和哲学学习，他决定转去研究解剖学和生物学，在这期间他成为了慕尼黑解剖学研究所解剖学家库普弗的助手。在那时，博韦里的父亲挥霍了家里的大部分财富，而他的生活条件以及奖学金帮助他的家庭缓解了窘境。1885 年，博韦里在导师库普弗的指导下完成了论文 *Beiträge zur Kenntnis der Nervenfasern* 的书写，同时被授予了博士学位。同年他还获得了拉蒙特奖学金。

1885～1887 年，博韦里与赫特维希在慕尼黑动物研究所一起工作。1890 年初，博韦里开始出现一些严重的健康问题，有时出现类似于流感的症状，时常遭受疲劳和抑郁的困扰，随后被诊断为神经衰弱。1891 年，他父亲的去世使他身体情况更加恶化，博韦里在疗养院休养了很长一段时间，他的健康状况再也恢复不到原来，这给他后来的研究工作带来了很大的影响。1892 年的秋天，博韦里 30 岁生日之后不久，他得到了一直梦寐以求的大学就业机会。不到一年内，博韦里在德国乌尔兹堡大学成为了动物学和解剖学教授，同时被任命为动物学、动物解剖学研究所主任。这一荣誉伴随他余下的一生，并与萨克斯（Julius von Sachs）、伦琴（Wilhelm Conrad Röntgen）及他的第一个学生斯佩曼（Hans Spemann）一起进入乌尔兹堡大学荣誉学者的名单。

1897 年 10 月 5 日，马上 35 岁的博韦里与美国生物学家、瓦瑟学院的爱尔兰裔姑娘玛塞拉·奥格雷迪结婚。1900 年，他们的儿子 Margret Boveri（1900～1975）出生，后来是德国有名的记者。博韦里的夫人奥格雷迪是一个非常优秀的女性，也是第一个进入乌尔兹堡大学进行科学研究的女性，在婚后的十多年中，她与丈夫博韦里携手对受精作用和染色体的行为进行研究，在一系列的双受精试验中进一步证实了染色体的个体和特征，是博韦里一生当中最重要的合作者和支持者。博韦里用马蛔虫（*Ascarism egalocephala*）研究染色体减少和中心体问题，用海胆卵观察双受精中染色体的变化与胚胎发育的关系、染色体的特性、染色体的数目变化、染色体与分化关系等，1902 年，博韦里提出了"染色体的行为与孟德尔遗传因子具有平行关系"的假说。他对染色体行为的研究成果为当今减数分裂和受精过程的研究铺平了道路，为细胞学与遗传学的交叉、细胞遗传学的诞生奠定理论基础。1915 年 10 月 15 日博韦里在德国乌兹堡去世，享年仅 53 岁。

4. 徐道觉（Tao Chiuh Hsu, 1917～2003）

徐道觉，美籍华裔细胞遗传学家，1917 年 4 月 17 日出生于中国浙江绍兴；1941 年，毕业于浙江大学农学院,并在遗传学家谈家桢教授指导下获得理科硕士学位后留校任教,深得谈家桢教授的器重;1948年,他在美国《遗传杂志》上发表了《上翻折叠舌,一项新报告的人类遗传性状》的论文,引起国际人类遗传界的注意,同年赴美国留学,1951年在美国得克萨斯大学获得博士学位后,在位于加尔维斯敦市的该校医学院从事博士后研究工作;1953年被聘为助理教授。1955年,应聘到位于休斯敦市的该校安德森医院和肿瘤研究所任实验细胞学研究室主任,副教授;1961年晋升为教授;1980年被聘为该中心第一位首席教授。

徐道觉一生治学严谨,硕果累累,发表了近400篇论文。最具有原创性的工作如1952年发明了人类染色体制片过程中的低渗法,开创了人类细胞遗传学的新纪元;1961~1963年发现人类染色体的"脆性位点",并成功诱导人类染色体特定位点的断裂;1971年创建了显示组成性异染色质的方法——染色体C显带技术;1983~1989年提出诱变剂敏感性与环境致癌作用相关的假说,并用实验进行了证明;1992年创建测量抗氧化剂效率的方法。在取得一系列重大成果的基础上,迅速将该理论扩大到其他物种,促进了细胞遗传学发展。

1973~1974年,徐道觉被选为美国细胞生物学会主席。1998年,徐道觉第一次回国(也是最后一次回国)参加了在北京召开的第18届国际遗传学大会。2003年7月9日,86岁的徐道觉因病逝于美国得克萨斯州休斯敦市。

5. 蒋有兴(Joe Hin Tjio,1919~2001)

蒋有兴,美籍华裔遗传学家,1919年2月11日出生在荷属东印度群岛(现印度尼西亚)爪哇岛的一户华人家庭。1940年,从印度尼西亚茂物农业学院毕业后,在当地从事马铃薯育种工作。1942年,日本侵略军占领爪哇岛,蒋有兴被关进集中营达3年之久。1945年第二次世界大战结束,蒋有兴搭乘一艘运送因战争失去家园者的红十字会船只到了荷兰。1947年,到瑞典隆德大学遗传学研究所所长莱文(A. Levan)的实验室工作,进入细胞遗传学的研究领域,其间与冰岛人英伽(Inga)相遇,结为终身伴侣。

1948年,蒋有兴应邀到西班牙的萨拉戈萨主持一项植物品种改良的项目,但每年的节假日仍回瑞典隆德大学遗传学研究所从事哺乳类细胞遗传学的研究。1955年圣诞节期间他又一次回到隆德大学遗传学研究所,用徐道觉发明的低渗法,发现了人类细胞中染色体数目为46条,打破了几十年来人们一致认为是48条的固有观念,奠定了人类细胞遗传学的理论基础。法国儿科医生勒琼(J. Lejeune)在蒋有兴的学术报告启发下,发现了人类唐氏综合征的染色体异常——21三体,随后18三体、X单体、XXY等多种染色体遗传病被发现,开创了医学细胞遗传学的新领域。1957年,蒋有兴移居美国,1960年,获得美国科罗拉多大学博士学位,随后到美国国立卫生研究院(NIH)从事白血病和智力低下的研究。由于他对人类细胞遗传学的巨大贡献,1962年获得美国肯尼迪总统授予的杰出成就奖。1966年,蒋有兴加入美国国籍。1984年和1989年获日本科协科学研究人员创新奖。他曾担任美国、德国、法国多所大学的顾问。1990年,中国人民解放军第三军医大学聘请他为名誉教授。1992年,73岁退休后,一直在实验室工作到1997年。2001年11月27日,蒋有兴因呼吸衰竭在美国马里兰州去世,享年82岁。

二、核心事件

1. 染色体的发现

自施莱登和施万创立细胞学说以来，人们对于细胞内部作用的研究停滞不前，原因在于细胞比较透明，在显微镜下很难看清其内部的详细结构和动态变化。进入 19 世纪中叶以后，由于珀金的杰出工作，人类迎来了合成染料时代。1842 年，瑞士植物学家内格里（Kad Wilhelm von Nageli）在他的著作中指出百合和紫露草细胞核在分裂过程中被一群很微小、生存时间很短的"微结构"所替代，他还绘制了一个"微结构"的显微图，因此，内格里被认为是看到染色体的第一人。1848 年，霍夫曼斯特（W. Hofmiester）用碘液染色的方法证实了内格里著作中所说的"微结构"（后来被命名为染色体）的存在。19 世纪 70 年代后的 20 多年里，显微镜、切片机的改进，化学合成染料的发明，促进了细胞学的研究。细胞学家学会了用这种染料给细胞进行染色，以便更仔细地观察细胞内部的结构。德国生物学家弗莱明和欧利希是用化学染料对细胞进行染色的先驱。1879 年，弗莱明用合成的碱性染料对蝾螈的细胞核进行染色，发现分布在细胞核中的一些物质能大量吸收所用的染料，呈现红色，他把这种有吸收力的、微粒状的特殊物质称为"染色质"（chromatin），"chromatin"一词来自希腊语，表示"颜色"的意思。10 年后，德国解剖学家瓦尔德尔将染色质改称为"染色体"（chromosome）。染色体的发现等于人类找到了遗传物质的载体，被当时科学界誉为最重要的 100 项发现之一，细胞生物学最重要的 10 项发现之一。在弗莱明杰出工作的带动下，科学家不断探索，又发现了染色体与细胞分裂的关系、染色体与遗传物质——DNA 的关系、染色体与基因的关系、染色体与遗传学三大定律的关系等，极大地促进了细胞学和遗传学的发展。

2. 有丝分裂的发现

1841 年，波兰生物学家里麦克在他的论文中记载了鸡幼胚有核红细胞分裂成为 2 个子细胞的过程，这是细胞分裂机制最直接的证据，因此，里麦克是看到细胞核分裂的第一人。1848 年，霍夫曼斯特通过研究紫露草小孢子母细胞及雄蕊顶端组织细胞核分裂过程，发现细胞在分裂前虽然核膜消失了，但细胞核的基本成分却始终存在于细胞中。1849 年，霍夫曼斯特出版的专著中精确地描述了紫露草、西番莲科和松树中的细胞分裂过程。例如，细胞分裂前期细胞核形态的变化、核膜的消失、细胞中期纺锤体和染色体的复合结构、细胞分裂后期两组染色体的产生、细胞分裂末期核膜的重新形成以及在 2 个子细胞中间出现细胞壁等现象。1871 年，生物学家柯瓦莱夫斯基对线虫、蝴蝶和其他节肢动物的胚胎发育过程进行研究，绘制了动物细胞分裂后期纺锤体和染色体的结构图。1875 年，苏黎世病理研究所教授冯·韦特斯基第一次清晰地记载了细胞核分裂前期的结构变化。斯觉斯伯格编写了《细胞的形成和分裂》的专著，首次提出动物和植物细胞分裂过程具有高度的统一性和相似性。

1877 年，德国生物学家弗莱明对各种蝾螈细胞的分裂进行研究，在细胞核内发现了一种可以被碱性红色染料染色的"微粒状特殊物质"，他称之为"染色质"。他给一段正在生长着的组织染色，看到了细胞分裂的各个时期，分辨出染色质所经过的一系列阶段，准确描述了蝾螈细胞分裂各时期的显微结构，指出当细胞分裂过程开始时，染色质就合并成短短的线状物体，后来称之为染色体（chromosome，"带颜色的物体"）。因为这些线状物体是细胞分裂的一个突出的特征，所以弗莱明称此过程为线状分裂（mitosis，来自希腊文"线"）。1879 年，弗莱明在对自己多年工作系统总结的基础上，强调了染色质的纵向分裂，并指出染色质分裂产物有可能分别进入两个子细胞中去。为了说明细胞核中的基本物质逐渐变为线形结构，他把施莱切尔所发明的"karyokinese"一词（指细胞的间接分裂）改为"karymitosen"，来形容整个细胞核的分裂过程，创立"有丝分裂"（mitosis）一词来形容细胞分裂过程中染色质的整体结构。初期，他把有丝分裂分为 8 个阶段，但由于划分界限模糊，没有被学术界认可。1882 年，弗莱明编写了《细胞基质、细胞核和细胞分裂》一书，概括了他对有丝分裂的研究成果，并正式用"mitosis"表示整个细胞分裂的过程。"mitosis"这个词来自希腊语

"mitos"，有"使纤维弯曲"的意思；1884年，斯觉斯伯格第一次用"prophase""metap hase"和"anaphase"来表示有丝分裂的前期、中期和后期；1894年，海登海因的助手提出用"telphase"一词表示有丝分裂的末期；1913年，伦德加德提出用"interphase"一词表示细胞分裂间期；至此，人们普遍接受了有丝分裂5个时期划分的观点。

有丝分裂的发现是许多科学家共同研究的成果，但由于弗莱明在这方面进行了系统的研究，又创立了"mitosis"这个重要的概念，因此，可以说弗莱明在有丝分裂的发现过程中起了特殊的、重要的作用，被人们认为是有丝分裂的发现者是当之无愧的。科学界也把弗莱明对有丝分裂、染色质的发现誉为最重要的100项科学发现之一，细胞生物学最重要的十项发现之一。

3. 减数分裂的发现

1883年，比利时细胞学家比耐登发现马蛔虫的受精卵中染色体的数目为4条，而卵与精子中的染色体数目则都为2条，因此，比耐登是看到减数分裂现象的第一人，但遗憾的是，他对这个实验结果未做更深入的分析和总结。

1886年，施特拉斯布格在植物细胞中发现了减数分裂。1887年，魏斯曼(A. Weiasmann)系统地总结了前人及自己实验室对动物极体(polar body)的研究结果，认为虽然极体与卵细胞比起来，在大小上差别甚大，但实质上它们和卵细胞一样，是卵母细胞分裂的结果。卵母细胞成熟形成极体的意义，就在于使卵中的种质(遗传物质)减半。魏斯曼将卵母细胞形成卵的特殊分裂方式称为"reducing division"，推测在精子形成过程中存在着同样的过程。这是减数分裂概念的最初来源，即"减数分裂"最初指的就是将染色体数目减半的分裂。魏斯曼的这个理论促使许多科学家努力寻找细胞的减数分裂现象，极大地促进了细胞学和遗传学的发展。

减数分裂中的各个时期又是如何确定的呢？在光学显微镜下如何将各个时期的细胞区分开呢？1897年，阿切尔综合了当时已发表的有关动植物减数分裂的图像，将染色体浓缩成"8"字形、"O"字形等结构的这一时期命名为

diakinesis(终变期或浓缩期)，含义是"向两边分开"。认为"8""O"结构是两条头与头相接在一起的染色单体向两边分开时形成的。后来人们用更易于识别的染色体进行观察，发现这个时期高度收缩的"8"字形或"O"字形结构，实际上是一对同源染色体边靠边连接在一起形成的。1900年，文尼瓦特对出生一天、一天半、两天、两天半、三天……28天的雌性小兔进行解剖，取出卵巢，观察比较不同出生天数的小兔卵母细胞中染色体的动态变化，设想如果刚出生一天的小兔卵巢中的分裂象为A，出生两天的分裂象为AB，出生4天的分裂象为ABC，那么，这几种分裂象出现的顺序应该是A、B、C。简单的操作方法、巧妙的逻辑思维，使文尼瓦特很快确定了从细线期到双线期的4个分裂象。由于脊椎动物卵母细胞的减数分裂进行到双线期后就停止了，一直到动物个体性成熟后才又开始进行未完成的一些步骤，因此，文尼瓦特的科学描述并未被人们接受。但是，文尼瓦特的工作启发了人们对减数分裂过程的探索，他设计的研究方法也被人们引用，促进了减数分裂研究的进展。1901年，蒙哥马利做了大量观察工作后，他发现有一个物种$2n=14$条染色体，$n=7$，染色体间的大小差异很大，如果配对是发生在父本的染色体之间或母本的染色体之间，则不仅染色体间的大小不合适，且配对完成后，必然剩下一条染色体不能成对，而实际上看到的是7个配对的结构，看不到单条的染色体，因此，他得出结论：配对的两条染色体必然是一半来自父本，一半来自母本。

萨顿(Walter Sutton)是性染色体的发现者麦克朗的学生，1902~1903年，萨顿用一种染色体较大、形态差异明显的笨蝗(*Brachystola magna*)作为实验材料，进一步证实了蒙哥马利配对的同源染色体一半来自父本一半来自母本的看法；提出在减数分裂过程中，染色体的行为与孟德尔所设想的"因子"(即现在通称的"基因")行为平行，很可能染色体就是孟德尔遗传定律的物质基础；在减数分裂过程中，不同对的染色体分配向两极是随机的行为，这种随机的行为就构成了孟德尔自由组合定律的基础；推论一个物种性状的数目一定多于染色体数，所以一个染色体上必然

有多个基因。1902 年，德国细胞学家博韦里用马蛔虫作为材料，发现了减数分裂过程中染色体的行为，并提出减数分裂过程中染色体的行为与孟德尔所说的"因子"具有平行关系。这些构想被威尔逊(E. B. Wilson)命名为 Sutton- Boveri 假设。

从 1883 年比利时胚胎学家贝内登首次观察到减数分裂现象到 1903 年威尔逊命名的 Sutton-Boveri 假设，各个国家的科学家用不同的材料做了大量的研究，经历了 30 多年的争论后，1905 年，法尔默 (J. B. Farmer) 和莫尔 (J. E. Moore) 把这种经历两次连续的分裂过程称作减数分裂 (meiosis)，"meiosis"意为"减少"的意思。今天，我们在教科书上所描绘的减数分裂各个时期的图像，是经过许多科学家坚韧不拔的探索、一点一滴堆积出来的。

4. 受精作用的发现

2000 多年前，地中海沿岸的亚述人已经知道人工授粉可以使海枣丰收。1000 多年前中国的《齐民要术》一书在"种麻"(指大麻)一节中有"去勃则不实"的记载，"勃"即指花粉，大麻是雌雄异株植物，没有雄株的花粉，雌株便不能结实，可见那时对植物的受精作用已有了初步的认识。1823 年，意大利数学及天文学家阿米奇观察到马齿苋的花粉在柱头上萌发长出花粉管，有一种颗粒在伸长的花粉管内活动，3h 后这种颗粒消失。1847 年，德国植物形态学家霍夫曼斯特在美人蕉属观察到雄配子体(花粉管及其所含的细胞)进入雌配子体(胚囊)内，并描写了各种胚珠类型，区别出胚囊中的各种细胞，看到了合子分成两个细胞，也看到了胚乳的发育。1870 年，德国植物形态学家汉施泰因研究了被子植物早期胚的发育，对双子叶植物(荠菜)和单子叶植物(泽泻)的胚胎发生做了详细描述。1875 年和 1876 年，赫特维希和 Fol 分别在各自独立的研究中首先在海胆中发现了受精现象。赫特维希发现了海胆精子入卵后雌雄两原核融合的现象，而 Fol 发现了精子接近和穿入卵及受精膜形成的过程，至此结束了胚胎学上的"精源学说"和"卵源学说"。

1880 年，俄国植物胚胎学家戈罗然金首先发现了裸子植物配子的融合现象。1883 年，比耐登发表了马副蛔虫受精的细胞生物学研究论文，肯定了在遗传上父母贡献均等的理论，并使精卵作用的研究更为深入。他在马副蛔虫受精卵的第一次有丝分裂纺锤体上看到 4 条染色体，其中两条来自父方，两条来自母方，提出父母的染色体通过精卵的融合传给子代。此后，博韦里在马副蛔虫的研究工作进一步巩固了上述理论。1884 年，德国植物胚胎学家、细胞学家施特拉斯布格在被子植物中也看到了这种现象，在水晶兰中观察到胚囊中由花粉管释出两个雄性核(精子)，其中一个与卵结合；当时还不了解第 2 个精子的命运。1887 年，赫特维希兄弟用海胆作为材料，首先看到活的卵的受精，并且对受精进行了实验分析。1898 年，俄国植物胚胎学家纳瓦申研究了头巾百合和贝母的受精作用，才发现一个精子和卵融合，而另一个和两个极核合并。这是双受精现象的最早发现。1899 年，法国植物胚胎学家吉尼亚尔也报道了百合属和贝母属中同样的现象，证实双受精是被子植物普遍存在的现象。到 20 世纪 20 年代，基本摸清了大小孢子的发生、胚囊和花粉的形成过程、性细胞行为、传粉和受精、胚和胚乳的发育及无融合生殖等现象。可以说生物的受精作用也是许多科学家在不懈的努力、不断的积累过程中发现的。

5. 人类 46 条染色体数目的发现

1879 年阿诺德(J. Arnold)、1882 年弗莱明等首次检查了人类的染色体，到 1956 年，对人类染色体数目的研究历史横跨了 77 年的时空。其间，关于人类染色体的数目众说纷纭，有的研究报告认为是 8 条，有的研究报告认为是 24 条，有的认为是 50 多条，甚至更多。1912 年，冯·威尼沃特(H. von Wini-Warter)选用了 4 名不同年龄(21 岁、23 岁、25 岁和 41 岁)男性的睾丸组织，经固定、包埋后，切成厚度为 7.5mm 的切片，显微观察发现有 32 个精原细胞的有丝分裂可用以计数，其中 29 个细胞的染色体数目为 47 条，2 个细胞为 46 条，1 个细胞为 49 条。他又在一个 4 个月的胎儿中发现 3 个卵原细胞的有丝分裂，其染色体数目为 48 条，因而提出，女性为 48 条染色体，男性为 47 条。这一时期研究结果混乱，是因为当时染色体玻片标本的制作方法是"切片法"，将某种生物的组织固定、包埋在石蜡块中，然后用切片机切成一块块薄片，将薄片置于载玻片上染色后在显微镜下观察，此种方法会导致染色体集中在某一切面上，一条长而弯曲的染色体可能会因为多次被切到而呈现为几条染色体，使统计时染色体数目增加，而一条短的染色体可能因为没有被切到而不出现在这一切面上，使统计时染色体数目减少。

1921 年，贝林(J. Belling)创立了"压片法"，将固定后的组织块置于载玻片上，染色后加上盖玻片，用拇指施压使细胞摊开且被压平，一方面仍然可以在显微镜下看到比较完整的细胞轮廓，同时染色体之间也适当相互散开，便于统计数目。1922 年，美国细胞学家佩因特(T. S. Painter)用压片法在得克萨斯州精神病院检查了 3 例因过度手淫并伴有精神错乱而被手术去势的男性患者的睾丸组织，看到大多数细胞的染色体数目是 48 条或 46 条，他更倾向于 46 条。但到 1923 年，佩因特转变观点，主动放弃了 46 条的正确观点，转而坚持认为是 48 条。一直到 1956 年，所有生物学家都承认佩因特提出的 48 条染色体的观点，在所有的生物学教科书中也都把人类细胞中的染色体数目写为 48 条。

1952 年 1 月，美籍华人细胞遗传学家徐道觉在实验室对人类的一些皮肤和脾脏组织细胞进行培养，把培养物固定后以苏木精染色，以便观察体外淋巴细胞的生成情况，偶然看到许多分散均匀、形态完美的染色体图像，他高兴地绕实验室大楼转了一圈，又到附近的咖啡店喝了咖啡，回到实验室再一次观察时，那张美丽的图片仍然存在，兴奋不已的徐道觉感觉到这是一个重要的生物学事件，在采取了保密措施的情况下，徐道觉又重复了几次这个实验，希望再有奇迹发生，但有丝分裂图像又回到了它正常的糟糕面貌。徐道觉又用了 3 个月的时间尝试着去改变能想到的每一种因素，如培养液的成分、培养的条件、培育的温度、秋水仙素的添加、固定的时间和步骤、染色的方法等，每次只改变其中的一种因素，无数次的重复实验，再也看不到那张美丽的图像。培养物固定之前用平衡盐溶液来漂洗是一个不太重要的步骤，1952 年 4 月，徐道觉用蒸馏水与平衡盐溶液混合以降低其渗涨度，使 3 个月前的奇

迹再一次出现，而且每次重复实验都得到了理想的图像。用他自己发明的方法来证明人类细胞中染色体的正确数目已经是水到渠成的事情，但是，由于他对人类细胞 48 条染色体的概念确定不疑，失去了得出正确结论的机会。

1955 年夏天，瑞典细胞遗传学家莱文(A. Levan)到美国做短期研究，在制备人肿瘤细胞染色体玻片标本时学会了徐道觉发明的低渗处理法，8 月将该技术带回国内实验室。圣诞节期间，华裔学者蒋有兴(Joe Hin Tjio)按惯例又回到莱文的实验室，把稍作改进的低渗法用于观察 4 例胎儿肺组织成纤维细胞的染色体，1955 年 12 月 22 日，他在显微镜下清清楚楚地数出了使他自己都大感意外的 46 条染色体，他马上将此结果写成了《人类染色体的数目》这篇震惊世界的著名论文，并在实验室主任莱文的同意和支持下，二人共同署名写成的论文迅速地被发表在 1956 年 1 月 26 日出版的《遗传》杂志上，从而开创了人类细胞遗传学的历史。人类染色体数目的新结论很快得到了英国细胞学家福特(C. E. Ford)和哈默顿(J. L. Hamerton)的进一步证实。

三、核心概念

1. 染色质、染色丝

染色质(chromatin)在 1882 年由弗莱明发现并提出，1888 年，由瓦尔德耶尔(W. Waldeyer)正式定名，是指间期细胞核中能被碱性染料所染色的物质。其是由 DNA、组蛋白、非组蛋白、少量 RNA 所组成的一种复合体。这种复合体实际上就是染色体的一级结构——核粒，是染色体在细胞分裂间期的一种存在状态，但处于间期的 G_1 期的染色体只含有一个 DNA 分子，处于间期的 G_2 期的染色体才含有两个 DNA 分子。

染色丝(chromatin fiber)是指细胞分裂前期细胞核中能被碱性染料所染色的物质。随着细胞分裂的进行，间期细胞逐渐过渡到前期细胞，细胞核中的染色质开始缠绕、凝缩，变得稍微粗一些，碱性染料染色后在显微镜下可以看到一条条丝状的物质，因此称作染色丝。这种丝状的复合体实际上就是染色体的二级结构或三级结构。此时的每条染色体含有两个 DNA 分子。

2. 染色体、染色单体

染色体（chromosome）是指细胞核中能被碱性染料染上颜色的棒状物质。这种棒状物质是指有丝分裂中期染色质或遗传物质的一种存在状态，是细胞核中的染色质在细胞分裂过程中经过进一步缠绕、凝缩，精巧包装而成的一种形态结构。这种结构实际上就是染色体的四级结构。同一个物种染色体的数目和形态结构是相同的。

染色单体（chromatid）是指共用一个着丝粒的两个子染色体或一条染色体从着丝粒位置分开后形成的两条子染色体。每条染色单体仅含有 1 个 DNA 分子。

3. 同源染色体、非同源染色体

同源染色体（homologous chromosome）是指形态、结构、功能、来源相同的一对染色体。染色体是以成对状态存在的，细胞核中形态、结构、功能、来源相同的染色体一般都有两条。

非同源染色体（nonhomologous chromosome）是指形态、结构、功能、来源不相同的一对染色体。高中生物教科书中把同源染色体定义为："在减数分裂过程中配对的两条染色体，形状和大小一般都相同，一个来自父方，一个来自母方。"对这一定义，中学生、大学生物系高年级学生，甚至一些中学生物学教师往往提出异议，认为既然定义中说一个来自父方，一个来自母方，来源显然不同。为什么能叫同源染色体呢？"同源"二字到底是什么含义呢？

每一种生物或每一个物种都有它的个体发育过程和系统发育过程。个体发育是指一系列有秩序的连续的变化而使生物个体从简单到复杂的过程。通常指从受精卵发育成一个个体的过程。根据现代发育生物学的观点，可以把个体发育追溯

到配子的形成，尤其是雌配子的形成。同源染色体定义中所说的一个来自父方，一个来自母方是从生物的个体发育方面讲的。系统发育又叫作种系发生，是指生物的进化所反映的生物类群间的关系。也就是指生物或物种形成演化的历程。同源染色体的"同源"二字是从生物的系统发育方面讲的，具体地说就是从生物的染色体的进化方面讲的。

"同源"指来源相同，即起源于共同的祖先或同一个物种，并且在形态、结构、功能上也很相似，4 个因素有一个不相同就不能叫作同源染色体。例如，现在人们栽培的普通小麦是异源六倍体（$2n=6x=AABBDD=42$），它有 6 个染色体组，有 21 对同源染色体。通过对小麦染色体组的分析，已知小麦是由 3 个物种形成的（见下面图示）。

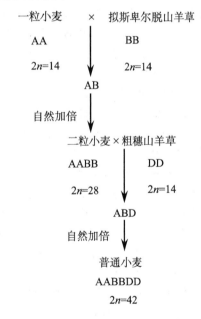

最早由一粒小麦（$2n=2x=AA=14$）与拟斯卑尔脱山羊草（$2n=2x=BB=14$）发生天然杂交，形成了二倍体植株（$2n=2x=AB=14$）。由于 A 组染色体与 B 组染色体来源不同，因此此种植株不能正常进行减数分裂，不能产生可育配子。因而此种植株很难保存下来。但偶然的自然因素使此种植株自然加倍成了 $2n=4x=AABB=28$ 的异源四倍体植株，由于能够进行正常的减数分裂，此种植株可以保存下来而逐渐形成了二粒小麦。这是小麦演

化的第一次飞跃。后来二粒小麦又与粗穗山羊草（$2n=2x=DD=14$）发生了天然杂交形成了异源三倍体植株（染色体组为 ABD），有 21 条染色体，此种植株也是不育的。又由于自然加倍使三倍体植株成了异源六倍体植株（$2n=6x=AABBDD=42$）。这是小麦演化的第二次飞跃。在小麦的 6 个染色体组中（为方便起见标为 AA′BB′DD′）A 组的 1 号染色体与 A′组的 1 号染色体都起源于一粒小麦，且形态、结构、功能相似，叫作一对同源染色体。A 组的 2 号染色体与 A′组的 2 号染色体也都起源于一粒小麦，形态、结构、功能相似，叫作一对同源染色体。同理可以推到 A 组和 A′组的 7 号染色体。B 组的 1 号染色体与 B′组的 1 号染色体都起源于拟斯卑尔脱山羊草，且形态、结构、功能相似，叫作一对同源染色体。B 组的 2 号染色体与 B′组的 2 号染色体也都起源于拟斯卑尔脱山羊草，形态、结构、功能相似，叫作一对同源染色体。同理可以推到 B 组和 B′组的 7 号染色体。D 组的 1 号染色体与 D′组的 1 号染色体都起源于粗穗山羊草，形态、结构、功能相似，叫作一对同源染色体。D 组的 2 号染色体与 D′组的 2 号染色体也都起源于粗穗山羊草，形态、结构、功能相似，叫作一对同源染色体。同理可以推到 D 组和 D′组的 7 号染色体。

在小麦的 6 个染色体组 42 条染色体中，有些染色体间虽然来源相同，但形态、结构、功能有差别，所以不能叫同源染色体。如 A（B 或 C）组的 1 号染色体与 A（B 或 C）组的或 A′（B′或 C′）组的 2、3、4、5、6、7 号染色体间都起源于一粒小麦（拟斯卑尔脱山羊草或粗穗山羊草），来源相同，但不能叫作同源染色体。当然 A 组的 1 号与 B 组的 1 号和 D 组的 1 号染色体分别起源于不同的物种，所以不能叫作同源染色体。A 组的 2 号与 B 组的 2 号和 D 组的 2 号染色体也不能叫同源染色体。为了避免发生异议，同源染色体的定义最好应为："形态、结构相似，生理生化功能、来源相同的染色体。"

4. 姐妹染色单体、非姐妹染色单体

姐妹染色单体（sister chromatid）指共用一个着丝粒的两条染色单体。例如，一对同源染色体，染色单体 1 与染色单体 2 之间称作姐妹染色单体，

染色单体 3 与染色单体 4 之间称作姐妹染色单体。另一对同源染色体的染色单体 5 与染色单体 6 之间、染色单体 7 与染色单体 8 之间称作姐妹染色单体。

非姐妹染色单体（nonsister chromatid）指一对同源染色体间不共用一个着丝粒的几条染色单体。例如，一对同源染色体，染色单体 1 与染色单体 3 之间、染色单体 1 与染色单体 4 之间称作非姐妹染色单体，染色单体 2 与染色单体 3 之间、染色单体 2 与染色单体 4 之间也称作非姐妹染色单体。另一对同源染色体的染色单体 5 与染色单体 7 之间、染色单体 5 与染色单体 8 之间或染色单体 6 与染色单体 7 之间、染色单体 6 与染色单体 8 之间称作非姐妹染色单体。至于两对同源染色体间，如染色单体 1 与染色单体 5 之间、染色单体 1 与染色单体 6 之间，或染色单体 2 与染色单体 5 之间、染色单体 2 与染色单体 6 之间等则没有统一的名称，也不能套用非姐妹染色单体的称呼。

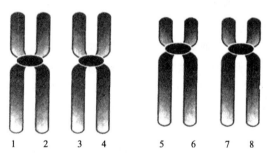

1　2　3　4　5　6　7　8

5. 常染色质、异染色质

常染色质（euchromatin）指间期细胞核中染色较浅、中期细胞核中染色较深的染色质，是染色质中转录活跃部位，是含有基因、可以表达蛋白质的部位。

异染色质（heterochromatin）指间期细胞核中染色较深、中期细胞核中染色较浅的染色质，是无转录活性的部位，不含有基因，不表达蛋白质，只对维持染色体结构的完整性起作用。

两种染色质在化学性质上没有区别，在结构上都是连续的，二者仅在凝缩程度、凝缩时间、数量上有区别（表 2-1）。

表 2-1 常染色质与异染色质的区别

项目	常染色质	异染色质
间期	解旋状	螺旋状
染色	色浅	色深
中期	螺旋状	解旋状
染色	色深	色浅
数量	多	少
DNA	复制早，重复性低	复制晚，高度重复
转录	转录	很少发生
遗传作用	积极作用	作用不大
存在位置	长臂、短臂	着丝粒、端粒、次缢痕

异染色质又分组成性异染色质和功能性异染色质。组成性异染色质为 4～6 个核苷酸对的重复序列，这些序列不管是在什么情况下都是存在的，如着丝粒区、端粒区、次缢痕区等。功能性异染色质可以存在于染色体的任何部位，它可以在某些细胞中作为常染色质存在，在某些细胞中作为异染色质存在。雌性哺乳类动物的 X 染色体就是功能性异染色质。

6. 着丝粒、着丝点

着丝粒(centromere)指真核生物染色体中连接两个染色单体并将染色单体分为两臂的部位。此部位又称作主缢痕、初缢痕、原缢痕。

着丝点(kinetochore)指由着丝粒结合蛋白在有丝分裂间期装配起来的附着于主缢痕外侧的圆盘状结构。此部位又称作动粒。

1980 年以前，国内学者把连接染色体两个臂的这个部位都称作着丝点。后来有的学者或教材中把 centromere 译为着丝点，把 kinetochore 译为着丝粒；而有的学者则把 centromere 译为着丝粒，把 kinetochore 译为着丝点；也有人认为二者均称作着丝粒。电子显微镜的运用，已经把连接染色体两个臂的这个部位的结构看得较为清楚，这两个概念是有区别的，不能混为一谈。着丝粒就是连接染色体两个臂的结构，着丝点是供细胞分裂过程中纺锤丝附着的部位，即每一个着丝粒具有两个着丝点。目前，把 centromere 译为着丝粒是科学的，目前的中学教材中称作着丝粒也是正确的。

7. 组蛋白、非组蛋白

组蛋白(histone)指组成染色体结构的一类带正电荷的碱性蛋白质。染色体中组蛋白占的比例达 60%以上，其作用是与 DNA 结合，对染色体有支撑作用。组蛋白种类较少，参与组成染色体的组蛋白有 H_1、H_2、H_3、H_4 几类。

非组蛋白(non-histone protein)指组成染色体结构的一类带负电荷的酸性蛋白质。其种类较多，但在染色体中占的比例较少(表 2-2)。

表 2-2 组蛋白与非组蛋白的区别

项目	组蛋白	非组蛋白
含量	多	少
性质	碱性	酸性
电荷	正	负
组成	碱性氨基酸多	酸性氨基酸多
种类	少	多
进化	保守	不保守
组织特异性	无	有
种属特异性	无	有
对基因的作用	抑制作用	积极作用

8. 联会、联会复合体

联会(synapsis)指在减数分裂前期中的偶线期两条同源染色体相互吸引、配对靠在一起的行为。联会是染色体在减数分裂过程中的一个非常重要的事件或者行为，一对同源染色体只有通过准确的联会，才会有后面同源染色体准确分离的发生，导致产生染色体数目减半的配子。

联会复合体(synaptonemal complex)指一对同源染色体靠在一起后形成的一种二价体的结构。两条染色体之间同源程度越高，形成的联会复合体就越标准，反之则形成的联会复合体不完全，一种不完全的联会复合体会影响到两条染色体的准确分离。

9. 交换、交叉

交换(crossing over)指两条同源染色体的非姐妹染色单体之间发生部分片段的互换。

交叉(chiasma)指同源染色体在减数分裂过程中发生交换后的一种细胞学图像。减数分裂过程中一对同源染色体开始是互相吸引靠在一起，形成联会复合体，随着分裂的进程，两条染色体出现相斥，开始逐渐分开，在那些发生了交换的部位分开得较慢，还联系在一起，这就是在显微镜下看到的交叉。

至于交换与交叉的关系，往往容易认为交叉是交换的前提，非姐妹染色单体间先发生交叉，然后发生交换，交换是交叉的结果。实际上应该是先发生了交换，在联会复合体发生交换的地方相互离开较晚才导致我们看到的交叉，因此，交叉是交换的结果，是交换后的一种细胞学图像。

四、核心知识

1. 四分体与四分子的区别

在《英汉技术词典》中 tetrad 含义是 4 个 1 组、4 件 1 套、四重线、四价、四次对称品、四位二进制等，quartet 的含义是 4 个 1 组、4 人小组、四重奏等。这两个词的含义基本一样。在中国科学院自然科学名词编订室编的《英汉遗传学词汇》和王同亿编的《英汉大学辞典》中都把 tetrad 译为四分体，quartet 译为四分子。在描述减数分裂的复合物和减数分裂结束形成的 4 个细胞时，经常会用到这两个名词。有的教科书和辞典把这两个名词混为一谈，有的则把二者描述为不同的概念。这就使得有的教师在讲课时往往把这两个名词互相串用，使学生难以理解。那么，这两个名词是否为同一概念呢？二者是否有什么区别呢？

宋运淳、余先觉主编的《普通遗传学》一书中称："二价体，它包括 4 个染色单体，所以又叫作四分体或四联体（tetrad）。"奚元龄译的《遗传学原理》一书认为："双线期二价体内的每条染色单体纵分为两半，由此形成的 4 个染色体结合成四线结构或四分体（tetrad）。"郑国昌主编的《细胞生物学》一书中指出："每个二价体染色体上含有 4 条染色单体，称为四分体（tetrad）。"翟中和主编的《细胞生物学》一书又详细地说道："由于一对同源染色体中一条染色体是由两条染色单体组成，故每一配对的结构中有 4 条紧密结合在一起的染色单体，称为四分体（tetrad）。"汪仁、薛绍白等编著的《细胞生物学》一书也指出："在偶线期由于同源染色体中一条染色体是由两

条染色单体组成，故每一配对的结构中共有 4 条紧密结合在一起的染色单体，称作四分体（tetrad）。"在 Peter J. Russell 编写的美国遗传学教材 Genetics 中写到："Each synapsed set of homologous chromosomes consists of four chromatids and is referred to as a tetrad."

然而有的教科书却把减数分裂结束形成的 4 个单倍性细胞称作四分体。例如，浙江农业大学主编的《遗传学》一书中写道："经过两次分裂，形成 4 个子细胞，这称为四分体（tetrad）。"在褚析译的《遗传的结构与功能》一书中写道："一个母细胞经减数分裂所产生的 4 个一组的单倍体细胞叫作四分体。"高信曾主编的《植物学》一书中是如此描述的："经过前期Ⅱ、中期Ⅱ、后期Ⅱ和末期Ⅱ，最后形成四分体。"季道藩主编的《遗传学基础》一书中也认为："在末期Ⅱ，拉到两极的染色体形成新的子核，同时细胞又分裂为两部分。这样经过两次分裂形成的 4 个子细胞称为四分体。"在方德罗编著的《动物与育种》一书描述减数分裂粗线期时写道："每个双价体中的每条同源染色体各自分裂成由同一个着丝点系着的两根染色单体，即称姐妹染色体。因此每个双价体共有 4 根染色单体相互绞扭在一起，称为四价体。"该书把粗线期含有 4 条染色单体的复合物叫作四价体。

教材中对这两个词的运用、解释有不一致现象，不同的辞典对这两个名词的理解、解释也不同。例如，吴熙载、杨弘远编写的《简明生物学辞典》指出："四分体（tetrad）又称四联体，指减数分裂前期Ⅰ的粗线期中，联会的一对同源染色体中包含有 4 条染色单体。"周希澄主编的《常用生物科技词典》把四分体描述为："减数分裂的粗线期时，因同源染色体配对，形成二价体，尔后二价体中的每条染色体都发生纵裂，共形成 4 条染色体，称为四分体。由于形成的 4 个子细胞均为四分孢子体，像花粉母细胞减数分裂就产生 4 个花粉细胞，于成熟前一般联合成四分体。"诸亚农、吕理福译的《生物学辞典》把四分体解释为："由孢子母细胞经第一次及第二次减数分裂所形成的 4 个孢子，减数分裂之四群染色分体。"李成章主编的《遗传学词汇》把 quartet 译

为四分子、四分孢子，指减数分裂过程中所产生的 4 个细胞核或细胞；把 tetrad 也译为四分子，指在减数分裂的第一次分裂中任何二价体具有 4 个染色分体；又指出性母细胞减数分裂完成后产生的 4 个子细胞，称为四分子。《岩波生物学辞典》把四分子解释为："母细胞减数分裂形成的 4 个子细胞或四分染色体。"科学出版社出版的《遗传学词典》则把四分体（tetrad）与四分子（quartet）看作一个名词的两种叫法，认为四分子或四分体是："通过减数分裂所产生的 4 个单倍体细胞的总称"。鄂永昌、蔡可等译著的《生物学词典》中写道："四分体（tetrad）①指由一个母细胞通过减数分裂而生成的 4 个子细胞；②等于四分染色体。"冯德培、谈家桢等编的《简明生物学词典》中认为："四分体（tetrad）指孢子团细胞通过连续的两次分裂而产生的 4 个细胞的联合体。例如，花粉母细胞，成熟前一般联合成四分体。"而在陈兼善著的《英汉动物学辞典》中把 tetrad 译为四分体、四价染色体。一些原版的专业外文辞典，一般把四分子（quartet）仅用来指减数分裂结束形成的 4 个子细胞。四分体（tetrad）既指减数分裂结束形成的 4 个子细胞，又指粗线期时含有 4 条染色单体的复合物。例如，Sandra Holmes 著的 *Henderson's Dictionary of Biological Terms* 称 quartet: "a group of 4 nuclei or cell resulting from meiosis. 4 cells derive from a segmenting ov umduring cleavage. Tet rad: 4 spores formed by lst and 2nd meiotic divisions of spore mother cell. Aquadruple group of chomatids at meiosis." 在 Robert C King 著的 *Dictionary of Genetic* 中是这样描述 quartet 的: "a group of four nuclei or of four cells arising from the two meiotic divisions. Te trad: 1. four homologous chormatids（Two in each chromosome of a bivalent）synapsed during first meiotic prophase and metaphase. 2. four haploid products of a single meiotic cycle."

综上所述，四分体、四分子这两个专业名词的定义和运用方面的混乱现象会给教师和学生造成诸多不便，导致一些理解上的误区和麻烦。为了便于教师和学生的学习，应该规范这两个名词。编者认为：tetrad 应翻译为四分体，定义为在减数分裂的粗线期所看到的由 4 条染色单体聚在一起的复合体。在生物学各种文献中出现的四合体、四联体、四股体和四分染色体都属于四分体。quartet 应翻译为四分子，定义为：在减数分裂末期 II 形成的联合在一起的 4 个子细胞。在生物学各种文献中出现的四分孢子、四分孢子体都属于四分子。

2. 染色体的动态变化

染色体是细胞核中被碱性染料染上颜色的棒状小体，它有固定的形态特征。在描述细胞分裂过程时，有时用染色质、有时用染色丝、有时用染色体，那么何时用哪一个名词比较规范正确呢？染色体是遗传物质的载体，这个载体在细胞分裂的不同时期存在的状态是不同的，在间期这个载体高度解旋，以染色体的一级结构核粒的形式存在，染色后整个细胞核中的载体被染成均一的状态，称作染色质。因此，在描述间期细胞核中这个载体时用染色质；在细胞分裂的前期，这个载体开始凝缩、螺旋、变粗变短，形成染色体的二级结构螺线体或三级结构超螺旋体，染色后细胞核的颜色不再均一，在显微镜下依稀可以看到一些丝状的感觉，因此，在描述前期细胞核中这个载体时用染色丝；在细胞分裂的中期，这个载体凝缩、螺旋到最大程度，进一步变粗变短，染色后看到的是一个个彼此清楚的、界限分明的、可辨的棒状小体，因此，在描述中期细胞核中这个载体时用染色体。到了后期，这个载体又开始解旋，染色后又能看到丝状的物质，所以，在后期这个载体称为染色丝；末期进一步解旋，染色后细胞核又成为均一的颜色，所以，在后期这个载体称为染色质。可见，遗传物质的这个载体在细胞分裂过程中形态的变化是动态的，细胞分裂一次，就是这个载体从染色质到染色质的一次循环。

3. 染色体的四级结构

人细胞中 DNA 的总量为 $6×10^9$bp，即 $6×10^9$bp $×3.4$Å $= 204\,000\,000\,000$Å（204 亿 Å）$= 204\,000$μm，这么长的 DNA 分子是如何存在于直径仅仅几微米大小的细胞核中的呢？目前较流行的观点是染色体的四级结构模型。

一级结构：核小体。一级结构是双链 DNA

分子在核小体上进行缠绕形成直径约 110Å 的线状结构。核小体是由 8 个分子的组蛋白构成的一个扁平状结构，其直径是 57Å×110Å，双链 DNA 分子在核小体 110Å 直径上缠绕 1.75 圈，共有 180bp 的长度，核小体与核小体之间的间距为 28Å，共有 35bp。一个核小体重复单位有：180bp + 35bp =215bp，215×3.4=731Å，一个重复单位高度为 57+28=85Å。因此，在一级结构时 DNA 分子被压缩：730/85≈9 倍，或者(3.14×110×1.75+ 28)/85≈7 倍。

二级结构：螺线管。二级结构是在一级结构基础上缠绕形成的圆筒状结构。此圆筒状的结构外径为 300Å，内径为 100Å，每圈高度 110Å，每圈有 6 个核粒，因此，是在一级结构的基础上又压缩了 6 倍，或者(300×3.14)/110≈9 倍。至此，双链 DNA 分子共被压缩了 6×8≈48 倍。

三级结构：超螺线管。三级结构是在二级结构的基础上再一次螺旋，形成更粗更短的圆筒状结构。其外径4000Å，内径3400Å，每圈高度300Å。双链 DNA 分子又被压缩了(4000×3.14)/300≈42 倍。至此，共被压缩了 6×8×42≈2016 倍。

四级结构：染色体单体。四级结构是在三级结构的基础上进一步螺旋折叠，形成更粗更短的棒状结构。从三级结构到四级结构是如何折叠、如何螺旋的，目前还没有统一的观点。但在显微镜下看到同一个物种细胞分裂中期染色体的长度是前期染色丝长度的 1/10，因此推测，从一级结构到四级结构染色体总共被压缩了 6×8×42×10≈20 160 倍。

人类一个细胞中 DNA 分子长 1 800 000μm，被压缩 20 160 倍后约长 89μm，89μm 再分配到 46 条染色体上，每条染色体大约 2μm 的长度，这样就被包装在了一个细胞核中。

4. 细胞中染色体和 DNA 分子数目的变化

例如，蚕豆细胞中有 12 条染色体，即 $2n=12$。有丝分裂的间期又分为 G_1 期、S 期和 G_2 期，G_1 期是 DNA 分子合成前期，此时期细胞中染色体数目为 12，DNA 分子数目也为 12；S 期是 DNA 分子合成期；G_2 期是 DNA 分子合成后期，此时期细胞中染色体数目为 12，DNA 分子数为 24；前期、中期染色体数目都为 12，DNA 分子数目

为 24；后期的标志是一条染色体从着丝粒位置一分为二，且分离后的染色体开始向两极移动，但后期的细胞仍然应该被看作一个细胞，因此，后期的细胞中染色体数目为 24 条，而不是 12 条，DNA 分子为 24 个，而不是 12 个；末期的标志是分离开的染色体到达两极，细胞膜出现，成为两个细胞，因此，后期细胞中染色体数目为 12，DNA 分子数目为 12。

减数分裂是染色体数目减半的分裂，在减数分裂过程中的每一个时期，染色体的数目、DNA 分子的数目都在变化。例如，蚕豆细胞中的 12 条染色体，减数分裂开始之前 DNA 分子已经经过了复制，因此，在前期 I 细胞中染色体数目为 12 条，DNA 分子为 24 个；中期 I 细胞中染色体数目为 12 条，DNA 分子为 24 个；进入后期 I 的标志是联会的二价体彼此分开，各自开始趋向两极，但后期 I 的细胞仍然应该被看作一个细胞，因此，后期 I 的细胞中染色体数目为 12 条，DNA 分子为 24 个；末期 I 的标志是分离开的染色体到达两极，形成两个细胞，一个细胞中染色体数目为 6 条，DNA 分子为 12 个。因此，染色体数目的减半事件发生在减数分裂的第一次分裂，从原始出发的 12 条染色体变成了 6 条染色体，实际上 DNA 分子也发生了减半，从原始出发的 24 个变成了 12 个。前期 II、中期 II 细胞中染色体数目、DNA 分子数目与末期 I 中的数目一致；后期 II 细胞中染色体数目为 12、DNA 分子数目为 12，这里同样应该把这个时期的细胞看作同一个细胞；末期 II 细胞中染色体数目为 6，DNA 分子数目也为 6。

5. 有丝分裂和减数分裂的特点、意义及区别

有丝分裂的特点：染色体准确复制；染色体准确排列在赤道面上；姐妹染色单体准确分开；染色体复制一次，细胞分裂一次；子细胞与母细胞中染色体数目一样。

有丝分裂的遗传学意义：保证了个体的生长发育；维持了物种的稳定性、连续性。人类从受精卵开始到出生，共分裂 44 次，出生后又分裂 4 次，一个成熟的人体大约由 $2^{44}+2^4=100$ 万亿个细胞组成，要保证这么多的细胞中遗传物质或者染

色体组成都保持一样，正是有丝分裂的功劳。有丝分裂的 5 个特点中哪一个出现问题都会使个体发育受影响，都会使物种的稳定性发生改变。

减数分裂的特点：染色体复制一次，细胞分裂两次；形成 4 个子细胞；子细胞染色体数目减半；同源染色体有联会、交换发生；非同源染色体之间有自由组合发生。

减数分裂的遗传学意义：维持了物种的稳定性；保证了物种的变异性。减数分裂中染色体数目减半是一种非常巧妙的机制，使物种代代都保持一样的染色体数目和组成，如果没有染色体减半这个功能，受精后开始发育，会使一代一代的染色体数目成倍增加，破坏物种的稳定性。另外，随着环境的变化，一个物种也要不断地演化，形成各种染色体组成或基因型的后代去适应环境，减数分裂过程中非同源染色体之间的随机组合以及同源染色体之间的互换片段，能够产生许许多多种类型的配子，不同的配子结合形成许多种个体，保证了物种的变异性。减数分裂过程中染色体之间联会分离、重组、互换等行为是遗传学中分离定律、自由组合定律和连锁互换定律的理论基础。

有丝分裂与减数分裂的区别见表 2-3。

表 2-3　有丝分裂与减数分裂的区别

有丝分裂	减数分裂
体细胞增殖方式	生殖细胞增殖方式
染色体分裂一次、细胞分裂一次	染色体分裂一次、细胞分裂两次
子、母细胞染色体数目相等	子细胞染色体数目减半
形成 2 个子细胞	形成 4 个子细胞
同源染色体不配对	同源染色体配对
同源染色体不交换	同源染色体交换
同源染色体不分离	同源染色体分离
非同源染色体随机组合	非同源染色体不组合
周期稳定、短	周期波动大、长

6. 减数分裂中染色体的行为

保持物种的稳定性首先是保证后代个体在染色体数目和染色体组成上与亲代一致。保持物种具有一定的变异性，就要形成在染色体组成上各

种类型的雌雄配子。减数分裂过程中染色体的 5 种行为巧妙地解决了这些问题。

染色体的准确复制：性母细胞在进入减数分裂前期 I 之前，其 DNA 分子已经经过了复制，也即每一条染色体都具有两个染色单体，这就为配子中染色体数目为母细胞中的一半奠定了基础。因为减数分裂是两次分裂，最后形成 4 个子细胞，如果没有复制这个环节，最后形成的配子中可能仅有母细胞中染色体数目的 1/4。

同源染色体准确联会：在减数分裂的前期 I 中的偶线期，一对同源染色体互相吸引靠在一起形成的一个个二价体称作联会复合体，联会是同源染色体进行分离的基础，没有联会就没有分离的发生，没有准确联会，就不能保证准确分离的发生。在中期 I 联会形成的一个个二价体排列在赤道面上，为两极的纺锤丝附着在着丝粒上提供了机会和场所。

细胞中如果染色体之间不能联会就不能形成可育的配子。例如，马与驴是两个物种，马 ($2n=64$) 与驴 ($2n=62$) 杂交形成的骡子 ($2n=63$)，细胞中没有同源染色体存在，导致没有联会的发生，因此骡子是不育的。现实生活中有时出现偶尔产生可育配子的骡子，这是个小概率事件，也即只有在 32 条马的染色体都趋向一极或 31 条驴的染色体都趋向一极形成的配子才是可育的，如此，骡子形成可育配子的概率为 $2\times(1/2)^{63}$。

同源染色体准确分离：后期 I 两极的纺锤丝牵拉，把两条联会的染色体拉开，并慢慢各自去向一极，最后导致染色体数目的减半。因此，同源染色体的准确分离是保证染色体数目减半的必经步骤和关键步骤。同时，在后期 I 同源染色体的准确分离是孟德尔的分离定律的理论基础和机制。

非同源染色体随机组合：一对同源染色体之间在基因组成上往往是有差别的，在这一条上是显性基因，另一条上可能是相应的隐性基因。在减数分裂的中期 I 一个个联会形成的二价体规则地排列在赤道面上，而二价体上的哪一条染色体排列在上面一极，哪一条排列在下面一极，完全是一个随机过程，这就导致在后期 I 二价体中哪一条染色体趋向哪一极也完全是随机的，这就形

成了各种各样的染色体组成的配子。例如，当细胞中仅有 1 对同源染色体时可以形成 2 种染色体组成的配子；2 对同源染色体时可以形成 4 种染色体组成的配子；人类细胞中有 23 对同源染色体，可以形成 $2^{23}=8\,388\,608$ 种配子；两个人随机婚配，形成的各种类型的组合数为：$8\,388\,608^2=70\,368\,744\,177\,664$ 种。这就保证了一个物种的变异性和多样性。实际上减数分裂中非同源染色体之间的随机组合也就是孟德尔的自由组合定律的理论基础和机制。

在现实生活中只有同卵双生子的染色体组成或基因型完全相同。那么一对随机婚配的夫妇，生下了第一个孩子，会不会再生一个与第一个孩子染色体组成完全相同的孩子呢？答案几乎是否定的，要想与第一个孩子染色体组成完全相同，只有他们夫妇形成的卵和精子的染色体组成与生第一个孩子时的卵、精子的染色体组成完全一样，这个机会为：

$1/8\,388\,608^2=1/70\,368\,744\,177\,664$，是一个非常非常小的概率事件。所以，全世界 70 多亿人中（同卵双生子除外）没有完全相同的两个个体。

非姐妹染色单体之间的交换：减数分裂前期 I 的偶线期同源染色体发生联会，在非姐妹染色单体之间互相交换某些片段。如果在一对同源染色体上有一对等位基因，无论交换与否都仅仅产生 2 种类型的配子；但如果在一对同源染色体上有 2 对等位基因，发生交换后会产生 4 种类型的配子；如果在一对同源染色体上有 3 对等位基因，交换后产生 8 种类型的配子。真核生物每条染色体上往往存在基因较多，几十个甚至成千个基因，这就使通过交换产生许多类型的配子，若细胞中有多对同源染色体时，产生的配子类型几乎是无数的。这个机制进一步保证了物种的变异性和多样性，而同源染色体的非姐妹染色单体之间的交换是摩尔根的连锁互换定律的理论基础和机制。

五、核心习题

例题 1. 蚕豆体细胞中染色体数目是 12 条，在有丝分裂中期细胞中含有多少个 DNA 分子、多少条染色体？在有丝分裂后期细胞中含有多少个 DNA 分子、多少条染色体？

知识要点：

(1)细胞有丝分裂经过间期后，DNA 分子已经经过了复制。

(2)细胞有丝分裂中期的染色体含有两个 DNA 分子，后期的染色体含有一个 DNA 分子。

(3)细胞有丝分裂后期，虽然每条染色体分裂后开始向两极移动，但后期仍然被看作一个细胞。

解题思路：

(1)根据知识要点(1)、(2)，中期细胞中染色体数目是 12 条，DNA 分子是 24 个。

(2)根据知识要点(3)，后期细胞中染色体数目是 24 条，DNA 分子是 24 个。

参考答案： 12、24；24、24。

解题捷径： 把后期的细胞看作一个细胞。

例题 2. 在动物 1000 个雄配子中有 100 个是交换型的，这是由多少个精母细胞在减数分裂过程中发生了交换？在动物 1000 个雌配子中有 100 个是交换型的，这是由多少个卵母细胞在减数分裂过程中发生了交换？(仅考虑单交换)

知识要点：

(1)动物 1 个精母细胞减数分裂形成 4 个精子。

(2)动物 1 个精母细胞减数分裂中发生交换产生 2 个交换型配子。

(3)动物 1 个卵母细胞减数分裂形成 1 个卵。

(4)动物 1 个卵母细胞减数分裂中发生交换仅产生 1/2 个交换型卵。

解题思路：

(1)根据知识要点(1)，动物 1000 个雄配子是由 250 个精母细胞减数分裂形成的。

(2)根据知识要点(2)，100 个交换型的雄配子是由 50 个精母细胞减数分裂形成的。

(3)根据知识要点(3)，动物 1000 个雌配子是由 1000 个卵母细胞减数分裂形成的。

(4)根据知识要点(4)，100 个交换型的雌配子是由 200 个卵母细胞减数分裂形成的。

参考答案： 50 个、200 个。

解题捷径： 牢记减数分裂中发生交换的精母细胞数等于交换型配子数目的 1/2。

牢记减数分裂中发生交换的卵母细胞数等于交换型配子数目的 2 倍。

例题 3. 在植物 1000 个雄配子中有 100 个是交换型的，这是由多少个小孢子母细胞在减数分裂过程中发生了交换？在植物 1000 个雌配子中有 100 个是交换型的，这是由多少个大孢子母细胞在减数分裂过程中发生了交换？（仅考虑单交换）

知识要点：

(1)植物 1 个小孢子母细胞减数分裂形成 4 个花粉粒，再经一次有丝分裂形成 8 个精子。

(2)植物 1 个小孢子母细胞在减数分裂中发生交换产生 4 个交换型配子。

(3)植物 1 个大孢子母细胞减数分裂形成 1 个雌配子。

(4)植物 1 个大孢子母细胞在减数分裂中发生交换仅产生 1/2 个交换型卵。

解题思路：

(1)根据知识要点(1)，植物 1000 个雄配子是由 125 个小孢子母细胞减数分裂形成的。

(2)根据知识要点(2)，100 个交换型的雄配子是由 25 个精母细胞减数分裂形成的。

(3)根据知识要点(3)，植物 1000 个雌配子是由 1000 个大孢子母细胞减数分裂形成的。

(4)根据知识要点(4)，100 个交换型的雌配子是由 200 个大孢子母细胞减数分裂形成的。

参考答案： 25 个、200 个。

解题捷径： 牢记在植物减数分裂中发生交换的小孢子母细胞数等于交换型配子数目的 1/4。

牢记减数分裂中发生交换的大孢子母细胞数等于交换型配子数目的 2 倍。

例题 4. 在动物的 250 个精母细胞中有 50 个在减数分裂过程中发生了交换，问交换值是多少？在动物的 250 个卵母细胞中有 50 个在减数分裂过程中发生了交换，问交换值是多少？那么在植物中呢？

知识要点：

(1)交换值的概念是交换型的配子占全部配子的百分数。

(2)动物 1 个精母细胞减数分裂形成 4 个精子。

(3)动物 1 个精母细胞在减数分裂中发生交换产生 2 个交换型配子。

(4)动物 1 个卵母细胞减数分裂形成 1 个卵。

(5)动物 1 个卵母细胞在减数分裂中发生交换仅产生 1/2 个交换型卵。

解题思路：

(1)根据知识要点(2)、(3)，动物 250 个精母细胞减数分裂形成 1000 个雄配子，50 个发生交换的精母细胞可形成 100 个交换型配子。

(2)根据知识要点(1)，交换值为 100/1000×100%=10%。

(3)根据知识要点(4)、(5)，动物 250 个卵母细胞减数分裂形成 250 个卵，50 个发生交换的卵母细胞可形成 25 个交换型配子。

(4)根据知识要点(1)，交换值为 25/250×100%=10%。

参考答案： 10%、10%；在植物也都为10%。

解题捷径： 交换值等于发生交换的细胞比例的 1/2。如 50 个发生交换的精母细胞/250 精母细胞×100% = 20%，则交换值为 20%×1/2 =10%。如果遇到给出交换值，让计算发生交换的细胞比例，则发生交换的细胞比例为交换值的 2 倍。

例题 5. 马体细胞中有 64 条染色体，驴体细胞中有 62 条染色体。问：马和驴的杂种体细胞中有多少条染色体？马与驴形成的杂种可育吗？为什么？偶尔有骡子生育的例子，如何解释？概率如何？

知识要点：

(1)减数分裂是染色体数目减半的分裂。骡子是马与驴杂交的产物。

(2)体细胞中的染色体在减数分裂中正常配对和分离是形成可育配子的前提。

(3)骡子形成的配子中只有那些 32 条染色体都为马的或 31 条染色体都为驴的染色体的配子才是可育的。但形成这种配子的概率是非常低的。

解题思路：

(1)根据知识要点(1)，马和驴的杂种体细胞中有 63 条染色体。

(2)根据知识要点(2)，马与驴形成的杂种是不育的。

(3)根据知识要点(3)，偶尔也会有骡子生育的例子。

(4)根据知识要点(3)，骡子形成可育配子的概率是非常低的。

参考答案： 有 63 条染色体。

不育，因为马的染色体与驴的染色体不具同源性，在减数分裂中不能正常配对。

偶尔骡子生育的例子是由于该骡子形成了 32 条染色体都为马的配子或 31 条染色体都为驴的配子。

骡子形成可育配子的概率为 $(1/2)^{32}$ 或 $(1/2)^{31}$。

例题 6. 人体细胞中有 46 条染色体，某对夫妇的第一个孩子与第二个孩子在染色体组成上完全一样的概率如何？

知识要点：

(1)人类有 46 条染色体，形成的配子中有 23 条染色体。

(2)在形成配子过程中非同源染色体之间的组合是随机的。

(3)在减数分裂中一对同源染色体分开，每条趋向哪一极的概率为 1/2。

解题思路：

(1)根据知识要点(1)，第一个孩子与第二个孩子在染色体组成上完全一样的前提是参与形成这两个孩子的卵细胞的 23 条染色体组成完全一样，参与形成这两个孩子的精子的 23 条染色体组成完全一样。

(2)根据知识要点(2)、(3)，某 23 条染色体都趋向一极的概率为 $(1/2)^{23}$。这样的两种配子结合形成孩子的概率为 $(1/2)^{23} \times (1/2)^{23}$。

参考答案： $(1/2)^{23} \times (1/2)^{23}$。

例题 7. 某种生物的体细胞内有 3 对同源染色体，其中 ABC 来自父本，A'B'C' 来自母本，那么通过减数分裂产生的配子中 3 条染色体都来自父本的概率如何？都来自母本的概率如何？同时含有 3 条父本染色体或母本染色体的概率如何？含有 2 条来自父本的染色体、1 条来自母本的染色体的配子的概率又如何？

知识要点：

(1)减数分裂过程中每条染色体趋向哪一极的概率是随机的。

(2)某 3 条染色体同时趋向某一极的概率为每条染色体各自概率的乘积。

(3)涉及多个互斥又互相依存的事件共同发生的概率等于多个事件发生的概率的和。

解题思路：

(1)根据知识要点(1)、(2)，3 条染色体都来自父本的配子的概率为$(1/2)^3$；都来自母本的配子的概率为$(1/2)^3$。

(2)根据知识要点(3)，同时含有 3 条父本染色体或母本染色体，这里指两种可能的情况，因此，概率为$(1/2)^3+(1/2)^3$。

(3)含有 2 条来自父本的染色体、1 条来自母本的染色体的配子时，可以含 AB，可以含 AC，可以含 BC 三种情况，每种情况都可以与 1 条来自母本的染色体结合形成配子。因此，含有 2 条来自父本的染色体、1 条来自母本的染色体的配子的概率为$(1/2)^3+(1/2)^3+(1/2)^3$。

参考答案： $(1/2)^3$、$(1/2)^3$、$(1/2)^3+(1/2)^3$、$(1/2)^3+(1/2)^3+(1/2)^3$。

解题捷径： 同源染色体间各自进入一极的概率都是 1/2。

例题 8. 人类体细胞中有 46 条染色体，减数分裂的中期 I 细胞中有多少条染色体，多少个 DNA 分子？减数分裂的中期 II 细胞中有多少条染色体，多少个 DNA 分子？

知识要点：

(1)染色体数目减半发生在减数分裂的第一次分裂中。

(2)中期 I 细胞中的每条染色体含有 2 个 DNA 分子，中期 II 细胞中的每条染色体含有 2 个 DNA 分子。

解题思路：

(1)根据知识要点(1)，中期 I 细胞中有 46 条染色体，中期 II 细胞中有 23 条染色体。

(2)根据知识要点(2)，中期 I 细胞中有 92 个 DNA 分子，中期 II 细胞中有 46 个 DNA 分子。

参考答案： 46、92；23、46。

解题捷径： 牢记染色体数目减半发生在减数分裂的第一次分裂。

例题 9. 植物一个大孢子母细胞在减数分裂过程中发生了交换，那么最后能够形成多少个交换型的卵核呢？

知识要点：

(1)植物大孢子母细胞经过减数分裂也形成 4 个单倍体的核，即 4 个大孢子。

(2)形成的 4 个大孢子的排列有的植物是直线排列，有的是"十"字形排列，但不管是怎样排列，都是其中的 3 个退化，1 个形成卵核。

(3)大孢子母细胞在减数分裂中发生交换，则形成 2 个交换型的大孢子，2 个非交换型的大孢子，当 3 个大孢子退化后，留下的是交换型的还是非交换型的大孢子，这完全是一个随机事件，即机会都是 1/2。

解题思路：

(1)根据知识要点(1)、(2)，1 个大孢子母细胞减数分裂以及退化事件后仅形成 1 个大孢子。

(2)根据知识要点(3)，1 个大孢子只形成 1 个卵核，若减数分裂中发生了交换，则形成的这个卵核是交换型的概率为 1/2，是非交换型的概率也为 1/2。

参考答案： 1/2。

解题捷径： 牢记 4 个大孢子中当 3 个大孢子退化后，留下的是交换型的还是非交换型的大孢子，这完全是一个随机事件。

例题 10. 动物一个卵母细胞在减数分裂过程中发生了交换，那么能够形成多少个交换型的卵呢？

知识要点：

(1)动物一个卵母细胞经过减数分裂后仅形成 1 个卵。

(2)当为 2n 的初级卵母细胞经过减数分裂的第一次分裂后形成一个次级卵母细胞和 1 个第一极体，次级卵母细胞又经过减数分裂的第二次分裂后形成 1 个卵细胞和 1 个第二极体。

(3)减数分裂的第一次分裂后形成的 2 个子细胞，究竟哪一个形成次级卵母细胞，哪一个形成第一极体，也完全是随机事件。

解题思路：

(1)根据知识要点(1)、(2)，动物 1 个卵母细胞经过减数分裂后仅形成 1 个卵细胞。

(2)根据知识要点(3)，卵母细胞减数分裂中发生了交换，则形成的这个卵细胞是交换型的概率为 1/2，是非交换型的概率也为1/2。

参考答案：1/2。

解题捷径：牢记初级卵母细胞经过减数分裂的第一次分裂后形成的两个子细胞，究竟哪一个形成第一极体，哪一个形成次级卵母细胞，是一个随机事件。

第三章　孟德尔定律

一、核心人物

1. 孟德尔（Gregor Johann Mendel, 1822～1884）

1822 年 7 月 20 日，奥地利遗传学家孟德尔诞生在奥地利西里西亚(现属捷克)海因策道夫村(现在捷克的海恩西斯村)的一个贫寒的农民家庭里，父母给他起名约翰·孟德尔(Johann Mendel)，其外祖父是园艺工人，父亲和母亲都是园艺家，童年时代孟德尔就受到了园艺学和农学知识的熏陶，对植物的生长、开花及动物养殖非常感兴趣。

1840 年，18 岁的孟德尔毕业于特罗保的预科学校后进入奥尔米茨哲学院学习，1843 年因家贫而辍学，同年 10 月进入奥地利布隆(Brünn)修道院，即现捷克布尔诺(Bruo)教堂做了教士，他取了一个教名格里戈·孟德尔(Gregor Mendel)。1847 年被任命为神父，1849 年受委派到茨纳伊姆中学任希腊文和数学代课教师，但一直没有通过维也纳大学的教师资格考试。1851～1853 年在维也纳大学学习物理、化学、数学、动物学、植物学，师从物理学家多普勒、数学家依汀豪生、细胞学家恩格尔等，受到了相当系统和严格的科学教育和训练，这些为他后来的科学实践打下了坚实的基础。

1853 年，孟德尔从维也纳大学毕业，他喜欢自然科学，对宗教和神学毫无兴趣，但为了摆脱饥寒交迫的生活，他不得不违心重回修道院，1854 年被委派到当地教会办的布吕恩技术学校任物理学和自然科学的代课教师。在 14 年的教学生涯中，他热心教学工作，备课认真，讲授风趣，很受学生的欢迎。1855 年，他又一次参加教师资格考试，仍然名落孙山。教师资格考试失败并没有影响孟德尔对自然科学的极大兴趣，在其他修道士眼中，孟德尔的形象是头大，稍胖，戴着大礼帽，短裤外套着长靴，走起路晃晃荡荡，却有着透过金边眼镜凝视世界的眼神。1856 年，孟德尔从当地自由市场种子商人那里购买了 34 个豌豆品种，从中选取了 22 种，开始了他的豌豆杂交试验。从此，布尔诺南郊的农民们发现，修道院里出了个奇怪的修道士，整天"不务正业"，却在修道院后面开垦出一块土地，种植豌豆和其他植物，终日用木棍、树枝和绳子把四处蔓延的豌豆苗支撑起来，让它们保持"直立的姿势"，甚至还小心翼翼地驱赶传播花粉的蝴蝶和甲虫。孟德尔用极大的耐心和严谨的态度对不同代豌豆的性状及数目进行细致入微的观察、计数和分析。他酷爱自己的研究工作，经常向前来参观的客人指着豌豆十分自豪地说："这些都是我的儿女"。经过整整 8 年的不懈努力，孟德尔终于发现了遗传学的两个基本定律——分离定律和自由组合定律，谱写了遗传学的第一章，为遗传学的诞生和发展奠定了坚实的理论基础，由此他被誉为遗传学之父(the father of genetics)。孟德尔研究兴趣非常广泛，利用豌豆杂交发现遗传学基本定律仅仅是孟德尔所从事研究工作的一部分，他曾经从事过多种植物的杂交试验、果树栽培研究、蜜蜂养殖和杂交试验、小鼠杂交试验以及气象学研究等。他潜心于科学研究，从没有得到过丝毫资金支持；他发现了遗传的基本定律，却没有得到学术界任何赞同认可的话语，反而讽刺他为神经病，神学界污蔑他为不务正业，亵渎上帝；他发表了学术论文，论文却被放在图书馆阴暗的角落，无人问津。面对种种误解，他最大的反抗只会自言自语"我的时代一定会到来，总有一天人们会理解我"。

1868 年，孟德尔所在的修道院院长去世，修道院又遭遇与当地政府之间难以解决的重重矛盾。为了更有力地与当地政府交涉和斡旋，修道院选举年仅 46 岁、刚直不阿的孟德尔为修道院的院长。从此他把精力逐渐全部转移到修道院的管理工作和与当地政府的斡旋上，最终完全放弃了他热爱的科学研究。1874 年，奥地利政府颁布了一项严苛的税法，向修道院征收高额税款，孟德尔认为新税法对修道院存在严重不公，拒绝交税，并花了大笔的钱与政府打一场旷日持久的官司。其他修道院的院长纷纷被政府收买，屈服了，只有孟德尔坚拒政府的威胁利诱，决心抵抗到底。最后，法庭判决孟德尔败诉，他所在的修道院的资金被充公，修道院的一个庄园被没收，修道院的修道士们也背弃了孟德尔，纷纷向政府妥协。长期的超负荷工作、得不到政府支持的压抑、同仁们背叛的郁闷等使孟德尔身心疲惫、精神坍垮、孤独悲惨，得了严重的心脏病和肾炎，导致高血压和全身水肿。1884 年 1 月 6 日，62 岁的孟德尔独自靠在沙发上，慢慢停止了呼吸，默默无闻地离开了人世，没有鲜花簇拥、没有亲人陪伴，甚至没有送行的人。可以说，孟德尔的一生是度过了少年时代的食不果腹，经历了青年时代的挫折失败，遭受了中年时代的讽刺误解，忍受了老年时代的坎坎坷坷，结束于晚年时代的孤独悲惨。

2. 德弗里斯（Hugo de Vries, 1848～1935）

1848 年 2 月 16 日，荷兰植物学家德弗里斯出生于荷兰海勃姆城一个显赫富有的名门望族，其祖父亚伯拉罕姆是欧洲印刷史上的著名专家，祖母刘芬斯是莱顿大学的考古学教授，曾亲手创建了莱顿大学考古博物馆。德弗里斯的父亲格里特是荷兰著名文学家、法学博士，不仅具有很高的文学素养和渊博的法学知识，还表现出卓越的政治家才能，先后担任过地方省府议员、帝国国会议员，并于 1872 年威廉四世执政期间，出任帝国内阁司法部长。德弗里斯的母亲玛利亚是一位很有教养的大家闺秀，也是德弗里斯的第一位启蒙老师。幼年时代，德弗里斯就受到了良好的教育和家庭的熏陶。

德弗里斯天资聪颖，勤学好问，学习成绩一直名列前茅，小学毕业后，以优异成绩考入大学预科学校。中学时代，出身书香门第的德弗里斯却鬼使神差地对生物学着了迷，他可以长时间地蹲在地上观察含羞草叶子的张开与合拢，或者为了读一本生物学的科普读物而废寝忘食。德弗里斯热爱大自然，酷爱植物学，尤其是对收集植物标本有着特别的嗜好，表现出了罕见的生物学天赋。14 岁那年，他利用暑假徒步漫游了荷兰的许多名川大山，收集到许多五颜六色、千姿百态的植物标本。有时候，为了获得一个标本，他跋山涉水，往返几十里路程，甚至风餐露宿在乡村地头。在 19 世纪 60 年代末，德弗里斯几乎收集齐了荷兰国内所有的显花植物标本，小小年纪就成为荷兰家喻户晓的植物标本大收藏家，这些植物标本成为德弗里斯一生中最宝贵的财富。1864年，16 岁的德弗里斯被聘请到荷兰植物学会标本室做植物分类工作，成为一位名副其实的荷兰"植物志"专家。1866 年，德弗里斯考入莱顿大学，攻读植物学。在大学里，他整天泡在图书馆里，如饥似渴地刻苦攻读了许多生物学经典名著。其中对他影响最大的是达尔文的《物种起源》和萨克斯的《植物学教程》。

1870 年秋天，大学毕业的德弗里斯只身来到海德堡，师从植物学家霍夫曼斯特，次年，又在阿姆斯特丹的一所中学工作。1873 年，德弗里斯到普鲁士农业部供职，在那里，德弗里斯先后在普鲁士《农业年鉴》上发表了 19 篇有关农作物生长发育的论文，引起了生物学界的广泛关注而初露锋芒。1875 年，又慕名前往沃兹堡哈勒大学，进入欧洲著名学者、植物生理学奠基人萨克斯的实验室工作。德弗里斯头脑灵活，思维敏捷，又勤于操作，很快就成为萨克斯的得力助手，萨克斯也把他视为自己最得意的门生之一。1877 年，德弗里斯顺利通过论文答辩，成为一名在当时最令人向往的大学教师。

1878 年，德弗里斯到伦敦参观访问，拜会了他心中的偶像达尔文，与达尔文建立了长期的联系和深厚的友谊，并决心用挑战和发展达尔文的进化论这种科学家特有的方式，来表达自己对达尔文的崇敬之情。1881 年，德弗里斯 33 岁生日那天，因教学质量上乘、科研成果丰硕而晋升为教授。1886 年，德弗里斯对月见草进行长达 16 年的杂交研究，1889 年，撰写了《细胞内泛因子》一书，提出了相当于今天的"基因"的"泛因子"概念；1893 年，对罂粟进行了长达 7 年的杂交试验，1900 年发表了《杂种的分离律》的论文；1901～1903 年，根据 16 年对月见草杂交的研究，撰写了《突变论》一书，用突变的理论解释达尔文的进化理论。这使他一举成名，被公认为 20 世纪初世界上最杰出的生物学家之一，尤其是他发表的《杂种的分离律》的论文，重新发现了孟德尔定律，使他又成为 20 世纪初世界最杰出的遗传学家之一。然而，也许是被太多的赞扬声冲昏了头脑，德弗里斯未能表现出一个科学家应有的胸襟和风范。他对孟德尔发现遗传定律不以为然；他对科伦斯(K. F. J. E. Correns)、贝特森(W. Bateson)等将遗传学定律称为孟德尔定律感到愤愤不平。1906 年，当科学界倡议在捷克布尔诺为孟德尔建立纪念碑时，他甚至拒绝在倡议书上签名。这可能是德弗里斯一生中最为严重的失误，他因此受到生物学界同仁的广泛批评。这是今天我们所有科学家都值得引以为戒的。

德弗里斯对自己的科学研究事业执著追求，锲而不舍，辛勤耕耘了 60 多年，桃李满天下，出版了多本专著，发表了 700 多篇论文。直到 1918 年他 70 岁时才按照荷兰当时的法律退休，依依不舍地离开阿姆斯特丹大学，迁居到隆特恩的一个边远地方后，仍在植物园中种植各种类型的月见草进行 一如既往的研究。他的好友和学生常到乡村陪伴他，世界各地的生物学家、遗传学家也常慕名前来拜访他，世界各个国家不少大学邀请他访问和参观。更令他高兴的是，阿姆斯特丹大学高年级学生为完成毕业论文也常来到他的实验室工作，以得到这位科学大师的指导。德弗里斯总是愉快地与年轻人一起做实验，他感到自己的晚年不孤独、不消沉、不寂寞，天天充满了生机与活力。1935 年 5 月 31 日，这位叱咤世界生物界的风云人物终因心力衰竭不幸逝世于隆特恩，享年 87 岁。

3. 切尔玛克 (Erich von Seysenegg Tschermak, 1871～1962)

1871 年 11 月 12 日，奥地利植物学家切尔玛克出生于维也纳，其父亲是维也纳大学著名的矿物学教授，外公则是维也纳大学著名的植物学家埃达德·芬佐，当年曾经给在维也纳大学进修的孟德尔上过课。切尔玛克本人也曾在维也纳大学学习，为了到萨克地区弗莱贝格附近的罗特沃尔韦尔克农场工作而中断学业，1896 年，在几个种子选育机构工作数年后，在哈雷-维腾堡大学完成学业，获得博士学位。

1898 年春，切尔玛克在根特植物园进行豌豆、花卉等植物的杂交育种工作，次年自愿到维也纳附近的埃斯林根皇族基金会工作，并在私人花园继续他的植物杂交试验。1900 年，切尔玛克在豌豆的杂交试验中发现了同孟德尔一样的遗传定律，但在总结实验结果、查阅资料撰写论文时发现早在 30 年前孟德尔已经完成了这项工作。由于过于年轻，担心自己的论文不会被人接受，但最终他还是大胆发表了自己的研究结果，在论文中阐述了那些已被人遗忘了的孟德尔理论，承认并接受了孟德尔的优先权，用自己的研究结果进一步证实孟德尔学说的科学性。正是这一举动，使他年纪轻轻就成为世界著名的科学家，成为孟德尔定律重新发现者的第三人。

1900 年，切尔玛克接受维也纳农林学院的大学职位，1902 年任植物产品系讲师，1903 年任副教授，1906 年任植物育种学会主席，1909 年升任教授。切尔玛克一生研究范围较广，还应用孟德尔的遗传定律，育出了包括汉纳-卡尔金大麦、小麦-黑麦杂种及一种生长快而抗病的燕麦杂种等一系列农作物新品种。他还对气象开展过研究，发现了太阳黑子现象。也对蜜蜂进行过研究，用杂交的方法培育出了蜜蜂良种，成为全国各地养蜂人造访的人物。1962 年 10 月 11 日，91 岁高龄的切尔玛克在维也纳去世。1971 年，在切尔玛克百岁诞辰之际，奥地利发行了纪念邮票，以纪念这位为遗传学的诞生以及为奥地利国家农业发展做出突出贡献的科学家。

4. 贝特森（William Bateson，1861～1926）

贝特森，英国胚胎学家、遗传学家、坚定的达尔文主义者，1861 年 8 月 8 日出生于英格兰约克郡，先在拉格比公学接受小学和中学教育，尔后进入由他父亲任院长的剑桥大学圣约翰学院学习自然科学，1883 年毕业后便到美国约翰斯·霍布金斯大学著名动物学家布鲁克斯（W. K. Brooks）实验室从事胚胎学的研究，在布鲁克斯的影响下，他开始转向进化问题研究，尤其是进化过程中变异的来源问题。由于突出的研究成果，贝特森很快就成为英国著名的生物学家、遗传学家。1908 年，应邀被聘为英国剑桥大学教授，1910 年，又担任英国莫顿的约翰·英尼斯园艺学院院长、约翰·英尼斯园艺学会会长。

1885 年，贝特森从美国回到英国后，连续数年进行遗传变异的研究，于 1894 年出版了《特别关于物种起源中的变异不连续性的研究资料》，提出"解决进化问题的有效方法就是研究变异""只有不连续变异才能被遗传，从而在进化中起作用"等新观点；1897 年，在对家鸡冠形和羽色等性状进行的杂交试验中，发现了与孟德尔类似的 3∶1 分离比率；1899 年 7 月 11 日，以"植物杂交工作国际会议"的名义召开的第一届国际遗传学大会上，贝特森宣读了《作为科学研究方法的杂交和杂交育种》的研究论文，提醒人们注重研究单个性状的遗传原理，指出"如果要使实验结果具有科学价值，就一定要对杂交后产生的子代以统计学加以检验"。1900 年 5 月 8 日，贝特森由剑桥去伦敦参加英国皇家园艺学会的学术会议，随身带着他准备在会议上宣读的论文"园艺学研究中的遗传问题"。途中，他读了德·弗里斯寄来的刚刚被重新发现的孟德尔论文，贝特森被孟德尔的思想所吸引，立即改写了自己的讲稿，将孟德尔的理论充实进去，并在回到剑桥后很快把孟德尔论文从德文译成英文，发表在同年《皇家园艺学会杂志》上；正是这篇译文，使孟德尔的发现首先引起了英语系国家的注意，进而在世界各地产生了巨大的回响。1901 年，贝特森首创了等位基因、纯合子、杂合子等基本概念以及 F_1、F_2 等符号；1902 年 9 月 30 日，以"植物培育和杂交"的名义召开的第二届国际遗传学大会上，与会的学者开始使用贝特森所创立的术语以及棋盘式遗传图解法，大大促进了这段时期的学术交流。同年，贝特森又发表了《捍卫孟德尔遗传原理》的檄文，竭尽全力支持孟德尔的遗传理论，坚持不连续变异在进化过程中具有重要作用。1906 年 7 月 30 日至 8 月 3 日，英国伦敦召开的第三届国际遗传学大会，仍然以"杂交和植物育种"为名义，贝特森在大会宣读《遗传学研究进展》论文时，第一次建议人们把这门研究遗传和变异的学科称作"遗传学"（genetics）。1909 年，贝特森在剑桥大学出版社出版了《孟德尔遗传原理》一书，完成了他对孟德尔定律的重新诠释，形成了剑桥遗传学派，约翰·英尼斯园艺学院也成为国际上著名的遗传学研究中心。与艰难曲折、一生默默无闻的孟德尔不同，贝特森是时代的骄子，备受与他同时代人的尊敬和信任，经常有人向他请教遗传学的问题。

如一切超越其时代的人都有其局限性一样，贝特森也有一些不足之处。例如，他发现了连锁现象，获得了大量实验数据，却未能提出正确的机制来解释这种现象；贝特森曾长期反对染色体遗传学说，甚至反对一切遗传的物质学说，认为那就是"预成论"的翻版。直到果蝇、玉米的基因一个一个在染色体上被定位，可以进行染色体作图之后，他仍然固执地认为，基因的物质基础在细胞结构中没有任何直接的证据。幸而，1922年初，61岁的贝特森在赴加拿大多伦多参加国际遗传学会议前顺道到美国哥伦比亚大学访问摩尔根领导的"果蝇室"，在参观了27岁的布里奇斯著名的"X染色体不分开"的实验之后，彻底放弃了自己坚持了20年的错误偏见，展现了他作为一代伟人的高尚风范。1926年2月8日，贝特森在英国的墨顿逝世，享年65岁。人们怀着崇高的敬意，缅怀这位遗传学的早期倡导者，对他在20世纪初期，为遗传学的真正兴起和蓬勃发展所做出的开拓性贡献，给予极高的评价。美国的著名遗传学家卡斯特尔（W. E. Castle）认为：基于许多正当理由，我们可以把贝特森看成遗传学的真正奠基人。

5. 兰德斯坦纳（Karl Landsteiner，1868～1943）

兰德斯坦纳，美籍澳裔病理遗传学家，1868年6月14日出生于奥地利首都维也纳。兰德斯坦纳从小喜欢医学，阅读了许多医学书籍，希望自己将来成为一名治病救人的医生，能直接探索人体的奥秘，他甚至想体验人死亡瞬间的情形。1885

年，兰德斯坦纳进入维也纳大学学习临床医学，为实现自己的理想而奋斗，他广博的医学知识和对医学的执着追求，引起了教授们的注意，因此，他受到学校的重视和特殊培养。大学毕业后，又于1891年获得了医学博士学位，之后曾两度在维也纳短期从事临床医学工作。1892～1894年，他先后在德国化学家费歇尔（Emil Fischer）和汉茨（Arthur Hantzsch）指导下学习化学。1896～1908年，作为病理学家被维也纳大学聘到卫生系和病理解剖研究所任职，1911年，成为病理学教授。到荷兰工作两年后，移居美国。1922年，他到美国纽约洛克菲勒研究所任职，期间还到我国北京度过了一年的时光。1929年，兰德斯坦纳加入美国国籍。

1902年，34岁的兰德斯坦纳发现了人类的ABO血型系统，并阐述了这个血型系统的机制，提出了共显性的概念，丰富了孟德尔遗传学的内容，为人类输血活动提供了理论基础和技术指导，使人类的输血活动步入了正确安全的轨道。1927年，兰德斯坦纳又发现了人类的MN血型、P血型。由于兰德斯坦纳对人类血型研究的卓越贡献，1930年，他获得诺贝尔生理学或医学奖。

兰德斯坦纳治学严谨，工作热情高，业绩非凡，对人类做出了极大的贡献。晚年的兰德斯坦纳仍然坚持每天上班，忘我地从事自己喜欢的研究工作，1940年，72岁的兰德斯坦纳又发现了人类的Rh血型。

1943年6月24日，兰德斯坦纳在纽约洛克菲勒研究所他的实验室里，拿着一根玻璃吸管在认真地工作，突发的心脏病发作致使兰德斯坦纳倒在工作台上，享年75岁。

6. 谈家桢（Tan Jiazhen，1909～2008）

谈家桢，中国遗传学家，1909 年 9 月 15 日出生于浙江省宁波市江北区慈城镇直街糖坊弄 2 号的一个银匠世家，父亲谈振镛在家乡的一个杂货铺里当学徒，后又成为邮政局里一名小职员；母亲杨梅英虽然没有文化，但心地善良、勤劳刻苦、勤俭持家，对他一生影响极大。1915 年，6 岁的谈家桢到当地私塾上学，12 岁毕业于教会办的道本小学后，进入教会办的宁波斐迪中学，1925 年转学到浙江湖州东吴第三中学高中部，1926 年，被免试保送苏州东吴大学，根据自己的兴趣，最后选择了生物学专业。谈家桢刻苦好学、勤奋上进、思维敏锐、和蔼大度的优良品格，给东吴大学生物系主任胡经甫教授留下了深刻的印象。1930 年毕业获得理学学士学位后，胡经甫推荐谈家桢成了燕京大学唯一从事遗传学教学和研究的李汝祺教授的硕士研究生，从事昆虫遗传学研究，完成了一篇具有很高学术水平的硕士学位论文《异色瓢虫鞘翅色斑的变异和遗传》，获得了硕士学位。按照李汝祺教授的意见，谈家桢把硕士论文内容分拆成各自独立的 3 篇论文，其中《异色瓢虫鞘翅色斑的变异》和《异色瓢虫的生物学记录》与李汝祺联名发表在《北平自然历史公报》上，硕士学位论文的核心部分整理为《异色瓢虫鞘翅色斑的遗传》，经李汝祺教授推荐，翻译成英文后直接寄往闻名遐迩的美国哥伦比亚大学摩尔根实验室，摩尔根教授审阅后，甚为欣赏这位中国青年研究者的才华，接受谈家桢到自己的实验室来攻读博士学位。1934 年，谈家桢告别了母亲和新婚夫人，只身漂洋过海到了美国，成了摩尔根和杜布赞斯基的博士研究生。他利用果蝇唾液腺染色体研究的最新成果，分析了果蝇在种内、种间的结构和变异情况，探讨不同种的亲缘关系，从而深化了对进化机制的理解；同时还进行遗传图的研究和绘制工作。他单独以及和法国、德国等遗传学家合作写成了 10 余篇研究论文，先后在美、英、法、德、瑞士等国家的科学刊物上发表，使他成为国际上知名的遗传学家。1936 年，他以《果蝇常染色体的遗传图》的论文通过答辩，获得了哲学博士学位。

谈家桢的刻苦治学精神及做出的优异成绩给导师和同事们留下了深刻的印象。导师摩尔根教授盛情邀请他留下继续从事果蝇遗传学的研究，但是，"科学救国"的志向使他决心返回祖国，为国家服务。在接到浙江大学校长竺可桢教授聘他为生物系教授的聘书后，1937 年，谈家桢义无反顾地回到了祖国，到浙江大学任教。抗日战争全面爆发后，浙江大学辗转内迁，在颠沛流离、动乱不堪的极度困难条件下，他坚持进行果蝇遗传学研究。1944 年，谈家桢在一座破旧的祠堂里研究发现了瓢虫色斑变异的嵌镶显性现象。1945~1946 年，他应美国哥伦比亚大学的邀请，赴美做客座教授，并对嵌镶显性现象的规律做进一步的研究。1946 年发表了"异色瓢虫色斑遗传中的嵌镶显性"的论文。这一成果引起国际遗传学界的巨大反响，认为是丰富和发展了孟德尔-摩尔根的遗传学说。1948 年，谈家桢代表中国遗传学界出席在瑞典斯德哥尔摩召开的第八届国际遗传学会议，会后受联合国教育、科学及文化组织（以下简称联合国教科文组织）的资助，到意大利、法国、荷兰和美国进行讲学和考察，1948 年底他排除一切干扰，回国到浙江大学任教。1952 年院系调整后到复旦大学任教。1959 年，谈家桢牵头在复旦大学成立了遗传学教研室，米丘林遗传学、孟德尔-摩尔根遗传学两个学派的课程同时开讲。1961 年又扩大建立了遗传学研究所，1962~1966 年，谈家桢领导的研究集体共发表了科学研究论文 50 余篇，出版了专著、译作和讨论集 16 种，由遗传所培养的教学和科研人才，都已成为工、农、医、林、牧、渔及高等院校从事遗传学研究和教学的骨干力量，成绩斐然，他也成为人们公认的中国遗传学的奠基人。然而，1966~1976 年谈家桢却又一次在劫难逃，一夜之间他从人人敬仰的遗传学家被打成反动学术权威，"打倒反动学术权威谈家桢"的大幅标语铺天盖地，贴满了复旦大学校园。写检查、批斗、毒打、无休止的非人折磨，给谈家桢带来了极大的精神和肉体上的伤害；他的夫人终因不堪折磨，于 1966 年 7 月的一天上午含冤离开了人世；他也被下放到上海郊区进行所谓的劳动改造。多重打击下谈家桢痛不欲生，但还是顽强地活了下来。1968 年 11 月，谈家桢又回到了复旦大学。1980 年，谈家桢被选为中国科学院院士。1983 年 8 月，全国第一届遗传学代表大会在辽宁大学召开，谈家桢作为中国遗传学会的会长到会做了主题报告，回顾了中国遗传学艰难曲折的发展历程，提出"科学不分阶级、不分信仰、不分国家"的理念，鼓励年轻一代遗传学工作者努力工作，开创我国遗传学的新局面。

1985 年，谈家桢当选为发展中国家科学院院士、美国国家科学院外籍院士；1987 年，当选为意大利国家科学院外籍院士；1999 年，当选为纽约科学院名誉终身院士、国际编号为 3542 号小行星被命名为"谈家桢星"。进入 21 世纪，已经耄耋之年的谈家桢仍然关心我国遗传学的发展，亲自给国家领导人写信，呼吁加强我国基因资源的保护和研究，促成了我国南北两个基因组研究中心的建立；仍然关心和支持我国遗传学的发展及公益事业，先后将自己的稿费、奖金和积蓄近百万元捐献给摩尔根生物研究中心、上海老年中心、遗传学国际研讨会等组织。2008 年 11 月 1 日，刚喜庆百岁华诞不久的谈家桢在上海华东医院安详地离开了人世，走完了他辉煌、朴实的一生。

二、核心事件

1. 孟德尔定律的发现

孟德尔定律的发现同其他重大科学发现一样，都是前人众多积淀的结果。18～19 世纪，为了对植物进行品种改良，获得新的植物类型并探讨杂种形成的机制，欧洲一些皇家科学院公开悬赏该方面的研究论文，因此，大批科学家开始做一系列的植物杂交试验，他们的研究工作为孟德尔遗传定律的发现打下了广泛的基础，18 世纪末期，科尔罗伊德（Joseph Gottlieb Köelreuter, 1733～1806）先后用 138 种植物进行了 500 多个不同的杂交试验，首次证明了两个亲本的遗传贡献是相等的，在某些实验中已经发现后代可出现类似亲本的性状，并描述了后代发生明显的性状分离现象。当时，科尔罗伊德被誉为"近代植物杂交试验之父"。但他没有进行有关支配个体单一性状遗传定律的研究。1799～1833 年，奈特（Thomas Andrew Knight, 1759～1838）用豌豆进行了杂交试验，他仔细地去雄蕊后再授粉，并以去雄后未授粉的花作对照组，发现了豌豆种子的灰色对白色为显性；他用白色种子的亲本和杂种

回交，得到的下代种子有白色和灰色两种类型，但他没有去计数过杂种后代的性状分离比例。1826 年，萨格莱特（Augustin Sageret, 1763～1851）进行了甜瓜杂交试验，把两个亲本的性状排成一组组相对性状，证实了显性现象，也发现了不同性状的独立分离。1837 年，盖特纳（Carl Friedrich von Gärtnor, 1722～1850）发表了《植物杂种形成的实验和观察》的论文，他先后分析了近 1 万个杂交试验，在玉米杂交试验中，观察到黄色籽粒与其他颜色籽粒的分离比例为 3.18∶1，然而他无法对此做出任何解释。他的论文曾被孟德尔认真阅读过，并给予高度评价。诺丁（Charles Naudin, 1815～1899）曾进行了 10 年的植物杂交试验研究，也看到了杂种的性状分离，提出了"杂种后代分别保留着双亲性质"的重要假设。但他也没有去分析杂种的分离比，更未注意到这种分离的重要性意义。可见，在孟德尔进行研究之前，已经有近百年的植物杂交试验研究，但这些先驱们在实验方法和思维上都存在着很大的缺陷，过于满足简单地描述实验的结果，没有一个人对实验结果进行分类分析；谁也没有把杂种后代的性状分离看成是最关键的变化；没有想到应用数学的方法进行分析，从可变化的群体角度去解释所看到的遗传现象。

1856 年，孟德尔对杂交试验计划进行了详细的设计，他首先把买到的豌豆品种分别种植，使实验材料高度纯合化；又采取严格的人工去雄、严格套袋、人工授粉杂交，得到了杂交种子；又让杂交种子进行自交，得到了第二代；对第二代种子进行了统计学分析；为了验证自己的假说，他又进行了自交验证、测交验证以及正反交验证；他清楚自己的发现具有划时代的意义，为慎重起见，他又重复验证实验了多年，以期更加臻于完善。历经 8 年的千辛万苦，1864 年，孟德尔终于发现了遗传的分离定律和自由组合定律。1865 年 2 月 8 日，在布隆自然科学协会的每月例会上，孟德尔向与会的 40 多名生物学家、植物学家、藻类学家、地质学家、化学家等介绍了豌豆杂交试验的目的、独特的分析方法和实验结果，与会者礼貌而兴致勃勃地听完他为时一小时的报告。1865 年 3 月 8 日，孟德尔在学会月例会上着重根

据统计到的实验数据进行了深入的论证，提出了关于因子分离和自由组合的新观念，在人类历史上，第一次揭示了遗传的基本规律。但结果是听众坠入云雾之中，听不懂也不感兴趣，没有给予任何的评价，也没有提出任何问题。谁也没有认识到，在孟德尔的报告中蕴藏着一个划时代的、伟大的科学发现。

面对无人理解、无人接受自己假说的局面，孟德尔曾经做了各种努力。首先对实验结果进行了再次核对检查，准确无误后，撰写了约3万字的《植物杂交试验》论文，于1866年初在《布隆自然科学协会会刊》第4卷上发表，揭示了遗传的"分离定律"和"自由组合定律"，形成了颗粒式的遗传理论，并创立了在现代遗传学研究中仍然沿用的遗传分析方法；孟德尔自己和布隆自然科学协会把他的论文邮寄到30多个国家120多个科学研究机构和大学图书馆，但各方面均没有做出任何的反应。在孤独和失望中，孟德尔将他的论文副本寄给了瑞士著名的植物学家耐格里（C. Nageli，1817~1891）和维也纳植物园的主任凯尔纳（A. Kellner，1831~1878），并多次写信给耐格里，以期望能够得到他们的理解和支持，结果遭到的仍然是怀疑、否定、轻视和冷漠。孟德尔也曾到伦敦拜会达尔文，相信达尔文能够理解和支持自己的理论，遗憾的是由于达尔文当时生病，没有接见孟德尔，阴差阳错使两个伟人失之交臂，也使当时真正能够给达尔文进化论提供理论支持和实验支持的孟德尔定律被束之高阁，使进化论与遗传学两门学科间的交叉没能实现，导致生命科学的发展延迟了近半个世纪。

孟德尔的学术报告和发表的论文标志着人类已经发现了遗传的基本原理，奠定了遗传学发展的理论基础，他谱写了遗传学的第一章和第二章，树立了遗传学发展史上第一块里程碑，他的关于"因子"的学说和发现，被现代人们誉为人类最伟大的发现（勾股定律、微生物存在、三大运动定律、物质结构、血液循环、电流、物种进化、基因、热力学定律、光波粒二重性）之一。但是，孟德尔的理论没有得到人们的重视和认可，它寄发到各个国家研究所以及图书馆的论文被摆放在人们不注意的角落，无人问津，整日与灰尘为伍。

孟德尔当时也被科学界视为神经不正常，被修道院的同行们讥讽为亵渎上帝、不务正业，在神圣的地方搞动物妓院和植物妓院。那么，为什么孟德尔如此重要的发现当时没有被接受，而被埋没了呢？

1）研究方法、结论和论文表述方式超越了时代　　孟德尔的研究方法和论文表述方式是全新的。例如，他正确选用实验材料、应用统计学方法分析实验结果、从单因子到多因子的研究方法以及合理实验程序设计等，这些冲击了以往生物学界一直因循的活力论和目的论的实验方法和写作格式；敢于借鉴物理学中的粒子运动（即粒子的随机结合和分离）作为实验设计和分析的观点，尤其是开创性地引用数学统计的方法来对实验结果进行定量分析，其方法超越了时代30年。与当时生物学研究中盛行的观察和描述方法大相径庭，对于当时的生物学家来说，是完全陌生的、不可思议的，被认为是科学上的越轨行动。加上受到当时科学发展水平的限制，人们对"细胞分裂""受精过程"等生物学问题的认识，都是很不清楚的，甚至根本不知道"染色体及其在遗传上的重要作用"。因此，孟德尔所假定的"遗传因子"，便不可能通过其他生物学实验得到确切地证明。在这种情况下，人们当然也就不可能理解孟德尔论文中所包含的创造性的见解。

2）科学界对进化论的关注冲淡了对孟德尔理论的兴趣　　1858年7月1日，英国生物学家达尔文与华莱士在伦敦林奈学会上宣读了关于进化论的论文。1859年，达尔文出版了《物种起源》巨著，系统地阐述了进化学说，明确提出"物种是可变的，生物是进化的。自然选择是生物进化的动力"。进化论的问世，在当时的科学界引起了轩然大波，支持者与反对者形成了两大阵营，进行了长期的论战和斗争，整个欧洲包括国际上许多著名的科学家都在高度关注这场关于进化论的论战而忽视了孟德尔的理论。孟德尔的理论恰恰是对达尔文进化论的有力支持，是对那些反对进化论的人们进行斗争的最有力的武器，然而，达尔文学派却没有很好地利用这个优势，使孟德尔理论在达尔文进化学说广为传播的大潮中遭到冷遇而被埋没。

3) 错误地结识了一位著名的植物学家 当时对孟德尔工作能够熟悉的植物学家至少有瑞士著名的植物学家耐格里，奥地利维也纳植物园的主任凯尔纳，德国的霍夫曼(H. Hoffman)、福克(W. O. Focke)及俄国的施马尔豪森(I. F. Schmalhausen)等。为了让学术界承认自己的工作，孟德尔把他的论文邮寄给他敬慕信任的耐格里，并与耐格里保持了长达8年的交往，10多次的通信。作为当时国际上著名植物学家的耐格里，应该说是最有可能使孟德尔的发现得到学术界的承认。但是，他在没有详细了解孟德尔的实验，对孟德尔论文的重要意义也并没有真正认识的情况下，便带着轻蔑的口吻对孟德尔实验做出了一些猜测性的评论，提出了很不公正的批评，并且武断地得出"孟德尔一定是错误的"结论。后来一些科学家曾有趣地指出："对于孟德尔来说，碰上耐格里真是一个莫大的不幸。"

4) 孟德尔的身份使人们产生众多误解 孟德尔仅仅是一个鲜为人知的天主教堂里的神甫兼中学代课教师，没有受到过正规的职业科研训练，也没有人们羡慕的博士学位。职业的偏见和狭隘的思想，使当时学术界的权威们认为他的研究工作与他的神学职业不相符合，很难相信一个业余的、名不见经传的小人物能够做出惊人的发现。

5) 刊物级别和知名度影响了传播 布隆自然科学协会是一个非常普通的地方学会，该学会的会刊也仅仅是一个名不见经传的地方性刊物，其级别较低，发行量不大，知名度不高；在孟德尔发表论文之前，该刊物还没有刊登过非常像样的研究报告；加之孟德尔的论文是用德文撰写的，没有融入广为人们使用的英语体系。以上诸方面原因都影响了他的论文的传播和人们的认知。

6) 性格内向、坚持不够 孟德尔谦虚、谨慎，性格比较内向。在自己的论文不能被理解和认可的情况下，他又在1869年用紫罗兰、玉米、紫茉莉等植物继续进行杂交试验，再一次证实了豌豆杂交试验中的发现。他虽然也做了一些企图使别人认可的斡旋和宣传，但他对自己的实验和理论的重要性缺乏充分的认识，在不断遭受挫折、不被人们理解之后，没有再做出新的努力，如没有再把他的论文邮寄给更多的植物学家，没有再

将他的论文投寄给国际或国内更高级别的学术会议以及重要的学术性刊物，以争取得到其他学者或刊物的承认和支持。他最终放弃了长达8年的植物杂交试验。

2. 孟德尔定律的重新发现——遗传学的诞生

1892～1896年，德弗里斯将麦瓶草的有毛变种与光滑变种杂交，得到536株子二代植株，其中392株有毛，144株光滑，比例为2.72∶1；将花瓣带黑点与花瓣带白点的罂粟杂交，得到201株子二代植株，其中花瓣带黑点158株，花瓣带白点43株，比例为3.67∶1。这两个实验的数据都分别接近3∶1的比值，到1899年，德弗里斯已在30多个不同物种和变种的实验中证实了这种现象，可以说德弗里斯是完全独立地发现了显性现象和分离定律的人。然而，就在他查阅资料、撰写论文的过程中读到了孟德尔《植物杂交试验》的论文，才发觉自己辛辛苦苦做了七八年的研究，原来别人早已有结论。德弗里斯感到沮丧，有些愤愤不平，认为他的工作无论是实验广度还是理论深度，都比孟德尔的工作更有意义。1900年3月，他抓紧时间在几个星期之内提交了三篇论文，其中两篇寄给了巴黎科学院，3月14日，一篇《杂种的分离律》的论文寄给了德国植物学会，三篇论文均在4月发表了。《杂种的分离律》的论文不仅介绍了他自己的研究成果，也客观地介绍了孟德尔的理论。因此，德弗里斯是重新发现孟德尔定律的第一人。

科伦斯作为耐格里的学生和外甥女婿，他是否早就从耐格里那里知道了孟德尔的遗传理论，不得而知。但科伦斯也是长期在进行豌豆杂交试验工作，在分析多年的实验结果中，突发性地想到了3∶1这个分离比值。在查阅资料撰写论文的过程中，阅读到福克的著作才知道他的想法与30多年前孟德尔的理论不谋而合。1900年4月21日，他又收到了德弗里斯关于杂交工作的单行本。他觉得必须马上把自己的研究工作公布于众，1900年4月24日，科伦斯立即将《关于品种间杂种后代行为的孟德尔定律》的论文投寄到德国植物学会，并于1900年5月发表。科伦斯比较谦虚，他的论文也是用自己的研究结果来进一步证

实孟德尔的理论,他认为自己仅仅是一个创新者,发现遗传学基本定律的优先权应属于孟德尔。由于科伦斯的研究工作成绩以及他对孟德尔的客观评价,他被誉为重新发现孟德尔定律的第二人。

1898 年,切尔玛克开始做豌豆杂交试验,发现了黄色子叶与绿色子叶、圆形种子与皱缩种子的 3∶1 现象。同时,他还观察到子一代黄色子叶杂种与亲代绿色子叶植株回交时,能得到 1∶1 的比例。切尔玛克也是在查阅资料、总结实验结果、撰写论文的过程中,通过阅读福克的著作知道了孟德尔,并为孟德尔工作的广泛和深入感到吃惊。切尔玛克参考孟德尔的工作完成了《豌豆的人工杂交》的论文,1900 年 6 月 2 日邮寄给《柏林德国植物学会》,在第 18 卷上发表。尽管在发表这篇论文时,切尔玛克的杂交工作只进行了两代,还不可能证明子二代中呈显性的个体有两种基因型,也不能证明呈隐性的个体是纯种;尽管切尔玛克的研究内容还不算非常充实完美,但他的论文中对孟德尔定律的热情洋溢的介绍以及客观的评价,人们认为切尔玛克是重新发现孟德尔定律的第三人。

德弗里斯、科伦斯、切尔玛克对孟德尔定律的重新发现是一个非常重要的科学事件,被誉为 20 世纪自然科学最伟大的三大发现(进化论、孟德尔定律重新发现、DNA 双螺旋结构的发现)之一。正是由于这三位科学家,正是基于这一科学事件,才使被尘封埋没 35 年之久的孟德尔定律得以重见天日,才使孟德尔的名字迅速传遍欧美,才使研究遗传与变异的这门学科正式诞生。因此,人们把 1900 年作为遗传学的诞生年。

3. "遗传学"名称的由来

在孟德尔定律被重新发现之初,在科学界并没有马上引起大的震动,还仍然有人对孟德尔定律提出质疑,也曾有公开场合的激烈辩论。例如,在 1900 年 5 月初的英国皇家园艺学会的大会上,以韦尔登(W. Weldon)为代表的学术界权威们激烈反对贝特森的演讲,并著文贬低、鄙视孟德尔。包括《自然》在内的几乎所有杂志都不刊载孟德尔观点的论文,是贝特森义无反顾地站出来,发表了《捍卫孟德尔遗传原理》的战斗檄文,推动了孟德尔定律的传播,终结了人们对孟德尔理论

的质疑。早在 1897 年,贝特森便就生物如何进化的问题,开始对家鸡的冠形和羽色等性状进行杂交试验,1899 年 7 月 11~12 日,在以"植物杂交工作国际会议"名义召开的第一届国际遗传学大会上,贝特森宣读了名为《作为科学研究方法的杂交和杂交育种》的论文,不仅发现了与孟德尔类似的分离比率,还介绍了对杂种后代进行统计学分析的重要性,提醒人们"要注重研究生物单个性状的遗传原理"。贝特森报告的内容,不论是研究方法还是实验结果都很接近 30 多年前孟德尔的研究。

1900 年 5 月,贝特森从德弗里斯寄给他的论文中了解到 35 年前孟德尔的工作和发现。作为一个长期致力于生物进化、变异和遗传研究的著名科学家,贝特森比德弗里斯、科伦斯和切尔玛克更加深刻地认识到孟德尔工作的重要意义。在 5 月 8 日英国皇家园艺学会大会上,贝特森临时修改了演讲稿,作了题为《作为园艺学研究课题中的遗传问题》的演讲,他结合孟德尔的论文,介绍了证实孟德尔定律的有关实验,并提出:"孟德尔对杂交试验结果的解释是精确而又完备的。他从实验中推导出来的定律,对于我们今后探讨生物进化的问题,显然有着极其重要的意义"。正是贝特森的这次演讲,使与会的学者第一次知道了孟德尔的豌豆杂交试验及其所揭示的遗传定律。

1901 年,贝特森率先把孟德尔《植物杂交试验》的论文由德文译成英文,并加以评注发表在英国皇家园艺学会杂志上。正是这篇译文,使孟德尔的重大发现首先引起了英语系国家的注意,进而在世界各地产生了巨大的反响。为了使人们易于理解和接受孟德尔的遗传理论,贝特森和他的学生潘耐特(R. C. Punnett)将孟德尔原始所使用的文字和数学公式加以图式化,并给予了固定符号,如杂种第一代用"F_1"表示、杂种第二代用"F_2"表示、将遗传图用简明的棋盘格式图解(潘耐特方格)表示。同年 12 月,贝特森在向英国皇家园艺学会提交的家鸡冠形遗传的实验报告中提出"等位基因"(alleleomorph 或 allele)的概念。另外还创造了"纯合子"(homozygote)、"杂合子"(heterozygote)及"上位基因"(epistatic gene)等遗传学术语。

1902年9月30日至10月2日，在以"植物杂交工作国际会议"名义召开的第二届国际遗传学大会上，来自各国的遗传学家第一次使用贝特森所创立的等位基因、杂合子、纯合子等新的遗传学术语，以及简明的棋盘格式遗传图解进行介绍演讲，方便和加快了这一时期的学术交流，大大促进了孟德尔遗传理论的传播。随着孟德尔遗传理论的迅速传播和被越来越多的科学家接受，贝特森认为对这样一门迅速成长的新学科，迫切需要一个明确而又清楚的名字，以便名正言顺。

1906年7月30日至8月3日，仍然以"植物杂交工作国际会议"名义召开的第三届国际遗传学大会在伦敦召开，贝特森在大会宣读《遗传学研究进展》论文时，第一次公开建议人们把研究遗传和变异的生理学统称为"遗传学"（genetics）。他在论文中提到："采用'遗传学'这个词，能完全表述我们所从事阐明生物遗传和变异现象的工作，其中包括进化论者和分类学者的理论问题、应用于动植物育种学家的实际问题。"贝特森的建议被出席大会的学者顺利接受。贝特森根据国际惯例，采用希腊语中的 genet（出生、祖先）词根，加上一个 ics 的后缀组成 genetics。由于学科名称的正式建立，连续三次以"植物杂交工作国际会议"名义召开的会议，后来分别被称为第一届国际遗传学大会、第二届国际遗传学大会、第三届国际遗传学大会。贝特森虽然不是孟德尔定律重新发现者，但他对遗传学的贡献丝毫不亚于德弗里斯、科伦斯和切尔玛克，他完全可以称得上是孟德尔遗传规律的第四位发现者。

4. "基因"概念的形成

"基因"这一概念，在遗传学、生物学各类期刊文献、各种专著和教材中是出现频率最高的。这一概念的形成同样是经历了不断的学术积淀、不断的完善过程。1856年之前，人们对亲代传给子代的东西没有明确的概念，仅仅认为可能是某种颗粒物质。1862年，英国博物学家、哲学家、"适者生存"这一名言的创造者赫伯特·斯宾塞出版了《第一项原则》专著，提出生物体存在一种"生理单位"。1866年，孟德尔在他的《植物杂交试验》论文中（1866：41～42）曾经使用"因子"（elementc）这一词语达十多次，其中有几次和我们现在使用的"基因"这一名词的含义十分相似，但他对遗传物质、因子并没有清晰的概念。

斯宾塞（Herbert Spencer，1820～1903）

1868年，英国生物学家、进化论的创立者达尔文为了解释获得性遗传创立了"泛生论"（theory of pangenesis），出版了《家养条件下动物和植物的变异》的专著，在书中达尔文指出生物体内存在"微芽"（pangenesis），又称"微粒"，认为生物体各种组织中存在能形成各种组织的"微芽"，各种"微芽"可由各组织系统集中于生殖细胞，传递给子代，使它们呈现亲代的特征。环境的改变可使"微芽"的性质发生变化，因而亲代的获得性状可传给子代。但存在"微芽"的假说，未得到科学上的证实，他的获得性遗传的理论也没有被人们接受。

达尔文（Charles Robert Darwin，1809～1882）

1885年，德国生物学家魏斯曼提出有名的"种质论"，认为生物体由质上根本相异的两部分组成，即种质和体质。种质是连续的、遗传的，体质是不连续的、不遗传的。生物体在一生中由于外界环境的影响或器官的用与不用所造成的变化只表现于体质上，而与种质无关，所以后天获得性状不能遗传；种质存在于核内染色质中，染色质中含有许多不受环境影响的称为"定子"的粒状物质，"定子"还可再分为更小的单位"生源子"，后者是生命的最小单位。随着个体发育，各个"定子"渐次分散到适当的细胞中，最后导致一个细胞含一个"定子"。"生源子"能穿过核膜进入细胞质，使"定子"成为活跃状态，从而确定该细胞的分化。而种质(性细胞)则储积着该生物特有的全部"定子"，遗传给后代。魏斯曼提出的"定子""生源子"的概念实际上也就是今天讲的基因，虽然种质论没有揭示出遗传物质的本质，但启迪人们去深入研究遗传物质，为基因概念的形成、染色体的发现做出了贡献。

魏斯曼(August Weismann，1834～1914)

1889 年，德弗里斯出版了《细胞内泛生论》专著，以批判的眼光回顾了以前在遗传方面的研究，把达尔文提出的"微芽"改称为"泛生子"(pangene)，又称作"冷子"。认为细胞核中的"泛生子"决定遗传特性。德弗里斯所说的"泛生子"，相当于我们后来所说的"基因"。在这本书中德弗里斯把"泛生子"的特征总结为：①遗传归之于遗传质量的物质载体，它们是一些特殊的颗粒，被称作"泛生子"；②每个遗传性状有其专一的泛生子，泛生子位于细胞核里的染色质线上；③生物体分化的程度越高，其泛生子种类越多；④每一个泛生子可以独立地发生变化；⑤所有的核包含着相同的泛生子，不过只有非常有限的泛生子被释放到细胞质里，其余多数泛生子以无活力状态保留在核内；⑥一个核可以包含一种泛生子的许多复制品；⑦为了变成有活力的

泛生子，它必须从核移向细胞质；⑧泛生子没有从细胞质向核的运动；⑨从一个细胞到另一个细胞也没有泛生子的运动；⑩泛生子总是在细胞分裂时分开，不过也可以在细胞分裂间期分开，因此一定的泛生子通过许多相同的复制品可以出现在细胞质中(以及在核里)；⑪一个有机体的全部原生质由泛生子组成；⑫偶然，一个泛生子起变化，这便是"形成变异种和物种起源的起始点"。

可以看到，德弗里斯理论已经涉及了遗传物质的特性、复制、传递及变异等，只是由于时代的限制，它做出了"泛生子"本身从细胞核移向细胞质的错误假设。

尽管在这一时期，关于基因的称呼各种各样，但在一些比较重要的遗传学教科书和文献中，人们往往沿用孟德尔当初"因子"(element 或 factor)的叫法，有的文献中称作"遗传因子"(genetic factor)。1909 年，约翰逊认识到"因子"的行为和德弗里斯的"泛生子"的行为是如此相似，同时觉得以上叫法有点复杂混乱，且不能完美表达含义，因此，约翰逊在出版的《精密遗传学原理》一书中把德弗里斯从达尔文的 pangenesis 衍生出的 pangene 进一步缩短，简化为 gene，意为变成或生成什么东西。由于"gene"这个词叫起来顺口，又能表达一定的含义，所以很快被人们接受。约翰逊当时并没有提出基因的定义，仅仅认为"基因为一种计算或统计单位"，甚至反对基因是物质的，是具有形态特征的结构。与此同时，约翰逊将基因(gene)与词根"类型"(type)连接在一起，组成了"基因型"(genetype)这个词，与"表现型"(phenotype)相对应。20 世纪 30 年代，我国遗传学家谈家桢教授在美国师从摩尔根教授，在为国内科学杂志撰文时，首次把"gene"翻译成"基因"二字，不管是从音译或者从意译都非常完美，很快"基因"一词也被国内学者普遍接受和引用。

5. ABO 血型的发现

兰德斯坦纳少年时代就对医学感兴趣，经常跑到他家附近的一个附属医院偷看人体解剖实验，对收集到的各种医学书籍和人体解剖学图谱，看得如痴如醉。1896 年，兰德斯坦纳开始对血清

学和免疫学产生了兴趣，并将化学方法引入血清学研究。1900年，年轻的兰德斯坦纳发现了血清免疫反应往往会出现红细胞凝集现象，但当时人们并没有看清这一现象在医学上的深远意义，忽视了他的发现。1902年，兰德斯坦纳认真分析了人类以及动物红细胞发生凝集的现象，认为红细胞在异体或异种血清作用之下之所以发生凝集，是因为红细胞表面含有一些被称为凝集原的抗原性物质，而血清中则含有相应地被称为凝集素的特异性抗体物质，当含某种凝集原的红细胞遇到一种与它相对抗的凝集素时就会发生使红细胞凝结成团块的反应，即抗原-抗体反应。根据一系列抗原-抗体反应的结果，兰德斯坦纳发现了人类的ABO血型系统，认为人类存在A型、B型、AB型和O型4种血型。A血型的人红细胞表面含有A抗原，在他们的血清中存在抗B抗原的抗体；B血型的人红细胞表面含有B抗原，血清中存在抗A抗原的抗体；AB血型的人红细胞表面存在A抗原、B抗原，在血清中既无抗A抗原的抗体，也没有抗B抗原的抗体；O血型的人红细胞表面上没有A抗原，也没有B抗原，但血清中同时存在抗A抗原的抗体和抗B抗原的抗体。1908年春天，一位初生不久的婴儿患瘫痪症使医生束手无策，年轻妇人绝望的哭声引起了兰德斯坦纳的同情和注意，他安慰年轻的母亲，并毛遂自荐来给孩子治疗，在家属的同意下，兰德斯坦纳运用抗原-抗体反应的血清免疫的原理，把患儿的病原因子输入猴子体内使其产生抗体，然后又把抗体接种到患儿身上，利用此方法奇妙地救活了患儿。

1924年，德国学者伯恩斯坦证明ABO血型由I^A、I^B、i三个复等位基因控制，I^A、I^B是i的显性，I^A、I^B之间是共显性，在人类群体中有6种基因型、4种表现型。ABO血型的发现及遗传机制的阐明，使人类疾病治疗在输血方面步入了正确轨道，挽救了成千上万人的生命，而且，也为刚刚诞生的遗传学提供了在人类方面的第一个重要证据。

1927年，兰德斯坦纳又发现了人类的MN血型、P血型。1940年，兰德斯坦纳和威纳用猕猴做实验，又发现了人类的Rh血型，证明Rh血型由8个复等位基因控制，有36种基因型、18种表现型。

三、核心概念

1. 遗传、变异

遗传(inherit, inheritance)中的"遗"具有"留""余"的含义。遗传中的"传"具有推广、散布、表达的含义。即亲代一方余留的东西或事物推广散布到后代或另一方，在另一方表达出来。在遗传学学科中遗传可以作为动词，相应的英文单词是"inherit"，是指生物体的构造和生理机能由上一代传给下一代。作为动词强调的是性状由亲代向子代传递的过程。例如，人体的许多性状都可以遗传给后代。遗传还可以作为名词，相应的英文单词是"inheritance"，是指子代与亲代之间相似的现象。作为名词强调的是性状由亲代向子代传递的结果或现象或生物产生同类生物的现象，子代与亲代相似的现象，生物产生同类生物的现象。

变异(variation)中的"变"指变化、改变；变异中的"异"指差异、区别、不同。在古代"变异"通常指一些奇怪的现象、标新立异的事情和不同变化。在遗传学学科中变异指同种生物世代之间或同代生物不同个体之间在形态特征、生理特征等方面所表现的差异。变异可以作为名词也可以作为动词，作为名词指的是现象，作为动词指的是过程。

变异可分为可遗传变异和不可遗传变异，可遗传变异指基因发生突变后，由其决定的性状也会发生变异，并且这种变异可以传递给后代。基因的重组、互作、染色体结构、染色体数目的改变和细胞质变异等引起的变异都属于可遗传变异。不可遗传变异指生物在生长发育过程中，由环境条件的作用而引起性状的改变。但这种作用程度较轻，不会导致遗传物质的改变，由于变异只限于当代，不遗传给后代；如果引起变异的环境条件消失，变异也随之消失。

遗传与变异的关系首先是对立关系：遗传指的是稳定性、保守性、相对性；变异指的是不稳定性、进步性、绝对性。它们之间的统一关系：遗传的性状可变异，变异的性状可遗传，遗传有利于生物生存，变异也有利于生物生存，遗传物质的基础为 DNA，变异物质的基础也为 DNA。在生物生存、演化过程中，二者是密不可分、互不能缺的。没有遗传，生物的性状就不能传递下去，没有变异，生物就不能进化，不能适应经常变化的环境。况且，变异后获得的优良性状还得靠遗传把优良性状代代传递。

2. 基因、顺反子

遗传学是研究基因的学科，遗传学的发展历史就是基因概念的演变历史，在不同的阶段人们对基因的认识不同，即便是在同一个阶段人们对基因的概念和对基因概念的理解也有不同的观点。例如，在目前使用的各种遗传学教材、分子遗传学教材以及分子生物学教材中对基因的理解和看法存在众多分歧，这些分歧模糊了基因的概念，影响了学生对基因概念的正确理解，很有必要规范和统一。

第一种观点认为：基因(gene)是 DNA 上编码多肽链氨基酸序列的片段。认为只有那些编码多肽链或蛋白质的 DNA 序列才是基因。例如，戴灼华等编著，高等教育出版社 2008 年出版的《遗传学》第二版中写道：现代基因的概念将基因的结构和基因的功能联系起来了，特别强调基因是合成一条有功能的多肽链或所必需的完整的序列。温特等著，谢雍等译，科学出版社 2006 年出版的《遗传学》中指出：基因是遗传信息的基本单位，是位于 DNA 上的编码多肽氨基酸序列的一个个离散的片段。美国杰本明、卢因等著，余龙、江松敏等译，科学出版社 2005 年出版的《基因Ⅷ》及原版书 *Gene IX*(2006 年)中都指出：基因指能产生一条肽链的 DNA 片段。包括编码区和其上下游区域(引导区和尾部)，以及在编码片段间(外显子)的割裂序列(内含子)。在原版书 *Gene IX*、*Essentials of Anatomy and Physiology*、*Human Physiology* 等中也都认为基因是编码多肽链或特殊蛋白质的 DNA 序列。很显然，以上这些观点和看法是落后于时代的、不全面和不正确的。这些著作在再版时应该进行认真的修改和补充。

第二种观点认为：基因是 DNA 上编码多肽链或者 RNA 分子的一段序列。认为基因要有产物，这个产物为多肽链或者 RNA。基因工程术语，如吴乃虎等著，科学出版社 2006 年出版的《基因工程术语》中指出：基因通常又叫顺反子，是遗传的基本单位，携带着某种蛋白质或 RNA 分子的遗传信息；如张自立等编著，科学出版社 2007 年出版的《现代生命科学进展》第二版中指出：基因是编码某种多肽链、tRNA、rRNA、tRNA 的 DNA 区段。现代遗传学原理，徐晋麟等编著，科学出版社 2005 年出版的《遗传学》第二版中指出：现代基因的概念是一段编码有功能蛋白质或 RNA 的 DNA 序列。徐承水、曲志才、党本元等主编，北京农业大学出版社 1992 年出版的《分子细胞生物学手册》中指出：基因指 DNA 分子中具有一定遗传效应的特定核苷酸序列，是合成专一多肽或 RNA 的蓝本。遗传学，朱军、刘庆昌、张天真等主编，中国农业出版社 2001 年出版的《遗传学》第三版中指出：一个基因相当于 DNA 分子上的一定区段，它携带有特殊的遗传信息，这类遗传信息或者被转录为 RNA(包括 mRNA、tRNA、rRNA)，或者被翻译成多肽链(指 mRNA)。

第三种观点认为：基因是具有一定遗传效应的核苷酸序列。认为只要有效应就是一个基因。例如，周希澄、郭平仲、冀耀如等编著，高等教育出版社 1989 年出版的《遗传学》中写到"关于基因的概念仍在发展，但根据现有的资料，现代基因的概念是：基因是 DNA 分子上一段特定的核苷酸序列，它具有重组、突变、转录或对其他基因起调控作用的遗传学功能。更概括地说，基因就是 DNA 分子上具有一定遗传效应的一段核苷酸序列。"季道蕃、米景九、许启风等编著，中国农业出版社出版的《遗传学》也写到"基因不仅可以作为 mRNA 转录的模板，同时也可以作为 tRNA 与 rRNA 转录的模板，此外，还有一些基因，既不参加 mRNA 的转录，也不参加 tRNA 与 rRNA 的转录，它们只对其他基因的活动起调控的作用。"

综上所述，对基因做一个规范的概念和定义比较难，不少学者和遗传学教材中都认为基因的概念在近几十年发展相当迅速，而且，随着科学技术的进步，基因的概念必将有进一步的发展。在初中生物学课本中，把基因定义为"染色体遗传物质中决定生物性状的小单位"。高中生物学课本则把基因定义为"有遗传效应的 DNA 片段"。在最具权威的 2000 年版《中国大百科全书》中，基因的定义是"含特定遗传信息的核苷酸序列，是遗传信息的最小功能单位"。在最近几年出版的外文版及部分中文版的分子生物学和分子遗传学书籍中又给出了新的答案。从上述基因研究的最新进展可以看出，基因不仅在功能上多种多样，在结构上也是五花八门，因此，给它下一个非常准确和永远适用的定义是相当困难的。根据目前所掌握的知识，从分子生物学的角度，可以把基因定义为"能够表达出一个有功能的多肽链或功能 RNA 分子的核酸序列"。这里，"RNA 分子"是指 rRNA 和 tRNA。"核酸序列"主要指 DNA，对于 RNA 病毒来说则指染色体 RNA。这个定义较确切地表述了基因的本质和功能，已经被绝大多数学者所接受。所以我认为，这个定义能够为中学生所理解，特别是高中学生。

顺反子(cistron)指一个不同突变之间没有互补的功能区或根据顺反互补测验确定的一种功能单位。1955 年，本泽发现 T_4 噬菌体基因组 DNA 存在一个 RⅡ区，在这个 RⅡ区有一个 RⅡA 位点、一个 RⅡB 位点，这两个位点属于同一个基因呢还是分别属于两个基因？本泽利用不同基因型的 T_4 噬菌体，设计了巧妙的顺反测验，证明 RⅡA 位点是一个基因，RⅡB 位点是另外一个基因，二者在顺式排列时、反式排列时都可以互补。本泽把 RⅡA 位点称作顺反子 A，把 RⅡB 位点称作顺反子 B。实际上顺反子是基因的同义语。由于对本泽出色工作的尊重，在 20 世纪 50 年代一段时间里，一些杂志、教材中出现了以顺反子代替基因的现象。经过一段时间的运用，人们觉得还是基因一词更精确、更顺口、更能表达真正的含义，因此，在目前的生物学杂志文献、教科书中较少出现顺反子的概念。

3. 等位基因、复等位基因

关于等位基因(allele)的理解和概念，有两种不同的观点。例如，杂合体 Aa 自交得到 AA、Aa 和 aa 个体。第一种观点认为 A 与 A 是等位基因，A 与 a 是等位基因，a 与 a 也是等位基因。此种观

点的依据是：在一些生物地理学词典上认为"位于同源染色体同一位置上的基因"；一些水产学词典上认为"处于同源染色体的相同位置上的基因"；在《中国大百科全书 生物学遗传学》上说"凡是在同源染色体上占据相同座位的基因都称为等位基因"；在《简明生物学词典》上也说"位于同源染色体的同一位置上的基因，是由基因突变而起源的"。第一种观点虽然有一定的依据，根据中文"等位"的含义有一定的道理，但这种观点是不妥的，不符合等位基因的原始含义。

第二种观点认为 A 与 A 不是等位基因，a 与 a 也不是等位基因，只有 A 与 a 才是等位基因，此种观点的依据更多。例如，在一些免疫学教科书中认为等位基因是"单个基因座上一个基因的不同形式"；一些遗传学教科书中认为等位基因是"位于一对同源染色体的相同位置上控制某一性状的不同形态的基因"；科学出版社出版的《遗传学名词》词典上认为等位基因是"在一对同源染色体的同一基因座上的两个不同形式的基因"；《基因工程术语》中认为"位于染色体同一座位的一种基因的一种或数种改变型"；《细胞生物学词典》中认为等位基因是"位于同源染色体的相同位置、控制着一对相对性状的基因"。在科学出版社 2007 年出版的《人类分子遗传学》一书中也写到等位基因是"同一基因的不同形式"。至于为什么第二种观点正确，为大多数人采用，这涉及等位基因这个概念原始的英文名称的来源和含义。1901 年 12 月，贝特森在向英国皇家园艺学会提交的家鸡冠形遗传的实验报告中，把决定相对性状的孟德尔式的遗传因子称为"相对因子"(allelomorph)，英文 allelomorph 是希腊语中的 allelo + morph 而成，其中 allelo 意为"互不"，morph 意为"形态"，组合一块意为互不相同的形态，也即互不相同的两个基因。后来 allelomorph 这个术语几经修改，简化成现在通用的"allele"，我国翻译时译为"等位基因"，只强调了等位，忽略了互不相同，完全背离了 allelomorph 的原意。高翼之教授强调在区别是否为等位基因时应注意以下 4 点：①指同一基因的不同形式；②在一对同源染色体上占有相同的位置；③控制着一对相对性状；④通过突变可以使一个基因变成它的等

位基因。

复等位基因(multiple allele)指二倍体生物群体中某一基因座位上的基因以三种(包括三种)以上不同状态存在时的基因。复等位基因的概念是相对于等位基因的概念而提出的,如果在一个基因座位上仅仅存在两种状态的基因,那么,这两种状态的基因称作等位基因,多余两个的情况下就称作复等位基因。如果说等位基因是对个体而言的,则复等位基因是对群体而言的。同一个基因的突变往往是多方向性的。例如,基因 A 可以突变成 a,也可以突变成 a_1,还可以突变成 a_2,如果仅仅是基因 A 可以突变成 a,我们可以把 A 与 a 称作等位基因,此时,在群体中有 AA、Aa、aa 三种基因型。如果基因 A 突变成了 a,同时也突变成 a_1、a_2 4 种状态,则这 4 个状态的基因就称作复等位基因,此时,群体中则可能有 AA、Aa、Aa_1、Aa_2、aa、a_1a_1、a_2a_2、aa_1、aa_2、a_1a_2 10 种基因型。如果复等位基因的成员是 5 个,则群体中可能有 15 种基因型。不管群体中某一基因座位上有多少种基因型,都可以根据书本中的公式计算出来群体中该座位上基因型的数目。

4. 基因型、表现型

基因型(genotype)指从双亲获得的全部基因的总和。基因型是从亲代获得的,是可能发育为某种性状的遗传基础。基因型又称遗传型、因子型,它反映生物体的遗传构成。一个生物体拥有许多基因,如人类基因组约有 2 万对基因,在进行表述时不可能把一个个体的全部基因都写出来,因此,整个生物的基因型是无法表示出来的,遗传学教科书中和遗传学文献中具体使用的基因型,往往是指某一性状的基因型或者某一座位上的基因型,如人类白化病个体的基因型是 cc,正常个体的基因型是 CC 或 Cc。在进行两个基因位点或两个相对性状的研究时,可以写成 AACC,在进行三个基因位点或三个相对性状的研究时,可以写成 AABBCC。在书写基因型时一般都用英文符号,显性基因用大写的英文符号,隐性基因用小写的英文符号,且这些英文符号都要斜体。

表现型(phenotype)指生物体外在性状以及生理生化特征的总称。表现型又称表型,是具有特定基因型的个体,在一定环境条件下所表现出来的性状特征的总和,它包括基因的产物(如蛋白质和酶),各种形态特征、生理特性,甚至各种动物的习性和行为等。同样,生物体具有许许多多的性状,在进行表述时不可能写出一个个体的全部性状,因此,在进行研究时涉及一个性状就写出一个性状就是这个个体的表现型,涉及三个性状就写出三个性状就是这个个体的表现型。

表现型受基因型的制约,基因型是表现型的基础,但二者并不是完全的、绝对的一对一的关系。有些性状的基因型与表现型是一对一的关系,如人类的白化病、血型、某些遗传性疾病等;有些性状的基因型与表现型则不是一对一的关系,如人类的身高、血压、皮肤颜色等。基因型加上环境,才最后形成表现型。基因型相同的个体不一定具有完全相同的表现型,当然,具有完全相同表现型的个体不一定具有相同的基因型。

5. 杂交、自交

杂交(hybridise)指亲缘关系较远的物种间、不同基因型的个体间进行的交配过程。杂交可以发生在不同的层面,不同物种之间进行的交配称作远缘杂交,如马与驴的交配、狮子与老虎的交配、小麦与水稻的交配、萝卜与甘蓝的交配等。有的物种间远缘杂交可以产生后代,有的物种间远缘杂交不能产生后代。同一物种不同个体间的交配也叫杂交,一般同一物种不同个体间的交配可以产生后代,而且形成的后代是可育的。

自交(selfing)指进行自花授粉、自体受精的过程。在实际工作中往往把基因型相同的个体间的交配也称作自交。育种工作中,我们杂交形成的第一代称作杂种一代。英文中通常用"filial generation"表示杂种一代,省略为 F。杂种一代即为 F_1,F_1 个体间交配或自花授粉产生的杂种二代即为 F_2,F_2 个体自交产生的杂种三代即为 F_3,以此类推。F_1、F_2、F_3 等这些符号都是特定的书写模式,在中文书写过程中如果写成 F1、F2、F3 的模式则是错误的,写成 F_1 代、F_2 代、F_3 代这种在 F 后面再加一个"代"字的模式也是错误的。

6. 回交、测交

回交(back cross)指杂交产生的杂交后代与亲本的交配。杂交后代可以与母方亲本交配,也可以与父方亲本交配。如果杂交后代与母本回交,产生的回交后代，记作 B_1，则杂交后代与父本回交产生的回交后代，记作 B_2；在记录多次回交产生的后代时则按照以下规则：杂交后代与亲本交一次产生的后代记作 BC_1，回交两次产生的后代记作 BC_2，回交三次产生的后代记作 BC_3，回交 n 次产生的后代记作 BC_n。

测交(test cross)指杂交后代(F_1)与隐性纯合亲本之间的交配。回交可以与母本回交，也可以与父本回交，可以与显性亲本回交，也可以与隐性亲本回交。当杂交后代与隐性亲本回交时，这种交配孟德尔当年称作测交，测交后代记作 F_t。孟德尔为了验证 F_1 是否为杂合体、是否形成两种类型的配子、两种配子比例是否均等，创立了测交验证的方法。由于这种方法的独特作用和意义，一直被人们沿用至今。

测交的功能为：可以测定个体的基因型；可以测定个体形成的配子类型；可以测定形成配子类型的比例。在一对等位基因的情况下，若测交后代有两种表现型，说明被测定的个体是杂合子，是形成两种类型的配子；若仅有一种表现型则说明被测定的个体是纯合子，仅形成一种类型的配子；若测交后代两种表现型比例均等，说明形成的两种类型的配子比例均等，且受精机会均等。

至于回交与测交的关系，可以认为回交不等于测交，但是，测交属于回交的一种形式。实际研究工作中有时候已知某个个体是杂合子，该杂合子与相应隐性纯合子的交配也称测交；有时候未知基因型的显性个体与相应隐性纯合体亲本或与相应隐性纯合体的交配也可以称测交。因此，测交的现代语言也可以表示为：未知基因型个体与隐性纯合体的交配。

7. 纯合子、杂合子

纯合子(homozygote)指同一位点(locus)上的两个等位基因相同的基因型个体，由两个基因型相同的配子所结合而成的合子，即遗传因子组成相同，一个位点时如 AA 或 aa；两个位点时如 AABB、AAbb 或 aabb 等；多个位点时也是同样的表述方法。纯合子又称纯合体、纯型合子、同型合子、同质合子、同型综合子、同型结合体等。纯合子自交后代中不出现性状的分离。如果说具有三对等位基因的纯合子，是指在三个基因位点

上基因都是纯合的，这种个体自交，仅仅这二个位点控制的性状不会出现分离。对 X 和 Y 染色体上的非同源部分的基因型进行描述时，如 X^nY，既不能说是纯合子，也不能说是杂合子，因为其并不具备"两个等位基因"这一条件。

纯合子与纯种(pure breed)在含义上有些接近，但不是一个概念。纯种指通过近亲交配繁殖或连续自交得到的许多个体。这些个体在有关许多目标基因的组成上不存在杂合性。遗传学教科书中常说的纯合子，一般来说是指一对或数对目标基因为纯合的个体，存在的纯合基因对数不多。例如，AA 纯合子，不能说 AA 为纯种。

纯合子与纯系(pure line)不是一个概念。纯系是指长期的、连续的近亲交配得到的在所有位点上都达到纯合的品系。因此，同属于一个纯系的个体，基因型全部相同，其所表现的变异乃是环境作用的结果，不会遗传给后代。在纯系中选择是没有效果的。由于实际上要育成具有严格科学标准的纯系是很难的，所以通常只着眼于有关的基因范围内的纯合化即可认为是纯系。只有通过单倍体加倍后繁殖起来的许多个体才是绝对意义上的纯系。

杂合子(heterozygote)指由两个基因型不同的配子结合而成的合子。杂合子又称杂合体、异型合子、异质合子。在其对应的一对或几对基因座位上，存在着不同的等位基因，如 Aa、AaBb、AaBbCc 等，具有这些基因型的生物，就这些成对的基因来说，都是杂合子，在它们的自交后代中，这几对基因所控制的性状会发生分离。杂合子个体在生活力、产量和寿命方面常比纯合体有优势。

与纯种对应的是杂种(hybrid)，指亲缘关系较远个体间交配产生的子代。或由基因型不同的亲本交配所产生的子代。杂种，在我国古代指混杂、杂粮；根据杂种的概念，世界上每一个人都是杂交的结果，都是杂种。杂合子不等于杂种。Aa 杂合子，不能说 Aa 杂种。例如，AaBb 与 aabb 交配，产生 AaBb、Aabb、aaBb、aabb 4 种基因型，这是两个不同基因型的亲本交配的结果，按照杂种的定义，这 4 种类型都属于杂种，但基因型 aabb 却可以说是纯合子。

四、核心知识

1. 分离定律的原始语言和现代语言

分离定律的实质、分离定律的概念、分离定律的定义又称分离定律的语言表述，在不同的年代，即便是在同一年代不同的表达角度，对分离定律的解释也是有区别的。在 19 世纪末期和 20 世纪初期的一些教科书中往往用原始语言来表述分离定律："体细胞中的成对因子，在形成配子时彼此分离，各自进入一个配子中去，每个配子中仅有成对因子的一个"。由于"因子"概念被命名为"基因"，以及染色体的发现和减数分裂的发现、摩尔根把基因定位在染色体上，20 世纪后期大多数教科书中多用分离定律的现代语言来表述分离定律："位于一对同源染色体上的一对等位基因，在形成配子时彼此分离，各自进入一个配子中去，每个配子中仅有等位基因的一个成员"。因此，分离定律的实质就是"一对因子"或"一对基因"的彼此分开。不管是原始语言表述或是现代语言表述，实际上都把分离定律与减数分裂紧密联系在一起。可以说减数分裂是孟德尔分离定律的细胞学基础，一对成对的因子或者说一对等位基因位于一对同源染色体上，减数分裂过程中前期Ⅰ的偶线期，一对同源染色体要进行配对联会，在中期Ⅰ同源染色体排列在赤道面上，后期Ⅰ一对同源染色体非常规则地彼此分离各自进入一极。因此，成对的同源染色体的彼此分开，就是一对等位基因的彼此分开，没有生物演化过程中形成的减数分裂，就不会有分离定律的存在。如果对分离定律的表述再具体一些，可以写为：杂合体中决定某一性状的成对遗传因子（或等位基因），在减数分裂过程中彼此分离，互不干扰，使得配子中只具有成对遗传因子中的一个，从而产生数目相等的两种类型的配子，且独立地传递给后代。分离定律可以进一步总结为以下 4 点：①因子作用律，性状由因子控制，一个因子控制一个性状。②因子作用显隐律，因子作用有主次，分显性因子、隐性因子。F₁虽然隐性性状不表现，但隐性因子仍存在，即为杂合体。③配子精纯律，细胞中的因子是成对的，一个来自父方，另一个来自母方。形成配子时成对因子彼此分开，各自进入不同的配子中，互不混杂，互不干扰。④配子随机结合律，受精时雌雄配子的结合是随机的，机会是均等的。

2. 自由组合定律的原始语言和现代语言

自由组合定律又称作独立分配定律，自由组合定律的实质、概念、定义等又称自由组合定律的语言表述。同分离定律一样，在不同的年代，在同一年代不同的表达角度，对自由组合定律的解释是有区别的。在 19 世纪末期和 20 世纪初期的一些教科书中往往用原始语言来表述自由组合定律："体细胞中的同对因子，在形成配子时彼此分离，不同对的因子间互不干扰，但可以随机组合进入一个配子中去。"由于"因子"概念被命名为"基因"，以及染色体的发现和减数分裂的发现、摩尔根把基因定位在染色体上，因此，20 世纪后期大多数教科书中多用自由组合定律的现代语言来表述："位于一对同源染色体上的一对等位基因，在形成配子时彼此分离，位于非同源染色体上的两对或多对等位基因间可以随机组合进入一个配子中去。"因此，自由组合定律的实质就是"一对因子"或"一对基因"的彼此分开，两对或多对因子或基因间的随机组合。不管是原始语言表述或是现代语言表述，实际上都把自由组合定律与减数分裂紧密联系在一起。可以说减数分裂也是孟德尔自由组合定律的细胞学基础，一对成对的因子或者说一对等位基因位于一对同源染色体上，减数分裂过程中前期Ⅰ的偶线期一对同源染色体要进行配对联会，在中期Ⅰ各对同源染色体排列在赤道面上，后期Ⅰ一对同源染色体非常规则地彼此分离，不同对的同源染色体间随机组合进入一个配子中去。因此，不同对的同源染色体间的随机组合，也就是不同对的等位基因间的随机组合。可以说，没有生物演化过程中形成的减数分裂，就不会有自由组合定律的存在。在减数分裂过程中，非同源染色体上各对等位基因彼此分离时互不干扰，独立进行，因此自由组合定律又称作独立分配定律。如果对自由组合定律的表述再具体一些，可以写为：两对或多对遗传因子在杂合状态时保持其独立性，互不污染，在形成配子时，同一对遗传因子彼此分离，独立传递；不同对的遗传因子间则自由组合，形成不同类型的配子。

3. 基因型、表现型的快速画法

能否快速地画出各种基因型和表现型，是对学习遗传学这门课程的学生的基本功的检验。在解遗传学习题过程中能否快速画出各种基因型和各种表现型，关系到做遗传学习题的速度和效率。在涉及的基因对数较少时，可以利用排列组合法、棋盘格法或者分支法进行，但当基因对数较多时，用以上方法都比较麻烦，而且容易出现错误。那么有没有一个既便利又快速、准确的画法呢？

1) **各种基因型配子的快速画法**　一对等位基因的杂合体可以形成 2 种基因型的配子，两对等位基因的杂合体可以形成 4 种基因型的配子，3 对等位基因的杂合体可以形成 8 种基因型的配子，根据每个基因在配子中出现的规律，可以总结出快速简便的画法，如 3 对等位基因的杂合体 AaBbCc 形成的 8 种配子的画法，从左边数起第 1 个位点上 A 与 a 按照 4：4 的频率出现：A、A、A、A、a、a、a、a，第 2 个位点上 B 与 b 按照 2：2 的频率出现：AB、AB、Ab、Ab、aB、aB、ab、ab，第 3 个位点上 C 与 c 按照 1：1 的频率出现：ABC、ABc、AbC、Abc、aBC、aBc、abC、abc，即从左边数起在第 1 个位点上显性基因与隐性基因出现的频率为：$(2)^{n-1}$：$(2)^{n-1}$；在第 2 个位点上显性基因与隐性基因出现的频率为：$(2)^{n-2}$：$(2)^{n-2}$；在第 r 个位点上显性基因与隐性基因出现的频率为：$(2)^{n-r}$：$(2)^{n-r}$（n 为基因对数，r 为从左边数起的位点顺序，如 A 在第 1 位点、B 在第 2 位点、C 在第 3 位点）。按照此规律，可以快速准确地画出 4 对等位基因杂合体 AaBbCcDd 形成的 16 种基因型的配子：ABCD、ABCd、AbcD、Abcd、AbCD、AbCd、AbcD、Abcd、aBCD、aBCd、aBcD、aBcd、abCD、abCd、abcD、abcd。

2) **各种基因型的快速画法**　一对等位基因的杂合体自交后代中有 3 种基因型，两对等位基因的杂合体自交后代中有 9 种基因型，3 对等位基因的杂合体自交后代中有 27 种基因型，n 对等位基因的杂合体自交后代中有 3^n 种基因型，根据每种基因型在每个位点上出现的规律，可以总结出基因型的快速简便画法，如两对等位基因杂合体 AaBb 自交后代中的 9 种基因型的画法，从左边数起第 1 个位点上 AA、Aa、aa 按照 3：3：3 的频率出现：AA、AA、AA、Aa、Aa、Aa、aa、aa、aa，第 2 个位点上 BB、Bb、bb 按照 1：1：1 的频率出现：AABB、AABb、AAbb、AaBB、AaBb、Aabb、aaBB、aaBb、aabb；3 对等位基因杂合体 AaBbCc 自交后代中有 27 种基因型，左边数起第 1 个位点上 AA、Aa、aa 按照 9：9：9 的频率出现，第 2 个位点上的 BB、Bb、bb 按照 3：3：3 的频率出现，第 3 个位点上的 CC、Cc、cc 按照 1：1：1 的频率出现，即可以快速准确地画出 27 种基因型。即从左边数起在第 1 个位点上显性纯合、杂合、隐性纯合出现的频率为：$(3)^{n-1}$：$(3)^{n-1}$：$(3)^{n-1}$；在第 2 个位点上显性纯合、杂合、隐性纯合出现的频率为：$(3)^{n-2}$：$(3)^{n-2}$：$(3)^{n-2}$，在第 r 个位点上显性纯合、杂合、隐性纯合出现的频率为：$(3)^{n-r}$：$(3)^{n-r}$：$(3)^{n-r}$（n 为基因对数，r 为从左边数起的位点顺序，如 AA 在第 1 个位点、BB 在第 2 个位点、CC 在第 3 个位点）。按照此规律，可以快速准确地画出 4 对等位基因杂合体 AaBbCcDd 自交后代中的 81 种基因型，以及 5 对等位基因杂合体 AaBbCcDdEe 自交后代中的 243 种基因型。

3) **各种表现型的快速画法**　一对等位基因的杂合体自交后代中有两种表现型，两对等位基因的杂合体自交后代中有 4 种表现型，3 对等位基因的杂合体自交后代中有 8 种表现型，n 对等位基因的杂合体自交后代中有 3^n 种表现型。根据每种表现型在每个位点上出现的规律，可以总结出表现型的快速简便的画法，如 3 对等位基因杂合体 AaBbCc 自交后代中有 8 种表现型，从左边数起第 1 个位点上显性性状、隐性性状出现的频率为 4：4；第二个位点上显性性状、隐性性状出现的频率为 2：2，第三个位点上显性性状、隐性性状出现的频率为 1：1，即从左边数起在第 1 个位点上显性性状、隐性性状出现的频率为 $(2)^{n-1}$：$(2)^{n-1}$；在第 2 个位点上显性性状、隐性性状出现的频率为 $(2)^{n-2}$：$(2)^{n-2}$；在第 r 位点上显性性状、隐性性状出现的频率为 $(2)^{n-r}$：$(2)^{n-r}$（n 为基因对数，r 为从左边数起的位点顺序），按照此规律可以快速准确地画出 4 对等位基因杂合体 AaBbCcDd 自交后代中的 16 种表现型，以及 5 对等位基因杂合体 AaBbCcDdEe 自交后代中的 32 种表现型。

4. 某种基因型、表现型比率的快速计算

在自由组合定律相关习题中经常涉及计算某一种表现型的比率或某一种基因型的比率，初学遗传学的学生往往运用棋盘格法，画出各种基因型或表现型，然后根据棋盘格中每个组合的比率，累加后得到数据。但在涉及基因对数较多时，利用这种方法是不准确的，也是不可能的。我们可以根据一对等位基因时出现的各种基因型的比率、各种表现型的比率，运用组合概率事件的乘积原理，简捷快速地得出结果，大幅度提高解析遗传学习题的速度。

1) 某一种基因型比率的快速计算　　具有两对等位基因 AaBb 的杂合体自交后代中有 AABB、AABb、AAbb、AaBB、AaBb、Aabb、aaBB、aaBb、aabb 9 种基因型；具有 3 对等位基因 AaBbCc 的杂合体自交后代中有 27 种基因型；具有 4 对等位基因 AaBbCcDd 的杂合体自交后代中有 81 种基因型。每一种基因型比率的计算比较简单，属于非组合概率事件，利用乘积原理就可以快速算出比率，因为各对等位基因在自交后代中出现的比率为：显性纯合如 AA 比率为 1/4，隐性纯合 aa 比率为 1/4，杂合 Aa 比率为 2/4，在其他位点上显性纯合、隐性纯合、杂合也是同样的比率出现。因此，计算时凡是遇到显性纯合、隐性纯合都为 1/4，在遇到杂合时为 2/4。例如，杂合体 AaBbCcDd 自交，后代中基因型为 AABbccDd 的比率是 $1/4 \times 2/4 \times 1/4 \times 2/4 = 4/256$；基因型为 AAbbccDd 的比率是 $1/4 \times 1/4 \times 1/4 \times 2/4 = 2/256$。

2) 某一种表现型比率的快速计算　　具有高秆黄色两个显性性状的个体与具有矮秆白色两个隐性性状的个体杂交，子一代自交后代中有高秆黄色、高秆白色、矮秆黄色、矮秆白色 4 种表现型，每一种表现型比率的计算比较简单，属于非组合概率事件，利用乘积原理就可以快速算出比率，因为在后代中显性性状的比率为 3/4，隐性性状的比率为 1/4，因此，凡是遇到显性性状即为 3/4，凡是遇到隐性性状即为 1/4。例如，计算高秆黄色的比率为 $3/4 \times 3/4 = 9/16$；高秆白色的比率为 $3/4 \times 1/4 = 3/16$；矮秆黄色的比率为 $1/4 \times$

$3/4 = 3/16$；矮秆白色的比率为 $1/4 \times 1/4 = 1/16$。

在涉及的相对性状较多时，同样可以利用此方法进行快速计算。例如，具有高秆黄色饱满 3 个显性性状的个体与具有矮秆白色皱缩 3 个隐性性状的个体杂交，子一代自交后代中有高秆黄色饱满、高秆黄色皱缩、高秆白色饱满、高秆白色皱缩、矮秆黄色饱满、矮秆黄色皱缩、矮秆白色饱满、矮秆白色皱缩等 8 种表现型，其中高秆白色饱满的比率为 $3/4 \times 1/4 \times 3/4 = 9/64$；矮秆黄色皱缩的比率为 $1/4 \times 3/4 \times 1/4 = 3/64$；矮秆白色皱缩的比率为 $1/4 \times 1/4 \times 1/4 = 1/64$，以此类推，可以快速准确地计算出各种表现型的比率。

5. 某一类基因型、表现型概率的快速计算

当让计算某一类基因型、表现型的比率时，则属于组合概率事件，用传统的方法查找统计比较困难，一道几十秒就可以得出结果的习题，往往花费几小时或几天的时间。因此，在目前的各种遗传学教材中、在每年的各种遗传学考试试题中很少出现此类习题。那么有什么方法能快速解析这类习题，使学生加深对自由组合定律的理解，提高遗传学习题的解题速度呢？运用二项式通项公式可以使许多此类问题得到解决。

1) 某一类基因型概率的快速计算　　具有一对等位基因 Aa 的杂合体能形成的 A、a 两种配子可以分为 A、a 两类，具有两对等位基因 AaBb 的杂合体形成的 AB、ab、Ab、aB 4 种配子可以分为 AB、Ab、aB、ab 3 类，具有 3 对等位基因 AaBbCc 的杂合体形成的 ABC、abc、ABc、abC、aBC、Abc、AbC、aBc 8 种配子可以分为 ABC，ABc、aBC、AbC、abC、Abc、aBc、abc 4 类。由此可知，n 对等位基因的杂合体形成的 2^n 种配子可以分为 $n+1$ 种类型。用二项式展开式可以对每一种类型所占比例进行计算，如在上面 8 种配子中含有 3 个显性基因的配子的比率可以写成 $C_3^3 (1/2)^3 (1/2)^{3-3} = 1/8$；含有 2 个显性基因的配子的比率可以写成 $C_3^2 (1/2)^2 (1/2)^{3-2} = 3/8$，含有 1 个显性基因的配子的比率可以写成 $C_3^1 (1/2)^1 (1/2)^{3-1} = 3/8$；含有 0 个显性基因的配子的比率可以写成 $C_3^0 (1/2)^0 (1/2)^{3-0} = 1/8$，这里第一个 $(1/2)$ 代表在所有基因型中显性基因的概率，第二个 $(1/2)$ 代表在所

有基因型中隐性基因的概率。又如 5 对等位基因的杂合体 AaBbCcDdEe 形成的 $(2)^5$=32 种配子可以分为 5+1=6 种类型，其中含有 5 个显性基因的配子类型的比率为 $C_5^5(1/2)^5(1/2)^{5-5}$=1/32，含有 4 个显性基因的配子类型的比率为 $C_5^4(1/2)^4(1/2)^{5-4}$=5/32；含有 3 个显性基因的配子类型的比率为 $C_5^3(1/2)^3(1/2)^{5-3}$=10/32；含有 2 个显性基因的配子类型的比率为 $C_5^2(1/2)^2(1/2)^{5-2}$=10/32；含有 1 个显性基因的配子类型的比率为 $C_5^1(1/2)^1(1/2)^{5-1}$=5/32；含有 0 个显性基因的配子类型的比率为 $C_5^0(1/2)^0(1/2)^{5-0}$=5/32。

具有两对等位基因 AaBb 的杂合体自交后代中有 AABB、AABb、AAbb、AaBB、AaBb、Aabb、aaBB、aaBb、aabb 9 种基因型，按照纯合、杂合两个元素考虑可以把这 9 种基因型分成三大类：①两个位点纯合的基因型 AABB、AAbb、aaBB、aabb 4 种，即在 9 种里面占 4 种，或 4/9；②一个位点纯合一个位点杂合的基因型 AABb、AaBB、Aabb、aaBb 4 种，或为 4/9；③两个位点杂合的基因型 AaBb 一种，或为 1/9。3 对等位基因的杂合体自交后代中的 27 种基因型可以分为 4 类，n 对等位基因的杂合体形成的 3^n 种基因型可以分为 n+1 种类型。用二项式展开法可以快速计算每种类型的比率，如 4 对等位基因的杂合体 AaBbCcDd 自交后代中的 3^4=81 种基因型可以分为 4+1=5 种类型，其中 4 个位点纯合类型的比率为 $C_4^4(2/3)^4(1/3)^{4-4}$=16/81；3 个位点纯合一个位点杂合类型的比率为 $C_4^3(2/3)^3(1/3)^{4-3}$=32/81；两个位点纯合两个位点杂合类型的比率为 $C_4^2(2/3)^2(1/3)^{4-2}$=24/81；一个位点纯合 3 个位点杂合类型的比率为 $C_4^1(2/3)^1(1/3)^{4-1}$=8/81；零个位点纯合 4 个位点杂合类型的比率为 $C_4^0(2/3)^0(1/3)^{4-0}$=1/81。

以上是从纯合、杂合两个元素来对各种类型的基因型比率的计算方法，如果从显性纯合、隐性纯合、杂合三个元素考虑，该如何计算各种类型比率呢？一对等位基因的杂合体自交后代中有显性纯合、隐性纯合、杂合 3 种类型，或为 1+2+3；两对等位基因的杂合体自交后代中有两位点显性纯合、一位点显性纯合一位点隐性纯合、零位点显性纯合两位点隐性纯合、一位点杂合一位点显性纯合、一位点杂合一位点隐性纯合、两位点杂合 6 种类型，或 1+2+3=6；3 对等位基因的杂合体自交后代中可以形成 1+2+3+4=10 种类型。4 对等位基因的杂合体自交后代中可以形成 1+2+3+4+5=15 种类型，当 n 对等位基因时，在自交后代中可以形成 1+2+3+4+…+n+(n+1) 种类型，以上可以看到计算时实际上涉及的是一个等差数列，当 n 对等位基因时，等差数列中的项数是 n+1，因此，用等差数列公式 $S_n=n[2a_1+(n-1)]d/2$ 可以计算各种情况下的类型数。例如，4 对等位基因时自交后代中的类型数为 $S_{4+1}=(4+1)×[2×1+(4+1-1)]×1/2$=15。然后用二项式展开快速计算每种类型的比率，如 4 个位点显性纯合 0 个位点隐性纯合类型的比率为 $C_4^4(1/3)^4(1/3)^{4-4}(1/3)^{4-4}$=1/81；3 个位点显性纯合一个位点隐性纯合类型的比率为 $C_4^3(1/3)^3(1/3)^{4-3}(1/3)^{4-4}$=4/81；两个位点显性纯合两个位点隐性纯合类型的比率为 $C_4^2(1/3)^2(1/3)^{4-2}(1/3)^{4-4}$=6/81；一个位点显性纯合 3 个位点隐性纯合类型的比率为 $C_4^1(1/3)^1(1/3)^{4-1}(1/3)^{4-4}$=4/81；零个位点显性纯合 4 个位点隐性纯合类型的比率为 $C_4^0(1/3)^0(1/3)^4(1/3)^{4-4}$=1/81。两个位点显性纯合一个位点隐性纯合一个位点杂合类型的比率为 $2×C_4^2(1/3)^2(1/3)^{4-3}(1/3)^{4-3}$=12/81；一个位点显性纯合两个位点隐性纯合一个位点杂合类型的比率为 $2×C_4^1(1/3)^1(1/3)^{4-2}(1/3)^{4-3}$=8/81；一个位点显性纯合一个位点隐性纯合两个位点杂合类型的比率为 $2×C_4^1(1/3)^1(1/3)^{4-3}(1/3)^{4-2}$=8/81，即凡是基因型中涉及显性纯合、隐性纯合、杂合 3 个元素的，都在二项式展开式后乘以 2。当问的基因型涉及两个因素时，直接用二项式展开即可。例如，两个位点显性纯合两个位点隐性纯合类型的概率为 $C_4^2(1/3)^2(1/3)^{4-2}(1/3)^{4-4}$=6/81；两个位点显性纯合两个位点杂合类型的概率为 $C_4^2(1/3)^2(1/3)^{4-4}(1/3)^{4-2}$=6/81；两个位点隐性纯合两个位点杂合类型的概率为 $C_4^2(1/3)^{4-4}(1/3)^2(1/3)^{4-2}$=6/81，这里第一个 (1/3) 代表显性纯合位点的概率，第二个 (1/3) 代表隐性纯合位点的概率，第三个

(1/3)代表杂合位点的概率。以此类推可以计算出每种类型的概率。

以上是求在 81 种基因型中某一类型占的比率，那么如何求在后代的 64 个组合中或在 256 个组合中某一类型占的比率呢？如具有两对等位基因 AaBb 的杂合体(基因间为非连锁关系)自交能形成 16 个组合，其中 AABB 1/16、AABb 2/16、AAbb 1/16、AaBB 2/16、AaBb 4/16、Aabb 2/16、aaBB 1/16、aaBb 2/16、aabb 1/16。两个位点纯合类型 AABB、AAbb、aaBB、aabb 的比率为 $C_2^2 (2/4)^2 (2/4)^{2-2}$=4/16(这里用 2/4 是因为纯合位点、杂合位点的概率都为 2/4)。一个位点纯合一个位点杂合类型 AABb、AaBB、Aabb、aaBb 的比率为 $C_2^1 (2/4)^1 (2/4)^{2-1}$=8/16；两个位点杂合类型 AaBb 的比率为 $C_2^2 (2/4)^{2-2} (2/4)^2$=4/16。同样在 4 对等位基因的杂合体 AaBbCcDd 自交时能形成 256 个组合，可以分为 4+1=5 种类型。4 个位点为纯合类型的比率为 $C_4^4 (2/4)^4 (2/4)^{4-4}$=16/256；3 个位点纯合一个位点杂合类型的比率为 $C_4^3 (2/4)^3 (2/4)^{4-3}$=64/256；两个位点纯合两个位点杂合类型的比率为 $C_4^2 (2/4)^2 (2/4)^{4-2}$=96/256；一个位点纯合 3 个位点杂合类型的比率为 $C_4^1 (2/4)^1 (2/4)^{4-1}$=64/256；零个位点纯合 4 个位点杂合类型的比率为 $C_4^0 (2/4)^0 (2/4)^{4-0}$=16/256。

如果变换角度从显性纯合、隐性纯合、杂合 3 个元素来提问又如何计算呢？在 4 对等位基因的杂合体 AaBbCcDd 自交时能形成 256 个组合，可以分为 $S_{4+1} =(4+1)\times[2\times1+(4+1-1)]\times1/2$=15 种类型。在所有位点中显性纯合位点占 1/4、隐性纯合位点占 1/4、杂合位点占 2/4，把这些比值代入二项式展开式中即可快速计算各种类型的比率。4 个位点显性纯合类型的概率为 $C_4^4 (1/4)^4 (1/4)^{4-4} (2/4)^{4-4}$=1/256；4 个位点隐性纯合类型的概率为 $C_4^4 (1/4)^4 (1/4)^{4-4} (2/4)^{4-4}$=1/256；4 个位点杂合类型的概率为 $C_4^4 (1/4)^{4-4} (1/4)^{4-4} (2/4)^{4-0}$=16/256；3 个位点显性纯合一个位点隐性纯合类型的概率为 $C_4^3 (1/4)^3 (1/4)^{4-3} (2/4)^0$=4/256；3 个位点显性纯合一个位点杂合类型的概率为 $C_4^3 (1/4)^3 (1/4)^0 (2/4)^{4-3}$=8/256；3 个位点隐性纯合一个位点显性纯合类型的概率为 C_4^3 $(1/4)^{4-3} (1/4)^3$

(2/4)^0=4/256；3 个位点隐性纯合一个位点杂合类型的概率为 $C_4^3 (1/4)^0 (1/4)^3 (2/4)^{4-3}$=8/256；3 个位点杂合一个位点显性纯合类型的概率为 $C_4^1 (1/4)^1 (1/4)^0 (2/4)^{4-1}$=32/256；3 个位点杂合一个位点隐性纯合类型的概率为 $C_4^1 (1/4)^0 (1/4)^1 (2/4)^{4-1}$=32/256；两个位点显性纯合两个位点隐性纯合类型的概率为 $C_4^2 (1/4)^2 (1/4)^2 (2/4)^0$=6/256；两个位点显性纯合两个位点杂合类型的概率为 $C_4^2 (1/4)^2 (1/4)^0 (2/4)^2$= 24/256；两个位点隐性纯合两个位点杂合类型的概率为 $C_4^2 (1/4)^0 (1/4)^2 (2/4)^2$=24/256；两个位点显性纯合一个位点隐性纯合一个位点杂合类型的概率为 $2\times C_4^2 (1/4)^2 (1/4)^{4-3} (2/4)^{4-3}$=24/256；两个位点隐性纯合一个位点显性纯合一个位点杂合类型的概率为 $2\times C_4^2 (1/4)^1 (1/4)^2 (2/4)^1$=24/256；两个位点杂合一个位点显性纯合一个位点隐性纯合类型的概率为 $2\times C_4^2 (1/4)^1 (1/4)^1 (2/4)^2$=48/256(凡是基因型中涉及显性纯合、隐性纯合、杂合 3 个因素的，都在二项式展开式后乘以 2)。

2)某一类表现型比率的快速计算　　具有一对等位基因的杂合体自交后代中的表现型有显性、隐性两种类型。具有两对等位基因的杂合体自交后代中的表现型有两位点显性零位点隐性、一位点显性一位点隐性、零位点显性两位点隐性 3 种类型。具有两对等位基因的杂合体自交后代中的表现型有两位点显性零位点隐性、一位点显性一位点隐性、零位点显性两位点隐性 3 种类型；具有 3 对等位基因的杂合体自交后代中的表现型有 3 位点显性零位点隐性、两位点显性一位点隐性、一位点显性两位点隐性、零位点显性 3 位点隐性 4 种类型；具有 3 对等位基因的杂合体自交后代中的表现型有 3 位点显性零位点隐性、两位点显性一位点隐性、一位点显性两位点隐性、零位点显性 3 位点隐性 4 种类型；具有 n 对等位基因的杂合体自交后代中的表现型有 n+1 种类型。利用二项式展开可以快速计算各种情况下每种类型的比率。例如，具有高秆黄色饱满 3 个显性性状的个体与具有矮秆白色皱缩 3 个隐性性状的个体杂交，子一代自交后代中有高秆黄色饱满、高秆黄色皱缩、高秆白色饱满、高秆白色皱缩、矮秆黄色饱满、矮秆黄色皱缩、矮秆白色饱满、矮秆白色皱缩等 8 种表现型,按照每个位点上显性、隐性把 8 种表现型分成:①3 个位点为显性性状;②两位点显性一位点隐性性状;③一位点显性两位点隐性性状;④零位点显性 3 位点隐性性状 4 种类型。其中第①类在 8 种表现型中有 1 种,即 C_3^3 $(1/2)^3 (1/2)^0 = 1/8$;第②类在 8 种表现型中有 3 种,即 C_3^2 $(1/2)^2 (1/2)^1 = 3/8$;第③类在 8 种表现型中有 3 种,即 C_3^1 $(1/2)^2 (1/2)^1 = 3/8$;第④类在 8 种表现型中有 1 种,即 C_3^3 $(1/2)^0 (1/2)^3 = 1/8$,第一个 $(1/2)$ 代表显性性状的概率,第二个 $(1/2)$ 代表隐性性状的概率。在 4 对相对性状的个体自交形成的 16 种表现型可以分为 4+1=5 种类型,其中 3 位点显性一位点隐性类型的比率为 C_4^1 $(1/2)^1 (1/2)^3 = 4/16$;两位点显性两位点隐性类型的概率为 C_4^2 $(1/2)^2 (1/2)^2 = 6/16$。

利用二项式展开可以计算某种类型在所有组合中占的比率。例如,具有 3 对相对性状的个体杂交子一代自交后代中有 64 个组合,其中 3 位点显性性状零位点隐性性状类型的比率为 C_3^3 $(3/4)^3 (1/4)^0 = 27/64$;两位点显性性状一位点隐性性状类型的比率为 C_3^2 $(3/4)^2 (1/4)^1 = 27/64$;一位点显性性状两位点隐性性状类型的比率为 C_3^1 $(3/4)^1 (1/4)^2 = 9/64$;零位点显性性状 3 位点隐性性状类型的比率为 C_3^0 $(3/4)^0 (1/4)^3 = 1/64$(在所有组合中显性性状的概率为 3/4,隐性性状的概率为 1/4)。在 4 对等位基因时,4 位点显性零位点隐性类型的比率为 C_4^4 $(3/4)^4 (1/4)^0 = 81/256$;3 位点显性一位点隐性类型的比率为 C_4^3 $(3/4)^3 (1/4)^1 = 108/256$;两位点显性两位点隐性类型的比率为 C_4^2 $(3/4)^2 (1/4)^2 = 54/256$;一位点显性 3 位点隐性类型的比率为 C_4^1 $(3/4)^1 (1/4)^3 = 12/256$;零位点显性 3 位点隐性类型的比率为 C_4^0 $(3/4)^0 (1/4)^4 = 1/256$。

五、核心习题

例题 1. 基因型为 AaBbCcDd 的个体(基因间独立分配关系)能形成_____种配子,其中含 3 个显性基因一个隐性基因的配子的概率为_____,该个体自交得到的_____种基因型中两纯合两杂合的基因型的概率为_____。

知识要点:

(1)形成配子时等位基因间彼此分开,各自进入一个配子中去,非等位基因间随机组合进入配子中去。

(2)产生配子的种类可用 2^n 来计算,其中 n 为等位基因对数。

(3)产生基因型的种类可用 3^n 来计算,其中 n 为等位基因对数。

(4)任何一对等位基因,形成纯合子的概率为 1/2,形成杂合子的概率也为 1/2。在 4 个位点的任何一个位点上都可以出现纯的或杂合的,且概率是均等的。

解题思路:

(1)根据知识要点(1)、(2),AaBbCcDd 能形成 2^4 种配子,即 16 种。

(2)根据知识要点(1),对任何一对等位基因来说,配子中出现显性与隐性基因的概率都是 1/2,而隐性基因又可以是 4 个等位基因中的任意一个,所以得到的配子中含有 3 个显性基因一个隐性基因的概率为 C_4^1 $(1/2)^4$,即 1/4。

(3)根据知识要点(3),AaBbCcDd 自交可以形成 3^4 种基因型,即 81 种。

(4)根据知识要点(4),得到两纯合两杂合的基因型的概率是 C_4^2 $(1/2)^2 (1/2)^2$,即 3/8。

参考答案:16、1/4、81、3/8。

解题捷径:该题是检验学生对分离定律、自由组合定律的综合运用能力,其中产生配子种类与基因型种类和等位基因对数之间有固定的数字关系,可以直接套用公式:配子种类=2^n,基因型种类=3^n,即可得出正确答案。至于多对等位基因自交后代中某一类基因型比例计算,可利用二项式的通项公式来进行快速计算,不必用烦琐的分支法或棋盘格法计算。

例题 2. 假定一个座位上有 20 个复等位基因，那么在群体中可能存在的基因型有多少种？其中杂合子多少种？

知识要点：

(1)在一个群体内，同源染色体的某个相同座位上的等位基因在 2 个以上时，就称作复等位基因。

(2)复等位基因成员 2 个时形成 3 种基因型，3 个时形成 6 种基因型，4 个时形成 10 种基因型，复等位基因成员为 N 个时则形成：$N + N(N–1)/2$。

解题思路：

(1)根据知识要点(1)、(2)，群体中可能存在的基因型种类有 20+20(20–1)/2=210 种。

(2)根据知识要点(2)中的公式，N 代表纯合子的数目，$N(N–1)/2$ 代表杂合子的数目，纯合子的数目等于复等位基因的数目，即 20；杂合子的数目等于 20(20–1)/2=190 种。

参考答案： 210 种、190 种。

解题捷径： 可以利用公式进行计算，不必用烦琐的办法去汇总。另外当基因对数不太多，又忘了公式时，则可以用简便的方法得出答案。例如，当复等位基因成员 2 个时基因型数目为 1+2=3 种，3 个时为 1+2+3=6 种，4 个时为 1+2+3+4=10 种；当有 N 个时就从 1 一直加到 N 即可。

例题 3. 在小鼠中，有一常染色体复等位基因系列：A^y 决定皮毛黄色且纯合致死(胚胎期)，A 决定灰色(野生型鼠色)，a 决定非鼠色(黑色)，三者顺序对后者显性。假定 A^ya×Aa 杂交中，平均每窝生 12 只小鼠，问：新生鼠的基因型、表型和表型比例如何？同样条件下进行 A^ya×A^ya 杂交，预期平均每窝生小鼠几只？表型以及比例如何？

知识要点：

(1)广义上的基因互作包括等位基因间的互作和非等位基因间的互作。致死基因是等位基因间互作的一种类型。

(2)有的致死基因往往有两种功能，一方面可以控制一种性状，另一方面可以致死，但在控制性状方面是显性基因，在控制致死方面则是隐性的，即存在两个时才致死。

解题思路：

(1)根据知识要点(1)，此题涉及等位基因间互作的致死基因。

(2)根据题意和知识要点(2)，知基因 $A^y>A>a$，A^y 在决定皮毛颜色方面是显性，在决定致死方面是隐性的，即只有在 A^yA^y 时才致死。题中在 A^ya×Aa 的交配后代中不涉及 A^y 基因的纯合，因此，后代中各种基因型、表现型正常出现。

$$A^ya \times Aa$$
$$\downarrow$$

1/4 A^yA(黄色)　1/4 A^ya(黄色)　1/4 Aa(灰色)　1/4 aa(黑色)

题中在 A^ya×A^ya 交配后代中，会涉及 A^y 基因的纯合，因此，后代中各种基因型、表现型不正常出现。

$$A^ya \times A^ya$$
$$\downarrow$$

1/4 A^yA^y(致死)　1/2 A^ya(黄色)　1/4 aa(黑色)

参考答案：

新生鼠基因型：A^yA、A^ya、Aa、aa。表现型：黄色、灰色、黑色；比例为 6∶3∶3。

预期每窝生小鼠 9 只；表现型：黄色、黑色；比例为 6∶3。

解题捷径： 对于第二个问题，杂合体杂交，后代中显性纯合体占 1/4(致死)，所以应该有 3/4 存活。因此，直接用 12×3/4=9(只)即可算得预期每窝生的小鼠的个数。

例题 4. 当两个开白花的香豌豆杂交时，F_1 为紫花，而 F_1 自交后代 F_2 表现为 55 株紫花和 45 株白花植株。问．为什么出现这种实验结果？亲本、F_1 和 F_2 的基因型各如何？

知识要点：

(1)基因互作类型中的互补作用，其 F_2 中会出现 9∶7 的比例。

(2)9∶7 比例的出现是由两对等位基因间的相互作用所致。

解题思路：

(1)根据题意和知识要点(1)，紫花对白花是显性的；F_2 中，紫花∶白花=55∶45=11∶9，接近 9∶7，这是属于基因互作中的基因互补作用。

(2)根据知识要点(2)，可以认为这是两对等位基因间的互相作用。

(3)根据题意可以推测 F_1 是杂合子，而且是每个位点上只含有一个显性基因。由 F_1 可以推测每个亲本在一个位点上含有 2 个显性基因。

参考答案：互补作用。

亲本为 AAbb、aaBB；F_1 为 AaBb；F_2 见下表，灰色示显性基因互补基因型。

♀配子	♂配子			
	AB	Ab	aB	ab
AB	AABB	AABb	AaBB	AaBb
Ab	AABb	AAbb	AaBb	Aabb
aB	AaBB	AaBb	aaBB	aaBb
ab	AaBb	Aabb	aaBb	aabb

例题 5. 人类的显性基因 A 控制品尝苯硫脲药，隐性基因 a 控制不能品尝；褐眼基因 B 对蓝眼基因 b 是显性；双眼皮基因 C 对单眼皮基因 c 是显性；右手癖 R 基因对左手癖 r 为显性。基因型为 AaBbCcRr 双亲的子女中：

(1)能品尝、褐眼、双眼皮、右手癖的概率有多大？

(2)能品尝、蓝眼、单眼皮、左手癖并且能真实遗传的子代的概率有多大？

(3)不能品尝、蓝眼、单眼皮、左手癖的概率有多大？

(4)含有两个显性性状的个体的比例如何？

知识要点：

(1)一对等位基因的杂合体自交或基因型相同的杂合体间交配，后代中出现 3∶1 分离比值，其中显性性状占 3/4，隐性性状占 1/4。

(2)乘法定律：几个独立的事件同时发生的概率等于各自概率的乘积。

(3)加法定律：几个互斥又互相依存的事件同时发生的概率等于各自概率之和。

(4)二项式通项公式。

解题思路：

(1)根据知识要点(1)，每个位点上显性性状出现的概率都为 3/4，隐性性状出现的概率都为 1/4。

(2)根据题意和知识要点(2)，问题(1)实际是问能产生基因型 A_B_C_R_ 的概率是多大？问题(2)是问基因型 A_bbccrr 的概率是多大？问题(3)是问基因型 aabbccrr 的概率是多大？这几个问题都涉及概率的乘积原理，将有关的数据相乘即可。

(3)根据知识点(2)、(3)，问题(4)问的是在 4 个位点上含有两个显性性状的个体的概率。4 种性状有 4

个基因位点，设为1、2、3、4，两个显性性状可以出现在1、2位上，1、3位上，1、4位上，2、3位上，2、4位上或3、4位上等6种情况。每一种情况的概率都是3/4×3/4×1/4×1/4=9/256，6种情况的总和的计算就涉及加法定律，即9/256＋9/256＋9/25＋69/256＋9/256＋9/256=54/256。这里根据概率两个定律对含有两个显性性状的个体的概率的计算，比较麻烦，需要把每一种情况计算出来，还需要计算总共有几种情况。

(4)根据知识要点(4)，含有两个显性性状的个体的概率=$C_4^2(3/4)^2(1/4)^2$=54/256。

参考答案：

(1)3/4×3/4×3/4×3/4=81/256。

(2)3/4×1/4×1/4×1/4=3/256。

(3)1/4×1/4×1/4×1/4=1/256。

(4)$C_4^2(3/4)^2(1/4)^2$=54/256。

例题6. Boyd在墨西哥检查了361个Navabo印第安人的血型，其中305个血型为M，52个为MN，4个为N。预期N表型的妇女所生孩子具有母亲表型的比例是多少？预期杂合子妇女所生孩子具有母亲表型的比例是多少？

知识要点：

(1)人类的MN血型系统由等位基因L^M、L^N决定，L^M与L^N为并显性，该血型系统有3种基因型，呈现3种表型，即L^ML^M为M型，L^NL^N为N型，L^ML^N为MN型。

(2)人类为随机婚配，谁遇到谁的概率等于各自概率的乘积。

解题思路：

(1)根据知识要点，N表型的妇女基因型为L^NL^N，该妇女婚配有以下3种可能。

N表型妇女与N表型男人结婚：$L^NL^N×L^NL^N→L^NL^N$，N型男人概率为$\frac{4}{361}$，其孩子为N表型的概率为$\frac{4}{361}$。

N表型妇女与M表型男人结婚：$L^NL^N×L^ML^M→L^ML^N$，M表型男人概率为$\frac{305}{361}$，其孩子为N表型的概率为0。

N表型妇女与MN表型男人结婚：$L^NL^N×L^ML^N→1 L^NL^N：1 L^ML^N$，MN型男人概率为$\frac{52}{361}$，其孩子为N表型的概率为$\frac{52}{361}×\frac{1}{2}=\frac{26}{361}$。

(2)根据知识要点和题意，杂合子妇女表型为MN型，基因型为L^ML^N。该妇女婚配有以下3种可能。

MN表型妇女与M表型男人结婚：$L^ML^N×L^ML^M→1 L^ML^N：1 L^ML^M$，M表型男人概率为$\frac{305}{361}$，其孩子为MN表型的概率为$\frac{305}{361}×\frac{1}{2}=\frac{152.5}{361}$。

MN表型妇女与MN表型男人结婚：$L^ML^N×L^ML^N→1 L^ML^M：2 L^ML^N：1L^NL^N$，MN表型男人概率为$\frac{52}{361}$，其孩子为MN表型的概率为$\frac{52}{361}×\frac{1}{2}=\frac{26}{361}$。

MN表型妇女与N表型男人结婚：$L^ML^N× L^NL^N→1 L^ML^N：1 L^NL^N$，N表型男人概率为$\frac{4}{361}$，其孩子为

MN 表型的概率为 $\frac{4}{361} \times \frac{1}{2} = \frac{2}{361}$。

解题步骤中的 $\frac{1}{2}$ 代表婚配后代中与该妇女基因型一样的个体的比例。

参考答案： $\frac{4}{361} + \frac{26}{361} = \frac{30}{361}$。 $\frac{152.5}{361} + \frac{26}{361} + \frac{2}{361} = \frac{180.5}{361}$。

例题 7. 下面家系的个别成员患有极为罕见的病，已知这病是以隐性方式遗传的，所以患病个体的基因型是 aa。

(1)注明 I-1，I-2，II-4，III-2，IV-1 和 V-1 的基因型。这里 I-1 表示第一代第一人，余类推。

(2) V-1 个体的弟弟是杂合体的概率是多少？

(3) V-1 个体两个妹妹全是杂合体的概率是多少？

(4)如果 V-1 与 V-5 结婚，那么他们第一个孩子有病的概率是多少？

(5)如果他们第一个孩子已经出生，而且已知有病，那么第二个孩子有病的概率是多少？

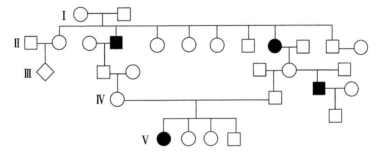

知识要点：

(1)隐性遗传病的特征之一是有隔代遗传现象。

(2)家系谱分析中，可以通过下代的基因型确定亲代的基因型。

(3)概率的乘法定律。

(4)概率的灵活运用。例如，隐性遗传病，两个杂合子间婚配，生下一个正常的后代，问此后代基因型是杂合的概率如何？不能说是 2/4 或 1/2，应该说是 2/3（这里是本道题的关键，也是一个小陷阱）。

解题思路：

(1)根据知识要点(1)和系谱特征，可以看出这是一个隐性遗传病患者的家系谱。

(2)根据知识要点(2)，II-4、V-1 为患者，因此，I-1 为 Aa；I-2 为 Aa；II-4 为 aa；III-2 为 Aa；IV-1 为 Aa。

(3)根据知识要点(3)、(4)，由于 V-1 的双亲为杂合子，V-1 的弟弟为正常，为杂合体的概率是 2/3。V-1 个体的妹妹（V-2 和 V-3）也正常，为杂合体的概率是 2/3。两个妹妹是两个独立事件，故都为杂合体的概率则为 (2/3)(2/3)=4/9。

(4)从家系分析可知，V-5 个体的父亲为患病者，可以肯定 V-5 个体定为杂合子(Aa)。因此，当 V-1 与 V-5 结婚，他们第一个孩子患病的概率是 1/2。V-1 与 V-5 的第一个孩子确为患者时，因第二个孩子的出现与前者独立，所以，其为患病者的概率仍为 1/2。

参考答案：

(1) I-1 为 Aa、I-2 为 Aa、II-4 为 aa、III-2 为 Aa、IV-1 为 Aa。

(2) 2/3。

(3) (2/3)(2/3)=4/9。

(4) 1/2。

(5) 1/2。

例题 8. 玉米中有 3 个显性基因 A、C 和 R 决定种子颜色，基因型 A_C_R_是有色的，其他基因皆无色。有色植株与 3 个测试植株杂交，获得如下结果：与 aaccRR 杂交，产生 50%的有色种子；与 aaCCrr 杂交，产生 25%的有色种子；与 AAccrr 杂交，产生 50%的有色种子。问这个有色植株的基因型是什么？

知识要点：

(1) 多因一效，多个基因决定一种性状。

(2) 一位点杂合时会出现 50%的有色植株，两位点杂合时会出现 25%的有色植株。

解题思路：

(1) 根据知识要点(1)，知这里是 3 个基因决定种子的颜色。

(2) 根据题意，有色植株与 aaCCrr 杂交，产生 25%的有色种子，说明该个体有两个位点是杂合的，aaCCrr 个体第二个位点是 CC，所以，该有色植株第二位点不管是什么情况都与后代种子性状的比例无关。那么，只有在第一位点、第三位点是杂合的，即该有色植株可能有两种基因型：AaCcRr、AaCCRr。这两种基因型与 aaCCrr 杂交，都可以得到 25%的有色种子。

(3) 如果有色植株是 AaCcRr，与 aaccRR 杂交，产生 50%的有色种子，与题中结果一致；有色植株 AaCcRr 与 AAccrr 杂交，产生 25%的有色种子，与题中结果不一致。显然，不可能是 AaCcRr。

(4) 如果有色植株是 AaCCRr，与 aaccRR 杂交，产生 50%的有色种子，与题中结果一致；有色植株 AaCCRr 与 AAccrr 杂交，产生 50%的有色种子，与题中结果也一致。所以该有色植株基因型一定是 AaCCRr。

参考答案：AaCCRr。

解题捷径：根据题意，只能在第一位点、第三位点上杂合，在第二位点上杂合没有意义。因为 3 个测试植株都在第二位点上是显性纯合 CC。

例题 9. 玉米的黄色胚乳由显性基因 Y 控制，无色胚乳由隐性基因 y 控制，一基因型为 Yy 的玉米种子种下去，让其自交，问：

(1) 该杂合体玉米种子种皮的基因型是什么？

(2) 该杂合体玉米种子胚乳的基因型是什么？

(3) 自交后代中种皮的基因型是什么？

(4) 自交后代中胚的基因型是什么？比例如何？

(5) 自交后代中胚乳的基因型是什么？比例如何？

(6) 自交后代中胚乳的颜色是什么？比例如何？

知识要点：

(1) 玉米种子的结构，种皮(果皮)属于母体组织；胚、糊粉层、胚乳属于受精的产物，属于子代组织。

(2) 双受精现象。卵细胞与精子结合形成胚，一个极核与两个精子结合，形成胚乳。

(3) 一对等位基因的杂合体能形成两种类型的八核胚囊。

解题思路：

(1) 根据知识要点(1)，该杂合体玉米种子种皮属于母体组织，但这里不知道该种子是从哪种母体上结出来的，因此，该杂合体玉米种子种皮的基因型可能是 YY、Yy 或 yy。

（2）根据知识要点（1）、（2），该杂合体玉米种子胚乳属于受精的产物，为三倍体，其基因型为 YYY、YYy、Yyy 或 yyy。

（3）根据知识要点（1），自交后代中种皮的基因型是 Yy，胚的基因型有 YY、Yy、yy 3 种类型。

（4）根据知识要点（2）、（3），自交后代中胚乳的基因型 YYY、YYy、Yyy、yyy，比例为 1∶1∶1∶1；自交后代中胚乳的颜色为黄色、无色，比例为 3∶1。

参考答案：

（1）YY、Yy 或 yy。

（2）YYY、YYy、Yyy 或 yyy。

（3）Yy。

（4）YY、Yy、yy 三种类型，比例为 1∶2∶1。

（5）YYY、YYy、Yyy、yyy 四种类型，比例为 1∶1∶1∶1。

（6）黄色、无色，比例为 3∶1。

例题 10. 光颖、抗锈、无芒小麦（$aaBBCC$，基因间自由组合关系）与毛颖、感锈、有芒小麦（$AAbbcc$）杂交，希望从 F_3 选出能真实遗传的毛颖、抗锈、无芒的小麦 10 个株系，问 F_2 的种植群体应该多大？在 F_2 中至少应选择表现型为毛颖、抗锈、无芒的小麦多少株？

知识要点：

（1）F_2 指 F_1 自交得到的后代，F_3 指 F_2 自交得到的后代。

（2）F_1 植株上结的种子是 F_2 种子，F_2 种子种下去形成的植株是 F_2 植株，F_2 植株上结的种子是 F_3 种子，F_3 种子种下去形成的植株是 F_3 植株。

（3）F_2 中表现型为毛颖、抗锈、无芒的小麦基因型为 A_B_C_，比例为 $3/4 \times 3/4 \times 3/4 = 27/64$。

（4）能真实遗传的即是指在控制这三个性状的基因位点上都是纯合的，其比例为 1/64。

解题思路：

（1）根据知识要点（1）、（2），理解 F_2 植株、F_3 植株是什么意思。F_3 株系是指从某株 F_2 植株上收获的种子种下去形成的一个株系。

（2）根据知识要点（3），F_2 中表现型为毛颖、抗锈、无芒的小麦的概率是 27/64，即 64 株中才有 27 株是毛颖、抗锈、无芒的，因此，想得到 27 株毛颖、抗锈、无芒的，F_2 的群体大小应该是 64 株，即应该种植 64 粒 F_2 种子，想得到 270 株毛颖、抗锈、无芒的，F_2 的群体大小应该是 640 株，即应该种植 640 粒 F_2 种子。

（3）根据知识要点（4），能真实遗传的毛颖、抗锈、无芒植株的基因型是 AABBCC，此类型的概率在 F_2 植株中是 1/64，而在 F_2 的毛颖、抗锈、无芒植株中的比例是 1/27，所以，从 F_3 选出能真实遗传的毛颖、抗锈、无芒的小麦 10 个株系，就应该从 F_2 植株中选 270 株毛颖、抗锈、无芒的株系上的种子种下去自交，来年在 F_3 植株中不发生分离的株系即为能真实遗传的株系。

参考答案： F_2 的种植群体应该至少 640 株。在 F_2 中应选择表现型为毛颖、抗锈、无芒的小麦至少 270 株。

第四章 连锁互换定律

一、核心人物

1. 摩尔根（Thomas Hunt Morgan, 1866～1945）

摩尔根，美国遗传学家，1866 年 9 月 25 日出生于美国肯塔基州列克星敦的一个上流社会家庭，其父亲是南美的高级军官，母亲是名门闺秀；他的大伯父约翰·亨特·摩尔根（John Hunt Morgan，1825～1864）是南北战争的陆军准将，号称"南军雷神"，可惜于摩尔根出生前 2 年战死疆场。幼年的摩尔根就是在这样一个典型的南方名门望族家庭中长大的，尽管经历了刚刚结束的内战之苦，家庭经济状况依然比较宽裕。摩尔根自幼好奇心强，热爱大自然，酷爱户外活动，对大自然中形形色色的动植物非常感兴趣，童年时代即漫游了肯塔基州和马里兰州的大部分山村和田野，还曾经和美国地质勘探队进山区实地考察，采集过化石，并由此确定了他一生的志向。

1880 年，年仅 14 岁的摩尔根成为列克星敦新建的肯塔基州立学院（Kentucky State College）预科班的学生，两年后进入大学本科一年级学习，在这里摩尔根选修了数学、物理、天文、化学等课程，并对包括植物学、动物学、地理学在内的博物学产生了浓厚的兴趣。1886 年，摩尔根以优异的成绩毕业于肯塔基州立学院，获得动物学学士学位，同年秋天，进入约翰·霍普金斯

大学（John Hopkins University），师从著名形态学家布鲁克斯（William Keith Brooks,1848～1908）教授，有幸受到了严格的实验训练，并在伍兹·霍尔（Woods Hole）海洋生物实验室进行了有关海蜘蛛分类学地位的研究。1888 年，获得硕士学位后，摩尔根的研究兴趣转向海蜘蛛的胚胎发育，并把研究结果写成了长达 76 页的博士论文《论海蜘蛛》。1890 年春，获得霍普金斯大学博士学位。

1891 年秋，摩尔根受聘于布林马尔女子学院（Bryn Mawr College），从事实验胚胎学和再生问题的研究，任生物学副教授。摩尔根衣着俭朴、不拘小节，一心致力于学术研究，深受同事的尊敬和学生的爱戴。在布林马尔女子学院工作期间，摩尔根与自己的学生丽莲·沃恩·桑普森（Lilian Vaughan Sampson，1870～1952）相识并相恋。摩尔根潜心于科学研究，发表了许多与胚胎发育和再生有关的论文，1895 年晋升为教授。他曾多次到欧洲访问和进行合作研究，如参观意大利那不勒斯海洋动物实验室、荷兰植物学家德弗里斯（Hugo de Vries, 1848～1935）的实验室、阿姆斯特丹郊外希尔弗瑟姆（Hilversum）的植物园和实验室等，这些为日后回国开展自己的动物学研究打下了更坚实的基础。另外，当时正值德弗里斯等三位植物学家重新发现了孟德尔遗传定律之际，整个生物界都在谈论孟德尔的豌豆杂交试验，摩尔根也开始思考遗传学问题。1903 年，摩尔根应美国著名细胞遗传学家威尔逊之邀赴哥伦比亚大学任实验动物学教授。1904 年，38 岁的摩尔根与相恋多年的、34 岁的丽莲·沃恩·桑普森结婚，夫妇二人一块创建了以果蝇为实验材料的研究室，从事进化和遗传方面的研究工作。摩尔根独辟蹊径的教学方法，总是把课堂作为实验室的延伸，把最前沿的知识、最新的研究成果满怀激情地传授给学生。这一时期，摩尔根一直反对达尔

文进化论中的自然选择学说、反对孟德尔的遗传理论、反对威尔逊有关染色体遗传的假说，甚至把孟德尔的遗传理论讥讽为"杂耍"，并试图用实验证据来证明自己。摩尔根慧眼识英才，而且知人善任，唯才是举，1909 年在给本科生讲授"动物学导论"课程过程中发现了艾尔弗雷德·斯特蒂文特（Alfred H. Sturtvant，1891～1970）、卡尔文·布里奇斯（Calvin B. Bridges，1889～1938）两名优秀的学生，聘请他们到果蝇研究室饲养果蝇、打扫卫生，帮助开展研究工作。又通过其他途径发现了他的第三个弟子穆勒（H. J. Muller，1890～1967）。师徒 4 人以黑腹果蝇（*Drosophila melanogaster*）为实验材料，在哥伦比亚大学那间不足 25m² 的"果蝇室"里开展了一系列的研究工作。1909 年，摩尔根师徒在培养的红眼野生型果蝇原种瓶中突然发现了一只白眼雄性果蝇，通过一系列杂交试验，将决定眼睛颜色的基因定位于 X 染色体上，用实验证据确认染色体是基因的载体，建立了基因的染色体学说。此后，又发现了位于同一染色体上的基因之间的连锁和互换遗传特性，把 400 多种突变基因定位在染色体上，绘制了染色体图谱，建立了遗传学的第三定律——连锁互换定律，谱写了遗传学的第二章，竖立了遗传学发展史上的第二块里程碑。摩尔根以自己的实验数据大胆地推翻了自己的设想，无私地承认和接受了孟德尔的遗传理论，1915 年，4 人合著出版了《孟德尔遗传学原理》（*The Mechanism of Mendelian Heredity*）一书，全面介绍了孟德尔遗传学。

1928 年，摩尔根应聘到帕萨迪纳加州理工学院工作，任生物学部主任。他将原在哥伦比亚大学工作时的骨干布里奇斯、斯特蒂文特和杜布赞斯基（T. Dobzhansky，1900～1975）再次组织在一起，重建了一个遗传学研究中心，继续从事遗传学及发育、分化问题的研究。1928 年，摩尔根出版了《基因论》（*The Theory of the Gene*）专著，对基因这一基本概念进行了具体而明确的描述，实现了遗传学上的第一次理论大综合，并在胚胎学和进化论之间架设了遗传学桥梁，推动了细胞学的发展，促使生物学研究从细胞水平向分子水平过渡，以及遗传学向生物学其他学科渗透，为生物学实现新的大综合奠定了基础。1933 年，摩尔根获得诺贝尔生理学或医学奖，这是遗传学领域的第一个诺贝尔奖，但是，他却没有参加当年举行的盛大隆重的颁奖典礼。他的借口是工作忙，脱不开身，实际原因是他不喜欢衣冠楚楚、刻板正经的场合，以及早期他对孟德尔遗传理论的刻意讽刺而不好意思出席。1934 年，摩尔根专程到瑞典领取了奖金，并把奖金分成三份，分别给了布里奇斯、斯特蒂文特以及他的孩子们。

摩尔根一生成果丰硕，编写了 22 本著作，发表了 370 多篇论文。还担任过全美遗传学会主席、美国国家科学院院长、英国皇家学会外籍院士等。摩尔根在学术上的成就和威望完全可以和达尔文、孟德尔相媲美。1942 年，直到 76 岁高龄，摩尔根才辞去生物学部主任一职。1945 年 12 月 4 日，因动脉血管破裂，摩尔根与世长辞，享年 79 岁。

2. 斯特蒂文特（Alfred Henry Sturtevant，1891～1970）

斯特蒂文特，美国遗传学家，于 1891 年 11 月 21 日出生于美国伊利诺伊州杰克逊维尔，其父亲是一位数学教师，后来务农成了农民，并成为种马商人。1899 年，全家迁至亚拉巴马州南部。斯特蒂文特的哥哥比他大 16 岁，当时在哥伦比亚大学讲授希腊语和拉丁语。1908 年，17 岁的斯特蒂文特进入纽约哥伦比亚大学学习，并与哥哥同住。斯特蒂文特天资聪颖，思维敏捷，学习成绩优秀，在读过潘耐特关于孟德尔遗传学说的书之后，很快喜欢上了遗传学这门课程，并对其父亲饲养的种马毛色的遗传产生了兴趣，哥哥鼓励他到图书馆查阅文献，他把父兄在亚拉巴马州农场里养的种马毛色的遗传写成了论文，题目是《纯种马谱系之研究》。1909 年，摩尔根给本科生讲授实验动物学，斯特蒂文特有幸结识了他所崇拜的摩尔根教授，并把他撰写的论文让摩尔根修改指导。摩尔根对他的论文评价很高并帮助他发表。由此，摩尔根发现了思维敏捷、具有遗传学研究天赋的斯特蒂文特。1910 年，斯特蒂文特被摩尔根聘到"果蝇室"从事果蝇计数的工作。斯特蒂文特是慢而有耐性但思维非常敏锐的人，虽然寡言少语，但与摩尔根一样有共同的广泛的兴趣，如对进化、细胞学、胚胎学、分类学和遗传学等很多方面都很感兴趣。斯特蒂文特是个色盲，不能像布里奇斯那样对果蝇突变性状进行认真观察，他的工作主要涉及计算基因间交换的频率，每次讨论会，他都静静地听取大家的发言，认真地收集实验室大量的实验数据，默默地思考。刚刚进入实验室时间不长，年仅 20 岁的斯特蒂文特就做出了惊人成就。1911 年的一天，斯特蒂文特突然想到基因连锁的紧密程度可以用染色体上线性排列来表示，通过重组发生的频率大小推出两个基因之间的距离。当天晚上他苦思冥想，绘出了世界上第一张遗传图谱，进一步充实技术细节后撰写成论文，于 1913 年发表于《实验动物学杂志》上。斯特蒂文特在回忆录中曾这样写道："1911 年下半年……我突然想到，连锁紧密程度的差异也许可以用来测量染色体上呈直线分布的基因的顺序。我回到家里，顾不上做我大学课程的作业，花了大半夜时间画出了第一张染色体图。"

1914 年，在摩尔根的指导下，斯特蒂文特获得遗传学博士学位后留校任教，一直与摩尔根工作于他们的"果蝇室"，不久就用自己创立的方法为果蝇的 3 条染色体绘制了图谱。由于技术方面的原因，加之果蝇的第 4 号染色体过于短小，斯特蒂文特没有绘制出果蝇第 4 号染色体的图谱。1925 年，斯特蒂文特根据黑腹果蝇棒眼突变型的研究结果发现了基因的"位置效应"，证明了一个基因在染色体上不同的位置可以决定它不同的作用，对于了解染色体的结构和功能具有非常重要的意义。

1928 年，斯特蒂文特随导师摩尔根一起到帕萨迪纳市 (Pasadena) 的加州理工学院 (California Institute of Technology) 工作，担任教授席位，坚

持果蝇的研究，同时也培养了许多自己的学生。直到 1951 年斯特蒂文特才为果蝇的第 4 号染色体绘制了图谱。1965 年，他结合实验室的工作，总结出版了《遗传学简史》(*A History of Genetics*) 一书，至今该书仍然意义重大，颇受读者欢迎。斯特蒂文特不仅在美洲还在欧洲的一些大学担任客座教授，1968 年，获得美国国家科学奖章 (National Medal of Science)。1970 年 4 月 5 日在加利福尼亚州帕萨迪纳逝世，享年 79 岁。

3. 萨顿 (Walter Stanborough Sutton, 1877～1916)

萨顿，美国遗传学家、生物学家，1877 年 4 月 5 日出生于美国纽约州尤蒂卡，10 岁时随父母迁到堪萨斯州。1896 年，萨顿进入堪萨斯大学准备学习工程类专业，因其弟死于伤寒而转学生物学专业，大学毕业后，进入哥伦比亚大学动物学系，在著名生物学家威尔逊教授指导下，利用蝗虫作研究材料，攻读研究生学位。1902 年春，年仅 25 岁的萨顿在生物学通报发表论文，证明染色体成对存在，并且指出染色体极可能就是孟德尔在其工作中假设的遗传因子的载体，减数分裂中染色体数目减少同孟德尔定律有关。1903 年，萨顿在他的题为《遗传中的染色体》的论文中指出，在蝗虫的配子形成和受精过程中，同源染色体行为与威廉·贝特森 (William Bateson) 提出的等位别型 (后来称为等位基因) 的行为完全平行，并据此做出"遗传因子一定是位于染色体上"的科学推断。虽然，当时德国的细胞学家博韦里也通过自己的观察和实验，将染色体和遗传联系起来，但是，人们公认萨顿是推断基因在染色体上的第一人，为以后摩尔根的染色体遗传学说的建立、连锁互换定律的发现打下了坚实的基础。可以说，

没有萨顿的前期预测和实验，就没有后期摩尔根的染色体遗传学说。

　　萨顿在当年做出了惊人的成就，极大地推动了遗传学、细胞学发展，并推动了细胞学与遗传学交叉融合，但当他向导师威尔逊汇报研究结果、解释新发现的理论时，威尔逊没有完全理解该观念或明白其全部的分量，导致萨顿在威尔逊手下没有获得博士学位。由于生活实际所需，萨顿到美国石油系统从事一般的工作。但是，对科学的追求信念使萨顿在工作两年之后又回到学术界，1907 年，在哥伦比亚大学获得医学博士学位，其后从事外科临床工作。1916 年 11 月 10 日，因阑尾破裂在堪萨斯州堪萨斯城英年早逝，享年还未及 40 岁。

4. 李森科(Trofim Denisovich Lysenko, 1898～1976)

　　李森科，苏联农学家、生物学家，1898 年 9 月 17 日出生于乌克兰一个农民家庭。1925 年毕业于基辅农业专科学校，后在一个育种站和基洛佛巴德农场工作。1929 年，李森科的父亲偶然发现在雪地里过冬的小麦种子，在春天播种可以提早在霜降前成熟，他把这些现象进行了探索和总结，并发表了论文。

　　1935 年 2 月 14 日，李森科利用斯大林参加全苏第二次集体农庄突击队员代表大会的机会，在会上做了"春化处理是增产措施"的发言，提出冬小麦可向春小麦转化的理论，并把学术问题上升到政治问题，得到斯大林的欣赏，由此，李森科获得乌克兰科学院院士、全苏列宁农业科学院院士的称号，并当上了敖德萨植物遗传育种研究所所长。1939 年，李森科升任全苏列宁农业科学院院长。

　　1964 年 10 月，李森科的政治靠山下台，李森科主义在苏维埃科学院被投票否决。1965 年 2 月，李森科被解除了苏联科学院遗传研究所所长职务；他长期把持的苏联科学院遗传学研究所宣告解散，另行组建了普通遗传学研究所；李森科的舆论阵地《农业生物学》杂志也被停刊，另行创办了《遗传学》月刊；其他生物学和农业科学杂志的编辑部也都进行了重组；他的实验农场也被关闭。至此，李森科丧失了在苏联生物学界的垄断地位。1976 年 11 月 20 日，李森科在莫斯科毫无声息地去世。

　　虽然，后来人们把李森科称为"大学阀"，但他还是做了一些实际性的、基础性的工作。在植物生理学领域，他首先提出春化作用(vernalization)的概念，创立了阶段发育理论；在遗传学领域进行了一系列新的探索，创立了遗传学中的米丘林学派；在农业生产领域，发明和推广了许多新技术，提高了产量和品质；在生物进化方面，提出了一个关于物种形成的新见解。

5. 瓦维洛夫(Николай Иванович Вавилов, 1887～1943)

　　瓦维洛夫，苏联植物育种学家、遗传学家，1887 年 11 月 25 日出生于莫斯科附近的一个商人家庭，父亲是一家公司的经理，母亲是雕刻艺术家的女儿，瓦维洛夫从小就得到了良好的教育和家庭氛围的影响。瓦维洛夫天资聪颖，喜欢读书，小学毕业后，进入莫斯科商业学校。1906 年，考入莫斯科大学农学院，他的《莫斯科省的园田害虫蛞蝓》的本科毕业论文曾荣获莫斯科工艺博物馆的波格达诺夫奖。

　　1911 年，瓦维洛夫大学毕业后留校任教并从事谷类作物品种资源研究。1913 年，被派往英国剑桥大学进修，听过著名遗传学家潘耐特的课，曾在著名小麦育种家毕芬实验室工作过，同时还到约翰·英尼斯园艺研究所，在威廉·贝特森的指导下进行过科学研究，后来又到法国维尔莫兰学院继续他的学业。1914年，由于第一次世界大战爆发，瓦维洛夫被召回国，同年，以《流行病的植物免疫学》论文获得硕士学位。1916年，组织了赴伊朗和帕米尔的植物和地理考察。1917～1921年，先后任萨拉托夫斯基大学和莫斯科大学教授。1923年，当选为苏联科学院通讯院士，负责苏联科学院遗传实验室方面的工作。1924年，任列宁格勒应用植物研究所所长。1929年成为苏联科学院院士并被选为全苏列宁农业科学院院长。1933年，苏联科学院遗传实验室改为遗传研究所，瓦维洛夫又担任所长，一直到1940年。瓦维洛夫主要从事栽培植物及其近缘野生种的种内分类学研究，曾多次率领采集队到世界各地考察，先后到过伊朗、阿富汗、埃塞俄比亚、中国等几十个国家，采集了几十万份作物及其近缘植物的标本和种子。在任职内使应用植物研究所逐步发展为全苏作物品种资源的研究中心和世界上作物标准品种贮存和育种的重要基地。瓦维洛夫是苏联孟德尔-摩尔根遗传学派的代表人物，利用孟德尔-摩尔根遗传学理论，他创立了遗传变异的同源系列定律和栽培植物起源中心理论，在世界上形成了栽培植物苏联学派，为苏联植物遗传育种和植物种群遗传研究奠定了基础，获得苏联地理学会的普尔捷瓦尔斯基奖章、列宁奖章、苏联农业展览大会金奖等。瓦维洛夫一生发表了350多篇论文，撰写过多部著作，其中有许多是他利用晚间休息或旅途中写下或口述的。他善于思考、十分勤奋、精力过人，对工作总是满怀信心。他一生从未休过假，大部分时间都在办公室和旅途中度过。他十分博学，精通农学和生物学，他能读，能写，能说英语、法语和德语等。他是多种杂志的主编，还负责科尔罗伊德、达尔文、孟德尔、摩尔根、穆勒等著作的翻译、审阅和出版工作。

瓦维洛夫还是科学研究杰出的组织者、领导者，也是有名的社会活动家。瓦维洛夫曾是国内外许多学会的会员，曾获得布尔诺大学和索菲亚大学荣誉博士称号，1932年，曾任第六届国际遗传学大会副主席，并被推举为第七届遗传学大会主席。1926～1935年，他是苏联中央执行委员会委员，1927～1929年，是俄罗斯共和国苏维埃执行委员会委员。1929年被选为苏联农业人民委员会委员。1930年，被选为列宁格勒城市苏维埃劳动人民代表。

瓦维洛夫是一个有职业道德的科学家，是他发现了李森科，并细心地培养提拔了李森科。但当他发现李森科倒行逆施，把科学政治化，对孟德尔遗传学派大肆污蔑、残酷镇压打击的时候，勇敢地站出来，对李森科的歪门邪道进行了坚决的抵制和斗争。但瓦维洛夫的行为没有得到苏联政府的支持，1935～1939年，瓦维洛夫担任的许多重要职务被解除，报纸上公开点名批判他，说他是"人民敌人的帮凶"。原定于莫斯科召开的第七届国际遗传学大会被迫延期至1939年并改在伦敦召开，作为大会主席的瓦维洛夫也未获准参加。1940年8月6日，瓦维洛夫在赴西乌克兰科学考察途中被秘密逮捕，10月15日，被押送至萨拉托夫的一号集中营。1941年7月9日，瓦维洛夫未经正式审讯就被宣判死刑，后减为10年徒刑。由于营养不良，1943年1月26日，不到56岁的瓦维洛夫在萨拉托夫监狱逝世，尸体被胡乱扔在公共埋尸坑里。

直到1955年瓦维洛夫才得到彻底平反，完全恢复名誉。1957～1965年，《瓦维洛夫选集》等遗著相继出版。苏联科学院、全苏列宁农业科学院也建立了瓦维洛夫奖金。全苏作物栽培研究所、全苏遗传育种协会、遗传研究所、萨拉托夫农学院等单位均以瓦维洛夫的名字命名。1967年，苏联科学院特使在萨拉托夫的墓群中找到了掩埋瓦维洛夫遗骸的大致方位。至此，为苏联科学发展做出重大贡献，为捍卫科学而大声疾呼的瓦维洛夫已经在荒冢中日晒雨淋了整整25年。1970年9月25日，在萨拉托夫沃斯克列先斯科耶瓦维洛夫的墓地建起了他的塑像和纪念碑，永远纪念这位在黑暗中陨落的科学巨星。

二、核心事件

1. 染色体的发现

19 世纪，显微镜的改进、切片机和化学染料的使用，大大促进了细胞学的发展。1802 年，奥地利植物画家弗朗兹·鲍尔兹曾对显微镜下的细胞核进行了最早的勾画和描述。1831 年，苏格兰植物学家罗伯特·布朗在伦敦林奈学会的演讲中，对细胞核做了更为详细的叙述，把在显微镜下观察到的兰花花朵外层细胞中的一些不透光的区域称为"areola"或"nucleus"。1848 年，德国植物学家霍夫曼斯特在对植物花粉母细胞观察时隐隐约约看到了核内的丝状体物质。1875 年，波恩大学的植物学教授斯特拉伯格在他的著作《细胞的组成和细胞的分裂》中，首次描述了植物细胞分裂时丝状体的行为，指出核内丝状体的数目和形状随生物种类的不同而不同。1879 年，德国生物学家弗莱明把蝾螈细胞核中的丝状和粒状的物质，用碱性染料染成了红色，发现这些被染成红色的物质平时散漫地分布在细胞核中，当细胞分裂时，这些散漫的红色物质便浓缩，形成一定数目和一定形状的条状物，到分裂完成时，条状物又疏松为散漫状。弗莱明把这种被碱性染料染成红色的物质称作染色质（chromatin）。1882 年，在他撰写的著作《细胞基质、细胞核和细胞分裂》中首次描述了动物的有丝分裂过程。1883 年，鲁克斯（W. Roux）也观察到细胞核内能够被染色的丝状物质。10 年后，德国解剖学家瓦尔德耶尔将染色质改称为"染色体"（chromosome），意指可染色的小体（希腊语：chroma=颜色，soma=体），并猜测染色体与遗传有关。此后，科学家又发现了染色体与细胞分裂的关系，意识到染色体可能是遗传的重要物质，为孟德尔的遗传因子假说提供了可靠的证据。

2. 染色体是遗传因子载体的推测

1883 年，德国动物学家魏斯曼提出种质论，认为种质是连续的，应在细胞水平研究遗传现象，启发人们寻找遗传物质，告诉人们遗传物质是代代相传的，提示了染色体的连续性；比利时胚胎学家、细胞学家比耐登以染色体数目很少的巨头蛔虫（一种马肠道内的寄生虫）为材料进行研究，

发现在由体细胞（性原细胞）形成配子（生殖细胞）时染色体数目减半，并通过精卵结合的过程而恢复原来的数目，揭示了染色体数目在形成配子时的减半性和形成合子时的恢复性；德国科学家赫特维希（O. Hertwig）研究海胆受精作用，确认动物细胞在形成配子过程中要发生减数分裂；德国胚胎学家鲁克斯（W. Roux）提出了遗传物质均等分配的观点。1885 年，罗伯尔根据染色体数目的稳定性，提出染色体的个体性和连续性假说，认为当核进入间期时某一特定的染色质解体，而在下一个有效分裂周期开始时，又合并成相同的染色质。

1903 年，美国细胞学家萨顿和德国细胞学家博韦里（T. H. Boveri）分别对蝗虫、马蛔虫细胞减数分裂过程中染色体的行为进行了研究，两人注意到孟德尔杂交试验中遗传因子的行为与减数分裂和受精中染色体的行为具有平行性，即二者都是实质性的、独立性的，二者都有连续性、成对存在、在减数分裂中减半、在合子中恢复成对。由此，他们提出了"萨顿-博韦里假想"，推断染色体是遗传因子或基因的载体，第一次把遗传物质和染色体联系起来。利用此推断，合理地解释了孟德尔所提出的分离定律和自由组合定律的机制，为以后遗传的染色体学说的正式建立奠定了理论基础。

3. 染色体是遗传因子载体的证实

"萨顿-博韦里假想"仅仅是根据染色体与遗传因子的平行关系做出的一种推断，是仅靠逻辑推理得出的一种臆测。1903～1910 年，"萨顿-博韦里假想"并没有得到承认和支持，有不少遗传学家反对，如著名的遗传学家贝特森（Bateson）就是其中之一。1910 年之前，创立遗传学连锁互换定律的摩尔根也认为"萨顿-博韦里假想"是来自细胞学的观察，是一种"思辨"和"臆测"，宣称自己绝不接受这种"没有实验基础"的理论。摩尔根还认为，那种性状由"颗粒"控制，而颗粒位于单个不同的染色体上的假说，有悖于他渐成论的思维背景。

1904 年，受威尔逊的邀请，摩尔根到哥伦比亚大学工作。威尔逊是美国著名的动物学家和细胞学家，早在 1896 年，他就把当时对细胞特别是

对染色体的知识进行了出色的综合，撰写了《细胞发育与遗传》专著。1903 年，威尔逊的学生萨顿发现了染色体与遗传因子的平行关系，提出遗传因子位于染色体上的假说。1905 年后，威尔逊又先后发表了 8 篇涉及染色体的经典性论文，大大推进了人们对染色体的研究和理解，对后来细胞学与孟德尔学说的综合起到了重要作用。摩尔根与威尔逊作为好友、同事，在学术思想上经常交流，两人的办公室仅一墙之隔，两个实验室学生的研究内容和方向也有一定的交叉，这些都在潜移默化地影响着摩尔根。

1908 年，摩尔根引进黑腹果蝇建立"果蝇室"。1909 年 5 月，发现一只白眼雄蝇，他立即用这只白眼雄蝇与正常红眼雌蝇交配，得到 1237 只 F_1 全是红眼；在 F_1 兄妹交产生的 F_2 中，出现了 2459 只红眼雌蝇，1011 只红眼雄蝇，782 只白眼雄蝇，白眼性状只限于在雄蝇出现；为了看是否白眼只能在雄性出现，他又将 F_2 中的白眼雄蝇与 F_1 红眼雌蝇回交，结果发现后代中雌雄都有红眼和白眼，比例接近；他又让回交后代中的白眼雌蝇与红眼雄蝇杂交，出现了雄蝇全是白眼，雌蝇全是红眼的现象，他将这种女像父、子像母的现象称为交叉遗传(criss-crossinheritance)。从以上实验结果，摩尔根认为果蝇的红眼与白眼是一对相对性状，红眼为显性性状，白眼为隐性性状，果蝇眼睛颜色的遗传与性别的遗传相关，也即控制眼睛颜色的因子与控制果蝇性别的某种物质相连锁。

既然控制眼睛颜色的因子与控制果蝇性别的某种物质相连锁，那么，控制果蝇性别的物质是什么呢？这种遗传现象使摩尔根联想到世纪之交的性染色体的一些研究。例如，1891 年，亨金(H. Henking)发现并命名半翅目昆虫精巢细胞中含异染色质的 X 染色体；1902 年，麦克朗(C. E. McClung)将该染色体与昆虫性别相联系；1905 年，威尔逊研究半翅目和直翅目昆虫，认为性别由性染色体决定。这些启发摩尔根把控制果蝇眼睛颜色的因子与性染色体联系在一起。特别是在 1908 年，史蒂文斯(N. Stevens)发现了果蝇 XY 型性别决定机制，使摩尔根更趋于相信控制果蝇眼睛颜色的因子位于性染色体上。虽然摩尔根仍然

踌躇不定，很难相信染色体是一种能够从根本上控制一切的"颗粒"。经过缜密的科学思维，摩尔根还是撰写了《果蝇的限性遗传》的重要论文，第一次将一个具体的因子或基因与一个特定的性染色体联系起来。

1916 年，摩尔根的弟子布里奇斯在重复白眼雌蝇与红眼雄蝇的交配时，发现大约 1/2000 的初级例外子代，即女偏母、子偏父的"性状直传现象"；再让初级例外中白眼雌蝇与正常红眼雄蝇交配，发现更高频率(4%)的次级例外。布里奇斯假设初级例外的白眼雌蝇具有 XXY 的异常性染色体(即母本减数 I 过程中 X 染色体不分离，共同进入受精卵所致)，它形成的 4 种配子与正常父本的 2 种配子结合，即形成 8 种眼色、性别、育性、生活力不同的后代，其中 4% 为直传性状的次级例外，布里奇斯还逐一镜检了这些果蝇的性染色体，结果完全证实了他的假说。布里奇斯发现的 X 染色体不分离现象，直观地、令人信服地证实了染色体就是基因的载体，为摩尔根遗传的染色体学说提供了直接的证据，也最终使摩尔根彻底相信遗传因子在染色体上。摩尔根也为此获得诺贝尔生理学或医学奖。

4. 连锁互换现象的发现

孟德尔当年做了大量的豌豆杂交试验，在他所记录的资料中和还没有来得及发表的论文中，曾发现豌豆有些性状的遗传不符合分离定律和自由组合定律，出现亲本类型较多，重组合类型极少，F_2 不符合 9∶3∶3∶1 的比例，实际上这就是连锁互换现象，但由于科学知识的局限性以及其他原因，孟德尔没有充足的精力和时间来整理分析这些奇怪的现象，更没有科学地解释这些现象。后来，他的许多研究资料、草稿被神甫烧毁，留下极大的遗憾。

1906 年，贝特森和潘耐特利用香豌豆作实验材料，进行两对相对性状的杂交试验，他们让紫花长花粉与红花圆花粉杂交，得到紫花长花粉的 F_1，让 F_1 自交，得到 6952 株 F_2，按照自由组合定律 F_2 中 4 种表现型比例应该是紫长∶紫圆∶红长∶红圆=9∶3∶3∶1，即紫长∶紫圆∶红长∶红圆=3911∶1304∶1304∶435，其中亲本类型∶重组类型 =10∶6=(3911+435)∶(1304+1304)=

4346：2608=1.67：1。实际实验结果却出现与上面推测不一致。见卜图。

P 紫花长花粉 × 红花圆花粉

↓

F₁ 紫花长花粉

↓⊗

F₂ 紫长 紫圆 红长 红圆

4831 390 393 1338

从 F₁ 是紫花长花粉，说明紫花、长花粉都为显性性状；从 F₂ 中紫花与红花的比例接近 3：1，长花粉与圆花粉比例接近 3：1，说明这是两对相对性状，控制性状的基因间也表现了正常地分离，也表现了基因间地组合。但 F₂ 中 4 种表现型的比例明显不符合 9：3：3：1 的比例。F₂ 中亲本类型：重组类型=(4831+1338)：(390+393)=7.88：1，即出现亲本类型格外多，重组类型格外少的现象。为了解释这种现象，贝特森和潘耐特又设计了一个实验，让紫花圆花粉与红花长花粉杂交，见下图。

P 紫花圆花粉 × 红花长花粉

↓

F₁ 紫花长花粉

↓⊗

F₂ 紫长 紫圆 红长 红圆

225 95 97 1

从这个实验结果仍然说明紫花、长花粉都为显性性状；说明这是两对相对性状，控制性状的基因间也表现了正常地分离，也表现了基因间地组合。但实验结果仍然不符合预期比值，出现重组合类型偏多的现象，即亲本类型：重组类型=(95+97)：(225+1)=192：226≈1：1。

以上试验说明贝特森和潘耐特已经发现了连锁互换现象。尽管此时染色体是基因的载体的学说已被萨顿等提出了 3 年之久，但在连锁互换现象面前，贝特森和潘耐特一筹莫展，不能科学地解释这些实际存在的现象。面对自己不能科学解释的现象，他们仅仅提出了相斥和相引这两个概念，并留下"珍惜你的例外吧！"的名言。得到了重要的实验结果，却没有科学解释它，失去了获得重大发现的机会，不能说不是科学家的莫大遗憾。

5. 连锁互换定律的创立

白眼果蝇的出现及白眼性状遗传方式的发现，特别是布里奇斯发现的 X 染色体的不分离现象，使摩尔根等证实了基因在染色体上，使遗传学研究向前迈出了重要的一大步。但是，控制性状的基因非常多，而果蝇的染色体仅仅 8 条(4 对)，因此，摩尔根大胆推测："既然染色体的数目比较少，性状的数目却很多，那么，根据基因在染色体上的理论，许多性状的基因就必然包含在同一染色体内，于是，很多性状的基因应该组合在一起而表现为孟德尔式的遗传"。

随着 1910 年 5 月第一只白眼果蝇的出现，在"果蝇室"又陆续出现了许多种突变型，到 1912 年底，一共发现了 40 多种用肉眼可见的异常的突变类型。每发现一个突变体，立即让其交配，再把下一代进行姐妹交，然后又与亲本回交，并与其他突变体杂交。这样就"制造"出了大批带有研究者需要的基因的果蝇。到 1914 年，摩尔根发现果蝇共有 4 组性状，每组性状往往在一起出现，遵照孟德尔的分离方式，结合果蝇所具有的 8 条染色体，即 4 对同源染色体，摩尔根认为经常一起出现的性状的基因连锁在同一条染色体上。那么，是不是真正如此呢？

摩尔根利用雌果蝇，对每号染色体进行标记，如把白眼基因作为 1 号染色体(即 X 染色体)的标记，把带斑点的基因作为 2 号染色体的标记，把体色为橄榄色的基因作为 3 号染色体的标记，把弯翅基因作为 4 号染色体的标记。用这些已有标记的雌蝇与新发现的突变雄蝇交配，然后分析每个基因与标记基因的连锁情况。例如，某个突变基因若与弯翅基因一起出现，那么，这个新的突变基因显然是在 4 号染色体上。用这种方法摩尔根证实在果蝇确实存在 4 个连锁群，即果蝇的 4 组性状的确是位于 4 条染色体上。

果蝇的每组性状往往遵照孟德尔理论一起分离和传递，但是，有时会出现一些例外。例如，果蝇的小翅往往与白眼、性别因子一起传递，显然三者都位于果蝇的 X 染色体上。当让正常翅红眼杂合体(相引)雌蝇与正常翅红眼雄蝇交配，出现大量的正常翅红眼雄蝇和小翅白眼后代，表现了连锁，但也出现少量的小翅红眼、正常翅白眼果蝇。重复试验中发现,在同类性状的杂交后代中出现的重组合类型比例往往相似,不同类的性状间杂交后代中出现的重组合类型比例大小往往不相等。结合萨顿、威尔逊等提出的减数分裂过程中同源染色体的配对和交换情况,摩尔根认为基因在染色体上直线排列,呈连锁状态,但各自之间的距离大小不同,距离近的基因间互换的机会就小,距离远的基因间互换的机会就大。因此,摩尔根提出了"互换"的概念。创立了遗传的连锁互换定律。在连锁互换理论指导下,摩尔根的学生斯特蒂文特绘制出了果蝇的第一张连锁遗传图谱。

6. 李森科事件

米丘林(Ivan Vladmirovich Michurin,1855~1935)是苏联杰出的园艺学家、植物育种学家,是苏联科学院名誉院士和全苏列宁农业科学院院士,为苏联的园艺和农业发展做出了突出贡献,在苏联乃至在国际上享有很高的声誉。米丘林认为:"生物体的遗传性是其祖先所同化的全部生活条件的总和,如果生活条件能满足其遗传性的要求时,遗传性保持不变;如果被迫同化非其遗传性所要求的生活条件时,则导致遗传性发生变异,由此获得的性状与其生活条件相适应,并在相应的生活条件中遗传下去。"与孟德尔-摩尔根遗传学派的理论相反,"米丘林学说"过度强调了环境的作用,而有点忽略生物体遗传基础的作用。但是,这是正常的学术问题,在米丘林时代并没有发生不同学派之间的斗争和不愉快。

李森科为了达到自己的政治目的,抬出米丘林学说向孟德尔-摩尔根遗传学派发难。1935年,李森科把小麦春化处理中的学术问题上升为政治问题,受到斯大林的欣赏。1948年8月,在全苏列宁农业科学院会议(又称"八月会议")上,李森科做了《论生物科学现状》的报告,把自己所谓的"新理论""新见解"概括为几个方面,纳入"米丘林学说",声称"米丘林生物学"是"社会主义的""进步的""唯物主义的""无产阶级的",孟德尔-摩尔根遗传学则是"反动的""唯心主义的""形而上学的""资产阶级的"。在政治力量支持下,苏联展开了清理废除孟德尔-摩尔根遗传学派的运动,在各个科研机关、高等院校成立了清查孟德尔-摩尔根遗传学派小组,勒令停止进行孟德尔-摩尔根遗传学方面的研究和教学工作。这场清查运动使苏联一大批研究机构、实验室被关闭、撤销或改组;有3000多名遗传学工作者失去了在大学、科研机构中的本职工作;包括瓦维洛夫在内的一大批科学家被逮捕、判刑,有的被迫害致死。这就是国际上有名的李森科事件。李森科事件的恶劣影响,很快波及东欧一些社会主义国家,使这些国家的遗传学发展受到极大的影响。西方国家科学界则不约而同地将李森科事件同宗教裁判对伽利略的迫害等同起来。

惨烈的清查运动并没有压服苏联一批有正义感的科学家,全苏列宁农业科学院院长瓦维洛夫以生命的代价,旗帜鲜明地与李森科之流进行了严肃的斗争;苏卡切夫院士主编的苏联《植物学杂志》于1952年12月冲破阻力,发出了与李森科不同的声音,揭开了苏联关于物种和物种形成问题的大论战的序幕,之后,该刊又发表大量文章,揭露李森科及其追随者弄虚作假的事实和不道德的行为;1955年12月,300多名苏联著名科学家联名写信给苏联最高当局,要求撤销李森科的全苏列宁农业科学院院长职务。1956年2月,苏共第20次代表大会后,斯大林的个人崇拜受到批判,李森科迫于形势提出辞职,并得到苏联部长会议的批准。但是,由于赫鲁晓夫重蹈斯大林的覆辙,再度以政治力量干预学术论争,李森科依然得以继续他的反科学事业。1961年,李森科被重新任命为全苏列宁农业科学院院长。赫鲁晓夫还指令苏共中央执行委员会重新设定一个委员会起草法令,规定苏联的所有生物学家必须以李森科为榜样,面向生活,加强生物学同实践的联系。1964年,赫鲁晓夫下台,李森科失去了政治靠山,他凭借政治手腕筑构起来的学术权威迅速土崩瓦解。

中国遗传学的发展受孟德尔-摩尔根遗传学派的影响较大,摩尔根在布林马尔女子学院的研究生波林(Alice Boring)于1923~1950年曾任教于我国燕京大学,直接接触和影响了协和医学院通过燕京生物系入学的医学生们;1922年,我国著名遗传学家陈桢教授曾在摩尔根实验室学习;

1926 年，我国遗传学的奠基人李汝祺教授曾在摩尔根的实验室攻读学位，在布里奇斯指导下获得博士学位；李汝祺回国后又将自己在燕京大学的硕士研究生谈家桢推荐到摩尔根实验室，于 1936 年在杜布赞斯基指导下获得博士学位。可以说，我国的遗传学在 20 世纪 20 年代已经走在世界的前列。然而，李森科事件在 20 世纪 40 年代末期波及我国，极大地摧残了我国的遗传学。即便是在苏联 1964 年已经解除李森科所有职务、东欧各国也都在消除李森科事件的影响的情况下，我国仍然没有从这个泥潭中拔出，李森科主义仍然在我国横行，孟德尔-摩尔根遗传学派仍然被批判。更为严重的是，到 20 世纪 70 年代中期，我国有的杂志仍然发文批判孟德尔-摩尔根遗传学派，以致我国的遗传学与世界脱节近半个世纪。

三、核心概念

1. 连锁、互换

连锁(linkage)指位于同一条染色体上的基因常常伴随一起向后代传递的现象。有的生物个体某染色体上的基因 100%伴随在一起向后代传递，称作完全连锁；有的是绝大部分的基因伴随在一起向后代传递，称作不完全连锁；有的基因间距离较近，很少发生交换，此时称作紧密连锁。

互换(crossing-over)又称交换，指位于同一条染色体上的基因中有些基因不伴随在一起向后代传递的现象。基因间距离越远，交换的可能性越大，产生的交换型的配子就越多。其机制在于减数分裂过程中，同源染色体的非姐妹染色单体间相互交换一些片段。

2. 双交换、单交换

双交换(double crossing-over)指一个四分体内同时发生两次断裂并互换片段的现象。双交换可以发生在两条、三条或四条染色单体之间。

单交换(singal crossing-over)指一个四分体内仅仅发生一次断裂并互换片段的现象。单交换仅发生在两条染色单体之间。

3. 两点测交、三点测交

两点测交(two-point testcross)指利用位于同一条染色体上的两个基因杂合体与纯隐性个体进行测交以确定两个基因之间遗传距离的实验方法

和技术。或指通过一次杂交和一次用隐性亲本回交的方法来确定两个基因间是否连锁以及两个基因间的距离的技术方法。如果利用两点测交的方法对三个基因进行定位，则需要设计相应的三个测交组合。这样既浪费人力物力，又会使测定的基因间的距离不准确。

三点测交(three-point testcross)指利用位于同一条染色体上的三基因杂合体与纯隐性个体进行测交以确定三基因之间遗传距离与相对位置的实验方法和技术。或指通过一次杂交和一次用隐性亲本回交的方法来确定三个基因间是否连锁以及三个基因间的距离、位置的技术方法。三点测交克服了两点测交存在的问题和弊端。

4. 干涉、并发率

干涉(interference)指一个单交换的发生往往会影响邻近位置另一个单交换发生的现象。或者指一个位置上的一个交叉对于邻近位置上的交叉发生的影响。如果一个单交换发生后致使邻近位置发生另一个单交换的概率降低，则称为正干涉；如果一个单交换发生后致使邻近位置发生另一个单交换的概率升高，则称为负干涉。

并发率(coefficient of coincidence)指实际双交换值与理论双交换值的比值。在正干涉情况下，实际双交换值往往小于理论双交换值，因此，并发系数往往小于 1；在个别情况下会出现实际双交换值大于理论双交换值的现象，此时，并发率大于 1。

例如，A、B、C 三个基因互相连锁，A、B 间图距为 10%，B、C 间图距为 20%。那么，实际双交换值等于零时，说明是正干涉，且为完全干涉；实际双交换值等于 2%时，说明干涉为零；实际双交换值小于 2%时，说明存在正干涉；实际双交换值大于 2%时，说明存在负干涉。干涉与并发系数的关系为：干涉(I)=1-并发系数。

5. 连锁图、连锁作图

连锁图(linkage map)指根据遗传重组值作为基因间的距离，所得到的基因在染色体上线性排列的图。此图表明了基因间的连锁关系及其相对距离，是连锁作图得到的最后结果。

连锁作图(linkage mapping)指根据基因间的重组值确定基因在染色体上的相对位置的过程和

方法技术。强调的是技术和过程。

6. 基因图、基因作图

基因图（gene map）指描述染色体或 DNA 分子上，不同基因的排列顺序及其间隔距离的一种线性图。

基因作图（gene mapping）又称基因定位，是指确定基因所在位置及其不同基因间的距离关系的实验操作技术方法和过程。

7. 遗传图、遗传作图

遗传图（genetic map）指根据遗传重组的实验结果绘制的，用来表示染色体上不同基因之间的排列顺序及其线性距离的线性图，又称染色体图（chromosome map）、细胞遗传图（cytogenetical map）。

遗传作图（genetic mapping）指测定同一条染色体上不同基因的线性排列顺序及其距离的实验操作技术方法和过程。

8. 细胞学图、遗传学图

细胞学图（cytological map）指通过细胞遗传学的方法测定绘制的基因在染色体上的位置和顺序的图。

遗传学图（genetic map）指通过一般的遗传学的方法测定绘制的基因在染色体上的位置和顺序的图。

9. 四分子分析、着丝粒作图

四分子分析（tetrad analysis）指通过对每个子囊中 4 个子囊孢子的基因型、排列顺序来进行基因定位的方法和技术。或指利用四分子的表现型来判断基因座之间的连锁关系的技术方法。真菌在减数分裂后形成的子囊孢子在排列上的特殊性，可以将其分为顺序四分子和非顺序四分子，因此，四分子分析的方法技术仅仅是针对真菌进行基因定位的一种方法技术。

着丝粒作图（centromere mapping）指以着丝粒作为一个位点，研究某一待测基因与着丝粒之间的距离的方法。或指利用四分子分析的方法和原理，通过计算基因与着丝粒之间的距离来进行基因定位的方法和技术。着丝粒作图的原理是基因距离着丝粒越远，发生交换的频率就越高。

10. 第一次分裂分离、第二次分裂分离

第一次分裂分离（first division segregation）又称减数分裂的第一次分裂分离，又称作 M_I 模式，指同源染色体上的一对等位基因（如 A、a）在减数分裂后期 I 发生分离的现象。即在后期 I 时 A 与 a 彼此分开，各自进入一极。其机制在于一对同源染色体的非姐妹染色单体间没有发生交换。

第二次分裂分离（second division segregation）又称减数分裂的第二次分裂分离，又称作 M_{II} 模式，指同源染色体上的一对等位基因（如 A、a）在减数分裂后期 II 发生分离的现象。即在后期 II 时 A 与 a 才彼此分开，各自进入一极。其机制在于一对同源染色体的非姐妹染色单体间发生了交换。

四、核心知识

1. 连锁互换定律的实质

分离定律的实质是位于一对同源染色体上的一对等位基因，在形成配子时彼此分离，各自进入一个配子中去。自由组合定律的实质是位于非同源染色体上的多对等位基因，在形成配子时随机组合进入一个配子中去。而连锁互换定律的实质则是位于一对同源染色体上的多对等位基因，在形成配子时往往连锁在一块进入一个配子中去，向后代传递，当基因间距离较远时，两条同源染色体上的等位基因间会发生互换，使基因相互重组。遗传学的三大定律的物质基础是细胞的减数分裂，理论基础是细胞减数分裂过程中前期 I 的偶线期中同源染色体的配对联会，以及在向双线期、终变期过渡过程中的交换和交叉。

2. 交换值、重组值、图距之间的关系

交换值、重组值、图距这三个概念有密切联系，但不能视为同义语。交换值（crossing-over value）又称交换率（crossing-over frequency），指的是交换型配子占全部配子的百分数。或同源染色体非姐妹染色单体上两个基因间发生交换的频率。1 个性母细胞经过减数分裂产生 4 个配子，1 个性母细胞经过减数分裂发生了交换则只形成 2 个交换型配子，那么，100 个性母细胞中，有 1 个性母细胞的两个基因间发生了一次交换，则交换值=2/400×100%=0.5%，若有 2 个性母细胞的两个基因间发生了一次交换，则交换值=4/400×

100%=1.0%。交换值代表基因间的连锁程度，代表基因间的距离，代表交换型配子的比例。交换值越小，说明基因间连锁程度越强、距离越近、交换型配子越少。交换值作为一种理论数值，完全可以等于或超过50%。例如，100个性母细胞100%都发生了一次交换，则交换值等于50%。若100个性母细胞100%都发生了交换，并且有的性母细胞是发生两次或三次交换，则交换值就有可能超过50%。

由于在实际实验中往往看不见、摸不着配子，不知道配子的基因型，不能区别出哪些配子是交换型的，哪些配子是非交换型的。但是，我们可以通过测定测交后代中重组合类型（与亲本不同的表现型类型）占全部类型的百分数来间接探知配子的类型和比例，此时，就形成了重组值或重组率（recombination value，recombination frequency，RF）的概念。因此，重组率是实验中实际测得的重组合类型（与亲本不同的表现型类型）占全部类型的百分数。与交换值一样，重组率同样也代表基因间的连锁程度，代表基因间的距离，代表交换型配子的比例。但是，计算交换值时往往包括了双交换类型，而重组率是实际计算的结果，往往没有考虑双交换类型，因此，在基因间距离较近时，交换值与重组值代表的含义是相同的，如测得交换值为10%，也可以说重组值也为10%。但在两个基因间距离较远时，交换值往往大于重组值。此时，二者就不能相等了。重组值最大不能大于50%，若大于50%，就说明两个基因间可能是自由组合关系。

图距（map distance）又称遗传图距，指染色体上线性排列的基因之间的相对距离。其是以不同基因之间的重组率表示的，图距单位通常用厘摩（centimorgan，cM）表示，有的直接用图距单位（map unit，mu）表示，重组值的1%等于1cM或者1mu，大约相当于1000kb DNA。当基因间相距较近时，交换值、重组值与图距有同样的含义，10%的交换值可以说是10%的重组率，也可以说是10个图距单位、10厘摩或10个摩尔根单位。如测得两个基因间重组率为10%，则可以说两个基因间图距是10厘摩或10个摩尔根单位。当基因间距离较远时，交换值、重组值与图距就有不

同的含义，重组值最大不能超于50%，而图距则可以无限大，等于几百或几千厘摩，因为图距是每个基因间的距离累加的。例如，A、B、C三个基因连锁，A、B间重组率或交换值为25%，B、C间重组率或交换值为35%，A、C间重组率或交换值为39%。但A、C间的图距为25%+35%=60%。此时，图距与交换值或重组率含义就不一样了。

一般图距在10以内时，重组率几乎等于交换值，可以把交换值或重组率看作图距；当图距大于10时，重组率总是小于交换值，不能直接把二者看作图距。交换值、图距都可以大于50，甚至更大，但重组率最大值永远不能达到50%或超过50%。因为100%的性母细胞都发生交换的概率是极低的。

3. 交换值的测定方法

测交法可以测定交换值，也即通过计算测交后代中重组合类型占全部类型的百分数来进行测定。此种方法在许多普通遗传学教材中已有详细的介绍，在遗传图谱的实际绘制中已得到广泛的运用。

自交法也可以测定交换值，当用来自交的两对等位基因的杂合体，基因的排列为相引时，从自交后代中的隐性纯合子着手，双隐性个体的比例开平方即可计算出亲本类型配子比例。例如，基因型为AaBb的个体，基因排列为相引相，该个体能形成4种配子，自交后代中有9种基因型，4种表现型。自交后代中的双隐性类型aabb的比例是亲本型配子ab与ab结合的产物，因此：①aabb型个体在后代中所占比例的开平方值即为亲本型配子ab的比例；②根据交换是相互的特点，知道了ab的比例也就知道了另一种亲本型配子AB的比例，AB的比例加上ab的比例就等于总的亲本型配子的比例；③总配子数比例100%减去亲本型配子比例等于总的交换型配子比例，也就是要计算的交换值。

如该自交后代中aabb的比例为16%，则亲本型配子ab的比例为16%的开平方，等于40%，同理AB亲本型配子的比例也为40%。亲本型配子总数为2×40%=80%，那么交换型配子的比例则为100%－80%=20%，即基因A与B间的交换

值为20%。

当基因的排列为相斥相时：①自交后代中基因型为aabb的个体是交换型配子ab与ab结合的产物；②aabb个体所占比例的开平方即交换型配子ab的比例，根据交换的特点可以推出另一种交换型配子AB的比例；③AB型配子的比例加上ab型配子的比例即交换值。

如该自交后代中aabb为1%，则交换型配子ab的比例为1%的开平方，等于10%，同理另一种交换型配子AB的比例为10%。根据交换值的概念，可以得出交换值为10%+10%=20%。

对于具有三对等位基因AaBbCc的杂合体（基因间为连锁关系，相引排列），基因A为显性性状高秆，a为隐性性状矮秆；基因B为显性性状黄色，b为隐性性状白色；基因C为显性性状饱满，c为隐性性状皱缩。假设干涉为零，那么自交后代中有27种基因型，8种表现型。假设已知此自交后代中8种表现型的比例分别为：高秆黄色饱满61.98%、矮秆白色皱缩12.96%、高秆白色皱缩3.04%、矮秆白色饱满7.29%、矮秆黄色皱缩0.73%、高秆黄色皱缩8.27%、矮秆黄色饱满4.02%、高秆白色饱满1.71%。由于自交后代每种表现型涉及多种配子的参与，因此仅用从隐性类型着手分析的原则不能够计算出交换值。但是，通过对雌雄配子结合的棋盘格中各种类型的分析，可以找出规律性的东西，运用数学公式来进行推算交换值（表4-1）。

表4-1　8种配子的棋盘格组合

配子类型	ABC	ABc	AbC	aBC	aBc	abC	Abc	abc
ABC	ABC²	ABC	ABC	ABC	ABC	ABC	ABC	ABC
		×	×	×	×	×	×	×
		ABc	AbC	aBC	aBc	abC	Abc	abc
ABc		ABc²	ABc	ABc	ABc	ABc	ABc	ABc
			×	×	×	×	×	×
			AbC	aBC	aBc	abC	Abc	abc
AbC			AbC²	AbC	AbC	AbC	AbC	AbC
				×	×	×	×	×
				aBC	aBc	abC	Abc	abc
aBC				aBC²	aBC	aBC	aBC	aBC
					×	×	×	×
					aBc	abC	Abc	abc

续表

配子类型	ABC	ABc	AbC	aBC	aBc	abC	Abc	abc
aBc					aBc²	aBc	aBc	aBc
						×	×	×
						abC	Abc	abc
abC						abC²	abC	abC
							×	×
							Abc	abc
Abc							Abc²	Abc
								×
								abc
abc								abc²

（1）首先通过三隐性类型推算亲本型配子的比例。例如，在此自交后代中三隐性类型矮秆黄色皱缩的基因型是aabbcc，比例是12.96%，该类型是亲本型配子abc与abc结合的产物，因此，该类型比例的开平方等于36%，即亲本型配子abc的比例，由此可知另一种亲本型配子ABC的比例也为36%。因此，亲本型配子的总数为36%×2=72%。

（2）通过只含一种显性性状的个体比例推算交换I型配子的比例。例如，高秆白色皱缩有两种基因型AAbbcc、Aabbcc，比例是3.04%。而这两种基因型又是由交换I型配子Abc、亲本型配子abc之间相互结合形成的，从雌雄配子相结合的棋盘格中（表4-1）可看到：A_bbcc=(Abc×abc)+(Abc×abc)+(Abc×Abc)=(Abc×abc)×2+(Abc)²。在此公式中已经知道A_bbcc表现型个体比例为3.04%，abc配子比例为36%，因此，该式子可写为3.04%=(Abc×36%)×2+(Abc)²。令Abc为x，3.04%为y，则

$$y = 2 \times 36\% x + x^2 \qquad ①$$

整理该式子可以得到y=72%x+x²，继续整理则得到一个一元二次方程：

$$x^2 + 72\% x - 3.04\% = 0 \qquad ②$$

即$ax^2 + bx + c = 0 (a \neq 0)$，该方程的求根公式为

$$x = \frac{-b + \sqrt{b^2 - 4ac}}{2a} \qquad ③$$

根据②可知$a=1$；$b=0.72$；$c=-0.0304$，将数

值代入公式③，得

$$x = \frac{-b + \sqrt{b^2 - 4ac}}{2a}$$

$$= \frac{-0.72 + \sqrt{0.72^2 - 4 \times 1 \times (-0.0304)}}{2 \times 1}$$

$$= \frac{1}{2}(-0.72 + 0.8) = 0.04 = 4\%$$

即交换Ⅰ型配子 Abc 的比例为 4%，由此知道相反的交换Ⅰ型配子 aBC 的比例也为 4%，也即交换Ⅰ型配子的比例为 4%×2=8%。

（3）通过只含有另一种显性性状个体的比例推算交换Ⅱ型配子的比例。例如，矮秆白色饱满有 aabbCC、aabbCc 两种基因型，比例是 7.29%，都只具有一种显性性状，而这两种基因型都是由交换Ⅱ型配子 abC、亲本型配子 abc 之间相互结合形成的，从雌雄配子相结合的棋盘格中可以看到：aabbC_=(abC×abc)+(abC×abc)+(abC×abc)=(abC×abc)×2+(abC)²。在此式子中已经知道 aabbC_ 的比例为 7.29%，abc 的比例为 36%，因此，该式子可写为 7.29%=(abC×36%)×2+(abC)²，令 abC 为 x，7.29% 为 y，则 y=(x×36%)×2+x²。整理该式子得到 y=72%x+x²，继续整理则得到一个一元二次方程：x²+72%x−7.29%=0，根据公式③可知 a=1；b=0.72；c=−0.0729。将数据代入公式③可得

$$x = \frac{-b + \sqrt{b^2 - 4ac}}{2a}$$

$$= \frac{-0.72 + \sqrt{0.72^2 - 4 \times 1 \times (-0.0729)}}{2 \times 1}$$

$$= 0.09 = 9\%$$

即交换Ⅱ型配子 abC 的比例为 9%，由此知道相反的交换Ⅱ型配子 ABc 的比例也为 9%，即交换Ⅱ型配子的比例为 9%×2=18%。

（4）通过第三种只含有一种显性性状并且占比例最小的个体，推算双交换型配子的比例。例如，矮秆黄色皱缩有 aaBbcc、aaBBcc 两种基因型，而这两种基因型都是由双交换型配子 aBc、亲本型配子 abc 之间相互结合形成的，从雌雄配子相结合的棋盘格中可以看到：aaB_cc=(aBc×abc)+(aBc×abc)+(aBc×aBc)=(aBc×abc)×2+(aBc)²。在此式子中已经知道 aaB_cc 的比例为

0.73%，abc 的比例为 36%，因此，该式子可写为 0.73%=(aBc×36%)×2+(aBc)²，令 aBc 为 x，0.73% 为 y，则 y=(x×36%)×2+x²，整理该式子得到 y=72%x+x²，继续整理则得到一个一元二次方程：x²+72%x−0.73%=0，即 a=1；b=0.72；c=−0.0073。将有关数值代入公式③，得

$$x = \frac{-b + \sqrt{b^2 - 4ac}}{2a}$$

$$= \frac{-0.72 + \sqrt{0.72^2 - 4 \times 1 \times (-0.0073)}}{2 \times 1}$$

$$= 0.01 = 1\%$$

即双交换型配子 aBc 的比例为 1%。由此知道相反的双交换型配子 AbC 的比例也为 1%，也即双交换型配子的比例为 1%×2=2%。

根据遗传学中交换值的概念是代表交换型配子的比例，而基因间的值是基因之间的距离，以上计算出的交换Ⅰ型、交换Ⅱ型配子的比例应该分别都再加上双交换值才能真正代表基因间的距离，因此，基因 A 与 B 间的距离为 8%+2%=10%，基因 B 与 C 间的距离为 18%+2%=20%。

在推导过程中也可以仅推算出亲本型配子的比例、一种交换型配子的比例和双交换型配子的比例，就可以算出基因间的距离。例如，算出了交换Ⅰ型配子的比例为 8%，双交换型配子的比例为 2%，则基因 A 与 B 间的距离为 8%+2%=10%，基因 B 与 C 间的距离为 100%−72%−10%+2%=20%。

4. 交换值与交叉的关系

同源染色体的姐妹染色单体间发生的交叉数的多少与交换值的大小有关。例如，20% 的精母细胞在减数分裂中发生了交换，形成了交叉，则交换值为 10%；若 30% 的精母细胞在减数分裂中发生了交换，形成了交叉，则交换值为 15%，即交换值=1/2 交叉数。根据减数分裂的特征，一个精母细胞经过减数分裂可以形成 4 个配子，100 个精母细胞就可以形成 400 个配子。在一个精母细胞的某对同源染色体的姐妹染色单体间发生一个交叉，即发生一次交换，可以形成 2 个交换型的配子。例如，共观察了 100 个精母细胞的减数分裂，共看到 40 个精母细胞在减数分裂中发生了交叉，则 40×2/(100×4)=20/100，即交换值等于

20%。一个卵母细胞经过减数分裂只形成 1 个配子，考虑到形成极体时的随机性，发生交换后形成交换型配子的数目是 0.5 个。因此，对雌性动物来说，也符合交换值=1/2 交叉数的规律。

5. 链孢霉的减数分裂

链孢霉的生活周期有无性世代和有性世代，由分生孢子发芽形成新的菌丝，是它的无性世代。通过菌丝融合或者分生孢子与原子囊果的接合形成二倍性的合子，是它的有性世代。二倍性合子可以减数分裂形成八核子囊。链孢霉的减数分裂特点是：①减数分裂经过三次分裂，其中第三次分裂类似有丝分裂；②减数分裂的产物是 8 个子核，即形成的 4 个核再经过一次有丝分裂，形成 8 个核，即 8 个子囊孢子；③减数分裂的产物 8 个子囊孢子在子囊中直线排列。每个子囊孢子的基因型可以通过一定的方法测定。根据 8 个子囊孢子的排列顺序和规律，为分析方便，可以简化为 4 个，即教材中讲的四分子分析，而不是八分子分析。例如，8 个子囊孢子在子囊中排列：＋＋＋＋－－－－可以简化为＋＋－－；＋＋－－＋＋－－可以简化为＋－＋－。

6. 链孢霉着丝粒作图原理

一般减数分裂是经过两次分裂过程，减数分裂的第一次分裂是配对的同源染色体彼此分开，各自进入一极，通常把减数分裂的第一次分裂称作 M I；减数分裂的第二次分裂是一条染色体的两条姐妹染色单体彼此分开，各自进入一极，通常把减数分裂的第二次分裂称作 M II。

假设链孢霉的一对同源染色体上有一对等位基因 A 与 a，当这对等位基因间没有发生交换时，A 与 a 基因间的分离发生在 M I；当这对等位基因间发生了交换时，这对等位基因间的分离发生在 M II。着丝粒可以看作一个基因位点，一个基因与着丝粒越远，发生交换的机会就越大，那么形成的在 M II 分离的子囊就越多。因此，可以根据在 M II 分离的子囊数目测定基因与着丝粒的距离。如果 A 与 a 接合，减数分裂后形成的 AAaa 或 aaAA 都属于分离发生在 M I，形成的 AaAa、AaaA、aAAa 等都是分离发生在 M II，是交换所致。若在一次实验中涉及两对等位基因时，则可以分别考虑，分别测定其与着丝粒的距离，确定

两个基因是位于着丝粒一侧，还是分别位于着丝粒的两侧，以及每个基因与着丝粒的具体位置。

将在 M II 发生分离的子囊数目代入公式即可计算基因与着丝粒间的距离。交换值=(交换型子囊数/交换型子囊数+非交换型子囊数)×100%×1/2，注意公式中"×1/2"，是因为每个交换型子囊中仅有一半的子囊孢子是交换型的。

7. 三种子囊类型的形成机理

不管链孢霉的两个基因间属于自由组合关系还是连锁互换关系，减数分裂形成的子囊都可以分成三种类型，即亲二型(PD)、非亲二型(NPD)、四型(T)。亲二型子囊是其中的子囊孢子基因型与两个亲本一样；非亲二型子囊是其中的子囊孢子基因型有两种类型，与两个亲本都不一样；四型子囊是其中的子囊孢子基因型有 4 种类型，两种类型与亲本一样，两种类型与亲本不一样。

若两个基因间属于自由组合关系，则形成的亲二型、非亲二型、四型等三种类型的子囊，子囊中 4 种基因型的子囊孢子的形成，都是由于基因间的随机组合和基因与着丝粒间的交换，就如同在高等生物，基因型为 AaBb 时，减数分裂可以形成 AB、ab、Ab、aB 4 种基因型的配子一样。亲二型子囊是由于在减数分裂中仅仅形成了 AB、ab 两种组合，非亲二型子囊是由于在减数分裂中形成了 Ab、aB 两种组合，而四型子囊则是在减数分裂中形成了 AB、ab、Ab、aB 4 种组合，但一个子囊是一次减数分裂的产物，基因间是自由组合关系时，AaBb 基因型在一次减数分裂过程中不能形成 4 种类型的子囊孢子，那么，为什么会出现四型子囊呢？这可能是由于 A 基因或者是 B 基因与着丝粒间发生了交换。

若两个基因间属于连锁互换关系，则形成的亲二型、非亲二型、四型等三种类型的子囊，子囊中 4 种基因型的子囊孢子的形成，是由于基因间连锁和交换。基因型为 AaBb，且是相引排列时(AB/ab)，亲二型子囊是由于两个基因间没有发生交换；非亲二型子囊是由于四线双交换、四线多交换；四型子囊是由于单交换、二线双交换、三线双交换。

8. 链孢霉基因定位原理

进行链孢霉的基因定位，首先根据实验结果

分析两个基因间是否连锁。对杂交形成的诸多四分了进行分析。例如，共分析 1000 个子囊，即 4000 个子囊孢子，看各种基因型子囊孢子的数目，若 4 种基因型的子囊孢子的比例大约为 1：1：1：1，则说明两个基因间属于自由组合关系，否则为连锁互换关系。

可以直接利用交换型子囊孢子的数目计算交换值，即交换型子囊孢子数占全部子囊孢子数的百分数，如共分析了 1000 个子囊，即共有 1000×4=4000 个子囊孢子，其中有 500 个子囊孢子是交换型的，则交换值=500/4000×100%=12.5%。

也可以利用非亲二型、四型子囊直接计算两个基因间的交换值，因为非亲二型、四型子囊都是交换的产物。交换值=(NPD+1/2T)/总子囊数。公式中直接用非亲二型子囊(NPD)，是因为在非亲二型子囊中子囊孢子全为交换型的。在用四型的子囊(T)时，却又乘以 1/2，这是因为在此类子囊中仅有一半的子囊孢子是交换型的。

9. 配子类型比例的确定

给你一种基因型，你能否快速画出形成的各种配子及各种配子的比例，是对遗传学习题基本功的检验。在仅仅给出了基因型及基因间的距离，没有提并发率或干涉时，就不要考虑这些因素，直接把实际双交换值等于理论双交换值，进行各种类型配子比例的计算；若题中提到干涉或者并发率，则根据干涉与并发率之间的关系，计算出实际双交换值，然后根据实际双交换值计算各种配子的比例。

在计算各种配子的比例时要注意，题中给出的交换值，或者题中绘制出的连锁图中的图距，实际上都已经包含了双交换值，因此，在计算单交换Ⅰ型配子比例、单交换Ⅱ型配子比例时，都要从中减去双交换值。亲本型配子的比例则是从100%中减去单交换型配子的比例，再减去双交换型配子的比例之后的剩余值。例如，基因型为 AaBbCc，基因排列为相引，基因顺序为 ABC，AB 间交换值为 20%，或距离为 20cM，BC 间交换值为 10%，或图距为 10cM。计算形成的 8 种配子的比例。由于，在此没有提及干涉或并发率，因此，可以认为实际双交换值等于理论双交换值，即 20%×10%=2%，即双交换型配子的比例是

2%，双交换型配子有两种，每一种为 1%；单交换Ⅰ型配子比例是 20%−2%=18%，单交换Ⅰ型配子有两种，每一种为 9%；单交换Ⅱ型配子比例是 10%−2%=8%，单交换Ⅱ型配子有两种，每一种为 4%；亲本型配子=100%−18%−8%−2%=72%。

若题中告诉并发率为 0.5，则直接根据并发率计算出实际双交换值，然后一一计算各种配子的比例；若题中告诉干涉为 0.6，则根据并发率与干涉的关系，计算出并发率，然后计算出实际双交换值，再一一计算出各种配子的比例。

10. 如何把基因定位于某号染色体上

进行基因定位，首先是要确定某个基因在哪一条染色体上，然后再测定这个基因与其他基因的位置关系、距离关系。早期摩尔根和他的弟子们进行果蝇的基因定位时，是根据某性状与性别的关系，把基因定位在性染色体上。在常染色体上的基因定位则是根据果蝇唾液腺染色体结构的变化所引起的性状改变，把这个基因定位在相应的某号染色体上，然后把这个基因设定为标记基因，分析其他基因与这个基因的传递情况，若经常在一起传递，则为连锁关系，定位在标记基因所在的染色体上。

果蝇的染色体数目较少，并且有非常有益于研究的唾液腺染色体，因此，对果蝇进行基因定位相对容易。而其他高等生物，染色体数目众多，又没有特殊的染色体，因此，把基因定位在具体的染色体上相应较难。后来有人育出了玉米的单体品系、三体品系，使玉米的基因定位变得较为容易。玉米有 20 条染色体，分为 1 号、2 号、3 号……10 号染色体，正常的玉米细胞中每号染色体都是 2 条的，即一对同源染色体。但由于某种原因，某玉米品系的 1 号染色体缺少一条，另外一玉米品系的 2 号染色体缺少一条，此外一玉米品系的 3 号染色体缺少一条，一直到 10 号染色体缺少一条的品系，这样的 10 个品系就组成了玉米的单体系统。玉米单体都含有正常的野生型的基因。

有一个突变基因纯合体 aa，导致玉米叶片白色条斑，确定该基因位于哪一号染色体上。让此突变个体分别于 10 个玉米单体品系杂交，若与 1

号单体、2 号单体、4～10 号单体杂交结果都是正常叶片，说明这个突变基因不在这些号的染色体上；当与 3 号单体品系杂交时，后代出现正常叶和白色条斑叶，比例为 1∶1，说明这个突变基因位于 3 号染色体上。因为 3 号染色体仅有 1 条，含有 A，杂交后代会形成 Aa 和 a 两种基因型个体。

目前，确定基因位于哪号染色体上的方法很多，如人类就有性状与性别关系法、外祖父法、体细胞杂交法、染色体畸变法、原位杂交法等。

五、核心习题

例题 1. 在番茄中，圆形果（O）对长形果（o）显性，单一花序（S）对复状花序（s）显性。两对基因连锁，图距为 20mu。今以纯合圆形果单一花序植株与长形果复状花序植株杂交，问：（1）F_2 中有哪些表现型？各类型理论百分比为多少？（2）如希望得到 5 株纯合圆形果复状花序植株，F_2 群体至少为多少？（3）假定这两对基因不连锁，要得到 5 株纯合圆形果复状花序植株，F_2 群体数至少为多少？

知识要点：

（1）连锁互换定律。两个或几个性状有连锁在一起共同向后代传递的倾向，但由于互换，也会发生不共同向后代传递的趋势。

（2）相引相、相斥相。两个显性基因在一条染色体上、两个隐性基因在另一条染色体上的排列为相引相；一个显性基因与一个隐性基因在一条染色体上，一个隐性基因与一个显性基因在另一条染色体上的排列为相斥相。

（3）交换值和图距。当基因间距离较近时，其图距也可视为交换值。交换值代表交换型配子占所有配子的百分数。

（4）交换是相互的。产生的两种交换型的配子的比例是相等的，当然所产生的两种亲本型的配子的比例也是相等的。

（5）自由组合定律。连锁遗传的相对性状是由位于同一对染色体上的非等位基因间控制，具有连锁关系，在形成配子时倾向于连在一起传递；交换型配子是由于非姐妹染色单体间交换形成的。因此，在产生的 4 种配子中，大多数为亲本型配子，少数为重组型配子，而且其数目分别相等，均为 1∶1。

解题思路：

（1）根据知识要点（1）、（2）和题意，纯合圆形果单一花序植株基因型为 OOSS，与长形果复状花序植株基因型为 ooss，二者杂交后 F_1 基因型为 OoSs，两个基因的排列方式为相引相。

（2）根据知识要点（3）、（4）和题意（两个基因间图距为 20mu），F_1 可产生 4 种配子，其中亲本型配子有 2 种，占 80%，每一种为 40%；交换型配子有 2 种，占 20%，每一种为 10%。F_1 4 种配子及其比例如下：

配子类型 OS　　　　os　　　　Os　　　　oS

比例　　　40%　　　40%　　　10%　　　10%

F_2 的基因型及比例如下：

基因型：OOSS OoSS OOSs OoSs OOss Ooss ooSS ooSs ooss

比例：　16% 8% 8% 34% 1% 8% 1% 8% 16%

因此 F_2 表现型及比例为：

圆形果单一花序（O_S_）66%　　　　圆形果复状花序（O_ss）9%

长形果单一花序（ooS_）9%　　　　长形果复状花序（ooss）16%

（3）纯合的圆形果复状花序植株的基因型为 OOss，该类型植株在 F_2 中的理论比应为 1%，因此，如果要得到 5 株该基因型的植株，那么群体至少应该有 500 株。

（4）根据知识要点（5），这两个基因关系为自由组合时，F_1 产生的 OS、os、Os、oS 4 种配子比例相同，各占 25%。基因型为 OOss 的植株是由两个相同的 Os 配子结合得到的，因此 F_2 中 OOss 基因型个体的理论比例为 25%×25%=6.25%，要得到 5 株这样的植株，F$_2$ 群体至少应为 80 株。

参考答案：

(1)有圆形果单一花序、圆形果复状花序、长形果单一花序、长形果复状化序 4 种表现型。比例为：圆形果单一花序 66%、圆形果复状花序 9%、长形果单一花序 9%、长形果复状花序 16%。

(2)500 株。

(3)80 株。

例题 2. 在果蝇中，有一品系对三个常染色体隐性基因 a、b 和 c 是纯合的，但不一定在同一条染色体上，另一品系对显性野生型等位基因 A、B、C 是纯合体，把这两个个体交配，用 F$_1$ 雌蝇与隐性纯合雄蝇亲本回交，观察到下列结果：

表型	数目
abc	211
ABC	209
aBc	212
AbC	208

(1)这两个基因中哪两个是连锁的？(2)连锁基因间的重组值是多少？

知识要点：

(1)自由组合定律、测交的概念和测交结果。三对等位基因的杂合体测交，如果三个基因间是自由组合关系，则测交后代为 8 种表现型，比例为：1:1:1:1:1:1:1:1。

(2)连锁互换定律和测交的结果。三对等位基因的杂合体测交，如果三个基因间是连锁互换关系，则测交后代为 8 种表现型，但比例不是 1:1:1:1:1:1:1:1；如果两个基因是连锁关系，一个基因与其是自由组合关系，测交后代也为 8 种表现型，其比例也不是 1:1:1:1:1:1:1:1，但与上面一种情况的 8 种比例有区别。

(3)完全连锁和测交结果。三对等位基因的杂合体测交，如果三个基因间是完全连锁关系，则测交后代只能出现 2 种表现型；如果是有两个基因完全连锁，一个基因是自由组合，则测交后代能出现 4 种表现型，比例各不相同。

解题思路：

(1)根据知识要点(1)，这三个基因间不是完全的自由组合关系。

(2)根据知识要点(2)，这三个基因间也不是完全的连锁互换关系。

(3)根据知识要点(3)和题意，这三个基因间可能有两个基因是连锁关系，并且为完全连锁，一个基因与另外两个基因是自由组合关系。

(4)根据题中给出的各种表现型的数目，可以看出 A 与 C 总是一块传递，a 与 c 总是一块传递，而且没有 A 与 c、a 与 C 一块出现的情况，所以判断 A 与 C 完全连锁。B 与 AC、B 与 ac、b 与 AC、b 与 ac 呈现随机组合，因此，b 基因与 AC 两个基因间是自由组合关系。

参考答案：

(1)a 与 c 是连锁关系。

(2)是完全连锁，重组值是 0。

解题捷径： 观察 4 种表现型，哪两个基因总是连锁在一起，则为连锁关系。

例题 3. 有一果蝇品系对 4 个不同的隐性基因 a、b、c、d 是纯合体，aabbccdd 与 AABBCCDD 杂交，其 F$_1$ 雌蝇再与隐性纯合雄蝇回交，产生 2000 个子代，表型数据如下：

表型	数目	表型	数目
abcd	668	a+c+	69
++++	689	+b++	1
+++d	98	+b+d	76

表型	数目	表型	数目
abc+	97	ab++	1
ab+d	5	++cd	1
++c+	5	a+++	145
a+cd	2	+bcd	143

问：（1）这4个基因之间的重组距离是多少？画出它们之间的连锁图。（2）第一和第三基因之间的干涉度是多少？（3）第二和第四基因之间的干涉度是多少？（4）三交换的数目与预期值相等吗？其并发率和干涉度是多少？

知识要点：

（1）基因间为连锁互换关系时，测交后代中亲本类型占的比例较大。

（2）测交后代中双交换类型往往占的比例较少。

（3）干涉=1–并发系数，并发系数是实际双交换值与理论双交换值的比值。

解题思路：

（1）根据知识要点（1），以及根据题中 abcd 为 668、++++为 689，说明这两种亲本类型占绝大比例，因此，这4个基因间关系为连锁互换关系。

（2）根据题中给出的各种数据，把基因两两一组进行分析，计算交换值。根据交换值的大小，确定基因间的顺序和位置。

（3）根据知识要点（2），确定双交换类型；根据知识要点（3），计算干涉度。

参考答案：

（1）RF（a-b）=436/2000×100%=21.8%

RF（a-c）=300/2000×100%=15%

RF（b-c）=160/2000×100%=8%

RF（c-d）=350/2000×100%=17.5%

RF（b-d）=200/2000×100%=10%

RF（a-d）=630/2000×100%=31.5%

由以上数据可以确定4个基因间的连锁图如下：

a	15cM	c	8cM	b	10cM	d

（2）第一与第二个基因（a 与 b）之间的干涉为 50%。（预期双交换值=0.15×0.18=0.012；实际双交换值=(5+5+1+1)/2000=0.006；并发率=0.006/0.012=50%；干涉=1–50%=50%）

（3）第二与第四个基因（c 与 d）之间的干涉为 69%。（预期双交换值=0.08×0.10=0.008；实际双交换值=(2+1+1+1)/2000=0.0025；并发率=0.0025/0.008=31%；干涉=1–31%=69%）

（4）预期三交换值与实际三交换值不相等。（预期三交换值=0.15×0.18×0.10=0.0012；实际三交换值=(1+1)/2000=0.0010；并发率=0.0010/0.0012=83.3%；干涉=1–83.3%=16.7%）

例题 4. 已知一个连锁图为 <u>a 10 b 20 c</u>，并发系数为 50%，一基因型为 abc/ABC 个体。问：（1）此个体能形成哪几种配子？比例如何？（2）自交后代中三个位点上为隐性纯合的个体占多大比例？（3）自交后代中三个位点上均为杂合的个体占多大比例？

知识要点：

(1)图距与父换值。基因间距离较近时，图距可以看作交换值，可以利用图距的大小来计算交换型配子的比例。

(2)双交换和干涉的概念。在一对同源染色体的两条非姐妹染色单体间可以分别发生两次单交换，称作单交换Ⅰ、单交换Ⅱ，如果这两次单交换同时发生，即为双交换。双交换发生的概率是两个单交换发生的概率的乘积。一般情况下，当一个交换发生后，往往会影响第二个交换的发生，这种现象称干涉。

(3)并发系数与干涉的关系。并发系数为实际观察到的双交换数除以预期理论双交换数的比值。当这个比值等于1时，说明实际双交换值与理论双交换值相等。如果这个比值小于1，说明实际双交换值小于理论双交换值，可能发生了干涉。并发系数与干涉的关系为：干涉=1–并发系数。

(4)基因定位过程中图距的计算。每两个基因间实际图距在计算时，都已经加上了双交换值。

解题思路：

(1)根据知识要点(1)，可以根据题中给出的基因间的图距，计算两种单交换类型的配子比例，即两种交换型配子分别为10%、20%。

(2)根据知识要点(2)、(3)，利用公式干涉=1–并发系数，计算双交换类型配子的比例。得出双交换类型的配子比例为10%×20%×50%=1%。

(3)根据知识要点(4)，10%、20%两种交换类型配子的比值都应该再减去双交换值，即 10%–1%=9%，20%–1%=19%。

(4)亲本类型配子比值应该100%减去各种类型交换型配子的比值，即100%–9%–19%=72%。

参考答案：

(1)形成的配子类型和比例如下：

ABC	36.0%	abc	36.0%
ABc	9.5%	abC	9.5%
AbC	0.5%	aBc	0.5%
aBC	4.5%	Abc	4.5%

(2)自交后代中三个位点都是隐性纯合的比例为36%×36%=12.96%。

(3)自交后代中三个位点均杂合的比例为36%×36%+9.5%×9.5%+0.5%×0.5%+4.5%×4.5% =12.96%+0.90%+0.0025%+0.20%=14.0625%。

例题 5. his-5 和 lys-1 是啤酒酵母中发现的两个等位基因，为了能正常生长，在无机培养基中需要分别添加组氨酸和赖氨酸。以 his-5lys-1 与 his$^+$lys$^+$ 做杂交，分析了818个四分子，得到以下结果：

第一种四分子：2 his-5 lys$^+$+2 his$^+$ lys-1=4

第二种四分子：2 his-5lys-1+2his$^+$lys$^+$=502

第三种四分子：1 his-5lys-1+1 his-5lys$^+$+1 his$^+$ lys-1+1his$^+$lys$^+$=312

问：(1)计算考虑双交换和不考虑双交换所得到的图距，哪一个值更高，为什么？(2)两个基因座之间的单交换频率是多少？(3)在这一实验中期望的非亲二型子囊是多少？

知识要点：

(1)遗传图制作方法。遗传图上标示的基因间的距离，都应该加上双交换值，如果不考虑双交换值时往往会低估基因间的距离。

(2)真菌交换值的计算。酵母菌属于真菌，其子囊孢子是减数分裂的产物，是单倍的，相当于高等生物的配子，因此，酵母菌基因间的交换值等于交换型的子囊孢子数占全部子囊孢子数的百分数。

(3)子囊类型的划分和形成。酵母菌的子囊分为亲二型、非亲二型、四型，亲二型子囊是由于减数分裂中一对同源染色体的 4 条染色单体间没有发生交换；非亲二型子囊是由于减数分裂中一对同源染色体的 4 条染色单体都发生了交换；四型子囊是由于减数分裂中一对同源染色体的 4 条染色单体中有两条发生了交换。

解题思路：

(1) 根据知识要点(1)，如果计算的时候考虑双交换，则计算的图距要高于不考虑双交换时计算的图距。

(2) 根据知识要点(2)，统计子囊的总数，统计所有子囊中共有交换型子囊孢子的总数，数据套入公式即可得到两个基因间的交换值。$(4\times4+312\times2)/(818\times4)\times100\%=19.6\%$。

(3) 根据知识要点(3)，第二种子囊属于非亲二型子囊，它的形成是 4 条染色单体间都发生了交换，也可以认为是发生了两个单交换。那么，这两个单交换同时发生的概率就等于两个单交换概率的乘积，即 $19.6\%\times19.6\%=3.84\%$。

参考答案：

(1) 如果计算图距的时候考虑双交换，计算的图距要高于不考虑双交换的。因为不考虑双交换时，会把实际的交换值低估了。

(2) 19.6%。

(3) 期望的非亲二型子囊是 3.84%。

例题 6. 一只患有血友病的雌兔同时还患有软骨病，该雌兔和一只缺尾的雄兔交配，F_1 雌性全都是野生型，而雄兔患有血友病和软骨病。F_1 相互交配，得到以下 F_2：

表现型	雄性只数	交换类型	雌性只数	基因型
正常	48	485	单交换	ABC
缺尾	437	0	亲本型	ABc
软骨	4	16	双交换	AbC
血友病	12	14	单交换	aBC
血友病、软骨	439	484	亲本型	abC
血友病、缺尾	2	0	双交换	aBc
软骨、缺尾	12	0	单交换	Abc
血友病、软骨、缺尾	46	0	单交换	abc

以上基因是否连锁？若连锁，求出基因顺序及图距。

知识要点：

(1) 伴性遗传的特点。伴性遗传有三个特点：①正反交结果不同；②后代性状的分布与性别有关，雄性患者多于女性患者，系谱中往往只有雄性患病；③呈现交叉遗传现象。

(2) 自交法测定交换值。一般情况下，经常用测交法测定交换值，进行基因定位。但是，利用自交的方法，也可以测定交换值，进行基因定位。

(3) 双交换类型的界定。测交还是自交，其后代中数目最少的类型是双交换类型，数目最多的类型是亲本类型，数目介于最多和最少之间的类型属于不同的单交换类型。

解题思路：

(1) 根据知识要点(1)中伴性遗传三大特点中的第二个特点，分析题意，题中的 F_1 和 F_2 均是性别不同所呈现的性状不同，因此，这三个性状属于伴性遗传，而且，控制这些性状的基因位于 X 染色体上。

(2) 根据知识要点(2)，这里是用自交的方法进行交换值的测定。同时，根据知识要点(1)，这些性状属于伴性遗传，所以，仅从自交后代的雄性个体中进行交换值的计算。

（3）根据知识要点（3），自交后代雄性群体中，437、439 属于亲本类型，2、4 属于双交换类型，12、12 属于一种单交换类型，46、48 属于另一种单交换类型。根据各种类型的数目计算基因间的交换值，根据交换值大小确定基因间的顺序和距离，绘出遗传图谱。

此道习题的难点和迷惑点是题中给出的每一种表现型类型的性状没有给全，有的仅给出了一个性状，有的给出了两个性状，有的是给出了三个性状。但我们分析题意时应该理解若仅写正常，则代表三个性状都是正常，仅写血友病，则代表其他两个性状正常，仅写血友病、软骨病，则另一个性状是正常。

将亲本型和双交换型的基因型进行比较来判断基因的相对位置,结果发现 a 基因的相对位置发生了变化,因此可以确定 a 基因位于中间。

计算重组值：RF（a-b）=24/1000×100%=2.4%；

$\qquad\qquad$ RF（a-c）=94/1000×100%=9.4%；

$\qquad\qquad$ 双交换值=（2+4）/1000×100%=0.6%。

参考答案： 三个基因是连锁的。

控制血友病的基因位于中间。三个基因的图距如下：

```
  |___3___|_____10_____|
  软骨基因  血友病基因      缺尾基因
```

例题 7. 在番茄中，基因 O（oblate）、P（peach）、S（compound inflorescence）是在第二号染色体上。用这三个基因都是杂合的 F_1 与三个基因是纯合的隐性个体进行测交，得到下列结果：

子代表型	+++	++s	+p+	+ps	o++	o+s	op+	ops
数目	73	348	2	96	110	2	306	63

（1）这三个基因在第二号染色体上的顺序如何？

（2）F_1 的基因型是什么？

（3）这三个基因间的图距是多少？画出这三个基因的遗传连锁图。

（4）并发系数是多少？

知识要点：

（1）位于中间的基因发生双交换的概率较低，因此，可以直接根据双交换类型判定哪个基因位于中间。

（2）交换值的测定方法。

（3）基因间的图距应该包括双交换值在内。

（4）并发系数的概念和计算方法。

解题思路：

（1）根据知识要点（1）和题中给的条件，直接判定基因 o 位于中间，基因顺序是 p o s。

（2）根据题意，在 1000 个子代中＋＋s 数目为 348，o p＋数目为 306，都占绝大多数，因此，F_1 的基因型是＋＋s／o p＋。

（3）根据知识要点（2）、（3），计算交换值，确定基因间的图距，绘出连锁图。

（4）根据知识要点（4），计算并发系数。

参考答案：

（1）这三个基因在第二号染色体上的顺序：p o s。

(2) F_1 的基因型是 $+ + s / p o +$。

(3) RF(p-o) = (110+96)/1000+(2+2)/1000=21%;

RF(s-o) = (73+63)/1000+(2+2)/1000=14%;

RF(p-s) = (110+96+73+63+2+2+2+2)/1000=35%;

p o s 连锁遗传图如下：

		p	21	o	14	s	

(4) 并发系数=0.4%/(21%×14%)=0.136。

例题 8. 哺乳动物体毛性状有短毛(L)和长毛(l)、直毛(R)和卷毛(r)、黑毛(B)和白毛(b)。短毛对长毛、直毛对卷毛及黑毛对白毛分别为显性，将表型为短毛、直毛、黑毛的纯合体与长毛、卷毛、白毛个体杂交得到 F_1。F_1 再与长毛、卷毛、白毛个体测交，测交后代的表型及分离比如下：

短直黑 7	短卷白 7	短直白 1	短卷黑 1
长直黑 7	长卷白 7	长直白 1	长卷黑 1

请说明这三对基因在染色体上的分布情况，即是在一对同源染色体上，还是在几对非同源染色体上？如果是分布在同一对染色体上，它们之间的重组值是多少？

知识要点：

(1) 分离定律。当仅有一对等位基因时，测交后代两种表现型的比例是 1:1。

(2) 自由组合定律。基因间是自由组合关系，两对等位基因时，测交后代 4 种表现型的比例是 1:1:1:1;三对等位基因时，测交后代 8 种表现型的比例是 1:1:1:1:1:1:1:1。

(3) 连锁互换定律。基因间是连锁互换关系，两对等位基因时，测交后代 4 种表现型的比例不是 1:1:1:1;三对等位基因时，测交后代 8 种表现型的比例不是 1:1:1:1:1:1:1:1。

(4) 重组值的概念和计算方法。

解题思路：

(1) 根据知识要点(1)，分析测交后代中三对相对性状的比例，长与短为 1:1，直与卷为 1:1，黑与白为 1:1，说明每对等位基因间的分离是正常的。

(2) 根据知识要点(2)，测交后代中 8 种表现型的比例不是 1:1:1:1:1:1:1:1 比值，因此，控制这三个性状的基因不是简单的自由组合关系。

(3) 根据知识要点(3)，三个基因间似乎为连锁互换关系。但三对相对性状的杂合体的测交后代中 8 种表现型的比例应该为 4 种数据，即亲本类型的数据、双交换类型的数据、单交换Ⅰ的数据、单交换Ⅱ的数据。若基因间的距离都相等，则交换型的数据相等，也应该出现三种数据，而实际上仅出现了 7 和 1 两组数据，显然，也不是简单的连锁互换关系。

把组合的性状拆开两两分析，短直=7+1、短卷=7+1、长直=7+1、长卷=7+1，测交后代中 4 种表现型比例为 1:1:1:1，说明基因 L 与 R 是自由组合关系。

短黑=7+1、短白=7+1、长黑=7+1、长白=7+1，测交后代中 4 种表现型比例为 1:1:1:1，说明基因 L 与 B 是自由组合关系。

直黑=7+7、卷白=7+7、直白=1+1、卷黑=1+1，测交后代中 4 种表现型比例不是 1:1:1:1，说明基因 R 与 B 是连锁互换关系。

(4) 根据知识要点(4)和题中给出的数据，RB 基因测交后代表现型的亲本型是直黑和卷白，重组型是直白和卷黑。因此两个基因间的重组值= 4/32×100%= 12.5%。

参考答案： B 和 R 基因位于同一条染色体上，L 位于另一对同源染色体上。重组值为 12.5%。

例题 9. 基因型为++的脉孢菌与基因型为 ab 的脉孢菌杂交，得到以下四分子(注意：为了简化起见，这里给出的是四分子而不是八分子)。

1	2	3	4	5	6	7
a b	a b	a b	a +	a +	a +	a b
a b	+ b	a +	+ b	+ b	a +	+ +
+ +	+ +	+ b	+ +	+ +	+ b	+ +
+ +	a +	+ +	a b	a b	+ b	a b
72	16	11	2	2	1	1

(1)这是多少细胞减数分裂所得到的数据？

(2)分析基因 a 与 b 之间的关系。

(3)分别计算出 a、b 基因座与着丝粒间的图距。

(4)如果 a 与 b 之间连锁，绘出连锁图(标明 a、b 基因与着丝粒间的关系)。

知识要点：

(1)链孢霉子囊孢子的形成过程。子囊孢子是减数分裂的产物，是单倍的，一个子囊及子囊中的孢子是一个细胞减数分裂的结果。子囊孢子的基因型可以直接测定，根据其基因型可以分析子囊中子囊孢子的排列情况。

(2)基因间位置关系的判断。基因间是自由组合关系时，4 种子囊孢子的比例为 1：1：1：1；基因间是连锁互换关系时，4 种子囊孢子的比例不是 1：1：1：1，而是亲本型子囊孢子多，重组型子囊孢子少。

(3)着丝粒作图原理和方法。可把着丝粒作为一个基因位点，分析每个基因与它的距离远近，相距越远，发生交换的概率越大，产生的在减数分裂的第二次分裂分离(MⅡ)的子囊数目就越多；相距越近，发生交换的概率越小，在减数分裂的第二次分裂分离(MⅡ)的子囊数目就越少，产生的在减数分裂的第一次分裂分离(MⅠ)的子囊数目就越多。因此，可以根据第二次分裂分离子囊的多少来测定基因与着丝粒的距离，进行着丝粒作图。

(4)几种子囊类型的形成和含义。根据子囊孢子的基因型把子囊分为亲二型子囊、非亲二型子囊、四型子囊。亲二型子囊是非交换的产物，非亲二型子囊是四线双交换、四线多交换的产物，四型子囊是单交换、二线双交换、三线双交换的产物。根据子囊的类型可以测定交换值，根据交换型子囊孢子的数目也可以测定交换值。

解题思路：

(1)根据知识要点(1)，一个子囊及子囊中的 8 个子囊孢子(为简化起见，写成 4 个子囊孢子)是一个细胞减数分裂的产物，则 72+16+11+2+2+1+1=105，即这 105 个子囊是 105 个细胞减数分裂所得的数据。

(2)根据知识要点(2)和题中 4 种子囊孢子的比例不是 1：1：1：1，可以判定这两个基因间属于连锁关系。

(3)根据知识要点(3)，表中 2 号、4 号、5 号、7 号子囊属于 a 基因在减数分裂的第二次分裂分离的，因此，a 基因与着丝粒间距离等于减数分裂的第二次分裂分离的子囊数与全部子囊数的百分比；表中 3 号、4 号、5 号、7 号子囊属于 b 基因在减数分裂的第二次分裂分离的，因此，b 基因与着丝粒间距离等于减数分裂的第二次分裂分离的子囊数与全部子囊数的百分比。

(4)根据知识要点(4)，利用非亲二型子囊的数目或交换型子囊孢子的数目计算基因间的交换值，即重组值 RF(a-b)=亲本型/(重组型+亲本型)×100%。然后根据交换值大小确定基因间、基因与着丝粒间的关系，绘制连锁图。

参考答案：

(1)105。

(2)a、b 属于连锁关系。

(3)RF(-a)=(16+2+2+1)/105×1/2×100%=10%；

RF(-b)=11+2+2+1/105×1/2×100%=7.6%；

RF(a-b)=(16×2+11×2+2×2+2×2+1×4)/(105×4)×100%=15.7%。

(4)

$$\underline{\qquad\quad a\quad 10\quad\bullet\quad 7.1b\qquad\qquad\qquad}$$
着丝粒

例题 10. 在果蝇中，黄体(y)、白眼(w)和残翅(ct)这三个隐性性状与 X 染色体连锁，现将一具有黄体白眼和正常翅膀的雌性果蝇与一正常的体色和眼睛但是残翅的雄性果蝇交配，F_1 雌性果蝇三个性状均表现为野生型，而雄性果蝇表现出黄体白眼和正常翅膀的性状。F_1 雌雄果蝇交配得到 F_2，F_2 雄性个体的表现型如下：

y+ct	9	+w+	6
ywct	90	+++	95
++ct	424	yw+	376
y++	0	+wct	0

(1)写出亲本及 F_1 代雌雄个体的基因型。

(2)计算基因的图距，绘出遗传图谱。

(3)F_2 中的雌性群体能否用于构建图谱？为什么？

知识要点：

(1)果蝇的性别决定和性染色体组成。果蝇是异配性别，雌蝇的性染色体组成是 XX，雄蝇的性染色体组成是 XY。

(2)伴性遗传的特点。伴性遗传也称为性连锁遗传，如果基因位于 X 染色体上，则在雌果蝇每种性状的基因有两份，在雄果蝇每种性状的基因仅有一份。雄果蝇的表现型就代表了自己的基因型。

(3)自交法测定交换值。测交法可以测定交换值，自交法也可以测定交换值，自交法测定交换值往往从 F_2 中的隐性纯合子突破(不分雌雄)，间接或直接计算交换值。而在果蝇性连锁遗传的情况下，仅仅分析 F_2 中各种雄性个体的比例即可得出交换值，因为雄性个体中的每一种表现型类型的多少直接代表了其母体形成的各种类型配子的比例。

解题思路：

(1)根据知识要点(1)、(2)，题中在 F_2 中++ct=424、yw+=376，是数目最多的类型，显然这是非交换型雌配子或者说是亲本型雌配子与 Y 精子结合的产物。因此，F_1 雌性个体的基因型为++ct/yw+；雄个体的基因型为 yw+/Y。通过 F_1 雌雄个体的基因型可以得出亲本的基因型一定是雌性亲本 yw+/yw+，雄性亲本++ct/Y。

(2)根据知识要点(2)，利用雄性群体中的各种类型的数目计算交换值。根据题意在 F_2 雄蝇中++ct=424、yw+=376，根据 F_2 雄蝇的 y++和+wct 表型(双交换类型)的个体数目为 0，这三个基因的排列顺序为 yw+。

w 和 ct 之间图距为(90+95)/1000×100%=18.5%；

w 和 y 之间图距为(9+6)/1000×100%=1.5%；

y 和 ct 之间图距为(90+95+9+6)/1000×100%=20%。

根据计算出的交换值绘制遗传图谱。

参考答案：

(1)雌性亲本基因型为 yw+/yw+；雄性亲本基因型为 ++ct/Y；

　　F₁ 雌性基因型为 yw+/++c；F₁ 雄性基因型为 yw+/Y。

(2) w 和 ct 间图距为 18.5cM，w 和 y 间的图距为 1.5cM，y 和 ct 间图距为 20cM。

　　　　　y 1.5 w　　　　　18.5　　　　　ct
　　　　　────────────────────────────

(3)不能，因为在这里是自交法测定交换值，并且 F₁ 雌雄性个体都含有显性基因和隐性基因，导致 F₂ 雌性群体中的各种表现型没有办法确定其基因型，也没有办法确定哪些类型是交换型，哪些类型是亲本型，没有办法计算交换值。

第五章　性别决定与伴性遗传

一、核心人物

1. 史蒂文斯（Nettie Stevens, 1861～1912）

史蒂文斯，美国生物学家、细胞遗传学家，1861 年 7 月出生于美国新英格兰地区的福蒙特州卡文迪什市的一个中产阶级家庭，她们家族在新英格兰已经生活了几代人。当时，上学对于女性还不普遍，但是，史蒂文斯幸运地进入韦斯特福德学院（公立高中）学习，这所学校对所有民族的男性和女性都是开放的。19 岁毕业之后，她成为了一名教师，教了 3 个学期后进入了韦斯特福德师范学院。史蒂文斯在美国南北战争后长大，曾从事过教师、护理和秘书工作，当时，女性工作机会渺茫，大部分人只想嫁个好人家，而史蒂文斯却并不想过那样的生活，她希望成为一个科学家。1896 年，35 岁的史蒂文斯进入斯坦福大学学习，4 年后，进入布林茅尔学院研究生院学习，先后获得学士学位。在 39 岁时，终于成为了一名科研工作者。

史蒂文斯潜心于动物性别决定的研究，当她研究粉虱时，发现雄性产生的生殖细胞中含有 X 和 Y 染色体，而雌性只能形成含有 X 染色体的生殖细胞。据此，她得出结论：性别是由染色体因子决定的，后代的性别是由雄性决定的。正是由于她鉴定、命名了 Y 染色体，发现它是决定雄性成虫的关键染色体，第一次正确提出染色体与具体性状的关系，才使生物学家很快发现了哺乳动物的性别决定机制。当时染色体理论在遗传学上还没有被承认，大家普遍认为性别是由母亲和环境因素作用的结果。后来，另一位科学家威尔逊几乎同时发现了性染色体的这种现象，她的理论才被人们普遍接受。最终，史蒂文斯在遗传学发展历史上占有一席之位。

史蒂文斯在余下的生命中继续在布林茅尔学院和冷泉港实验室从事研究工作。她的科学研究生涯开始得很晚但结束得却很快，1912 年 5 月 4 日因乳腺癌逝世，享年仅仅 51 岁。史蒂文斯英年早逝，她的科学研究生涯也仅仅 10 余年时间，但她在动物胚胎学、细胞遗传学及动物染色体研究领域所获得的成就是巨大的，如果上帝再给她 10 年研究时间，也许她能做出更多、更重要的研究成果。

2. 威尔逊（Edmund Beecher Wilson, 1856～1939）

威尔逊，美国动物学家和细胞遗传学家，1856 年 10 月 19 日出生于美国伊利诺伊州。1878 年毕业于耶鲁大学，1881 年在约翰•霍普金斯获得博士学位，求学期间，年轻的威尔逊就对细胞生物学产生了浓厚的兴趣。

威尔逊于 1883～1884 年在威廉姆斯学院担任讲师，1884～1885 年在麻省理工学院担任讲师。1885～1891 年，威尔逊曾在布林莫尔学院担任生物学教授。他在哥伦比亚大学度过了他的职业生涯，1891～1894 年担任生物学助理教授，1895～1897 年担任无脊椎动物学教授，1897 年后一直担任动物学教授。威尔逊被认为是美国第一位细胞生物学家，1898 年，他利用胚胎的相似性来描述系统发育关系，通过观察 spiralcleavage 扁虫、环节软体动物的发育过程，认为相同的器官来自同一组的细胞，表明这些细胞必须有一个共同的祖先。1900 年，威尔逊撰写了名为《细胞发育与遗传》的专著，这一专著在后来细胞学与孟德尔学说的结合上起到了重要作用。

1902 年，威尔逊当选为美国艺术与科学院院士。1905 年，威尔逊也发现了 XY 染色体性别决定系统，提出雄性性染色体为 XY，雌性性染色体为 XX，几乎与史蒂文斯同一年独立做出了同样的结果。1907 年，威尔逊还首次指出附加或额外的染色体的存在，现在称为 B 染色体(即 Y 染色体)。1905～1912 年，他发表的 8 篇经典性的论文大大推进了对染色体的研究和理解。后来他成为荷兰皇家艺术和科学学院的外籍成员。威尔逊发表了许多关于胚胎学的论文，并于 1913 年任美国科学促进会会长。由于其在细胞发育和遗传方面的突出贡献，1925 年获得了来自美国国家科学院丹尼尔吉罗埃利奥特奖章。美国细胞生物学协会为表达对其的敬意还设立了威尔逊荣誉奖章。他撰写了现代生物学、细胞学历史上最著名的教科书。他和史蒂文斯是第一次将染色体描述为性别决定基础的科学家。1939 年 3 月 3 日，威尔逊因病去世，享年 83 岁。

3. 道尔顿(John Dalton, 1766～1844)

道尔顿，英国著名化学家、物理学家和气象学家。1766 年 9 月 6 日出生于英国坎伯兰郡的伊

格尔斯菲尔德村，父亲是一位兼种一点薄地的织布工人，母亲生了 6 个孩子，有 3 个因生活贫困而夭折。道尔顿 6 岁起在村里教会办的小学读书，富裕的教师鲁宾孙很喜欢道尔顿，允许他阅读自己的书和期刊。道尔顿刚读完小学，就因家境困难而辍学。1778 年鲁宾孙退休，12 岁的道尔顿接替他在学校里任教，工资微薄，后来他重新务农。但是他酷爱读书，在农活的空隙还坚持自学。1781 年，15 岁的道尔顿学识已有很大提高，于是他离家来到附近的肯达尔镇上，在他表兄任校长的教会学校里担任助理教师。在肯达尔镇上结识了盲人哲学家高夫，并在高夫的帮助下自学了拉丁文、希腊文、法文、数学和自然哲学，并阅读了大量的书籍，这种勤奋学习为他当时的教学和以后的科研奠定了坚实的基础。1785 年，他的表兄退休，道尔顿成为学校负责人之一。从 1785 年开始，道尔顿对气象学很感兴趣，1787 年 3 月 24 日他记下了第一篇气象观测记录，这成为他以后科学发现的实验基础。1844 年 7 月 26 日，在他逝世前的一天，还用颤抖的手写下了最后一篇气象观测记录，记下约 20 万字的气象日记。1793 年，道尔顿依靠从高夫那里接受的自然科学知识，成为曼彻斯特新学院的数学和自然哲学教师。来到该学院不久，他发表了《气象观察与随笔》，在其中描述了气温计、气压计和测定露点的装置，他在附录中提出原子论的模型。1794 年，道尔顿被选为曼彻斯特文学和哲学学会会员，这个学会由普利斯特里的学生创建，讨论神学和英国政治之外的各种问题，当年 10 月 31 日他在这个学会宣读了《关于颜色视觉的特殊例子》的论文，他给出了对色盲这一视觉缺陷的最早描述，总结了从他自身和其他很多人身上观察到的色盲症的特征以及遗传的规律。道尔顿虽然是一个化学家、物理学家，但他的第一项研究却是关于遗传学的领域，他是人类历史上第一个发现伴性遗传现象，并对伴性遗传性状进行研究的人，因此，可以说道尔顿对遗传学的发展也做出了巨大贡献。1799 年新学院迁移到约克，道尔顿仍然留在曼彻斯特，此时他已经很有名气，可以靠做家庭教师为生。1800 年，道尔顿任曼彻斯特文学和哲学学会秘书。1801 年道尔顿创立了分压定律，同年与他最

亲密的朋友威廉·亨利创立了亨利定律。1803 年 10 月，在曼彻斯特文学和哲学学会的一次活动中，道尔顿第一次讲述了他的原子论，第一次把纯属臆测的原子概念变成一种具有一定质量的、可以由实验来测定的物质实体。

1808 年，道尔顿出版了《化学哲学新体系》第一卷，论述了物质的结构，详尽地阐明了原子论的由来和发展，创立了原子学说，编写了第一张原子量表。原子学说创立以后，道尔顿名震英国乃至整个欧洲，各种荣誉纷至沓来，1816 年，道尔顿被选为法国科学院院士；1817 年，道尔顿被选为曼彻斯特文学和哲学学会会长；1822 年，当选为英国皇家学会会员；1826 年，英国政府授予他金质科学勋章。1827 年，他又出版了《化学哲学新体系》第二卷，1828 年，道尔顿被选为英国皇家学会会员；此后，他又相继被选为柏林科学院名誉院士、慕尼黑科学院名誉院士、莫斯科科学协会名誉会员，还得到了当时牛津大学授予科学家的最高荣誉——法学博士称号。1835～1836 年，道尔顿任英国学术协会化学分会副会长。被伟大革命导师恩格斯誉为"近代化学之父"。

道尔顿终生未婚，把一生献给了科学事业，共宣读和发表了 116 篇论文。在生活极端穷困条件下，坚持从事科学研究，为人类做出了突出贡献。在欧洲一些著名科学家的呼吁下，直到 1883 年英国政府才决定每年给道尔顿 150 英镑的微薄养老金，但是，道尔顿仍把它积蓄起来，奉献给曼彻斯特大学用作学生的奖学金。在生命的最后阶段，道尔顿坚持捐献自己的眼睛，供医学研究，希望在他去世后对他的眼睛进行检验，找出他色盲的原因。道尔顿终生坚持每天的气象记录，1844 年 7 月 26 日，道尔顿使用颤抖的手写下了他最后一篇气象观测记录。1844 年 7 月 27 日，他从床上掉下，服务员发现时他已经去世，享年 78 岁。

对道尔顿的逝世，曼彻斯特市民们感到非常悲痛，当时的市政厅立即做出决定，授予这位科学家以荣誉市民的称号，将他的遗体安放在市政厅，4 万多市民络绎不绝地前去致哀。8 月 12 日公葬时，有 100 多辆马车送葬，数百人徒步跟随，沿街商店也都停止营业，以示悼念。为了纪念道尔顿，他的胸像被安放于曼彻斯特市政府的入口

处。很多化学家使用道尔顿作为原子质量的单位。

二、核心事件

1. X 染色体的发现

1891 年，德国的细胞学家亨金用半翅目的昆虫蝽做实验，发现减数分裂中雄性个体体细胞中含 11 对染色体和一条不配对的染色体，在第一次减数分裂时，这条染色体移向细胞一极，亨金无以为名，就称其为"X"染色体。后来在其他物种的雄性个体中也发现了"X"染色体。1906 年，威尔逊观察到另一种半翅目昆虫的雌体有 6 对染色体，而雄性只有 5 对，另外加一条不配对的染色体，威尔逊称其为 X 染色体。其实，现在人们已经知道雌性个体是有一对性染色体，雄性为 XO 型。

2005 年 3 月 17 日，《自然》杂志刊登了一篇文章，宣告基本完成对人类 X 染色体的全面分析。对 X 染色体的详细测序是在英国 Wellcome Trust Sanger 研究中心领导下，世界多所著名学院超过 250 位基因组研究人员共同完成的，是人类基因组计划的一部分。测序结果表明，X 染色体上有 1098 个蛋白质编码基因，与之相关的疾病也有百余种，如 X 染色体易碎症、血友病、孤独症、肥胖肌肉萎缩病和白血病等。有趣的是，这 1098 个基因中只有 54 个在对应的 Y 染色体上有相应功能。

美国国家人类基因组研究院的负责人弗朗西斯·柯林斯(Francis S. Collins)博士表示，道尔顿对 X 染色体的详细研究成果是生物学和医药学领域一个新的里程碑。

2. Y 染色体的发现

1900 年，麦克朗等采用蚱蜢和其他直翅目昆虫作为染色体研究的材料，发现了决定性别的染色体。1902 年，麦克朗发现了一种特殊的染色体，在受精时，它决定昆虫的性别，他将其称为副染色体(accessory chromosome)。

1905 年，史蒂文斯发现拟步行虫属(*Tenebrio molitor*)的一种甲虫雌雄个体的染色体数目是相同的，但在雄性中有一对是异形的、大小不同，其中有一条雌性中也有，但却是成对的，另一条雌性中怎么也找不到，史蒂文斯将其称为 Y 染色

体。随后，在黑腹果蝇中也发现了相同的情况，果蝇共有 4 对染色体，在雄性中有　对是异形染色体。1914 年，塞勒证明了在雄蛾中染色体都是同形的，而在雌蛾中有一对异形染色体。他们根据异形染色体的存在和性别的相关性，提出了性染色体的概念。现已证实他们的推论是完全正确的。严格来说，异形染色体的存在和发现仅是一条线索，而不是证据，不能因为存在异形染色体，就表明其为性染色体，还需要通过实验证明这条染色体上存在决定性别的主要基因才能定论。

1921 年，Painter 发现人类细胞内存在男性特有的染色体——Y 染色体，并且发现精子不是携带 X 染色体就是携带 Y 染色体。1959 年，雅各布(F. Jacobs)和福特(C. E. Ford)的研究说明 Y 染色体可能携带性别决定的关键基因。艾尔弗雷·约斯特(A. Jost)用野兔作为实验材料发现如果在胚胎时期摘除雄兔的睾丸，生出的幼兔就会具有雌性的机体结构，但是这样的雌兔没有卵巢；而将睾丸植入雌性胚胎中，就会促使胚胎向雄性机体发育，从而证实在器官水平上"睾丸"决定着胚胎的性别。1986 年，美国科学家佩基(D. Page)发现 Y 染色体上有一特定小段基因 zfy 是决定男性的基因。1990 年，澳大利亚女科学家格雷乌斯(M. Graves)和英国的洛威尔-巴奇(Lovell-Badge)发现了另外一个基因 sry，最终被证明是决定男性的基因。同年，Sinclair 等从人类 Y 染色体上分离出性别决定基因 sry。现已证明 sry 基因对于男性的发育只是必要条件，并非充分条件，还需要一些睾丸促进因子、精子生成等相关基因，只有它们相互作用，才能刺激雄性生殖器官生成，这一过程复杂且严密，任何一处出现异常都会导致发育异常。

人类 Y 染色体的测序工作也已经完成，2003 年 6 月 19 日，佩基实验室和华盛顿大学基因测序中心联合公布了 Y 染色体 DNA 序列及其分析，发现它并没有人们之前想象的那样脆弱。Y 染色体上有一个"睾丸"决定基因，其对性别决定至关重要。目前已经发现的 Y 染色体相关疾病有十几种。

3. 果蝇伴性遗传的发现

1910 年，一个偶然的机会，摩尔根在实验室饲养的红眼果蝇中发现了一只白眼雄蝇。他让这只白眼雄蝇与野生红眼雌蝇交配，发现 F_1 全是红眼果蝇。他又让 F_1 的雌雄个体自由交配，F_2 中有 3/4 为红眼，1/4 为白眼，但所有白眼果蝇都是雄性的。摩尔根经过分析认为白眼这种性状与性别相联系，这种与性别相关联的性状的遗传方式称为伴性遗传。

摩尔根等对这种遗传方式的解释是：果蝇是 XY 型性别决定动物，控制白眼的隐性基因 w 位于 X 性染色体上，而 Y 染色体上却没有它的等位基因。白眼雄蝇可以产生两种精子：一种含有 X 染色体，携带有白眼基因 w；另一种含有 Y 染色体，没有相应的等位基因。F_1 杂合子(Ww)雌蝇可以产生两种卵：一种所含的 X 染色体上有红眼基因 W；另一种所含的 X 染色体上有白眼基因 w。后者若与白眼雄蝇回交，应产生 1/4 红眼雌蝇，1/4 红眼雄蝇，1/4 白眼雌蝇，1/4 白眼雄蝇。

4. 性别决定基因的发现

1959 年，生物学家发现 Y 染色体决定人的男性特征后，人们就开始探讨 Y 染色体上面有什么特定区域、特定基因是决定男子汉的关键。1966 年，Jacobs 等证实，并不是整个 Y 染色体都与性别决定有关，雄性决定因子只存在于 Y 染色体短臂上，称为睾丸决定因子(testis determination factor, TDF)。1975 年，Wachtel 等提出 Y 染色体上有一个组织相容性抗原的基因 H-Y 与男性决定有关。1984 年，这个假说被 McLaren 等证明是错的。

1986 年，佩基领导的实验室发现 Y 染色体上一特定小段含有决定男性的基因。1987 年，他们研究认为这一段里的基因 zfy 是决定男性的基因。随后几年，他们又在人和其他哺乳类甚至鸟类上做了多个实验，结果虽不能证明 zfy 就是性别决定基因，但和他们的结论是一致的。1988 年，澳大利亚的 Sinclair 实验室发现，袋鼠类的 zfy 基因不在 Y 染色体上，而是在常染色体上。这个结果说明 zfy 可能不是性别决定的关键基因，但也可能是袋鼠类不用 zfy 来确定性别，如果蝇的 Y 染色体就没有决定雄性的基因。

1990 年，澳大利亚女科学家 Marshall Graves 和英国的 Lovell-Badge 两个实验室发现另外一个基因 sry。这个基因最终有多个证据表明是决定男性的基因。佩基等发现的 zfy 基因是怎么回事呢？原来，他们资料来源的患者染色体比较特别，她的 Y 染色体不仅在两个区域有缺损，一个区域包含了 sry 基因，该基因的缺损是其变成女性的原因，而佩基发现的 zfy 基因位于另一区域，虽然其缺损了，但不是变成女性的根本原因。sry 基因的发现是哺乳动物性别决定研究领域的一项重大突破。

其后，佩基开始 Y 染色体的基因组学研究。从 1992 年开始，他们发表人类 Y 染色体的小段图谱，2001 年发表全部图谱。1993 年，HuaSu 等采用逆向遗传学方法对 sry 基因的结构、转录单位及启动子进行了鉴定。2003 年 6 月 19 日，佩基实验室和华盛顿大学基因测序中心的合作者发表了 Y 染色体 DNA 序列及其分析。这些文章的发表使佩基等科学家从十多年前重大挫折的阴影中走出来了。佩基实验室的研究发现：Y 染色体有许多重复的回文序列，并且这些回文结构有DNA 重组能力(基因转换)，Y 染色体依靠自己的一段和另外一段之间进行重组来获得活力，自我重组能力是进化过程中 Y 用来自救的重要机制。这是人们第一次发现 Y 染色体在其男性特异区域有重组，这段 DNA 被称为非重组区域，后改名为男性特异区域。

5. 莱昂假说的提出

在哺乳动物体细胞核中，除一条 X 染色体外，其余的 X 染色体常浓缩成染色较深的染色质，通常位于间期核膜边缘，即巴氏小体，又称 X 小体。1949 年，美国学者巴尔(M. L. Barr)等发现了男女细胞在性染色体上的差别：雌猫的神经细胞间期核中有一个深染的小体而雄猫却没有；在人类，男性细胞核中很少或根本没有巴氏小体，而女性则有 1 个。此后的研究表明，巴氏小体就是 X 染色体异固缩(细胞分裂周期中与大部分染色质不同步的螺旋化现象)的结果。

1961 年，莱昂(M. F. Lyon)提出了阐明哺乳动物剂量补偿效应的 X 染色体失活假说，即莱昂假说(Lyon hypothesis)。该假说认为：①巴氏小体是一个失活的 X 染色体，失活的过程称为莱昂化(lyonization)；②在哺乳动物中，雌雄个体细胞中的两个 X 染色体中有一个 X 染色体是在受精后的第 16 天(植入子宫壁时，受精卵增殖到 5000～6000 个细胞)失活的；③两条 X 染色体中哪一条失活是随机的；④X 染色体失活后，细胞继续分裂形成的克隆中，此条染色体都是失活的；⑤生殖细胞形成时失活的 X 染色体可得到恢复。

既然女人只有一条 X 染色体是有活性的，那么 XXX 和 XO 的女性也只有一条 X 染色体有活性，那么为什么她们还会出现异常呢？1974 年，Lyon 又提出了新莱昂假说，认为 X 染色体的失活是部分片段的失活。现已证实在失活的 X 染色体上决定一种血型的 Xg 基因仍然保持着活性。

6. 人类性别畸形的发现

性别畸形(性染色体病、性染色体异常综合征)，是指由染色体异常而引起的疾病。高等动物和人类的性别主要是由性染色体决定的，性染色体数目的增加或减少，会导致各种性别畸形，一些与性别分化有关的基因发生突变，也会导致性别畸形。

1942 年，Klinefelter 等首先报道了先天性睾丸发育不全或原发性小睾丸症，现命名为 Klinefelter 综合征(Klinefelter syndrome)。1956 年，Bradbury 证明这类患者间期体细胞中有一个 X 染色质(或巴氏小体)，1959 年，Jacob 等证实其核型为 47，XXY，因此，该病也称为 XXY 综合征。Jacob 还于当年首先发现 1 例 47，XXX 女性，称之为"超雌"，现已证实 X 三体女性可无明显异常，但 X 染色体越多，智力发育越迟缓，畸形也越多见。

1938 年，Turner 首先报道了女性先天性性腺发育不全或先天性卵巢发育不全综合征，现命名为 Turner 综合征(Turner syndrome)。1954 年，Polani 证实患者细胞核 X 染色质阴性；1959 年，Ford 证明其核型为 45，X，因此，该病又称为 45，X 综合征。1961 年，由 Sandburg 等首次报道 XYY 综合征。

20 世纪初一些学者注意到智力低下患者中男性多于女性。1943 年，Martin 和 Bell 在一个家系两代人中发现 11 名男性患者和 2 名轻度智力低下的女性，认为该家系智力低下是与 X 连锁的，因此 X 连锁智力低下又称为 Martin-Bell 综合征。1969 年，Lubs 首先在男性智力低下患者及其女性亲属中发现了长臂具有"随体和呈细丝状次缢痕"的 X 染色体。这种患者的细胞在缺乏胸腺嘧啶或叶酸的环境中培养时，往往会出现 X 染色体在"缢沟"处发生断裂。后来，Sortherland 证明细丝位于 X 染色体长臂 2 区 7 带(Xq27)，并提出了脆性部位(fragile site)的概念。现今人们把在 Xq27 处有脆性部位的 X 染色体称为脆性 X 染色体(fragile X，fra X)，而它所导致的疾病称为脆性 X 染色体综合征。

7. 人类色盲症的发现

18 世纪英国著名化学家、物理学家道尔顿给母亲买了一双"棕灰色"的袜子，作为圣诞节的礼物。母亲收到后却感到袜子的颜色过于鲜艳，同时，依照当地宗教习俗，妇女禁忌红色，便戏谑道尔顿不会买东西，说送一双年轻女性才穿的樱桃红色袜子不合时宜。道尔顿感到费解，认为明显是"棕灰色"的，妈妈怎么说是樱桃红色的。为了证明自己是正确的，道尔顿又让弟弟和妹妹看，结果弟弟也说是"棕灰色的"，妹妹却说是樱桃红色的。善于观察的道尔顿为解开这个谜，对全家人眼睛的辨色能力进行了研究，确认自己和弟弟对红色、绿色有认知障碍，1794 年道尔顿撰写了《论色盲》的论文，并顺利发表，论文中创立了"色盲"(colour blindness)这个名词，提出了"色盲症"的概念，因此，道尔顿是第一个发现色盲症的人，也是第一个被发现的色盲症患者。后来人们为了纪念道尔顿，又把色盲症称作道尔顿症(Daltonism)。道尔顿不仅发现了红绿色盲现象，作为一名孜孜求索的科学家，他还提出死后捐出眼睛供科学研究，用以找出色盲的原因。不过受当时科学水平的局限，没法给出正确结论。根据道尔顿的遗愿，1990 年，英国科学家对他保存在皇家学会的一只眼睛进行了 DNA 检测，证明了道尔顿确实是红绿色盲患者，其基因型为：X^bY。

8. 人类血友病的发现

古罗马时代，犹太民族中有作家曾经提出，任何男孩只要有两个哥哥死于割礼后的血液病，那么就不应该再对该男孩实行割礼。实际上这就是早期人们对血友病的理解和防治措施。1793 年，德国人康斯布首次公开发表关于血友病的描述；1803 年，美国医生约翰·康瑞德·奥托发表了一篇关于血友病的研究论文，推动了对该病的研究；1823 年，德国人斯考雷恩首次使用"血友病"(haemophilia)一词来说明人体受伤后出血不止的问题；1828 年，血友病一词第一次出现在斯考雷恩学生的一篇论文中，专门用来指遗传性凝血障碍。

知识框

血友病的英文名称为"haemophilia"，其原意是"嗜血的病"，就是说患这种病的人由于经常严重出血，要靠紧急输血以挽救生命，成了"以血为友"的疾病，所以中文将其翻译成"血友病"。由于血友病患者身体稍有不慎，一点轻伤就可能引发致命的危险，就如同玻璃一样不敢触碰，因此把这种患者称作"玻璃人"。根据世界卫生组织的统计，血友病患者在欧洲为 5～10 人/10 万人，在中国为 3～4 人/10 万人，即全世界有 70 万～100 万人、中国约有 10 万人为血友病患者。

美裔加拿大国籍的谢那贝尔(Frank Schnabel)是一个血友病患者，终生受此重病的折磨，感受颇深。为了使人们关心血友病患者，也为了使这些患者能够自尊、面对现实、愉快地生活，1963 年，他创建了世界血友病联盟(简称 WFH)，目前，WFH 已经从 6 个创始国发展到 88 个成员方。谢那贝尔为改善血友病患者的生活状况，执著地奋斗了一生。谢那贝尔的一生是对所有人的一种激励，他不仅是 WFH 的首任主席和首席执行官，而且还是一位非常成功的商人。不管是在加拿大还是在他的母国美国都受到了人们的敬仰。1975 年，他获得美国人道奖，1987 年去世，享年 61 岁。人们为了纪念他，把他的出生日——4 月 17 日作为"世界血友病日"。

9. "皇室病"的由来

皇室病(the royal disease)是血友病的另一种称谓。传说在 1818 年的 7 月，一颗遥远的恒星即将结束生命，迅速爆裂，恒星中的许多物质以极快的速度被抛射到太空——很多原子碎片以接近光速的速度到处飞射，射线不仅击中爱德华·奥古斯塔斯·汉诺威(Edward Augutus Hannover)的王冠，还使他的某些性腺细胞的 X 染色体发生了突变，携带了血友病基因。不管这个传说是真是假，但是，在英国皇室中 X 染色体上发生基因突变，成为携带血友病基因的第一个人的确是爱德华·奥古斯塔斯·汉诺威。

1819 年，爱德华·奥古斯塔斯·汉诺威的女儿亚历山德里娜·维多利亚(Alexandrina Victoria)出生。这个健康小女孩的出生，穿透了英国皇室长期笼罩的黑暗，给日渐衰落的英国王室带来了希望之光。但是，不知不觉中亚历山德里娜·维多利亚已经成为英国皇室中血友病基因的携带者。1837 年，18 岁的亚历山德里娜·维多利亚成为维多利亚女王，1840 年与相貌堂堂的表兄阿尔伯特结婚，她生下了维多利亚、爱德华、艾丽丝、阿尔弗雷德、海伦娜、路易斯、亚瑟、利奥波德和比阿特丽斯等 9 个孩子，五女四男。她的 3 位王子都是两岁左右发病，结果一个个都短命早夭。老八利奥波特王子(Leopold)是血友病患者，在 31 岁时因偶然摔倒，发生脑出血不止而死亡。利奥波特在爱尔兰他的外孙中有一人是血友病患者。他的 5 位公主都美丽健康，也像她们的母亲一样聪明，但女儿中三公主艾丽丝(Alice)、九公主比阿特丽斯(Beatrice)是血友病基因携带者。

维多利亚女王的大女儿维系公主 1858 年与普鲁士国王腓特烈三世结婚，生下威廉王子，即后来的德国威廉二世。二女儿艾丽丝 1862 年与德国黑森家族的路易亲王结婚，生下 7 个子女，其中两个女儿奥古斯塔、亚力山德拉为血友病基因携带者，一个儿子为患者。1881 年威廉二世与其姨表妹奥古斯塔结婚，生下六子一女，其中两个儿子为患者。如此，把血友病基因引入了德国的黑森家族。维多利亚女王的小女儿比阿特丽斯与德国黑森家族的另一支的巴腾王子结婚，生下三子一女，其中两个王子是患者，唯一的女儿欧亭尼娅是携带者。这样又把血友病基因引入了德国黑森家族的另一支中。

比阿特丽斯唯一的女儿欧亭尼娅于 1905 年与西班牙国王阿方索十三世(Alfonso XIII)结婚，把血友病基因引入了西班牙的波旁王室。

维多利亚女王的二女儿艾丽丝的第四个女儿亚力山拉德是血友病基因的携带者，1894 年与沙皇尼古拉二世结婚，生下的四个女儿正常，儿子阿列克谢是患者。如此，血友病基因也引入了俄国皇室。

欧洲国家各个皇室为了保证皇室血统的纯真，同时也是为了政治上的联姻，往往近亲结婚，这就使血友病在欧洲几个国家的皇室成员中蔓延，在西班牙、俄国、德国及英国的皇室家庭成员中频繁发生，人们把此病也称作"皇室病"。皇室病的蔓延极大地影响了这几个国家的王位继承人，从而影响了 20 世纪的历史进程。例如，沙皇俄国修道士拉斯谱丁利用其能减轻王子受血友病侵扰的机会，从而极大地影响了沙皇和王后，进而在任命和免除大臣的职务方面起到了举足轻重的作用，引起皇室内部及国内各种矛盾的爆发，最后导致了沙皇的倒台。列宁曾写道："要是没有拉普斯丁，就不会有俄国的革命。"

三、核心概念

1. 性别决定、性别分化

性别决定(sex determination)是指在有性生殖生物中决定雌雄性别分化的机制。在细胞分化与发育中，性别决定是指由于性染色体上性别决定基因的活动，胚胎发生了雄性和雌性的性别差异。在生物育种学中，性别决定是指有性繁殖生物产生性别分化，并形成种群内雌雄个体差异的机理。

不同的生物，性别决定的方式不尽相同，大致包括：染色体形态决定型(本质上是基因决定型，如人类和果蝇等 XY 型、鹅和蛾类等 ZW 型)、染色体数目决定型(如蜜蜂和蚂蚁)、环境决定型(温度决定，如蛙、很多爬行类动物)、年龄决定型(如鳝)等。在人类，性染色体组成为 XY，却发育为女性，而性染色体组成为 XX，却发育为男性，主要原因是人类 Y 染色体上的性别决定基因(*sry*)在胚胎发育为男性的过程中发挥着决定性作用，如果父方的 Y 染色体上的 *sry* 基因发生突变或片段丢失将导致 XY 女性的出现，而父方的 X 染色体在产生精子的第一次减数分裂过程中与 Y 染色体含 *sry* 基因的片段发生交叉互换将导致 XX 男性的出现。

性别分化(sex differentiation)是指受精卵在性别决定的基础上进行雌性或雄性性状分化的过程。在这个过程中，性别作为一种性状，主要受遗传物质的制约，但同时环境因素和激素等物质也起着极其重要的作用。

因此，生物界实现性别差异的途径是多种多样的，也是极其复杂的。从整个过程来看，包括两个阶段：性别的决定和性别分化。性别决定在受精的瞬间就确定下来了，它规定着性别分化的方向，而性别分化则是由遗传性别向一系列性别特征演变的个体发育过程。刚出生的男孩不能称作标准的男子汉，同样，刚刚出生的女孩不能称作大姑娘。男子汉、大姑娘的形成要经过性别分化，女孩发育到 16 岁、男孩发育到 18 岁才达到性成熟。

2. 性染色体、常染色体

性染色体(sex chromosome)指与性别决定有关的染色体。自 1902 年麦克朗在直翅目昆虫中首次发现了性染色体后，性别决定就与其紧密联系起来。高等动物的每个细胞里，都有一对性染色体，它们的形态、大小和结构随性别的不同而不同。雄性个体细胞中有一对大小、形态、结构不同的性染色体(XY)；雌性个体细胞中有一对形态、大小相似的性染色体(XX)。X 染色体和 Y 染色体有同源部分，也有非同源部分，同源和非同源部分都含有基因，但因 Y 染色体上的基因数目很少，所以一般认为 X 染色体上的基因在 Y 染色体上没有相应的等位基因。Y 染色体上有一个"睾丸决定"基因，即性别决定基因 *sry*，它有决定"男性"(雄性)的强烈作用。部分动物(蜥蜴、鸟等)性染色体是以 Z 和 W 标示，Z 染色体较大，携带的遗传信息多于 W 染色体，ZZ 为雄性，ZW 为雌性。在多数昆虫中，雄性只有 1 条性染色体(XO 或 XY)，雌性有成对的性染色体(XX)。在鳞翅目、毛翅目和部分双翅目中，雄性为成对常

染色体(ZZ)，雌性为两条不同的常染色体或只有一条常染色体(ZW 或 ZO)。植物中也有性染色体，如石竹科的女娄菜具一个 X 染色体和一个 Y 染色体的是雄株，有两个 X 染色体的是雌株，且 Y 染色体比 X 染色体大。

常染色体(autosomal)又称体染色体，就是对性别决定不起直接作用，除了性染色体外的所有染色体。例如，人类正常染色体为 46 条(23 对)，其中 22 对为常染色体，男女都一样；另一对称为性染色体。

3. 伴性遗传、从性遗传

伴性遗传(sex-linked inheritance)是指在遗传过程中的子代部分性状由性染色体上的基因控制，即由性染色体上的基因所控制性状的遗传方式，又称为性连锁遗传。许多生物都有伴性遗传现象，它们的遗传方式主要包括 X 连锁显性遗传(如抗维生素 D 佝偻病、钟摆型眼球震颤等)，X 连锁染色体隐性遗传(如红绿色盲和血友病)和 Y 连锁染色体遗传(如鸭蹼病、外耳道多毛)。

从性遗传(sex-conditioned inheritance)又称性控遗传，是指由常染色体上基因控制的性状，在表现型上受个体性别影响的现象，其本质是基因的表达受到内环境作用的结果。例如，人类的遗传性斑秃由于受到雄性激素的影响而使男女性发病比率表现为男多于女(属于这类疾病的还有遗传性草酸尿石症、先天性幽门狭窄、痛风等)，而甲状腺功能亢进症、遗传性肾炎、色素失调症等从性遗传病则表现为女多于男；原发性血色病是一种常染色体显性遗传病，是由于铁质在各器官广泛沉积造成器官损害，但患者大多数为男性，究其原因主要是由于女性月经、流产、妊娠等经常失血致铁质丢失较多，减轻了铁质的沉积，故不易表现症状；绵羊的有角和无角受常染色体上一对等位基因控制，有角基因 H 为显性，无角基因 h 为隐性，在杂合体(Hh)中，公羊表现为有角，母羊则无角，这说明在杂合体中，有角基因 H 的表现是受性别影响的。

4. 同形性染色体、异形性染色体

同形性染色体(homoromorphic sex chromosome)指形态相同的一对同源性染色体。在第一次减数分裂中，这对染色体配对就形成同形的二

价染色体(homoromorphic bivalent chromosome)。性染色体 X 和 X、Z 和 Z、W 和 W 就是这类染色体。

异形性染色体(heteromorphic sex chromosome)指形态不同的一对同源性染色体。在第一次减数分裂中，这对染色体配对就形成异形的二价染色体(heteromorphic bivalent chromosome)。性染色体 X 和 Y、Z 和 W 就是这类染色体。

5. 同配性别、异配性别

同配性别(homogametic sex)指正常细胞中含有两条相同的性染色体，通过减数分裂只能产生同一类型配子的性别。例如，人类女性的性染色体组成为 XX，所产生的配子只有一种，即 X；鸟类雄性的性染色体组成为 ZZ，所产生的配子只有一种，即 Z，均为同配性别。

异配性别(heterogametic sex)指正常细胞中含有不同的性染色体，能产生不同配子的性别称为异配性别。对于 XY 型性别决定来说，雄性是异配性别，可产生两种配子：一种带 X 染色体，另一种带 Y 染色体。对于 XO 型性别决定来说，雄性个体只具有一条 X 染色体，它可以产生两种配子：一种带有 X 染色体，另一种没有 X 染色体(空缺)。对 ZW 型性别决定来说，雌性是异配性别，它可以产生两种配子：一种带 Z 染色体，另一种带 W 染色体。

四、核心知识

1. 性连锁遗传的机制

性连锁也称伴性遗传，指性染色体上的基因控制的某些性状伴随性别而遗传的现象。包括 X 连锁遗传和 Y 连锁遗传。根据基因的特点，X 连锁遗传又分为 X 连锁显性遗传和 X 连锁隐性遗传。在人类，由性染色体上的基因决定的性状在群体分布上存在着明显的性别差异，由于 X 染色体上的基因比 Y 染色体上的多，X 连锁遗传较 Y 连锁遗传更多见。

1)X 连锁显性遗传 这类遗传性状由位于 X 染色体上的显性基因控制，基因出现异常将导致 X 连锁显性遗传病，分为致死性和非致死性。属于 X 连锁显性遗传的病种较少，常见的有家族性低磷酸盐血症性佝偻病、鸟氨酸氨甲酰转移酶

缺乏症、口面指综合征 I 型和色素失调症等。

2)X 连锁隐性遗传 这类遗传性状由位于 X 染色体上的隐性基因控制，基因出现异常将导致 X 连锁隐性遗传病。女性的 2 条 X 染色体上必须都有致病的等位基因才会发病，但男性因为只有 1 条 X 染色体，Y 染色体很小，没有同 X 染色体相对应的等位基因，因此男性只要 X 染色体上存在隐性致病基因就会发病。常见的 X 连锁隐性遗传病有色盲症、血友病、Wiskott-Aldrich 综合征、鱼鳞病、眼白化病和慢性肉芽肿病等。

3)Y 连锁遗传病 这类遗传性状的控制基因位于 Y 染色体上，X 染色体上没有与之对应的基因，所以这些基因只能随 Y 染色体在上下代男性之间进行传递。由于 Y 染色体很小，其上基因数量有限，故目前已定位在 Y 染色体上的基因仅有 40 余个，发现 Y 染色体基因异常导致的 Y 连锁遗传病有 10 余种。常见的 Y 连锁遗传病有外耳道多毛症和性腺发育不全等。

2. 人类性别畸形产生的机制

1)染色体数目变异引起的性别畸形 人类正常的生殖原细胞经过减数分裂形成精子和卵细胞，然后再通过受精作用，1 个精子和 1 个卵细胞发生细胞融合，形成受精卵，其染色体数目为 44 条常染色体+XX(女性)或 XY(男性)。如果在减数第一次分裂或者减数第二次分裂过程中，两条性染色体未分离，或者着丝粒分裂后，相同的性染色体移向细胞两极，最终会形成性染色体数目异常的生殖细胞。这类精子或者卵细胞与正常的配子结合后，形成性染色体数目变异的受精卵，导致性别畸形，胚胎发育异常，即使能够发育形成个体，也会出现一些严重的缺陷。例如，典型的 Klinefelter 综合征患者的性染色体为 3 条，即 XXY，两条 X 染色体来源于母方两条 X 染色体不分离所形成的卵细胞。卵母细胞两条 X 染色体的不分离，5/6 的可能性发生在减数第一次分裂，1/6 发生在减数第二次分裂；典型的 Turner 综合征患者性染色体仅为 1 条 X 染色体，记为 44+XO。很显然，这些都是受精卵染色体数目的非整倍体变异引起的性别畸形的结果。

2)染色体结构变异引起的性别畸形 性染色体上的某些基因发生易位、缺失或突变，也能

够引起人类性别的畸形分化，如 XY 男性或 XY 女性。XX 男性体细胞染色体数目正常，但是缺少正常的 Y 染色体，具有睾丸和男性外生殖器，不育。XY 女性，体内有睾丸，外表貌似女性，有乳房与外生殖器，但是闭经不育。研究发现大约 2/3 的 XX 男性（出现的概率十分低，为 1/20 000）有 Y 染色体的 *sry* 基因易位到其他染色体上，其余患者由于基因突变或遗传因素，导致 21-羟化酶失活，引起肾上腺皮质增生，促进睾酮分泌，向男性分化。XY 女性缺少 Y 染色体上的 *sry* 基因或者基因发生突变，导致患者外观像男性，第二性征为女性。当然，如果 Z 基因或者其产物的活性大于 SRY 蛋白质的抑制作用，尽管有 Y 染色体和 SRY 蛋白质的存在，也会出现十分罕见的 XY、SRY 阳性的女性。如果 Z 基因发生突变或者产物的活性受到抑制甚至失活，那么睾丸的发育则不受到抑制，而出现了 XX、SRY 阴性的男性。

脆性 X 染色体综合征（Martin-Bell 综合征）是由于人体内 X 染色体形成过程中的 DNA 突变。在 X 染色体的一段 DNA，由于遗传的关系有时会发生改变，一种为完全改变，另一种为 DNA 过度甲基化。如果这两种改变的程度较小，那么患者在临床表现方面可以没有特殊的症状或者只有轻微的症状。反之，如果这两种改变的程度较大，就可能出现智力障碍等种种症状。在 X 染色体的脆性部位现已发现了致病基因 FMR-1，它含有 $(CGG)_n$ 三核苷酸重复序列，正常人约为 30 拷贝，而在男性和女性携带者中增多到 150～500 拷贝，称为小插入，相邻的 CpG 岛未被甲基化，这种前突变（premutation）无或只有轻微症状。女性携带者的 CGG 区不稳定，在向受累后代传递过程中扩增，以致在男性患者和脆性部位高表达的女性达到 1000～3000 拷贝，相邻的 CpG 岛也被甲基化。这种全突变（full mutation）可关闭相邻基因的表达，从而出现临床症状。由前突变转化为完全突变只发生在母本遗传物质向后代传递过程中。现可用 RFLP 连锁分析、DNA 杂交分析、PCR 扩增等方法来检出致病基因。

3. 人类性别决定和性别分化的机制

1）人类性别决定的机制

（1）性染色体决定性别：研究表明人类的性别决定属于 XY 类型。正常人体细胞染色体数目为 46 条，其中女性为 44 条常染色体和 XX，男性为 44 条常染色体和 XY。因此，女性为同配性别，男性为异配性别。故女性仅产生一种类型的配子，男性产生两种类型的配子（含 X 精子和含 Y 精子），比例为 1∶1。这也是人群性别比符合 1∶1 的原因。

（2）性别决定基因决定性别：Y 染色体短臂拟常染色体配对区前方存在着睾丸决定因子（简称 TDF），其对于睾丸的发育是十分必要的。睾丸决定因子 DNA 序列中包含一段编码 223 个氨基酸的序列，称为 *sry* 基因（Y 染色体性别决定区域基因）。在人群中，含有 *sry* 基因的个体为男性，反之则为女性。现已证实，人类性别的形成实际上是以 *sry* 基因为主导，多基因参与的有序协调表达的复杂生理过程。

2）人类性别分化的机制 在人类和哺乳动物中，性别决定的中心问题是未分化的原始生殖嵴如何向睾丸分化，而两性的其他差异都是由性腺产生的激素或因子所引起的次级反应。人类性别分化是由胚胎时期性腺分泌的激素控制，而在激素分泌前，XX 和 XY 胎儿都是具有米勒管、中肾管两套生殖导管和未分化的性腺，米勒管将来分化为输卵管子宫等雌性生殖道，中肾管分化为输精管、附睾等雄性生殖道。所以，正常雄性或雌性只应含有一套生殖导管，另一套退化。米勒管的退化是由胚胎时期精巢足细胞分泌的米勒管抑制因子引起的，随后精巢间质细胞分泌睾酮诱导中肾管发育为雄性生殖器官；若没有精巢，也就没有睾酮，则中肾管退化，同时形成了适宜米勒管发育的环境，米勒管发育为雌性生殖器官。由此可见，MIS（mullerian inhibiting substance，是睾丸的一种产物，抑制雌性生殖器发生）和睾酮使雄性性别分化先于雌性性别分化，雄性表型的出现得助于睾酮，睾酮由精巢分泌。

人类的性别决定及性别分化是以 *sry* 基因为主导，多个基因参与的级联调控过程。关于这些基因的具体生物学作用及其作用机制有待于进一步研究。

4. 性染色体是否属于同源染色体

冯德培主编的《简明生物学词典》中指出同

源染色体是："在减数分裂时两两配对的染色体，形状、大小、结构和功能都相同。同源染色体中一条来自父本，一条来自母本。"王金发主编的《英汉细胞生物学词典》中指出："成对的染色体，它们含有相同的线性基因顺序，在有丝分裂过程中易于配对联合，二倍体细胞核内成对染色体中的 2 条染色体(父本和母本染色体)就是同源的。"人教版的高中生物学"遗传与进化"中也写到："配对的 2 条染色体，形状和大小一般都相同，一条来自父方，一条来自母方，叫作同源染色体。"现有的诸多遗传学教科书及生物学词典、遗传学词典中对同源染色体的理解都强调以下 4 点：来源于父方和母方；形态、大小一般相同；功能相同；在减数分裂中可以配对。

1) 从来源看，X 与 Y 属于同源染色体　　从个体发育的观点看，X 染色体来自母方，Y 染色体来自父方，由于受精作用把二者组合到了一个体细胞中，X 与 Y 染色体的来源符合同源染色体概念中的基本条件。另外，同源染色体的最本质的特征是"同源"。英文"homologous chromosomes"中的"homologous"一词的意义就是"同源的"。这里的"同源"是指物种系统发育方面的"来源相同"，即具有共同的祖先，在进化上具有相同的起点。根据目前的研究，已经有许多文献和资料说明 X 与 Y 染色体都起源于常染色体，而且，Y 染色体是从 X 染色体演化来的。例如，英国温特等著、谢雍等译的《遗传学》中指出："通常认为性染色体从一对同源染色体中进化而来，在进化过程中必然发生过多次且不相同的变化，在蛇类可以找到最好的例子，在低级蛇类中 2 个性染色体是同型的，在一些高级的蛇类中性染色体是异型的，W 染色体体积变小，异染色质化。"康乐林在论文中指出："由于 X、Y 染色体起源相同，因此是一对同源染色体。"有资料显示，Y 染色体诞生于 3 亿年前，当时与 X 染色体一样，含有 1400 多个基因，由于男性的生殖器官外露，容易受外界环境条件影响，在向后代传递过程中，Y 染色体经历的 DNA 复制次数比女性卵子多 350 倍，受精过程中大量的精子间存在竞争等原因，促使 Y 染色体的演化速度快于 X 染色体。特别是在 Y 染色体获得了 sry 这个

在人类性别决定方面重要的基因后，使 Y 染色体与 X 染色体有了本质的区别。而且，为了保护好这个重要的 sry 基因，Y 染色体在演化过程中表现出特异性，演化速度加快，达到每一代人中都有 1% 男人的 Y 染色体会产生基因变异，每 100 万年中要丢失 5 个基因，以致到今天，Y 染色体 DNA 区域分成 2 个实体，其上仅仅剩下 78 个编码蛋白质的基因。而 X 染色体的 DNA 则与常染色体保持相同的演化速度。由此看来，X 与 Y 染色体的"源头"是一对大小和形态相同的同源染色体。因此，可以认为 X 与 Y 是特殊化了的同源染色体。

2) 从形态、结构看，属于同源染色体　　同源染色体强调形态、大小、结构一般相同。一个细胞核中除 X、Y 外的所有染色体都能找到与自身大小、形态相同的染色体。从同源染色体在这方面的含义看，X 与 Y 染色体是其中的一个特殊情况。X 和 Y 染色体形态大小的确不相同，且差别较大。但是，二者拥有相同的区段，在 X、Y 染色体短臂的末端有 2.6Mb 的同源区，在 X 和 Y 染色体的长臂末端还有 320kb 的同源区；人类基因组计划揭示出 Y 染色体上的 78 个基因，其中 54 个与 X 染色体上的基因同源。目前，不少遗传学教材和一些遗传学专业文献中把 Y 染色体上与 X 染色体同源的区域称为拟常染色体区，把非同源的区域称为性别决定功能区。因此，有理由把 X 与 Y 染色体看成是同源染色体。就如同猫叫综合征是 5 号常染色体短臂缺失造成的疾病，患者细胞中 5 号染色体中有一条短臂缺失，这条缺失的 5 号染色体与正常的 5 号染色体虽然形态大小发生了变化，但仍然称作同源染色体。

3) 从功能看，属于同源染色体　　同源染色体功能也相同。X 和 Y 染色体都是与性别决定有关的染色体，其上携带有与性别有关的基因和其他基因，因此两者的功能是相似的。而有些书上认为同源染色体功能完全相同，这种观点有点片面。因为在二倍体生物中，形态、大小完全相同的同源染色体上的同一座位的两个基因也不一定相同，按照 20 世纪 90 年代新发展起来的染色体印迹(chromosome imprinting)观点分析，特别是人和哺乳动物中有些同源染色体之间尽管基因结

构相似，但来自母方和来自父方染色体上的基因修饰，即亲代印迹是显著不同的。因此，即使基因结构相似，功能也未必完全相同；在一些染色体畸变的个体，有的染色体座位上已经没有了某些基因，或已经成为致死突变基因，或某基因已经发生了重大变化，如缺失、倒位、易位等，但这条染色体与那条正常的染色体二者之间仍然称作同源染色体。

4）从减数分裂中的行为看，属于同源染色体

同源染色体在减数分裂过程中二者的行为是能够配对联会、交换；能够彼此分离，各自进入一个子细胞中去。根据已有的文献资料，已经证明人类的 X 与 Y 染色体拥有同源区域，在男性减数分裂过程中 X 与 Y 染色体可以末端对末端，即在同源区域进行配对联会，而且在减数分裂过程中有交换发生。由于交换，在这些座位的等位基因并不表现出正常的 X 连锁或 Y 连锁的遗传模式，但与常染色体上的等位基因一样分离。由于 X 与 Y 染色体的配对联会，二者在减数分裂的后期 I 准确分开，各自进入一个子细胞中，保证了形成 2 种类型的配子，1 种含有 X 染色体，1 种含有 Y 染色体。至于 X 染色体与 Y 染色体之间发生交换的概率非常小，这是人类 Y 染色体的重要演化结果，是人类演化出的特殊的保护 *sry* 基因的机制。因为 X 与 Y 染色体的非同源区域发生交换，性别的染色体基础就会被破坏。

5）从一些文献资料看，承认是同源染色体

在有些遗传学教科书和一些文献中也表示了相同的观点。例如，朱军主编的《遗传学》一书中指出："同源染色体不仅形态相同，所含的基因位点也相同。但在许多物种中，有一对形态和所含的基因位点不同的同源染色体，称为性染色体。"这里明确表示 X 和 Y 染色体是同源染色体。在《遗传学词典》《人类遗传学原理》等书中也有把 X 和 Y 染色体称为同源染色体的论述。苑金香在《异形性染色体是否是同源染色体》一文中也曾指出：异形的 X 和 Y 染色体是同源染色体，异形的 Z 和 W 染色体也是同源染色体。在周国政、刘坤、郭晓军等的论文中也都把 X 和 Y 染色体看作同源染色体。

综上所述，X 染色体与 Y 染色体虽然在形态、大小以及所含的基因等方面有差别，但综合分析 X 和 Y 染色体具备了同源染色体的基本条件，因此二者属于同源染色体，严格意义上是一对特殊的同源染色体。

5. 如何判断属于常染色体遗传还是性染色体遗传

主要看发病人群，如果发病的概率男女相等，一般来说是常染色体遗传，如果发病概率男女有比较明显的差别，那么性染色体遗传的可能就比较大；若证明是性染色体遗传，则有 3 种可能，即 X 连锁显性遗传、X 连锁隐性遗传和 Y 连锁遗传。X 连锁显性遗传女性发病概率大于男性，X 连锁隐性遗传男性发病概率大于女性，Y 连锁遗传则由于只有男性有 Y 染色体，所以只有男性发病，且后代是男性代代相传。

6. 色盲形成的机制

许多哺乳动物是色盲，如猿、牛、羊、马、狗、猫、斑马、田鼠、家鼠、黄鼠、花鼠、松鼠等，几乎不会分辨颜色，反映到它们眼睛里的色彩只有黑、白、灰三种颜色。但是，人类的眼睛能感知五彩缤纷的世界，可以识别红、橙、黄、绿、青、蓝、紫，加上它们之间的各种过渡色，总共可以识别 60 多种颜色。那么，为什么有的人不能识别颜色呢？

人的一只眼球内约有 12 000 万个视杆细胞和 700 万个视锥细胞。视杆细胞负责对低光照强度应激，夜间视力的建立主要靠视杆细胞。视锥细胞负责对高光照强度应激，如对白天的色彩应激。视锥细胞分成三种，分别对红色、蓝色和绿色光三种不同波长的可见光敏感。红色、蓝色和绿色光这三种颜色又被称为光三原色，人眼可辨别颜色，是这三种视锥细胞单独工作或两两工作或三种视锥细胞一起合作的结果。例如，敏感红色和蓝色视锥细胞同时受到刺激后可以让大脑觉得看到了紫色光。如果视锥细胞本身有缺陷，或视锥细胞到大脑的神经通道出现障碍，就会导致无法正确分辨一种、几种或全部自然光谱颜色的症状，这就形成了色盲。色盲又分为全色盲和部分色盲，如果什么颜色都不能识别，则为全色盲，在人类群体中全色盲的个体极罕见；部分色盲如红绿色盲、红色盲、绿色盲、蓝黄色盲等。人类的色盲

多数属于红绿色盲，是由位于 X 染色体上的红色盲和绿色盲基因控制，导致相应视锥细胞异常，不能形成正常的色敏素蛋白物质。由于这两个基因紧密连锁，所以二者常常一块传递。红绿色盲的发生率在我国男性为 5%～8%、女性为 0.5%～1%；日本男性为 4%～5%、女性为 0.5%；欧美男性为 8%、女性为 0.4%。

那么，色盲能治疗吗？现在有一种色盲眼镜（价格为 500～800 美元），戴上可以分辨红色和绿色。在光谱中有暖色系和冷色系，如红色、黄色、橘色属于暖色系，属于长波；蓝色、紫色属于冷色系，属于短波。红绿色盲患者的视神经无法辨别可见光谱中的红色和绿色，所以看不见红色和绿色。当红色和绿色的波长经由镜片折射进入眼睛，会改变原来的波长，让视神经可以接受，此时，红绿色盲患者就可以看到红色和绿色了。此种镜片虽然可以加强眼睛对红绿色的感应，但其效果与正常人还有较大的差别。

色盲患者主要是基因突变所致，是遗传因素在起作用，可以采用基因工程的方法治疗色盲。美国华盛顿大学眼科教授与色觉专家 Jay Neitz 和他的夫人 Maureen Neitz 博士进行了这方面的尝试，通过基因治疗让成年的雄猴获得了产生色素蛋白的能力，从而使其能够分辨红色和绿色。这一研究说明不但红绿色盲可以治疗，而且成年的红绿色盲患者仍然具有被校正的潜力。这项技术一旦成熟，红绿色盲将成为又一项被基因工程技术攻克的人类遗传缺陷疾病。

7. 血友病的机制和治疗

正常人的血液凝结是血浆中很多物质共同作用的结果，其中一些重要的物质称作凝血因子，如果一种凝血因子数量缺乏就可能发生出血不止或出血时间延长。血友病患者血液中的凝血因子比正常人少，血管破裂后血液不易凝结，导致出血难止。按照患者所缺乏的凝血因子类型，可将血友病分为甲型、乙型、丙型三种，甲型血友病患者血浆中缺乏凝血因子Ⅷ，大多数患者属于此种类型；乙型血友病患者血浆中缺乏凝血因子Ⅸ，部分患者属于此种类型；丙型血友病患者血浆中缺乏凝血因子Ⅺ，此种类型的血友病较罕见。

俗语有魔高一尺，道高一丈。虽然血友病的

了解和治疗是最近几十年的事情，但人类与血友病的抗争已经有近 2000 年的历史了。公元 100 年，犹太人的一位族长首次以文字形式记载：如果哥哥因为包皮切除（割礼）而死亡，则其兄弟可免于这种手术。实际上这是古代人类对血友病的一种抗争手段。1100 年，阿拉伯一位叫阿布卡斯的医生在医疗手册上记载，治疗男性出血不止的最好方法就是烫烙法。这可能是人类对血友病治疗的首次文字记录。1840 年，英国医生塞缪尔·雷恩首次对一名血友病男孩成功进行了术后输血。1934 年，英国医生迈克法雷发现拉塞尔的毒蛇液有助于血友病患者止血，用于血友病治疗的商业药品"斯泰芬"（Stypen）不久后开始投产。1936 年，血浆首次用于治疗血友病。1937 年，美国医学家帕约克和泰勒发现静脉注射血浆蛋白可以缩短凝血时间，后来泰勒把这种提取物称为抗血友病球蛋白。1939 年，美国医生凯斯·布林霍斯证实，血友病患者的凝血因子有缺陷。后来他把它称为抗血友病因子Ⅷ缺乏。1955 年，美国医生罗伯特·兰格戴尔、罗伯特·沃格纳、凯斯·布林霍斯等发明了凝血因子Ⅷ静脉注射法，这是治疗血友病的第一种有效疗法。1957～1958 年，人血Ⅷ因子在英国、法国、瑞典相继问世。1961 年，人们首次试验浓缩Ⅷ因子获得成功。1964 年，美国科学家朱迪·保罗证明慢慢地冷冻和融化血浆会产生一种富含Ⅷ因子的副产品，这种提纯的固体Ⅷ因子使血友病的治疗发生了革命性的变化。1968 年，首支浓缩的Ⅷ因子制剂问世。1977 年，意大利学者皮尔·曼尼奇证明，精氨酸加压素可以提高Ⅷ因子在血液中的水平。1992 年，首支重组Ⅷ因子产品问世。1997 年，首支合成的Ⅸ因子产品问世。1998 年，基因疗法开始临床试验，2011 年，英国用基因疗法治疗乙型血友病取得初步成功。

目前，治疗血友病的方法有多种，如采用替代疗法，选用冷冻血浆、凝血酶原复合物、注射Ⅷ因子或Ⅸ因子浓缩物、注射重组因子Ⅸ制品等，常用的大多是注射凝血因子的方法。一般一个患者每年约需要 40 000 元人民币。

8. 人类 Y 染色体的结构和起源

人类的 X 染色体属于中部着丝粒染色体，含有 150Mb 左右的常染色质序列，约有 800 个蛋白质编码基因。人类 Y 染色体属于端部着丝粒染色体，其长度约为 X 染色体的 1/3，大约 60Mb。从长臂到短臂分为拟常染色体区（pseudoautosomal region，PAR）和男性特异性区域（male-specific region of the Y chromosome，MSY）。PAR 区位于 Y 染色体两端，在减数分裂过程中能够与 X 染色体发生重组，短臂 PAR1 上含 13 个基因，长臂 PAR2 上含 4 个基因；MSY 约占 Y 染色体总长的 95%，由异染色质序列以及 3 类常染色质序列拼接组成。异染色质序列大约长 40Mb。MSY 常染色质序列长约 23Mb，包括 156 个转录单位，78 个蛋白质编码基因（多为假基因和重复拷贝），仅编码 27 种蛋白质。3 类常染色质区为：X 转座区（X-transposed region）、X 退化区（X-degenerate region）和扩增区（amplified region）。X 转座区大约长 3.4Mb，仅含两个基因；X 退化区含 16 个在 X 染色体上有同源基因的单拷贝基因，包括性别决定因子 SRY（sex-determining region of Y-chromosome）；扩增区为高度重复序列，大约长 10.2Mb，约含 60 个基因，分属于 9 个基因家族，均具有男性特异性功能且多数位于 8 个回文结构中。人类的 Y 染色体与 X 染色体在形态结构、功能上有很大的区别，那么 Y 染色体是怎么起源的呢？

3 亿年前，原始的 X 和 Y 染色体在形态结构和功能上与一般的长染色体无异，偶然的机会，原始的 Y 染色体上的 sox3 基因发生了变化，形成了决定性别的 sry 基因。其时，X 和 Y 染色体都还存在与 sry 功能类似的 rps4 基因。2 亿～1.7 亿年前，原始的 Y 染色体发生了一次反转，即染色体内的重组，染色体两端的序列按照反向交换位置。反转使 X 与 Y 染色体上能够配对的区域迅速减少。不能配对就意味着不能重组，不能进行修复，因此，导致基因突变积累、序列丢失，Y 染色体开始缩小。之后的 400 万年间，原始的 Y 染色体又一次反转，使其长度进一步缩小。1.3 亿年前，X 和 Y 染色体都接受了一段从常染色体易位来的区段，从而使同源配对区扩大了一些，但是，好景不长，原始的 Y 染色体再一次反转，使片段继续丢失、发生了片段重组，与 X 染色体差异越来越大。后来，Y 染色体从长染色体上得到了一个精子发生基因 daz，又把此基因增加到 4 个拷贝，逐渐形成了今天人类的 Y 染色体。

9. 人类 Y 染色体的命运和担忧

与常染色体以及与 X 染色体比较，Y 染色体是进化最快的一条染色体，由于 Y 染色体进化过程中多次发生反转，人们认为 Y 染色体是一条极不靠谱的染色体。澳大利亚遗传学家格雷夫斯表示：人类原始的 Y 染色体包含约 1500 个基因，但是，在约 3 亿年的进化过程中，Y 染色体功能逐渐退化，现在的 Y 染色体就像位风烛残年的老人，它掌管的基因数已经减少到几十个。再过 1500 万年，Y 染色体将彻底消失。

Y 染色体将消亡，若干万年后，地球上将没有男性，这个预言曾引起人们的恐慌和担心。2003 年 6 月，美国科学家已经完成了人类 Y 染色体的测序工作，结果发现人类的 Y 染色体比预想中的要活跃得多，它包含约 78 个编码蛋白质的基因。更重要的是，发现在人类的 Y 染色体上存在一种独特的结构——回文结构，这种结构可以通过自然重复性再生，同时，这种结构使得 Y 染色体在一定程度上能够自我修复有害的基因变异。因此，人类 Y 染色体即将消亡的悲观论是多余的，若干万年后，地球上的男性也不会消失。即便是有那么一天，人类 Y 染色体真的消亡了，也不必担心，人类肯定会再演化出一个更加完美的性别决定系统，加之目前飞速发展的生命科学，届时人类一定能应付各种复杂的局面。

五、核心习题

例题 1. 一个妇女有两个杂合的显性基因，一个来自父亲，另一个来自母亲，已经知道此二基因连锁且图距为 15 个图距单位，她与无此二基因的丈夫结婚后所生的第一个孩子具有这两个性状的概率是多少？第二个孩子呢？

知识要点：

(1) 相引相(coupling phase)与相斥相(repulsion phase)：把甲乙两个显性性状连在一起遗传，而甲乙两个隐性性状连在一起遗传的杂交组合，称为相引相或相引组；把甲显性性状和乙隐性性状连在一起遗传，而乙显性性状和甲隐性性状连在一起遗传的杂交组合，称为相斥相或相斥组。

(2) 重组频率可以作为两个基因在染色体图上的距离的数量指标，基因在染色体图上的距离简称图距，用图距单位表示。1%的重组率为一个图距单位(map unit, mu)，1cM=1%的重组率。

(3) 人类的性别决定方式是 XY 型。

解题思路： 我们首先确定那个女人这两个突变基因的连锁相，因为她的这两个基因分别来自她的父亲和母亲，因此，这两个突变基因一定位于不同的染色体上，即它们以相斥相排列：Cp/cP。如果她孩子要遗传到这两个突变基因，这个女人产生的卵子一定带有重组 C-P 的染色体。由于两基因间的距离是 15cM，那么得到重组子的概率是 15%。然而只有一半的重组子是 CP，另一半是 cp，所以，这对夫妇第一个孩子同时具有这两个性状的机会是 15%÷2=7.5%。第二个孩子不受第一个孩子的影响，概率仍为 7.5%。

参考答案： 7.5%；7.5%。

例题 2. 在人类中，已经知道红细胞抗原 X_g^a 为 X 染色体连锁显性性状，个体可以分为阳性(X_g^{a+})和阴性(X_g^{a-})两种，ABO 血型则常为常染色体上一套复等位基因控制，假设一个 A 血型 X_{ga}^- 女性和一个 AB 血型 X_g^{a+} 男人结婚，预计后代中会有什么类型出现？比例如何？

知识要点：

(1) 人类的性别决定方式属于 XY 型。

(2) 决定 ABO 血型的基因有 I^A(表达 A 抗原，显性)、I^B(表达 B 抗原，显性)和 i(不表达抗原，隐性)，以上三个等位基因即为复等位基因。ABO 血型与基因型的关系：A 型 I^AI^A 或 I^Ai；B 型 I^BI^B 或 I^Bi；AB 型 I^AI^B；O 型 ii。

(3) 伴性遗传(sex-linked inheritance)也称为性连锁遗传，指位于性染色体上的基因所控制的某些性状总是伴随性别而遗传的现象。伴 X 显性遗传特点：患者的双亲必有一方是患者，女性患者多于男性；男性患者后代中，女儿都是患者；患病有世代连续性。伴 X 隐性遗传的特点：男性患者多于女性患者，系谱中往往只有男性患者；有交叉遗传现象，即外公→女儿→外孙；世代不连续性。

解题思路：

(1) A 型血 X_g^{a-} 女性的基因型有两种：$I^AI^AX_g^{a-}X_g^{a-}$ 和 $I^AiX_g^{a-}X_g^{a-}$，可以分别产生比例为 1/2 的 $I^AX_g^{a-}$、1/4 的 $I^AX_g^{a-}$ 和 1/4 的 iX_g^{a-}。

(2) AB 型血的男性的基因型是：$I^AI^BX_g^{a+}Y$，可以产生各 1/4 的 $I^AX_g^{a+}$、$I^BX_g^{a+}$、I^AY 和 I^BY 的配子。

因此后代的基因型有：

	$\frac{1}{4}I^AX_g^{a+}$	$\frac{1}{4}I^BX_g^{a+}$	$\frac{1}{4}I^AY$	$\frac{1}{4}I^BY$
$\frac{1}{2}I^AX_g^{a-}$	$\frac{1}{8}I^AI^AX_g^{a+}X_g^{a-}$	$\frac{1}{8}I^AI^BX_g^{a+}X_g^{a-}$	$\frac{1}{8}I^AI^AX_g^{a-}Y$	$\frac{1}{8}I^AI^BX_g^{a-}Y$
$\frac{1}{4}I^AX_g^{a-}$	$\frac{1}{16}I^AI^AX_g^{a+}X_g^{a-}$	$\frac{1}{16}I^AI^BX_g^{a+}X_g^{a-}$	$\frac{1}{16}I^AI^AX_g^{a-}Y$	$\frac{1}{16}I^AI^BX_g^{a-}Y$
$\frac{1}{4}iX_g^{a-}$	$\frac{1}{16}I^Ai X_g^{a+}X_g^{a-}$	$\frac{1}{16}I^BiX_g^{a+}X_g^{a-}$	$\frac{1}{16}I^AiX_g^{a-}Y$	$\frac{1}{16}I^BiX_g^{a-}Y$

参考答案：

后代的类型及比例为：

A 型 X_g^a 阳性：1/4；A 型 X_g^a 阴性：1/4。

AB 型 X_g^a 阳性：3/16；AB 型 X_g^a 阴性：3/16。

B 型阳性：1/16；B 型阴性：1/16。

例题 3. 有一例人的异常家系，两个同卵孪生姐妹的父亲是色盲，这对孪生姐妹在其他方面都相似，但是在色盲上却不相同。请用最简单的方式解释这个不一致现象。

知识要点：

(1)X 染色体失活假说，即莱昂假说，其要点是：①雌性哺乳动物细胞内只有一条 X 染色体有活性，另一条失活并固缩，后者在间期细胞表现为性染色质；②失活发生在胚胎的早期；③失活是随机的，即失活的 X 染色体既可来自父亲也可来自母亲，但一个细胞某条 X 一旦失活，由该细胞繁衍而来的子细胞都具有同一条失活的 X 染色体。

(2)同卵孪生的遗传特点是两个个体在遗传组成上是完全一致的。

(3)人类的性别决定方式是 XY 型性染色体决定的。

(4)色盲的遗传方式是伴 X 的隐性遗传方式。

解题思路： 同卵孪生姐妹的遗传组成是相同的，孪生姐妹的父亲是色盲，因此说明孪生姐妹的两条 X 染色体上来自父亲的那条携带色盲基因；由于 X 染色体的随机失活，因此，这对姐妹的体细胞中 X 的失活是随机的，在其中一个人中可能是携带色盲基因的 X 染色体失活，就会表现正常的表型，如另一个是不携带色盲基因的 X 染色体失活，则表现出色盲的表型，因此在色盲的表现上出现不同。

参考答案： 因为色盲是伴 X 的隐性遗传，所以虽然是孪生姐妹但是由于其 X 失活是随机的，因此她们在色盲的表现上可能是不同的。

例题 4. 在果蝇中，红眼(D)对白眼(d)为显性并位于 X 染色体上，灰身(B)对黑身(b)为显性，长翅(V)对残翅(v)为显性(这两对基因位于同一染色体上)，现在将一只杂合红眼灰身长翅雌果蝇与一只白眼黑身残翅雄果蝇杂交，已经知道在子一代中灰身长翅：黑身残翅：黑身长翅：灰身残翅=42：42：8：8。问：

(1)两个亲本基因型各是什么？雌雄亲本各产生何种基因型配子？

(2)F_1 红眼雌蝇、白眼雌蝇、红眼雄蝇、白眼雄蝇的比例是多少？

(3)在 400 只子一代中，从理论上测算红眼黑身长翅雄果蝇为多少？白眼灰身长翅雌果蝇比例为多少？

知识要点：

(1)果蝇的性别决定方式是属于基因平衡决定的，但是二倍体的雄蝇具有 XY 性染色体，雌蝇具有两条 X 性染色体。

(2)相引相和相斥相的概念和区别(见本章例题1)。

解题思路：

(1)根据题中所给后代比例知道雌性亲本是相引相，灰身、长翅基因是常染色的连锁遗传，红眼基因是伴 X 遗传。因此亲本基因型如下。

雌性亲本：$BbVvX^DX^d$ 产生 8 种类型配子，即 BVX^D、BvX^D、bvX^D、bVX^D、BVX^d、BvX^d、bvX^d、bVX^d。

雄性亲本：$bbvvX^dY$ 产生 2 种类型配子，即 bvX^d、bvY。

(2)再根据(1)中分析的结果可以知道 F_1 代中红眼雌蝇、白眼雌蝇、红眼雄蝇、白眼雄蝇的比例为 1：1：1：1。

(3)子一代中黑身长翅个体的比例为 8%，由于控制眼色的基因和控制灰身长翅的基因不在同一染色体上，因此属于自由组合的关系，所以从理论上来说在这 8%的群体中红眼和白眼各占 50%。另外，在红眼黑身长翅的个体中从理论上来说雌雄各占 50%，因此在 400 只子一代中，从理论上测算红眼黑身长翅雄果蝇为 8 只（8%×1/2×1/2×400）。同样的道理，白眼灰身长翅雌果蝇比例为 42%×1/2×1/2=10.5%。

参考答案：

(1) 亲本基因型及产生的配子如下。

雌性亲本：BbVvX^{D}X^d 产生 8 种类型配子，即 BVX^D、BvX^D、bvX^D、bVX^d、BVX^d、BvX^d、bvX^d、bVX^d。

雄性亲本：bbvvX^{d}Y 产生 2 种类型配子，即 bvX^d、bvY。

(2) 1∶1∶1∶1。

(3) 8 只，10.5%。

例题 5. 在果蝇中，一常染色体上的隐性基因 *tra* 只在雌性中起作用，并使其成为不育的雄性蝇。在 +/*tra*（雌）×+/*tra*（雄）的子代中雌雄比例如何？并说明雌雄个体的基因型。

知识要点：

(1) 果蝇的性别决定方式（见本章例题 4）。

(2) 从性遗传（sex-controlled inheritance）又称性影响遗传（sex-influenced inheritance），或称性别影响性状，是指基因在常染色体上，但由于受到性激素的作用，基因在不同性别中表达不同。

从性遗传和限性遗传之间的区别在于：限性遗传指一种表型只局限于一种性别，而从性遗传指同样的表型在两个性别中都存在，只是在一种性别中会更常见。

解题思路：

根据给定的亲本推出子代的基因型如下。

亲本的基因型分别为：+/*tra*XX（雌）×+/*tra*XY（雄），雌雄性分别产生 2 种和 4 种配子。

子代基因型：+/+XX、+/+XY、+/*tra*XX、+/*tra*XY、+/*tra*XX、+/*tra*XY、*tra*/*tra*XX、*tra*/*tra*XY。

子代表现型：雌、雄、雌、雄、雌、雄、雄、雄。

参考答案：

子代中：雌/雄=3/5。

雌性基因型：+/+XX、+/*tra*XX。

雄性基因型：+/+XY、+/*tra*XY、*tra*/*tra*XY、*tra*/*tra*XX。

例题 6. 人类中红绿色盲是 X 连锁隐性遗传。一个母亲是色盲、父亲正常的妇女同一个色盲男人结婚，他们生育了一个儿子和一个女儿，问：

(1) 儿子是色盲的概率是多少？

(2) 女儿是色盲的概率是多少？

(3) 两个都是色盲的概率是多少？

知识要点：

(1) 人类性别决定方式属于 XY 型。

(2) 人类红绿色盲的遗传方式。红色盲和绿色盲分属两个基因控制，由于它们紧密连锁，一般把它们当一个基因位点分析。色盲是由伴 X 的隐性基因控制，一般遵循伴 X 隐性遗传的特点。

(3) 概率的相乘原理：两个各自独立的事件同时发生的概率等于它们各自独立发生概率的乘积。概率的相加原理：两个互斥事件发生的总概率等于各自独立发生的概率之和。

解题思路： 人类红绿色盲是伴 X 的隐性遗传方式，一个母亲是色盲、父亲正常的妇女应该是色盲基因的携带者，她和一个色盲的男人（X 染色体上携带有色盲基因）结婚，其后代的基因型和表型如下。

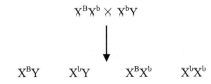

儿子(正常) 儿子(色盲) 女儿(正常) 女儿(色盲)

由此可见，生儿子是色盲的概率是 1/2，由于生儿子和生女儿互不影响，因此生女儿是色盲的概率也是 1/2，两个都是色盲的概率是 1/2×1/2=1/4。

参考答案： (1) 1/2；(2) 1/2；(3) 1/4。

例题 7. 红绿色盲是 X 连锁隐性遗传的，一个家庭中有两个色盲的女儿和一个正常的儿子，问双亲的基因型和表型是什么？他们再生两个孩子都是色盲的概率是多少？

知识要点：

(1) 色盲的遗传方式是伴 X 的隐性遗传。

(2) 伴性遗传概念及特点。

解题思路： 根据色盲是伴 X 的隐性遗传的特点，由于女儿的两个 X 染色体一个来自父亲，另一个来自母亲，因此他们的父母均带有一个色盲基因，即他们的父亲是色盲患者，基因型是 X^aY。由于儿子是正常的说明其母亲另一个 X 染色体上携带正常的色觉基因，因此其母亲是色盲基因的携带者，基因型是 X^AX^a。

根据双亲的基因型，可以看出他们生出一个孩子患色盲的概率为 1/2，因此若生两个孩子都是色盲的概率即为 1/4。

参考答案：

父亲基因型为 X^aY，表现型为色盲。

母亲基因型为 X^AX^a，表现型为正常。

两个孩子都是色盲的概率为 1/4。

例题 8. 雄性家猫的皮毛只有黑色和橙色两种颜色，而雌猫有黑色、黑橙花斑和橙色三种。问：

(1) 若皮毛颜色是由性连锁基因所控制的，如何解释所观察到的这一现象？

(2) 若一只橙色雌猫与一只黑色雄猫交配，它们的后代期望有哪些表型？(以你自己设定的一组符号表示。)

(3) 以上实验若反交，其结果如何？

(4) 由某种特定的交配所产生的雌猫一半是黑橙花斑，另一半是黑色；雄猫一半是橙色，另一半是黑色。在这一交配中，雄性和雌性亲本的颜色如何？

(5) 另一种交配产生的后代比如下：1/4 橙色雄性，1/4 橙色雌性，1/4 黑色雄性，1/4 黑橙花斑雌性。在这一交配中，雌性和雄性亲本的颜色如何？

知识要点：

(1) 家猫的性别决定方式属于 XY 型。

(2) 剂量补偿效应(dosage compensation effect)：在 XY 性别决定机制的生物中，使性连锁基因在两种性别中有相等或近乎相等的有效剂量的遗传效应。剂量补偿有两种方式：一是 X 染色体的转录速率不同，如果蝇雄性的细胞；二是雌性细胞中有一条 X 染色体是失活的，如哺乳类动物和人类。

(3) 莱昂假说的主要内容是：①正常雌性哺乳动物体细胞中的两个 X 染色体之一在遗传性状表达上是失活的；②在同一个体的不同细胞中，失活的 X 染色体可来源于雌性亲本，也可来源于雄性亲本；③失活现象发生在胚胎发育的早期，一旦出现则从这一细胞分裂增殖而成的体细胞克隆中失活的都是同一来源的染色体。

(4)伴性遗传的特点(见本章例题 2)。

(5)正反交是相对的,如果表现型为 A 的作父本,表现型为 a 的作母本为正交,那么 a 作父本 A 作母本时就为反交。对于伴性遗传和细胞质遗传来说正反交的结果是不一样的,而对于细胞核遗传来说正反交的结果是一样的。

解题思路:

(1)本题主要是考查哺乳动物剂量补偿效应与 X 染色体失活的特点。

(2)从题中可知猫皮颜色和性别有关,而家猫的性别决定属于 XY 型,因此根据哺乳动物剂量补偿效应与 X 染色体失活的特点,X 染色体随机失活会造成杂合雌性猫皮颜色的斑块状。

(3)假设橙色雌猫的基因型为 X^aX^a,黑色雄猫的基因型为 X^AY,其后代表型如下。

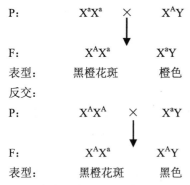

(4)要产生一半雌猫是黑橙花斑,另一半是黑色;一半雄猫是橙色,另一半是黑色的后代表型,那么其亲本的母本是杂合体,因此这一后代的亲本组合的基因型应该为

因此,这一亲本组合的亲本的颜色为:母本是黑橙花斑,父本是黑色。

(5)产生 1/4 橙色雄性、1/4 橙色雌性、1/4 黑色雄性、1/4 黑橙花斑雌性的交配组合如下。

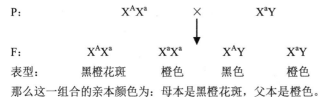

那么这一组合的亲本颜色为:母本是黑橙花斑,父本是橙色。

参考答案:

(1)根据剂量补偿效应和 X 染色体随机失活的特点,雌性猫的两条 X 染色体在毛皮的体细胞中失活是随机的,一个杂合的雌性猫的毛皮就可能出现黑橙花斑的表型。

(2)后代中雌性是黑橙花斑,雄性是橙色。

(3)反交的结果是雌性是黑橙花斑,雄性是黑色的。

(4)亲本的颜色为:母本是黑橙花斑,父本是黑色。

(5)亲本的颜色为:母本是黑橙花斑,父本是橙色。

例题 9. 一个女人的父亲是色盲,她的兄弟中有两人和一个舅舅是血友病患者。(1)所有这些人的可能基因型如何?(2)如果这个女人有一个血友病的患儿,则她的基因型必定是什么?

知识要点：

(1) 人类的性别决定方式是 XY 型。

(2) 常见人类遗传病的遗传方式，如色盲、血友病的遗传方式都是属于伴 X 的隐性遗传。

(3) 伴性遗传的特点(见本章例题2)。

解题思路：

(1) 血友病和色盲都属于伴 X 的隐性遗传——X^h 和 X^b。

(2) 一个女人的父亲是色盲，那么该父亲的基因型为 $X^{Hb}Y$，该女人应该是色盲基因的携带者。

(3) 她的兄弟是血友病患者，那么他们的基因型是 $X^{Hb}Y$；该女人的舅舅也是血友病患者，同样其基因型应该是 $X^{Hb}Y$。这些说明该女人的母亲是血友病基因的携带者。因此该女人的基因型应该为 $X^{BH}X^{bH}$ 或 $X^{Bh}X^{bH}$。

(4) 如果该女人有一血友病的患儿，说明该女人必定是血友病基因的携带者，因此其基因型应为 $X^{Bh}X^{bH}$。

参考答案：

(1) 女人 $X^{BH}X^{bH}$ 或 $X^{Bh}X^{bH}$；女人的父亲 $X^{bH}Y$；女人的兄弟 $X^{Bh}Y$；女人的舅舅 $X^{Bh}Y$。

(2) $X^{Bh}X^{bH}$。

例题 10. 在火鸡的一个优良品系中，出现一种遗传性的白化症，养禽工作者把 5 只有关的雄禽进行测验，发现其中 3 只带有白化基因。当这 3 只雄禽与无亲缘关系的正常母禽交配时，得到 229 只幼禽，其中 45 只是白化的，而且全是雌。育种场中可以进行一雄多雌交配，但在表型正常的 184 只幼禽中，育种工作者除了为消除白化基因外，想尽量多保存其他个体。你认为火鸡的这种白化症的遗传方式怎样？哪些个体应该淘汰，哪些个体可以放心地保存？你怎样做？

知识要点：

(1) 常见家禽的性别决定方式是 ZW 型，雌禽为异配性别，雄禽为同配性别。

(2) 伴性遗传的特点。

解题思路：

(1) 229 只幼禽是 3 只雄禽的子代数量。因而，根据题意，这 3 只雄禽基因型可视为相同的。

(2) 由于雌禽为异配性别，又表现正常，于是推断，其基因型为 ZW。雄禽为同配性别，又在子代中出现白化个体，并且全是雌的，所以这 3 只雄禽肯定是白化基因杂合子，即 Z^AZ^a。

上述交配可图示如下：

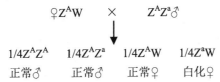

(3) 基于上述分析，可以认为，在火鸡中，这种白化症的遗传方式为性连锁隐性遗传。并且，全部雌禽 (ZW) 可以放心地保留，由于雄禽里面包含了部分白化基因的携带者，因此对于雄禽应进一步与表型正常的雌禽进行一次交配，凡子代出现白化火鸡者应淘汰。

参考答案：遗传方式为伴 Z 染色体的隐性遗传。

全部雌禽可以保留，雄禽要进一步淘汰。

让雄禽与表型正常的雌禽进行杂交，如果后代出现白化个体，则该雄禽可以淘汰掉。

第六章　数量性状遗传

一、核心人物

1. 约翰逊（Wilhelm Ludwig Johannsen, 1857～1927）

约翰逊，丹麦遗传学家，1857 年 2 月 3 日出生于丹麦哥本哈根。1872 年中学毕业，由于家境清贫，成为了一名药剂师的学徒，后来成为一名真正的药剂师。他先后在丹麦和德国的药房工作，工作之余勤奋地自学了化学并对植物学有了浓厚的兴趣。1881 年他开始在约翰·基耶达（Johan Kjeldahl）的卡尔斯堡实验室化学部任助理，在那里他深入研究了植物种子、块茎和芽的休眠，并于 1887 年发现了制止植物芽类冬眠的方法。由于勤奋好学和他的研究成绩，1892 年他担任了哥本哈根农学院讲师的职务，主要教授植物学和植物生理学。1905 年，约翰逊晋升为该校教授，从事遗传学实验教学和研究工作，并且深入研究了生物标准性状的遗传量变。在此期间，他深入学习了高尔顿（F. Galton）1876 年出版的《遗传理论》（*A Theory of Heredity*）一书，其中的"如果用自花授粉的植物后代，选择是无效的"实验证明和方法对他有深刻的影响，这促使他深入进行了这项研究工作。从 1898 年起，他开始了菜豆和大麦的纯系研究，其中以菜豆实验而有名。在连续 6 年的菜豆实验中，他首先从市场上买来菜豆种子，

从中挑选出轻重不一样的 19 粒菜豆，建立了 19 个纯系。他所说的纯系，就是一粒种子的后代。因为菜豆是自花授粉植物，每粒种子的后代应该都是纯合的，所以约翰逊称单粒种子的自交后代为纯系。不同纯系之间的平均种粒重存在着明显的差异，轻种子产生的子代仍然是轻种子，重种子产生的子代仍然是重种子。他进一步选出纯系内最大种子和最小种子，将它们分别种下，由大种子和小种子产生的后代种子平均重量始终都一样，看不出有什么区别。约翰逊认为，一个纯系内的种粒重变异是不遗传的，而不同纯系间的变异至少一部分是遗传的，因此在纯系内选择也是无效的。进而提出了著名的"纯系学说"，并在 1896 年发表了《论遗传和变异》（*On Heredity and Variation*）的科学研究论文。在论述纯系的论文中，表明选择对于异花传粉植物和自花传粉植物之间的效果是有差别的。1905 年他出版了《遗传学原理》（*Elements of Heredity*）一书，在孟德尔定律被重新发现的遗传学原理的指引下，他对自己的遗传学思想进行了深入的总结和广泛的扩充。正因为如此，他的德文版《遗传学原理》在欧洲非常流行，成为了当时欧洲最有影响的遗传学教科书。1909 年，约翰逊创立了遗传学中另外几个至关重要的名词："基因""基因型""表现型"等。基因（gene）用来描述遗传性状的物质基础。但是，当时他并没有提出基因的定义，仅仅认为"基因将被用作为一种计算或统计单位"。然而，"基因"一词还是很快就广泛地被采纳了，因为它满足了表明遗传单位技术术语的需要。他在创立"基因"一词之后，将基因与词根"类型"（type）连接在一起，组成了"基因型"（genetype）这个词，与"表现型"（phenotype）相对应。"基因型"指的是由两个配子结合成的合子中遗传物质的组成。约翰逊认为："这种组成我们定义为基因型，

这个词完全独立于其他假说；甚至在十分类似的生活条件下，受精产生不同的合子可能具有不同的质量，表现型上各式各样的个体可能发展下去，这是事实，不是假说。"不能区分基因型和表现型是进化生物学史上许多重要争论的根源。而清楚地理解遗传组成（基因型）与可见外形（表现型）之间的差异，对于最终抛弃软遗传（即获得性遗传）是必不可少的。约翰逊的菜豆试验和纯系学说的提出，以及关于遗传的几个重要概念的建立奠定了他在遗传科学发展史上的重要地位。

1914 年，约翰逊著书谴责了生物学中的神秘主义。1917 年，他成为哥本哈根大学校长，并达到了他事业的顶峰。在晚年他主要从事遗传科学史的撰写工作。1927 年 11 月 11 日在哥本哈根因病逝世，享年 70 岁。

2. 费歇尔（Ronald Aylmer Fisher, 1890～1962）

费歇尔，英国数理统计学家，数理统计学的奠基人之一，1890 年 2 月 17 日出生于英国伦敦，1909 年进入剑桥大学主修数学和物理，1913 年毕业，1919 年参加了罗萨姆斯泰德试验站的工作。在那里，他主要致力于数理统计在农业科学和遗传学中的应用和研究。1933 年，就任英国伦敦大学优生学高尔顿讲座教授，1943～1957 年，任剑桥大学遗传学巴尔福尔讲座教授，还于 1956 年起任剑桥冈维尔科尼斯学院院长。20 世纪上半叶，数理统计学发展成为一门成熟的学科，在很大程度上要归功于费歇尔的工作。他对数理统计所做的贡献，为这门学科的建立起到了决定性的作用，他在费歇尔的罗萨姆斯泰德试验站工作期间，曾对长达 66 年的田间施肥、管理试验和气候条件等资料加以整理、归纳、提取信息，为他日后的理

论研究打下了坚实的基础。1920～1950 年，费歇尔对当时广泛使用的统计学方法，进行了一系列理论研究，奠定了许多现代统计学中重要的基本概念，因而使数理统计学成为一门有坚实理论基础并获得广泛应用的数学学科。费歇尔也成为当时统计学界的中心人物，是一些有重要理论和应用价值的统计分支和方法的开创者。在理论方面，他分别于 1921 年和 1925 年发表的《理论统计学的数学基础》和《点估计理论》论文，奠定了统计学沿用至今的数学框架；在方法的层面，他提出的似然估计、试验设计与方差分析以及一大批小样本抽样分布的结果，迄今仍有着重大的影响。他对数理统计学的贡献，内容涉及估计理论、假设检验、实验设计和方差分析等重要领域。在对统计量及抽样分布理论的研究方面，1915 年，费歇尔发现了正态总体相关系数的分布。1918 年，费歇尔利用 n 维几何方法，即多重积分方法，推导和证明了由英国科学家戈赛特（William Sealey Gosset, 1876～1937）于 1908 年发现的 t 分布，从而使多数人们广泛地接受了它，使研究小样本函数的精确理论分布中一系列重要结论有了新的开端，并为数理统计的另一分支——多元分析奠定了理论基础。F 分布是费歇尔在 20 世纪 20 年代提出的，中心和非中心的 F 分布在方差分析理论中有重要应用。费歇尔在 1925 年对估计量的研究中引进了一致性、有效性和充分性的概念作为参数的估计量应具备的性质，另外还对估计的精度与样本所含信息之间的关系进行了深入研究，引进了信息量的概念。除了上述工作以外，20 年代费歇尔系统地发展了正态总体下各种统计量的抽样分布，这标志着相关、回归分析和多元分析等分支的初步建立。在对参数估计的研究中，费歇尔 1912 年提出了一种重要而普遍的点估计法——极大似然估计法，后来在 1921 年和 1925年的工作中又加以发展，从而建立了以极大似然估计为中心的点估计理论，在推断总体参数中应用这个方法，不需要有关事前概率的信息，这是数理统计史上的一大突破。这种方法直到目前为止仍是构造估计量的最重要的一种方法。在数理统计学的一个重要分支——假设检验的发展中费歇尔也起过重要的作用。他引进了显著性检验等

一些重要概念，这些概念成为假设检验理论发展的基础。方差分析是分析实验数据的一种重要的数理统计学方法，其要旨是对样本观测值的总变差平方和进行适当的分解，以判明实验中各因素影响的有无及其大小，这是由费歇尔于 1923 年首创的。多元统计分析是数理统计学中有重要应用价值的分支。1928 年以前，费歇尔已经在狭义的多元分析(多元正态总体的统计分析)方面做过许多工作。费歇尔在统计学上一项有较大影响的工作，是他在 30 年代初期引进的一种构造区间估计的方法——信任推断法。其基本观点是：设要作 θ 的区间估计，在抽样得到样本 $(X_1, \cdots, X_n)$ 以前，对 θ 一无所知，样本 $(X_1, \cdots, X_n)$ 透露了 θ 的一些信息，据此可以对 θ 取各种值给予各种不同的"信任程度"，而这可用于对 θ 作区间估计。这种方法不是基于传统的概率思想，但对某些困难的统计问题，特别是著名的贝伦斯-费歇尔问题，提供了简单可行的解法。在费歇尔众多的成就中，最使人们称颂的工作是他在 20 年代期间创立的实验设计(又称试验设计，研究如何制订实验方案，以提高实验效率，缩小随机误差的影响，并使实验结果能有效地进行统计分析的理论与方法)。费歇尔与他人合作，奠定了这个分支的基础。费歇尔在罗萨姆斯泰德试验站工作时曾指出：在田间实验中，由于环境条件难于严格控制，实验数据必然受到偶然因素的影响，所以一开始就得承认存在误差。这一思想是与传统的"精密科学实验"相对立的，在精密科学实验中，不是从承认误差不可避免出发，而是致力于严格控制实验条件，以探求科学规律。田间试验的目的之一是寻求高产品种，而实验时的土地条件，如土质、排水等都不能严格控制。因此，"在严格控制的这样或那样条件下，品种 A 比品种 B 多收获若干斤"这类结论，实际意义就不大。在现场进行的工业实验、医学上的药物疗效实验等，也有类似情形。这表明，费歇尔首创的实验设计原则，是针对工农业以及技术科学实验而设，而不是着眼于纯理论性的科学实验。实验设计的基本思想，是减少偶然性因素的影响，使实验数据有一个合适的数学模型，以便使用方差分析的方法对数据进行分析。他利用随机化的手段，成功地把概率模型引进实验领域，并建立了分析这种模型的方差分析法，强调了统计方法在实验设计中的重要性。按照他的方法使科学试验从某一个侧面"科学化"了，因而可以节省人力、物力，提高工作效率。费歇尔于 1923 年与梅克齐(W. A. Makezie)合作发表了第一个实验设计的实例，1926 年提出了实验设计的基本思想，1935 年出版了他的名著《实验设计法》，其中提出了实验设计应遵守三个原则：随机化、局部控制和重复。费歇尔最早提出的设计是随机区组法和拉丁方方法，两者都体现了上述原则。费歇尔不仅是一位著名的统计学家，还是一位闻名于世的优生学家和遗传学家。他是统计遗传学的创始人之一，他研究了突变、连锁、自然淘汰、近亲婚姻、移居和隔离等因素对总体遗传特性的影响，以及估计基因频率等数理统计问题。费歇尔的《生物学、农业和医学研究的统计表》是一份很有价值的统计数表。费歇尔还是一位很好的师长，培养了一大批优秀学生，形成了一个实力雄厚的学派，其中既有专长纯数学的学者，又有专长应用数学的人才。费歇尔一生发表的学术论文有 300 多篇，其中 294 篇代表作收集在《费歇尔论文集》中。费歇尔还出版了许多专著，如《研究人员用的统计方法》(1925)、《实验设计》(1935)、《统计表》[与耶茨(F. Yates)合著](1938)、《统计方法与科学推断》(1956)，大都已成为有关学科的经典著作。由于费歇尔的成就，他曾多次获得英国和许多国家的荣誉，1952 年还被授予爵士称号。美国统计学家埃夫龙在 1996 年一篇论文中把费歇尔比作"统计学的凯撒"。费歇尔对现代数理统计学的发展做出了决定性的贡献，他提出的一些数学原理和方法对人类遗传学、进化论和数量遗传学的基本概念，以及农业、医学方面的试验均有很大影响。例如，遗传力的概念就是在他提出的可将性状分解为加性效应、非加性(显性)效应和环境效应的理论基础上建立起来的。费歇尔主要著作还有《根据孟德尔遗传方式的亲属间的相关》《自然选择的遗传理论》《近交的理论》等。费歇尔在进化遗传学上是一个极端的选择论者，认为中立性状很难存在。费歇尔一生在统计生物学中的功绩是十分突出的，是自达尔文以来最伟大的生物进化学家，与霍尔丹（J. D. S. Haldane）、莱特（S. Wright）一起被誉为现代种群遗传学的三杰人物。1959 年，费歇尔退休后，在澳大利亚的联邦科学与工业研究组织中负责一部分统计工作，1962 年 7 月 29 日在澳大利亚的阿德莱德逝世，享年 72 岁。

3. 赖特（Sewall Wright，1889～1988）

赖特，美国遗传学家和育种学家，数理统计学奠基人之一，1889 年 12 月 21 日出生于美国马萨诸塞州（Massachusetts）的梅尔罗斯市（Melrose）。其父亲是菲利普·格林·赖特（Philip Green Wright），母亲是伊丽莎白·昆西·西沃尔（Elizabeth Quincy Sewall）。赖特出生后的第三年，因父亲要去伦巴第学院（Lombard College）——一家普救说（universalists）学院任职，他们举家迁往伊利诺伊州（Illinois）的哥拉斯堡（Galesburg）。虽然赖特直到 7 岁才上学，但他很小的时候就能够读书写字。7 岁那年，他还编写了一本有关某些动物身体特征的小册子。1906 年，赖特毕业于哥拉斯堡高中（Galesburg High School），1911 年，获得伦巴第学院学士学位。1912 年，获伊利诺伊大学厄巴纳香槟分校（University of Illinois in Urbana-Champaign）生物学硕士学位，并于 1915 年获得马萨诸塞州哈佛大学剑桥分校（Harvard University in Cambridge, Massachusetts）的博士 学位。

获得博士学位的赖特到位于华盛顿的美国农业部（United States Department of Agriculture，USDA）任职，担任一名高级动物管理员，他以豚鼠为实验对象细致地研究了动物的繁殖，这一开拓性的研究为许多现代动植物繁殖研究奠定了基础。在美国农业部工作一段时间后，赖特升任美国农业部畜牧局主任畜牧师。1926 年，赖特成为芝加哥大学（University of Chicago）的动物学副教

授，1930 年，升为教授。1934 年，任美国遗传学会会长，并当选为第十届国际遗传学大会主席。1955 年，任威斯康星大学教授，1960 年起为该校荣誉教授。主要著作有《交配体制》（1921）、《孟德尔群体中的进化》（1931）、《群体的进化与遗传》（1968～1969）等，对群体遗传学和数量遗传学的建立起了很大作用。他与费歇尔、霍尔丹同为生物统计遗传学的主要奠基人。他的主要贡献是：①创建了通径分析的理论和方法，借此可以研究任何封闭系统中的原因与结果的相互关系，这对解释由许多复杂因素形成的效应有重大作用；②他将通径分析法应用于牲畜的各种交配体制，得出了各有不同效应的结论；③发现了小群体中随机事件的遗传漂变现象，说明当群体很小时基因在进化中的保存与否纯属机遇，并不符合孟德尔定律，他根据上述各种因素，阐明了某些由许多小群体形成的大群体发生高速进化的原因。20 世纪 30 年代首先由费歇尔、赖特和霍尔丹等将生物统计学与孟德尔的颗粒遗传理论相结合，重新解释了达尔文的自然选择学说，形成了群体遗传学。以后杜布赞斯基、赫胥黎、迈尔、阿亚拉、斯特宾斯、辛普森和瓦伦丁等又根据染色体遗传学说、群体遗传学、物种的概念及古生物学和分子生物学的许多学科知识，发展了达尔文学说，建立了现代综合进化论。现代综合进化论彻底否定获得性状的遗传，强调进化的渐进性，认为进化是群体而不是个体的现象，并重新肯定了自然选择的压倒一切的重要性，继承和发展了达尔文进化学说。1988 年，赖特因病逝世，享年 99 岁。

4. 皮尔逊（Karl Pearson，1857～1936）

皮尔逊，英国数学家、生物统计学家、数理统计学的奠基者之一，1857 年 3 月 27 日出生于

英国伦敦。父亲威廉·皮尔逊是一位才能出众、智慧超群的律师，兼做英王室法律顾问，母亲为范妮·史密斯。父母双方家庭的祖上都是约克郡人。皮尔逊幼年曾受到良好的教育，他兴趣广泛、智力超常。在伦敦大学学院结束中学学业后，1875年获得剑桥大学国王学院奖学金入学学习，1879年毕业于剑桥大学，获数学学士学位，然后去林肯法学院学习法律，并于1881年取得律师资格。1882年获得文学硕士学位，后来又获得圣安德鲁斯大学法学博士和伦敦大学理学博士学位。

1884年，皮尔逊任伦敦大学数学学院应用数学和力学教授，担任过格雷沙姆几何学教授、应用数学系主任和高尔顿优生学教授。1899年，皮尔逊和剑桥大学的动物学家讨论达尔文的自然选择理论，他将数理统计应用于生物遗传和进化诸问题，得到生物统计学和社会统计学的一些基本法则。进一步发展了回归和相关的理论。统计学术语"总体"（population）、"众数"（mode）、"标准差"（standard deviation）、"变差系数"（coefficient of variation）等都是他引进的。总体是由可观测的个体构成的集团，从这个集团抽出的个体是反映总体特征的样本（sample），统计研究不是研究样本本身，而是根据样本对总体进行推断，他的这种想法促使了 T 拟合优度检验的产生。T 拟合优度检验是考察样本是否拟合从理论上所确定的总体分布问题。皮尔逊认为，统计的基本问题在于"由过去的数据来推断未来会发生什么事"，做到这一点的途径是"把观测数据转化为一个可供预测用的模型"。他对统计的理解已经接近现代的理解，为此发展了一系列方法，如皮尔逊分布族、矩法、拟合优度检验等。皮尔逊用微分方程刻画总体分布的特征，并将这些分布分为若干类型，然后讨论了样本的频率分布是否拟合这些总体分布。为了描述自然现象的非对称分布特性，皮尔逊研究出所谓反频率曲线。1901年，皮尔逊与韦尔登、高尔顿一起创办了《生物统计》杂志，并亲自担任主编至1936年，使数理统计学有了自己的一席之地，同时也给这门学科的发展完善以强大的推动力。他还担任过《优生学纪事》（Annals of Eugenics）的编辑。他的著作有《对进化论的数学贡献》（Mathematical Contributions to the Theory of Evolution，1893～1912年，18篇连载论文）、《统计学家和生物统计学家用表》（Tables for Statisticians and Biometricians，1924年，1931年）、《死的可能性和进行论的其他研究》（The Chances of Death and Other Studies in Evolution，1897年）等。

1828年，皮尔逊的妻子玛利亚去世。1929年，皮尔逊又与生物学实验室的同事玛格丽特·维多利亚·蔡尔德结婚。1933年10月，校方同意他的退休申请，并按照他的意愿为他在动物学系保留了一个办公室。只要有可能，皮尔逊还像以往那样按照学院的作息时间生活和工作。他在数学领域还是活跃的，并与人合作写了一篇论述克伦威尔执政时期的历史论文。他假期喜欢去距伦敦不远的萨里郡的金港湾度假，步行10多英里到一个鲜花盛开的坡地。面对生机勃勃的大自然，他不由自主地哀叹："当我们正想专心工作时，我们却太老了。"1935年，皮尔逊的精力明显衰退了。繁忙的工作终于耗尽了他的体力，尽管他依然渴望为他献身的事业继续尽力。直到弥留之际，他还坚持看完了《生物统计》第28卷的几乎全部校样。1936年4月27日，皮尔逊在金港湾因病去世，享年79岁。

5. 袁隆平（Yuan Longping，1930～）

袁隆平，中国育种学家，遗传学家，杂交水稻之父，1930年9月1日出生在北京的一个书香门第之家，父亲毕业于东南大学中文系，母亲是英语教师，祖籍江西省德安县，爷爷曾任海南省文昌县县长，是一个典型的传统知识分子家庭。1931～1936年，随父母居住北平、天津、江西九江、江西赣州、湖北汉口等地。1946年8月至1948年1月，在汉口博学中学读高中。1947年暑假，读高中一年级时获汉口赛区男子百米自由泳第一名。1949 年 8 月至 1950 年 10 月，在重庆北碚夏坝的相辉学院农学系读书。1950 年 11 月至 1953 年 7 月，院系调整，并入重庆新建的西南农学院农学系，1953 年 8 月，毕业于西南农学院(现西南大学)农学系。大学毕业后，到湖南省怀化地区的安江农业学校任教。

1960 年，30 岁的袁隆平开始从事杂交水稻的研究工作。1966 年 2 月 28 日，大学毕业工作 12 年的袁隆平，在《科学通报》第 17 卷第 4 期上发表了他杂交水稻研究方面的第一篇论文《水稻的雄性不孕性》。1966 年 6 月，袁隆平曾遭受冲击，水稻雄性不育试验被迫中断。对袁隆平的迫害和冲击虽然很快被纠正，但他的试验田被毁坏，培育出来的水稻秧苗被拔除，使实验遭受了巨大的损失。在众多困难和政治迫害情况下，袁隆平一如既往，坚持杂交水稻研究。1970 年 11 月 23 日，袁隆平和他的助手们在海南岛南红农场找到"野败"，为籼型杂交稻三系配套打开了突破口。1971 年春天，湖南省农业科学院成立杂交稻研究协作组，袁隆平调入该协作组工作。1972 年 3 月，袁隆平的工作受到国家科学技术委员会的重视，把杂交稻列为中国重点科研项目，组织全国协作攻关。1972 年，袁隆平选育成了中国第一个应用于生产的不育系'二九南 1 号'。袁隆平在苏州召开的水稻科研会议上发表了《利用"野败"选育三系的进展》的论文，正式宣告中国籼型杂交水稻"三系"已经配套。1974 年，袁隆平育成了中国第一个强优势杂交组合'南优 2 号'。1975 年，袁隆平攻克了"制种关"，摸索总结制种技术成功。1975 年 12 月中旬，中央支持杂交水稻推广，给广东装备一个车队，运输"南繁"种子，并由农业部主持立即在广州召开南方 13 省(自治区)杂交水稻生产会议，部署加速推广杂交水稻。1977 年，袁隆平发表了《杂交水稻培育的实践和理论》与《杂交水稻制种与高产的关键技术》两篇重要论文。1978 年 2 月，袁隆平出席第五届全国人民代表大会；同年 3 月，出席中国科学大会并获奖；同年 6 月，出席湖南省教育工作者先进代表大会；同年 10 月，出席湖南省科学大会并获奖。1978 年 10 月，袁隆平晋升为湖南省农业科学院研究

员。1979 年 4 月，首次到国外出席菲律宾国际水稻研究所召开的科研会议，会上宣读他用英文写的《中国杂交水稻育种》论文并即席答辩，与会者一致公认中国杂交水稻研究处于领先地位。1979 年 12 月，国务院授予袁隆平"中国先进科技工作者"与"中国劳动模范"的称号。同年，任农业部科学技术委员会委员、中国作物学会副理事长、中国遗传学会理事、湖南省生物学会理事、湖南省遗传育种学会副理事长、湖南省农学会理事。1980 年 5 月，袁隆平应美国邀请赴美进行杂交稻制种技术指导。9 月，中国农业科学院和国际水稻研究所共同在湖南省农业科学院举办杂交稻技术国际培训班，袁隆平作为主讲人给来自 10 多个国家的专家讲授杂交水稻方面的主要课程。1982～1986 年，袁隆平每年去菲律宾国际水稻研究所 1～3 次进行合作研究。1981 年 6 月 6 日，袁隆平和籼型杂交水稻获中国第一个特等发明奖。1982 年 8 月 26 日，袁隆平被聘为农牧渔业部技术顾问、中国杂交稻专家顾问组副组长，同年，被国际同行誉为"杂交水稻之父"。1983 年 8 月，第二次应美国邀请赴美国考察杂交稻试种情况并进行技术指导。1984 年 6 月 15 日，湖南杂交水稻研究中心成立，袁隆平任中心主任。同年获国家级有突出贡献的中青年专家称号。1985 年 10 月 15 日，首次获国际奖——联合国知识产权组织"发明和创造"金质奖章和荣誉证书。1985 年，袁隆平发表了《杂交水稻超高产育种探讨》一文，提出了选育强优势超高产组合的 4 个途径，其中花力气最大的是培育核质杂种。可是多年的育种实践，却没有产生出符合生产要求的组合。他便果断迅速地从核质杂种研究中跳了出来，向希望更大的新领域去探索。1986 年，培育成杂交早稻新组合'威优 49'。同年 4 月，应邀出席在意大利米兰附近召开的"利用无融合生殖进行作物改良的潜力"国际学术讨论会。10 月，世界首届杂交水稻国际学术讨论会在长沙召开，袁隆平在会上做了《杂交水稻研究与发展现状》的专题学术报告，并提出了今后杂交水稻发展的战略设想，得到与会专家、学者的赞同，并写进了会议文件。1987 年 11 月 3 日，第二次获国际科学大奖——联合国教育、科学及文化组织巴黎

总部颁发的 1986~1987 年度科学奖。联合国教育、科学及文化组织总干事姆博先生赞扬袁隆平取得的科研成果，是继 20 世纪 70 年代国际培育半矮秆水稻之后的"第二次绿色革命"。袁隆平将这次获奖的 1.5 万美元全部捐献，作为杂交水稻奖励基金，以奖励在这一领域有突出贡献的中青年科学工作者。

1995 年，袁隆平当选为中国工程院院士。2001 年 2 月 19 日获得国家最高科学技术奖。2006 年 4 月当选美国国家科学院外籍院士。2011 年获得马哈蒂尔科学奖。

二、核心事件

1. 纯系学说的建立

纯系学说(pure line theory)是丹麦遗传学家约翰逊于 1909 年提出的。1898 年，约翰逊从市场上买来轻重不一、参差不齐的菜豆(Phaseolus vulgaris)种子，这些种子轻的仅 15cg，重的可达 90cg。依据轻重程度的不同他从中挑出了 19 粒菜豆，建立了 19 个纯系。他所说的纯系，是指一粒种子的后代。因为菜豆是自花授粉植物，每粒种子的后代应该都是纯合的，所以约翰逊称单粒种子的自交后代为纯系。不同纯系间的平均粒重有明显的差异，轻种子产生的子代仍是轻种子，重种子产生的子代仍是重种子。但是，在连续 6 年内，当约翰逊从每一个纯系内选出最大的种子和最小的种子，将它们分别种下，结果发现，由单一纯系内的大种子和小种子产生的后代种子平均重量始终都一样，看不出有什么区别。例如，在第一年，用平均粒重仅 30cg 的轻种子种下后得到的子代种子平均重为 36cg，用平均重达 40cg 的重种子种下后得到的子代种子平均重 35cg，差异不大。第二年，用种子平均重分别为 25cg 和 42cg 的轻、重种子种下后分别产生 40cg 和 41cg 的种子。如此直到第 6 年，用 24cg 和 47cg 的轻、重种子都得到了 37cg 的种子。根据这一实验结果约翰逊提出："在一个混杂的群体内，粒重性状的连续变异是遗传变异和非遗传变异共同作用的结果；但在一个自花授粉的单粒种子后代即纯系内，基因型是一致的，是高度纯合的，其变异只是环境影响的结果，是不遗传的，所以在纯系内

选择也是无效的。"约翰逊在论述纯系的论文中，表明选择对于异花传粉植物和自花传粉植物之间的效果是有差别的。在异花传粉的植物群体中，选择的效果在于改变不同类型(基因型)的比例，选择是有效的。自花传粉植物产生纯合性或纯系，在长期的自花传粉植物中，遗传基因完全纯合，没有遗传的变异可供选择，选择是无效的。纯系中的变异(菜豆种粒重量的大小)一般只是环境引起的表型变异，而这种变异并不遗传。约翰逊在强调纯系内基因型一致、在纯系内选择无效的同时也指出：这决不意味着纯系是绝对稳定的。首先，经过无数世代对彷徨变异(fluctuation)的选择，有可能最终使一个纯系的基因型发生变迁。其次，我们必须考虑杂交育种，在发生杂交育种的情况下，纯系必定丧失掉它们纯的状态(注意：这里约翰逊所说的"杂交育种"主要是指"天然杂交")。最后是突变，即基因型不规律变异的可能性。这最后一点尤其重要。尽管当时德弗里斯已提出了"突变论"(1901~1903 年)，但对突变的本质了解还不多。约翰逊自己也说"要在最大程度上规定突变还不成熟，首先必须证实在更多的有机体中存在突变"，但是他同时也强调："据我所见，突变的确存在，这一点毋庸怀疑。"约翰逊认为，他这项工作的总的结果会对贝特森和德弗里斯关于非连续性变异或突变在进化理论方面的巨大意义赋予重要的支持。从纯系研究得到的知识，与杂交方面的知识的结合，可作为群体遗传研究的一个起点。约翰逊在《群体遗体与纯系》一文的最后甚至说："把纯系原理作为一个绝对需要的原理，而带入遗传学研究的真正深入的探索中必将取得成功，然后将达到它的最高目标。"

约翰逊创立的纯系学说是遗传学的重要理论之一，它和生物进化理论、育种实践都有密切的关系，在遗传学的发展历史中发挥过重要作用。但对于约翰逊所提出的纯系学说采取完全肯定或完全否定的态度都是片面的。从对纯系学说的批判分析中，对于育种实践可以得出什么结论呢？第一，自然界没有完全纯的纯系，像水稻、小麦、大豆这样自花授粉植物任何单株选择的后代，由于天然杂交和自发突变都会变得越来越不纯，因

此，必须不断进行提纯复壮，方能保持种子的一定纯度。第二，纯系不纯是绝对的，因此在其后代中出现经济上有益变异的可能性是存在的。在自花授粉作物单株系选后代中及时发现这种变异植株，把它选育成新的品系或品种是完全可能的。把这种可能性变为现实性的一个重要条件，是单株系选后代的植株数量要多。在大面积生产田中有较多机会发现这种变异。纯系的遗传基础有相对的纯一性。因此，在其后代按一定经济性状进行选择而在相当长时间内收不到明显效果的情况，也常常可能发生。第三，推广时间长的品种或地方品种都是混杂的种群，按一定目标在其中进行选择通常可以收到明显效果。因此，正确评价这个学说不仅有理论意义，而且有实践意义。

2. 多基因学说的形成和发展

多基因学说 (polygene hypothesis) 是数量性状遗传学的重要理论基础，其基本内容是：数量性状是由许多基因共同作用的结果，这些基因的遗传行为服从孟德尔法则；各个基因效应相似，作用微小，与环境影响所造成的表型差异处于同一数量级，且这类基因有位点内和位点间的互作效应，各类基因效应是累加的。在多基因学说的产生和形成的漫长过程中，许多科学家和研究工作者做出了重要贡献，如尼尔森·厄勒 (Nilsson-Ehle)、伊斯特 (E. East)、高尔顿 (F. Galton)、尤尔 (G. U. Yule) 等，其中，尤尔的工作发挥了重要作用，但在多数场合下，被人们所忘却了。

早在 1889 年，高尔顿就出版了《自然遗传》(Natural Inheritanee) 一书，标志着数量遗传学的诞生。高尔顿不仅是人类优生学的奠基人，还受到他表兄达尔文的影响，非常重视变迁中的微小积累。孟德尔规律主要反映了质量性状之间的遗传差异，这些性状之间的差异对比十分鲜明，而高尔顿是想通过对呈现出连续变异的性状的研究去阐述遗传的传递规律。他运用自己所创立的相关和回归的概念去研究人类群体中已知亲缘关系的父子间的平均相似性。"祖先遗传定律"是高尔顿首先提出的，他自己也颇为得意的一个结果。他说：平均而论，双亲对子女提供的遗传量是相等的，双亲共为子女提供了总遗传量的一半，4

个祖亲共提供 1/4，8 个曾祖亲共提供 1/8，依此类推。这样就有祖先遗传提供量级数：

$$\frac{1}{2} + \left(\frac{1}{2}\right)^2 + \left(\frac{1}{2}\right)^3 + \cdots = \sum_{n-1}^{\infty}\left(\frac{1}{2}\right)^n = \frac{\frac{1}{2}}{1-\frac{1}{2}} = 1$$

孟德尔定律被重新发现之后，得到了热忱的拥护和迅速的传播，形成了孟德尔学派。同时在 1900 年，由皮尔逊及韦尔登等大力推广，形成了很有力量的高尔顿学派，或称生物统计学派，他们出版了一份影响很大的刊物 Biometrika。两个学派在研究对象及研究方法上是截然不同的。在阐明适应与进化变迁上，究竟是高尔顿的平滑的数量变异重要，还是孟德尔的鲜明的不连续差异重要？在这个问题上很快就发生了根本分歧。以贝特森为首的孟德尔学派与以韦尔登为首的生物统计学派之间产生激烈争论，有时甚至发展成为"辛辣的攻击"。高尔顿虽然已经具有遗传物质必是微粒的思想，但根本还没有认识到分离及重组这些遗传基本现象，他本来想去阐明遗传传递规律，但在这方面他远远不如孟德尔。在这场"间断与连续"的争论中，两个学派都取得了重大的胜利。孟德尔学派对孟德尔发现的深入阐述，使科学界认识到孟德尔发现不是一般的科学发现，而是一项意义极为重大的科学发现。生物统计学派则使科学界对数量变异在生物群体中的普遍存在有了深刻的印象，并显示了高尔顿的数学方法的巨大威力。高尔顿所提出的相关系数，有人称之为"长青系数"，人们对它的意义及作用至今仍有新的发现，而他所提出的"回归"则已发展成为一种系统的数学方法。尽管两派似乎是势不两立的，但争论中所阐明的科学事实，实际只能造成两个学派的互相接近。例如，韦尔登在 1902 年的一篇论文中指出，豌豆的圆皱性状本身就存在着变异，而且变异的数量及类型还因品系而异。用今天的学术术语来说，韦尔登所提出的就是"主基因的表现度"问题。可以设想，费歇尔曾受到韦尔登这一见解的影响。费歇尔在其 1918 年的经典名著中曾有一句名言："如果遗传的决定因素确是按孟德尔方式遗传的话，那就必须接受生物统计学的结果"，这是 20 世纪初的这场争论的一个恰如其分的结论。在这场争论中，两个学派也都有根本性的不足之处：对数量变异的遗传分量都一无所知。因此，在这场争论中诞生的数量遗传学并没有一开始就触及其基础——多基因学说。

生物群体中数量性状的表现型分布，通常是正态分布，或者可以通过适当的变换化成正态分布。1909 年，丹麦遗传学家约翰逊报告了对菜豆种子重量的研究。他指出，无论所选的种子是大的、小的或中等的，其后代种子的重量都显示出连续型的数量变异，对表现型分布呈正态的群体进行自交，在平均数上的效应需视所选择的种子而定，但其方差在自交过程中趋于缩小。用现在的观点看来，自交或近交的过程是一种使群体中个体遗传均匀性增加的过程，因此方差的缩小体现出遗传变异性的缩小。不妨设 V_0 是初始表现型方差，V_1 是经过相当多世代自交后的表现型方差，$\dfrac{V_0 - V_1}{V_0}$ 则就是初始群体中遗传变异在表现型变异中所占份数的估计值。约翰逊的实验是对数量变异的遗传了解的开端，它开始接触到被马瑟(K. Mather)和金克斯(J. Jinks)称为"遗传学的首要原理"的"表现型为个体的基因型和个体发育生活所在环境的共同结果"，用数学公式表达，就是 P(表现型值)$= G$(基因型值)$+E$(环境值)。

与约翰逊同时的瑞典遗传学家尼尔森·厄勒研究了小麦种皮的红色与白色的遗传传递。他在 1909 年的一篇论文中证实了有三个"孟德尔因子"与此有关。他使用的是纯粹的孟德尔技术，按照孟德尔型的分离模式，对于三个位点上都是杂合的杂合子，其后代从白色到深红色，应当分成 1：6：15：20：15：6：1 的 7 组表现型，然而尼尔森·厄勒报道，各组间的界限是模糊的，呈现出类似于正态分布的连续趋势。他据此提出了数量性状的"多因子假说"，认为红色籽粒的形成是由作用非常相似的一些不同的红色"因子"所致，这些"因子"的累加作用决定了色泽的深浅。1910 年，伊斯特在其论文中也独立地提出了类似的假说，这就是多基因学说的萌芽。然而，对各种受分离基因控制的数量性状的第一个完整的分析，是由费歇尔在其 1918 年的经典名著中做出的。他在这篇论文中给方差这个术语下了数学

定义，用以测度变异，并且简述了以各种特殊系统的群体平均数和方差为根据的各项遗传效应的后果，包括由显性、上位和连锁等效应所导致的后果。他指出如何去考虑选型交配，特别是由于把变异分剖为不同来源若干项。他还创立了方差分析这项已被科学界普遍采用的数学方法。

与此同时，基因的染色体理论到 1920 年已被普遍承认和接受。"孟德尔因子"的"遗传微粒"，也逐渐统一到"基因"这个术语中来。人们认识到，造成数量性状变异的分离现象，实质上是携带着基因的染色体的一种行为。对连锁及交换现象的认识，把对数量性状的研究推向深入。然而，用孟德尔方法可以阐明的主基因差异间连锁的第一篇报道不是果蝇研究的结果，而是萨克斯(K. Sax)菜豆研究的发现。他于 1923 年选用了两个菜豆品系作为双亲，一个品系的种子大而有色，另一个则小而白，并且证实种子颜色的差异由一个主基因决定，而种子大小则呈数量变异。他把这两个品系杂交后发现，在 F_2 中，携带有色等位基因的纯合植株的种子仍大，携带白色等位基因的纯合植株的种子仍小。他认为，这说明决定种子大小的基因当中至少有一个与颜色等位基因连锁。萨克斯的试验是成功的，但他的推理却有缺陷，他未能排除颜色等位基因对于种子大小的多效作用。拉司穆森(J. Rasmusson)在 1935 年以豌豆作材料，花色作质量性状，花期作数量性状，通过重组一再回复与亲本相同的花色，而花期始终与花色相联系，这样才使连锁现象成为无可置疑的。但是，标记基因的发现却首先归功于果蝇研究。在果蝇研究中发现了丰富的标记基因，不仅可以标记所有的 4 对染色体，还可以标记染色体的特定片段。标记基因加上重组技术，给数量变异的研究插上一对翅膀，进而飞向新的高度。以标记基因和重组为基础的染色体分析技术，在整个"果蝇年代"被反复琢磨和充分发挥。例如，瓦伦(D. Warren)在 1924 年证实果蝇所有的 4 对染色体都影响着其卵的大小，并且排除了多效性的可能。马瑟与哈里森(R. Harrison)1949 年报道，果蝇各品系腹部刚毛数的变异，可全部归因于染色体效应之和。应当指出，在作物遗传育种中，染色体分析技术也被越来越广泛地采用。标准化

环境确实改善了试验结果，但由于非遗传变异不仅源于外因，而且大量地来自生物个体发育的不稳定性，也并未获得预期的效果。显然，在目前的技术条件下，单纯采用染色体分析，是无法完全解释清楚一般的数量变异的。

费歇尔选择了另外一条道路，他使用孟德尔的术语，但却继承高尔顿的方法。孟德尔分析与高尔顿的生物统计分析，实际上是相辅相成的。孟德尔分析把那些个别的大效应隔离开来分析，但却不可避免地舍弃掉为数众多的微效基因；生物统计分析包含无隔离的全部变异，但却无法细分每个基因的效应。孟德尔分析能揭示某些局部的详细情况，生物统计分析则从整体上去描述全局。费歇尔集两家之长，汇成一体。在其 1918 年的经典名著中就已经指出，数量变异的遗传分量（G），可以分割成加性作用（D）、显性作用（H）和非等位基因的相互作用（I），即有 $P=G+E=(D+H+I)+E$。费歇尔还推导了一对基因在随机交配群体中，对群体数量变异提供的总加性变异和总显性变异。费歇尔用严谨的数学推导把数量变异的加性变异部分归结为独立基因对效应的累积，这就使得探求影响某一性状的基因对的数目，成了引人注目的课题。然而，即使每个基因都可以分离，要想查明影响某一性状数量变异的基因对的数目，也还有两个基本要求：第一，每个基因的效应都大得足以可被辨认；第二，所有的基因都能互相区别。这两个基本要求都是难以达到的。约翰逊通过菜豆试验证实，在根本不存在分离基因的自交纯系中，仍然存在着可以度量得出的数量变异。这说明，非遗传变异有可能远远大于单一基因差异对于数量变异的效应。因此，得到的影响某一性状数量变异的基因对的数目充其量是一个近似值。要想把各个基因区别开来，就必须建立相当大数量的自交系，再进行广泛的后代测验，充分地利用标记基因及重组技术以达到隔离各个基因的目的。就高等生物而言，目前只有对果蝇的研究才取得了精度相当高的结果。

多基因学说发展的一个重要里程碑是马瑟在 1949 年所提出的多基因体系。多基因体系认为："数量性状的变异，一部分是可以遗传的，另一部分是非遗传的，这两种成分只能用适当的育种试验来区分。非遗传的成分，一部分是由外界环境差异的影响所致，但也可能反映个体内部发育的不稳定。变异的遗传成分，随全部染色体上的许多位点的基因而变化，在一个多基因系统中共同起作用。构成数量变异的这些基因，对其表现型起着微小、相似而又互相补充的效应，除非采用特殊的技术，其中个别基因的效应，一般是追查不出来的。"关于主基因及多基因系统成员之间，多基因体系曾经提出过三种不同类型的关系：①同一基因结构在同一时刻，既扮演主基因的角色，又作为多基因系统的一员与其他成员一起贡献于另一性状的数量变异。②同一基因结构，在不同的时刻以两种不同方式起作用，一种方式起主基因的作用；另一种方式起多基因系统成员的作用。③有两种截然不同的基因结构，一种呈主基因效应；另一种呈多基因效应。目前虽然还不能完全阐明多基因系统的详细结构，但已很清楚，多基因系统包含着多种多样的基因结构。

1865 年，当孟德尔对豌豆的遗传进行研究时，高尔顿就开始了对人类性状遗传的研究。高尔顿受表兄达尔文的影响，重视变迁中的微小积累，他不像孟德尔那样着眼于对比鲜明的特征（或称之为质量性状），而是企图通过对呈现出连续变异的特征（或称之为数量性状）的研究去阐述遗传传递的原理。

这是数量性状遗传学早期的开拓性工作。1880 年，高尔顿出版了《相关及根据人体资料的计算》；1885 年出版了《正常人遗传性身高的回归》。1889 年，高尔顿出版了《自然遗传》（*Natural Inheritanee*）一书，揭示了统计方法在生物学研究中的有用性，引进了回归直线、相关系数等概念，创立了回归分析方法等，这一著作的出版标志着数量遗传学的诞生。

3. 杂交水稻的培育

水稻具有明显的杂种优势现象，主要表现在生长旺盛、根系发达、穗大粒多、抗逆性强等方面，因此，利用水稻的杂种优势以大幅度提高水稻产量一直是育种家梦寐以求的愿望。但是，水稻属自花授粉植物，雌雄蕊着生在同一朵颖花里，由于颖花很小，而且每朵花只结一粒种子，因此很难用人工去雄杂交的方法来生产大量的第一代杂交种子，所以，长期以来水稻的杂种优势未能得到应用。

杂交水稻(hybrid rice)的首次成功实现是由美国人亨利·贝切尔(H. M. Beachell)在1963年于印度尼西亚完成的，亨利·贝切尔也被学术界某些人称为杂交水稻之父，并由此获得1996年的世界粮食奖。由于亨利·贝切尔的设想和方案存在着某些缺陷，无法进行大规模的推广。后来日本人提出了三系选育法来培育杂交水稻，提出可以寻找合适的野生的雄性不育株作为培育杂交水稻的基础。虽然经过多年努力，日本人找到了野生的雄性不育株，但是效果不是很好；另外，日本人还提出了一系列的水稻育种新方法，但是最后由于种种原因没法完成杂交水稻的产业化。

1960年，30岁的袁隆平开始进行水稻的有性杂交试验，同年7月，在安江农业学校实习农场早稻田中，发现一株植株高大、颗粒饱满的特异稻株，这株"鹤立鸡群"的特异稻株吸引了袁隆平，他详尽地记下了这一切，而这一新发现的原始记录就成为了他实现跨越的基点。袁隆平设想：杂交水稻的优势在于不增加任何投资的同等条件下，亩产可达上千斤，可比原有的水稻品种增产100kg，这样我国几亿人口的吃饭问题完全可以解决。后来的结果比设想更佳，1961年春天，他把这株变异株的种子播到创业试验田里，结果证明那株"鹤立鸡群"的植株是"天然杂交稻"。作为一名安江农业学校的教师，面对当时严重的饥荒，他立志从事水稻雄性不育试验，用农业科学技术击败饥饿威胁。从1964年开始，袁隆平在中国首创水稻雄性不育研究。7月5日，在安江农业学校实习农场的洞庭早籼稻田中，找到一株奇异的"天然雄性不育株"，这是中国首次发现。经人工授粉，结出了数百粒第一代雄性不育材料的种子。1965年7月，又在安江农业学校附近稻田的'南特号''早粳4号''胜利籼'等品种中，逐穗检查14 000多个稻穗，连同上年发现的不育株，共计找到6株。经过连续两年春播与翻秋，共有4株繁殖了1～2代。在1964～1965年两年的水稻开花季节里，他与科研小组在稻田进行杂交育种试验。后在稻田里找到了6株天然雄性不

育的植株。经过两个春秋的观察试验，对水稻雄性不育材料有了较丰富的认识，根据所积累的科学数据，在大学毕业工作12年左右的他，将其研究成果发表在1966年第17卷第4期《科学通报》上。1966年2月28日，发表第一篇论文《水稻的雄性不孕性》，刊登在中国科学院主编的《科学通报》半月刊第17卷第4期上。1967年3月16日，湖南省科学技术委员会发函安江农业学校，要求学校将"水稻雄性不孕"研究列入计划。同年4月，袁隆平起草"安江农校水稻雄性不孕系选育计划"，呈报湖南省科学技术委员会与黔阳地区科学技术委员会。6月，由袁隆平、李必湖、尹华奇组成的黔阳地区农业学校(安江农业学校改名)水稻雄性不育科研小组正式成立。1968年4月30日，袁隆平将珍贵的700多株不育材料秧苗，插在安江农业学校中古盘7号田里，面积133m²。5月18日晚上，中古盘7号田的不育材料秧苗被全部拔毁破坏，成为至今未破的谜案。袁隆平心痛欲绝。事发后第4天才在学校的一口废井里找到残存的5根秧苗，继续坚持试验。1969年冬，袁隆平、李必湖、尹华奇等到云南省元江县加速繁殖不育材料。1970年1月2日，遇5级以上地震，仍然坚持繁殖试验，直到收获。1970年夏，袁隆平从云南引进野生稻，拟在靖县(安江农业学校又搬迁到了靖县)做杂交，后因没有进行短光照处理而未成功。秋季，袁隆平带领科研小组李必湖、尹华奇来到海南岛崖县南江农场进行三季水稻实验，向该场技术员与工人调查野生稻分布情况。

1970年11月23日，在袁隆平关于"把杂交育种材料亲缘关系尽量拉大，用一种远缘的野生稻与栽培稻进行杂交"的构想指导下，助手李必湖和冯克珊在海南岛南红农场找到"野败"，为籼型杂交稻三系配套打开了突破口。1971年春天，湖南省农业科学院成立杂交稻研究协作组，袁隆平调入该协作组工作。1972年3月，国家科学技术委员会把杂交稻列为中国重点科研项目，组织全国协作攻关。袁隆平将"野败"材料分发到全国10多个省、市的30多个科研单位，用了上千个品种与"野败"进行了上万个测交和回交转育的试验，扩大了选择概率，加快了三系配套

讲程。1972 年，袁隆平选育成了中国第一个应用于生产的不育系'二九南 1 号'。袁隆平在苏州召开的水稻科研会议上发表了《利用"野败"选育二系的进展》的论文，正式宣告中国籼型杂交水稻"三系"已经配套。1974 年，袁隆平育成了中国第一个强优势杂交组合'南优 2 号'。在安江农业学校试种，亩产量 628kg。次年作晚稻栽培 1.33hm²，亩产量 511kg，攻克了"优势关"。1975 年又在湖南省委、省政府的支持下，获大面积制种成功，为次年大面积推广做好了种子准备，使该项研究成果进入大面积推广阶段。1975 年，袁隆平攻克了"制种关"，摸索总结制种技术成功。1985 年，袁隆平发表了《杂交水稻超高产育种探讨》一文，提出了选育强优势超高产组合的 4 个途径，其中花力气最大的是培育核质杂种。可是多年的育种实践，却没有产生出符合生产要求的组合。他便果断迅速地从核质杂种研究中跳了出来，向新的希望更大的研究领域去探索。1986 年，他培育成了杂交早稻新组合'威优 49'。

三、核心概念

1. 数量性状、质量性状

数量性状（quantitative characters 或 quantitative trait, QT）指表现为连续变异的性状。一般数量性状都能够用数值单位进行度量，如植物的高度、动物的体重、作物的产量、奶牛的泌乳量、鸡的产蛋量等。

质量性状（qualitative trait）指表现为非连续变异、非此即彼的性状。质量性状能够用形容词进行描述，如花色的红与白、耳垂的有与无、豆子形状的光滑与皱缩、正常翅与残翅等。

在同一个生物体既存在数量性状，又存在质量性状，二者都由基因控制，其传递规律也都符合孟德尔定律。但由于控制数量性状的基因数目较多，且每个基因的作用特点与控制质量性状的基因不同，因此，杂交后代呈现连续变异。

还有一类域性状，这是指它们的遗传是由多基因决定的，而它们的表型是非连续的一类性状。这类性状有两种分布，一种是造成这类性状的某种物质的浓度或发育速度潜在地连续分布，一般呈正态分布或经过统计学变换后成为正态分布。

另一种是表型可以计算的间断分布，当只有一个阈值（threshold, th）时，它由连续分布的一个点（阈值）将个体分为两类，越过阈值者为一类表型，如"死亡"；未越过阈值者为另一类表型，如"存活"。所以，可以认为域性状是一类超越某一遗传阈值时才表现的性状。域性状是一类重要的数量性状。例如，动植物包括人类在内的抗病能力，从遗传上看是由多基因决定的数量性状，但在表型上由是否越过阈值而表现为"患病"或"正常"。

2. 累加作用、倍加作用

累加作用（cumulative effect）指每个有效基因的作用按一定数值与基本值尽余值（尽余值，隐性基因型的基本值）相加或相减。这里涉及每个有效基因的作用值如何计算，基本值如何计算，相加或相减的概念是什么？例如，高秆亲本基因型 AABB，表型 16.8；矮秆亲本基因型 aabb，表型 6.6；F_1 基因型 AaBb；F_2 基因型 AABB、AABb、AAbb、AaBB、AaBb、Aabb、aaBB、aaBb、aabb。基本值指的是隐性亲本 aabb 的表现值，即 6.6；每个有效基因（显性基因）的作用值等于显性亲本 AABB 表现的数值 16.8 减去隐性亲本 aabb 的表现值，再除以基因的数目，即 (16.8-6.6)/4=2.55。如果基因的作用是正向的，则杂交后代中每种基因型的数值是由基本值与有效基因作用值相加。例如，基因型 AaBb 的数值是 6.6+2.55+2.55=11.7，基因型 AABb 的数值是 6.6+2.55+2.55+2.55=14.25，基因型 AABB 的数值是 6.6+2.55+2.55+2.55+2.55=16.8。如果基因的作用是负向的，如矮秆亲本基因型 AABB，表型 6.6，高秆亲本基因型 aabb，表型 16.8，每个有效基因（显性基因）作用是使表现值减少，则杂交后代中每种基因型的数值是由基本值与有效基因作用值相减。这里隐性基因型 aabb 的值 16.8 是基本值，每个有效基因（显性基因）的作用值等于显性亲本 AABB 表现的数值 6.6 减去隐性亲本 aabb 的表现值 16.8，再除以基因的数目，即 (6.6-16.8)/4 = -2.55。每个有效基因的作用值为负数，所以是基本值与有效基因作用值相减。例如，基因型 Aabb 的数值是 16.8-2.55=14.25，基因型 AaBb 的数值是 16.8-2.55-2.55=11.7，基因型 AABb 的数值是 16.8-2.55-2.55-2.55=9.15，基因型 AABB 的数值是 16.8-

2.55−2.55−2.55−2.55=6.6。

倍加作用(product effect)指每个有效基因的作用按一定数值与基本值相乘或相除。这里涉及每个有效基因的作用值如何计算,基本值如何计算,相乘或相除的概念是什么?例如,高秆亲本基因型AABB,株高80cm,矮秆亲本基因型aabb,株高20cm,F_1基因型AaBb,株高40cm,F_2有9种基因型。这里基本值是隐性亲本的表型值20cm。F_1AaBb的株高应为双亲的几何平均数,即$\sqrt{80 \times 20}$=40。每个有效基因的作用值等于F_1的表型值/基本值的开n次方(n为F_1有效基因的个数),这里F_1只有2个显性基因,即$\sqrt{40/20}$=1.414(如果杂交亲本涉及三对基因,也即F_1具有3个显性基因时,则每个有效基因的作用值等于F_1的表型值/基本值的开3次方,若有4个显性基因则开4次方)。杂交后代中基因型aabb为20×1.414^0=20,Aabb为20×1.414^1=28.3,AaBb为20×1.414^2=40,AaBB为20×1.414^3=56.6,AABB为20×1.414^4=80。

如果显性基因的作用是负向作用,指每个有效基因的作用按一定数值与基本值相除。例如,亲本AABB,株高20cm,aabb,株高80cm,此时,aabb株高80cm为基本值,则杂交后代中基因型aabb为80÷1.414^0=80,Aabb为80÷1.414^1=56.58,AaBb为80÷1.414^2=40,AaBB为80÷1.414^3=28.3,AABB为80÷1.414^4=20。

3. 方差、标准差

方差(variance)指表示一组资料的分散程度或离中性程度。方差越大,说明这组资料分散程度越大,离平均数的距离越远。数量性状呈连续变异,基因作用大多表现为群体性,其分析方法采用统计分析进行数学处理。数量性状分析中用到的平均数可以反映群体的一些特征,但是,单单用平均数来分析会把我们引入歧途,有时平均数一样的两个群体,可能其结构大不相同。例如:

A群体:19岁 3人　　B群体:80岁 1人
　　　　18岁 2人　　　　　　66岁 1人
　　　　17岁 5人　　　　　　4岁 8人

A群体平均数=(19×3+18×2+17×5)/10=17.8岁。B群体平均数=(80×1+66×1+4×8)/10=17.8岁。两个群体平均数都为17.8岁,但B群体的年

龄结构显然不如A群体的。那么,怎样才能比较真实地反映群体的特征呢?就需要引入方差的概念。例如:

A群体:19岁 3人　　B群体:80岁 1人
　　　　18岁 2人　　　　　　66岁 1人
　　　　17岁 5人　　　　　　4岁 8人
平均数: 17.8岁　　　　　　　　17.8岁

A群体方差:S^2=[3×$(19−17.8)^2$+2×$(18−17.8)^2$+5×$(17−17.8)^2$]/(10−1)=0.84。

B群体方差:S^2=[1×$(80−17.8)^2$+1×$(66−17.8)^2$+8×$(4−17.8)^2$]/(10−1)=857。

显然,以方差来判断两个群体的优劣一目了然,A群体在年龄结构上优于B群体。

标准差(standard deviation)指群体变异程度的度量。等于方差的开平方后得出的值。利用方差来界定一个群体的性质,不能很好地限定每个个体的变异范围。

4. 广义遗传力、狭义遗传力

广义遗传力(broad-sense heritability,H^2)指遗传方差在总方差(表型方差)中所占的比值。根据定义其公式为

$$h_B^2 = \frac{\text{基因型方差}}{\text{表型方差}} \times 100\% = \frac{V_G}{V_P} \times 100\%$$

数量性状受到环境因素的影响很大,通过测量数量性状的表现型称为表现型值,用P表示;表现型值中由基因型所决定的部分数值,称为基因型值,用G来表示;如果不存在基因型与环境的互作效应,则表现型值与基因型值之间的差就是环境条件所引起的变异,称为环境效应,用E来表示。三者的数量关系可以用下面的式子表示:

$$P = G + E$$

由于方差可用来测量变异的程度,所以各种变异都可以用方差来表示,表型变异可以用表型方差V_P表示,遗传变异可用遗传方差V_G来表示,环境变异则用环境方差V_E表示,表型方差包括遗传方差和环境方差两部分,则$V_P = V_G + V_E$。利用一定的推导可以把环境方差V_E求出来,这样就可以进行广义遗传力的计算。

狭义遗传力(narrow-sense heritability)指遗传方差V_G中的加性遗传方差V_A(additive genetic variance)（或基因的加性效应）在总方差（表型方差）中所占的比值。计算广义遗传力中运用的遗传力差出加性方差 V_A、显性方差 V_D、上位性方差 V_I 三部分组成，即 $V_G = V_A + V_D + V_I$。加性方差或加性效应是指各个基因位点上纯合基因型对基因型总效应的贡献，这部分效应是累加的，是可以固定的（如 AABB 的加性效应值高于 AAbb 的效应值）。显性方差是由同一基因位点内相对等位基因之间的显隐性关系决定的，所以当培育成纯合体时，这部分效应就会消失，所以是不可固定的（如 AaBb 杂交变为纯合体时，显性效应就会消失）。上位方差是等位基因之间的互作引起的，随着世代延续，上位效应也可以消失。为了更精确地估算遗传力，引入了狭义遗传力的概念。根据定义其公式为

$$h_N^2 = \frac{加性遗传方差}{表型方差} \times 100\% = \frac{V_A}{V_P} \times 100\%$$

不管是广义遗传力还是狭义遗传力都可以作为杂种后代进行选择的一个重要指标，但根据狭义遗传力来进行选择更精确些，更容易选出符合育种目标的性状。不管是广义遗传力还是狭义遗传力，它所代表的含义是在总变异中遗传变异占多大的比例。例如，广义遗传力为 60%，只能理解为在总变异中遗传变异占的比例是 60%，不能理解为某性状 60% 由遗传因素控制，40% 由环境因素控制。

5. 近交、近交系数

近交（inbreeding）指亲缘关系相近个体间的交配，亦称近亲交配。近亲交配按亲缘远近的程度一般可分为：全同胞交配（full-sib），同父母的后代之间交配；半同胞交配（half-sib），同父或同母的后代之间交配；亲表兄妹交配（first-cousins），前一代同胞的后代之间交配。有的教材中把近亲分为四等：一等亲，父女间、母子间；二等亲，祖孙间、同胞兄妹间；三等亲，伯、叔、姑、舅、姨与侄儿、侄女、外甥、外甥女间；四等亲，堂姑、堂叔、姨表兄妹、半同胞间。以上所列的个体间进行婚配都属于近亲婚配或近交。1950 年我国制定的婚姻法写到："第五条 男女有下列情形之一者，禁止结婚：为直系血亲，或为同胞的兄弟姊妹和同父异母或同母异父的兄弟姊妹者。其

他五代内的旁系血亲间禁止结婚的问题，从习惯。"按照当时的规定，亲表兄妹之间是可以婚配的。2001 年我国制定的新婚姻法规定："直系血亲和三代以内旁系血亲，禁止结婚"，即亲表兄妹、堂表兄妹也是禁止婚配的。

直系血亲指相互间具有直接血缘联系的亲属。即生育自己和自己生育的上下各代血亲，如父母与子女，祖父母与孙子女，外祖父母与外孙子女等。

旁系血亲指相互间具有间接血缘联系的亲属。同源于父母的兄弟姐妹；同源于祖父的叔伯、姑、堂兄弟姐妹；同源于外祖父母的舅、姨、姨表兄弟姐妹等。

近交系数（inbreeding coefficient）指子代个体获得的等位基因来自某一共同祖先的概率，或子女中某一来自共同祖先的基因相遇的概率，或子代个体的等位基因来自共同祖先的概率。通常以 F 来表示。F 值介于 0～1。两个个体间 F 值越大，说明两个个体间亲缘关系越近，二者婚配所生的孩子某座位上两个等位基因来自同一祖先的概率越大。

6. 显性假说、超显性假说

显性假说（dominance hypothesis）指一个亲本的隐性基因为另一亲本的显性基因所掩盖，进而形成杂种优势的理论。是早期人们对杂种优势的一种解释。布鲁斯（A. V. Bruce）和琼斯（D. F. Jones）等认为多数显性基因有利于个体的生长和发育，相对的隐性基因不利于生长和发育，杂合个体进行自交或近交就会增加子代纯合体出现的机会，暴露出隐性基因所代表的有害性状，因而造成自交衰退。如果选用这些不同的自交后代纯系（自交系）来进行杂交，那么由一个亲本带入子代杂合体中的某些隐性基因会被另一亲本的显性等位基因所遮盖，从而增进了杂合子代的生长势。由于杂种优势涉及许多基因，在杂交子一代中，几乎全部的有害基因的作用都为其有利基因所遮盖，因而出现杂种优势。因此，杂合体 AaBb 的生活力高于纯合体 AAbb 或 aaBB。显性假说只考虑了等位基因之间的作用，没有考虑非等位基因之间的相互作用；没有考虑数量性状的多基因基础；没有考虑细胞质的作用。

超显性假说(overdominance hypothesis)指等位基因间异质结合互相作用，形成杂种优势的理论。认为杂种优势是基因型不同的配子结合后产生的一种刺激发育的效应。后来伊斯特于 1918 年认为某些座位上的不同的等位基因(如 A_1 和 A_2)在杂合体(A_1A_2)中发生的互作有刺激生长的功能，因此杂合体比两种亲本纯合体(A_1A_1 及 A_2A_2)显示出更大的生长优势，优势增长的程度与等位基因间的杂合程度有密切关系。超显性假说得到了许多试验资料的支持，但是它否认等位基因间的显隐性关系，忽视了显性基因的作用。

四、核心知识

1. 数量性状的遗传解释

孟德尔的遗传因子和两个遗传定律成功地解释了质量性状的遗传基础，后人的工作也都证实了遗传因子的存在，染色体在减数分裂中的行为也都完全证实了质量性状的两个遗传定律。对于与质量性状不同的数量性状的遗传基础和遗传规律，是在 1909 年被尼尔森·厄勒的多基因假说揭示的。其要点是：数量性状由许多彼此独立的基因所决定；许多彼此独立的基因的遗传遵循孟德尔式遗传；每个基因对性状表现的效果是微小的；每个基因的效应是均等的；各个基因的作用是累加的(递加或递减)。

2. 数量性状与质量性状的关系

数量性状与质量性状的相同点在于都是由基因决定的，其遗传方式也都遵循孟德尔式遗传，但两类性状在概念、表现以及研究手段等各方面是有诸多区别的(表 6-1)。

但是，数量性状与质量性状的区分并不是绝对的。由于划分的标准不同，往往也可以把数量性状看作质量性状。例如，人的高脂蛋白血症是由多种基因决定的数量性状，该症的某些生理、生化指标在人群中表现为连续的变异。但是从临床的角度考虑则可以把人群划分为患者和正常两类，因而可以把它看作质量性状。这种根据某一数量变化范围来区分类别的数量性状称为阈值性状。

有些性状因杂交亲本相差基因对数的不同而不同，相差越多连续性越强。例如，在水稻株高

表 6-1　数量性状与质量性状的区别

项目	数量性状	质量性状
变异类型	数量上的变化	种类上的变化
变异表现方式	连续型	间断型
遗传基础	微效多基因	单基因
对环境反应	敏感	不敏感
分析方法	统计分析，量的测算	概率分析，质的鉴定
F_1 表现	双亲中间类型	偏向双亲一方
F_2 表现	连续变异，超亲遗传	不连续变异，无超亲遗传
性状特点	容易度量	不容易度量
性状性质	多为经济性状	多为生物学性状

方面，当两个杂交的亲本的其他有关植株高矮的微效基因都相同而只有某一对基因不同的情况下，杂交子代中的植株高度便可以明显地划分为不重叠的高矮两组，表现为质量性状；当两个杂交的亲本的其他有关植株高矮的微效基因相同，有两对基因不同的情况下，杂交子代中的植株高度便会出现连续的几种类型，表现为数量性状。例如，教材中关于小麦籽粒颜色的遗传，如果杂交的双亲基因型为 $R_1R_1R_2R_2R_3R_3$、$r_1r_1r_2r_2r_3r_3$ 时，有三对基因不同，则在 F_2 会出现一系列的变异类型，表现为数量性状。如果杂交的双亲基因型为 $R_1R_1r_2r_2r_3r_3$、$r_1r_1r_2r_2r_3r_3$ 时，仅仅有一对基因不同，则在 F_2 不出现一系列的变异类型，而仅仅是红色和白色两种类型，表现为质量性状。

有的基因既控制数量性状又控制质量性状。例如，白三叶草中，两种独立的显性基因相互作用引起叶片上斑点的形成，这是质的差别，属于质量性状。但这两种显性基因的不同剂量又影响叶片的数目，这是量的差别，属于数量性状。

另外，决定数量性状的基因也不一定都是为数众多的微效基因。例如，果蝇的突变型巨体(giant，gt)的个体明显地比野生型大；小鼠的突变型侏儒(dwarf，df)的体形明显地比野生型小；玉米的矮株基因(brachytic，br)同样由于单个基因发生突变而使节间缩短，植株矮小。孟德尔的实验中所采用的豌豆的高秆品系和矮秆品系同样是一对主效基因的差别。

3. 数量性状基因对数的估算

控制某数量性状基因数目的多少,直接决定该性状遗传的复杂程度。例如,F_2分离类型和比例,各种类型趋于纯合稳定所需世代数等,都是育种中相当重要的依据。因此,对于每一个数量性状必须估算它所涉及的基因数目。控制数量性状的基因虽然较多,但每个基因的传递都是遵循孟德尔遗传方式的,在F_2中每一种变异类型出现的频率也都与基因数目的多少相关。因此,可以利用极端类型出现的比率来推算基因的数目。当控制某一数量性状的基因有一对时,极端类型的比例为$\frac{1}{4}$,两对基因时,极端类型为$\frac{1}{16}$,三对时,极端类型为1/64……决定数量性状的基因对数为n对时,极端类型的比例为$\left(\frac{1}{4}\right)^n = \left(\frac{1}{2}\right)^{2n}$。

另外,还可以利用下列公式估算最低限度的基因对数:

$$n = \frac{(\bar{x}_{P_1} - \bar{x}_{P_2})^2}{8(S_{F_2}^2 - S_{F_1}^2)}$$

式中,$\bar{x}_{P_1}$是一个亲本的平均数;$\bar{x}_{P_2}$是另一个亲本的平均数;S_{F_2}是F_2的标准差;S_{F_1}是F_1的标准差。计算结果遵照四舍五入的原则,如果n等于4.4,则基因对数为4对,如果n等于4.5,则基因对数为5对。

4. 数量性状遗传分析的方法

数量性状遗传分析的方法与质量性状遗传分析方法不相同。在质量性状的遗传分析中,多采用系谱分析和概率分析,遗传比率界限也比较清晰。而在数量性状的遗传分析中,多采用统计分析方法,不但要计数,还要用衡器称、仪器测、尺子量等。重要的遗传参数包括平均数、方差(表型方差、遗传方差、环境方差等)、协方差、标准差、广义遗传力、狭义遗传力、育种值、回归系数、矩阵运算等。

5. 遗传力的估算

计算广义遗传力的公式为$h_B^2 = \frac{基因型方差}{表型方差} \times 100\% = \frac{V_G}{V_P} \times 100\%$,根据公式,计算广义遗传力时要弄清楚表型方差$V_P$、基因型方差$V_G$的概念

和计算。两亲本杂交产生的F_2中有各种各样的基因型,所以,F_2形成的方差V_{F_2}既有基因型方差又有环境方差,因此,统计和计算F_2的方差V_{F_2}就代表了表型方差V_P,则广义遗传力的公式可以改为:$h_B^2 = \frac{基因型方差}{表型方差} \times 100\% = V_G/V_{F_2} \times 100\%$。

那么基因型方差V_G如何求呢?表型方差代表了总的方差,它包括基因型方差和环境方差V_E,即$V_P = V_G + V_E$。总的表型方差为1,那么总的表型方差减去环境方差即为基因型方差,即$V_G = V_P - V_E = V_{F_2} - V_E$。那么环境方差$V_E$如何求呢?用于杂交的亲本双方,$P_1$的基因型是一致的,$P_2$的基因型也是一致的,二亲本杂交产生的$F_1$个体间基因型也是一致的。因此,把$P_1$、$P_2$、$F_1$分别种植在同一环境下,各自产生的方差都应该是环境方差。因此,环境方差可以用以下三种方法求取。

(1)利用基因型纯合群体(亲本)估算环境方差:$V_E = \frac{1}{2}(V_{P_1} + V_{P_2})$。

(2)利用基因型一致的F_1群体估算环境方差:$V_E = V_{F_1}$。

(3)利用两亲本和F_1的表型方差合计估算环境方差:$V_E = \frac{1}{3}(V_{P_1} + V_{P_2} + V_{F_1})$。

知道了表型方差,估算出了环境方差,自然就得到了基因型方差,把基因型方差代入公式即可求出广义遗传力。

$$\frac{基因型方差}{表型方差} \times 100\% = \frac{V_G}{V_P} \times 100\%$$

$$= \frac{V_{F_2} - \frac{1}{2}(V_{P_1} + V_{P_2})}{V_{F_2}} \times 100\%$$

计算狭义遗传力的公式为$h_N^2 = 加性方差/表型方差 \times 100\% = V_A/V_{F_2} \times 100\%$。那么,如何计算出基因的加性方差呢?

遗传方差(V_G)可以分解为三个组成部分:①加性遗传方差(加性方差V_A);②显性作用方差(显性方差V_D);③上位作用方差(上位方差V_I)。随着交配世代的进行,群体中基因型逐渐趋于一致,显性方差、上位方差会逐渐消失,唯有基因的加性方差是可固定遗传的方差,狭义遗传力是固定遗传的加性方差占总方差的百分比,因此,

它比广义遗传力更准确。计算公式为 $h_N^2=V_A/(V_A+V_D+V_I+V_E)\times100\%$。具体可以利用回交世代法计算狭义遗传力，利用 F_2 和回交世代各种方差数据，经过一系列的推导得到公式：$h_N^2=[2V_{F_2}-$ $(V_{B_1}+V_{B_2})]/V_{F_2}\times100\%$（设 F_1 个体 Aa 同 AA 回交的子代个体为 B_1；F_1 个体 Aa 同 aa 回交的子代个体为 B_2）。当然，计算狭义遗传力还有其他几种方法，每种方法得到的公式是不一样的。

五、核心习题

例题 1. 假定有两对基因，每对各有两个等位基因：AaBb 以相加效应的方式决定植株的高度。纯合子 AABB 高 50cm，纯合子 aabb 高 30cm，问：(1)这两纯合子之间杂交，F_1 的高度是多少？

(2)在 $F_1\times F_1$ 杂交后，F_2 中什么样的基因型表现 40cm 高度？

(3)这些 40cm 高的植株在 F_2 中占多少比例？

知识要点：

(1)累加作用(cumulative effect)：同一个性状由多个非等位基因控制，每个基因对该性状都有影响。其中，每个有效基因的作用是固定数值(双亲之差/有效基因个数)与基本数值(隐性纯合亲本的表型值)的加减关系。

(2)显性纯合亲本(AABB)和隐性纯合亲本(aabb)杂交 F_1 自交产生的 F_2 表型值和比例符合下列公式：

$$(F_1)AaBb\times AaBb(F_1)\rightarrow F_2[(\frac{1}{2}A+\frac{1}{2}a)+(\frac{1}{2}B+\frac{1}{2}b)]^2=\frac{1}{16}AABB+\frac{2}{16}AABb+$$

$$\frac{1}{16}AAbb+\frac{2}{16}AaBB+\frac{4}{16}AaBb+\frac{2}{16}Aabb+\frac{1}{16}aaBB+\frac{2}{16}aaBb+\frac{1}{16}aabb$$

$$(40)\qquad\qquad(40)\qquad\qquad(40)$$

解题思路：

(1)根据知识要点(1)，一个基因 A 或者 B 对表型的作用(固定数值)=(双亲之差/有效基因个数)=(50−30)/4 =5；F_1(AaBb)的高度=基本值+2×固定值=30 + 2×5 =40；F_2 中，所有基因型中含有两个显性基因的植株的表型均为 40。

(2)根据知识要点(2)，知 F_2 中什么样的基因型表现 40cm 高度及其在 F_2 中占多少比例。

参考答案：

(1)F_1 的高度是 40cm。

(2)F_2 中，基因型为 AAbb、AaBb 和 aaBB 的植株表现 40cm 高度。

(3)从(2)和下列公式可见，40cm 高的植株在 F_2 中占 $\frac{3}{8}$ (1/16 + 4/16 + 1/16)。

解题捷径： F_1 表型值=1/2 ×(50+30)=40 (cm)，按照含有不同有效基因数目的各种 F_2 类型在 F_2 中的比例通式为 $C_n^r p^r q^{n-r}$ 求比例，含有 2 个有效基因数目的各种 F_2 类型在 F_2 中的比例=$C_4^2 p^2 q^{4-2}$ =6/16=3/8。

例题 2. 两种玉米品种平均高度分别是 48cm 和 72cm，F_1 平均高度是 60cm，F_2 有 3100 株，其中最矮的 36cm，共 4 株，最高的 84cm，共 2 株，问涉及多少对基因？每个显性基因的效应值是多少？

知识要点：

(1)F_1 表型值=两种极端类型表型值的平均值时，存在累加作用，分离群体中极端类型平均数 = 两种极端类型数的平均值，极端类型比例与基因数目的关系：$(1/4)^n$，n 代表基因对数。

(2)每个有效基因的作用是固定数值(双亲之差/有效基因个数)与基本数值(隐性纯合亲本的表型值)的加减关系。

解题思路：

(1)根据知识要点(1)，极端类型平均是 $\frac{4+2}{2}$ =3 株，在 3100 株占 $\frac{3}{3100}\approx(\frac{1}{4})^5$，所以涉及 5 对基因。

(2)根据知识要点(2)，每个显性基因的效应值是 $\frac{84-36}{10}$ =4.8cm。

参考答案：涉及 5 对基因。每个显性基因的效应值是 4.8cm。

例题 3. 根据对小麦抽穗期的研究，得到 F_2 表型方差为 0.8，两个杂交亲本平均方差为 0.25，狭义遗传力为 60%，求：(1)环境方差；(2)F_2 表型方差中的累加性遗传方差($\frac{1}{2}V_A$)；(3)F_2 表型方差中的显性遗传方差($\frac{1}{4}V_D$)；(4)广义遗传力；(5)平均显性程度。

知识要点：

(1) $V_E=\frac{1}{2}(V_{P_1}+V_{P_2})$。

(2) $h_N^2=\frac{1}{2}V_A/V_{F_2}$。

(3) $V_{F_2}=\frac{1}{2}V_A+\frac{1}{4}V_D+V_E$。

(4) $h_B^2=(V_{F_2}-V_E)/V_{F_2}$。

(5) 平均显性程度=$\sqrt{\dfrac{V_D}{V_A}}$ 或者平均显性程度 $=d/a$(两亲的中间值和子一代的平均值计算 a 和 d)。如果所有基因都没有显性，则平均显性程度等于 0；如显性完全，则平均显性程度等于 1；如不完全显性，则平均显性程度介于 0~1。

解题思路：

根据知识要点(1)~(5)，将各种数据代入公式。

(1) $V_E=\frac{1}{2}(V_{P_1}+V_{P_2})$=0.25。

(2) $\frac{1}{2}V_A=h_N^2\times V_{F_2}$=0.6×0.8=0.48。

(3) $\frac{1}{4}V_D=V_{F_2}-\frac{1}{2}V_A-V_E$=0.8−0.48−0.25=0.07。

(4) $h_B^2=(V_{F_2}-V_E)/V_{F_2}$=(0.8−0.25)/0.8=0.6875。

(5) 平均显性程度=$\sqrt{\dfrac{V_D}{V_A}}=\sqrt{\dfrac{0.07\times4}{0.48\times2}}\approx0.54$。

参考答案：

(1)环境方差为 0.25。

(2)F_2 表型方差中的累加性遗传方差为 0.48。

(3)F_2 表型方差中的显性遗传方差为 0.07。

(4)广义遗传力为 0.6875。

(5)平均显性程度为 0.54 或 0.41。

例题 4. 假设小麦的一个早熟品种(P_1)和一个晚熟品种(P_2)杂交。先后获得 F_1、F_2、B_1(即 $F_1\times P_1$)和 B_2(即 $F_2\times P_2$)种子，将它们同时播种在平均的试验田里。经记载和计算，求得从抽穗到成熟的平均天数和方差如下表：

世代	从抽穗到成熟(天数)	
	平均 $\bar{x}$	方差 V
P_1	13.0	11.04
P_2	27.6	10.32
F_1	18.5	5.24
F_2	21.2	40.35
B_1	15.6	17.35
B_2	23.4	34.29

试计算：(1)广义遗传力；(2)狭义遗传力；(3)平均显性度。

知识要点：

(1) $(V_{P_1} + V_{P_2} + V_{F_1}) = 3V_E$。

(2) $h_B^2 = (V_{F_2} - V_E)/V_{F_2}$。

(3) $h_N^2 = [2V_{F_2} - (V_{B_1} + V_{B_2})]/V_{F_2}$。

(4) $2V_{F_2} = V_A + (V_{B_1} + V_{B_2})$，$G_G = V_D + V_A$，$V_{F_2} = G_G + V_E$，平均显性程度 $= \sqrt{\dfrac{V_D}{V_A}}$。

解题思路：

(1)根据知识要点(1)、(2)，$V_E = \dfrac{1}{3}(V_{P_1} + V_{P_2} + V_{F_1}) = \dfrac{1}{3}(11.04+10.32+5.84) = 9.07$，

$h_B^2 = (V_{F_2} - V_E)/V_{F_2} = (40.35-8.87)/40.35 = 78\%$。

(2)根据知识要点(3)，$h_N^2 = [2V_{F_2} - (V_{B_1} + V_{B_2})]/V_{F_2} = [2\times40.35 - (17.35+34.29)]/40.35 = 72\%$。

(3)根据知识要点(4)，$V_A = 2V_{F_2} - (V_{B_1} + V_{B_2}) = 29.06$。

$V_D = G_G - V_A = (V_{F_2} - V_E) - V_A = 40.35 - 8.87 - 29.06 = 2.42$，

平均显性程度 $= \sqrt{\dfrac{V_D}{V_A}} = 0.4$。

参考答案：

(1)广义遗传力为78%。

(2)狭义遗传力为72%。

(3)平均显性度为0.4。

例题 5. 兔子品种'弗拉芒'（'Flemish'）平均体重是 3600g，品种'喜马拉雅'（'Himalayan'）平均体重为 1875g。两个品种交配产出中等大小的 F_1，其标准差为 162g。F_2 变异度更高，其标准差为 230g。(1)估测影响成年兔子体重因子的对数；(2)估测每个有效等位基因的平均数量贡献。

知识要点：

(1)基因对数 $n = \dfrac{(\bar{x}_{P_1} - \bar{x}_{P_2})^2}{8(V_{F_2} - V_{F_1})}$。

(2)每个有效基因的作用是固定数值(双亲之差/有效基因个数)与基本数值(隐性纯合亲本的表型值)的加减关系。

解题思路：

(1)根据知识要点(1)，$n = \dfrac{(\bar{x}_{P_1} - \bar{x}_{P_2})^2}{8(V_{F_2} - V_{F_1})}$，可得 $n = (3600-1875)^2/[8\times(230^2 - 162^2)] = 13.95$ 或约 14 对。

(2)根据知识要点(2)，$3600-1875=1725g$ 的差异归因于 14 对因子或 28 个有效等位基因。每个有效等位基因的平均贡献是 $1725/28 = 61.61g$。

参考答案:

(1)影响成年兔子体重因子约 14 对。

(2)每个有效等位基因的平均数量贡献是 61.61g。

例题 6. 下表中记录的是两种纯系小麦品种,它们的 F_1 和 F_2 及第一代回交后代的抽穗率的数据。

代	平均数	表型方差
P_1('Ramona')	13.0	11.04
P_2('Baart')	27.6	10.32
F_1	18.5	5.24
F_2	21.2	40.35
B_1	15.6	17.35
B_2	23.4	34.29

找出:(1)环境方差(V_E)的最佳估计值;(2)该群体中这种性状的广义遗传率(h_B^2);(3)这种性状的加性遗传方差;(4)狭义遗传率(h_N^2)的估计值;(5)显性方差(V_D)和显性度(f)。

知识要点:

(1)因为纯系和它们遗传上一致的 F_1 的所有表型方差都是环境的,这些方差的平均值是环境方差(V_E)的最佳估计值,假设两代之间环境没有变化。

$$3V_E = (V_{F_1} + V_{P_1} + V_{P_2})$$

(2)F_2 的表型方差是由遗传方差和环境方差组成的。

$$V_{F_2} = V_E + V_G; \quad h_B^2 = V_G / V_{F_2}$$

(3)总的遗传方差 V_{F_2} 既有加性组分,又有显性组分。

$$V_{F_2} = (1/2)A + (1/4)D + E$$
$$V_{B_1} + V_{B_2} = (1/2)A + (1/2)D + 2E$$

(4)$h_N^2 = V_A / V_{F_2}$。

(5)显性方差 $V_G = V_A + V_D$。

(6)显性度公式为 $(D/A)^{1/2}$。

解题思路:

(1)根据知识要点(1),$V_E = (V_{F_1} + V_{P_1} + V_{P_2})/3 = (5.24 + 11.04 + 10.32)/3 = 8.87$。

(2)根据知识要点(2),

$$V_G = V_{F_2} - V_E = 40.35 - 8.87 = 31.48$$
$$h_B^2 = V_G / V_{F_2} = 31.48/40.35 = 0.78$$

(3)根据知识要点(3),

$$V_{F_2} = (1/2)A + (1/4)D + E = 40.35 \quad ①$$
$$V_{B_1} + V_{B_2} = (1/2)A + (1/2)D + 2E = 51.64 \quad ②$$

这里 A=对于平均值的加性偏差的平方和,$(1/2)A = V_A$,且 $(1/4)D = V_D$。将公式①乘以 2 再减去公式②,得

$$2V_{F_2} = A + (1/2)D + 2E = 80.70$$
$$V_{B_1} + V_{B_2} = (1/2)A + (1/2)D + 2E = 51.64$$

$$(1/2)A = 29.06 = V_A$$

(4)根据知识要点(4)，狭义遗传力的估计值(h_N^2)为

$$h_N^2 = V_A / V_{F_2} = 29.06/40.35 = 0.72$$

由此可见，h_N^2 比 h_B^2 小，这说明遗传方差主要是加性的，而且显性方差组分较小。

(5)根据知识要点(5)，显性方差 $V_D = V_G - V_A = 31.46 - 29.06 = 2.40$；又因为 $V_{F_2} = (1/2)A + (1/4)D + E$。因此，令 $(1/2)A = V_A$，且 $(1/4)D = V_D$，则 $A = 2V_A$，且 $D = 4V_D$，显性度 $= (D/A)^{1/2} = [4 \times (2.40)]^{1/2}/[2 \times (29.06)]^{1/2} = 3.10/7.62 = 0.41$。

参考答案：

(1)环境方差(V_E)的最佳估计值为8.87。

(2)广义遗传率(h_B^2)等于0.78。

(3)加性遗传方差为29.06。

(4)狭义遗传率(h_N^2)的估计值为0.72。

(5)显性方差(V_D)为2.40，显性度(f)为0.41。

例题 7. 如果给下标"0"的基因以 5 个单位，给有下标"1"的基因以 10 个单位，计算 $A_0A_0B_1B_1C_1C_1$ 和 $A_1A_1B_0B_0C_0C_0$ 两个亲本和它们 F_1 杂种的计算数值。设：(1)没有显性；(2)A_1 对 A_0 是显性；(3)A_1 对 A_0 是显性，B_1 对 B_0 是显性。

知识要点：

同一个数量性状由多个非等位基因控制，每个基因对该性状都有影响，具有累加作用。

解题思路：

(1)根据知识要点和已知条件，当无显性时，$A_0 = B_0 = C_0 = 5$，$A_1 = B_1 = C_1 = 10$。

P_1 $A_0 A_0 B_1 B_1 C_1 C_1$ × $A_1 A_1 B_0 B_0 C_0 C_0$ P_2
    5 5 10 10 10 10   10 10 5 5 5 5

F_1 $A_1 A_0 B_1 B_0 C_1 C_0$
              10 5 10 5 10 5

所以，$P_1 = 5 + 5 + 10 + 10 + 10 + 10 = 50$

$P_2 = 10 + 10 + 5 + 5 + 5 + 5 = 40$

$F_1 = 10 + 5 + 10 + 5 + 10 + 5 = 45$

(2)A_1 对 A_0 是显性，则 $A_0A_0 = A_1A_1$，其他基因的效应值同解题思路(1)。

P_1 $A_0 A_0 B_1 B_1 C_1 C_1$ × $A_1 A_1 B_0 B_0 C_0 C_0$ P_2
    5 5 10 10 10 10   10 10 5 5 5 5

F_1 $A_1 A_0 B_1 B_0 C_1 C_0$
              20 10 5 10 5

所以，$P_1 = 5 + 5 + 10 + 10 + 10 + 10 = 50$

$P_2 = 10 + 10 + 5 + 5 + 5 + 5 = 40$

$F_1 = 20 + 10 + 5 + 10 + 5 = 50$

(3)A_1 对 A_0，B_1 对 B_0 显性，同理：

P_1 $A_0 A_0 B_1 B_1 C_1 C_1$ × $A_1 A_1 B_0 B_0 C_0 C_0$ P_2
    5 5 10 10 10 10   10 10 5 5 5 5

F_1 $A_1 A_0 B_1 B_0 C_1 C_0$
              20 20 10 5

所以，P₁=5+5+10+10+10+10=50

　　　　P₂=10+10+5+5+5+5=40

　　　　F₁=20+20+10+5=55

参考答案：

(1) 50，40，45。

(2) 50，40，50。

(3) 50，40，55。

例题 8. 外源性哮喘在某地区的发病率为0.6%，有人在75名患者的亲属中调查，发病情况如下：

试估计此病是否与遗传有关？如果是遗传的，是单基因遗传还是多基因遗传？如果是多基因遗传，试估算遗传度（力）。

患者亲属	总数	发病个体
父母	150	5
同胞	238	8
子女	37	5

知识要点：

(1) 人类遗传中，由家谱（pedigree）分析性状的遗传情况。

(2) 多基因遗传控制的性状（病）属于数量性状。

(3) 遗传力的公式为 $h^2 = \dfrac{b}{r}$，其中 r 为亲属的亲缘系数，一级亲缘系数为1/2。b 为亲属易患性对患病先证易患性的回归系数，即

$$b = \frac{\mathrm{COV}(A \cdot R)}{V(\text{患者})}$$

$\mathrm{COV}(A \cdot R)$ 为亲属的平均易患性 R 和患病个体的平均易患性 A 的协方差。当患病个体的方差等于他们亲属的方差时，且遗传与环境互作不存在，$\mathrm{COV}(A \cdot R)$ 就等于亲属之间的遗传协方差，即为 rV_A。V（患者）为表现型方差，即 $V_A + V_D + V_E$。

$$b = \frac{\mathrm{COV}(A \cdot R)}{V(\text{患者})} = \frac{rV_A}{V_A + V_D + V_E} = r\frac{V_A}{V_P} = rh^2$$

当 $V_D = 0$ 时，$b = rh^2$ 才成立。遗传率的公式为 $h^2 = \dfrac{b}{r}$。实际求 b 值也可以用下述公式：

$$b = \frac{R - G}{A - G} = \frac{\chi_g - \chi_r}{a_g} = \frac{q_g(\chi_g - \chi_r)}{\chi}$$

式中，R 为先证者亲属的平均易患性；A 为患病个体的平均易患性；G 为一般群体的患病个体的平均易患性；q 为群体中发病率；a 为患者与群体平均值的平均偏差；x 为阈值与平均值的正态偏差；下标 g 为一般群体；下标 r 为患者亲属。计算过程需要估计遗传率（h^2）的正态分布表。

解题思路：

(1) 根据知识要点(1)和已知条件，此病与遗传有关，是多基因遗传的。

(2) 根据知识要点(2)、(3)和已知条件，群体发病率 q_g 为0.6%。患者的父母、同胞和子女均为其一级亲属，所以数据可以合并，75 例患者的一级亲属425人中外源性哮喘患者为 18 人，发病率为4.24%。查表得知，当群体发病率为 $q_g = 0.6\% = 0.006$ 时，$\chi_g = 2.512$，$a_g = 2.834$，一级亲属发病率为 $q_r = 4.24\% = 0.042$时，$\chi_r = 1.728$。所以：

$$b = \frac{\chi_g - \chi_r}{a_g} = \frac{2.512 - 1.728}{2.834} = 0.277$$

一级亲属的亲缘系数 $r = 0.5$，则遗传率 $h^2 = \dfrac{b}{r} = 0.277/0.5 = 55.4\%$。

参考答案：此病与遗传有关。是多基因遗传。遗传度(力)为 55.4%。

例题 9. 作物品种甲比品种乙产量高 15%，品种乙的含油量比品种甲的含油量高 10%，产量与含油量这两个性状各由 10 对基因位点控制，彼此间没有显隐性关系。为了选育产量高、品种好的新品种，将甲乙两品种杂交。试问在 F_2 中兼有双亲的产量和含油量两个优点的个体比例多大？

知识要点：

(1) 数量性状和累加效应。

(2) 极端类型的比例为 $(1/4)^n$(n 代表基因对数)。

(3) 乘法定律。

解题思路：根据知识要点和已知条件，一对基因杂交的 F_2 中，出现极端类型的比例为 1/4。因此，在有 10 对基因差别的情况下，出现兼有双亲优点的类型的比例是

$$(1/4)^{10} \times (1/4)^{10} = (1/4)^{20}$$

参考答案：F_2 中兼有双亲的产量和含油量两个优点的个体比例为 $(1/4)^{20}$。

例题 10. 在豚鼠毛色的早期研究中，Wright 发现：随机交配的总方差为 0.573，一个同型合子的近亲交配品系的方差是 0.340。在随机交配的群体中，有关世代决定的遗传力是 0.38。请补充下表：

	方差分量	占总方差的百分率
加性遗传方差(V_A)		38%
显性遗传方差(V_D)		
上位方差(V_I)		
环境方差(V_E)		
总方差(V_P)	0.573	100%

知识要点：表型方差 V_P 由环境方差 V_E、加性方差 V_A、显性方差 V_D、上位性方差 V_I 四部分组成，其计算公式为 $V_P = V_E + V_A + V_D + V_I$。

解题思路：

(1) 根据知识要点和题目给定的条件，加性方差：$V_A = 38\% \times V_P = 38\% \times 0.573 = 0.218$。

(2) $V_D + V_I = V_P - (V_A + V_E) = 0.573 - (0.218 + 0.34) = 0.015$，而其所占百分率为 $V_D + V_I / V_P = 0.015 / 0.573 = 0.027$。

(3) 已知加性方差为 0.218，显性方差与上位性方差之和为 0.015，则 $V_E = V_P - V_A - V_D - V_I = 0.573 - 0.218 - 0.015 = 0.340$。

V_E 所占的百分率为 $V_E / V_P = 0.340 / 0.573 = 0.593$。

参考答案：

	方差分量	占总方差的百分率
加性遗传方差(V_A)	0.218	38%
显性遗传方差(V_D)	0.015	2.7%
上位方差(V_I)		
环境方差(V_E)	0.340	59.3%
总方差(V_P)	0.573	100%

第七章 群体遗传与进化

一、核心人物

1. 达尔文（Charles Robert Darwin，1809～1882）

达尔文，英国著名生物学家，生物进化论的奠基人，1809 年 2 月 12 日出生于英国。他的祖父和父亲都是当地的医生，家里希望他将来继承祖业。1825 年，16 岁的达尔文便被父亲送到爱丁堡大学学医。因为达尔文无意学医，进到医学院后，仍然经常到野外采集动植物标本并对自然历史产生了浓厚的兴趣，父亲认为他游手好闲、不务正业，一怒之下，于 1828 年又送他到剑桥大学，改学神学，希望他将来成为一个"尊贵的牧师"，这样，他可以继续他对博物学的爱好而又不至于使家族蒙羞，但是达尔文对自然历史的兴趣变得越加浓厚，完全放弃了对神学的学习。在剑桥期间，达尔文结识了当时著名的植物学家亨斯洛和著名地质学家席基威克，并接受了植物学和地质学研究的科学训练。1831 年 12 月，他的老师亨斯洛推荐他以"博物学家"的身份参加同年 12 月 27 日英国海军"小猎犬号"（贝格尔号）的环球航行。航行历时 5 年，从英格兰出发，穿越北大西洋到达南美洲，沿着南美洲的西岸航行，绕过南美洲的合恩岛后进入南太平洋，再沿着南美洲的南岸航行，然后驶向加拉帕戈斯岛，之后再向南半球出发，到达大洋洲的悉尼，沿着大洋洲的南岸行驶到澳大利亚塔斯马尼亚岛，绕过大洋洲后进入印度洋，绕道非洲的好望角进入北大西洋回到巴西，最后于 1836 年 10 月 2 日返抵英国。每到一处，他在动植物和地质方面都要进行大量的观察和采集，经过综合探讨，形成了生物进化的概念。

他爱上了舅舅家比他大一岁的表姐爱玛·韦奇伍德，1839 年 1 月，与爱玛·韦奇伍德结婚。1838 年，他偶然读了马尔萨斯的《人口论》，从中得到启发，更加确定他自己正在发展的一个很重要的想法：世界并非在一周内创造出来的，地球的年纪远比《圣经》所讲的老得多，所有的动植物也都改变过，而且还在继续变化之中，至于人类，可能是由某种原始的动物转变而成的，也就是说，亚当和夏娃的故事根本就是神话。达尔文领悟到生存斗争在生物生活中的意义，并意识到自然条件就是生物进化中所必须有的"选择者"，具体的自然条件不同，选择者就不同，选择的结果也就不相同。1839～1843 年，达尔文编纂了五卷本巨著《贝格尔号航行期内的动物志》。1842～1846 年，撰写了三卷本著作《贝格尔号航行期内的地质学》。1846～1855 年，就藤壶问题进行研究写作。1858 年，伦敦林奈学会宣读达尔文和华莱士的各自关于进化论的论文，1859 年，达尔文出版了震动科学界的《物种起源》巨著，用大量资料证明了所有的生物都不是上帝创造的，而是在遗传、变异、生存斗争和自然选择中，由简单到复杂，由低等到高等不断发展变化的，提出了生物进化论学说，从而摧毁了唯心的"神造论"和"物种不变论"。恩格斯将"进化论"列为 19 世纪自然科学的三大发现之一，生物学界也把"进化论"誉为生物学三大进展之一。他所提出的天择与性择，生命科学中是一致通用的理论。除了生物学之外，他的理论对人类学、心理学以及哲学来说也相当重要。1868 年出版了《家养动物和培育植物的变异》。19 世纪 70 年代出版了 5 部关于植物的著作。1871 年，达尔文出版了《人类起源和性选择》，这本书出版后不久，他们最大的女孩子埃蒂嫁人了，达尔文告诉她：我有一个幸福的人生，这要完全归功于你的母亲，你应以母亲为榜样，你的丈夫将会爱你如我爱你的母亲。1872 年，发表了《人类和动物情感的表达》。1880 年，出版的《植物的运动力》一书中总结了植物的向光性实验。达尔文发现胚芽鞘是向光性的关键。如果把种子种在黑暗中，它们的胚芽鞘将垂直向上生长。如果让阳光从一侧照射秧苗，胚芽鞘则向阳光的方向弯曲。如果把胚芽鞘尖端切掉，或用不透明的东西盖住，虽然光还能照射胚芽鞘，胚芽鞘也不再向光弯曲。如果是用透明的东西遮盖胚芽鞘，则胚芽鞘向光弯曲，而且即使用不透光的黑色沙土掩埋胚芽鞘而只留出尖端，被掩埋的胚芽鞘仍然向光弯曲。达尔文推测，在胚芽鞘的尖端分泌一种信号物质，向下输送到会弯曲的部分，是这种信号物质导致了胚芽鞘向光弯曲。1881 年发表关于蚯蚓的著作。

达尔文创立了生物进化论，提出了自然选择学说，对生物学、人类学的发展做出了杰出的贡献，但遗憾的是他没有把这些先进的理论来指导自己的婚姻问题，爱情高于一切，对表姐爱玛·韦奇伍德那种炽热的爱导致他们近亲结婚，给后代留下了巨大的隐患，在他们的 10 个孩子中 3 个夭折、3 个不育，其余身体都不太健康。1882 年 4 月 19 日，这位伟大的科学家因病在达温宅逝世，厚葬于威斯敏斯特大教堂，享年 73 岁。人们认为是牛顿把造物主从无生命认知领域中驱逐出去的，是达尔文把造物主从有生命的认知领域驱逐出去的。因此，人们把达尔文的遗体安葬在英国伦敦威斯敏斯特大教堂牛顿的墓旁，以表达对这位科学家的由衷敬仰。

2. 杜布赞斯基 (Theodosius Dobzhansky, 1900～1975)

杜布赞斯基，美国遗传学家，当代享有盛誉的现代综合进化论大师和实验群体遗传学家，现代综合进化论创始人，1900 年 1 月 25 日出生于苏联乌克兰的内米罗伏。1921 年，毕业于基辅大学生物系。1927 年底赴美，到哥伦比亚大学学习

摩尔根小组的繁育方法和细胞学方法。1928 年夏，随摩尔根到加利福尼亚理工学院工作。次年，在那里任遗传学助教，1936 年任遗传学教授。杜布赞斯基先后又担任过哥伦比亚大学、洛克菲勒大学、加利福尼亚大学的教授，在现代生物学史上占有重要的地位。1937 年，他出版的《遗传学与物种起源》一书，创造性地实现了基因理论和达尔文的自然选择学说的科学综合，使经典达尔文主义进入一个新的历史发展阶段。杜布赞斯基不仅对进化生物学做出了里程碑式的贡献，还自觉地把生物进化研究与人类的未来命运紧密地联系在一起。由于他的杰出的成就给生物科学带来的重大影响，因此，被誉为"20 世纪最有影响和最富于创造力的科学家之一"。杜布赞斯基的工作反映了 20 世纪 30 年代到 70 年代中期在进化生物学领域里所发生的深刻变化。杜布赞斯基一生主要致力于遗传学和生物进化理论等多方面的研究，写了不少著作。他对科学最重要的贡献，是在《遗传学与物种起源》一书中系统地提出了现代综合进化论，这本书被誉为 20 世纪达尔文的《物种起源》，该专著的问世标志着现代综合进化论的诞生。20 世纪 30 年代初，生态学、新分类学、特别是群体遗传学得到迅速发展，人们已开始在种群水平上研究进化机制，如费歇尔、赖特、霍尔丹和契特维尼柯夫等的著作，已经用群体遗传学理论来说明进化的过程，特别是自然选择。但这些论著几乎全都囿于理论论证，不注重经验验证，因此对当时的生物学影响不大。而杜布赞斯基不仅使群体遗传学理论与经验证据在他的《遗传学与物种起源》一书中达到了有机统一，而且对进化论中的关键问题，如物种形成的过程作了科学的阐明。他在《遗传学与物种起源》中指出："进化是群体在遗传成分上的变化。进化

机制的研究属于群体遗传学的范围。"生物进化的基本单位是种群,而不是像拉马克主义者所假设的个体;进化机制的研究同样属于群体遗传学的范围。他认为在群体水平上,物种形成及生物进化过程可表述为"突变—选择—隔离"三个基本环节的进化模式。到20世纪70年代,杜布赞斯基在原综合理论的基础上,根据新的实验事实和当代各科生物学提供的有关进化的材料,提出了新的综合理论。新综合理论反映在他1970年出版的《进化过程的遗传学》一书中。新综合理论同原综合理论在生物进化的突变、选择、隔离的机制上是一致的,但在进化的选择机制的认识上有了进一步发展。原综合理论只根据偶然的突变、经过筛式的选择和隔离,形成新种的选择机制,在新的进化经验材料面前,已不能很好地解释适应和生物多样性的起源,也不符合群体遗传结构的基本事实。新综合理论认为,在多数生物中自然选择不单纯起过筛作用,而是在自然界中存在着多种选择机制,有消除有害等位基因的"正常化的选择";有在位点上保留不同等位基因的"平衡选择";有产生进化变异的"定向选择"等。杜布赞斯基认为自己在综合理论中最大的困难被解决了。杜布赞斯基还在遗传学的其他领域里做出了开创性的工作。例如,1929年他证实了以连锁关系为基础的基因的直线排列;他最先进行了基因多效性的系统研究;在发育遗传学方面也做出了许多贡献。杜布赞斯基科学思想的最重要特点,是把进化论的研究最终推广到对人类本性的理解。这可以说是直接从达尔文那里继承下来的传统,同时也表明关心人类本身一直是生物进化论的根本特征之一。杜布赞斯基认为"人类的进化有两个组成部分,生物学的或有机体的,文化的或超机体的。人类的进化不能理解为一种纯生物学过程,也不能完全描写成一部文化史,它是生物学和文化的相互作用。在生物学过程和文化过程之间存在着一种反馈",即人类的本性由生物的和文化的两方面构成。人类的进化正是这两方面相互作用的结果。他认为从遗传上改进人类的进化"唯一可供选择的办法是文化上去改进",他相信文化上同样存在"杂种优势",人类应该掌握自己的未来,而不是听任自然选择的摆布。

他主张不同的人种在进化上都应是平等的。人类在生物学上的差异,不能成为"不平等的基础",人类的进化应该在"法律上""机会上"平等相待,这样才符合进化规律,才能促进社会的进步。他非常憎恨种族歧视和社会不平等的恶劣现象。

杜布赞斯基科学思想的另一个特点,是十分关注进化论中哲学问题的研究。他系统研究了与生物进化有密切联系的哲学问题,如连续与不连续、必然性与偶然性、内因与外因等。他的科学思想还体现出丰富而深刻的辩证法思想。杜布赞斯基是一位治学严谨、兴趣广泛、性格高尚豪爽的著名学者,直到1975年12月18日逝世的前一天,他还在自己的实验室里愉快地工作着。

3. 霍尔丹(John Burdon Sanderson Haldane,1892~1964)

霍尔丹,印度著名的生理学家、生物化学家和群体遗传学家,1892年11月5日出生于英国牛津。他的父亲是英国有名的医学家,在第一次世界大战时期,使用了氧气疗法,通过给士兵吸氧的方式,促进士兵恢复体力。霍尔丹早年学习生物化学,第一次世界大战前毕业于牛津大学。

早在1922年,霍尔丹就指出:当异种动物相互交配产生的杂种一代中有某一性别的个体不能成活或不育的话,那一定是异配的性别(heterozygous sex)。也就是说,在XY型性别决定的动物(如果蝇、哺乳类)中,不能成活或不育的是雄性杂种个体;而在ZW型性别决定的动物(如蝴蝶、鸟类)中则是雌性杂种个体。这一规律后来被称为霍尔丹法则或霍尔丹定律(law of Haldane)。1924~1932年,霍尔丹陆续发表了"自然和人工选择的数学理论"方面的论文,把遗传学和数学直接应用于进化论的研究。其间他还将多年的研究成果进行了总结,出版了《进化的原因》一书,发表了一系列人类遗传学的论文。1930年,他的《酶学》专著出版,概括了当时酶学的研究成果。1933年,因他在数理遗传学方面的贡献而受聘于伦敦大学动物学系,任遗传学教授,后又任生物统计学教授。霍尔丹在20世纪30~40年代曾任英国《工人日报》主编。1957年,迁居印度,1961年,加入了印度国籍,并将他主编的英国《遗传学学报》的编辑工作带到了印度,将该杂志改由印度编辑出版。他的主要贡献是把遗传学和数学直接应用于进化论的研究。他一生的研究为群体遗传学和进化遗传学奠定了数学基础。认为在生物进化过程中,种的分化(speciation)是物种形成过程中一个非常重要的阶段和前奏或序曲,是由长期连续不断的进化导致不连续的物种形成的质的飞跃。在物种分化和形成的过程中,生殖隔离(reproductive isolation)的形成与完善对物种的分化和产生起着决定性的作用,因为没有生殖隔离就不会有生物学意义上独立的种的形成,即使是群体之间偶然的交配都会迅速扼杀和消除它们之间的遗传差异,从而使种的分化无法实现,因而,生殖隔离机制的研究成为种分化以至整个进化生物学中一个引人注目的问题。1964年12月1日霍尔丹在印度逝世,享年72岁。

4. 哈迪(Godfrey Harold Hardy,1877~1947)

哈迪,英国著名数学家,1877年2月7日出生于英国克兰利,父亲是克兰利中学的教师,母亲是林肯师范学院的教师。哈迪的父母颇有文化素养,也极重视数学,虽然因经济拮据他们未能上大学深造,但却为儿女提供了良好的教育条件。在童年时代哈迪就显示出数学的机敏和天赋,早

在克兰利中学接受早期教育时,就表现出在数论方面的早慧与多方面的才能。1890年,13岁的哈迪获得奖学金,进入当时以数学家摇篮而著称的温彻斯特(Winchester)学院学习。1896年又获入学奖学金进入剑桥大学三一学院继续深造,他的数学生涯从此与剑桥紧密联系起来。哈迪在大学学习期间成绩优异,1898年,他参加了剑桥的数学荣誉学位考试(剑桥大学的传统项目之一,始于18世纪),哈迪以优异成绩成为一等及格者,这主要得益于他平时在迅速解题方面的有效训练,但对传统极具反抗精神的哈迪认为这种考试没有实际意义。1900年,他被选为三一学院的研究员,随后以极大的热情投入数学研究中,1991年,他与金斯(J. H. Jeans)共同获得了史密斯奖金。哈迪很早就养成喜欢自由提问和探索的习惯,在剑桥开始学习时,他对于教师机械的授课模式不满,后来幸运地被允许转听应用数学家拉弗(A. E. H. Love)教授的课,这对哈迪后来成长为一名著名的数学家至关重要。他曾回忆道:"第一个使我拨云见日的是拉弗教授,他教了我几个学期,使我对分析有了第一个严肃的概念。但最使我感激的是他建议我阅读若尔当(M. E. C. Jordan)的名著《分析教程》。我永远不会忘记我读那本杰作时的震惊,这是我受到的第一个启迪,读这本书时我才第一次认识到数学真正意味着什么。"

1906年,哈迪成为三一学院的讲师,直到1919年,他一直在那儿工作。以后,分别在英国牛津大学、剑桥大学担任教授,是20世纪初著名的数学分析学家之一。1900~1911年,他写出大量级数收敛、求积分及有关问题的论文,这些论文为他赢得了分析学家的声望。1908年,他的名著《纯粹数学教程》(*A Course of Pure Mathematics*)出版了,这部教科书改变了英国大学中的教学状况。1910年,他当选为英国皇家学会会员。

哈迪在20世纪初用定量的方法研究生物学,建立了群体遗传平衡的代数方程,奠定了群体遗传学的基础。1908年哈迪在纯粹数学方面的一篇论文,后来被认为对遗传学很有意义,德国物理学家温伯格也独立地发现了相同的原理,现代生物数学中称这一定律为哈迪-温伯格定律。

1911 年，他开始了同李特尔伍德(J. E. Littlewood)的长期合作，写出了近百篇论文。哈迪比李特尔伍德大 8 岁，他们结识于 1904 年，在长达 35 年的合作中，联名发表了约 100 篇论文，其中包括丢番图逼近、堆垒数论、数的积性理论、黎曼 ζ 函数、不等式、一般积分、三角级数等广泛的内容，同时也是回归现象的发现者。哈迪-李特尔伍德极大函数、哈迪-李特尔伍德圆法、哈迪-李特尔伍德定理等联系着二人名字的数学成果正是他们亲密合作的写照。在他们紧密合作的 1920～1931 年，哈迪执教于牛津，李特尔伍德执教于剑桥，他们通过学院的邮政来邮寄数学信件，即使二人同在三一学院时也是如此，并且他们达成一种默契：当互相收到信件时，先不读解法，而是要独立解决其中的问题，直到取得一致意见，最后由哈迪定稿。当时，一些不了解内情的国外数学家认为李特尔伍德根本不存在，只是哈迪虚构的一个笔名。事实上，李特尔伍德本身就是一位出色的数学家。通过这种密切的学术合作，二人互相切磋促进，共同建立了 20 世纪上半叶具有世界水平的英国剑桥分析学派。

1913 年，哈迪发现了拉马努金 (S. A. Ramanujan)。哈迪称自己对拉马努金的发现是他一生中的一段浪漫的插曲。拉马努金出生于印度的马德拉斯(Madras)，幼年即显示出数学的兴趣和才能，但因生活贫困，要不断为生计奔波，只能靠自学汲取数学知识。1913 年初，他给哈迪寄了一封信，信中陈述了他对素数分布的研究并列有 120 条公式，涉及数学中多个领域。这些公式大部分已被别人证明，有些看起来容易，实际上证明起来很困难。特别是后来被罗杰斯(L. J. Rogers)和沃森(G. N. Watson)证明的三个公式完全难倒了沃迪。哈迪确信拉马努金是一位数学天才，于是邀请他到英国，但作为一个婆罗门教的信徒，拉马努金对离开印度感到踌躇。哈迪继续力劝拉马努金到剑桥，并经多方努力为他安排了奖学金，1914 年 4 月，拉马努金来到英国，哈迪花了很多心血教授拉马努金现代欧洲数学知识，他发现拉马努金知识的局限竟然与它的深奥同样令人吃惊。拉马努金对于证明仅有一种模糊不清的概念，对于变量的增量、柯西定理根本不熟悉，但是对于数值、组合、连分数、发散级数及积分、数的分拆、黎曼 ζ 函数和各种特殊级数却有深度的理解。拉马努金有很强的直觉和推理能力，其工作和思维方式多具挑战性。在哈迪和李特尔伍德等的帮助下，拉马努金进步很快，在素数分布、堆垒数论、广义超几何级数、椭圆函数、发散级数等领域取得了很多成果。他在欧洲的 5 年里发表了 21 篇论文、17 篇注记，其中几篇是与哈迪合作的。他和哈迪一起对整数分拆问题做出了惊人的解决方案，首创了正整数 n 的分拆数 $p(n)$ 的渐近公式，这无疑源自拉马努金那极强的洞察力和哈迪对于函数理论的娴熟掌握。哈迪与拉马努金的成功合作并未持续太久。1917 年 5 月，拉马努金患上了肺结核病，由于战争条件及宗教信仰的束缚，拉马努金未得到良好的医治。1919 年 2 月，他回到了印度，次年 4 月去世，年仅 33 岁。哈迪对这位印度数学奇才的英年早逝深感痛惜，他参与整理了拉马努金的论文集，并著有《拉马努金》一书，书中包括关于拉马努金生活和工作的 12 篇演讲稿，比较详细地记述了拉马努金的生平和研究成果，并作了适当的评论，是了解和研究拉马努金的重要文献。哈迪和拉马努金这一段交往也长期被数学界传为佳话。

1914 年第一次世界大战爆发后，哈迪强烈反对对那些反战者的残酷迫害，谴责对进行反战宣传的罗素(B. A. W. Russell)的解职和监禁。1919 年，他离开剑桥应聘牛津大学萨维尔几何学教授，哈迪在牛津创立了一个活跃的研究团体。1920 年获皇家勋章，1947 年获皇家学会最高奖章科普利奖章。

1928～1929 年，他前往美国普林斯顿做访问教授，与美国数学家维布伦(O. Veblen)交换。1929 年获德·摩根奖章。1931 年重返剑桥，接替霍布森(E. W. Hobson)成为塞得林(Sadleirian)纯粹数学教授，1940 年获西尔威斯特奖。1947 年，哈迪当选为法国科学院外籍院士，是从各国各研究领域中选出的 10 位科学家之一。他还担任过全国科学工作者学会主席、伦敦数学会主席。在他的数学研究生涯中，获得了许多大学和研究院的奖励。

哈迪一生成果丰硕，出版了 11 部著作，发表了 350 多篇论文。作为一位知名数学家，哈迪的人品同样受到人们赞誉。他健谈，谈话可以吸引周围很多人；他严于律己，参加该出席的各种会议，履行自己的职责；他富于正义感，痛恨战争，一生中不喜欢任何虚伪的东西。哈迪为人谦和，经常强调其他合作者的重要性，引导许多年轻人迈入数学研究的大门，在他们面临困难时给予帮助和鼓励。1936 年，我国著名数学家华罗庚赴剑桥大学进修，并被维纳推荐给哈迪，惜才的哈迪对华罗庚极为赏识，给予华罗庚许多关心和帮助。华罗庚在解析数论，尤其是圆法与三角和估计方面的研究成果是与哈迪的帮助指导分不开的。1947 年 12 月 1 日，哈迪在英国剑桥辞世，享年 70 岁。

5. 木村资生（Motoo Kimura，1924～1994）

木村资生，日本群体遗传学家、进化生物学家、中性学说的创立者，1924 年 11 月 13 日，出生于日本爱知县的冈崎市。他的父亲是个喜欢种花养草的商人，木村资生是家中长子，深受父亲的影响，从小喜欢养植物。读中学时，他努力学习几何学，做完了几何课本中的所有习题，表现出极高的数学天赋，数学老师建议他专攻数学，但另一位优秀教师鼓励他学习植物学。1942 年，木村资生从五年制中学毕业后，考取竞争激烈的名古屋第八国立高等学校理科班，在植物形态学教授熊泽的指导下学习植物学。在这期间，他深受遗传学家木原均的影响，兴趣开始转向植物细胞遗传学。1944 年，木村资生进入京都大学，在理学院熊泽的细胞学实验室学习，但他大部分时间却在学习遗传学，还常常去农学院遗传学系木原均的实验室参加讨论。木村资生对生物统计学、概率论、数理统计和热力学很感兴趣，立志成为一名理论遗传学家，把遗传学和生物统计学结合起来。1947 年，木村资生从京都大学毕业，获得理学硕士学位。

研究生毕业后，木村资生在木原均教授的实验室里工作了两年，在此期间开始了遗传学中的理论研究工作。当时，木原均正在进行核质关系的研究，通过多次回交实验，一个品种中的染色体能够被另一品种中的染色体取代。木原均让木村资生研究一下经过一定次数的回交，母本中的染色体还能留下多少？木村的数学天赋再次展示出来，他构造了一个有限微分-积分方程，并得到了世代数与染色体留存数的概率分布关系，后来这一结果发表在《细胞学》杂志上，这是木村资生的第一篇论文。1953 年夏天，木村资生就读于美国艾奥瓦州立学院研究生院。1954 年初夏，又进入美国威斯康星大学，在遗传学系教授克劳的指导下学习和研究。这是他学术生涯中最幸福、最富有成果的一段时间。他给出了有限群里中性等位基因随机漂变过程的完全解，得到了有限群体里具有任意显性度的突变等位基因的最终固定概率公式等。在此基础上，他写出了博士论文《群体遗传学中的扩散模型》。1956 年 6 月，木村资生获威斯康星大学哲学博士学位。

1956 年 7 月，木村资生回国继续在日本国家遗传学研究所从事群体遗传学和进化生物学研究，完成了两本群体遗传学专著，其中与克劳合著的《群体遗传学理论导论》是一本学术价值很高的参考书。以后木村资生又陆续发表了多篇很有价值的论文。1957 年 10 月至 1964 年 6 月，木村资生担任国家遗传学研究所实验室主任，1964 年 7 月至 1988 年 3 月，担任该所群体遗传学部主任，1973 年，木村资生任美国国家科学院的国外院士，1976 年，任法国特鲁露斯科学、铭文与文艺学院的国外通讯院士，1978 年，任美国艺术和科学学院的国外荣誉院士，1980～1984 年，任日本遗传学会主席，1982 年，任日本科学院院士。1983 年，木村资生对中性学说进行了一次全面总结，写成一本专著《分子进化的中性学说》。1984 年 4 月任该研究所教授，之后由于身体状况不好，木村资生逐渐离开了科研工作第一线。1988 年 6

月退休。

木村资生一生获奖颇多，1959年，获日本遗传学会授予的"遗传学会奖"，1965年，获牛津大学的"韦尔登纪念奖"，1968年，获"日本科学院奖"，1970年，获"日本人类遗传学会奖"，1976年，获日本天皇授予的"文化勋章"，从1977年起为冈崎市的荣誉市民，1986年获法国政府授予的"国家功勋骑士勋章"，1987年获美国国家科学院授予的"科学进步约翰·J·卡蒂奖"，从1987年起为大不列颠遗传学会名誉会员，也曾几次被提名为诺贝尔奖的候选人。晚年的木村资生身体衰弱，饱受肌萎缩性脊髓侧索硬化症的折磨，1994年，在他的70岁寿宴上猝发疾病而辞世，享年70岁。

6. 高尔顿（Franeis Galton，1822～1911）

高尔顿，英格兰维多利亚时代的文艺复兴人士、人类学家、优生学家、热带探险家、地理学家、发明家、气象学家、统计学家、心理学家和遗传学家。1822年2月16日出生于英国的伯明翰。其外祖父伊拉斯谟斯·达尔文是一位诗人、医生、进化论理论家，父亲塞缪尔·德丢·高尔顿是位银行家，母亲和达尔文的父亲是同父异母的兄妹。高尔顿是家中7个孩子里最小的一个。他的三姐阿黛尔(Adele)对高尔顿关爱备至，是他的启蒙老师。高尔顿从小聪颖过人，出生刚刚12个月，他便能认识所有的英文大写字母，一岁半能辨别大写和小写两种字母，两岁半左右，高尔顿已能阅读《蛛网捕蝇》之类的儿童读物，3岁时他学会签名，4岁时能写诗，5岁时已能背诵并理解苏格兰叙事诗《马米翁》，6岁时，他已精熟荷马史诗中的《伊利亚特》和《奥德赛》，7岁能欣赏莎士比亚名著，对博物学产生兴趣，并

惯自己的方法对昆虫、矿物标本进行分类，8岁时他被送进寄宿学校正式接受教育。13岁时就打算从事一项"高尔顿飞行计划"。15岁开始在伯明翰市立医院做了两年内科见习医生。18岁时到伦敦大学国王学院学习解剖学和植物学，随后又转到剑桥大学三一学院学习自然哲学和数学，但因身体原因未获学位即离开学校，后又进入圣乔治医院继续学医。与童年时代的"神童"相比，高尔顿的高等教育杂乱无章也不太成功，有人认为正是这样为他日后成为维多利亚时代最博学的学者奠定了基础。1840年，高尔顿考入剑桥大学三一学院，希望学到更多的数学知识。1844年，获得剑桥大学学士学位后曾继续研习医学。

高尔顿大学毕业不久，对他要求严格、希望他成为一个医生的父亲病逝，高尔顿继承了巨额遗产而变得十分富有，同时没有了各方面都管教约束自己的人，因此，他可以根据自己的爱好，做一些他感兴趣的事情。在当时英国的探险精神的影响下，他对旅游探险产生了兴趣，1845年，他先和朋友一道赴尼罗河流域进行野外考察，然后单独冒险进入巴勒斯坦腹地。每到夏季，他喜欢到设得兰群岛去捕鱼和收集海鸟标本，有时驶帆出海，有时乘热气球升空。在这里他首次发现了一种顺时针旋转的大规模空气涡旋，并把它命名为"反气旋"。1850年，经与皇家地理学会协商批准，高尔顿用两年时间考察了从非洲西部和南部到恩加米湖的道路，这次探险充满了危险和困难，他与各种各样的恶劣自然环境做斗争，历尽千辛万苦，获得了大量西南部非洲资源和风土人情的资料。他的考察报告得到了英国皇家地理学会的高度重视，并于1853年当选为该学会的会员。并由于此项研究工作，1856年，34岁的高尔顿成为皇家学会会员。

从非洲考察探险回来后，高尔顿一度患抑郁症和身体虚弱，这种病伴随折磨了他的后半生。由于身体原因，高尔顿决定不再远游冒险。1853年他和路易莎·巴特勒(Louisa Butler)结婚，1857年在伦敦定居，正式开始了他的书斋式的科学研究活动。1859年，表兄达尔文《物种起源》的出版，引起了高尔顿对人类遗传的极大兴趣，使他的科学研究很快转移到与生命有关的领域。他把

达尔文关于围绕着群的平均值的偶发变异原理应用于人类研究，开拓了以个体差异为主题的实验心理学的新领域，先后撰写出版了 15 部著作，发表了 220 多篇论文，如 1865 年的《遗传的才能和性格》、1869 年的《遗传的天才》、1874 年的《英国科学家的先天和后天》、1883 年的《对人类才能及其发展的调查研究》、1901 年的《在现存法律与舆论的条件下人种改良的可能》、1904 年的《优生学的定义范围和目的》、1909 年的《优生学论文集》等一系列论文和专著，涉猎范围包括地理、天文、气象、物理、机械、人类学、民族学、社会学、统计学、教育学、医学、生理学、心理学、遗传学、优生学、指纹学、照相术、登山术、音乐、美术、宗教等，是一位百科全书式的学者。尤其是他 1883 年出版的《人类才能及其发展的研究》专著中概述了自由联想和关于心理意象的问卷调查两项实验心理学上划时代的研究方法，第一次提出了一个以人类的自觉选择来代替自然选择的社会计划，为此他还创造了"优生学"(eugenics)这个名词。因此，通常人们把 1883 年作为优生学的诞生年，把高尔顿称作是优生学之父。

1884 年，高尔顿在国际卫生博览会工作，后来在南肯新顿博物馆开设了一个人类学测量室。1888 年，他对人类指纹研究产生兴趣，于 1892 年在其专著《指纹学》中提出了指纹分类法。1904 年，高尔顿出资在伦敦大学设立了一个优生学讲座，邀请皮尔逊来主持。同时他还在该校设立了世界上第一个优生学档案馆，两年后改为优生学实验室。1908 年，英国优生学教育会成立，高尔顿担任名誉会长。1909 年他被英国王室授予勋爵称号。1911 年 1 月 17 日，高尔顿病逝于英格兰南部哈斯里梅尔，享年 89 岁。他虽然创立了优生学，提倡优秀的个体应该给社会多留下后代，但各方面非常优秀的他却没有留下一个后代。

高尔顿从小天资聪颖，兴趣广泛，成就卓越，他的研究包括生物学、人类学、地理学、数学、力学、气象学、心理学、统计学等多个方面。他为生物学和人类学的发展做出了突出贡献，尤其在优生学和生物统计学方面的成就更是无人可以媲美。著名实验心理学史家、美国哈佛大学教授

波林赞叹道："这个自强不息的天才心灵，有多少智慧的嫩绿幼苗埋藏在他分散很广的著作之中。"杜·舒尔茨在《现代心理学史》一书中写道："在科学史上……我们永远不会再遇到这样辉煌，这样多才多艺，这样具有广泛的兴趣和能力，这样不为偏见或成见所束缚的研究者。"高尔顿的学生、统计学家、心理学家皮尔逊写道："高尔顿比 10 个生物学家中的 9 个更懂数学和物理，比 20 个数学家中的 19 个更懂生物，而比 50 个生物学家中的 49 个更懂疾病和畸形儿的知识。"美国心理学家赫根汉在评价高尔顿对心理学的诸多贡献时说："很少有人能像高尔顿那样对心理学做出了这么多的'第一'——第一个研究了遗传和后天教养对人的影响、第一个使用了调查问卷、第一个使用了词语联想测验、第一个进行双生子研究、第一个研究了表象、第一个进行了智力测验、第一个使用了相关统计技术。"英国皇家统计学会在高尔顿去世后发布的讣文中说："任何和他接触过的年轻人都不会忘记他的热情和平易近人的态度，他友善而自然的谈吐。他是少有的几个让你和他一接触就油然升起崇敬之情的人之一。"高尔顿创立的优生学理论被德国纳粹盗用，被希特勒作为推行种族主义的理论依据，使高尔顿毁誉参半，赞扬者称他为"人类追求自身完美这一崇高目标的化身"，贬低者则说他是"种族主义者和法西斯蒂的精神领袖和鼻祖"。这使他的优生学蒙羞，使人们一提起"优生学"就谈虎色变、不寒而栗，以致人们不愿意提起"优生学"这个概念，甚至在第 18 届国际遗传学大会上，鉴于"优生学"这一名词的诸多歧义，在科学文献中不再提"优生学"这个词。

二、核心事件

1. 贝格尔号航行

19 世纪初期，英国工业和科学技术的快速发展，导致英国向外扩张的欲望越来越强烈。为了夺取南美洲的市场，促使英国的资本渗透到南美洲的各个国家的经济中去，大英帝国于 1831 年组织了一次探险活动，对南美洲的东西两岸进行了科学考察。这次探险活动名曰科学考察，但实质是大英帝国为进一步在政治、经济和军事方面的

扩张所进行的战略侦察。因此，这次科学号察活动是大英帝国用来掩盖自己在南美洲进行扩张的一个最方便的借口而已。

担任这次探险活动的是英国皇家海军1820年5月下水的贝格尔号(英文全称：HMS Beagle，意为"小猎犬号"，常音译为"贝格尔号")军舰，所以，也把这次探险活动称作"贝格尔号航行"。贝格尔号军舰是一种双桅杆十炮战舰船型，船体重242t，长27.5m，宽7.5m，吃水3.8m，其动力主要靠帆和风。贝格尔号于1831年12月27日扬帆起航，军舰上共有72人，其中有两个尉官、一名医生、10名军官、一名水手长、42名水兵和8名少年见习水手。此外，还有一个专门看管仪表、天文钟和其他仪器的人、一名美术家和一名绘图员、一名曾去过火地岛的传教士和三名火地岛人。贝格尔号在舰长菲茨·罗伊的指挥下，从英格兰出发，穿越北大西洋到达南美洲，沿着南美洲的西岸航行，绕过南美洲的合恩岛后进入南太平洋，再沿着南美洲的南岸航行，然后驶向加拉帕戈斯岛，之后再向南半球出发，到达大洋洲的悉尼，沿着大洋洲的南岸行驶到达霍巴特(澳大利亚塔斯马尼亚岛东南岸港市)，绕过大洋洲后进入印度洋，绕道非洲的好望角进入北大西洋，绕地球一圈，于1836年10月2日回到英国。

剑桥大学毕业的、22岁的达尔文(Charles Robert Darwin)有幸参加了这次探险活动，他是船上唯一一个自费的、没有薪金的、没有人对他重视的博物学家。贝格尔号军舰每到一处，达尔文都不辞辛苦，克服各种困难，对当地的地质结构、自然条件、动植物分布及动植物化石等进行详细的考察，采集到了许许多多的动植物标本和动植物化石标本，源源不断地运回国内，贝格尔号军舰还没有回到国内，达尔文就已经因为采集到的许多标本而在科学界出了名。回英国后不久达尔文就出版了《小猎犬号航行之旅》，该书的出版使其成为著名作家；通过对大量标本的研究，1838年达尔文得出了自然选择理论；1859年出版了《物种起源》巨著，创建了进化论，极大地改变了世界，促进了生物学的发展。由于达尔文的成功始于贝格尔之行，所以，"贝格尔号"成为

人们崇敬的一艘军舰，"贝格尔号航行"成为人人皆知的科学事件。

2. 综合进化论的形成

1859年，达尔文的巨著《物种起源》的出版，标志着进化论的诞生。现代达尔文主义的一个最明显的特点是它的综合性，把分类学、古生物学、生物地理学、胚胎学和分子生物学的成就综合为一个整体。从内因和外因两个方面论证了生物进化，已成了进化生物学的主流学派。

1937年，现代达尔文主义的创始人杜布赞斯基在群体遗传学、生态学等学科的发展背景下，把遗传学原理和自然选择理论结合起来，完成了进化理论的第一次综合，形成了综合进化理论。

综合进化理论认为：①群体(种群或居群)是生物进化和物种形成的基本单位，生物进化的过程实质上是种群基因频率的改变过程。②变异、自然选择及隔离是物种形成过程中的三个基本环节。认为变异是生物进化的原材料，自然选择使种群基因频率发生定向改变，并决定生物的进化方向，隔离是物种形成的必要条件。在变异、自然选择、隔离等因素综合作用下，种群发生分化，最终导致新物种的形成。所以进化是群体在遗传成分上的变化。一个群体具有以下属性：①具有一定的结构和组成；②具有自己的个体发育，它像所有的生物一样表现着生长、分化、分工、生存、衰老及死亡；③具有遗传性；④是由作用成相互依存机制的遗传性和生态两方面的因素成全起来的；⑤群体像一个有机体一样，是作为一个整体单位而接受环境的影响。群体和环境条件是相互影响的，由于这种影响引起了群体发生变化，而群体也会改变它的实际环境。决定一个群体的遗传结构的规律不同于个体遗传规律。一般地说，自然界中的生物种群都由杂种个体组成。人类就是遗传混杂的种群。杂种的存在就意味着等位基因的存在。杜布赞斯基写道："广义的突变是指基因的突变和染色体的改变。"正是由于这种改变引起了种群中基因频率的变化。突变是生物界普遍存在的现象，是生物遗传变异的主要来源。引起突变的原因，可分为自发突变和诱发突变两大类。在生物进化过程中，随机的基因突变一旦发生后，就受到选择的作用。选择的本质就是一

个群体中的不同基因型携带者，对后代的基因库做出不同的贡献。在同一环境中，有些基因型的贡献要比另一些相对大些。一个已知基因型的携带者，把它的基因传递到其后代基因库中去的相对能力，就是那个基因型的适应值……它表示了一种基因型在某种环境下的繁殖效率。所以，生存斗争就是繁殖斗争，适者生存实际上是适者繁殖。突变的随机性和生存及生殖的非随机性，就包含着选择的机制，从而使群体的基因频率发生变化。突变过程产生了多种多样的基因型以及由此引起的表现型结构差异；选择改变了种群的基因频率，使种群发生分化以至形成新种。如果使新的种群固定下来，就必然涉及隔离机制。隔离机制的实质就是阻止基因交换，从而保持新种群的进化路线。否则，由于杂交频率，遗传上的差别会被淹没，生物进化就成为不可能。杜布赞斯基指出："族和种通常在许多基因和染色体畸变上彼此有差异。它们进行杂交繁殖的结果，虽然基因的差异仍然保存着，但却造成了这些系统的破坏。因此，维持种和族成为独立的群体，须视它们的隔离如何而定，族和种的形成，没有隔离是不可能的。"隔离机制一般可分两类：一类是空间性的地理隔离；另一类是遗传性的生殖隔离，即种群中的新类型不与原来的种群处在一起，避免杂交而产生遗传上融合的可能性，后者是生物学上遗传因素的隔离，表现为突变类型与原始类型不能交配或交配不育。这也包括季节隔离、性隔离、生态隔离等。

20 世纪 50 年代以来，分子生物学迅速发展起来，使得从分子水平上研究生物进化的规律，揭示进化的新现象、新机制成为可能。新综合进化理论也就应运而生。1970 年，杜布赞斯基首先提出了新综合进化理论。该理论除坚持变异、选择、隔离是生物进化的基本要素外，特别运用了分子生物学的成就来论证生物进化，把生物进化理论提高到了一个崭新的水平。

新综合进化理论认为：基因的碱基或核苷酸排列组合的多样性，决定了基因自发和诱发突变的多样性，决定了生物物种的多样性。经典达尔文学说强调：自然选择保留有利的变异，淘汰有害的变异。这样的机制只能这样解释：外界环境因素对每一对等位基因分别而独立起作用。它不能很好地解释适应和生物多样性的起源。群体遗传学告诉我们：有害基因不一定被自然选择淘汰。由复等位基因引起的多态现象就是一个例子。所谓多态是指同一物种在同一生态环境中，存在着两个或两个以上的明显不同的类型。瓢虫由于一系列等位基因形成几种颜色形态，共存于所有欧洲和美洲的群体内，这些颜色形态分作淡色的和深色的类型。在柏林近郊，从春季到秋季深色个体相对频率增加，而那些淡色的则减少；而在冬眠的瓢虫中，有大批瓢虫死亡，淡色类型生存率高于深色的。这表明：在生殖季节，深色类型优于淡色类型，而在冬季淡色类型则优于深色类型。遗传学实验事实告诉我们：任何物种所发生的突变，对其生存都是有害的。有害的突变型绝大多数呈杂合体状态存在于自然群体中，而纯合体比较罕见。杂合体比纯合体生活力强。假使杂合体 Aa（a 是一个降低生活力的突变基因）的生活力与它的纯合体祖先相同，则 a 的频率就会增加，直到 Aa 的个体在群体中多到彼此之间能发生交配时，便会出现 aa 纯合体。因环境对 aa 不利，故它的个体将被淘汰。学者们还发现 a 突变在正常情况下大多是隐性的。所以，在群体中，尽管突变性改变对于生物体生存不利，但突变仍将积累起来。遗传学家费歇尔说："在杂合体中能抑制突变基因效应的（即能够使突变基因成为隐性的）任何基因，将在选择上是有利的，并倾向于在物种的基因型中固定下来。"霍尔丹等遗传学家（1956 年）先后指出："多态现象是由纯合体 AA 或 aa 的适合度低于杂合体 Aa 造成的。"多态现象表明突变得到保存，是杂种优势选择。福德、泰瑟尔、赫利特尔等学者提出的平衡多态说认为："选择不限于两个等位基因中的一个，选择会使两个等位基因都在群体中得到保存，成为一个平衡多态现象。"分子生物学的成就可使我们对选择做出以下初步结论：自然选择是极端异质的，每一个体都具有独特的"基因型"，其杂合程度不仅比以前想象的要高得多，而且这些基因并非都有利；自然选择不是单纯起筛子作用，在杂合体中，自然选择还保留了许多有害甚至是致死的基因，其原因就是自然选择是复杂的、存在着各种不同的选择机制或模式：消除有害等位基因的"正常化选择"；在位点上保留不同等位基因的"平衡选择"；产生进化变异的"定向选择"。它丰富和发展了经典自然选择说。

从达尔文主义问世，发展到今天，进化论的研究经历了三个层次或者说从三个水平上的不断深入，即形态水平，这是以表现型为研究对象来探讨生物进化的规律；19世纪末和20世纪初，有了遗传学以后，进化论从染色体、基因水平来研究生物进化机制、着重探讨生物遗传变异的规律，以遗传变异规律来解释生物性状表现以及性状形成的机制；20世纪50年代，由于分子遗传学、分子生物学的兴起，进化生物学已可从分子水平上研究分子进化。现代达尔文主义的理论，正是在生物形态进化理论、生物进化遗传理论和生物进化分子理论基础上形成的。前两个水平可称为宏观水平，后一个水平称为微观水平。特别是微观进化理论把进化生物学提高到一个空前的高度，成了进化论的主流学派。事物都是一分为二的，现代达尔文主义学派也有不足之处。例如，生物体的新结构、新器官的形成等比较复杂的问题，单用突变、基因重组、选择和隔离的理论难以解释清楚，如果离开了生活方式的改变，离开了习性与机能的变异的连续作用，离开了与其他器官的相互影响，很难做出令人满意的回答。又如，在生物进化的历史过程中，不遗传的变异与遗传的变异、偶然性与必然性、表现型与基因型都表现出错综复杂的辩证关系，它们之间相互联系、相互制约，并在一定条件下相互转化，而这个转化条件又总是与环境的变化相联系着。现代达尔文主义学说对此类问题也无法解释清楚。对进化生物学中的重要理论（如获得性遗传）采取断然否定的态度等是不可取的。生物进化具有历史的综合的性质，不是一种方法、一门学科所能研究清楚的。生物进化的三个水平是互相联系的，正是这种综合使进化理论取得了长足的进步。要想解决现代达尔文主义学派面临的问题，必须取各学派之长，从多方位进行研究。进化论的研究将走向新的大综合，面临新的更大的发展。

3. 桦尺蛾的工业黑化与环境的适应

桦尺蛾（Biston betularia, 胡椒尺蛾）体细长，翅宽，形似枯叶，常落在颜色与其翅色一致的环境中。在19世纪中叶之前人们见到的这种蛾，都是浅灰色的翅膀上散布着一些黑色斑点。1830年左右，英国完成了工业革命（industrial revolution），变成了工业化国家，曼彻斯特（Manchester）等工业城市的空气污染越来越严重。1848年，昆虫学家首次在曼彻斯特附近采集到了黑色翅膀的桦尺蛾标本。之后，人们采集到的黑蛾标本越来越多，而且都集中在空气污染严重的工业化地区。到1895年，曼彻斯特附近的黑蛾所占的比例激增到接近100%，而在非工业化地区，灰斑蛾仍然占绝对优势。

桦尺蛾翅膀颜色变黑与工业化导致的空气污染有关。在19世纪末20世纪初，许多生物学家都相信拉马克主义：后天的环境因素会直接导致生物体产生可以遗传下去的变异。因此推测，桦尺蛾的黑化是在污染物的刺激下产生的。有一位昆虫学家用粘了煤烟成分的树叶喂养从非工业化区抓来的桦尺蛾幼虫，发现有的变成了黑蛾。这似乎验证了拉马克主义的假说。可惜，这个实验结果别人重复不出来，无法获得承认。另有一些生物学家相信达尔文提出的自然选择理论。根据这个当时还未被生物学界普遍接受的学说，黑蛾变异并不是被煤烟成分诱发的，而是随机产生的。随机的基因突变总能产生极少数黑蛾，在非工业化地区，这些黑蛾将很快被自然选择淘汰。但是在污染地区，黑化却有生存优势，因此迅速传播开去。在20世纪20年代，英国大生物学家荷尔登（John Burdon Sanderson Haldane）计算出，这个自然选择过程要能发生，平均每一代黑蛾和灰斑蛾后代的生存比例必须是1.5∶1。桦尺蛾翅膀起到了某种伪装作用。在非工业化地区的森林中，树干长满地衣和苔藓，长着灰色斑点翅膀的桦尺蛾停在这种树干上，不容易被天敌（鸟类）发现，而黑色翅膀则容易被发现。在工业化地区，树干上的地衣和苔藓被黑色的煤烟取代了，情形恰好相反，灰斑蛾容易被天敌发现，而黑蛾不容易。所以，"工业黑化"现象可能是由鸟类不容易发现并捕食停在覆盖着煤烟的树干上的黑蛾，而灰斑蛾更容易被捕食导致的。在 1896 年，塔特（James William Tutt）提出的这个假说听上去很合理，但是直到 20 世纪 50 年代，才由英国生物学家凯特威尔（Henry Bernard Davis Kettlewell）用实验对它进行了验证。他在一个种着树的鸟舍中释放了同等数目的灰斑蛾和黑蛾，然后放出鸟，观察、记录它们的捕食情况。结论是：蛾的翅膀的确起到了避免被捕食的伪装作用，在同一根树干上，显眼蛾被捕食的概率高出不显眼蛾达 3 倍。人为条件下的实验结果真的能反映自然生态吗？为了回应这个疑问，凯特威尔在工业污染严重的地区进行野外实验。他将大量的灰斑蛾和黑蛾做了标记，然后释放。由于雌蛾很少飞翔，他只用雄蛾做实验。一周后，他用汞气灯和未交配的雌蛾作为诱饵捕捉雄蛾，连续持续了多个晚上。重新捕获的黑蛾的比例，大约是重新捕获的灰斑蛾的 2 倍，凯特威尔认为那些失踪的蛾是被鸟类捕食了，这表明在工业污染地区，黑蛾的生存机会是灰斑蛾的 2 倍。这个数字很接近 30 年前荷尔登的计算结果。但是，重新捕获的黑蛾的比例高于灰斑蛾，也可能是其他未知因素导致的。例如，黑蛾比灰斑蛾更容易被汞气灯或雌蛾所吸引，灰斑蛾比黑蛾更爱迁移到外地，等等。几个月后，凯特威尔做了一个对照实验，排除了所有这些可能性。他改到未受污染的地区重复实验，结果与上一次恰恰相反，重新捕获的灰斑蛾的比例，大约是重新捕获的黑蛾的 2 倍，也就是说，在未受污染的地区，灰斑蛾的生存机会是黑蛾的 2 倍。两次实验结果合起来，雄辩地证明了影响桦尺蠖野外生存机会的因素，是其翅膀颜色的伪装能力。后来，有几个其他实验室重复、改进了凯特威尔实验，都得到了相似的结果。不过，凯特威尔实验并没有直接观察到鸟类在野外选择性地捕食黑蛾或灰斑蛾，而是间接的推论。剑桥大学遗传学教授麦克·马杰鲁斯（Michael Majerus）用了 7 年时间弥补这一不足。7 年间每天花上几小时用望远镜观察、记录鸟类在他家的花园捕食桦尺蠖的情况。他观察到，由于剑桥没有被污染，黑蛾的确比灰斑蛾更容易被鸟类捕食。他的结论是：鸟类有选择性地捕食是 2001～2007 年剑桥的黑蛾频率下降的一个主要因素。在众多生物学家的努力下，用科学方法（观察－假说－验证），让这种不起眼的小蛾子清楚地证明了自然选择这一伟大学说的正确。

事实上，在凯特威尔之后，还有许多生物学家在研究这一现象。在 1966～1987 年，有 8 项野外研究重复、改进了凯特威尔实验，都得到了相同的结论，证明鸟类有选择的捕食是桦尺蠖发生进化的一个重要因素。后人的独立验证，是凯特威尔没有造假的一个有力佐证。当然，如果把桦尺蠖工业黑化的原因全部归于鸟类捕食，可能过于简单化，还可能有迁移等因素。但是不管具体是由什么机制导致的，桦尺蠖的确发生了进化，"工业黑化"现象的存在是无可置疑的。如果桦尺蠖的黑化是工业污染导致的，那么我们不难预测，如果工业污染得到了治理，黑蛾数量将会降低，而灰斑蛾将会重新占据优势——这正是我们所观察到的。从 20 世纪 50 年代起，英、美都通过反污染法案，工厂烟囱不再冒黑烟，树干上的煤烟消失了，其结果便是灰斑蛾数量的回升，黑蛾数量的下降。例如，在美国密歇根州和宾夕法尼亚州，黑蛾所占的比例在 2001 年已降到只有 6%。桦尺蠖在这 150 年间，的确发生了两次进化，而自然选择即使不是导致其演化的唯一因素，也是主要因素。桦尺蠖的进化验证了自然选择学说。

4. 中性学说的形成

1944 年，木村资生进入京都大学攻读硕士学位时，就酷爱上了遗传学，常常去农学院遗传学系木原均教授的实验室参加讨论。1947 年，木村资生从京都大学毕业，获得理学硕士学位后，又在木原均教授的实验室里工作了两年，在此期间认真阅读了赖特 1931 年发表的长达 60 多页的论文《孟德尔群体的进化》，得知可以用数学方法处理小群体中的随机漂变问题。但因数学理论性太强，木村资生读不懂这篇论文，这激发了他的学习欲望，旁听了一些数学系开设的课程，并常向数学教授请教，同时还找了很多数学专著自学。经过一年多的时间，他才读懂了赖特论文中的主要部分。受赖特进化理论的影响，木村资生决定终生从事遗传进化理论方面的研究，立志成为一名理论遗传学家。1956 年 7 月，获得博士学位的木村资生回到日本，在国家遗传学研究所任职。

1959 年，木村资生又读到了赖特 1945 年和 1949 年发表的两篇论文。在其论文中，赖特用一简洁的偏微分方程——"福克-普朗克方程"处理有限群体中的随机漂变问题。木村资生不断地学习高等数学，继续追随赖特的足迹。赖特曾提出过群体剖分时的"海岛模型"，认为在进化中起作用的是个别被删除的突变而不是联合的有利突变，在某些小群体中，有利基因的联合是由随机取样而固定的。整个大群体构成种群基因库，对于每个小群体而言，每一世代迁移的效果好比从整个基因库中随机取样。木村资生认为应该考虑地理距离的影响，迁移只发生在相邻的小群体间，木村资生的模型为"脚踏石模型"。他的这一模型的后期工作是他与韦斯共同完成的。

木村资生于 1956 年完成的博士论文《群体遗传学中的扩散模型》中，给出了有限群里中性等位基因随机漂变过程的完全解，得到了有限群体里具有任意显性度的突变等位基因的最终固定概率公式。在国家遗传学研究所工作时间不长，又完成了两本群体遗传学专著，其中与克劳合著的《群体遗传学理论导论》是一本学术价值很高的参考书。以后木村资生又陆续发表了多篇很有价值的论文。1967 年以前，他的论文数学性特别强，不太容易读懂。当时，大多数学者认为，中性等位基因即使存在也是少得可怜；木村资生认为，一旦基因频率变化的随机处理变得重要起来，那么他的工作就会有价值，就会对遗传学产生重大意义。在 1954～1956 年木村与克劳博士合作期间，于 1955 年认识美国辐射遗传学创始人穆勒，从此对分子遗传学的成果颇感兴趣，木村资生希望能把群体遗传学的理论引入分子遗传学的研究中去。

1967 年，一位数学功底很深的女学者太田明子加入木村资生的研究小组，最终实现了木村资生的愿望。木村资生要太田明子阅读《演化中的基因和蛋白质》一书，并对进化过程中氨基酸的替换速率做出估计，太田明子的工作令木村资生很满意。当木村资生从氨基酸替换速率推算哺乳动物基因组的碱基替换速率时，惊奇地发现，从整个基因组来看，碱基替换大约每两年发生一次。而霍尔丹根据自然选择代价概念得出，每发生一

次突变替换平均约需 300 个世代，两者差距上百倍。木村资生向来崇拜霍尔丹，深信对于适应性进化来说，自然选择代价概念可用来估计被自然选择所淘汰的个体数量。后来，木村资生把自然选择代价称为替换负荷。然而，一旦用它来推算分子水平上发生的进化后果，则个体淘汰量将大得不合情理。显然，在分子水平上大部分因碱基替换产生的突变并没有被自然选择淘汰，它们对自然选择呈中性。而中性等位基因的维持是通过突变输入和随机删除之间的平衡来实现的。这样，木村资生早年与克劳一起完成的关于有限群体所能维持的等位基因数目的研究在分子进化中找到了事实根据，随机过程理论为分子进化研究提供了数学手段。在经过严密的数学计算和拥有大量数据的情况下，木村资生提出了"中性突变—随机漂变假说"，又称作"中性突变学说"（neutral mutation hypothesis）。中性突变学说中性学对达尔文的自然选择学说是一种莫大的冲击，引起学术界的一片骚动，打破了综合进化论在群体遗传学领域里一统天下的局面。其影响远远超出了群体遗传学，甚至进化生物学的范围。随着分子遗传学的发展，中性突变学说越来越显示出它的正确、有效。1983 年，木村资生对自己提出的中性突变学说进行了一次全面总结，并写成一本名为《分子进化的中性学说》的专著，提出：多数 DNA 和蛋白质水平上的变异既无害也无利，是由中性突变引起的；中性突变的命运主要受遗传漂变影响，最终在群体中随机消失或固定；中性突变不受自然选择的影响，它的发生和在群体中的积累主要受突变率的影响。

随着分子生物学、分子遗传学的发展，中性突变学说被越来越多的人所理解和接受。同时人们也认识到中性突变学说与达尔文的自然选择学说并不矛盾，都是解释生物进化发生机制的学说，只是说明在生物不同层次上进化发生的机制不同，自然选择学说是在个体、形态水平上解释生物的进化，而中性突变学说是在分子水平上解释生物的进化。

5. 优生学理论的诞生

优生学是一门研究如何改良人的遗传素质，产生优秀后代的学科。优生学的英文为"eugenics"，

源自希腊语，其含义是"生好的"。1959年，达尔文出版了《物种起源》巨著，提出了"自然选择，生存竞争"，当时已经以地理学家、博物学家成名的高尔顿受表兄达尔文进化理论的影响，开始转向人类遗传学和改善人类遗传素质方面的研究。他把达尔文的进化理论直接应用于人类，将人类学、心理学、遗传学、统计学等多方面的研究结合在一起，对人类智能和遗传的关系进行了大量工作。例如，高尔顿曾对英国历史上的法官、政治家、军事家、文学家、科学家、诗人、画家、牧师等类人物的家族进行了系统的考察，力图证明智力是遗传的。他考察了 1660～1868 年286名英国法官和他们的亲族情况，经过统计，得出平均每100个英国法官的亲属中共有38.3个名人，而全英国平均4000人中才有1个名人。由此证明天才在法官中是遗传的。他调查了1768～1868年这100年英国的首相、将军、文学家和科学家共977名获得智力成熟的人的家谱后发现，其中有89个父亲、129个儿子、114个兄弟，共332名杰出人士。而在一般老百姓中4000人才产生一名杰出人士。因此断言"普通能力"是遗传的。在调查30家有艺术能力的家庭中，他发现这些家庭中的子女也有艺术能力的占64%；而150家无艺术能力的家庭，其子女中只有21%有艺术能力，因此断言艺术能力——"特殊能力"也是遗传的。他发现，遗传亲属关系程度的降低，杰出亲属的比例也显著地下降。在大量调查分析基础上，高尔顿撰写了许多篇论文和著作，如1865年的《遗传的才能和性格》、1869年的《遗传的天才》、1874年的《英国科学家的先天和后天》、1883年的《对人类才能及其发展的调查研究》、1892年的《指纹》、1901年的《在现存法律与舆论的条件下人种改良的可能》、1904年的《优生学的定义范围和目的》、1909年的《优生学论文集》等。尤其是高尔顿在1883年出版的《人类才能及其发展的研究》专著中概述了自由联想和关于心理意象的问卷调查两项实验心理学上划时代的研究方法，第一次提出了一个以人类的自觉选择来代替自然选择的社会计划。在这本专著的附注部分，高尔顿写道："我们很需要一个简明的词用来表达这一改良种族的科学，这一科学绝不

是只限于讨论明智地选择配偶之类的问题，而是有更广的内容，特别对人类来说，是要研究多种影响，不论其程度如何，能使较好的种族或血统得到更优越的机会，以便迅速地胜过那些不那么好的种族或血统。eugenics(优生学)这个词可以很充分地表达这个意义，至少比我从前所用的viriculture(人艺学)一词含义更为普遍，可以说是一个比较简洁的用语。"优生学是高尔顿为他所提倡的人类改良计划所创造的重要词汇，也是他为自己所研究领域的正式命名。因此，通常人们把1883年作为优生学的诞生年，把高尔顿称作优生学之父。

1904年，高尔顿终于在伦敦大学开设优生学研究讲座，学院内又设高尔顿氏国家优生学实验室，和皮尔逊设立较早的生物测量实验室相互为用。1908年参与创建英国优生学教育会，达尔文的儿子雷昂纳多·达尔文主持其事，高尔顿任名誉会长，同年，该会的机关刊物《优生学评论》出版。1912年，在高尔顿去世后的第一年，第一届国际优生学会议在伦敦召开，高尔顿的理想终于发展成为一种国际性的科学和社会活动。至此，优生学作为一门新兴的学科，才被人们普遍接受和认可。

优生学理论是追求人类和人类社会的完美的科学，"优生"一词，就是"生一个健康的孩子"，这是保证人类种族和人类社会健康发展的首要条件。当然，高尔顿在研究这一问题时，低估了人与社会的复杂性，过分夸大了生物学原理的适用范围，他本人也带有一定的阶级偏见和种族意识。

三、核心概念

1. 群体、孟德尔群体

群体(population)也称种群，广义指同一物种的一些个体组成的一个集合体。狭义指在一定时间内占据一定空间的同种生物的所有个体。群体的概念是一个较为通俗的用语。

孟德尔群体(Mendelian population)指生活在某一空间内、能够进行自由交配的大群体。

遗传学上讲的群体通常指孟德尔群体，孟德尔群体不是许多个体的简单集合，它的特征是占

据有相同空间、能随机婚配、个体数量较大的群体，而且这个群体也一定是一个平衡群体。一个群体，不管个体数量再大，如果不平衡，则不能称作孟德尔群体。如果几万个男人或几万个女人聚集在一起，此时只能称作群体，但不属于孟德尔群体。最大的孟德尔群体可以是一个物种，较小的孟德尔群体可以是一个地区的某一个物种。几乎所有的动物和异花传粉的植物群体都属于孟德尔群体，那些自体受精动物和自花授粉植物构成的群体则属于一般的群体，或称为非孟德尔群体。

2. 基因库、基因文库

基因库(gene pool)指一个群体中所有个体所包含的全部基因。即一个群体含有的总的遗传组成。例如，我们中国人的全部基因构成中国人的基因库，美国人的全部基因构成美国人的基因库。基因库可大可小，如河南人的全部基因构成河南人的基因库，湖南人的全部基因构成湖南人的基因库。

基因文库(gene library)指包含一个给定物种完整基因组各个片段的无性繁殖系或克隆群，又称作基因银行。例如，将人的基因组切割成许多片段，将各个片段分别连接在不同的载体上，再将连接有某片段的载体导入宿主细胞，通过细胞增殖构成各个片段的无性繁殖系。一个细胞可以形成一个克隆，许多个细胞形成许多个克隆，就形成了一个克隆群，这个克隆群就是人类的基因文库。每一个克隆内所含的 DNA 片段可能是一个基因，也可能是几个基因，也可能仅仅是一个 DNA 片段。实际工作中，如果所克隆的是整个基因组，则称作基因组文库，如果克隆的全部是基因，则称作基因文库。根据基因组的大小和实际工作需要，基因文库可以建的大些，也可以建的小些。

3. 基因频率、基因型频率

基因频率(gene frequency)指群体中某个基因占全部等位基因数的比率。一般群体中，基因频率可以根据各种基因型的多少来计算；平衡群体中基因频率可以通过纯合类型的基因型频率来推算。

基因型频率(genotype frequency)指群体中某种基因型占全部基因型的比率。同样一般群体中，基因型频率可以根据各种基因型的多少来计算；平衡群体中基因型频率可以通过纯合类型的基因型频率来推算出基因频率，然后再推算出各种基因型比率。

4. 平衡群体、非平衡群体

平衡群体(equilibrium population)指基因频率和基因型频率世代间不发生改变的群体。在平衡群体中，基因型频率是由基因频率决定的，显性纯合子(AA)、杂合子(Aa)、隐性纯合子(aa)各自的比例符合基因平衡公式：$(p+q)^2=p^2+2pq+q^2$。

非平衡群体(disequilibrium population)指基因频率和基因型频率世代间会发生改变的群体。显性纯合子(AA)、杂合子(Aa)、隐性纯合子(aa)各自的比例不符合基因平衡公式：$(p+q)^2=p^2+2pq+q^2$。

5. 适合度、选择系数

适合度(fitness)是指个体在一定环境条件下，能生存并传递其基因于下一代的能力。可以说是生存和生育率联合效应的最后结果，可用相同环境中不同个体的相对生育率(fertility)来衡量。

选择系数(selective coefficient)指不同个体在同一种环境条件下被淘汰掉的概率(准确地说选择系数是测量某一基因型个体在群体中不利于生存的数值，也就是在选择的作用下降低了适合度)，并以此来表示选择的作用，一般用 s 表示选择作用大小，它表明在选择作用下所降低的适合度。

6. 物种、品种

物种(species)简称"种"，是指一群可以相互交配并繁衍可育后代的个体。物种是生物分类学研究的基本单元与核心，是对有性生殖生物进行归类的一个基本概念。个体间能够相互交配，并且可以生育后代，生育的这些后代也是可育的，符合这些条件的个体间才属于同一个物种。否则，不能视为同一个物种。例如，马是一个物种，驴是另一个物种，二者可以交配，并且可以生育下后代，但是，马与驴生育的骡子是不育的，所以，马与驴不是同一个物种。迈尔于 1982 年对物种进行了重新定义，认为物种是由居群组成的生殖单元，与其他单元在生殖上是隔离的，在自然界占据一定的生态位。

品种（breed，variety）是指从同一祖先来的、具有一定形态特征和生产性状、作为遗传学研究或用于生产的人工繁育群。或指一个种内具有共同来源和特有一致性状的一群家养动物或栽培植物。品种往往遗传性稳定，有较高的经济价值。例如，植物品种是经过人工选择而形成遗传性状比较稳定、种性大致相同、具有人类需要的性状的栽培植物群体。物种是分类的基本单元，而品种是一个物种中具有相同品质的一部分个体。另外，品种的概念使用比较混乱。"breed"一词常用于动物，"variety"一词常用于植物。

例如，人类是一个"物种"，即我们常说的"人种"，地球上有黄种人、白种人、黑种人、棕种人等，这些都属于"人种"，黄种人是人类的一个品种，白种人也是人类的一个品种。一般在动物，我们常用品种来称呼，但在人类一般用"亚种"来称呼。小麦是一个种，玉米是一个种，但小麦、玉米都有许多不同的品种。

7. 自然选择学说、中性突变学说

自然选择学说（natural selection theory）指生物的进化是由于自然界对于生物的选择作用的理论。指在生存斗争中，具有某些性状的个体对于自然环境有较大的适应力而留下较多的后代，从而使群体向更适应于环境的方向发展。自然选择学说认为生物体是可以变异的，个体之间是有变异的；有的变异是可以遗传的；各种各样的变异对适应环境是有利的（生存斗争）；生存斗争的结果导致自然选择；自然选择作用导致物种进化；变异和适应促使生物从低等向高等演化。自然选择学说揭示了生物进化过程中的最为关键的机制，因此该学说是现代生物学中最重要的里程碑之一，与能量守恒和转换定律、细胞学说等一道被恩格斯誉为19世纪自然科学三大发现之一。

中性突变学说（neutral mutation theory）指生物分子水平的进化是由于一些中性突变积累的结果的一种理论。认为在 DNA 分子中不断地发生突变，只有那些对生物生存影响不大的突变（中性突变）才能逐渐积累，导致生物的进化。

8. 遗传平衡定律、基因平衡公式

遗传平衡定律（law of genetic equilibrium）指在一定条件下，群体的基因频率和基因型频率代代保持不变的现象。这种现象由于是由哈迪和温伯格发现的，所以又称为哈迪-温伯格定律（law of Hardy-Weinberg）。这里所说的"一定条件"指大的群体、随机交配、没有突变、没有迁移、没有自然选择、没有漂变。

基因平衡公式指对平衡群体中各种基因型频率的一种描述的式子。如果用 p 代表基因 Y 的频率，q 代表基因 y 的频率。那么，遗传平衡定律可以写成：$(p+q)^2 = p^2 + 2pq + q^2 = 1$。$p^2$ 代表一个等位基因（如 Y）纯合子的频率，q^2 代表另一个等位基因（如 y）纯合子的频率，$2pq$ 代表杂合子（如 Yy）的频率。用基因平衡公式可以检验一个群体是否为平衡群体。如果一个群体中各种基因型的频率符合公式中的规律，则此群体是平衡群体，否则，不属于平衡群体。

四、核心知识

1. 基因频率、基因型频率的计算

基因频率、基因型频率的计算是群体遗传与进化一章中基本的、重要的、经常用到的内容，必须掌握各种情况下，如平衡群体中、非平衡群体中基因频率、基因型频率的计算方法。例如，某岛屿经调查发现统计了 497 只虎蛾，其中基因型和个体数分别为：BB = 452，Bb = 43 和 bb = 2。求基因型频率、基因频率。

1）在非平衡群体中利用各种基因型的数目计算基因型频率

基因型 BB 的频率=452/(452+43+2)=0.909

基因型 Bb 的频率=43/(452+43+2)=0.087

基因型 bb 的频率=2/(452+43+2)=0.004

2）在非平衡群体中利用各种基因型的数目计算基因频率　　基因频率=群体中某个基因座位上特定基因的拷贝数÷群体中该座位所有等位基因数，设基因 B 为 p，b 为 q，则

p=(2×BB+Bb)/(2×个体总数)=(2× 452+43)/(2×497)=947/994=0.953

q=(2×2+43)/(2×497)= 47/994=0.047

实际上，这里也是利用基因的数目计算基因

频率。

3）在平衡群体中利用某种基因型的数目推算基因频率　若是遇到平衡群体，则不需要上面复杂的计算，直接根据某种基因型的频率推算即可。例如，一群体 BB = 640，Bb = 320，bb = 40。求基因型频率、基因频率。

推算时从纯合基因型 BB 或 bb 突破都可以。例如，BB=640，BB 是基因 B 与基因 B 结合的产物，BB 频率的开方就是基因 B 的频率，次群体中 BB 频率为 0.64，则 B 基因频率为 0.64 的开方，等于 0.8，那么基因 b 频率肯定为 0.2。

同样道理从基因型 bb 突破，也可以得到同样的结果。

4）在平衡群体中利用某种基因型的数目推算各基因型频率　群体中基因型 BB 的频率为 0.64，则基因 B 的频率为 0.8，基因 b 的频率为 1−0.8=0.2。所以基因型 bb 的频率为 q^2=0.2×0.2=0.04；基因型 Bb 的频率为 $2pq$=2×0.8×0.2=0.32。

同样道理从基因型 bb 突破，也可以得到同样的结果。

2. 平衡群体与非平衡群体的确定

平衡群体中各种基因型出现的频率是有规律的，即都是按照组成这种基因型的基因的频率决定，如果群体中各种基因型出现的频率都符合这个原则，这个群体就为平衡群体。如在上面例子一群体中 BB = 640，Bb = 320，bb = 40。B 频率为 0.8，b 为 0.2，则

BB 应为：0.8×0.8=0.64

Bb 应为：2×0.8×0.2=0.32

Bb 应为：0.2×0.2=0.04

实际上此群体中 BB=640，Bb=320，bb=40，因此，此群体属于平衡群体。

而在上面另一个例子中 BB = 452，Bb = 43 和 bb = 2。B 频率为 0.953，b 为 0.047，则

BB 应为：0.953×0.953=0.9082

Bb 应为：2×0.953×0.047=0.0896

Bb 应为：0.047×0.047= 0.0022

实际上此群体中 BB=0.909，Bb=0.087，bb=0.004，因此，此群体不是平衡群体。

3. 突变对于群体遗传平衡的影响

突变（mutation）对改变群体的遗传组成有两个作用：一是突变影响群体的基因频率；二是突变为自然选择提供了原始材料。

设正向突变（A→a）的频率为 u，回复突变（a→A）的频率为 v。群体中 $f(A)=p$，$f(a)=q$，假设群体很大，无自然选择存在，那么在每一代中，A 等位基因以 u 频率突变成 a，a 等位基因以 v 频率变为 A。

若 $up>vq$ 时，$f(a)$ 增加，即正突变>回复突变；

若 $up<vq$ 时，$f(A)$ 增加，即正突变<回复突变；

若达到平衡时，$\Delta p = vq-up = 0$，$vq = up$，$vq = u(1-q)$。

解这个等式，我们可以得到平衡时的 $\bar{q}$ 值，$vq = u-uq$，$vq+uq = u$，$q(v+u) = u$，$\bar{q} =u/(v+u)$。

从结果看出，达到新的平衡时的平衡频率 $\bar{q}$ 只与正向突变率 u 及回复突变率 v 有关，而与起始频率无关。突变是一个缓慢的过程，而且频率很低，因此，突变对于基因频率的改变影响极小。

4. 选择对于群体遗传平衡的影响

自然选择是改变群体基因频率的重要因素，也是生物进化的驱动力量。选择引起的种群遗传结构的改变，使群体向着更加适应环境的方向发展。

适合度（fitness）又称适应值（adaptive value），是指在一定环境下，一种基因型个体能够生存并将其基因传给下一代的相对能力。通常用 w 表示。

选择系数（selective coefficient）是指在选择作用下所降低的适合度，一般用 s 表示。适合度与选择系数的关系是 $s = 1-w$。

选择对于群体遗传平衡的影响分为以下几种不同情况。

1）对隐性纯合体不利的选择　当一个基因受到选择作用时，它的后代的基因频率不再与亲本相同。假设等位基因 A 对于 a 为显性，则杂合体 Aa 的表型与显性纯合体 AA 一样，适合度都是 1，选择仅对 aa 起作用。假设 A、a 的初始频率分别为 p 和 q，如果选择对于 aa 基因型的个体不利，即有部分或全部的 aa 个体不能存活，其选择系数为 s，经过一代选择后，a 基因的频率由 q 变为 $(q-sq^2)/(1- sq^2)$ 或 $q(1-sq)/(1-sq^2)$，推导分

析见表8-1。

表8-1 显性完全，当选择对隐性纯合体不利时，a基因频率的改变

基因型	AA	Aa	aa	合计	a频率
初始频率	p^2	$2pq$	q^2	1	q
适合度	1	1	$1-s$		
选择后的频率	p^2	$2pq$	$q^2(1-s)$	$1-sq^2$	
相对频率	$\dfrac{p^2}{1-sq^2}$	$\dfrac{2pq}{1-sq^2}$	$\dfrac{q^2(1-sq)}{1-sq^2}$	1	$\dfrac{q(1-sq)}{1-sq^2}$

选择一代后 a 频率的改变为：$\Delta q = \dfrac{q(1-sq)}{1-sq^2} - q = \dfrac{-sq^2(1-q)}{1-sq^2}$。

当 q 或 s 很小时，分母近似等于 1，$\Delta q = -sq^2(1-q)$，当纯合隐性个体致死或不能生育，即 $s=1$ 时，a 基因的频率 q 改变如下：$q_1 = \dfrac{q_0}{1+q_0}$，$q_n = \dfrac{q_0}{1+nq_0}$。解析此公式，$n = \dfrac{1}{q_n} - \dfrac{1}{q_0}$，$n$ 表示基因频率从 q_0 到 q_n 所需要的世代数。

2）对显性基因不利的选择 对显性基因不利的选择更为有效，因为有携带显性基因的个体都要受到选择的作用。设显性基因 A 的频率为 p，对 AA、Aa 的选择系数为 s，选择一代后各种基因型的频率等于其初始频率乘以相应的选择系数，A 的基因频率由最初的 p 变为 $\dfrac{p-sp}{1-sp(2-p)}$，具体计算和推导过程与前表类似，只是选择对显性基因不利，可参考教科书或自己练习。选择一代后 A 基因频率的改变量为：$\Delta p = \dfrac{p-sp}{1-sp(2-p)} - p = \dfrac{-sp(1-p)^2}{1-sp(2-p)}$，当 s 很小时，分母 $1-sp(2-p)$ 接近于 1，$\Delta p \cong -sp(1-p)^2$，由于 $p=1-q$，所以 $\Delta p \cong -sq^2(1-q)$，说明当选择系数很小时 Δp 与 Δq 同样都接近于 $-sq^2(1-q)$。显然，如果对显性个体和隐性个体的选择系数相同时，则等位基因频率的改变，前者大于后者，原因是选择对隐性基因不利

时，部分隐性基因以杂合体形式存在，不受自然选择的影响。

5. 迁移情况下对群体平衡的影响

迁移（migration）指个体或组群从一个群体迁入另一个群体，造成群体间的基因流动，又称基因流（gene flow）。在一定条件下，迁移同样能引起基因频率变化。迁移具有两方面的效果：①它将新的等位基因导入群体中。②当迁移动物的基因频率和受纳群体的不同时，基因流改变了受纳群体的等位基因频率。

假设：群体Ⅰ中A等位基因频率（PⅠ）是 0.8，群体Ⅱ中A的频率（PⅡ）是 0.5。每代某些个体从群体Ⅰ迁移到群体Ⅱ。迁移后群体Ⅱ实际含有两组个体：一组是迁移者，其 A 等位基因频率 PⅠ=0.8。另一组是接纳群体的成员，A 等位基因频率 PⅡ=0.5。

迁移者在群体Ⅱ中的比例为 m，那么迁移后群体Ⅱ中 A 基因的频率是

$$P'Ⅱ = mPⅠ + (1-m)PⅡ$$

混合后群体Ⅱ中 A 基因频率为

$$P'Ⅱ = mPⅠ + (1-m)PⅡ$$

在群体Ⅱ中基因频率的改变设为 Δp，等于混合的 A 频率减去群体Ⅱ原来的 A 基因频率：

$$\Delta p = P'Ⅱ - PⅡ$$

将上式代入 $\Delta p = mPⅠ + (1-m)PⅡ - PⅡ$

展开 $\Delta p = mPⅠ + PⅡ - mPⅡ - PⅡ$

$$\Delta p = mPⅠ - mPⅡ$$

$$\Delta p = m(PⅠ - PⅡ)$$

最后结果表明迁移使基因频率发生改变，此依赖于两个因素：混合群体中迁移者的比例（m）和两个群体之间基因频率的差（PⅠ-PⅡ）。

6. 遗传漂变情况下对群体平衡的影响

样本的机误（chance error）导致群体基因频率的随机改变称为遗传漂变（genetic drift）或简称为漂变。此是由群体遗传学家赖特于 1930 年提出的，有时人们也把漂变称赖特效应。遗传漂变原因包括取样误差、建立者效应（founder effect）、瓶颈效应（bottleneck effect）。瓶颈效应也可以看成是建立者效应的一种类型，因为仅几个个体的减少

结果就会影响群体的遗传结构。遗传漂变的效应可导致基因频率逐代改变，从而使逐代频率随机波动和漂变、减少群体中的遗传变异、导致等位基因的固定和丢失。为了确定遗传漂变的大小，我们必须知道有效种群大小(effective population size)，成体为下代提供的配子的当量数(Ne)。Ne = (4×Nf×Nm)/(Nf+Nm)，等式中 Nf 是交配的雌体数，Nm 是交配的雄体数。70 个雌性和 2 个雄性的群体中，每个雄性要为下一代总的基因数贡献 1/2×1/2=0.25。而每个雌性只贡献所有基因的 1/2×1/70=0.007。Ne =(4×70×2)/(70+2)=7.8，或近似等于 8 个交配成体。这意味着 70 雌和 2 雄的群体的遗传漂变相当于只有 4 个交配雄性和 4 个交配雌性的小群体的遗传漂变。

7. 分子进化

分子进化是指生物在进化发展过程中，生物大分子(蛋白质、核酸)结构和功能的变化及这些变化和生物进化的关系。

进化速率：通常将进化速率定义为每年每个核苷酸位点被另外核苷酸所取代的比例。

分子进化的研究方法：①序列相似性比较。将待研究序列与 DNA 或蛋白质序列库进行比较，用于确定该序列的生物学属性。常用的程序包括 BLAST、FASTA 等。②序列同源性分析。将待研究序列加入一组与之同源，但来自不同物种的序列中同时进行多序列比对，以确定该序列与其他序列的同源性大小。完成这项工作必须使用多序列比较算法。常用的程序有 CLUSTAL。③构建系统进化树。根据序列同源性分析结果可构建系统进化树。完成此项工作需多种软件包，如 PYLIP、MEGA 等。④稳定性检验。检测构建好的进化树的可信度。需进行统计可靠性检验。以大概率(70%以上)出现的分支点才是可靠的。通用的方法是 Bootstrap 算法。

五、核心习题

例题 1. 有一种蜗牛蜗壳的颜色是复等位基因控制的，褐色(C^B)对粉红色(C^P)是显性，粉红色(C^P)对黄色(C^Y)是显性。(C^Y)对(C^P)、(C^B)都是隐性。在一个群体中：褐色 236 只、粉红色 231 只、黄色 33 只，共计 500 只，假设这个群体是符合 Hardy-Weinberg 定律的平衡群体，C^B、C^P 和 C^Y 的基因频率各是多少？

知识要点：

(1)基因型频率指在一个群体内某一基因型的个体在总群体中所占的比率。全部基因型频率的总和等于 1。

(2)基因频率指在一个群体中，某一等位基因占该位点上等位基因总数的比率。任一基因座的全部等位基因频率之和等于 1。

(3)含 3 个复等位基因 A1、A2、A3(其频率分别为 p、q、r)的群体中，随机交配产生的后代将出现如下频率：

$$(p+q+r)^2=p^2+q^2+r^2+2pq+2pr+2qr=1$$

若显性的排列顺序为 A1>A2>A3，

基因型	A1A1	A1A2	A1A3	A2A2	A2A3	A3A3
表现型		A1			A2	A3

即隐性纯合体 A3A3 的基因型频率等于其表型频率，等于其基因频率的平方(r^2)。

解题思路：

(1)设 C^B、C^P、C^Y 的频率分别为 p、q、r。

(2)根据知识要点(1)，黄色表型频率为：33/500=0.066。

(3)根据知识要点(2)和(3)，C^Y 基因频率 r^2=0.066，r=0.257。

粉红色与黄色表型频率之和为：$q^2+2qr+r^2=(q+r)^2$=(231＋33)/500=0.528。

$q+r$ = 0.727，C^P 基因频率 q=0.727－r = 0.727－0.257=0.47，C^B 基因频率 p=1－0.727=0.273。

参考答案： C^B=0.273；C^P=0.47；C^Y=0.257。

解题捷径： 遇到此类问题，首先计算最末一位隐性等位基因的频率，然后依次往前推算。若复等位基因间都为共显性关系时，可根据基因频率的定义直接计算。

例题 2. 白花三叶草自交不亲和。该草叶片上缺乏条斑是一种隐性纯合状态 vv，这种植株大约占 25％。问：(要求写出计算过程)

(1)三叶草植株中有多少比例对这个隐性等位基因是杂合的？

(2)三叶草植株产生的花粉中，有多少比例带有这个隐性等位基因？

(3)假如把非条斑植株淘汰一半($s = 0.5$)，下一代有多少比例植株是非条斑叶的？

知识要点：

(1)平衡群体中，基因频率与基因型频率的关系是：$P=p^2$，$H=2pq$，$Q=q^2$。

(2)在对隐性纯合体不利的选择下，选择一代后 $q_1=q(1-sq)/(1-sq^2)$。

解题思路：

(1)根据知识要点(1)，$q^2=25％$，$q=0.5$，$p=1-0.5=0.5$，杂合体频率 $H=2pq=0.5$。

带有隐性等位基因的花粉的比例即为隐性等位基因频率=0.5。

(2)根据知识要点(2)，$s=0.5$ 时，$q_1=q(1-sq)/(1-sq^2)=0.43$，选择一代后非条斑叶植株的比例是：$q_1^2=0.43^2=0.18$。

参考答案： (1)0.5；(2)0.5；(3)0.18。

解题捷径： 当有选择存在时，应牢记选择前后基因频率的计算方法，从而进一步推算下一代表型频率。

例题 3. 无亲缘关系的 100 人的 DNA 用 $Hind$Ⅲ 消化，电泳分离后与一标记探针杂交，可看到 4 条杂交带：5.7kb、6.0kb、6.2kb 和 6.5kb，每一片段代表一个不同的限制性片段等位基因 A1、A2、A3、A4，根据图示的杂交结果，计算 4 个限制性片段等位基因 A1、A2、A3、A4 的频率。

片段/kb	人数									
	9	21	12	15	18	6	6	7	5	1
6.5	▬	▬		▬			▬			
6.2		▬	▬		▬			▬		
6.0				▬	▬	▬			▬	
5.7							▬	▬	▬	▬

知识要点：

(1)限制性片段长度为共显性遗传，只有一条带者为纯合体，两条带者为杂合体。

(2)某一限制性片段等位基因频率等于纯合体频率与杂合体频率一半之和。

解题思路：

(1)群体中 5.7kb 限制性片段纯合体为 1 人，杂合体为 6+7+5=18 人。

(2)根据知识要点(2)，纯合体频率为 1/100=0.01，杂合体频率为 18/100=0.18。

(3)5.7kb 限制性片段等位基因频率 A1=0.01+$\frac{1}{2}$×0.18=0.1。

以此类推可求得 6.0kb、6.2kb 和 6.5kb 限制性片段等位基因 A2、A3、A4 的频率。

参考答案： A1=0.1；A2=0.25；A3=0.35；A4=0.3。

例题 4. 一个牛的大群体中红色(RR)占49%，杂色(Rr)占42%，白色(rr)占9%。(1)在此群体中亲代产生的配子中含 r 基因的占多少？(2)在另一群体中，白色的仅占1%，99%都是红色或杂色的，问含 r 的配子有多少？

知识要点：

(1)平衡群体中基因频率和基因型频率的关系为 $P=p^2$, $H=2pq$, $Q=q^2$。

(2)在任意群体中基因频率和基因型频率的关系为 $p=P+1/2H$, $q=Q+1/2H$。

解题思路：

(1)根据知识要点(1)，题中所给第 1 个群体为不平衡群体，第 2 个群体应按平衡群体计算。

(2)根据知识要点(1)和(2)，第 1 个群体隐性基因频率为 $q=9\%+\dfrac{1}{2}\times42\%=30\%$，第 2 个群体隐性基因频率为 0.1=10%。

参考答案： (1)30%；(2)10%。

例题 5. 在群体中男性约为 8% 是红绿色盲患者(伴性隐性遗传)，在一个随机交配的群体中，(1)预期女性中有多少患有色盲？(2)女性中带有色盲基因的杂合子是多少？(3)预期 2 代以后正常视觉的比例是多少？

知识要点：

(1)伴性基因的平衡公式为：雌性 $p^2+2pq+q^2=1$，雄性 $p+q=1$，即男性中的表型频率等于其基因频率。

(2)平衡群体中男女基因频率相等。

解题思路： 根据知识要点，群体中的色盲基因频率为 $q=8\%$，正常基因频率为 $p=1-8\%=92\%$，女性中的色盲患者为 $q^2=0.64\%$，女性中的杂合体为 $2pq=14.72\%$，2 代以后正常视觉的比例为 $1-\dfrac{1}{2}(8\%+0.64\%)=95.68\%$。

参考答案： (1)0.64%；(2)14.72%；(3)95.68%。

例题 6. 在一个池塘里有 50 只虎螈，用这些虎螈为材料进行蛋白电泳来研究遗传变异。每个虎螈选择 5 个表型座位来分析，那就是 AmPep、ADH、PGM、MDH 和 LDH-1。结果发现 AmPep、ADH 和 LDH-1 这 3 个位点上未发生变异，而在 PGM 和 MDH 两个座位上有变异，具体情况如下：

基因型	个体数	基因型	个体数
AA	11	DD	35
AB	35	DE	10
BB	4	EE	5

计算多态位点的比率和群体中杂合子的比率。

知识要点：

(1)群体中的多态位点指发生变异的座位。

(2)群体的杂合度(H 是指每个基因座上都是杂合的个体的平均频率，即 $H=$每个基因座上为杂合体的频率总和/基因座总数)。

解题思路： 根据知识要点(1)，群体中的多态位点比率为 2/5=0.4，根据知识要点(2)，群体中杂合子的比率为 (35/50+10/50)/5=0.9/5=0.18。

参考答案： 多态位点的比率=2/5=0.4；杂合子的比率=(35/50+10/50)/5=0.9/5=0.18。

例题 7. 一些群体的基因型频率如下：

群体	AA	Aa	aa
1	1.0	0.1	0.0
2	0.0	1.0	0.0
3	0.0	0.0	1.0
4	0.5	0.25	0.25
5	0.25	0.25	0.5
6	0.25	0.5	0.25
7	0.33	0.33	0.33
8	0.04	0.32	0.64
9	0.64	0.32	0.04
10	0.986 049	0.013 902	0.000 049

(1) 哪一个为 Hardy-Weinberg 平衡群体？

(2) 每一群体的 p 和 q 是多少？

(3) 在群体 10，A→a 的突变率是 5×10^{-6}，回复突变忽略不计，a/a 基因型的适合度是多少？

(4) 在群体 6，A 对 a 为不完全显性，A/A 适合度最高，A/a 为 0.8，a/a 为 0.6，如果没有突变发生，下一代的 p 和 q 是多少？

知识要点：

(1) 平衡群体中基因频率和基因型频率的关系为 $P=p^2$，$H=2pq$，$Q=q^2$。

(2) 在任意群体中基因频率和基因型频率的关系为 $p=P+1/2H$，$q=Q+1/2H$。

(3) 当选择和突变同时存在并达到平衡时，$q=(u/s)^{1/2}$。

(4) 适合度 w 是指在一定环境下，一个个体能够生存并把它的基因传递给子代的相对能力。选择系数 s 是在选择的作用下降低的适合度，即 $s=1-w$。

解题思路：

(1) 根据知识要点(1)，群体 1, 3, 6, 8, 9, 10 为平衡群体。

(2) 根据知识要点(2) 可计算每个群体的基因频率，如群体 5：$p=P+1/2H=0.25+1/2 \times 0.25=0.375$，$q=Q+1/2H=0.5+1/2 \times 0.25=0.625$（其余群体略）。

(3) 根据知识要点(3)，$s=u/q^2=5 \times 10^{-6}/0.000 049=0.102$，$w=1-s=0.898$。

(4) 根据知识要点(4)，选择一代后，AA 为 0.25，Aa 为 $0.5 \times 0.8=0.4$，aa 为 $0.25 \times 0.6=0.15$，选择后三种基因型的相对频率为 AA $=0.25/(0.25+0.4+0.15)=0.25/0.8=0.3125$，Aa$=0.4/0.8=0.5$，aa$=0.15/0.8=0.1875$，基因频率为 $p=0.3125+1/2 \times 0.5 \approx 0.56$，$q=0.1875+1/2 \times 0.5 \approx 0.44$。

参考答案： (1) 1, 3, 6, 8, 9, 10 为平衡群体；(2) 略；(3) 0.898；(4) $p=0.56$，$q=0.44$。

例题 8. 色盲来源于性连锁隐性等位基因，1/10 的雄性为色盲，问：

(1) 女性中色盲比例是多少？

(2) 为什么色盲患者男性比女性多(多多少)？

(3) 有多少婚配的家庭，他们的子女各有一半是色盲？

(4) 有多少婚配的家庭，他们的孩子都是正常的？

(5) 在不平衡的群体中，红绿色盲在女性中的频率是 0.2，在男性中的频率是 0.6，经过一个世代的随机交配，有多少女性后代是色盲？男性后代呢？

(6) 在 (5) 中，男性、女性后代的等位基因频率是多少？

知识要点：

(1) 伴性基因的平衡公式为：雌性 $p^2+2pq+q^2=1$，雄性 $p+q=1$，即男性中的表型频率等于其基因频率。

(2) 平衡群体中男女基因频率相等。

(3) 不平衡群体中随着交配时代的增加，两性间基因频率的差异及它们与平衡频率的差异每代递减 $1/2$，逐步达到平衡，并且 $p_{1x}=p_{0xx}$，$q_{1x}=q_{0xx}$，$p_{1xx}=1/2(p_{0xx}+p_{0x})$，$q_{1xx}=1/2(q_{0xx}+q_{0x})$，平衡时：$p=1/3(p_x+2p_{xx})$，$q=1/3(q_x+2q_{xx})$。

解题思路：

(1) 根据知识要点 (1) 和 (2)，女性色盲基因频率为 $q^2=1/100$，色盲患者男性比女性多 $1/10-1/100=9/100$，子女各有一半是色盲的婚配方式为：女性携带者与色盲男性，频率为 $2\times0.9\times0.1\times0.1=1.8\%$，孩子都是正常的婚配方式为：女性正常基因纯合体与正常或色盲男性，频率为 $p^2=81\%$。

(2) 根据知识要点 (3)，在给定的不平衡群体中，随机交配一代后男、女色盲患病率分别是 0.2，$0.2\times0.6=0.12$，男、女的色盲基因频率分别是 0.2，$(0.2+0.6)/2=0.4$。

参考答案： (1) $1/100$；(2) $1/10-1/100=9/100$；(3) 1.8%；(4) 81%；(5) 0.12，0.2；(6) 0.2，0.4。

例题 9. 半乳糖血症由常染色体隐性基因控制，无亲缘关系的个体后代中，半乳糖血症的发病率为 8.5×10^{-6}，那么在亲表兄妹 ($F=1/16$) 及远表兄妹 ($F=1/64$) 的后代中，预期发病率是多少？

知识要点：

(1) 平衡群体中基因频率和基因型频率的关系为 $P=p^2$，$H=2pq$，$Q=q^2$。

(2) 在近交群体中 $P=p^2(1-F)+pF$，$H=2pq(1-F)$，$Q=q^2(1-F)+qF$（F 为近交系数）。

解题思路：

(1) 根据知识要点 (1)，$q^2=8.5\times10^{-6}$，$q=2.9\times10^{-3}$。

(2) 根据知识要点 (2)，亲表兄妹 ($F=1/16$) 及远表兄妹 ($F=1/64$) 的后代中，预期发病率分别是：$q^2(1-F)+qF=1.9\times10^{-4}$，$q^2(1-F)+qF=5.3\times10^{-5}$。

参考答案： 1.9×10^{-4}；5.3×10^{-5}。

例题 10. 一果蝇品系有一转座因子可插入 X 染色体的白眼基因中，插入突变导致李色眼，假定转座因子每代从插入位点的自发切除率为 5%：

(1) 一代后，X 染色体上的突变等位基因频率是多少？

(2) 10 代、20 代后呢？

(3) 多少代后突变基因频率低于 0.01？

知识要点：

(1) 自发切除相当于白眼基因发生突变。

(2) 在不考虑回复突变时，$p_n=p_0(1-u)^n$。

解题思路：

最初的果蝇为白眼品系，即白眼基因频率 $p_0=1$，根据知识要点可求得：$p_1=p_0(1-0.05)=0.95$，$p_{10}=p_0(1-0.05)^{10}=0.599$，$p_{20}=p_0(1-0.05)^{20}=0.358$，$p_n=p_0(1-0.05)^n=0.01$，$n=90$。

参考答案： (1) 0.95；(2) 0.599，0.358；(3) 90 代。

第八章 细胞质遗传

一、核心人物

1. 科伦斯（Karl Franz Joseph Erich Correns, 1864～1933）

科伦斯，德国植物学家、遗传学家，1864年9月19日出生于德国慕尼黑。中学毕业后进入慕尼黑大学，师从德国著名的植物学家耐格里教授，并成为耐格里的外甥女婿。在耐格里指导下，科伦斯在具备了丰富的植物学知识和植物学研究历史背景后，从慕尼黑大学毕业并留校工作，从事植物细胞膜结构的研究。在格拉茨工作的哈布莱特教授曾指导他进行过植物解剖学方面的研究；在柏林工作的舒恩德纳教授曾指导他进行过植物生理方面的研究；在莱比锡工作的菲特教授曾指导他进行过植物应激性方面的研究。虽然在这些方面没有做出突出的成绩，但这些经历和研究背景为他以后的研究工作打下了基础、扩大了思路，是非常好的学术铺垫。

1892年，科伦斯到位于德国图宾根市的图宾根大学讲学，并在那里工作，研究玉米种子直感现象的形成，同时，用豌豆作材料进行植物杂交试验，做遗传过程分析方面的研究。1900年4月24日，他总结了自己的研究结果，发表了名为《关于品种间杂种后代行为的孟德尔定律》的论文，用自己的研究结果进一步证明孟德尔定律的科学性和正确性，因此，科伦斯是孟德尔定律发现者

的第二号人物，为遗传学的正式诞生和发展做出了卓越的贡献，成为国际上人人皆知的著名遗传学家。1902年，科伦斯应邀到位于德国萨克森州的莱比锡大学工作，被聘为副教授；1909年，45岁的科伦斯到德国北莱茵威斯特法伦州的明思特大学工作，受聘为教授，同年，科伦斯又报道了不符合孟德尔定律的遗传现象，发现了细胞质遗传，谱写了遗传学新的一章。1914年，科伦斯离开明思特大学，担任柏林达莱姆皇家生物学研究所所长。1933年2月14日，在柏林去世，享年69岁。

2. 伊弗吕西（Boris Ephrussi, 1901～1979）

伊弗吕西，法国遗传学家，1901年5月9日出生于俄国莫斯科。完成高中学业后在艺术学院学习了一年，期间并非学习艺术而是研究生物学方面的问题。由于俄国革命，他在1920年离开了俄国，搬到了法国巴黎。1922年，伊弗吕西在巴黎拿到了动物学博士学位，研究细胞内外因子对胚胎过程的启动和调控，他早期的大量工作主要是关于温度对海胆受精卵发育的影响。在关注胚胎学的同时，坚信为了解释胚胎学过程，必须研究基因的作用。1934年，在洛克菲勒基金会的帮助下，伊弗吕西到美国加州理工学院遗传学家摩尔根的实验室学习遗传学。摩尔根安排伊弗吕西与比德尔（G. W. Beadle）合作。1935年，伊弗吕

西回到巴黎，比德尔也在同年秋天来到巴黎，再一次与伊弗吕西合作共事，他们决定将实验胚胎学技术运用到典型的遗传学研究的模式生物——黑腹果蝇上，20 世纪 30 年代末伊弗吕西和比德尔结束了他们的合作。

1941 年，由于德国入侵，伊弗吕西作为一个难民离开法国。第二次世界大战期间，他大部分时间都是在约翰霍普金斯大学度过的。二战结束后，他又回到了法国，重新开始研究细胞核和细胞质对发育的各种影响。1949 年，他娶了遗传学家泰勒的女儿安妮（分子生物学家），1955 年他与妻子合作研究细菌的遗传转化。在战后时期，他选择了酿酒酵母作为研究对象，幸运地发现吖啶橙能诱导酵母产生细胞质遗传的呼吸缺陷。这种被称为小菌落的突变成为研究的热点，证明细胞质颗粒上存在遗传信息的必要性，最终把这种遗传信息确定在线粒体上，它产生呼吸链上的各种酶，在线粒体遗传学中起了很重要的作用。伊弗吕西在真菌类的细胞质遗传方面做出了突出的贡献，极大丰富了细胞质遗传一章的内容。

1962～1967 年，伊弗吕西在克利夫兰的凯斯西储大学与他的研究生研究细胞杂交，融合不同类型和不同物种的细胞，而后发现杂交的细胞引起一些基因不产生 RNA 或者蛋白质。

20 世纪 60 年代后期开始，他开始小鼠癌细胞的研究，他把一种类型的生殖细胞肿瘤癌组织样本细胞和正常细胞杂交后，它们失去了分化成不同类型细胞的潜力。1967 年伊弗吕西回到法国巴黎，1972 年退休。1978 年成为法国科学院成员。1979 年 5 月 2 日在巴黎去世，享年 78 岁。

3. 傅廷栋（Fu Tingdong，1938～）

傅廷栋，中国油菜遗传育种学家。1938 年 9 月 9 日出生于广东省郁南县连滩镇天花塘乡荡村。5 岁时父母亲双亡，与叔父一家一起生活。小学念了 4 年多，考入连滩镇第五初级中学，1951 年毕业。考虑到家庭经济困难和自己的兴趣，傅廷栋考取了广东省唯一不收学费的喜泉农业学校（现为肇庆农业学校）。1954 年，从喜泉农业学校毕业后，分配到广东省中山县农业局横栏区农业技术推广站工作。1956 年，傅廷栋考取了华中农学院（现名华中农业大学）农学系。1960 年，大学毕业后留校任教，1962 年，傅廷栋考取了著名油菜遗传育种学家刘后利教授的研究生，成为新中国第一位油菜遗传育种方向的研究生。在导师的精心指导下，系统进行了不同生育期甘蓝型油菜品种形态及生理特性的研究。1965 年，完成研究生学业后又留校任教。

几十年来，傅廷栋一直工作在油菜遗传育种研究和作物遗传育种教学的第一线。1972 年，他在国际上首先发现波里马细胞质雄性不育，以后育成了稳定的细胞质雄性不育系和优质高产杂交油菜品种'华杂 2 号''华杂 3 号''华杂 4 号'等。1975 年，在国内首次育成甘蓝型油菜自交不亲和系及其杂种，首次提出油菜自交不亲和系"三系化"繁殖、制种原理和方法，首次在国际上提出"油菜起源中心与三系选育有密切关系"的假说。1978 年，被破格晋升为副教授，1981～1982 年，到联邦德国哥廷根大学做访问学者，合作开展油菜遗传育种研究。1978～1987 年，先后任华中农业大学作物育种教研室副主任、农学系副主任。1987 年，晋升为教授，1993 年，被遴选为博士生导师。到 1994 年，国外育成注册的油菜三系杂种 12 个，其中 9 个是利用他的波里马不育材料育成的。1995 年 5 月当选为中国工程院院士。2004 年当选为发展中国家科学院院士。

在油菜育种理论和实践方面的杰出贡献，使傅廷栋获得了许多奖项，也得到了诸多的荣誉。1978 年获全国科学大会奖；1991 年获国家教育委员会科技进步一等奖；1991 年获国际油菜科学界最高荣誉奖——"GCIRC 杰出科学家"奖章；1996 年获国家科技进步一等奖、首届"亿利达科学技术奖"、何梁何利基金"科学与技术进步奖"；2003 年获国家科技进步二等奖、发展中国家科学院农业科学奖；2007 年获印度 MRPC 第一次向国外学者颁发的"油菜研究终身成果奖"；2008 年荣获中华农业英才奖。

傅廷栋曾担任中国作物学会副理事长、农业部科学技术委员会常委、作物遗传改良国家重点实验室学术委员会主任、国家油菜工程技术研究中心主任、中国农业技术推广协会油料作物专业委员会主任、日本植物工学研究所名誉主席研究员、瑞典 SWAB 油菜育种名誉顾问、国际油菜研究咨询理事会(GCIRC，巴黎)主席、第十二届国际油菜大会主席等职。1991 年，成为国家享受国务院政府特殊津贴人员。1995 年被国务院授予"全国先进工作者"称号。1997 年当选党的第十五次代表大会代表。现任国际油菜研究咨询委员会(GCIRC)首任中国理事。

4. 露丝桑格(Ruth Sager，1918～1997)

露丝桑格，美国遗传学家，1918 年 2 月 7 日出生于美国芝加哥。16 岁高中毕业后考入芝加哥大学哺乳动物生理学毕业，1938 年，进入罗格斯大学攻读植物生理学硕士。第二次世界大战期间离开学术界，1944 年她在哥伦比亚大学攻读遗传学博士学位，师从玉米遗传学家马库斯·罗迪斯，同年嫁给了西摩梅尔曼。

1949 年，露丝桑格在洛克菲勒研究所做博士后期间利用莱茵衣藻作为研究材料从事植物叶绿体的研究。1954 年，她首次发现和报道了莱茵衣藻抗链霉素突变型的遗传现象。

1955～1965 年，她在哥伦比亚大学进行研究，1966 年担任教职，成为亨特学院生物学教授，露丝桑格的第二职业生涯始于 1970 年，1975 年她又进入了哈佛医学院，担任教授，从事癌症分子遗传学和微生物遗传学方面的研究，首次提出

和研究肿瘤抑制基因的作用。1997 年因患膀胱癌去世，享年 79 岁。

5. 童第周(Tong Dizhou，1902～1979)

童第周，中国生物学家、胚胎学家、社会活动家，1902 年 5 月 28 日出生在浙江省宁波鄞县塘溪镇童村。这是一片山清水秀、人才辈出的土地。童第周小时候好奇心强，总爱问作私塾先生的父亲一些"为什么"。一天，他看到在屋檐下的石板上整整齐齐地排列着一行手指头大的小坑。这是谁凿的呢？凿这一溜小坑有什么用呢？百思不得其解的童第周把父亲从屋里拉出来接连问了几个为什么。父亲告诉他："这些坑不是人凿的，是檐头水滴出来的。"童第周不相信，对父亲说"檐头水滴在头上一点不疼，它还能在那么硬的石板上敲出坑来？"他父亲耐心地解释道："一滴水当然敲不出坑来，但是，长年累月不断地滴，不但能滴出坑来，而且能敲穿洞呢。"童第周对这个道理虽似懂非懂，却十分惊奇。终于等到了一场大雨，他静静地坐在门槛上，看檐头水一滴一滴地滴在石板上，多么齐心，多么顽强，他心想，年长日久，自然水滴石穿了。这个自然现象使幼小的童第周明白了"水滴石穿"的道理，也使他从小就形成了坚韧不拔的性格。

在私塾里，童第周只学了一些文史方面的知识，这远不能满足童第周对知识的渴求。因为家境不好，没钱供他上学，所以，直到 17 岁那年，在哥哥的帮助下，他才进入了不用交食宿费的宁波师范预科班。虽然没有数理化基础知识和英语基础，但童第周毫不气馁，给自己确立了更高的目标，终于考取了当时宁波最好的学校——效实中学(三年级插班生)，但在班里面学习成绩为倒数第一名。靠"水滴石穿"的精神，一年后童第

周的学习成绩就成了全班正数第一名。1922年，他从效实中学毕业。1923年，以优异成绩顺利考取了复旦大学，1927年大学毕业后，在中央大学任教。1930年，在亲友们的资助下，童第周远渡重洋，到比利时布鲁塞尔大学留学，在欧洲著名生物学家勃朗歇尔教授的指导下研究胚胎学，发明了青蛙卵膜剥除技术，1934年，以优异成绩获得博士学位。

1934年，童第周谢绝了专家和同学们的挽留，毅然回国到山东大学任教。1937年抗日战争爆发后，他随山东大学内迁到四川万县，在一个村镇中学教书。在紧张的教学中始终没有忘记科学研究，自己花钱从附近小镇上买到了一台旧的显微镜，就在这简陋的显微镜下，在低矮的小土屋里，童第周却撰写了一篇篇具有学术价值的论文，震惊了国内外生物学界。通过对两栖类和鱼类的研究，揭示了胚胎发育的极性现象；通过研究文昌鱼的个体发育和分类地位，在对核质关系的研究中取得重大成果；1963年首次完成鱼类的核移植研究，证明不仅是细胞核控制生物的遗传性状，细胞质也起着非常重要的作用，为20世纪七八十年代国内完成鱼类异种间克隆和成年鲫鱼体细胞克隆打下了基础，被誉为"中国克隆之父"。在研究细胞核与细胞质的关系时，他发现不仅仅是细胞核来决定细胞质发育方向，细胞质也决定细胞核的命运，核与质之间不是彼此完全孤立，而是有非常密切的关系，在构造上它们可以互相沟通，在功能上它们可以互相诱发和抑制。晚年时，他还和美籍华裔科学家牛满江合作，探讨鲫鱼和鲤鱼的信息核糖核酸对金鱼尾鳍的影响，开拓了在发育生物学和分子遗传学中一个非常值得进一步探索的研究领域。

童第周曾先后在多所大学和单位工作，1938～1941年任中央大学医学院教授。1941～1943年任同济大学医学院教授。1944～1946年任复旦大学教授。1946～1948年任山东大学教授。1948年，童第周当选为中央研究院院士，同年应美国洛氏基金会邀请到美国耶鲁大学任客座研究员。1949～1955年任山东大学教授、副校长，中国科学院实验生物学研究所研究员、副所长，中国科学院水生生物研究所青岛海洋生物研究室主

任。1955～1976年任中国科学院生物学地学部副主任兼青岛海洋生物研究所研究员、所长，中国科学院生物学部主任、动物研究所研究员。1977～1979年任中国科学院副院长。还担任过第三届至第五届全国人民代表大会常务委员会委员、第五届全国政协副主席、中国海洋湖沼学会副理事长等职务。1979年3月30日在北京逝世，享年77岁。

二、核心事件

1. 细胞质遗传的发现

1900年，科伦斯利用豌豆作材料，发现了与孟德尔当年一样的遗传现象，并且发表论文支持和肯定了孟德尔遗传定律，因此，科伦斯被作为孟德尔定律重新发现的三个人之一，也因为这一事件，科伦斯在生物学界、遗传学界成为知名人士和科学家。但是，几年后，科伦斯用紫茉莉作研究材料，却又发现了与孟德尔当年不一样的遗传现象。紫茉莉叶片绿色与白色是一对相对性状，他把紫茉莉绿色叶自交，后代是绿色叶；白色叶自交，后代是白色叶；花斑叶自交，后代中有绿色叶、白色叶，也有花斑叶。为什么花斑叶自交后代中有三种类型呢？他又设计了两个实验：① 绿色叶作为母本、白色叶作为父本进行杂交，子一代全是绿色叶；②白色叶作为母本、绿色叶作为父本进行杂交，子一代全是白色叶。如果把①作为正交，②作为反交，则正反交的结果不一样(细胞核遗传正反交的结果一样)，而只表现母本的性状，这又是为什么呢？他又让各自的子一代自交，实验①的子二代全是绿色叶，实验②的子二代全是白色叶，即在子二代中没有3∶1的分离比值。这些遗传现象明显不符合孟德尔的遗传定律。科伦斯在另外一些如罗马荨麻(*Urtica pilulifera*)、缎花(*Lunaria annua*)等植物叶色研究中也发现，类似的现象。1909年，科伦斯发表论文，报道了植物这种叶片颜色的遗传和镶嵌现象，这是首次关于细胞质遗传的报道，但是科伦斯没有提出科学理论来解释这一现象。

1909年，另一个科学家鲍尔用天竺葵(*Pelargonium zonale*)作研究材料，也发现了与科伦斯类似的遗传现象，并发表论文进行报道，提

出了质体遗传理论，首次把这种遗传现象与叶绿体缺陷联系起来，认为质体是造成突变的遗传物质的载体，在有花斑叶片的植物中，质体被随机分选。后来，伦纳（Otto Renner）用月见草属（*Oenothera*）的不同种做了杂交试验，进一步证实了质体遗传理论。1927 年，美国学者把这种遗传现象正式命名为细胞质遗传，1934～1937 年，鲍尔和伦纳的质体遗传理论已被广泛接受。细胞质遗传的发现对孟德尔的遗传理论是挑战，不是否定，是对孟德尔遗传学的补充，谱写了遗传学新的一章，开创了细胞质遗传研究的新领域。

2. 微生物核外遗传的发现

1954 年，露丝桑格和她的同事们研究了单细胞藻类——莱茵衣藻对链霉素的抗性。衣藻是能游动的单倍体生物，它有两根鞭毛和一个含有多个 cpDNA 的叶绿体。它们有两种交配型 mt^+ 和 mt^-，是由细胞核中一个座位上的一对等位基因控制的。衣藻可以有性生殖或异宗配合（heterothrothallic）。合子是由两个大小相同的细胞融合而成的，它们含的细胞质的量也是相等的，但交配型不同。厚壁的胞囊发育成合子，经减数分裂后产生了 4 个单倍体的后代细胞，由于交配型是由核基因决定的，所以后代中"mt^+""mt^-"交配型的比为 $2:2$。

野生型的衣藻对链霉素是敏感的（sms），实验中露丝桑格发现一种突变型对链霉素具有抗性（smr）。当 smr mt^+ × sms mt^- → 全部后代（95%）smr；当 sms mt^+ × smr mt^- → 全部后代（95%）sms。把突变型与野生型交配，其子代的链霉素抗性依亲本交配型不同而异，即当链霉素抗性型亲本的交配型是 mt^+ 时，则几乎所有的子代都是链霉素抗性型的。如果链霉素抗性型亲本的交配型是 mt^- 时，则几乎所有子代都是链霉素敏感型的，显示非孟德尔式遗传。对这一正反交结果不一样的遗传现象，露丝桑格认为是细胞质遗传，是由叶绿体基因控制的。她还进一步解释在莱茵衣藻形成单亲遗传的原因是交配型为 mt^- 的衣藻的叶绿体在接合过程中被丢失，而交配型为 mt^+ 的衣藻的叶绿体在接合过程中不被丢失。

这些实验揭示出在衣藻中存在着一种神秘的"单亲基因组"，那就是在杂交中表现出单亲传递的一组基因群。它们究竟位于何处呢？单亲传递的机制又是什么呢？看来交配型并不是生理上的差异，那么这些基因为什么只能由 mt^+ 亲本传递呢？

实验证据表明上述的单亲基因组其实是在 cpDNA 上。在迅速生长的衣藻细胞中有单个的叶绿体，其 cpDNA 约占总 DNA 的 15%，经氯化铯（CsCl）密度梯度离心，这种 DNA 单独形成一条带，和核 DNA 带分开，而且 cpDNA 带精确的位置可以通过在培养基中加入同位素 ^{15}N 而发生改变。用此技术对杂交中两个亲本的 cpDNA 分别以轻的 ^{14}N 和重的 ^{15}N 进行标记，结果其浮力密度分别为 1.69 和 1.70，看来差别似乎很小，但在 CsCl 梯度中所处的明显不同。用这种方法标记亲本合子的 DNA 经梯度密度离心再和亲本比较，就可以看出 mt^- 亲本的 cpDNA 丢失了，或以某种方式破坏了。当然从 mt^- 亲本中丢失的 cpDNA 与其单亲基因的丢失是平行的。其他的一些实验采用了相同的思路。例如，有两个不同品系，它们的 cpDNA 带有不同的限制性酶切位点，然后从杂交后代中提取 cpDNA，经限制性内切核酸酶处理，电泳后观察带型也能获得相同的结论。后代中仅 95%显示了单亲遗传，那么另外的 5%表现了双亲的核外特征，就称为双亲遗传（biparental inheritance），表明双亲两种类型的叶绿体染色体在合子中都存在并具有活性。这些合子就称为胞质基因杂合细胞（cytohet）。这个名称是将"细胞质"（cytoplasm）和"杂合子"（heterozygous）两个单词重组而成的。在许多例子中双亲合子的核外特征经有丝分裂分离成纯的类型，即 smr 和 sms 品系。这种现象是和合子中不同的 cpDNA 的分离有关。不同叶绿体从而进入子细胞，形成纯的类型。遗传学家将带有由叶绿体控制的不同特征的品系进行杂交，与对抗生素抗性遗传的同样原理获得单亲遗传和双亲遗传的后代。双亲合子并不同时表达两种性状，如抗性和敏感性。而在后代中分别表达不同的亲本性状。这可以用两种 cpDNA 之间发生重组来加以解释，使后代染色体带有原来属于双亲的一对等位基因（sms 和 smr）。露丝桑格和她的同事收集了很多这方面的重组资料，在此基础上计算出重组频率，作了衣藻 cpDNA 的遗传图和限制性图谱。

3. 叶绿体 DNA 的发现

非孟德尔遗传方式发现后，很多科学家开始怀疑叶绿体中是否有某种遗传因子决定了其性状的遗传。因为到 20 世纪 50 年代，科学界已经证实 DNA 是主要的遗传物质，所以科学家也开始怀疑叶绿体是否也含有 DNA。

1951 年，千叶第一次用组织化学染色的方法观察到紫背万年青(*Rhoeo discolor*)、白花紫露草(*Tradescantia fluminensis*)和卷柏(*Selaginella savatieri*)的叶绿体中有核酸物质。他发现叶绿体某些部位能被孚尔根(Feulgen)反应(一种可以用于鉴定 DNA 存在的组织化学反应)和甲基绿(methylgreen)(一种能将 DNA 染成绿色的染料)染上颜色，用三氯乙酸(trichloroacetic acid)处理后，两种染色反应均可以被消除。用派洛宁(pyronin)(一种能与 RNA 和解聚的 DNA 结合，将其染成红色的染料)处理的叶绿体只能部分被核糖核酸酶(ribonuclease)消除染色，但可以用三氯乙酸完全消除，因此，千叶得出叶绿体中有聚合的和解聚的 DNA 或许还有 RNA 的结论。20 世纪 50 年代末期到 60 年代早期出现了大量类似的报道，但都没有足够有力的证据可以证明叶绿体 DNA 的存在，人们怀疑观察到的孚尔根反应可能是叶绿体提取过程中有细胞核 DNA 的污染而造成的。

1958 年，莱特(Antoinette Ryter)和凯伦伯格(Edouard Kellenberger)等发现用电镜观察细菌胞质中的纤维状物质(DNA)时，需要用特殊的固定和包埋方法。因为细菌的 DNA 不像真核生物细胞核 DNA 那样和组蛋白紧密结合，所以不能用固定真核细胞的方法来固定细菌。由于用来包埋真核细胞的丙烯酸酯(methacrylate)会使细菌细胞膨胀甚至破裂，所以也不能用它来作为细菌的包埋剂。为了能清楚地观察到细菌的拟核(nucleoid)，莱特等对固定条件和包埋剂进行了改良。先用含 1%四氧化锇的米氏缓冲液(一种 pH 为 6.0 且含有钙离子和氨基酸的缓冲液)进行固定，然后用乙酸铀酰(uranylacetate)进行后固定，包埋剂则改用环氧类树脂(araldite)。

1962 年，威斯康星大学的里斯(Hans Ris)和普劳特(Walter Plaut)用莱特等改进的方法固定莱茵衣藻后，用电子显微镜在其叶绿体中观察到了 DNA 的存在。里斯和普劳特首先通过孚尔根反应和灵敏度更高的吖啶橙(acridine orange)染色反应发现莱茵衣藻叶绿体中有 1 到多个不规则的含有 DNA 的小体，它们大多出现在淀粉体(pyrenoid)附近，用 DNA 酶(DNase)消化后消失。后来他们又用电子显微镜在被孚尔根染色的区域观察到 25Å 的微纤丝，用 DNase 消化后消失。

同时许多科学家也在进行叶绿体 DNA 的提取分离工作，用生化手段证明了叶绿体 DNA 的存在。1963 年 8 月，麻省理工学院的春(H. L. Chun)等以菠菜、甜菜和藻类为实验材料，通过氯化铯密度梯度离心的方法分离到了除细胞核 DNA 主带外的另一条带，推测其可能由叶绿体 DNA 组成。同年 10 月，露丝桑格和石田(M. R. Ishida)用改进的提取方法从莱茵衣藻中提取了相对纯的叶绿体，通过氯化铯密度梯度离心后发现了除主带外还有一条密度为 $1.702g/cm^3$ 的卫星 DNA 带，GC 含量为 39.3%，并证明其为叶绿体 DNA。他们发现总的细胞 DNA 经密度梯度离心后观察到的卫星 DNA 带占总 DNA 的 6%，而用纯化后的叶绿体提取的 DNA 进行密度梯度离心后，这条卫星 DNA 带占总 DNA 的 25%～40%，由此说明这条卫星带的 DNA 是主要来自叶绿体的，即叶绿体中有 DNA 的存在。

4. 酵母菌细胞质遗传的发现

酵母与红色面包霉一样，同属于子囊菌。在有性生殖时，不同交配型单倍体的细胞相互结合形成二倍体合子。二倍体合子经减数分裂形成 4 个单倍体的子囊孢子。这 4 个子囊孢子可以分离开来单独培养，进行遗传研究。

1949 年，法国的伊弗吕西等用啤酒酵母作研究材料，发现在正常通气情况下，每个酵母细胞在固体培养基上都能产生一个圆形菌落，大部分菌落的大小相近。但是有 1%～2%的菌落长得很小，它们的直径是正常菌落的 1/3～1/2，通常称为小菌落。反复多次试验表明，用大菌落进行培养，经常产生少数小菌落；如果用小菌落进行培养，只能产生小菌落；如果把小菌落酵母同正常个体交配，则只产生正常的二倍体合子，它们的单倍体后代也表现正常，不再分离出小菌落。这说明，小菌落性状的遗传与细胞质有关，仔细分析这种杂交后代的核基因，发现这 4 个子囊孢子的核基因有 2 个是 a^+、2 个是 a^-，这说明核基因 a^+ 和 a^- 仍然按预期的孟德尔比例进行分离，而小菌落性状没有像核基因那样发生重组和分离，从而说明这个性状与核基因没有直接联系，进一步研究发现，小菌落酵母的细胞内缺少细胞色素 a 和 b，还缺少细胞色素氧化酶，不能进行有氧呼吸，因而不能有效地利用有机物。已知线粒体是细胞呼吸代谢中心，上述有关酶类存在于线粒体中，因此推断，这种小菌落的变异与线粒体的基因组变异有密切联系。他们把这种小菌落称为营养型小菌落或中性型小菌落。后来的深入研究发现中性型小菌落是由于失去了全部的线粒体 DNA。这种小菌落酵母菌与正常菌落酵母菌杂交，后代全部是大菌落。

1972 年，Nagly 和 Linnane 等对小菌落酵母菌深入研究，又发现了另外一种由细胞质控制的小菌落，称为抑制型小菌落；还发现了一种分离型的小菌落。

三、核心概念

1. 细胞核遗传、细胞质遗传

细胞核遗传 (nuclear inheritance) 指通过细胞核中的染色体 DNA 传递遗传性状的遗传方式。或者指细胞核中的基因控制的性状的遗传。由于控制性状的基因位于染色体上，又称为染色体遗传 (chromosomal inheritance)。由于通过细胞核控制的性状的传递规律符合孟德尔定律，又称作孟德尔遗传 (Mendelian inheritance)。细胞核遗传正反交结果一样，后代呈现有规律的分离比。

细胞质遗传 (cytoplasmic inheritance) 指通过线粒体、叶绿体等核外细胞器的 DNA 传递遗传性状的遗传方式。或者指细胞质中的基因控制的性状的遗传。由于是核外基因控制的，又称核外遗传 (extranuclear inheritance)、染色体外遗传 (extrachromosomal inheritance)、非染色体遗传 (non-chromosomal inheritance)。由于是由母体细胞质中的基因控制的，又称为母体遗传 (maternal inheritance)。由于其正反交的结果不一样，基因的传递方式以及杂交后代的分离比例都与孟德尔的遗传方式不一样，故又称为非孟德尔遗传 (non-Mendelian inheritance)。

区分一种性状属于细胞核遗传还是细胞质遗传，首先是分析正反交的结果，然后再分析杂交后代的分离比例。

2. 细胞核基因组、细胞质基因组

细胞核基因组 (nuclear genome) 指细胞核中含有的全部染色体。或者指由一系列包裹在染色体结构中的 DNA 分子。在二倍性生物细胞核中含有 2 个核基因组或者染色体组；多倍性生物细胞核中含有多个核基因组；对于细菌如大肠杆菌细胞仅含有 1 个核基因组。

细胞质基因组 (cytoplasmon) 指位于细胞质的线粒体、叶绿体、质粒等一些附加体或共生体中的 DNA 分子。

细胞质基因组与细胞核基因组在本质上没有什么区别，二者的化学本质都是 DNA 分子，都具有稳定性、变异性和自我复制能力。但二者的区别是，细胞质基因组往往裸露、分子较小、控制性状的基因较少、多以环状存在、拷贝数较多而且数目不定。

3. 细胞质基因、细胞核基因

细胞质基因 (cytoplasmic gene) 指位于细胞质中的所有基因，或者指细胞质中控制生物某些性状的基因，又称作核外基因 (extranuclear gene)、染色体外基因 (extrachromosomal gene)、胞质基因 (cytogene)。细胞质基因主要存在于细胞质中称为附加体和共生体的细胞非固定成分上，如线粒体、叶绿体、草履虫的卡巴粒以及大肠杆菌的 F 因子等。这些基因的传递不符合孟德尔定律，但是有它自己的规律和方式。

细胞核基因 (nuclear gene) 指位于细胞核中染色体上的基因，又称染色体基因 (chromosomal gene)，其传递方式符合孟德尔定律。细胞核基因与细胞质基因在本质上、结构上没有什么区别，仅仅是在传递方式上不一样。

4. 母体遗传、母性影响

母体遗传(maternal inheritance)指的就是细胞质遗传。由于正反交的结果是由母体的性状决定的，这种遗传现象是由母体细胞质中的基因控制的，因此称母体遗传。

母性影响(maternal influence)又称母体影响，指子代表型受母亲基因型影响，而与母亲相同的遗传现象。

母性影响不属于细胞质遗传的范畴。母性影响的性状正反交在 F_1 的结果不相同，但是在 F_2 就相同了。在 F_3 出现 3∶1 分离比值。因此，母性影响属于孟德尔遗传，但不是简单的孟德尔遗传。

四、核心知识

1. 紫茉莉叶子颜色的遗传机制

在有性生殖过程中，卵细胞除了含有细胞核外，还含有大量的细胞质和各种细胞器，而精子中除了含有细胞核外，基本不含有或者极少含有细胞质和各种细胞器。因此，在受精过程中，卵细胞不仅为子代提供了核基因，也为子代提供了大量或者全部的细胞质基因。一切受细胞质基因控制的性状和表现型的遗传信息，只能够通过卵细胞传给子代。

紫茉莉的枝条一般都是绿色的，但是这种植物有多种变异类型，如出现花斑植株。在花斑植株上有时还会生有 3 种不同的枝条——绿色的、白色的和花斑状的。绿色枝条上的叶是深绿色的，白色枝条上的叶是白色的(或是极浅的绿色)，花斑枝条上的叶呈白色和绿色相间的花斑。如果用显微镜检查紫茉莉的叶肉细胞，可以看到绿色叶的细胞内含有叶绿体，白色叶的细胞内不含叶绿体，只含有白色体，而花斑叶中则含有 3 种不同的细胞：只含有叶绿体的细胞、只含有白色体的细胞、同时含有叶绿体和白色体的细胞。无论是父本的花粉来自哪一植株的枝条，子一代总是表现出母本的性状，与父本提供的花粉所含有的遗传物质无关。这种只受母本遗传性质控制并且子代只表现出母本相应性状的现象，后来被学者称作母系遗传。

以花斑紫茉莉为母本，卵细胞的细胞质中的质体有三种情况(图8-1)：全是叶绿体、全是白色体、既有白色体又有叶绿体。在与精子结合后，形成的受精卵的细胞质中的质体有相应的以上三种情况。质体全是叶绿体的受精卵发育为绿色植株，质体全是白色体的受精卵发育为白色植株不能进行光合作用而死亡，质体既有白色体又有叶绿体的受精卵在发育过程中核有丝分裂而质不均等分裂，形成三种细胞，即质体全是叶绿体、全是白色体、既有白色体又有叶绿体，它们分别形成绿色枝条、白色枝条(因为有绿色、花斑枝条进行光合作用，因而不会像白色植株一样死亡)和花斑枝条，即花斑植株。

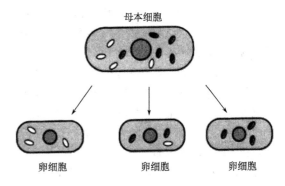

图 8-1 卵细胞细胞质中质体的三种类型

紫茉莉色斑性状的植株产生的原因有以下三点：①参与受精的雌配子中含有大量细胞质，其中含有遗传物质，而参与受精的雄配子由于细胞高度分化形成过程当中失去了大量的细胞质，其中基本不含有遗传物质，当受精形成合子时，两者的核物质各贡献一半，然而细胞核以外的遗传物质主要取决于卵细胞。②叶绿体基因组通过细胞的分裂而进行自我复制和重新分配，野生型和突变型的 cpDNA 分子随机进入新的细胞质中。③叶绿体基因组会随着质体随机进入子细胞中，所以有的子细胞就形成了含有叶绿体的情况，有的子细胞含有白色体，有的子细胞则既含有叶绿体也含有白色体。

2. 母性影响的遗传机制

由于精卵结合时，精子的细胞质往往不进入受精卵中，因此，细胞质遗传有一个特点，即性状只能通过母体或卵细胞传递给子代，子代总是表现为母本性状，而在有性生殖的生物中，还有一种子代表型与母体相同的情况，即母性影响。

母性影响是亲代核基因的某些产物或者某种因子积累在卵细胞的细胞质中，对子代某些性状的表型产生影响的现象。其关键是子代表型不由自身的基因决定，而受母本核基因的影响。这种效应只能影响子代的性状，不能遗传。因此，母性影响不是细胞质遗传，主要是由雌雄配子细胞质含量不同引起的。

母性影响所表现的遗传现象与细胞质遗传十分相似，但它并不是由细胞质基因所决定的，而是由于核基因的产物在卵细胞质中积累所决定的，因此它不属于细胞质遗传的范畴。1923 年，摩尔根的学生斯特蒂文特（Alfred Henry Sturtevant）发现了椎实螺的外壳旋转方向的遗传，揭示了母性影响性状的遗传特点。

椎实螺是一种雌雄同体的软体动物，一般通过异体受精进行繁殖。椎实螺的外壳旋转方向有左旋和右旋之分，是一对相对性状。如果把这两种椎实螺进行正反交，F_1 外壳旋转方向都与各自的母体一样，即或全部为右旋，或全部为左旋；若让 F_1 自交，F_2 全部为右旋，到 F_3 才出现右旋和左旋分离，且分离比为 3∶1。如果实验仅进行到 F_2，很可能被误认为是细胞质遗传。

之所以出现上面的遗传现象，是由于椎实螺外壳旋转方向受一对等位基因的影响，右旋（D）对左旋（d）为显性。某个体的表现型并不由其本身的基因型直接决定，而是由母本卵细胞的状态所决定，而母本卵细胞的状态又由母本的基因型所决定。那么，母本的基因型如何决定卵细胞的特性呢？只要母体的基因型存在显性的右旋基因 D，在卵细胞发育过程中，围绕卵细胞的滋养层细胞（属于母体部分）中的右旋基因 D 负责产生一种物质，这种物质能够进入卵细胞质中，发挥作用，使受精卵在第一次卵裂或第二次卵裂时纺锤体向中线的右侧分裂，形成右旋表型。当母体的基因型仅存在隐性的左旋基因 d，在卵细胞发育过程中，围绕卵细胞的滋养层细胞（属于母体部分）中的左旋基因 d 负责产生另外一种物质，这种物质能够进入卵细胞质中发挥作用，使受精卵在第一次卵裂或第二次卵裂时纺锤体向中线的左侧分裂，形成左旋表型。

3. 叶绿体组分的双重遗传控制

细胞质中的叶绿体之所以可以控制一些性状为细胞质遗传，是因为叶绿体特殊的结构和组成。一个细胞中有几个、几十个、几百个叶绿体，一个叶绿体中有几十个叶绿体 DNA——ctDNA。叶绿体 DNA 为裸露、双链、环状 DNA，分子大小为 120～217kb。一个叶绿体中叶绿体 DNA 的数目为 10～50 个。叶绿体 DNA 的结构特征为含反向重复序列，胞嘧啶没有甲基化。含有基因 100 多个，包括 rRNA 基因、tRNA 基因、蛋白质基因、细胞色素基因、抗药性基因、温度敏感基因等。叶绿体的各种组分和功能有的属于自主性系统，有的属于半自主性系统。例如，叶绿体中 DNA 的结构、叶绿体蛋白质合成系统中的 rRNA、组分 I 蛋白中的大亚基等是由叶绿体基因组控制的；叶绿体 DNA 的复制、重组和转录、一些可溶性酶、组分 I 蛋白中的小亚基等是由核基因控制的；核糖体蛋白质、tRNA、片层结构、光合系统、叶绿体外壳等是由核基因组与叶绿体基因组共同控制的。

4. 线粒体组分的双重遗传控制

细胞质中的线粒体之所以也可以控制一些性状为细胞质遗传，是因为线粒体特殊的结构和组成。一个细胞中有几十、几百个线粒体，一个线粒体中有几十个线粒体 DNA——mtDNA。线粒体 DNA 存在状态为裸露、双链、环状，线状或放射状的。分子是叶绿体 DNA 的几百分之一到几分之一，而且分子大小波动大，从几十到几百 kb。一个细胞中线粒体的数目可以从几十到几百个。其结构特征为无重复序列，胞嘧啶没有甲基化。每个线粒体 DNA 上含有基因 100 多个，如 rRNA 基因、tRNA 基因、蛋白质基因、细胞色素氧化酶基因、抗药性基因、ATP 酶基因、脱氢酶基因等。各种组分和功能有的属于自主性系统，有的属于半自主性系统。例如，线粒体 DNA 本身的结构、线粒体蛋白质合成系统中的 rRNA 等是由线粒体基因组控制的；线粒体 DNA 的复制、转录、重组、核糖体蛋白质、可溶性酶、其他细胞色素等是由核基因组控制的；而线粒体蛋白质合成系统中的 tRNA、ATP 酶、细胞色素氧化酶、细胞色素 b 等是由核基因组与线粒体基因组共同控制的。

可见细胞核遗传和细胞质遗传各自都有相对独立性，但并不意味着没有关系：核基因是主要的遗传物质，但要在细胞质中才能表达，细胞质虽然控制一些性状，但常要受到细胞核的影响。所以细胞质基因与核基因在功能上是相互促进或相互制约的，在空间上是相互贯通、相互依存的。

5. 酵母菌小菌落的遗传机制

酵母菌的小菌落分为中性型小菌落、抑制型小菌落和分离型小菌落三种类型，其中1949年法国的伊弗吕西等在啤酒酵母中发现的小菌落属于中性型小菌落，这种小菌落产生的原因是酵母细胞内的线粒体基因发生了突变，使其不能合成细胞色素 a、细胞色素 b、细胞色素氧化酶等，不能进行有氧呼吸，因而不能有效地利用有机物，使其生长缓慢，形成了较小的菌落。此种突变型

表示为 mt DNA 丢失型，文字表述为缺少正常的细胞质因子，实质上是失去了全部的线粒体 DNA。这种小菌落酵母菌与正常菌落酵母菌杂交，后代全部是大菌落。

1972 年，Nagly 和 Linnane 等发现的另外一种由细胞质控制的小菌落，称为抑制型小菌落(mt DNA 突变型)，是由不完整的线粒体基因组(缺失、重复等)控制的。这种小菌落酵母菌与正常菌落酵母菌杂交，后代是多种比例的大菌落和小菌落。缺失和重复的片段越多，抑制性越强，小菌落的比例越高。高抑制型的小菌落酵母菌与正常菌落酵母菌杂交，后代可以全部为小菌落。

分离型的小菌落(核基因突变型)，是核基因控制的，遗传方式符合孟德尔定律。这种小菌落酵母菌与正常菌落酵母菌杂交，后代是大菌落：小菌落=2∶2。

五、核心习题

例题 1. 1909 年，德国植物学家科伦斯用紫茉莉进行了下列实验，试分析紫茉莉的遗传现象。

紫茉莉的绿白斑植株的遗传杂交试验

父本枝条来源	母本枝条来源	子代
深绿	深绿	深绿
深绿	淡绿	淡绿
深绿	绿白斑	绿白斑
淡绿	深绿	深绿
淡绿	淡绿	淡绿
淡绿	绿白斑	绿白斑
绿白斑	深绿	深绿
绿白斑	淡绿	淡绿
绿白斑	绿白斑	绿白斑

知识要点：

(1)细胞质遗传的特点是：F_1 通常只表现母方的性状，为母系遗传；杂交后代一般不出现一定的分离比例。遗传方式是非孟德尔式的。

(2)叶绿体基因正常时，形成正常的叶绿体，叶绿体基因发生突变时，不能形成正常的叶绿体。

(3)有丝分裂过程中，细胞质中叶绿体的分配是随机的。

解题思路：

(1)根据知识要点(1)，分析表中的杂交试验结果，不管是正交还是反交产生的子代的性状都是与母本的性状一样，因此，推测此性状是属于细胞质遗传。

(2)根据知识要点(2)，白斑性状的形成可能是叶绿体中控制色素形成的基因发生了突变。

(3)根据知识要点(3)，绿色斑块是由于原初细胞中含有正常叶绿体；白色斑块是由于原初细胞中含有不正常叶绿体。当绿色斑块与白色斑块相间存在时，就形成绿白斑。

参考答案：紫茉莉的该性状属于细胞质遗传。是由于叶绿体中控制色素的基因发生了突变。各种斑块的形成是由于在有丝分裂过程中，细胞质中的叶绿体的分配是随机的。

例题 2. 基因型为 Dd 的右旋椎实螺自交后代的基因型与表现型各是什么？如果自交后代的个体自交，其后代的表现型和比例如何？

知识要点：

(1)椎实螺外壳旋向由一对等位基因(D 与 d)控制，遵循母性影响。

(2)基因 D 对基因 d 为显性，基因的遗传符合孟德尔遗传，子代表现型由母体基因型确定。

解题思路：

根据知识要点，两代自交，各世代个体的基因型和表现型如下。

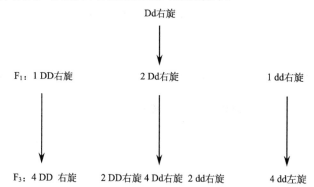

参考答案：基因型为 Dd 的右旋椎实螺自交后代(F_1)的基因型为 DD、Dd、dd，表现型均为右旋。F_1 个体自交，其后代的表现型有右旋和左旋两种，其比例为 3∶1。

例题 3. 酵母菌的分离型小菌落(segregation petite)和中性型小菌落(neutral petite)杂交，与它和正常酵母菌落杂交一样，二倍体细胞都是正常的，所形成的子囊孢子都是 2 个形成正常菌落，2 个形成小菌落。试问这两种交配组合的遗传方式一样吗？

知识要点：

(1)酵母菌有性生殖时，两种交配型形成二倍体合子($2n$)，减数分裂产生 4 个子囊孢子(n)。

(2)酵母菌小菌落有三种类型：①分离型小菌落。由核基因突变所致，符合孟德尔遗传方式。②中性型小菌落。由细胞质缺少正常线粒体 DNA 所致，属于细胞质遗传方式。但是，控制酵母菌交配型的等位基因 A/a 正常分离。③抑制型小菌落。由细胞质基因缺失和重复所致，与正常酵母杂交形成的二倍体合子经减数分裂，后代为小菌落和大菌落，但是两种菌落的表型比例不定。属于细胞质遗传方式。

解题思路：

(1)根据知识要点(1)，杂交后产生的 4 个子囊孢子的细胞质是一样的。

(2)根据知识要点(2),题中所列两种杂交虽然都产生了大菌落与小菌落,比例为 2:2,杂交结果相同,但是其遗传方式是不一样的。

分离型小菌落与正常酵母杂交形成的二倍体合子经减数分裂,后代小菌落和大菌落的比例为 2:2,符合孟德尔遗传方式;中性型小菌落与正常酵母杂交形成的二倍体合子经减数分裂,后代全部为正常菌落,因为小菌落在杂交过程中从大菌落获得了正常的细胞质基因(mtDNA),属于细胞质遗传方式。但是,控制酵母菌交配型的等位基因 A/a 正常分离。

参考答案:这两种交配组合产生的子代分离比例一样,但是遗传方式不一样,前者是因为合子的正常细胞质在减数分裂过程中随机分配到 4 个子细胞中,使中性型小菌落性状不表现。但是,由于 4 个子囊孢子中有 2 个存在正常核基因,表现为大菌落,2 个存在不正常核基因,表现为小菌落。属于细胞质遗传。后者是分离型小菌落与正常大菌落杂交,4 个子囊孢子中也是 2 个含有正常核基因,2 个含有不正常核基因,属于核遗传。

例题 4. 如何利用 A、B、C、D 4 个玉米自交系(其中 A 和 B 是姐妹系,C 和 D 是姐妹系)的相应不育系、保持系和恢复系配成具有较强杂种优势的双交种?说明其理论依据。

知识要点:

(1)玉米自交系、单交种、双交种的概念。

(2)雄性不育系、保持系、恢复系的概念。

解题思路:根据知识要点设计育种方案,写出理论依据。

参考答案:每年让各个雄性不育系与相应的保持系杂交,保存各个雄性不育系。雄性不育自交系 AS(rfrf)和雄性可育自交系 BN(RfRf)杂交,得单交种 AB。雄性不育自交系 CS(rfrf)和雄性可育自交系 DN(RfRf)杂交,得单交种 CD。单交种 AB 与单交种 CD 杂交,获得双交种 ABCD。

其理论依据是:①雄性不育系与保持系杂交,后代仍然是雄性不育系。雄性不育系与恢复系杂交,后代是正常的可育品种。②自交系是从不同的优良品种中分离选育出来的,在连续自交过程中避免了杂种串粉,淘汰了遗传不良的植株,其种性纯合优良,又经过了配合力测定,因此自交系生长一致,配合力高。由两个自交系杂交育成的单交种生长整齐、健壮、产量高,但是,制种产量低,成本较高。如果用两个单交种再杂交,育成的双交种则不仅生长整齐、健壮、产量高,而且制种产量高,种子成本低。所以,在玉米育种上多采用双交种的方法。

例题 5. 已知草履虫有 A、B 和 C 三个纯合品系。品系 A 是放毒型,品系 B 和 C 是敏感型。A 和 B 品系交配所得子代自体受精,各自获得放毒型;草履虫品系 A 和 C 交配所得子代自体受精,获得放毒型和敏感型草履虫各半。试问 A 品系的基因型与细胞质情况怎样?

知识要点:

(1)草履虫放毒型性状的遗传属于核质互作型。草履虫核基因和卡巴粒(Kappa particle, kp)与表型的关系如下:K⁻+ kp=放毒型;kk+ kp=敏感型(无核基因 K 存在,kp 不复制);kk=敏感型。

(2)草履虫接合生殖:子代二倍体核来源于两个亲本的单倍体核。

(3)草履虫自体受精:子代二倍体核来源于亲本的单倍体核。

解题思路:

(1)根据知识要点,画出题中给的交配图解。

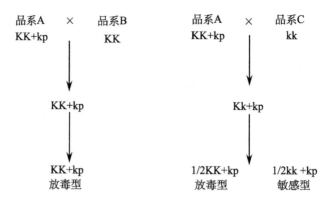

(2)根据知识要点，对图解进行分析，推导 A 品系的基因型与细胞质。

参考答案： A 品系的基因型为 KK；细胞质为含有卡巴粒(kp)。

例题 6. 如果有一个雄配子不育的突变体，你如何判断其育性是由细胞质基因控制还是核基因控制的？

知识要点：

(1)雄性不育是指植物在生长发育过程中，雌蕊正常发育，雄蕊发育不正常，花粉败育的现象。

(2)细胞质雄性不育型决定花粉败育的基因在细胞质中，基因的传递无规律；细胞核雄性不育型是决定花粉败育的基因在细胞核中，基因的传递有规律。

解题思路：

(1)根据知识要点(1)，让突变体作母本，正常个体作父本进行杂交。

(2)根据知识要点(2)，观察 F_1 中花粉的育性情况，来鉴别属于细胞质不育还是细胞核不育。

参考答案： 突变体作母本，正常个体作父本进行杂交，若 F_1 中全部是不育植株，说明该育性是由细胞质基因控制的；若 F_1 中出现不育植株和可育植株，比例为 1:1，说明该育性是由细胞核基因控制的。

例题 7. 在小鸡的某一品系中发现有异常性状 T。你采取什么步骤来确定此性状是染色体基因引起的，或是细胞质基因引起的，或是与"母性效应"有关，还是完全由于环境引起的呢？

知识要点：

(1)染色体基因遵循孟德尔分离定律与自由组合定律，正反交结果相同，F_1 均表现显性基因的性状。

(2)细胞质基因遵循细胞质遗传特点，正反交结果不同，子代与母本性状相同，F_2、F_3 中没有分离比例。

(3)母性效应是指母本基因型决定子代的性状，正反交结果不同，子代表现母本的性状，也可能不表现母本的性状。

(4)环境影响：随着环境的变化生物体性状会发生改变。

解题思路：

(1)根据知识要点(1)、(2)、(3)，首先做正反交：(1)T♀×+♂；(2)T♂×+♀区分是染色体基因还是其他原因。

(2)根据知识要点(2)、(3)，根据正反交子代性状区分细胞质基因或母性效应。

(3)根据知识要点(4)，设计不同基因型在同一环境条件下性状表现以及相同基因型在不同环境条件性状表现区分性状是由环境引起的或是基因决定的。

参考答案： 做正反交，如果正反交后代在 T 性状上有差异，且不呈现一定的比例，说明是细胞质基因引起的。若正反交结果相同，且呈现一定的比例，说明是核基因引起的。

如果具有 T 性状的鸡为杂合体，让此母鸡与不具有 T 性状的公鸡交配，然后让杂交一代个体作母本，分别与不具有 T 性状的公鸡交配，得到杂交二代。若杂交一代、杂交二代都有 T 性状，说明是细胞质遗传。若杂交一代都有 T 性状，杂交二代是有的个体有 T 性状，有的个体无 T 性状，说明是母性影响。

将基因型相同的个体在不同的环境中繁殖，观察 T 性状，若表现不一致，说明是环境影响，反之，则不是环境影响所致。或者将不同基因型的个体在同一环境下繁殖，观察 T 性状，若表现不一样，说明不是环境影响，若表现一样，说明是环境影响。

例题 8. 草履虫的放毒型品系(KK+Kappa)与敏感型品系(kk)接合，产生的 F_1 是放毒型。在下述几种情况下，预期后代的基因型、表现型如何？自交几代后表现型如何？

(1)当 F_1 中的两个放毒者之间进行接合时。

(2)当 F_1 中的放毒者与敏感者接合时。

(3)F_1 个体自体受精时。

知识要点：

(1)草履虫的有性生殖过程和自体受精过程。

(2)卡巴粒与核基因共同存在时才表现为持久的放毒型。若细胞质中有卡巴粒，细胞核中无 K 基因，则此个体仅暂时表现为放毒型。

解题思路：根据知识要点，画出各种交配的图解，从图解中得到各种答案。注意对于草履虫，Kk 个体与另一个 Kk 个体交配、Kk 个体自体受精都可以认为是自交，但是二者的交配结果不一样。Kk 个体与另一个 Kk 个体交配可以得到 KK、Kk、kk 三种基因型，Kk 个体自体受精只能得到 KK、kk 两种基因型。

参考答案：

(1)基因型为 KK、Kk、kk 三种，全是放毒型。自交几代后放毒型：敏感型=1∶1。

(2)基因型为 Kk、kk 两种，全是放毒型。自交几代后放毒型：敏感型=1∶3。

(3)基因型为 KK、kk 两种，全为放毒型。自交几代后放毒型：敏感型=1∶1。

例题 9. 玉米的可育花粉是在正常的细胞质(N)背景下形成的，遗传的不育花粉是由不育的细胞质(S)造成的。显性基因 R 可恢复育性，不育的细胞质只有与纯合等位基因 rr 同时存在才表现效应。

(1)确定下列杂交后代中可育株和不育株的比例，并写出基因型和胞质种类(以下各题要求相同)。

    A. S(rr)×S(RR)

    B. S(rr)×N(Rr)

    C. S(Rr)×N(Rr)

    D. S(rr)×N(rr)

(2)若不育株同可育株杂交得到 1/2 可育、1/2 不育，确定父本遗传系统。

(3)若不育株同可育株杂交得到后代全是可育株，确定父本遗传系统。

知识要点：

(1)核质互作雄性不育类型是细胞质中有不育因子，细胞核中有不育基因，二者共同作用形成雄性不育。

(2)在核质互作雄性不育类型中，细胞核中的可育基因为显性基因。可育花粉是在正常的胞质(N)背景下形成的，不育花粉是在细胞质(S)背景下形成的。有不育的细胞质，但核中有可育基因，仍然可以产生可育配子，如 S(RR)。有可育的细胞质，但核中无可育基因，仍然可以产生可育配子，如 N(rr)。

解题思路：

(1)根据知识要点(1)，分析第(1)问中的 4 个问题：

A. S(rr)×S(RR)→S(Rr) 全可育；

B. S(rr)×N(Rr)→S(Rr)、S(rr) 1 可育∶1 不育；

C. S(Rr)×N(Rr)→S(RR)、S(Rr)、S(rr) 3可育：1不育；

D. S(rr)×N(rr)→S(rr) 全不育。

(2)根据知识要点(2)，推测和写出第(2)、第(3)问中父本的遗传系统。

参考答案：

(1)A. S(rr)×S(RR)→S(Rr) 全可育；

　　B. S(rr)×N(Rr)→S(Rr)、S(rr) 1可育：1不育；

　　C. S(Rr)×N(Rr)→S(RR)、S(Rr)、S(rr) 3可育：1不育；

　　D. S(rr)×N(rr)→S(rr) 全不育。

(2)S(Rr)或N(Rr)。

(3)S(RR)或N(RR)。

例题 10. 某植物核质雄性不育植株与一对显性基因控制的恢复系杂交，子一代全部是散粉可育株。但用 F_1 花粉再授到上述雄性不育株进行回交时，或者是让 F_1 植株自交时，所得后代仍全部是散粉可育株。分析其中的遗传关系。

知识要点：

(1)核质雄性不育、恢复系的概念。

(2)配子的竞争力。

解题思路： 根据题意和知识要点，题中给的交配图解如下。

P：雄性不育株 S(rr)×N(RR)恢复系

F_1：　　　　　S(Rr)　雄性可育株

让这个 F_1 与雄性不育株亲本回交，即 S(Rr)×S(rr)，应该产生 1 可育株 S(Rr)：1 不育株 S(rr)。但实际上回交后产生的全部是可育株。

让这个 F_1 自交，即 S(Rr)×S(Rr)，应该产生 3 可育株 S(RR)、S(Rr)：1 不育株 S(rr)。但实际上自交后产生的全部是可育株。

参考答案： 可能 F_1 形成的 r 配子不能成活。

可能 F_1 形成的 r 配子竞争不过 R 配子。

可能交配后形成的 S(rr)基因型的个体不能成活，有致死作用。

第九章 染色体畸变

一、核心人物

1. 布里奇斯(Calvin Blackman Bridges, 1889～1938)

布里奇斯,美国遗传学家,1889 年 1 月 11 日出生于纽约的舒勒尔瀑布(Schuyler Falls),幼年时他的父母就双双去世,是祖母含辛茹苦把他抚养长大。后来,他自己打工养活自己,直到 20 岁才高中毕业。1909 年,布里奇斯被哥伦比亚大学(Columbia University)录取,并获得了一份奖学金。大学一年级,摩尔根给他们讲授实验动物学课程,摩尔根独辟蹊径的研究型教学方法和平易近人的作风吸引了布里奇斯,激起了布里奇斯对科学的兴趣,同时,家境贫寒的布里奇斯为了弥补上学费用的不足,到摩尔根的"果蝇室"勤工助学,饲养果蝇和洗刷果蝇培养瓶。摩尔根"果蝇室"是在牛奶瓶中进行培养,由于当时牛奶瓶厚厚的,一般人肉眼看不清楚瓶中果蝇的特征和性状,但是布里奇斯具有敏锐和超人的观察能力,隔着牛奶瓶就能看清果蝇的每个性状。1910 年,21 岁的布里奇斯仅凭借肉眼发现了实验中新出现的朱砂眼果蝇,由此摩尔根对这个年轻的大学生刮目相看,立即让他成为自己的私人助手。布里奇斯足智多谋,勤奋好学,用几万张卡片记录实验结果,很快在摩尔根的"果蝇室"做出了优异

成绩,发明了观察果蝇的新仪器、新方法和能够更清楚分辨果蝇染色体的实验室新技术。1912 年,布里奇斯从哥伦比亚大学毕业,获得理学学士学位后直接攻读博士学位。

1912 年,他与艾夫斯(Gertrude Frances Ives)成婚,并养育了 4 个孩子。1914 年,他的研究生论文以简报形式发表于《科学》,1916 年,全文发表于《遗传学》杂志第一期第一页。1916 年,布里奇斯从哥伦比亚大学毕业,获得动物学博士学位。毕业后,作为助理研究员继续和摩尔根一起从事研究工作。同年,他发现了 X 染色体的不分离现象,找到了染色体学说的直接证据,把控制果蝇眼睛颜色的基因直接定位到 X 染色体上。他先驱性的工作帮助摩尔根证明了染色体上的基因能够传递遗传特征,提高了人们对染色体结构异常与生理特征改变间的联系;为摩尔根连锁互换定律的创立、摩尔根基因的染色体学说的创立打下了坚实的理论基础和提供了实验证据。在哥伦比亚大学工作期间,布里奇斯还先后发现了缺失、易位、重复等染色体畸变现象。1928 年,布里奇斯随摩尔根研究小组一起前往帕萨迪纳市(Pasadena)的加州理工学院(California Institute of Technology)工作,担任研究助理,在那里度过了他日后的职业生涯。

出色的工作成绩,卓越的个人品质,使布里奇斯与导师摩尔根建立了超越师生的父子般的关系。有报道说,由于布里奇斯外貌斯文、性格温顺,摩尔根像关心自己的女儿一样关心布里奇斯,并在果蝇研究中对他抱有更大的希望和寄托。遗憾的是天不遂人愿,1938 年 12 月 27 日,布里奇斯由于心脏病而英年早逝,享年仅 49 岁。作为导师,摩尔根白发人送黑发人,怀着万分痛惜的心情,为布里奇斯写了纪念文章,高度地评价和总结了布里奇斯辉煌的一生。

2. 朗顿·唐(John Langdon Down, 1828~1896)

朗顿·唐，英国医生，1828年11月1日出生于英国康沃尔郡的托波因特，以首次描述唐氏综合征的病理而闻名。他父亲是爱尔兰人后裔。14岁时，朗顿·唐开始在他父亲的药店里工作。18岁时，开始在伦敦为一个外科医生工作，学习了放血、拔牙、简单的配药等。后来进入布卢姆斯伯里广场的药物实验室，赢得了有机化学奖。朗顿·唐本来很喜欢科学研究，但是在当时化学职业没什么前途，于是最终决定从事医学。他参加了伦敦皇家医药协会举办的科学课程，表现特别优秀，在一年内通过了两项职业考试，但成为执业药剂师并不是他的本意，也没有注册为医药学会会员。

后来，朗顿·唐重回到托波因特，利用他新获得的知识和技能，开发了一个非常成功的产品，提升了他父亲商店的营业额。1853年，他的父亲去世，他进入伦敦医学院学习，成为一个优秀的学生，在最后一年，他拿了药学、手术和妇产科金牌和最优秀学生的奖章。1856年，进入爱尔兰皇家外科学院工作。

1858年，朗顿·唐被任命为厄尔斯伍德疯人院院长。他是当时最有望到伦敦医院工作的优秀学生之一，人们很惊讶他会从事这一份被忽视和鄙视的"白痴"的工作领域。他很努力地对厄尔斯伍德进行改革，并以头直径的测量和照片中人特定的面部特征进行民族分类，并成就了1862年他对先天愚型的描述和报道。

1866年，朗顿·唐写了一篇题为《一个白痴民族的观察》的论文，认为可以根据民族特性对不同情况进行分类。他列举了包括高加索人和埃塞俄比亚人等的不同类型，主要介绍什么是具有蒙古征的"白痴"，后被命名为唐氏综合征，也被称为"先天愚型"。

朗顿·唐是非常开明的绅士，是自由主义的支持者，他大力捍卫女性高等教育，否认和批判了女性接受高等教育会容易导致产生低能后代的观点。他对医学科学做出了重要贡献，他的私人训练和教育中心"Normansfield"，是唐氏综合征协会总部，拥有国际声誉，大家也认可了他在医学史和遗传学史上的地位。1896年，朗顿·唐逝世，享年68岁。

3. 鲍文奎(Bao Wenkui, 1916~1995)

鲍文奎，中国作物遗传育种学家，1916年5月8日出生于中国浙江省宁波市鄞县石碶镇。父亲经营草席业，家中生活较为宽裕。鲍文奎自幼勤奋好学，考入高中后，便开始对生物学发生兴趣，常与同学讨论达尔文进化论的问题。1935年夏，他考入中央大学农学院农艺系，1939年夏在重庆毕业，获硕士学位，经金善宝教授推荐，来到了成都静居寺四川省农业改进所从事小麦育种与栽培、小麦和蔬菜的细胞遗传学研究。

1942年，鲍文奎参加了李先闻领导的细胞遗传研究。1944年，先后任教于四川大学农学院农艺系和华西协和大学理学院农艺系，讲授细胞遗传学、生物统计学和田间技术等课程。1947年夏，鲍文奎由李先闻推荐，得到"美租借法案"的资助，进入美国加州理工学院生物系攻读遗传学博士学位，进行链孢霉菌的生物化学遗传研究。当时，植物遗传育种研究有了较大的进展，人们已经知道在高等植物中，至少有一半物种是通过染色体数目天然加倍进化形成的。根据自然界物种进化规律而创立的人工加倍染色体数目的多倍体育种，已经成为物种人工进化的实践，可以用来快速制造新物种，培育成新的优良作物。这些研究成果使鲍文奎更加深信多倍体育种具有广阔的应用前景。于是，1950 年 6 月，他在获得加州理工学院博士学位后，放弃了国外的优厚待遇回到解放不久的祖国，在四川省农业科学研究所筹建了谷物多倍体实验室，从事谷类作物多倍体、肥料对作物生长和发育影响的研究，研究成果《禾谷类作物的同源多倍体和双二倍体》一书于 1956 年出版。1956 年 10 月，他离开了成都，调到北京中国农业科学院筹备处工作。《禾谷类作物的同源多倍体和双二倍体》的研究成果于 1978 年获全国科学大会奖。1979 年，鲍文奎被评为全国劳动模范。1980 年当选为中国科学院院士。

鲍文奎归国后，曾任中国农业科学院作物所研究员、副所长，北京农业大学（现中国农业大学）农学系教授、副校长，中国植物学会常务理事、中国遗传学会常务理事、国际小黑麦协会副主席、第五届和第六届全国人民代表大会代表。1951 年起，鲍文奎以各类作物的人工多倍体为对象研究人造新物种，发现物种的演化应分为两个阶段，新种形成在前，并且是随机的、突然发生的；演化是渐进的，有方向性的。在八倍体小黑麦新作物的选育过程中证实，同自然物种演化过程一样，隔离机制是必不可少的。

鲍文奎是中国八倍体小黑麦的创始人，创造出亩产千斤的高产品种。在国际上处于领先地位。1958 年，鲍文奎筛选了小黑麦原始品系 4700 多个，并在原始品系间进行杂交育种，培育出抗逆性强、蛋白质含量高的品种 95 个，其中八倍体小黑麦育种的研究基本上解决了结实率和种子饱满度问题。主持同源四倍体水稻育种研究，取得良好结果。他长期从事禾谷类作物多倍体遗传育种研究，成功地解决了谷类作物人工多倍体结实率低、饱满度差的难题，使八倍体小黑麦和四倍体水稻的遗传育种研究取得了突破性进展。首创用'中国黑'等小麦品种作为桥梁品种选育小黑麦原始品系的方法。坚信"新物种可以通过多倍体途径飞跃产生"的理论，采用染色体加倍技术培育新作物，改良现有作物的特征，取得了重要成就。在世界上首次将异源八倍体小黑麦应用于生产，育成'小黑麦 2 号''小黑麦 3 号'，第二代矮秆八倍体小黑麦品种'劲松 5 号'和'劲松 49 号'等许多耐寒新品种，解决了高原地区小麦的栽培问题。1972 年小黑麦种子在威宁高寒、贫瘠山区试种成功，并获得了丰收。1995 年 9 月 15 日，鲍文奎在北京因病逝世，享年 79 岁。

4. 斯特恩（Curt Stern，1902～1982）

斯特恩，美国细胞遗传学家、优生学家，1902 年 8 月 30 日出生于德国汉堡，1923 年以动物学方面的研究获柏林大学哲学博士学位，后到哥伦比亚大学随摩尔根进行了两年博士后研究，1928 年被任命为柏林大学讲师，1933 年以难民身份从纳粹德国回到美国，先定居在罗彻斯特大学，1941～1947 年在罗彻斯特大学担任动物学教授，1949 年出版了一本著名的遗传学教科书《人类遗传学原理》，从而奠定了他在遗传学领域的地位。以后又到加利福尼亚大学担任动物学和遗传学教授，直至 1970 年退休。

斯特恩是第一个真正证实果蝇染色体交换的遗传学家。1931 年，斯特恩通过杂交得到了一对在两端都有不同明显结构的同源染色体（标记染色体）的雌果蝇。这一雌果蝇的一条 X 染色体上有红眼（C）和非棒眼（b）两个基因，并在一端有一个易位 Y 染色体片段标记；另一 X 染色体有粉红眼（c）和棒眼（B）两个基因，并在另一端有一个断裂点标记。整个染色体基因结构表明，此"杂合的"雌果蝇的表型是"红眼、棒眼"，两条 X 染色体都有不同标记。斯特恩用这只红色、棒眼的雌果蝇与"粉红眼、非棒眼"（双隐性）的雄果蝇进行杂交，得到了"粉红棒眼""红色非棒眼""红色棒眼"和"粉红非棒眼" 4 种类型。这用连锁和交换的原理很容易解释：红色棒眼和粉红非棒眼是非亲本组合类型，即新类型，它们是由"红色棒眼"杂合体通过连锁基因的交换而产生的。但是细胞学上有没有根据呢？斯特恩对这些后代进行了细胞学染色体检查，发现所有"粉红棒眼"果蝇的 X 染色体是带有断裂点标记的，所有"红色非棒眼"带有 Y 片段标记，所有"红色棒眼"既带有断裂点标记，又带有 Y 片段标记，而"粉红非棒眼"的 X 染色体全无任何标记。斯特恩的这一经典试验充分表明一对同源染色体（XX）之间确实发生了染色体片段的交换，从而交换了本来连锁的基因。后来，斯特恩还证实交换不但能在性细胞中发生，也能在体细胞中发生。1982 年，斯特恩在美国逝世，享年 80 岁。

二、核心事件

1. 染色体结构变异的发现

1915 年，布里奇斯在研究黑腹果蝇（*Drosophila melanogaster*）的棒眼遗传时发现了染色体的缺失现象。果蝇的棒眼（bar eye, B）对正常红眼（B^+）是显性（$B > B^+$）。该基因位于 X 染色体上，伴性遗传。布里奇斯用红眼雌果蝇和棒眼雄果蝇进行杂交，得到的 F_1，本该雌果蝇为棒眼，雄果蝇应为红眼，但是，布里奇斯在某些杂交组合的子代群体中却发现了红眼雌蝇。开始以为是发生了突变。检查部分幼虫的唾液腺染色体，发现在少数幼虫的唾液腺细胞内，体细胞联会的两条 X 染色体中有一条短缺了一小段。据此，布里奇斯推测，子一代中之所以出现红眼雌蝇，是因为它的那一条由精子带来的 X 染色体上缺失了一小段，而基因 B 正是位于缺失区段上，这就使正常 X 染色体上 B^+ 的红眼效应得到了表达的机会，发育为红眼雌蝇。

1919 年，布里奇斯发现了染色体的重复现象。果蝇的复眼由许多小眼组成。野生型的正常复眼呈椭圆形；棒眼突变型由于小眼数目的显著减少而呈不同程度的狭棒形。棒眼基因 B 为显性，位于 X 染色体上。纯合的棒眼果蝇的后代中常出现少数野生型个体；同时出现少数复眼比棒眼更狭细的超棒眼个体。这两种个体出现的频率都约占 1/1600，远远超过一般的突变频率。

1925 年，斯特蒂文特用棒眼果蝇进行一系列不同组合的杂交，计数了后代各种棒眼的小眼数，同时注意分析与棒眼座位紧密连锁的基因的行为，发现野生型和超棒眼的个体的出现总是伴随着棒眼座位相邻基因的交换。针对这一情况，他提出不对等交换假说。这一假说在 1936 年被布里奇斯所证实。他们发现在正常果蝇唾液腺细胞的 X 染色体上只有一个编号为 16A 的区段，而棒眼果蝇的 X 染色体上有连接着的两个 16A 区段，超棒眼果蝇中则有三个重复的 16A 区段。这说明棒眼果蝇来源于 16A 区段的重复，由棒眼果蝇产生的野生型和超棒眼个体是由于少数雌性棒眼果蝇的一对 X 染色体在减数分裂过程中发生了不对等交换，于是极少数配子中获得一个只有一个 16A 区段的 X 染色体，而另一些配子中却获得一个有三个 16A 区段的 X 染色体。比较各种基因型果蝇的每一复眼的小眼数，还发现棒眼纯合体 B/B 的复眼的小眼数是 68，而正常/超棒眼杂合体+/BB 的复眼的小眼数是 45。两者的 16A 区段数相同，只是由于它们所在染色体的位置不同而使小眼数不同，因此称为位置效应。

1923 年，布里奇斯又发现了果蝇的染色体易位现象。1926 年，斯特蒂文特发现了染色体的倒位现象。

2. 染色体数目变异的发现

1886 年，德弗里斯在荷兰北部希尔维萨姆城郊一块废弃的马铃薯土地上意外地发现了两株与众不同的红秆月见草类型，便将它们带回去种在自己的试验园里。他将两个突变体繁殖，在第一代和第二代中又出现了当时没有见过的新品种：小月见草、晚月见草和红斑月见草。1901 年，他在第五代还出现了组织和器官巨大的变异型，命名为巨型月见草（*Oenothera gigas*）。德弗里斯在野生地里和栽培园中先后发现过几十种月见草的突变种。这些突变种和原有种的性状出现明显差异，且都能纯一传代。这些新品种几乎都能纯合、稳定传代。

通过"月见草"杂交试验，德弗里斯逐渐认识到，达尔文强调的那种微小变异不是形成新物种的真正基础。物种起源主要是通过跳跃式变异"突变"来实现。为了解释"月见草"何以能够产生如此丰富的突变体，德弗里斯潜心研究了 16

年。1901～1903 年，他撰写出版了《突变论》，集中阐述了他的生物突变论思想。德弗里斯的生物突变论思想震撼了整个生物学界。德弗里斯对月见草的研究，也开创了将实验方法应用于进化论研究的先河。但是，必须指出，后来证明德弗里斯在月见草中所观察到的突变现象大多是属于染色体畸变或染色体重排，有些甚至是多倍体，与后来摩尔根遗传学中所说的基因突变有着很大的不同。经细胞遗传学研究得知，巨型月见草比普通月见草多一倍的染色体，由于染色体数目变异造成其为同源四倍体（$2n=28$）。

染色体数目畸变最早也在果蝇中发现。1916年，布里奇斯在果蝇的研究中发现多一个和少一个 X 染色体的现象。1920 年，美国遗传学家布莱克斯利等在曼陀罗的研究中发现比正常植株多一个染色体的突变型。此后便陆续开展了烟草和小麦等植物的染色体畸变的研究。1937 年，布莱克斯利等通过秋水仙素处理在植物中得到了多倍体，开始把染色体畸变的研究应用于动植物育种。

3. 异源八倍体小黑麦的培育

中国对小黑麦的育种研究始于 1951 年，在美国加利福尼亚理工学院攻读博士后，鲍文奎坚持自己的信念回国，在四川省农业科学研究所主攻小黑麦、大麦、黑麦和水稻等谷类作物多倍体育种。当时鲍文奎和严育瑞认为，如果通过常规杂交育种来改进人工合成的八倍体小黑麦的性状品质，缺乏足够数量的杂交组合。而用易与黑麦杂交的'中国春'小麦品种作为"桥梁"与各种普通小麦品种杂交，再以杂种 F1 或 F2 作母本与黑麦杂交，以杂种配子代替纯种配子，则不但克服了属间杂交的障碍，而且可使获得的每粒杂交种子经染色体加倍后都成为潜在的小黑麦原始品系，从而极大地丰富了小黑麦的人工资源和可能配合的杂交组合。两年时间，他和助手严育瑞便获得了第一批多倍体原种。

1954 年，用多倍体品种间杂交来改进多倍体新物种取得了可喜的进展，高产优质的中国多倍体新物种成功在望。然而，由于受到苏联李森科学派的影响，鲍文奎及团队受到别人"反动的摩尔根主义的把戏"的指责，他的科研材料和成果也被毁掉了，多倍体育种工作被被迫停止。鲍文奎坚持真理，认定多倍体育种是人们根据自然界物种进化规律而创立的物种人工进化科学。1955年 5 月，他写信给农业部提出他的看法，强烈要求恢复多倍体育种工作。他的申诉受到了重视，约一个月后，所领导通知鲍文奎说农业部电令恢复多倍体研究。他一得知此喜讯，不顾早已过了水稻播种季节，赶紧在钵子里种下四倍体籼粳杂种的第二代。

1956 年 6 月，中国科学院刊物《科学通报》发表社论，评述鲍文奎受压制这一典型事件，论证在科学事业中贯彻百家争鸣方针的重要性和迫切性。同年 8 月 25 日，鲍文奎在《人民日报》上署名发表了文章《我们研究多倍体前后》，表明了党报对受压科学家的支持。

1964 年，从八倍体小黑麦杂交组合后代中已能选出结实率达 80％左右、种子饱满度达 3 级水平的选系。

经过多次对比试验，1961 年，他们发现了代替进口药物秋水仙素的一种廉价易得的国产药剂"富民隆"，由于这一染色体数目人工加倍的技术革新和制种手续的简化，制种效率大大提高，小黑麦原始品系由一年只能制造一两百个，提高到 2300 多个。他们总共制造出 4700 多个八倍体小黑麦原始品系，是同时期国外制造水平的 10 倍。1964 年，从八倍体小黑麦杂交组合后代中已能选出结实率达 80％左右、种子饱满度达 3 级水平的选系。到了 1966 年，'小黑麦 2 号''小黑麦 3 号'等人造新作物良种基本培育成功。1972 年'小黑麦 2 号''小黑麦 3 号'等试种成功，并在中国西南山区一带推广。

小黑麦的培育成功，不仅为我国增添了一种新的麦类细粮作物，更重要的是进行了一场人工加速小麦进化过程的实验，突破了一般育种方法只能在同一物种的范围内培育差别不大的品种的局限性，为我国的作物育种事业开辟了一条新途径。国外育种学家也曾试图培育成功具有优良品质特色的八倍体小黑麦，但由于难度太大，20 世纪 70 年代以后都转向了培育六倍体类型的小黑麦了。中国则仍继续八倍体的选育工作，鲍文奎及其助手以自己成功的实践和有创见的 20 多篇科学论文，使我国异源八倍体小黑麦育种工作跃居世界领先水平。

20 世纪 70 年代，在推广'小黑麦 2 号'和'小黑麦 3 号'等第一代小黑麦良种的同时，鲍文奎和他的助手开始培育早熟、丰产、优质、易脱粒的中矮秆八倍体小黑麦良种。经过 10 年努力，'劲松 5 号'和'劲松 22 号'等第二代小黑麦良种培育成功。这批良种的突出特点是稳产、优质、耐瘠薄土壤、易脱粒，对白粉病免疫。经贵州西部丘陵地区大面积推广，表明第二代小黑麦良种对发展我国丘陵旱地的细粮作物具有重要作用。

后来，鲍文奎和助手又再接再厉，培育第三代矮秆小黑麦良种。他们从已掌握的八倍体小黑麦矮秆品种资源中优选出了一些株高与普通冬小麦相近的育种材料。为了加速培育出适宜在我国小麦主产区推广的第三代矮秆小黑麦良种，他们在我国小麦主产区黄淮平原的河南南阳建立了矮秆小黑麦鉴定、选育、试验、示范基地，进行加快优化育种的研究，培育出了第三代矮秆小黑麦良种。

中国首创的人造麦类新作物八倍体小黑麦，具有品质佳、抗逆性强和抗病害等特点，比起世界上种植面积最大的主体粮食作物小麦来，是优越性更强的麦类细粮作物。随着第三代矮秆小黑麦的育成，小黑麦将从高寒山区、丘陵旱地扩展到平原小麦主产区，在生产上应用的前景会更加广阔。

4. 人类染色体疾病的发现

21 三体综合征，又称先天愚型或 Down 综合征，是最早报道也是最常见的一种染色体病，1866 年，英国医生朗顿·唐在学术会议首次发表了这一病症，他将智力迟钝、身体畸形婴儿的现象从其他智障疾病中区分出来，证实是一种独立疾病，并进行研究。起初将其称作"蒙古征"。由于这种病患者面部与生活在阿尔泰山脉的蒙古人面部特征相似，所以，根据德国人类学家布鲁门巴赫的人类特征和起源研究，称其为"蒙古征"。1959 年，法国学者杰罗姆·勒琼(J. LeJeune)发现了唐氏综合征的遗传学基础是第 21 号染色体三体变异造成的。现今医学界认为"蒙古征"这个名称非常无礼和没有医学实际意义而没有普遍使用。

1965 年，世界卫生组织(WHO)根据该病研究的创始人的名字将这一病症正式定名为"唐氏综合征"，以后随着细胞遗传学和染色体显带技术的发展，染色体畸变的报道日益增多。

18 三体综合征，又称 Edwards 综合征。畸形主要包括中胚层及其衍化物的异常(如骨骼、泌尿生殖系统、心脏最明显)。是次于先天愚型的第二种常见染色体三体征。1960 年由 Edwards 等首先报道了本病，患儿有突出的枕骨、低位畸形耳、小眼、先天性心脏病等外表和内脏畸形，患者成活率极低，经染色体检查多一个额外的染色体，认为是 17 号染色体。后相继许多学者陆续报道了相似的观察，证实这些临床综合征与 18 号染色体异常有关，至今已有数百例报道。

13 三体，又称 Patau 综合征。1960 年，帕陶首先提出了此综合征与 D 组染色体之一的三体型有关，遂以帕陶氏综合征命名。后经放射自显影技术及荧光法鉴别，才确定该综合征是由多了一个 13 号染色体而引起的，该病的发病率为 $1/(4000 \sim 6000)$。

5p 综合征，又称猫叫综合征(cats cry syndrome)，是法国科学家勒琼及其同事于 1963 年首次发现的，是最常见的人体缺失综合征，是由第 5 号染色体短臂缺失所引起的，又称 5 号染色体短臂缺失综合征，为最典型的染色体缺失综合征之一。临床主要表现为出生时的猫叫样哭声，头面部典型的畸形特征，小头圆脸、宽眼距、小下颌、斜视、宽平鼻梁及低位小耳等，生长落后及严重智力低下。

5. 果蝇性染色体上基因突变检测技术的发明

从 1921 年起，摩尔根的弟子穆勒就不知疲倦地探索用射线诱发基因突变以及检测这些突变的方法。穆勒认为，设计的突变基因的检测方法必须满足以下条件：要有一种通过标记基因鉴别一个特定染色体的可靠手段；要防止这个染色体从同源染色体那里通过交换得到一个新的基因；然后还要让这条染色体进入这样一种组合，在那里它能表现出突变变化，这种突变变化既可在自发状态下产生也可在处理后产生。

在检测果蝇 X 染色体和常染色体基因突变

中，穆勒创造了很多方法。例如，ClB 法和 Muller-5 技术可用来检出 X 染色体上的隐性突变或致死突变；用平衡致死系统则可检测常染色体上的突变基因。

ClB 法是穆勒在 1927 年首创的。l 代表 X 染色体上的一个隐性致死基因，B 代表同一 X 染色体的显性棒眼基因，C 则代表 X 染色体上一段包括 l 和 B 的倒位，它能抑制交换的发生，从而保证 l 和 B 在连续的世代中稳定地联系在一起，所以棒眼的存在就表示这一隐性致死基因的存在。检测时，用 X 射线处理雄性果蝇，然后将它与 ClB 的雌果蝇进行交配，子一代会出现棒眼雌蝇，把子一代中的棒眼雌蝇与野生型雄蝇做单对交配，子二代雌雄蝇数目之比应是 2 : 1。但如果在子一代的雌蝇中来自雄性亲体的 X 染色体上发生了一个隐性致死突变，那么子二代中就看不到雄性果蝇。应用这一方法可以检测 X 连锁隐性致死基因的突变率。穆勒用这种方法测得果蝇 X 染色体上连锁隐性致死基因的自发突变率为 0.1%～0.2%。以后发展起来的 Muller-5 法、骈连 X 染色体法等可以用来更有效地检测果蝇 X 连锁隐性致死突变率。

穆勒的发现，特别是他独创的出色方法，开辟了一个崭新的研究领域，即有可能在定量的基础上对突变进行研究。

三、核心概念

1. 缺失、重复

缺失（deletion）指在染色体的中间或者两端缺少了某些片段的现象。缺失可分为顶端缺失和中间缺失两种类型。若某染色体长臂或短臂的末端发生一次断裂，断片未发生重接而丢失，称为顶端丢失（terminal deficiency）。若染色体长臂或短臂上同时发生两次断裂，中间的断片未能重接而丢失，留下的两个片段彼此连接而形成衍生染色体，则为中间缺失（interstitial deletion）。

顶端缺失发生比较简单，染色体发生一次断裂即可形成，而中间缺失需要染色体发生两次断裂。例如，某染色体基因的直线排列顺序是 abcdefghi，当区段 ghi 丢失后便形成了顶端缺失；当区段 def 缺失后便成为中间缺失。

顶端缺失的染色体断裂后形成的断头很难愈合，染色体断片易与其他染色体的断头相互连接，产生新的结构变异不稳定，因此一般较少见。中间缺失一般比较稳定，因此较多见。

如果同源染色体中一条是正常染色体，另一条是缺失染色体，则该个体是缺失杂合体（deficiency heterozygote），若一对同源染色体均是缺失染色体，则为缺失纯合体（deficiency homozygote）。

重复（duplication，dup）指细胞的染色体上额外增加了相同染色体的某个片段的现象。重复可以发生在同一染色体的邻近位置，也可发生在同一染色体的其他部位，还可存在于其他非同源染色体上。在重复区段与染色体的原有区段紧邻时，则有顺接重复和反接重复两类。顺接重复（tandem duplication）指某区段按照自己在染色体上的正常直线顺序重复。反接重复（reverse duplication）指重复区段上基因排列的顺序发生了颠倒，与原来染色体上的直线顺序刚好相反。例如，某染色体的正常直线分化顺序是 abc.defgh，若 efg 段重复，则顺接重复是 abc.defgefgh，反接重复是 abc.defggfeh。

若一对同源染色体均为相同的重复染色体，则该个体为重复纯合体，若一对同源染色体中一条为正常染色体，另一条为重复染色体，该个体称为重复杂合体。

2. 倒位、易位

倒位（inversion）指当一条染色体发生两次断裂，其中间片段发生颠倒后又重新接上的现象。例如，一条染色体的正常直线分化顺序是 abcde，由于某种原因断裂为 3 个片段：a、bc、de，中间的片段 bc 旋转 180° 成为 cb，再与 ab 及 de 相连接，形成一条倒位染色体 acbde。倒位是最常见的，也是遗传研究中利用较多的染色体结构变异类型。

倒位有臂内倒位（paracentric inversion）和臂间倒位（pericentric inversion）两种。臂内倒位区段在染色体的某一个臂的范围内；臂间倒位的倒位区段内有着丝粒，倒位区段涉及染色体的两个臂。例如，某染色体的正常直线分化顺序是 abc.def，则 acb.def 是臂内倒位染色体，adc.bef 是臂间倒位染色体。同源染色体中两条染色体均为倒位染色体，则称为倒位纯合体；若一条为倒位染色体，另一条为正常染色体，则为倒位杂合体。

易位(translocation)指非同源染色体间相互交换染色体片段，造成染色体间基因的重新排列的现象。与缺失、重复、倒位不同，易位是染色体间的结构变异。易位有多种类型，最主要的类型是相互易位(reciprocal translocation)，它是指两条非同源染色体相互交换染色体片段。相互易位发生的过程为两条非同源染色体先发生断裂，其后断裂的染色体及片段发生交换，最后重新连接。相互易位的两个染色体片段可以是等长的，也可以是不等长的。

若一对同源染色体均为相同的易位染色体，则该个体为易位纯合体，若一对同源染色体中一条为正常染色体，另一条为易位染色体，该个体称为易位杂合体。

3. 整倍体、非整倍体

整倍体(euploid)指体细胞内含有完整染色体组的个体，如单倍体、二倍体、三倍体、多倍体等都属于整倍体。概念中的染色体组(genome)是指二倍体生物配子中所具有的全部染色体。单倍体即体细胞中仅含有 1 个染色体组，三倍体即体细胞中含有 3 个染色体组。在植物和动物的演化过程中，有的生物的染色体数目变化是以整倍性来变的，而有的生物的染色体数目变化是以非整倍性来变的。

非整倍体(aneuploid)指体细胞内含有不完整染色体组的个体。染色体数在正常个体染色体数 $2n$ 的基础上以增加或减少一条或几条染色体，染色体数目的变化不按照整倍性来变化。有的非整倍体(二倍体时)可能含有一个完整的染色体组和一个不完整的染色体组，如单体($2n-1$)、三体($2n+1$)；有的非整倍体可能含有两个不完整的染色体组，如缺体($2n-2$)。

4. 超倍体、亚倍体

超倍体(hyperploid)指体细胞中染色体数目多于 $2n$ 的个体。例如，唐氏综合征的患者就是多了一条 21 号染色体，为 21 三体综合征，患者体细胞染色体数是 $2n+1=47$。有的超倍体可能为$2n+2$、$2n+3$ 等。

亚倍体(hypoploid)指体细胞中染色体数目少于 $2n$ 的个体。例如，二倍体缺一条染色体为单体 $2n-1$，缺 2 条，且 2 条为同一对同源染色体时为缺体 $2n-2$；若缺 2 条，2 条染色体不是同源染色体时为双单体，为 $2n-1-1$。

5. 一倍体、单倍体

一倍体(monoploid)指含有一个染色体组(1X)的细胞或个体。一倍体常用 X 来表示。

单倍体(haploid)指含有配子中染色体数目的细胞或个体。单倍体常用 n 表示。

一倍体、单倍体二者有一定的联系，但也有区别，二者不能视为同一个概念。对于纯二倍性生物来说，如玉米、豌豆、果蝇、老鼠等都是纯二倍性生物，体细胞中染色体组成为 $2n$。此时，它们的一倍体、单倍体含义是一样的，两个概念可以意义相同。但是对于非纯的二倍性生物，如小麦是异源六倍体，具有 6 个染色体组，每个染色体组含有 7 条染色体。此时，小麦的一倍体就是一个染色体组，为 7 条染色体，小麦的单倍体则为 3 个染色体组，含有 21 条染色体。

6. 单体、缺体

单体(monosomic)指生物体细胞中某对同源染色体缺少了一条的个体。单体常写为($2n-1$)。

缺体(nullisomic)指生物体细胞中缺少一对同源染色体($2n-2$)的个体。缺体常写为 $2n-2$。

单体和缺体都属于非整倍体中的亚倍体类型。二倍体的单体一般很难存活而且不育，如玉米和番茄的单倍体能够生活，单体却活不下去。但异源多倍体的单体由于不同的染色体组之间具有部分补偿作用，具有一定的生活力和育性。因此，单体多存在于异源多倍体物种中。例如，普通小麦是异源六倍体，$2n=42$，可得到 21 种单体。这些单体虽然不很正常，但能活下去，并能很好地繁殖。可见遗传物质的缺失对多倍体的影响比对二倍体的影响小。

缺体和单体一样在二倍体生物中很难存活，仅存在于多倍体生物中，由于缺失一对染色体，对生物个体的性状表现的影响更大、生活力更差。缺体一般通过单体自交获得。例如，从小麦的 21 种不同单体可以得到 21 种不同的缺体。但缺失一条染色体的雄配子生活力极低，竞争力弱，导致单体自交后代中缺体出现的频率极低。

7. 三体、四体

三体(trisomic)指体细胞中的染色体较正常个体增加了一条，使某一对同源染色体具有三条染色体的个体。常写为 $2n+1$。

四体(tetrasomic)指体细胞中某对染色体多了两条同源染色体的个体。常写为 $2n+2$。

三体和四体都属于非整倍体中的超倍体。三体细胞中某对染色体增加了一条，相应的基因剂量增加，从而使三体的性状发生改变。例如，直果曼陀罗的蒴果突变型，就是一种三体变异类型，直果曼陀罗具有全套 12 种三体，每一条增加的染色体对果实形态都有不同的贡献，因此全套的 12 种三体各具有特定的形态变异。但在大多数其他植物中，不同的三体不易从外形上互相区分，如玉米的 10 个不同染色体的三体在形态上差异不大。

四体主要来源于三体的子代群体，如普通小麦的 21 个不同三体的子代群体中可分离出 21 个不同的四体。四体在遗传上是比较稳定的，因为四价体在减数分裂过程中主要是 2/2 均衡分离，产生的配子大多数为 $n+1$ 配子。

8. 同源多倍体、异源多倍体

同源多倍体(autopolyploid)指加倍的染色体来源于同一个物种的个体。例如，一个同源二倍体生物加倍后成了同源四倍体，体细胞中的 4 个染色体组都来源于同一个祖先。4 个染色体组间在结构、功能各方面都一样。

同源多倍体一般是由二倍体的染色体直接加倍得到的。自然存在的同源多倍体不多，如同源三倍体的香蕉、黄花菜、水仙，同源四倍体的马铃薯。人工创造的同源多倍，如同源三倍体西瓜、同源三倍体甜菜等。

同源多倍体具有以下特征：①核体积和细胞体积增大。②组织器官巨大化，生物个体更高大粗壮。③配子育性降低甚至完全不育。④成熟期延迟、生育期延长。⑤由于基因剂量效应，同源多倍体的生化反应与代谢活动加强，许多性状的表现更强。例如，大麦同源四倍体籽粒蛋白质含量比二倍体原种增加 10%～12%。⑥基因间平衡与相互作用关系破坏而表现一些异常的性状表现。例如，二倍体西葫芦的果形为梨形，变异形成的四倍体西葫芦为扁圆形。

异源多倍体(allopolyploid)指加倍的染色体来源于不同的物种的个体。例如，小麦是异源六倍体，6 个染色体组分别来源于一粒小麦、拟斯卑尔脱山羊草和节节麦等三个物种。这三个物种的染色体组彼此之间有较大的区别。

异源多倍体一般是由不同种、属间的杂交产生的 F_1 个体再经染色体加倍而形成的，如普通小麦、烟草等。异源多倍体有偶倍数异源多倍体和奇倍数异源多倍体两类。偶倍数异源多倍体是指体细胞中的染色体组为偶数的多倍体。其细胞内的染色体组成对存在，同源染色体能正常配对形成二价体，并分配到配子中去，因而其遗传表现与二倍体相似，生长正常，繁殖力正常。自然界中存在的异源多倍体物种几乎都是偶倍数异源多倍体，且在自然界分布广泛，在中欧，约有 2/3 的植物属是由异源多倍体组成的。在被子植物中，异源多倍体种约占 1/3，禾本科中约 70% 的种是异源多倍体。奇数倍异源多倍体是指含有奇数个染色体组的异源多倍体。奇数倍异源多倍体在联会配对时形成众多的单价体，染色体分离紊乱，配子中染色体组成不平衡，因而很难产生正常可育的配子。

9. 平衡致死系、ClB 品系

平衡致死系(balanced lethal system)也称为永久杂种，指携带有两个纯合致死基因的杂种品系。在平衡致死系中，一对同源染色体的两个成员分别带有一个座位不同的隐性致死基因，而且，一对同源染色体其中一条具有一个倒位区段，可以利用倒位的交换抑制效应抑制交换的发生，从而使平衡致死系可以自动代代相传。

隐性致死基因可以有两种功能。例如，A 或者 B 在对性状的控制上是显性的，只要存在一个 A 就表现 A 的性状，存在一个 B 就表现 B 的性状。A 或者 B 基因还有一种功能就是控制个体的生存，但是在此种功能的控制上却是隐性的，即存在两个 A 或者两个 B 时才表现致死。

在图 9-1 中，如果两条染色体都是正常的，没有倒位发生，则二者在减数分裂过程中会发生交换，那就会形成 AB、ab、Ab、aB 4 种配子，雌雄交配后会形成 9 种基因型的后代，其中除 A、B 纯合的致死外，还存在 AaBb、aabb、Aabb、aaBb 4 种基因型的个体。而我们需要保存的仅仅是双杂种 AaBb，其他三种 aabb、Aabb、aaBb 类型的都要人工淘汰，费时费力。如果用人工诱变的方法使图中右边的一条染色体基因 a 与 B 间发生一个倒位，就可以抑制两条染色体之间的交换，从而仅仅能够形成 Ab、aB 两种配子。雌雄交配后产生 AAbb、aaBB、AaBb 三种基因型的后代，其中 AAbb、aaBB 致死基因纯合致死，实现了自动淘汰，而仅仅剩下 AaBb 存活。如此，就可以自动地将这个永久杂种代代保存下来，以供实验的需要。

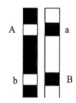

图 9-1　两条正常的染色体

培育平衡致死系除了用染色体倒位技术外，还可以利用两个基因间的紧密连锁来实现。即紧密连锁限制了基因间的交换。平衡致死系一般用来对位于长染色体上基因突变的检测。

ClB 品系（cross over suppressor-lethal-bar system）是用来检测果蝇 X 染色体上隐性突变的一个母本品系。在 X 射线照射下，雌果蝇的一条 X 染色体发生倒位，而另一 X 染色体正常（X⁺），倒位的 X 染色体称为 ClB 染色体。"C"表示起抑制交换作用的倒位区段，可阻止 ClB 染色体和待测定的雄性染色体（X⁻）之间的交换；"l"表示倒位区段内的一个隐性致死基因，可使胚胎在最初发育阶段死亡；"B"代表倒位区段范围之外的一个 16 区 A 段的重复区段，其表现型为显性"棒眼"性状，能为倒位的 X 染色体在某个体内的存在从表型上提供识别的依据。

10. 假显性、假连锁

假显性（pseudo dominance）指隐性性状的个体与显性性状的个体杂交，在子一代就出现隐性性状个体的现象。这个隐性性状就像是显性性状

一样，在子一代表现出来。原因在于染色体的缺失、单体，使某基因处于半杂合状态。

假连锁（pesudo linkage）指由易位导致位于不同的同源染色体上的非等位基因间的自由组合受到抑制的现象。减数分裂过程中相互易位的两对染色体进行交替式分离时，易位染色体和非易位染色体分别进入不同配子中，使非同源染色体上的基因间的自由组合受到严重限制，表现出类似于基因之间连锁的表型效应。实质为易位后形成的不平衡配子致死造成的。

四、核心知识

1. 缺失的细胞学鉴定和遗传效应

利用显微镜可以鉴定染色体的缺失。①缺失环：中间缺失杂合体在减数分裂前期 I 同源染色体联会时，与缺失区段相对应的正常区段会被排斥在外而形成环状或瘤状突起，称为缺失环。②二价体末端突出：顶端缺失杂合体，如缺失的区段较长，杂合体则在粗线期可能看到配对同源染色体末端长短不一。缺失纯合体在形态上无法鉴别，只有通过核型分析，与正常细胞中的相应染色体比较，才能获得有关信息。较短的端部缺失和较小的中间部位缺失，用细胞学鉴定更加困难。在果蝇可以通过观察唾液腺染色体结构的变化直接鉴定缺失的情况。

缺失的遗传效应为：①影响个体的生活力。在高等生物中，缺失纯合体通常是很难生存下来的。在缺失杂合体中，若缺失区段较长时，或缺失区段虽不很长，但缺少了对个体发育有重要影响的基因时，通常也是致死的。只有缺失区段不太长，且又不含有重要基因的缺失杂合体才能生存，但其生活力也很差。例如，人类的猫叫综合征就是由第 5 号染色体中一条断臂缺失造成的遗传病，患者哭声似猫叫，有生活力差等多种临床异常特征。含缺失染色体的配子一般都是没有生活力的、败育的，雄配子尤其如此。雌配子的耐受性略强。含缺失染色体的雄配子即使不败育，在受精过程中也会因竞争不过正常雄配子而不能传递。因此，缺失染色体主要是通过雌配子传递给后代的。②假显性现象。如果缺失区段较小，且不带生命活动中不可缺少的重要基因，缺失杂

合体可以存活，但会引起特殊的表型效应。如果某一隐性基因所对应的显性等位基因正好位于缺失区段内，则该隐性基因处于半杂合状态。由于没有显性基因的遮盖，该隐性基因得以表现，这种现象被称为假显性现象（pseudodominance）。这种假显性现象，很容易与隐性突变混淆，二者很难区分，必须通过相应的细胞学检查才能确定，不能仅根据表现型来判断。

2. 重复的细胞学鉴定和遗传效应

利用显微镜对减数分裂的偶线期和粗线期的细胞学图像进行检查，可以看到：①重复环。如果重复的区段位于染色体臂的中部，且又不是太短，重复杂合体的正常染色体和重复染色体联会时，重复区段被排挤出来，二价体常会出现环形或瘤状突出，称为重复环。重复环与缺失杂合体形成的缺失环相似，但缺失环是正常的一条染色体突出来形成环，重复环则是不正常的一条染色体突出来形成环。显微镜下鉴定时应参照染色体的正常长度、染色粒和染色节的正常分布及着丝点的正常位置加以区分是缺失环还是重复环。②染色体末端不配对而突出。若重复区段较短，联会时重复染色体的重复区段可能收缩一点，正常染色体在相对区段可能伸长一点，一般很难在细胞学上得到鉴定，可通过染色体的分带技术进行鉴定。在果蝇则可以通过观察唾液腺染色体上一些区段的增加与否来判断。

重复的遗传学效应比缺失相对缓和，但若重复片段较大，也会影响个体的生活力，甚至死亡。重复的遗传效应主要有剂量效应和位置效应。①剂量效应（dosage effect）：是指同一种基因对表型的作用随基因数目的增多而呈一定的累加增长现象。例如，果蝇眼色遗传的剂量效应，果蝇眼色有红色和朱红色两种，分别由 V^+ 和 V 基因控制，正常情况下，V^+ 为 V 的显性，V^+V 为红眼。但基因型为 V^+VV 的重复杂合体的眼色却与 VV 基因型一样为朱红色，这说明两倍剂量的隐性基因的表型效应超过了只有一份剂量的显性基因的表型效应。②位置效应（position effect）：因其所在染色体重复区段的位置不同而产生不同的表型效应。最为突出的例子是关于果蝇棒眼的研究。野生型果蝇的复眼呈阔圆形，由 780 个左右的红

色小眼组成。突变型棒眼是由 X 染色体上第 16 区 A 段发生重复导致的。野生型果蝇的每个复眼 16 区 A 段重复以后小眼数量显著减少，只有 358 个左右，形成棒眼。而重复纯合体的小眼数只有 69 个，成为比棒眼更窄小的纯合棒眼。杂合重棒眼的一条 X 染色体上重复 2 次，另一条为正常染色体，小眼仅为 45 个。对比纯合棒眼和杂合重棒眼，二者都有 4 份 16 区 A 段，但它们在两条 X 染色体上分布的位置不同，进而产生了不同的表型效应。

3. 易位的细胞学鉴定和遗传效应

利用显微镜进行观察。相互易位的纯合体没有明显的细胞学特征，它们在减数分裂时的配对是正常的，所以跟原来未易位的染色体相似，可以从一个细胞世代传代另一个细胞世代。

如果是一个单向易位杂合体，则在减数分裂的偶线期或粗线期形成一个 "T" 形的结构。这是易位涉及的 4 条染色体在进行联会配对的细胞学图像。

相互易位杂合体的细胞学鉴定，也是根据其减数分裂时易位涉及的染色体联会时的特殊图像进行的。如果发生一个相互易位，且易位的区段极短，会在联会配对染色体的末端出现片段的游离；如果易位的区段较短，则涉及的 4 条染色体互相在末端进行联会，一条连一条形成一个长的线形结构或一个大的 "C" 形结构；如果易位的区段较长时，则涉及的 4 条染色体会在偶线期或粗线期形成一个富有特征性的 "十" 字形图像，随着减数分裂的进程，以 "十" 字形进行联会的 4 条染色体相斥而逐渐分开，形成一个大的 "O" 形环，有时会形成一个 "8" 字形结构。

如果是一个发生了两个相互易位，则顺次可以看到两个 "十" 字形图像、两个大的 "O" 形环或两个 "8" 字形结构（图 9-2）。

相互易位导致的遗传效应有半不育、改变连锁关系、降低交换值、假连锁和染色体数目变异。

1）半不育 半不育（semisterility）是易位杂合体的显著特点，指形成的配子有一半是不育的。易位纯合体没有什么特殊表现，正常联会，表现正常。相互易位杂合体在减数分裂过程中形成的 "O" 形环预示着 4 条染色体在进行邻近式分离，

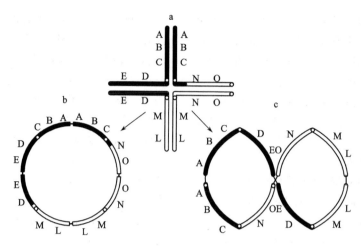

图 9-2　易位染色体的联会与分离

a. 联会；b. 邻近式分离；c. 交替式分离

"8"字形结构预示着 4 条染色体在进行交替式分离。如果是邻近式分离，则产生的 4 个配子均含有重复和缺失的染色体，为不育的配子。如果交替式分离，则产生的 4 个配子要么含有正常的染色体，要么含有易位的染色体，在遗传上都是平衡的，都为可育的配子。因为是发生邻近式分离还是交替式分离完全是一个随机的过程，所以，造成配子的半不育。

相互易位的两对染色体形成"8"字形，两个邻近的染色体交互地分向两极，这样每一细胞均能有一套完整的染色体，要么得到两条正常染色体，要么得到两个相互易位了的染色体。在遗传上也是平衡的，因而也能发育成正常的配子。

2）改变连锁关系　易位可以使正常的连锁群改组为两个新的连锁群。例如，易位导致 1 号染色体上的一个片段搭到另一 2 号染色体上，本来有的基因是在 1 号染色体上连锁存在的，易位后变成了在 2 号染色体上连锁存在。许多植物的变种就是由于染色体的易位产生的。

3）降低交换值　易位杂合体邻近易位接合点的基因之间重组率下降。一方面与基因间距离有关；另一方面，同源染色体或其同源区段之间联会的紧密程度比较松散，靠近易位点很近的区段甚至不能进行联会，导致交换的机会减少，重组率下降。例如，玉米第 5 染色体和第 9 染色体的一个相互易位系，涉及第 5 染色体长臂的外侧一小段，和第 9 染色体短臂包括 wx 座位在内的一大段，在正常的第 9 染色体上，yg2 与 sh 之间的重组率为 23%，sh 和 wx 之间的重组率为 20%，但易位杂合体的这两个重组率分别下降为 11% 和 5%。

4）假连锁　相互易位的两对染色体进行交替式分离时，易位染色体和非易位染色体分别进入不同配子中，使非同源染色体上的基因间的自由组合受到严重限制，表现出类似于基因之间连锁的表型效应。

5）染色体数目变异　罗氏易位又称作罗伯逊易位，是指两条端部着丝粒染色体的两个着丝粒融合在一起，形成一条中部着丝粒染色体的易位方式。通常把一条中部着丝粒或者亚中部着丝粒染色体在着丝粒处分裂形成两条端部着丝粒染色体的方式也称作罗氏易位。第一种方式导致染色体数目的增加，第二种方式导致染色体数目的减少。

6）花斑位置效应　指位于常染色质区域的基因被转移到另一条染色体上的异染色质附近，受到抑制而不能表达，表现出不稳定的表型效应的现象。

4. 倒位的细胞学鉴定和遗传效应

倒位纯合体的减数分裂完全正常。臂内倒位和臂间倒位都可以在倒位杂合体减数分裂时期进行细胞学鉴定。倒位杂合体减数分裂时，不能以直线形式配对，可以分为以下三种情况：①若倒位区段过长，减数分裂的偶线期(zygotene)和粗线期(pachytene)倒位区段反转方向与正常染色体的同源区段进行联会，正常区段则保持分离。②若倒位区段很短，则倒位区段不配对，其余配对。③若倒位区段长度适中，则倒位染色体与正常染色体联会形成的二价体在倒位区段内形成"倒位圈"，这样使倒位区段能够联会，非倒位区段也能联会。该倒位圈由一对染色体形成，不同于重复和缺失由单个染色体形成的环状结构。如果是臂间倒位，可以看到着丝粒位于倒位圈之内；如果是臂内倒位，可以看到着丝粒位于倒位圈的外面(图9-3)。

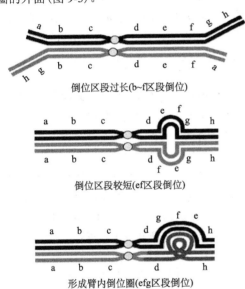

倒位区段过长(b~f区段倒位)

倒位区段较短(ef区段倒位)

形成臂内倒位圈(efg区段倒位)

图9-3　倒位杂合体的联会

染色体发生倒位后的遗传效应主要是配子部分不育、交换抑制、改变重组率和位置效应。

1) 配子部分不育　　无论是臂内还是臂间倒位杂合体，倒位圈内发生单交换，只要非姐妹染色单体在倒位圈内发生交换，就有可能首先产生一条不具有着丝粒的染色体片段，这个片段因为不含有着丝粒，所以会随着细胞的分裂而丢失，没有什么具体意义。倒位圈内交换后会产生4种类型的染色单体：①正常的染色单体；②有缺失的染色单体；③有不同缺失的染色单体；④倒位的染色单体。其中②和③由于所含有的基因不全，

所以都是不育的。①是正常可育的。④虽然是倒位的，但含有全部的基因，所以也是可育的。

2) 交换抑制　　倒位使人们看不到交换型的配了，表面看好像是倒位抑制了交换的发生。实际是在倒位圈内交换正常发生，只不过是发生了交换后形成的交换型的配子都是不育的。所以，把倒位称作"交换抑制因子"。

3) 改变重组率　　由于形成倒位圈，位于倒位圈之外的且距离倒位圈较近的一些区段联会受到一定的影响，从而影响了这些基因之间的交换，降低了某些基因之间的重组率。同时，染色体发生倒位以后，倒位区段内的基因的直线顺序颠倒了。倒位区内的基因与倒位区外的基因的遗传距离随之发生改变，从而改变倒位区段内外基因间的交换值。有的可能使重组率降低，有的可能升高。

5. 单体的传递和利用

单体的传递指的是$(n-1)$配子参与受精的机会。只有$(n-1)$配子参与受精形成合子并发育成个体，才能使单体得到保存。单体在减数分裂时会联会成$(n-1)$个二价体和1个单价体，产生的配子有n和$n-1$两种类型，理论上两者比例为$1:1$，故自交子代应是双体：单体：缺体$=1:2:1$。但事实并非如此，主要受到3个因素的影响：①单价体的遗弃程度。单价体在减数分裂过程中常常丢失，产生的$n-1$配子总是多于n配子，如在普通小麦中，单体植株产生的$n-1$胚囊平均为75%。②$n-1$和n配子参与受精的频率不同。虽然$n-1$配子数多于n配子数，但$n-1$配子的生活力、竞争力远远低于正常的n配子，导致实际参与受精过程的n配子数大大超过$n-1$配子。③$2n-1$和$2n-2$胚的存活率不同。④$n-1$雌配子与$n-1$雄配子的传递率不相同。$n-1$雌配子往往传递率较高，因为在受精时没有其他类型的配子竞争，而$n-1$雄配子则传递率较低，因为受精时有正常的n雄配子的参与，$(n-1)$雄配子竞争不过n雄配子。同时，$n-1$配子的传递率又因物种而异。例如，普通小麦$(2n=42, n=21)$有21种初级单体。$n-1$雌配子的传递率，平均为75%，$n-1$雄配子的传递率平均为4%(表9-1)。

表 9-1 小麦单体两种配子的传递率

♀ \ ♂	96%n	4%（$n-1$）
25%n	24%$2n$	1%（$2n-1$）
75%（$n-1$）	75%（$2n-1$）	3%（$2n-2$）

由于单体的传递主要靠雌配子来进行,因此,在每年保存单体系统设计杂交组合时,应该让单体作为母本,正常个体作为父本。否则,一年的种植,就会毁坏了宝贵的整个单体系统。

玉米体细胞中有 20 条染色体,每一对同源染色体都可以形成一个单体品系,这样就可以形成 20 个单体品系,组成了一个玉米的单体系统。单体无直接利用价值,但单体系统是一个宝贵的研究资源,可用于基因定位、染色体替换、添加等。

利用位于单体染色体上的隐性基因表现为假显性的原理可以定位隐性基因所在的染色体。例如,玉米有一个隐性的突变性状白花,那么控制这个白花的基因位于哪一号染色体上呢?让正常性状红花的单体作母本,突变性状的个体作父本进行杂交。

单体 1 红花×白花　　　全部红花
单体 2 红花×白花　　　全部红花
单体 3 红花×白花　　　全部红花
单体 4 红花×白花　　　全部红花
单体 5 红花×白花　　　1 红花：1 白花
单体 6 红花×白花　　　全部红花
单体 7 红花×白花　　　全部红花
单体 8 红花×白花　　　全部红花
单体 9 红花×白花　　　全部红花
单体 10 红花×白花　　　全部红花

与其他 9 个单体杂交后,其后代全部为红花,仅与单体 5 杂交后,其后代表现为 1 红花、1 白花,说明控制白花性状的基因位于 5 号染色体上。

利用单体等非整倍体可以进行生物染色体的替换,将一个品种的个别染色体替换成其他品种或近缘种、属的染色体,以达到定向改造生物的目的。例如,在小麦的 6B 染色体上有某抗病基因(R),甲品种抗病,但综合性状较差,乙品种综合性状较好,但是 6B 染色体上有感病基因(r)。为获得综合性状好且抗病的个体,需要将乙品种中载有感病基因 r 的 6B 染色体替换成甲品种的 6B 染色体。方法是以乙品种的 6B 单体为母本,与甲品种杂交,获得的 F_1 群体均抗病,选择单体植株自交获得 F_2,淘汰群体中的单体和缺体,即获得理想个体。

6. 三体的传递和三体的基因分离

三体($2n+1$)减数分裂时可联会形成三价体或一个二价体和一个单价体,产生 n 和 $n+1$ 两种配子。由于减数分裂过程中单价体极容易丢失,形成的 $n+1$ 配子远少于 n 配子,同时($n+1$)配子的生活力较 n 配子低,$2n+1$ 胚成活率低于 $2n$ 的胚,因此在三体的自交后代中,n 配子与 n 配子结合的正常双体占多数,其次是 $n+1$ 与 n 配子形成的三体($2n+1$),$n+1$ 与 $n+1$ 配子结合形成的四体($2n+2$)极少。例如,普通小麦的三体自交,子代中正常双体占 54.1%,三体占 45%,四体仅占 1%。

三体的外加染色体主要通过雌配子传递给子代,雄配子的传递率很低,所以,在保存三体系统设计杂交试验时也都是把三体作为母本,把正常个体作为父本。染色体的长度也会影响 $n+1$ 配子的传递率,染色体越长,三价体在减数分裂时形成的交叉越多,联系越紧密,提前解离比例越小,$n+1$ 配子数越多,三体的传递率越大。

三体的基因分离与基因距离着丝粒的远近有关系,当基因与着丝粒相距较近时,基因和着丝粒间很难发生非姐妹染色单体的交换,A 与 a 表现为染色体随机分离。例如,一对等位基因 A 与 a 在三体的三条同源染色体上时,子代群体有 4 种不同的基因型:三式(AAA)、复式(AAa)、单式(Aaa)、零式(aaa)。以复式(AAa)三体为例,并假定三体染色体联会时形成三价体,则产生的配子种类和比例如下。产生的 n 和 $n+1$ 配子比例为 1:1,配子基因型和比例分别为 AA：Aa：A：a=1：2：2：1。假设 $n+1$ 配子和 n 配子同等可育,且雌雄配子也同等可育,则 AAa 自交子代表型比例是:A_：aa=35：1。

如果基因离着丝粒位置较远,则基因与着丝粒相连的区段容易发生非姐妹染色单体的交换,A 与 a 基因表现为染色单体随机分离,会使 AAa 自交子代群体中表型 A_：aa 不等于 35：1。

7. 四体的传递和四体的基因分离

四体在遗传上是比较稳定的，因为四价体在减数分裂过程中主要是 2/2 均衡分离，产生的配子多数为 $n+1$ 配子。四体的生活力和配子的育性均较高。例如，普通小麦的四体植株自交，子代大约有 73.8% 的四体株，23.6% 的三体株，1.9% 的 $2n$ 植株。

与同源四倍体的某一同源组一样，四体的同源区段内只能有 2 条染色体联会，联会区段很短，非姐妹染色单体之间交叉数远比正常双体少，易发生不联会和提早解离。在中期 I，除 IV 价体外，还会出现 III+I、II+II 及 II+I+I 的情况，四体染色体上的基因分离也因基因距着丝粒的远近，同样表现为染色体随机分离和染色单体随机分离。

8. 果蝇性染色体上基因突变的检测

Muller-5 技术：Muller-5 品系是人工创造的一个果蝇品系，它的 X 染色体上带一个棒眼基因 B，一个杏色眼 W^a 基因，此外，还有一个倒位，这个倒位可以抑制 Muller-5 的 X 染色体与野生型 X 染色体之间的交换。检测时，把野外采集的或经诱变处理的雄蝇与 Muller-5 雌蝇交配，得到 F_1 后，做单对交配，观察 F_2 的分离情况，如出现 Muller-5 雄果蝇和野生型雄果蝇，说明待测雄果蝇没有发生可见突变；如出现突变性状的雄果蝇，说明待测雄果蝇发生了隐性突变；如有 Muller-5 雄果蝇，且雌雄比例为 2:1，说明发生了隐性致死突变。

ClB 测定法(图 9-4)：将 ClB 品系的雌果蝇与待测的雄果蝇(如事先经 X 射线照射)交配，在 F_1 中雌果蝇中应有两种表型：棒眼及非棒眼；在雄果蝇中应只有一种野生型可以存活，而另一种带有 ClB X 染色体的雄果蝇不能存活，因 Y 染色体上没有 L 基因的正常等位基因，使 l 表达而致死。再选择带有棒眼的 F_1 雌果蝇和野生型雄果蝇杂交，产生的 F_2 也有两种类型，一种棒眼(ClB/+)，另一种非棒眼(?/+)。棒眼雌果蝇一定带有一条 ClB 染色体，可以用来进行下一轮检测。非棒眼的雌果蝇虽带有待测的 X 染色体，但由于另一条 X 染色体是野生型的，所有的基因都正常，所以即使待测的 X 染色体上发生了隐性突变或致死隐性突变都没有显现出来。在雄果蝇中带有 ClB X 染色体的应不能存活，余下的一类雄果蝇是带有一条待测的 X 染色体和一条 Y 染色体，若经 X 射线照射产生了隐性突变即可直接在这一类雄果蝇中直接显现出来，若产生隐性致死突变，那么所有的雄果蝇都不能成活。

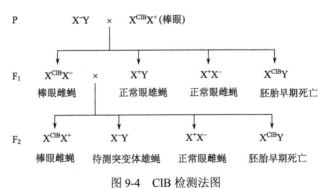

图 9-4　ClB 检测法图

五、核心习题

例题 1. 什么是平衡致死系？请设计实验检出果蝇第二染色体上的突变。并简要说明在 F_1 为何要单对交配，分别饲养。

知识要点：

(1)平衡致死系的概念。

(2)平衡致死品系是倒位杂合体，交换型的配子不能成活。

(3)利用平衡致死品系可以检测果蝇常染色体上的显性突变、隐性突变和隐性致死突变。

解题思路：

(1)根据知识要点(1)、(2)，果蝇 2 号染色体的平衡致死品系是亲本雌果蝇的一条 2 号染色体上有一显性翘翅基因 Cy，它是纯合致死的，同时具有一个大的倒位；对应的另一条 2 号染色体上有一显性星状眼基因 S，它也是纯合致死的。这种双重杂合体自交(Cy+/+S)，只能产生杂合体。

(2)根据知识要点(3)，把平衡致死系的雌果蝇与待测雄果蝇杂交，然后分析在 F$_3$ 中各种类型的比例，从而鉴定有没有突变发生，如果有突变发生，再分析属于哪一种突变。

参考答案： 平衡致死系指的是两个连锁的致死基因以相斥形式存在，且又是倒位杂合体，使致死基因永远保持杂合状态，不发生分离的品系。把平衡致死品系的雌果蝇与待测雄果蝇杂交，在 F$_1$ 只选翘翅雄蝇与平衡致死系的雌蝇单对交配，分别饲养。然后在 F$_2$ 选择翘翅雌、雄个体进行交配，观察 F$_3$ 的性状表现，可能有 3 种情况：①如果待测的 2 号染色体上没有突变发生，则有 1/3 的野生型；②如果有隐性突变发生，则有 1/3 的突变型；③如果有隐性致死突变发生，则 F$_3$ 只有翘翅杂合体。

因为要鉴定的是同一条染色体上基因的情况，只有让 F$_1$ 单对交配、分别饲养才能保证 F$_3$ 中的个体的 2 号染色体是来源于亲本的同一条染色体。否则，会把分析引入歧途。

例题 2. 玉米的单体系统是一个非常珍贵的育种种质资源，如果得到一个玉米单体系统，你怎样测定单体的传递情况？每年都要对单体系统进行繁殖，你怎样设计实验？

知识要点：

(1)单体和单体系统。单体指的 2n–1 个体，即某对同源染色体少了一条的个体。玉米有 20 条染色体，分为从 1 号到 10 号同源染色体，分别在不同号的同源染色体缺少一条的 10 个品系即为玉米的单体系统。

(2)2n–1 雄性个体能产生 n 和 n–1 配子，由于在减数分裂过程中不能配对的单条染色体在趋向两极时往往犹豫不决，所以一般形成 n–1 配子的比例较高，但是，n–1 配子参与受精的能力较低。

(3)2n–1 的雌性个体也能产生 n 和 n–1 配子，与雄性个体同样的原因，一般形成 n–1 配子的比例较高，但是，n–1 配子参与受精的机会与 n 配子均等。

解题思路：

(1)根据知识要点(1)、(2)，让单体做雌性亲本，正常个体做雄性亲本进行杂交，测算单体形成的 n–1 配子的比例、单体的传递情况。

(2)根据知识要点(2)，知道单体的传递主要靠雌性亲本。因此，让单体系统中的各个单体作母本，正常个体作父本进行杂交。

参考答案： 让单体作雌性亲本，正常个体作雄性亲本进行杂交，统计杂交后代中正常体与单体的比例，如果二者的比例是 1：1，说明形成的 n 和 n–1 配子比例均等。如果后代中单体较多，说明形成的 n–1 配子比例较高。

每年以单体作母本，正常个体作父本进行杂交，得到 1/2 的单体，1/2 的正常个体，根据性状表现情况，把单体选出来保存，作为下一年继续保存单体的种子。

例题 3. 一个玉米品系 A 两条染色体间的易位是杂合的。另一个玉米品系 B 所有染色体都是正常的，但这个品系对第一号染色体上的半矮生隐性基因 brachytic 是纯合的。让品系 A 与品系 B 杂交，得到的半不育的 F$_1$ 与 brachytic 亲本回交，得到下列数据：

	野生型		brachytic	
	半不育	可育	半不育	可育
	334	27	42	279

(1) 如果带有 brachytic 的染色体不包括在易位中，预期产生什么比率？

(2) brachytic 与易位点之间的连锁距离是多少？

知识要点：

(1) 易位的遗传效应之一就是半不育，即一半的配子不能成活。

(2) 易位点可以认为是一个显性基因，半不育可以认为是这个显性基因的性状效应。

(3) 自由组合定律和连锁互换定律。

(4) F_1 与隐性亲本的回交即相当于测交。

解题思路：

(1) 根据知识要点(1)、(2)，把易位点当作显性基因 T，把半不育作为这个基因的性状。

(2) 根据知识要点(3)、(4)，设半矮生基因为 b，野生型基因为 B。分析回交后代中 4 种表现型的比例，若 4 种表现型比例为 1∶1∶1∶1，说明基因 B 与易位点不连锁，若 4 种表现型比例不为 1∶1∶1∶1，说明基因 B 与易位点连锁。

参考答案：

(1) 如果带有 brachytic 的染色体不包括在易位中，即两者不连锁，那么回交后代 4 种表现型的比例是 1∶1∶1∶1。

(2) 连锁距离=交换值=(27+42)/(334+27+42+279)×100%=10.1%。半矮生基因与易位点的连锁距离为 10.1cM。

例题 4. 玉米 6 号染色体的一个易位点(T)距离黄胚乳基因(Y)较近，T 与 Y 之间的重组率为 20%。以黄胚乳的易位纯合体与正常的白胚乳纯系(yy)杂交，试解答下列问题：

(1) F_1 和白胚乳纯系分别产生哪些有效配子？比例如何？

(2) 测交子代(F_t)的基因型和表现型(黄粒或白粒，全育或半不育)的种类和比例如何？

知识要点：

(1) 易位杂合体的遗传效应之一是配子半不育。

(2) 易位点可以看作一个显性基因位点，配子半不育可以看作一个显性性状。

(3) 连锁互换定律，重组率的概念、测交的概念。

解题思路：

(1) 根据知识要点(1)，题中的 F_1 应该是易位杂合体，即产生的配子是半不育的。

(2) 根据知识要点(2)，6 号染色体上的易位点写为显性基因 T，T 控制的性状是半不育，而且是显性性状，其同源染色体上的对应位置写为 t，t 控制的性状是全育，且是隐性性状。根据题意得到的 F_1 的基因型为 TY/ty，表现型为半不育、黄色。

(3) 根据知识要点(3)，是让 F_1 的 TY/ty 与基因型为 ty/ty 的个体交配。F_1 的 TY/ty 可以形成 TY 40%、ty 40%、Ty 10%、tY 10% 4 种基因型的配子。ty/ty 的个体形成一种 ty 基因型的配子。根据形成的 4 种配子以及比例，可以计算出测交后代中各种基因型和表现型的比例。

参考答案：

(1) F_1 产生的有效配子以及比例为：TY 40%、ty 40%、Ty 10%、tY 10%。白胚乳纯系产生的有效配子为

ty，比例为 100%。

(2)测交后代可以得到 4 种基因型：TY/ty、ty/ty、Ty/ty、tY/ty。比例依次为：40%、40%、10%、10%。有 4 种表现型：半不育黄色、全育白色、半不育白色、全育黄色。比例依次为：40%、40%、10%、10%。

例题 5. 玉米的淀粉质胚乳基因(Su)对甜质胚乳基因(su)为显性。某玉米植株是甜质纯合体(susu)，同时是 10 号染色体的三体。让该三体植株与淀粉质纯合的正常玉米杂交，再使 F_1 群体内的三体植株自交，在 F_2 群体中有 1758 粒是淀粉质的，586 粒是甜质的，问 Su 和 su 这对等位基因是否在 10 号染色体上？

知识要点：

(1)分离定律中的 3∶1 分离比值。

(2)减数分裂过程中三体的分离不规则，形成的 $n+1$ 配子往往较少，而且参与受精时 $n+1$ 配子的竞争力较低。

解题思路：

(1)根据知识要点(1)，在染色体数目正常情况下，一对等位基因的杂合体自交后代中显性性状与隐性性状的比例为 3∶1。

(2)根据知识要点(2)，如果 su 基因位于 10 号染色体上，则 F_1 群体内的三体植株应该具有一个显性基因、2 个隐性基因，即基因型为 Sususu，此植株自交后代中显性性状与隐性性状的比例可能就不是 3∶1，可能是一个较乱的比值。而实际结果是 1758 粒淀粉质∶586 粒甜质=3∶1。因此，该基因不在 10 号染色体上。

参考答案：这对等位基因不在 10 号染色体上。

解题捷径：牢记 F_2 群体中 3∶1 比值和非 3∶1 比值。符合 3∶1 比值，基因不在三体所涉及的染色体；不符合 3∶1 比值，则基因在三体所涉及的染色体。

例题 6. 植物的半不育可以是易位杂合体的结果，也可以是致死基因杂合的结果。用什么方法来区别这两种情况？

知识要点：

(1)易位杂合体在减数分裂过程中会出现"十"字形、"O"字形和"8"字形结构。

(2)易位的遗传效应之一是，基因的连锁关系发生变化。

解题思路：根据减数分裂过程中出现的特殊结构进行判断。

参考答案：

(1)根据知识要点(1)，首先进行细胞学鉴定，在显微镜下观察其减数分裂的情况，若在偶线期或粗线期以及终变期出现了"十"字形、"O"字形和"8"字形结构，则说明半不育是由于易位的原因；若没有出现这些特殊结构，则可能是致死基因的原因。

(2)根据知识要点(2)，还可以分析某些基因的位置变动情况，若某些基因原先是连锁关系，在这个个体上却成了自由组合关系，或者某些基因原先是自由组合关系，在这个个体上成了连锁关系，则认为是易位的原因。若基因间位置的关系没有变动，则可能是致死基因的原因。

例题 7. 仅今有正常体、易位杂合体和易位纯合体三类玉米，你用什么方法可以进行区别鉴定呢？

知识要点：

(1)易位杂合体的花粉有一半为不育。

(2)正常个体、易位纯合体的花粉全部是可育的。

解题思路：

(1) 根据知识要点(1)，首先鉴定花粉的育性，把易位杂合体与正常体分开，与易位纯合体分开。

(2) 根据知识要点(1)、(2)，把正常体与易位纯合体分开。

参考答案：种植这三种玉米，观察花粉的育性。半不育的植株为易位杂合体，可育的植株为正常体或易位纯合体。再让花粉全可育的植株分别与正常植株杂交，子代花粉全可育的亲本为正常体，子代花粉半不育的亲本为易位纯合体。

例题 8. 同源三倍体玉米($n=10$)是高度不育的，问三体玉米得到平衡配子(指 n 配子、$2n$ 配子)的概率是多少？此三体玉米得到不平衡配子的概率多大？

知识要点：

(1) 同源三倍体在减数分裂过程中，可以形成三价体，也可以形成二价体、一价体。减数分裂不太正常。

(2) 减数分裂过程中配对的两条同源染色体彼此分开，各自进入一极。但是，一价体会在细胞向两极分开的时候犹豫不决，往往会丢失，所以，形成的 $2n$ 配子较少。

解题思路：根据知识要点(1)、(2)，减数分裂过程中只有 10 个一价体都同时进入一极，才能形成 $2n$ 配子，那么每个一价体是进入上面一极还是进入下面一极，完全是一个随机的过程，各占机会为 1/2，因此，同源三倍体形成的 $2n$ 配子的概率是：$(1/2)^{10}$=1/1024。同样道理，形成 n 配子的概率也为 1/1024。

那么形成的各种类型的不平衡配子即 $n+1$ 配子的概率为：1024/1024－(1/1024+1/1024)=1022/1024。

参考答案：得到平衡配子(n 配子)的概率为 1/1024；得到平衡配子($2n$ 配子)的概率也为 1/1024。

得到不平衡配子的概率为：1022/1024。

例题 9. 用射线处理带有纯合显性基因(AA)的植株，并用双隐性基因植株(aa)的花粉授粉。在 500 株子代中有 2 株出现隐性的表型。你能用什么来解释这种现象？如何来验证你的假设？

知识要点：

(1) 高等植物某一基因突变频率的计算方法为：群体中特定基因突变体所占的比例。

(2) 突变的概率极低，一般约为十万分之一，而染色体畸变发生的概率相对较高一些。

(3) 缺失的遗传效应之一是假显性。

解题思路：

(1) 根据知识要点(1)，射线处理后，A 基因的突变频率=2×2/(500×2)=4/1000，即十万分之四百。

(2) 根据知识要点(2)，该题中出现的隐性表型，显然不属于基因突变的原因。

(3) 根据知识要点(3)，可能是缺失导致 A 基因没有了，所以表现为假显性。

参考答案：射线处理引起了染色体缺失，A 基因就位于缺失的区段中。由于 A 基因缺失了，隐性的 a 基因得以表现，也即 a 基因的假显性现象。

要验证这个假说，可以在显微镜下做细胞学观察，看有否缺失环或者一些相关细胞学图像的存在。但是，在缺失区段较短时，不容易看到明显的细胞学图像。

还可以测定原先位于缺失两边的基因的重组率是否减少。如果减少了，说明发生了缺失。如果没有减少，说明没有发生缺失。

例题 10. 果蝇第二染色体上有 5 个基因连锁，每一个基因的图距位置是：紫色眼 pr 54.5、残翅 vg 67.0、小眼 L 72.0、网状翅 px 100.5、斑点翅 sp 107。下列一个杂交，却出现了不寻常的重组率：

$$++L++/pr\ vg+px\ sp \qquad \times \qquad pr\ vg+px\ sp/pr\ vg+px\ sp$$

Pr-vg 9.0

vg-L 0.1

L-px 1.3

px-sp 4.0

是哪一种染色体结构变异导致了上面的杂交结果？这种染色体结构变异发生在什么部位？为什么有的基因之间重组率下降较多，有的下降较少呢？

知识要点：

(1)连锁图的绘制规则是一条直线代表染色体，以染色体一端的某个基因作为零点，依次写出每个基因，并标出每个基因相距零点的距离。

(2)倒位的遗传效应是在倒位圈内的基因之间重组受到抑制或大幅度降低。倒位圈外的基因之间的重组也会受到影响，但是，受影响的程度大大小于倒位圈内的基因之间的重组。

解题思路：

(1)根据知识要点(1)，这几个基因之间的位置关系为：

pr	vg	L	px	sp
54.5	67.0	72.0	100.5	107

因此，pr 与 vg 之间距离是 67.0 − 54.5=13.5；vg 与 L 之间距离是 72.0 − 67.0=5.0；L 与 px 之间距离是 100.5–72=28.5；px 与 sp 之间距离是 107–100.5=6.5。

(2)根据知识要点(2)，把基因之间的实际图距与杂交结果的重组率进行对比，哪些基因间重组率下降最多，则倒位可能发生在哪些基因的位置。

Pr-vg 9.0，与实际图距 13.5 相比降低了 33.3%；

vg-L 0.1，与实际图距 5.0 相比降低了 98%；

L-px 1.3，与实际图距 28.5 相比降低了 95.4%；

px-sp 4.0，与实际图距 6.5 相比降低了 38.4%。

可见 vg-L 之间、L-px 之间重组率降低最多，所以，倒位发生在这两个基因的区域。

参考答案： 是倒位导致了上面的杂交结果。

倒位发生在 vg-L 与 L-px 这两个区域。

因为在倒位区域的基因重组率下降最多。不在倒位区段内的基因之间的交换重组也会受到影响，因为倒位使在倒位圈附近的基因之间的交换也受到一定的影响，而且是距离倒位圈越近，受影响的程度可能越大。

解题捷径： 解此道题的关键是要清楚染色体图的绘制规则，根据绘制规则看懂题意。解题时可以直接计算重组率下降了多少，下降最多的区域就是发生了倒位的区域。

第十章 基因突变

一、核心人物

1. 穆勒(Hermman Joseph Muller, 1890~1967)

穆勒，美国遗传学家，1890 年 12 月 21 日出生于美国纽约市曼哈顿。祖籍德国，祖父于 1848 年来到美国，父亲一直从事家传的青铜工艺制作。母亲是法国人，属于典型的贤妻良母。穆勒从小就喜欢收集昆虫和小动物，经常随父亲去野外郊游，有时到自然历史博物馆参观，对生物进化和自然科学具有浓厚兴趣。7 岁那年，父亲领他到纽约的美国自然博物馆观看了马进化历程的化石展览。父亲给他解释了 4500 万年前四趾北方始祖马是怎样逐渐进化成三趾马(Mesohippus)，又由三趾马进化成现代马的祖先单趾马(Pliohippus)的过程，使他对生物进化探究萌生了浓厚的兴趣。小学毕业后，穆勒进了莫里斯中学。1907 年，他以优异成绩考入哥伦比亚大学动物学系并获得奖学金。大学二年级时，他认真阅读了洛克的《遗传、变异和进化》一书，对遗传学产生了浓厚兴趣，选定遗传学作为自己的主攻专业。他用细胞学和遗传学的观点来思考问题，并在 1908 年夏天开始自学遗传学。穆勒 1910 年大学毕业，获学士学位。毕业后在康奈尔大学医学院和哥伦比亚大学生理学系深造，1912 年因研究神经冲动的传导作用而获得硕士学位。同年，被摩尔根招为研究

生，在摩尔根的实验室攻读博士学位，他与斯特蒂文特、布里奇斯成为摩尔根最有力的三大助手，在遗传学大师摩尔根的"果蝇室"从事果蝇遗传学的研究。

1914 年，他发现了果蝇的弯曲翅突变体，进一步确定了该基因存在于果蝇的第 IV 连锁群中。他的天才和勤奋，深受摩尔根的喜爱。遗传学经典名著《孟德尔遗传学原理》(*The Mechanism of Mendelian Heredity*)于 1915 年出版，这是他们师生 4 人共同参与完成的杰作。

穆勒在科学上的贡献主要是在辐射遗传学和进化论等方面，特别是他对辐射遗传学的研究，为实验遗传学开辟了新的领域。

1916 年，穆勒在果蝇基因定位的实验中，发现了交叉干涉的遗传现象。他的博士论文《染色体的交叉机制》在遗传交换的研究方面具有开拓性意义。他先后在美国休斯敦水稻研究所、哥伦比亚大学、得克萨斯大学、德国柏林凯撒·威廉研究所、苏联科学院、英国爱丁堡大学、美国阿默斯特学院和印第安纳大学等多家科研机构和大学教授生物学和从事遗传学的研究。

穆勒一生最辉煌的贡献是他在得克萨斯大学进行的人工诱发基因突变的实验研究。1918 年，穆勒在得克萨斯大学探索用 X 射线诱发果蝇的基因突变以及检测这些突变的方法。他在该大学的一间简陋的地下室里，几乎整日整夜地、不知疲倦地进行了一系列研究。1927 年 7 月，穆勒在《科学》杂志上发表了题为《基因的人工蜕变》(*Artificial Transmutation of the Gene*)的研究论文,报告了 X 射线可以诱发基因突变的科学发现。穆勒对于果蝇基因的人工诱变的实验研究所取得的科学成就，不仅首次证实 X 射线在诱发基因突变中的作用，并且研究清楚了诱变剂的剂量与突变率之间的关系。在基因突变的实验研究中，最为人们称道的是，穆勒设计出一系列用来检测突

变，特别是检测隐性致死突变的方法。例如，由他建立的检测突变的 ClB 方法，至今仍是生物监测的重要手段之一，并被作为经典遗传学的重要内容编入大学遗传学的教科书中。36 岁的穆勒，一夜之间成为举世闻名的学者。摩尔根听到这一非凡的成就时感到非常自豪，因为穆勒 1911 年在哥伦比亚时，是在摩尔根指导下成长起来的。在穆勒的发现之后，有大批科学家相继使用各种物理诱变剂和化学诱变剂来诱发生物发生基因突变。自此，穆勒所开创的辐射遗传学的研究，得到了迅速的发展。穆勒的人工诱发基因突变的实验研究还为物理学家借助物理学的研究手段（如辐射）去解开基因神秘的面纱，提供了一个坚实的立足点，因此，在 1946 年，穆勒获得了诺贝尔生理学或医学奖。

穆勒对遗传学做出了重要的理论贡献。他把基因看作生命的源泉，因为只有基因能自我复制。他相信一切选择和进化都是在基因的水平上起作用。他认识到人类染色体的损伤来自电离辐射，强调要保护人类不受辐射污染，主张开展运动反对在医学上滥用 X 射线，反对不负责任地应用核燃料和试验原子弹。1955 年他参加了以著名物理学家爱因斯坦为首的 7 位科学家呼吁禁止核武器的活动。

穆勒还是 21 世纪二三十年代西方同情并支持社会主义的最重要的左派科学家之一。还在康奈尔大学读本科的穆勒加入了大学社会主义学会，从此他的一生就和社会主义紧密地联系在一起。在得克萨斯大学工作期间，穆勒一直秘密担任"全国学生联盟"的指导教师，这是一个共产主义阵线组织。1932 年，穆勒到达柏林，在古根海默研究基金的资助下，进入奥斯卡·沃格特大脑研究所工作。在此期间，他提出物理模型（包括"靶子学说"）、探索基因结构。希特勒上台后，他作为一个社会主义的支持者曾遭逮捕，后经营救获释，随即离开德国，应尼古拉·瓦维洛夫的邀请，他来到位于列宁格勒的苏联科学院工作。

1933～1937 年，穆勒先后在列宁格勒和苏联科学院从事辐射遗传、细胞遗传和基因结构研究，取得不少成果，试图帮助社会主义苏联建立现代遗传学，然而，李森科伪科学的出现彻底摧毁了

苏联遗传学。穆勒与李森科进行了针锋相对的斗争。李森科由于有斯大林的支持，很快飞黄腾达，穆勒只得离开苏联，志愿去为西班牙内战服务。他参加了西班牙志愿军，在一个加拿大营队里为反对法西斯、保卫马德里而战斗。

1938 年，穆勒到英国爱丁堡大学动物遗传所工作，研究因辐射损伤而死亡的胚胎染色体的变异。在那里，他遇见了一位来英国避难的有一半犹太血统的德国女子凯托诺维兹，二人一见钟情，次年结为夫妇。1940 年，他们回到美国。1942～1945 年，穆勒先是在马萨诸塞州阿默斯特学院任教并继续研究遗传学。1945 年，穆勒到印第安纳大学任动物学教授，直至 1967 年 4 月 5 日因充血性心脏衰竭在美国印第安纳波利斯逝世，享年 77 岁。

穆勒一生发表论文 372 篇，出版专著《单基因改变所致的变异》。穆勒是辐射遗传学的创始人，谱写了遗传学新的一章。由他建立的检测突变的 ClB 法至今仍是生物监测的手段之一。分子进化中性学说的创立者，日本群体遗传学家木村资生，对穆勒给予了极高的评价：穆勒是辐射遗传学的创始人，是在整个遗传学领域都做出过伟大贡献的 20 世纪最著名的遗传学家，也是对人类的生物学未来具有远见卓识的科学家。穆勒的逝世，宣告了遗传学史上一个时代的结束。但穆勒的名字将永远载入遗传学发展的光辉史册。

2. 史密斯（Michael Smith，1932～2000）

史密斯，加拿大生物化学家，1932 年 4 月 26 日出生于英国布莱克浦。毕业于英国曼彻斯特大学并获得博士学位，1956 年移居加拿大，曾任加拿大温哥华大不列颠哥伦比亚大学生物技术实验室主任。1970 年史密斯就开始对"位置-指令诱变

内索"（site directed mutagenesis）进行研究。1978年，他发明了寡聚核苷酸定点诱变技术。该方法被用来在体外对已知的 DNA 片段内的核苷酸进行转换、增删的突变。这就完全改变了以往对 DNA 进行诱变时的盲目性和随机性，可以根据实验者的设计而得到突变体。这项技术能够改变遗传物质中的遗传信息，是生物工程中最重要的技术。应用史密斯发明的技术可以进行抗体设计，这对抑制或清除癌细胞及改变某一特定的蛋白质，都具有很好的针对性和高效性。

利用寡聚核苷酸定点诱变技术，可以人为地通过基因的改变来修饰、改造某一已知的蛋白质，从而可以研究蛋白质的结构及其与功能的关系、蛋白质分子之间的相互作用。目前，利用寡聚核苷酸定点诱变技术来进行酶及其他一些蛋白质的稳定性、专一性和活性的研究，已经有很多实例。因创立寡聚核苷酸定点诱变技术，史密斯与穆利斯同时获得了 1993 年的诺贝尔化学奖，当时史密斯已经 61 岁。2000 年 10 月 4 日，史密斯因病逝世，享年仅 68 岁。

3. 卡佩奇（Mario Capecchi，1937～）

卡佩奇，美国分子遗传学家，1937 年 10 月 6 日出生于意大利北部城市维罗纳。其父亲是一名空军飞行员，在卡佩奇很小时就在一次空战中遇难；母亲露西·拉姆贝格（Lucy Ramberg）是一个反对法西斯主义和纳粹的诗人。卡佩奇的出生年代，正处于第二次世界大战即将开始，意大利充斥着法西斯、纳粹和共产主义的狂热浪潮的一个极端混乱的时代。1941 年春，在卡佩奇三岁半时，德国士兵把他的母亲从家中抓走，关在了德国的集中营。在德国士兵来前，有预见性的母亲就卖光了所有的财产，把钱交给了一户农场家庭，并

托付他们照顾卡佩奇。卡佩奇在农场生活仅仅一年后，农场主告诉他，他妈妈留下来的钱已经花光，他们无法再负担他的生活费，于是四岁半的卡佩奇被扔到了街头。四岁半的卡佩奇独自往南方流浪，他有时候一个人，有时候加入其他无家可归孩子所组成的帮派，有时候被孤儿院收养，但他几次从孤儿院逃走，住在许多被轰炸过遭遗弃的房子里。一个四岁的孩子过着无人关照、缺衣少食的生活，但他凭借自身之力奇迹般地生存了下来。这是社会给卡佩奇上的第一课，让他从小就学会了许多关于生活生存的事情，也凝练了他坚强的意志和永不言弃的精神。

1945 年春天，美军解放了慕尼黑，获得释放后的母亲相信卡佩奇一定还活着，到处寻找自己的儿子。1946 年 10 月，当卡佩奇 9 岁生日之时，母亲终于在一所医院里找到了身患伤寒、营养不良、虚弱不堪、枯瘦如柴、裸身躺在没有被褥的病床上的卡佩奇。之后母亲带他从意大利港口城市那不勒斯乘船去投靠在美国工作的弟弟爱德华·拉姆贝格（Edward Ramberg）。

来到美国之前，卡佩奇没有受过正式的教育，或者是任何有关在社会环境中生存的训练。但是，卡佩奇的舅舅和舅妈并没有放弃他，而是决定要把卡佩奇培养为一个有用的人。舅妈几乎从零开始教他如何阅读。到达美国的第二天，舅舅就把卡佩奇送到了小学三年级的班上。他的第一个任务是学习英语，幸运的是三年级的老师非常有耐心，也给了他很多鼓励。此后，卡佩奇进入了一所重视运动和学术的贵格会的高中，在那里他花了许多时间在运动上，如足球、棒球等，其中他最喜欢摔跤。

童年和少年的苦难生活培养了卡佩奇极为坚韧的意志，也使得他格外珍惜和平的生活和学习机会。也许因为幼年时那段苦难生活的磨炼，他在自己的研究工作中即使遇到再大的困难，也从来没有产生过放弃的念头。中学毕业后，他希望能让这个世界变得更公平、更美好。为了实现这个愿望，他进入美国俄亥俄州安提阿学院（Antioch College）学习政治学，不久，他转向学习物理和化学。数学和经典物理的简洁和优雅吸引了他，他修了学校里几乎所有的数学、物理和化

学课程。1961 年，24 岁的卡佩奇在安提阿学院获得化学及物理学学士学位。1967 年，卡佩奇在沃森的指导下，在哈佛大学获得生物物理学博士学位。

1967 年，获得博士学位的卡佩奇留在哈佛大学医学院工作，任初级研究员。1969 年，卡佩奇成为哈佛大学医学院生物化学系助理教授，并于 1971 年晋升为副教授。1973 年，卡佩奇进入犹他大学任教，1977 年，担任犹他大学人类遗传学和生物学教授。卡佩奇的睿智和勤奋，使他在攻读博士学位期间就已经有了丰富的研究成果，就被人们刮目相看。在哈佛工作期间他发现了蛋白质合成的分子机制。从 1980 年，卡佩奇就开始致力于一项崭新的研究——基因打靶。准备用外源的 DNA 代替内源的基因，在体外构建体内的基因缺陷模式，然后通过观察表现异常来确定正常基因的功能。在他的研究计划得不到国家的支持和同行们的理解的情况下，是母亲的坚强和童年时养成的永不放弃的精神鼓励他继续坚持。1989 年，他成功对一只老鼠进行基因打靶。基因打靶技术的论文公布之后，立刻引起了全球科学界的轰动，从此以后，人类将拥有克服任何突发疾病的理论和研究基础。这项成果完全奠定了卡佩奇在学术界的巨匠地位，入选美国国家科学院、欧洲科学院院士的荣誉接踵而来。全球数千名科学家先后复制卡佩奇的试验方法，开始在各自的领域内对老鼠体内的上万种基因进行研究，并对影响人类疾病的各种缺陷基因进行攻关。2007 年，卡佩奇与奥利弗·史密斯，凭借基因打靶(gene targeting)技术共同获得诺贝尔生理学或医学奖。颁奖大会上，当记者问他是什么力量让他坚持不懈，他说："妈妈的鼓励，是我一生的动力。"当人们问他为什么能够成功，他说："因为我从来都不懂得什么叫作放弃。"

4. 奥利弗·史密斯(Oliver Smithies, 1925～)

奥利弗·史密斯，美国遗传学家，1925 年 7 月 23 日出生于英格兰西约克郡的哈利法克斯。其父亲是一家保险公司的推销员，母亲是一所技术学院的教师。奥利弗·史密斯很小就拥有较强的动手能力，他的大部分时间用于自己制造一些仪器，如使用猪的膀胱制备成为扩音器，此外还制造了望远镜和无线电等。奥利弗·史密斯在高中阶段的成绩非常优秀，因此毕业时获得了一项奖学金而有机会进入牛津大学的贝列尔学院学习，并以优异成绩在 1946 年获得生理学学士学位，此外大学期间还获得化学的第二学位。随后继续在牛津大学进行研究生学习，期间试图通过测量渗透压来检测蛋白质之间的相互作用，尽管最后发现该方法在研究中没有一点实际意义，但通过这些训练，培养了自己执着的科研精神。1951 年，奥利弗·史密斯获得了哲学博士学位，他的导师建议他去国外特别是美国进行进一步研究以扩大自己的知识体系。1951 年，奥利弗·史密斯来到美国，进入威斯康星-麦迪逊大学生理化学实验室进行博士后研究-期间主要进行蛋白质分离方面的工作。1953 年，在多伦多大学获得了一个职位，进入医学研究实验室成为研究助手。

早期，奥利弗·史密斯主要进行胰岛素的研究工作，他发现当时的自由电泳在制备纯净蛋白质过程中存在很大的困难，需要将该方法进行改进。他首先将淀粉粒作为电泳介质进行蛋白质分离，虽然效率有所提高，但该方法费时费力，无法大规模应用。此时奥利弗·史密斯回忆起小时候在淀粉进行加热后冷却可以制成果冻样的物质，可以成为电泳很好的支持物，随后对自己的想法进行实验并最终获得了理想的凝胶，该方法一方面使蛋白质的分辨率大大提高，另一方面也大大节约了时间。虽然他当时没有意识到自己发现的重要性，但不久淀粉凝胶电泳(SGE)就被认为是第一个高分辨率的电泳技术，在深入分离研究蛋白质的过程中发挥了重要作用。由于这项研究技术的发明，奥利弗·史密斯获得了 1964 年的威廉艾伦纪念奖和 1990 年的盖德纳尔基金会国际奖。

1960 年，奥利弗·史密斯回到了威斯康星大学，成为遗传学和医学遗传学助理教授，并于 1971 年成为讲座教授。20 世纪 60 年代，奥利弗·史密斯在蛋白质多态性和抗体多样性方面都有一系列重要的发现。1971 年当选为美国国家科学院院士，1978 年成为美国艺术和科学院院士，1975 年还成为了美国遗传学会主席。

进入 20 世纪 80 年代，奥利弗·史密斯的研究重点转移到了分子遗传学领域，尤其对哺乳动物基因的结构和进化颇感兴趣。当时研究基因的常用工具是大肠杆菌等低等生物，这为高等生物基因的研究带来了极大的困难，而奥利弗·史密斯考虑是否可以对真核细胞进行基因操作。1982 年，他开始着手进行人类细胞的基因突变研究，中间遇到许多困难，甚至连他的学生都认为该目标根本就不可能实现。1985 年 5 月 18 日，在经历了 3 年零一个月的艰苦探索之后，奥利弗·史密斯和他的助手利用同源重组终于实现了将外源基因(β-球蛋白基因)插入细胞 DNA 的特异位置，发明了基因打靶技术，开创了基因剔除技术的新时代。奥利弗·史密斯由于在基因剔除研究中的奠基性贡献而获得了许多重要的国际奖励。

1988 年，奥利弗·史密斯随他的妻子梅伊达(Nobuyo Maeda)到北卡罗来纳大学医学院成为病理学和实验医学的教授，继续利用自己发明的基因剔除技术对多种哺乳动物基因进行了研究，并以小鼠为材料建立了囊性纤维化、β-地中海贫血和高血压等许多人类疾病的理想模型。1998 年，奥利弗·史密斯当选为英国皇家学会的外籍会员，还曾经担任多家科学协会的主席，尽管已经 80 岁高龄，但仍然在自己喜爱的科学领域进行着执着的探索。由于研究发明了基因打靶技术，并把此项技术应用到小鼠模型的建立，2007 年，奥利弗·史密斯与卡佩奇一块获得了诺贝尔生理学或医学奖。

二、核心事件

1. 第一只白眼雄果蝇的发现

1900 年，孟德尔定律被三位不同国度的科学家所重新发现。由于显微镜的发明和制造，细胞分裂、受精现象、染色体行为等重要现象的发现，细胞学得到了长足的发展。同时也大力促进了遗传学的发展。然而，对于孟德尔所说的遗传因子来说，究竟是什么？存在于何处？人们还是众说纷纭。后来有人发现了存在于细胞核内的染色体结构，同时，染色体的数目在配子(生殖细胞)形成过程中会发生减数变化，人们这才逐渐将染色体与孟德尔的遗传因子联系在一起。而摩尔根及其弟子们用果蝇所做的杰出试验和研究工作将孟德尔理论推向了一个新的高度。

摩尔根最先利用果蝇研究胚胎发育，后来才转向遗传学。1904 年，摩尔根应聘到哥伦比亚大学担任实验动物学教授。1908 年，摩尔根让他手下的一名叫佩恩的助手在黑暗的环境里饲养果蝇，希望能够产生出由于长期不用眼睛而导致眼睛萎缩甚至消失的果蝇。佩恩从前曾研究过盲蜥蜴和印第安纳州的无眼盲鱼，所以摩尔根建议佩恩做一下类似的实验。佩恩虽然将果蝇连续繁衍了 69 代，始终不让它们见到日光，但结果却一事无成。

摩尔根与佩恩一起对果蝇进行第二次试验，他们受了德弗里斯的影响。德弗里斯 1904 年提出可以人工诱发突变。他说："能穿透活细胞内部的伦琴射线和居里射线应该可以试用来改变生殖细胞内的遗传颗粒。"于是，摩尔根和佩恩一起再次用果蝇，试想通过某种人工方法诱发其突变。他们用射线照射果蝇，想尽一切办法来获得突变，然而效果总不理想，伤透了摩尔根的心。

1910 年 5 月，就在摩尔根快绝望的时候，一只白眼雄果蝇出现在了摩尔根实验室的培养瓶中，它的眼睛不像同胞姊妹那样是红色的，而是白色的。这显然是个突变体，注定会成为科学史上最著名的昆虫。

但是，这只白眼雄果蝇的来源却颇为含糊。一种可能是摩尔根的的确确在他的果蝇原种中成功地诱发了突变。另一种可能性是这个突变体是从别人那儿继承过来的。因为这只白眼果蝇身体万般虚弱，摩尔根将这只"白眼儿"果蝇单独放在一只培养瓶中随身携带，晚上睡觉前置于床头。当时正值摩尔根的第三个孩子出生之时，当他前往医院看望妻子时，摩尔根夫人的第一句话就是"白眼儿还好吗？"经过摩尔根的精心照顾，白眼果蝇终于完成了和一只正常的红眼雌蝇的交配后才死去，传下了 1240 个后代。这些子代，后来繁衍成一个大的家系，正是这只白眼果蝇和他的后代建立起了经典遗传学的宏伟大厦，最终阐明了染色体、基因及生物的性状之间的关系。

2. 物理诱变作用的发现

穆勒是摩尔根的三大弟子之一。1912 年，穆勒作为摩尔根的研究生，进入"果蝇室"从事果蝇遗传学的研究。首先是对果蝇的自然突变体进行研究，1914 年，他发现了果蝇的弯曲翅突变体。但是，穆勒认为，在自然条件下果蝇的突变频率是很低的。为了提高基因的突变频率，穆勒决定采用强有力的、由放射源产生的短波电磁辐射来诱发基因发生变化。

1918 年，穆勒在得克萨斯大学开展了一系列人工诱发基因突变的实验研究。首先测定了自发突变的正常速率，然后测定由各种外界诱变作用，如热和 X 射线诱发下的基因突变率。在长达 10 年的时间里，穆勒在得克萨斯大学的一间地下室里，过着隐居的生活，不知疲倦地探索用射线诱发基因突变以及检测这些突变的方法，终于获得了大量的数据。他将果蝇暴露于平常的 X 射线下，发现基因的突变频率能大大提高，在一定范围内突变率与辐射剂量成正比。

1927 年，穆勒在《科学》杂志发表了题为《基因的人工蜕变》(*Artificial Transmutation of the Gene*) 的论文，首次证实了 X 射线在诱发突变过程中的作用。他写道："已十分肯定地发现，用较高剂量的 X 射线处理雄性果蝇的精子，能诱发受处理的生殖细胞发生高比例的真正的'基因突变'。高剂量处理的突变率要比未受处理的生殖细胞的突变率高出约 15 000%。"同时还指出 X 射线既可引起基因突变，也可引起染色体畸变；用 X 射线诱发的可见突变中，绝大多数为隐性突变，但也有少量的显性突变；无论是显性突变还是隐性突变，往往都会出现致死效应。

所谓真正的基因突变，是从两个角度表现出来的，一是具有物质性质的基因发生了变化；二是变化了的基因能真实遗传，并且大多数表现出典型的孟德尔遗传方式。

在用 X 射线处理果蝇的同时，再以数千个未经处理的果蝇作为对照。在同样的培养条件下，受高剂量 X 射线处理的果蝇的突变率比未受处理的果蝇的突变率高出约 150 倍。用 X 射线处理，在短时间内即得到了几百个突变体，经过几代培育已发现 100 个以上的突变基因。

突变类型包括致死突变、半致死突变和非致死突变。致死突变又可分为隐性致死突变和显性致死突变。其中显性致死突变是大量的，可通过卵的计数和其对性比率的影响看出(显性致死造成卵期死亡)，有不少诱发的可见突变是在过去从未看到的基因座位上发生的，而其中有些突变的表型效应与以往看到的并不完全相似(如斑翅、无栉性等)。但大多数突变是过去已经发现过的，如白眼、小翅、带叉的刚毛等。这说明 X 射线诱发的变异大多数与自发突变中出现的基因突变完全相同，只是后者出现的频率要低得多。

除基因突变外，X 射线或引起基因在染色体上次序的重新排列，这种情况有很高的比例，还能造成较大片段的染色体畸变，如缺失、断裂、易位、倒位等。

X 射线处理并非导致该染色体上的全部基因物质都发生永久性的改变，常常只影响到其中一部分。受处理的基因复制产生两个或两个以上的子代基因，往往只有其中一个发生突变，似乎表现出某种滞后效应。

在穆勒的指引下，不少科学家又相继使用紫外线、α 射线、β 射线、γ 射线、中子射线、超声波和激光等物理因素来诱发生物发生基因突变，开拓了物理诱变的研究。他们用雄果蝇、处女蝇、受精雌蝇和受精卵进行这种射线的处理，还使用了其他精巧的手段和技术处理果蝇，如紫外线、超声波、放射性物质、高温、干燥、老化、高速旋转生殖细胞，并用其他方法以产生易位、缺失及在所有生物中产生新突变型。

3. 化学诱变作用的发现

1944 年，奥尔巴克发现了氮芥子气的诱变效应。1947 年，奥尔巴克首次使用了化学诱变剂——氮芥诱发了果蝇的突变。实验证明，无论是气态的重氮烷还是液态的硫酸二乙酯或固态的亚硝基胍，都能产生较理想的诱变效果。

1959年，佛里兹提出基因突变的碱基置换理论，以后，碱基类似物诱变剂就逐步发展起来了。

1961年，克里克等提出移码突变理论。移码功能迅即成为移码诱变剂的研究热点。吖啶及其衍生物类可插入DNA分子中，通过复制过程导致遗传密码中碱基移位重组，最终改变生物的遗传特性。亚硝酸(盐)作为一种最早被发现的诱变剂在提高产能以及改善微生物有用性能方面有明显作用。

20世纪60年代后期，一批杰出的遗传学家发出警告，诱变化学物可能是具有严重的、全球性的环境威胁，进而掀起了一场由遗传学家牵头、多个学科参加的环境诱变剂研究高潮。1969年，成立国际环境诱变剂学会。1970年以后，迅速形成毒理学的一个新分支学科——遗传毒理学。这些在保护环境和人体免遭遗传损伤与致癌等危害方面发挥了重要作用。

当前环境诱变剂的研究又面临新的挑战和发展的一个重要时期。例如，遗传毒性试验在检测致癌物(敏感性)是成功的，然而鉴定非致癌物的能力(特异性)较差；环境因素可在不改变DNA结构而通过诱导甲基化等表观遗传改变的情况下导致基因表达改变，并可遗传，其与致癌等疾病关系密切；如何充分吸收基因组学、自动化分析等新技术，建立遗传毒理学新研究方法是当务之急。目前遗传毒理学研究的主攻方向正在发生转变，面临新的发展阶段，开始从应用短期试验方法评价致癌性的主攻方向转向借助分子生物学的进展更多地进行机制研究；提高特征DNA、RNA和蛋白质的操作能力，在阐明细胞基本过程和它们如何被干扰方面取得进展；充分利用这些技术进展来研究致突变的分子机制。遗传毒性研究对象将从DNA分子一级结构中碱基的损伤扩展到脱氧核糖、磷酸，DNA分子二级结构、三级结构及其构象的异常改变；从主要是针对DNA的损伤扩展到RNA损伤。表突变等表观遗传改变是否也应作为遗传毒性研究对象尚待明确。

4. 定点诱变技术的发明

史密斯曾在英国剑桥大学做客座教授，在一次工间休息喝咖啡时与同事讨论中突然想起一个主意，即如果合成一个略加改造的寡聚核苷酸，并作为引物与一个DNA分子结合，再使其进入一个合适的宿主内复制，从理论上来讲，应该能引起DNA分子的突变，并产生一个改变了的蛋白质。到了1978年，史密斯与他的同事们就这一想法进行了探索，发明了寡聚核苷酸定点诱变技术。这就有可能在体外对已知的DNA片段内的核苷酸进行置换或增删式的突变，改变了已往对遗传物质DNA进行诱变时的盲目性和随机性，可根据实验者的设计而有目的地得到突变体。这种方法首先是拼接正常的基因，使之改变为病毒DNA的单链形式，人工合成的基因片段和正常基因的相对应部分分列成行，犹如拉链的两条边，全部戴在病毒上，第二个DNA链的其余部分完全可以制作，形成双螺旋，带有这种杂种的DNA病毒感染了细菌，再生的蛋白质就是变异性的。

史密斯寡聚核苷酸定点诱变技术的实施，使基因定位突变方法有了很大改进和发展。揭示蛋白质功能原理是人们长期研究的目标，寡聚核苷酸定点诱变技术对生物学和化学研究均具有划时代的意义。寡聚核苷酸定点诱变技术不仅广泛用于基因工程等技术领域，还可用于农业培育抗虫、抗病的良种，用于医学矫正遗传病、治疗癌症等疾病。

5. 基因打靶技术的发明

"基因靶向"技术又称作"基因打靶技术"。1981年，时任英国卡迪夫大学哺乳动物基因学教授的科学家埃文斯(Martin John Evans)首次从老鼠胚胎中提取出胚胎干细胞(ESC)，当时他还未意识到这对人类遗传病研究的重大意义。埃文斯随后证实，这些"胚胎干细胞"可以用来从组织层细胞全面恢复老鼠的生育能力。埃文斯发现，可以从实验鼠早期胚胎中直接获得染色体处于正常状态的细胞，即胚胎干细胞，然后植入到实验鼠的受精卵内，成为把特定遗传性状带给实验鼠后代的载体。这就是埃文斯创造的基因靶向技术。

美国科学家卡佩奇、史密斯，在获悉埃文斯的研究成果后如获至宝，他们产生的全新的想法是对胚胎干细胞进行基因改造，最终导致了"基因敲除"小鼠的出现。

早在1980年，卡佩奇就向美国国立卫生研究院(NIH)申请课题,准备用外源的 DNA 代替内源的基因,在体外构建体内的基因缺陷模式,然后通过观察表现异常来确定正常基因的功能,他的想法却遭到了许多科学家的怀疑,性格坚韧的卡佩奇说服了大学同窗创办的生物公司对他进行资金注入,继续着自己的研究。基因剔除项目完全靠着卡佩奇不容置疑的强硬个性才勉强支撑过来。当时卡佩奇已经证明,可以用同源重组的手段将特定的外源基因导入酵母细胞基因组中,他觉得,新的遗传物质也可以用这种方法引入哺乳动物的基因组,并用实验证实是可行的。用一段坏了的基因序列去替代原来那个有功能的基因序列,从而让正常基因罢工的生物技术就是基因敲除。

在得知埃文斯得到了一定量的早期胚胎干细胞,并在体外培养成功后,卡佩奇有了极大的灵感:如果用老鼠的胚胎干细胞进行同源重组,然后用重组干细胞移植到胚胎中,岂不是就能得到活体基因缺陷小鼠,并能在其身上游刃有余地进行各种基因功能测试?卡佩奇的脑海中构想出了基因打靶的理论和轮廓。1987 年,他的试验获得成功,使基因打靶技术初见雏形。

1985 年 5 月 18 日,史密斯和他的助手利用同源重组实现了将外源基因(β-球蛋白基因)插入到细胞 DNA 的特异位置,尽管基因整合效率较低。史密斯在《自然》杂志上发表了研究结果。到 1987 年,史密斯的研究小组在前期工作的技术上以小鼠胚胎为材料又成功实现了对特定基因的专一性改变。

这样,卡佩奇和史密斯的"同源重组"技术与埃文斯的胚胎干细胞提取技术相结合,共同构成了"基因靶向"的基础。1989 年首次出现"(基因)敲除实验鼠",是"基因靶向"技术的运用结果,即"敲除"特定功能基因后再植入致病基因的实验鼠。基因剔除小鼠也成为研究人类多种疾病的理想模型,在阐明人类疾病的发生机理方面发挥了极为重要的作用。

1988 年,史密斯利用自己发明的基因剔除技术对多种哺乳动物基因进行了研究,并以小鼠为材料建立了囊性纤维化、β-地中海贫血和高血压等许多人类疾病的理想模型。

基因打靶技术逐渐成为了研究人体内特定基因功能的一项基本技术。在癌症、免疫学、神经生物学、人类遗传学及其内分泌领域都取得了重大突破,如恶性肿瘤、糖尿病、慢性肝炎,甚至艾滋病,基因打靶都有很好的应用前景。

6. DNA 损伤修复的发现

20 世纪 70 年代,瑞典科学家托马斯·林达尔(Tomas Robert Lindahl)发现了 DNA 会发生自发的内源性 DNA 损伤衰变,而这种衰变如果不加以修复,地球上就不可能出现生命。林达尔认为一定存在特殊的 DNA 修复酶和机制,来抵消内源性 DNA 的损伤。

林达尔选择细菌 DNA 开始从中寻找修复酶,1974 年,林达尔成功地识别出一种酶,发现它能够从 DNA 中清除那些遭受破坏的胞嘧啶,这就是"碱基切除修复"(base excision repair)的机制。他认为这是内源性 DNA 损伤的主要细胞防线。这一发现是林达尔研究成功的开端,此后,林达尔发现了多种细胞内 DNA 修复酶作用模型。

20 世纪 80 年代初,林达尔在克莱尔霍尔实验室开始拼接起"碱基切除修复"分子机制的图景。这一 DNA 修复机制中涉及糖苷酶,这种酶与他在 1974 年发现的那种酶很相似。碱基切除修复也同样发生在人类身上,在 1996 年,托马斯·林达尔还在体外试管中重建了人类的修复过程。2010 年,他因对 RNA 修复的研究被授予英国皇家学会皇家勋章,2007 年获科普利奖章,2015 年获得诺贝尔化学奖。

DNA 会因环境因素如紫外线辐射而受到损伤,而多数细胞用于修复紫外线伤害的机制"核苷酸切除修复",是被阿齐兹·桑贾尔(Aziz Sancar)阐明的。

阿齐兹·桑贾尔发现了一个特别的现象:细菌暴露在致命的紫外线照射之后,如果再用可见蓝光照射,它们突然就能死里逃生。桑贾尔对这近乎魔法的反应感到非常好奇。1976 年,他成功地克隆出能修复被紫外线损伤的 DNA 的酶——光修复酶的基因,并成功让细菌批量生产这种酶。他发现,这种酶并不是剪掉单个碱基,而是把一小段被紫外线损伤的核苷酸都切掉,这就是"核苷酸切除修复"(nucleotide excision repair)。该机制可以帮助细胞修复紫外线造成的 DNA 损伤。如果核苷酸切除修复机制有缺陷,这样的人暴露在阳光下就会罹患皮肤癌。为了继续对 DNA 修复进行研究,阿齐兹·桑贾尔在耶鲁大学医学院做实验室技术员的工作。花费近 20 年时间研究涉及光解酶(photolyase)和光激活的机制(mechanisms of photo-reactivation),直接观察到了光解酶修复胸腺嘧啶二聚体(thymine dimer)的过程,并于 2015 年获得了诺贝尔化学奖。

保罗·莫德里奇(Paul Modrich)在研究生涯早期,在斯坦福大学读博士、在哈佛大学做博士后、在杜克大学做助理教授的时候检验了一系列作用于 DNA 的酶:DNA 连接酶、DNA 聚合酶、限制性内切核酸酶 EcoR I。这使得他在 20 世纪 70 年代末得以开始系统地研究错配修复(mismatch repair,MMR)——这个既能找到 DNA 聚合酶的罕见错配,又能对错误进行修复的系统。当时,分子生物学家马修·梅塞尔森(Matthew Meselson)断言,这一校正机制的实现,需要找到 DNA 上的两个位点:一是错配位点,二是能将 DNA 聚合酶合成的带有错误核苷酸的新链与原有的模板链区分开来的位点。保罗·莫德里奇最终发明了一种检测方法,可以从大肠杆菌的提取物中检测到这一错配系统。在这种方法的帮助下,经历长达 10 年的系统性工作,他的实验室鉴定出了 11 种负责微生物错配修复的蛋白质,并明确了它们的特性和功能。到 20 世纪 80 年代末,他已经可以体外重建这套复杂的分子修复机理,并且深入了解它的细节。

保罗·莫德里奇发现的错配修复,阐明了细胞如何纠正 DNA 复制过程中发生的错误,错配修复可以将 DNA 复制过程中的出错频率减少至原来的 1/1000。错配修复机制的先天缺陷会导致很多严重疾病,如一种遗传性的结肠癌。因为 DNA 错配修复机制的发现和阐明,使莫德里奇在 2015 年获得诺贝尔化学奖。

托马斯·林达尔、阿齐兹·桑贾尔和保罗·莫德里奇 3 名诺贝尔奖获得者的研究在分子水平上描绘了细胞如何修复 DNA 并维护遗传信息,发现了 DNA 损伤修复,为创新癌症治疗手段提供了广阔前景。诺贝尔化学奖评审委员会在声明中

也曾说,3 名获奖者的研究在人举了解活细胞功能、从分子层面解释遗传性疾病成因以及癌症发生发展和人体衰老的机制方面做出了"决定性的贡献"。

三、核心概念

1. 突变、基因突变

突变(mutation)指机体细胞中遗传物质所发生的可以遗传的变异。这种遗传变异可以传递给子细胞,甚至延续给后代,从而产生突变细胞或个体。突变一词是广义的,它包括基因突变和染色体畸变。前者只涉及染色体上较小区域的变化(一般指基因分子水平上的变化),这种变化通过显微镜是看不到的;后者累及染色体较大片段或者整个染色体数目的变化,这些变化中有些可以通过显微镜从形态上辨认。由于染色体变异常用"畸变"一词,故狭义的突变一般专指基因突变。在染色体畸变中,典型的事例就是 21 三体综合征(唐氏综合征)。正常人的核型为 46,XX(XY),但 21 三体综合征患者核型为 47,XX(XY),+21。属于染色体畸变中的染色体数目变异,患者多了一条 21 号染色体,造成个体先天愚型。

基因突变(gene mutation)指基因组 DNA 分子中某些碱基或其基因序列发生了改变,一般称为点突变(point mutation),如果蝇的白眼、残翅,玉米的糯性胚乳等性状都是基因突变的结果。

突变引起的表型改变是多种多样的,如形态突变、致死突变、条件致死突变、生化突变、丧失功能突变、获得功能突变等,各种突变类型之间并无绝对的界限,而是相互交叉的。由于很多基因的作用都是通过其编码产物参与的一系列生化代谢过程,因此严格来讲几乎所有基因的突变型都可归为生化突变。突变具有稀有性、随机性、多方向性、可逆性、有利性和有害性等特点。

2. 自发突变、诱发突变

自发突变(spontaneous mutation)指在自然条件下发生的突变。基因突变可以自然发生,所以又称自然突变。例如,摩尔根最初发现的白眼果蝇是在野生型果蝇的培养瓶中自发出现的,后来摩尔根和他的学生所用的很多突变型也都是自发产生的。一株植物的顶芽在发育的极早时期发生

突变，该芽长成枝条后，顶部所着生的叶、花和果实跟其他枝条不同，这种现象称作芽变或枝变(bud sport)。这种芽变也往往是自发产生，没有明显的外因。实际上基因突变都是有原因的，这些原因有的是随机原因发生的，如 DNA 复制错误、自发损伤和转座因子等多种原因引起。在正常的生长条件和环境中，突变率往往是很低的。有的突变的原因目前人们还没有了解到，所以，也归入自发突变行列。

诱发突变(induced mutation)指人们有意识地利用物理、化学因素和生物因素处理而引起的突变。多种物理和化学因素对活细胞内遗传物质的诱变作用比自发突变频率高出许多。能够诱发突变的理化条件称为诱变因素诱变剂。可分为物理诱变剂、化学诱变剂和生物诱变剂。物理诱变剂主要有紫外线、X 射线、γ 射线，以及中子、质子、离子束和近年来发现的等离子体等。自从 20 世纪 20 年代后期发现 X 射线对果蝇、玉米和大麦等诱发突变以来，电离辐射在诱变育种上已得到广泛的应用，并先后育成了许多农作物的优良品种。化学诱变剂种类繁多，主要有碱基类似物、烷化剂、亚硝酸、溴化乙锭等。生物诱变剂是指一些病毒，如麻疹病毒、风疹病毒、疱疹病毒以及一些经过体外修饰过的 DNA 片段等，它们产生的毒素和代谢产物都有诱变作用。利用诱发突变，可以研究突变的过程和性质，为育种工作提供有效的方法和丰富的变异材料。

3. 转换、颠换

基因突变是由于 DNA 分子中某些位置上碱基类型发生了变化，这种变化可以由碱基的置换而导致，而碱基置换又可分为转换和颠换两种类型。

转换(transition)是指 DNA 分子中一种嘌呤被另一种嘌呤取代，或一种嘧啶被另一种嘧啶取代的方式，如 AT→GC 及 GC→AT。

颠换(transversion)是指 DNA 分子中的嘌呤被嘧啶取代，或嘧啶被嘌呤取代的方式，如 AT→TA 或 CG，GC→CG 或 TA。

不管是转换还是颠换所导致的基因改变都可使蛋白质中的氨基酸的组成发生变化，将导致蛋白质活性和功能的不同程度的丧失，使机体的表现出现异常。

4. 大突变、微突变

大突变(macromutation)指控制性状的主效基因的突变。突变效应表现明显，是非常容易识别的突变。大突变可能是涉及整个基因甚至是多个基因的一长段 DNA 序列的改变。控制质量性状的基因突变大都属于大突变，如豌豆籽粒的圆形和皱形、玉米籽粒的糯性和非糯性等。

微突变(micromutation)指由单个碱基改变所产生的突变。微突变的突变效应表现微小，较难识别，控制数量性状的基因突变大都属于微突变，如玉米果穗的长短、小麦的粒重等。已有研究表明，微突变中有利突变率高于大突变，而且基因的效应是累加的，在育种时具有非常高的应用价值。

5. 缺失突变、插入突变

缺失突变(deletion mutation)指由于 DNA 分子中发生了大片段的缺失所引起的突变。缺失片段的范围可以从十几到几千个碱基。缺失区段如果仅仅涉及一个基因，则仅能引起一个基因的突变，若涉及两个基因，则引起两个基因的突变。缺失的片段较短时，往往在显微镜下看不见染色体形态的变化，若缺失的区段较长时，则在显微镜下可以看到染色体的形态结构发生变化。缺失突变与碱基置换相比较首先是缺失突变不可能具有恢复突变产生。

插入突变(insertion mutation)指 DNA 分子的正常序列中插入一段新的碱基序列所引起的突变。插入 DNA 的碱基如果是非 3 的倍数，就会引起移码突变。插入 DNA 的碱基如果是 3 的倍数，则会引起蛋白质中氨基酸序列的变化，也将导致突变的发生。

6. 同义突变、错义突变

依据碱基置换对蛋白质中氨基酸排列顺序的影响不同，基因突变分为同义突变、错义突变和无义突变等。

同义突变(samesense mutation 或 synonymous mutation)指 DNA 分子中的碱基改变后，由于密码的简并性，突变后的密码子仍然编码原来的氨基酸，并没有引起多肽链中氨基酸的变化的突变。由于突变并没有引起什么变化，因此又称沉默突变(silent mutation)，如 UAG 是酪氨酸的密码子，突变为 UAU 后，编码的仍是酪氨酸。由于氨基酸的序列未发生变化，同义突变不会引起表型改变。因此，同义突变实际上是生物演化出来的一种自我保护机制。突变的碱基在不同的生物体 DNA 中积累，引起同种生物不同个体间 DNA 序列的多态性。

错义突变(missense mutation)是指 DNA 分子中碱基替换后使某一氨基酸的密码子变为另一氨基酸的密码子的突变。氨基酸序列的改变，对蛋白质功能会产生不同程度的影响，可能使蛋白质失活、部分失活、获得新功能，也可能并不影响其正常功能。其中，有些错义突变不影响蛋白质正常功能，称为中性突变(neutral mutation)；也有不少错义突变的产物仍有部分活性，使表型介于完全突变型和野生型之间的某种中间状态，这样的突变称为渗漏突变(leaky mutation)。有些错义突变严重影响到蛋白质的活性，甚至使活性完全丧失，从而影响了表型。如果这种蛋白质对有机体的生存至关重要，则该突变往往是致死的，称为致死突变(lethal mutation)。

7. 无义突变、延长突变

无义突变(nonsense mutation)指由于 DNA 的碱基改变，某一氨基酸的密码子突变成终止密码子的突变。这种突变使蛋白质的合成提前终止，产生了一条缺少原有羧基端片段的不完整的多肽链，这样的产物通常是没有功能的。无义突变通常对所编码的蛋白质活性有严重影响，产生突变的表型。例如，正常的 Hb McKee-Rock 的 β 链由 146 个氨基酸组成，而无义突变型的 Hb McKee-Rock 的 β 链只由 144 个氨基酸组成，原因是 β 基因第 145 位酪氨酸密码子 TAT 改变为终止密码子 TAA，使肽链合成提前终止，使 β 链 C 端少了 2 个氨基酸。

延长突变(elongation mutation)指由于碱基替换，终止密码变为编码某种氨基酸的密码子的突变。延长突变合成的肽链比正常肽链要长。

8. 定点诱变、基因打靶

定点诱变(site-directed mutagenesis)指使已克隆基因或 DNA 片段中的任何一个特定碱基发生取代、插入或缺失的突变过程。随着重组 DNA 技术、DNA 序列分析技术、寡聚核苷酸合成技术以及其他分子生物学技术的不断完善和发展，人们发明了能够在离体条件下，有目的地制造位点特异性突变的技术。这种技术需要一个或多个含突变碱基的诱变寡核苷酸作为引物进行 DNA 复制，使寡核苷酸引物成为新合成的 DNA 子链的一部分，包括盒式取代诱变、寡核苷酸引物诱变及 PCR 定点诱变等。

许多病毒还可作为定点诱变所需的载体，根据不同目的可选用痘病毒、腺病毒、疱疹病毒、乳头瘤病毒、披膜病毒等。在事先不了解特定核苷酸序列功能的情况下，通过定点诱变可以人为地通过基因的改变来修饰、改造某一已知的蛋白质，从而可以研究蛋白质的结构及其与功能的关系、蛋白质分子之间的相互作用。目前，利用寡聚核苷酸定点诱变来进行酶及其他一些蛋白质的稳定性、专一性和活性的研究，已经有很多实例。例如，对胰蛋白酶的功能基团的研究、高效溶栓蛋白类药物的研制、白细胞介素-2 结构与功能的分析等，都必须利用这一方法。

基因打靶(gene targeting)通常是指用含已知序列的 DNA 片段与受体细胞基因组中序列相同或相近的基因发生同源重组，整合至受体细胞基因组中并得以表达的一种外源 DNA 导入技术。基因打靶技术是一种定向改变生物活体遗传信息的实验手段，它的产生和发展建立在胚胎干(ES)细胞技术和同源重组技术成就的基础之上。

基因打靶的原理：首先获得 ES 细胞系，利用同源重组技术获得带有研究者预先设计突变的中靶 ES 细胞。通过显微注射或者胚胎融合的方法将经过遗传修饰的 ES 细胞引入受体胚胎内。经过遗传修饰的 ES 细胞仍然保持分化的全能性，可以发育为嵌合体动物的生殖细胞，使得经过修饰的遗传信息经生殖系遗传。获得的带有特定修饰的突变动物提供给研究者一个特殊的研究体系，使它们可以在生物活体中研究特定基因的功能。目前，在 ES 细胞进行同源重组已经成为一种对小鼠染色体组上任意位点进行遗传修饰的常规技术。通过基因打靶获得的突变小鼠已经超过千种(相关数据库参见文献)，并正以每年数百种的速度增加。通过对这些突变小鼠的表型分析，许多与人类疾病相关的新基因的功能已得到阐明，并直接导致了现代生物学研究各个领域中许多突破性的进展。

基因打靶通过对生物活体遗传信息的定向修饰包括基因灭活、点突变引入、缺失突变、外源基因定位引入、染色体组大片段删除等，使修饰后的遗传信息在生物活体内遗传，表达突变的性状，从而研究基因的功能，阐明生物体的遗传进化、疾病发生的分子机制，提供相关的疾病治疗药物、评价模型及新型预防、治疗疫苗，可以研究基因功能等生命科学的重大问题，以及提供相关的疾病治疗、新药筛选评价模型等，是后基因组时代基因功能研究的重要技术手段。基因打靶技术的发展已使得对特定细胞、组织或者动物个体的遗传物质进行修饰成为可能，将广泛应用于基因功能研究、人类疾病动物模型的研制以及经济动物遗传物质的改良等方面。

9. 突变频率、突变率

突变频率（mutation frequency）指在细胞群体或者在个体中，某种特定基因的突变体所占的比例。这个比例就是这个特定基因的突变频率。

突变率（mutation rate）指单位时间内在细胞或微生物群体中，某种基因发生突变的次数。或者指某种基因在一个世代中所发生的特定突变的次数。基因突变率的估算方法因生物生殖方式的不同而不同。在有性生殖的生物中，突变率通常用每一个配子发生突变的概率，即用一定数目配子中的突变配子数表示。在无性繁殖的细菌中，突变率是用每一个细胞世代中每个细菌发生突变的概率，即用一定数目的细菌在一次分裂过程中发生突变的次数表示。不同生物和同一生物个体的不同基因的自发突变率是不相同的。高等植物的突变率为 $10^{-8} \sim 10^{-5}$，而细菌和噬菌体的突变率为 $10^{-10} \sim 10^{-4}$。

突变频率与突变率两者虽然有一定的联系，但二者是有区别的，不能等同看待。突变频率是指群体中特定基因突变体所占的比例。例如，一个 1000 人的群体中，有 10 个人是某一基因的突变体，则突变频率是 1%。突变率是指在一个世代中发生突变的次数，指突变发生的速率。

10. 回复突变、抑制突变

回复突变（back mutation）或称反向突变（reverse mutation），指由突变表型恢复为正常表型的突变。基因突变是可逆的，点突变分为两类：一类是由野生型改变为突变表型的为正突变（forward mutation），如 $a^+ \rightarrow a^-$，$D^+ \rightarrow D^-$ 为正向突变；另一类是由突变表型恢复为正常表型的突变，如 $a \rightarrow a^+$，$D \rightarrow D^+$ 为反向突变，由于是又回到了原来的表型，因此称回复突变。正向突变和回复突变频率一般不同，多数情况下，正向突变率高于回复突变率，这是因为一个野生型基因内部任何位置的结构变化都可能导致基因突变，但是一个突变基因内部却只有那个被改变了的结构回复原状时，才能恢复为野生型这种概率是非常低的。除了由缺失引起的突变外，所有基因突变都能发生回复突变。

抑制突变（suppressive mutation）指某一座位上突变产生的表型效应被另一座位上的突变所抑制，使突变体又恢复为正常表型的突变。在鉴定回复突变时要和抑制突变区分开来。回复突变发生在同一基因座，跟正向突变的位置一样；而抑制突变发生在另一基因座上，却掩盖了原来突变型的表型效应。实际上，抑制突变也是生物演化出的一种自我保护机制。

鉴定时，可以让回复突变产生的野生型个体与正常的野生型个体杂交，若后代全部是野生型，说明是真的回复突变；若后代仍然出现突变型，并且比基因的突变率高很多，说明是抑制突变，突变型的出现是抑制突变位点与正常位点发生重组的结果。

四、核心知识

1. 物理诱变的分子机制

物理诱变是用物理诱变剂使基因发生突变的过程。物理诱变剂主要有紫外线、X 射线、γ 射线、快中子、激光、微波、离子束等。物理诱变的生物学效应主要取决于它们所含的能量，以及能传递到物质细胞内原子和分子上的能量。辐射的能量越大，诱变的效率越高。X 射线、γ 射线或带电粒子等有较高的能量，能引起被照射物质中原子的电离，称为电离辐射。紫外线和微波等是电磁波,带有的能量很小,穿透力弱,不足以引起物质的电离,属于非电离辐射。

1)电离辐射　　电离辐射引起遗传损伤的途径,大部分还未了解,但它们以两种形式改变遗传物质的结构。一是直接作用:通过能量的量子击中染色体遗传物质,好像子弹击中靶子一样。X射线、γ射线或带电粒子作用于生物体时,首先当射线作用于细胞内染色体或DNA分子时会产生电离和激发,导致核糖碱基的化学变化、氢键断裂、单链或双链键断裂、双链之间的交联、不同DNA分子之间的交联以及DNA和蛋白质分子之间的交联等,导致突变。二是间接作用:通过电离化,使细胞内发生化学变化,进而使遗传物质在复制的时候发生异常。细胞内各种物质都有吸收辐射的能力,细胞中含量最多的物质是水,水吸收的电离辐射能量产生高活性羟自由基(·OH)和氢自由基(·H),这些自由基与细胞中的溶质分子起作用,发生化学变化,也可转移到核苷酸双链中去,引起DNA分子结构的改变,形成碱基类似物,导致碱基置换而引起基因突变。此外,电离辐射还能引起染色体畸变,发生染色体断裂,形成染色体结构的缺失、易位和倒位等。

电离辐射的遗传学效应在许多生物中都有研究,并得出两个结论:第一,电离辐射可诱发基因突变和染色体断裂,它们的频率在一定范围内和辐射剂量成正比。第二,辐射效应是可以累积的。照射总剂量相同时,连续照射与间歇分次照射产生的突变数也一样。照射强度不同,会产生不同的结果,慢性照射产生的突变率比同剂量的急性照射少。

2)非电离辐射　　紫外线也可以诱发突变,但其所带能量小,穿透力弱,效果不及电离辐射。波长260nm的紫外辐射是最有效的诱变剂。对于紫外线的作用已有多种解释,但研究得比较清楚的一个作用是诱发DNA分子形成嘧啶二聚体,即两个相邻的嘧啶碱基共价连接,二聚体通常发生在同一DNA链的两个相邻的胸腺嘧啶之间,从而妨碍复制时腺嘌呤的正常渗入,使DNA复制出现差错而诱发突变;也可发生在两条单链之间,减弱双键间氢键的作用,并引起双链结构扭曲变形,阻碍碱基间的正常配对,从而有可能引

起突变或死亡。只有30%的紫外线可以穿透玉米花粉壁,8%可穿过鸡蛋的卵黄膜。这样低的穿透力很难保证试验群体中每一个细胞都接受同样的辐射量,所以紫外线很少用作高等生物的诱变剂,多用在微生物、生殖细胞、花粉粒及体外培养的细胞等。

2. 化学诱变的分子机制

很多化学因素对活细胞内遗传物质都具有诱发突变的作用。根据化学诱变因素对DNA的作用方式,一般可把化学诱变剂分为以下几类。

(1)碱基类似物:碱基类似物是在结构上和正常的含氮碱基非常相似的一类化学物质,可使DNA复制时发生配对错误。例如,5-溴尿嘧啶(5-Bu)与胸腺嘧啶有类似的结构,5-Bu有酮式和烯醇式两种互变异构体,酮式结构与A配对,烯醇式结构与G配对。在DNA复制时,不管5-Bu以哪种异构体掺入到新合成的子链中,都可能会引起碱基的转换而产生突变。通常5-Bu在DNA分子中以酮式状态存在,因此,导致AT→GC的频率高于GC→AT。碱基类似物主要有5-溴尿嘧啶(Bu)、5-溴脱氧尿核苷(BudR)、2-氨基嘌呤(Ap)等。前两种是胸腺嘧啶(T)的类似物,后一种是腺嘌呤(A)的类似物。

(2)改变DNA结构的化合物:包括烷化剂、亚硝酸和羟胺。烷化剂都含有一个或多个不稳定的烷基(—C_2H_5),可以直接作用于DNA的碱基和核酸,使之发生烷化,烷化后的碱基可以发生错误配对,造成基因突变,如G→mG,类似于A;mG脱嘌呤作用引起缺失;烷化剂与磷酸结合引起DNA断裂,也可在DNA链间形成交联,引起核苷酸被切除或丢失。常见的烷化剂有甲基磺酸乙酯(EMS)、硫酸二乙酯(DES)、甲基磺酸甲酯(MMS)、氮芥子气(NM)、亚硝基胍(NG)、乙烯亚胺(EI)等。亚硝酸具有脱氨基作用,使A脱氨变为次黄嘌呤(H);使C脱氨成为尿嘧啶(U),G→黄嘌呤(X),在真核生物的细胞中,亚硝酸使组蛋白和核酸交联而诱发突变。羟胺具有羟基化作用,是一种特殊的点突变剂,C羟化后类似于T,只诱发GC→AT的转换。在真核生物的细胞中,羟胺及其衍生物诱发导致染色体断裂。

(3)结合到DNA分子上的化合物:这一类化

学诱变剂可插入到 DNA 分子的双链或单链的两个相邻碱基之间，在嵌入的位置引起单个碱基的插入或缺失，引起相应位点之后可读框的改变，导致移码突变。此类化合物主要有吖啶类、原黄素、溴化乙锭等，其中吖啶类是很重要的诱变剂。

3. 突变检出的方法技术

从孟德尔的实验开始，要知道一个基因的存在通常要依靠这个基因座上的不同等位基因的表型改变。不同等位基因所产生的表型改变，使得我们能够观察性状的遗传方式。如果某一基因座的所有等位基因在表型效应上是相似的，那么这样的基因缺乏独特的标志，始终作为正常表型的一部分，没有办法把它检查出来。换句话说，基因没有等位上的差异，就不能用孟德尔遗传实验方法检查出来；只有当这种等位存在差异时，才使我们可以推论有某一特定基因存在。所以以查看基因突变，主要就是检出能产生新的表型效应的不同等位基因。测定和检出突变的方法常因不同生物而异。

1）动物基因突变的检出　　果蝇性连锁突变的检出。性连锁隐性突变在雄果蝇中很容易识别，因为雄果蝇只有一条 X 染色体，Y 染色体上一般不具有相应的等位基因。穆勒利用果蝇的这一特点，设计出检测果蝇伴性基因突变的 Muller-5 技术。Muller-5 品系的 X 染色体上带一个棒眼基因 B，一个杏色眼基因 w^a，此外，还有一个倒位，可以抑制 Muller-5 的 X 染色体与野生型 X 染色体之间的重组。

检测时，用从野外采集的或经诱变处理待测的雄果蝇与 Muller-5 雌果蝇杂交，得到 F_1 雌、雄果蝇，再做单对交配，观察 F_2 的雄果蝇性状及雌雄比例。在 F_2 中，如出现 Muller-5 雄果蝇和野生型雌果蝇，说明待测雄果蝇没有发生可见突变；如出现突变性状的雄果蝇，说明待测雄果蝇发生了隐性突变；如有 Muller-5 雄果蝇，且雌雄比例为 $2:1$，说明发生了隐性致死突变（图 10-1）。

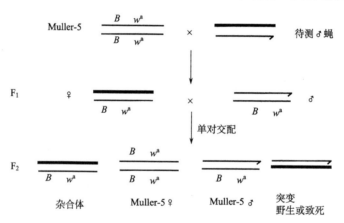

图 10-1　利用 Muller-5 技术检出果蝇 X 连锁隐性突变基因

果蝇常染色体突变的检出。常染色体上的基因成对存在，隐性突变基因只有在纯合状态时才表现出来。利用平衡致死品系检测果蝇第二染色体上的突变基因。果蝇平衡致死品系的第二对染色体中，一条染色体上带有显性翘翅基因 Cy（curly）是纯合致死的，同时有一个大的倒位；另一条染色体上具有显性星状眼基因 S（star），也是纯合致死的。该平衡致死品系只能通过杂合体保存，同时它也是一个倒位杂合体。

检测时，将平衡致死系的雌果蝇与待测雄果蝇杂交，在 F_1 中选取翘翅雄蝇再与平衡致死雌蝇单对交配，分别饲养。然后在 F_2 中，选择翘翅雌蝇、雄蝇进行交配，获得 F_3。观察 F_3 的性状表现，并进行分析：①如待测雄蝇第 2 染色体上不带有致死基因，则 F_3 中就有 1/3 左右的野生型；②如待测雄蝇第 2 染色体带有隐性致死突变，在 F_3 中则只有翘翅杂合体果蝇；③若待测雄蝇第 2 染色体上带有隐性可见突变基因，则在 F_3 中除翘翅果蝇外，还有 1/3 左右的突变型。

2）人类基因突变的检出　　人体基因突变的

检出要依据家系分析和出生调查。常染色体显性突变的检测比较简单。考虑一个家系，如果双亲正常，而子代中出现了显性遗传性状，在遗传方式规则的情况下，可推断该基因由突变而来。

常染色体隐性突变一般难以仅靠家系分析鉴别。因为一个隐性性状的出现，很可能是由于两个隐性杂合体的婚配，而不是隐性突变的缘故。所以常染色体隐性突变的检出需要借助于其他方法如蛋白质电泳技术、DNA 分子标记等进行鉴别。

性连锁突变的检出也相对较容易。如果女性的一条 X 染色体发生显性突变，其后代无论男女均可表现；如发生隐性突变，会使她一半的儿子表现突变性状，如是致死突变，她的后代中性比会发生改变，呈现男：女=2：1 的比例。

3）植物基因突变的检出　　植物的显性和隐性突变出现的一般规律是等位基因在一般情况下只有其中的一个基因发生突变，另一个不突变。如何检测发生了哪种突变，如何选出突变的纯合体，是要根据突变体出现的早晚和基因纯合速度快慢来判断。显性突变 M_1 代出现，M_3 代检出。植物隐性突变比显性突变表现得晚一代，但纯合速度比显性突变早一代。

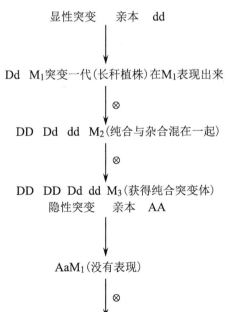

4）微生物基因突变的检出　　营养突变的检出方法的根据是：野生型菌株能合成一系列化合物，所以能在基本培养基上生长，但大多数突变的营养缺陷型菌株不能合成某一些生物素、氨基酸等，因此不能在基本培养基上生长，但能生长在完全培养基上。在检出营养突变时，可把待测菌株分别培养在完全培养基和基本培养基上，完全培养基上能生长，而在基本培养基上不能生长，可在基本培养基上添加单一维生素或氨基酸，如在添加某一营养物后可生长，则可检出待测菌株为该营养物的缺陷型突变菌株。

在细菌的突变研究中，应用较多的是大肠杆菌。大肠杆菌正常野生型的合成能力很强，可在含最低营养需要的基本培养基上生长繁殖，如果其中的某个基因发生了突变，从而产生营养缺陷型，不能在基本培养基上生长，且大肠杆菌是单倍体，一旦发生任何突变就可以得到表现，从而营养突变得以检出，只要通过简单的筛选检测技术就可以把稀有的突变体分离鉴定出来。

对大肠杆菌营养缺陷型的检出方法很多，常用的有影印培养法和青霉素法：①影印培养法。先将诱变处理的或待测大肠杆菌稀释后接种在完全培养基上培养，营养突变缺陷型和野生型均可生长形成菌落，用一个直径略小于培养皿并包有丝绒的木块作为"印章"式的接种工具，经灭菌消毒后印在长有菌落的母板上，再把带有细菌的丝绒板分别印在基本培养基和额外补加了不同营养物质的基本培养基上。凡能在完全培养基上生长，而不能在基本培养基上生长，但能在某一补充培养基上生长的菌落都是营养缺陷型。②青霉素法。由于青霉素能抑制细菌细胞壁的生物合成，因此细菌对青霉素是敏感的。但是只有处于生长增殖中的细菌对青霉素敏感，而处于休止状态的细菌对其则不敏感。当将诱变处理后的细菌培养在含青霉素的基本培养基上时，没有发生突变的野生型细菌可生长繁殖，因而能被青霉素杀死，发生突变的营养缺陷型突变体则不能在基本培养上生长而处于休止状态，结果不能被杀死而被保存下来。然后去除青霉素，并补加其他营养物质，使突变体生长形成菌落。再利用影印培养技术将它们分别接种在含不同营养物质的补充培养基上，就可以确定突变体为何种营养突变型。

许多真菌与细菌一样，也能发生各种营养缺陷突变，并且在它们的生活周期中也都有单倍体时期，因此对真菌中发生的营养缺陷突变也能检测出来。例如，脉孢霉营养缺陷突变体的检出。先以 X 射线或紫外线照射纯型的分生孢子诱发突变，然后让诱变的分生孢子与野生型分生孢子交配产生分离的子囊孢子，并将它们放在完全培养基上培养。从完全培养基中取出一部分孢子在基本培养基上培养，若能正常生长说明没有发生突变，如果不能在基本培养基上生长，说明发生了突变，可进一步在基本培养基上添加单种营养物进一步对其进行鉴定是哪一种营养缺陷型。

4. 定点诱变的机制和过程

定点诱变又称位点特异性诱变、寡核苷酸定点诱变或基因定点诱变。它是在体外试管中通过碱基替代、插入或缺失等方法，使基因的 DNA 序列中的某一个特定碱基发生改变，然后把这一改变了特定碱基的基因 DNA 序列转入细胞内的特定位置，通过 DNA 序列的复制，细胞的分裂来获得突变体。例如，我们想把大肠杆菌基因组中某基因的特异位点上的 $\left|\begin{array}{l}\text{AGTACGA}\\\text{TCATGCT}\end{array}\right|$ 区段变成 $\left|\begin{array}{l}\text{AGTCCGA}\\\text{TCAGGCT}\end{array}\right|$。可以用重组的 M13 噬菌体作为载体，这个载体含有大肠杆菌基因组中的 AGTACGA 区段。首先在试管中合成一个寡核苷酸片段 TCAGGCT，然后让这一片段与重组的 M13 噬菌体的这一特定区段配对，之后在 DNA 聚合酶、DNA 连接酶作用下，以 M13 噬菌体的 DNA 为模板进行复制，使之成为双链的 DNA。让此特异位点已经改变了的噬菌体去感染转化大肠杆菌细胞，经过转化过程得到大肠杆菌突变体细胞（图 10-2）。

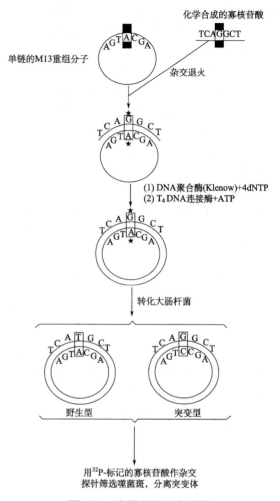

图 10-2 寡核苷酸定点诱变

定点诱变除了化学方法以外，还有盒式诱变、寡核苷酸引物诱变和 PCR 诱变等。

五、核心习题

例题 1. 现有 T_4 rⅡ点突变体 r1～r6，其中 r1、r2、r3 属于一个顺反子，r4、r5、r6 分属另一个顺反子。问：

（1）将 r1 和 r3 共同感染 *E. coli* K(λ)，结果如何？为什么？

（2）将 r2 和 r5 共同感染 *E. coli* K(λ)，结果如何？为什么？

（3）有一 rⅡ突变体 rx，用它与 r1、r2、r6 分别杂交都能得到 rⅡ⁺，但与 r3、r4、r5 杂交不能获得 rⅡ⁺，说明 rx 突变体的特征。

(4) 若将 rx 和 r1 共同感染 *E. coli* K(λ)，结果如何？为什么？

知识要点：

(1) 顺反子是功能单位，是基因的同义语。一个顺反子就是一段核苷酸顺序，决定一个多肽链。

(2) 两个位点如果属于同一个顺反子，则二者不能互补，不能形成一定的酶，不能形成野生型的性状；两个位点如果不属于同一个顺反子，则二者能互补，能形成一定的酶，能形成野生型的性状。

(3) 如果有缺失，而且缺失的部位又是在相应的突变区域，则不能与相应的突变型互补，不能形成野生型的性状。

解题思路：

(1) 根据知识点(1)、(2)，r1、r2 和 r3 属于一个顺反子，它们之间不能互补；r4、r5 和 r6 属于一个顺反子，它们之间不能互补；而 r1、r2、r3 与 r4、r5、r6 分属不同的顺反子，它们之间可以产生互补。

(2) 根据知识点(3)，rx 突变体是缺失突变体，而且缺失的部位是在 r3 与 r4、r5 的位点上，即这个确实突变型缺失的区域横跨了两个顺反子。

参考答案：

(1) 溶原。因为 r1 和 r3 属于同一个顺反子，二者不能产生互补，不能形成裂解 *E. coli* K(λ) 的酶。

(2) 溶菌，即裂解，因为 r2 和 r5 不属于同一个顺反子，二者能产生互补，能形成裂解 *E. coli* K(λ) 的酶。

(3) rx 突变体属于缺失突变型，而且缺失的部位涉及了 r3 与 r4、r5 的位点。

(4) 溶原。因为二者不能互补，不能形成裂解 *E. coli* K(λ) 的酶。

例题 2. 子囊菌纲的一种真菌某座位上的一些突变产生浅色子囊孢子，称为 a 突变体。不同 a 突变体进行了以下的杂交，查具有黑色野生型子囊孢子的子囊，将每一个杂交中有这样子囊的基因型如下：

	实验 1	实验 2	实验 3
	a1×a2	a1×a3	a2×a3
	↓	↓	↓
	a1 +	a1 +	a2 +
	+ +	a1 +	a2 +
	+ a2	+ +	+ +
	+ a2	+ a3	+ a3

试说明这些结果，a1、a2 和 a3 三个突变位点的可能次序如何？

知识要点：

(1) 基因转换 (gene conversion)：在染色体倍性不发生变化或不存在重复基因的情况下，子囊菌的四分体中所出现的基因不规则分离现象。

(2) 同一个基因内部的各个突变位点的基因转换频率从基因的一端向另一端依次递减。

减数分裂过程中一对同源染色体的其中一条染色单体上的基因发生了变化，又恢复成了野生型基因。

解题思路：

(1) 根据知识要点(1)，三个杂交试验的结果中都出现基因的不规则排列现象，是由于在减数分裂过程中一对同源染色体的其中一条染色单体上的基因位点发生了变化，又恢复成了野生型基因。

(2) 根据知识要点(2)，三个实验发生了 3 次基因转换，其中 a1 位点发生了 1 次；a2 位点发生了 0 次；a3 位点发生了 2 次。可以推测：三个位点的顺序为 a3—a1—a2。

参考答案： 实验 1 是由于 a1 位点发生了基因转换；实验 2 是由于 a3 位点发生了基因转换；实验 3 也是 a3 位点发生了基因转换。

三个突变位点的可能次序为 a3—a1—a2。

例题 3. 有一种诱变剂能使 DNA 的 AT 变为 GC，为什么不能用这种诱变剂处理野生型菌株，从而通过三联体密码 UAG、UAA、UGA 在 mRNA 水平上引入无义突变？

知识要点：

(1) AT 变为 GC 的突变属于碱基置换中的转换。

(2) 无义突变是指形成终止密码 UAG、UAA、UGA 的突变。

(3) AT、GC、AU 配对规则。

解题思路：

(1) 根据知识要点 (1)，利用这种诱变剂在 mRNA 水平上引入无义突变的过程是碱基转换过程，使在 mRNA 上形成终止密码 UAG、UAA 或 UGA 的突变。

(2) 根据知识要点 (2)，使在 mRNA 水平上引入无义突变，就是在 mRNA 上形成终止密码 UAG、UAA 或 UGA。

(3) 根据知识要点 (3)，可以推导出每个终止密码子 UAG、UAA、UGA 在其对应的 DNA 上的碱基组成。

参考答案：因为终止密码子 UAG、UAA、UGA 在 DNA 上对应的碱基组成是：TAG/ATC、TAA/ATT、TGA/ACT。此种诱变剂是使 AT 变为 GC，因此，根本就不能形成终止密码子 UAA。在另外两个终止密码子 UAG、UGA 中都是有两个位置可以转换成 G，而一旦转换成 G，就成了无义突变的逆过程。

例题 4. 在小鼠代谢研究中发现两个瓜氨酸积累的基因突变，两者都是隐性基因纯合所致，第一种突变类型同时积累了大量的精氨酸代琥珀酸。两种突变型都不积累精氨酸。分析这一精氨酸代谢途径和基因突变位置。

知识要点：

(1) 一基因一酶假说，即基因决定酶的合成，酶控制生化反应，从而控制代谢过程。

(2) 代谢过程中哪种氨基酸容易积累，说明那种氨基酸的代谢位置比较靠前。

解题思路：根据知识要点和题意，两者均表现瓜氨酸积累，而无精氨酸积累，说明在精氨酸代谢过程中，瓜氨酸在前，精氨酸在最后。

第一种突变型表现为瓜氨酸和精氨酸代琥珀酸同时积累，说明在瓜氨酸和精氨酸的代谢过程中，瓜氨酸和精氨酸代琥珀酸都因基因突变而受阻。第二种突变型仅仅表现为瓜氨酸积累，说明在瓜氨酸合成精氨酸的过程中，因基因突变而受阻的位置在瓜氨酸之后，精氨酸代琥珀酸之前。

参考答案：这样精氨酸代谢途径和基因突变位置如下：

第 2 突变　　　　　　　　第 1 突变

瓜氨酸→→→精氨酸代琥珀酸→→→精氨酸

例题 5. Jacob 和 Monod 在对一批影响 X 物质代谢缺陷的细菌突变体进行遗传互补分析后发现，它们都是隐性突变，并可以分为三类：A、B、C。其中 A 突变体和 B 突变体可以互补，并且后续分析发现它们是不同基因的突变。奇怪的是 C 突变体既不能互补 A 突变体也不能互补 B 突变体。请解释可能的原因。

知识要点：

(1) 一基因一酶假说。一种物质的代谢是一步一步进行的，一个基因可以产生一种酶，控制代谢过程中的某一步骤。有的步骤可能由两个基因产生两种酶来控制或者两个基因共同作用产生一种酶。

(2) 多因一效假说，即一个性状的形成是由多个基因起作用的。

解题思路：根据知识要点 (1)、(2)，X 物质的代谢可能有两个步骤，由三个基因控制，其中一个步骤由两个基因控制，一个步骤由一个基因控制。

参考答案：X物质代谢由三个基因A、B、C控制；三个突变体分别是基因A、B、C突变成了a、b、c。其中A、B共同控制一个步骤，C控制一个步骤。由于A、B共同控制一个步骤，因此A突变体和B突变体可以互补。C控制另一个步骤，所以C突变体既不能互补A突变体也不能互补B突变体。

例题 6. 把两种类型的噬菌体 ΦX174 和 T₄ 用亚硝酸处理。然后把处理的存活的噬菌体分别繁殖，并测定各个克隆所发生的突变。对 ΦX174 测定的突变是寄主范围的改变 $h^+{\rightarrow}h$，对 T₄ 测定的突变是快速裂解的突变 $r^+{\rightarrow}r$。结果表明，含有 h 突变的 ΦX174 克隆是非常纯的，即不含有 h^+；而且大多数 T₄ 突变发生在含有 r^+ 和 r 的混合的克隆中。怎样解释这些实验结果？

知识要点：

(1)噬菌体的遗传物质类型较多，有的是DNA，有的是RNA；对DNA而言，有的是单链的，有的是双链的。

(2)亚硝酸处理只能引起DNA分子的一条链发生碱基改变。

解题思路：

(1)根据知识要点(1)，这两种噬菌体的遗传物质可能一种是单链DNA，另一种是双链DNA。

(2)根据知识要点(2)，单链DNA的噬菌体，一旦诱发突变成功，那么由这个噬菌体繁殖的后代都是同一种基因型。而双链DNA的噬菌体，一旦诱发突变成功，由这个噬菌体繁殖的后代有两种基因型。

参考答案：因为 ΦX174 噬菌体是单链DNA，所以在这条单链上发生一个突变就只会产生一个纯的克隆。T₄ 噬菌体是双链 DNA，在一条链上发生一个突变，但另一条链上仍然是野生型的，因此，这样一个突变型的复制就产生混合的噬菌斑。

例题 7. 当有 P 异常的兔子相互交配时，得到的下一代中，223只正常，439只显示 P 异常，39只极度病变。极度病变的个体除了某些表型异常外，在生后不久即死亡。这些极度病变的全体的基因型如何？为什么只有39只，你怎样解释？

知识要点：

(1)性状相同的生物体进行交配，如果后代性状发生分离，表明其基因型为杂合。

(2)根据后代分离比可以推测控制某一性状的等位基因数目。

(3)致死基因是指那些使生物体不能存活或者生命力降低的等位基因。按照致死基因的显隐性关系可以分为显性致死和隐性致死；显性致死基因是指在杂合状态下就表现致死效应，隐性致死基因是指在纯合状态才具有致死效应的基因。

(4)致死作用发生的阶段可分为配子致死、合子致死、胚胎致死和幼体致死。

解题思路：

(1)根据知识要点(1)，P异常的兔子为杂合体。

(2)根据知识要点(2)，后代正常：异常=223：439 ≈1：2，说明其由一对等位基因控制兔子P异常的性状。

(3)根据知识要点(3)，极度病变类型数目较少且出生后不久死亡，可以推断，病变基因为隐性致死基因，但有显性效应。

参考答案：极度病变类型应属于病变纯合子 *pp*；极度病变比例数比较低的原因在于部分死于胚胎发育过程中。

例题 8. 如果在一群正常的老鼠中出现了一只短尾巴的老鼠，你如何决定这个性状是由一个显性基因还是一个隐性基因引发的？还是由不同基因的相互作用引起的？还是环境诱发的？

知识要点：

(1)环境诱发性状改变，在后代中没有一定的性状比例，也没有一定的基因型比率。

(2)显性基因作用时，在子二代会出现 3：1 的分离比值。

(3)隐性基因作用时，在子二代会出现与显性基因作用时性状相反的 3：1 的分离比值。

(4)不同基因相互作用时，在子二代 3：1 的分离比值产生变化。

解题思路：

(1)根据知识要点(1)，首先分析子二代中有没有一定的分离比值，若没有一定的分离比值，说明是环境诱发作用，若有一定的分离比值，说明是基因的作用。

(2)根据知识要点(2)、(3)，确定是显性基因作用还是隐性基因作用。

(3)根据知识要点(4)，确定是否是不同基因间的相互作用。

参考答案： 把这只老鼠与正常老鼠的一个纯合品系交配，观察子一代的性状表现，再让相应的子一代个体间交配，观察子二代性状表现，若子二代中没有一定的分离比值，则可定为环境作用所致，若有一定的分离比值，则可定为基因的作用。

若 F$_1$ 中出现长尾、短尾，比例为 1：1，说明可能是显性基因作用，继续让 F$_1$ 中的短尾个体间交配，若 F$_2$ 中出现短尾：长尾=3：1，可确定为显性基因作用。

若 F$_1$ 中仅出现长尾，继续让 F$_1$ 中的长尾个体间交配，若 F$_2$ 中出现短尾：长尾=1：3，可确定为隐性基因作用。

若 F$_2$ 中出现一定的分离比值，但不是 3：1 的比值，说明是由不同的基因相互作用所致。

例题 9. 假定分离到一种噬菌体的突变体，它能在细菌的菌株 A 上但不能在菌株 B 上形成噬菌斑。(1)怎样设法决定这是点突变体、双突变体还是缺失突变体？(2)如果仅在噬菌体中分离到一种突变体，以及收集到大量已经定位的噬菌体，又如何回答问题(1)？

知识要点：

(1)点突变体是指由于 DNA 碱基对的改变引起的基因突变。

(2)双突变体是指在同一个基因组内的两个不同基因位点上的突变。

(3)缺失突变体是指在基因组内由于缺失部分基因而引起的突变。

(4)回复突变是指突变体失去突变性状，恢复成野生型性状特征的突变，或者指一突变基因又经历突变而回复到原初的状态。突变的频率就比较低，而回复突变的频率更低。

(5)互补测验的概念和方法。

解题思路：

(1)根据知识要点(1)～(4)，知道一个位点的点突变回复突变的频率就较低，两个位点的双突变体的回复突变频率更低；如果是缺失突变，根本就不可能有回复突变发生，因为基因的那个片段已不存在了。

(2)根据知识要点(5)，进行互补测验，鉴定突变体的情况。

参考答案：

(1)第一种情况：测定回复突变率。如果能够测到回复突变率，则说明是点突变体或双突变体，然后看回复突变率的高低，如果较高说明是点突变体，如果非常低说明是双突变体。如果根本就测不到回复突变率说明是缺失突变体。

(2)第二种情况：与已知的各种点突变体杂交，如与点 A 突变体杂交可以互补，与点 B 突变体杂交不能互补，说明此突变体是点 B 突变体；若与点 A 突变体杂交不能互补，与点 B 突变体杂交可以互补，说明此突变体是点 A 突变体。若都不能互补，说明可能是点 A、点 B 双突变体或者是缺失突变体。与已知的各种区段的缺失突变体杂交，确定突变基因的位置。

例题 10. 假定分离到一种 β-半乳糖苷酶基因 Z 突变的细菌突变型,如何在遗传学上确定它是移码突变型、错义突变型或无义突变型? 如果是无义突变型,那么怎样鉴别它是琥珀突变型、赭石突变型还是乳白突变型?

知识要点:

(1)移码突变型、错义突变型、无义突变型的概念。

(2)移码突变型可以用引起移码突变的诱变剂回复,如吖啶类;错义突变型、无义突变型可以用引起碱基替代突变的诱变剂回复,如 5-溴尿嘧啶、2-氨基嘌呤等。

(3)琥珀突变型指某一密码子改编成为终止信号密码子 UAG,结果导致多肽链成熟前便终止合成的一种突变型。赭石突变型指某一密码子改编成为终止信号密码子 UAA,结果导致多肽链成熟前便终止合成的一种突变型。

(4)无义抑制基因分为三种类型:琥珀型抑制基因、赭石型抑制基因和乳白型抑制基因。琥珀型抑制基因仅仅可以抑制琥珀型终止密码子 UAG;赭石型抑制基因可以抑制赭石型终止密码子 UAA,还可以抑制琥珀型终止密码子 UAG;乳白型抑制基因可以抑制乳白型 UGA。

解题思路:

(1)根据知识要点(1)、(2),首先用相应的诱变剂处理这个突变型,看处理的结果如何。

(2)根据知识要点(3)、(4),搞清楚三种无义突变抑制基因的作用对象和机理。利用这几种无义突变抑制基因进行处理,看处理结果如何。

参考答案:用吖啶处理这个突变型,若能使其恢复,则认为是移码突变型;如果不能恢复,则认为可能是无义突变型或错义突变型。

将此突变型放入含有已知的琥珀、赭石或乳白的无义抑制因子的遗传背景中,能恢复的便是无义突变型。能够在含有哪种无义抑制因子的遗传背景中恢复,就属于哪类无义突变型。

如果在上面两种处理情况下都不能恢复,则可能是错义突变型。

第十一章 遗传重组

一、核心人物

1. 麦克林托克（Barbara McClintock, 1902～1992）

麦克林托克，美国遗传学家，1902年6月16日出生于美国康涅狄格州的哈特福德，母亲萨拉·汉迪·麦克林托克是一个喜欢冒险的勇敢的妇女，父亲托马斯·亨利·麦克林托克天生具有桀骜不驯的个性。求学时代，她深深地迷上了自然科学，常能出其不意地以自己独特的方式来解答各种难题，而寻找答案的整个过程对她来说，是一个巨大的快乐过程。在麦克林托克未来漫长的科研生涯中，这种快乐一直伴随着她，并成为她不懈努力的唯一源泉。1919年，麦克林托克在康奈尔大学农学院注册入学。1921年秋天，她选修了一门唯一向本科生开放的遗传学课程。在当时，几乎很少有学生对遗传学产生兴趣，他们大多热衷于农业学，并以此作为谋生手段。但麦克林托克却对这门课有着强烈的兴趣，从而引起了主讲教师赫丘逊（C. B. Hutchuson）的注意。课程结束后，赫丘逊来电话邀请她选修康奈尔大学专为研究生开设的其他遗传学课程。麦克林托克欣然接受了他的邀请，并就此踏上遗传学研究的道路。同时，麦克林托克还选修了植物学系夏普（L. W. Sharp）教授开设的细胞学课程。夏普的兴趣集中于染色体的结构以及在减数分裂和有丝分裂期

间它们行为的研究上。当时，染色体正在受到人们的强烈关注，被认定是"遗传因子"的载体。麦克林托克在康奈尔大学植物学系读研究生时，毫不犹豫地认准了这一研究方向——细胞遗传学。

由于爱默生（R. A. Emerson）教授在玉米研究方面卓越的成绩，当时的康奈尔大学成为美国玉米遗传学研究的中心。玉米具有明确可辨别的遗传性状，当时已证明它籽粒上糊粉层的颜色及胚乳的性质，均受孟德尔遗传因子所控制。玉米与果蝇不同，它一年才一熟，这就为研究人员细致深入的研究提供了充裕的时间。当时的玉米遗传学研究，集中在对突变性质的发现、描述、定位和积累上。兰道夫（L. F. Randolph）是玉米研究中心的知名教授，他对玉米籽粒发育的细胞形态学的详尽研究，直到今天依然是权威性的工作。当时，他立志要完成的一项工作是确定玉米细胞中不同染色体的形态特征。然而，他所选取的根尖切片细胞，其中期染色体是如此之小，以至无法确定其细节特征。因此，这一工作被耽搁下来，似乎前景黯淡。1925年，麦克林托克到兰道夫的实验室从事玉米的一些研究，在综合分析了实验室玉米研究方面存在的问题后，麦克林托克一下子抓住了问题的关键，她发现，对于细胞学研究来说，玉米的根尖切片远不是一种合适的材料，相反，玉米的小孢子细胞在分裂过程中，其中期或后期染色体更为清晰可辨。麦克林托克采用当时贝林刚刚发明的一种新的醋酸洋红涂片技术，清楚地观察到了玉米每一条染色体分裂和复制的全过程。经过几周的努力，她鉴定出玉米细胞中每条染色体的不同形态特征，并根据染色体的长度，把最长的一条命名为1号染色体，最短的一条命名为10号染色体。

1941年6月，麦克林托克进入美国纽约长岛的冷泉港实验室，正式开始了她的著名的研究。

由于在玉米遗传研究方面的杰出贡献，麦克林托克很早就成为美国乃至世界上知名的遗传学家，在 1944 年就被选为美国国家科学院院士，1945年，担任美国遗传学会主席，曾多次获得国家奖励。

进入美国纽约长岛的冷泉港实验室之前，她早已发现在印度彩色玉米中，籽粒和叶片往往存在着许多色斑。根据这些色斑出现的频率之高，麦克林托克大胆否定了基因突变的说法，提出色斑的大小或出现的早晚受到某些不稳定基因或"异变基因"的控制。认为基因在染色体上能移动位置，能来回跳跃。这种新的理论对当时的遗传学家简直是闻所未闻。因为按照传统的观念，基因在染色体上是固定不变的，它们有一定的位置、距离和顺序，它们只可以通过交换重组改变自己的相对位置，通过突变改变自己的相对性质。但是，要从染色体的一个位置"跳"到另一个位置，甚至"跳"到别的染色体上，简直是不可思议的事情。在读了麦克林托克 1950 年发表的《玉米易突变位点的由来与行为》和 1951 年发表的《染色体结构和基因表达》两篇论文后，许多人都认为麦克林托克是胡说八道。

在自己的理论不被接受、不被理解的情况下，麦克林托克不改初衷，坚持她的试验结果。不久她又发现并发文报道了被称为 Spm 的另一转座突变调节体系。由于与传统的遗传学观念严重背道而驰，这使她陷于孤立无助的境地。人们开始用怀疑、惊讶异样的目光看待她，讥讽她是一个未婚女子的神经质，是一个科学的疯子。从此以后，这位原来在美国遗传学界享有盛誉的女科学家经受了她一生中相当长时间的孤寂和苦闷，朋友和同事大都和她渐渐疏远，她只好离群索居，几乎成了孤家寡人。

1976 年，在冷泉港召开的"DNA 插入因子、质粒和游离基因"专题讨论会上，一系列的新的重大发现，证明了当年麦克林托克理论的科学性，遗传学界普遍承认了可用麦克林托克当年的术语"转座因子"来说明所有能够插入基因组的 DNA 片段。1983 年，瑞典皇家科学院诺贝尔奖金评定委员会终于把该年度的生理学或医学奖授予这位 81 岁高龄的、不屈不挠的女科学家。她是遗传学研究领域第一位独立获得诺贝尔奖的女科学家，虽然这个大奖迟到了 35 年，但麦克林托克终于在她的有生之年看到了科学界对她理论的承认。

麦克林托克终生未婚，把全部的激情都献给了她挚爱的遗传学事业，把她全部的爱都投入到了玉米遗传的研究之中。在科学研究的道路上，顺利时不忘拼搏，逆境时不忘坚守，她的科学研究精神和为人的品格是我们每一个科学研究工作者的榜样和楷模。1992 年 9 月 2 日，麦克林托克在冷泉港与世长辞，享年 90 岁。

2. 霍利迪（Robin Holliday，1932～）

霍利迪，英国遗传学家，1932 年出生于英国委任管辖的巴勒斯坦，先后就读于赫特福德郡的希钦斯文法学校和剑桥大学，并在剑桥大学获得了文学学士和博士学位。

1958～1965 年，霍利迪来到位于英国赫特福德郡贝佛巴里的约翰英纳斯研究所，在遗传学部门担任科研人员。1962 年，成为富布赖特法案基金学者，从事基因重组方面的研究。1964 年，霍利迪提出了基因重组的"Holliday 模型"。1970年，霍利迪加入国家医学研究所的微生物学部，成为科研工作人员，并担任该所的遗传学实验室主任。1975 年，霍利迪对表观遗传提出了被生物学界普遍接受的理论，认为表观遗传不涉及 DNA 序列的变化，但可以通过细胞的有丝分裂、减数分裂进行基因遗传表达的变化。1976 年，大卫·德雷斯勒（David Dressler）和哈特·波特（Hunt Potter）公布了一系列实验结果来证明霍利迪模型的正确性。尽管这个模型的基本特性已经得到很好的建立，但是这并不能完全解释两个同源区域 DNA 的配对和断开的过程。这也不能解释所有在不同重组系统中所观察到的结果。

1988 年，霍利迪移居到澳大利亚，并在澳大利亚最大的科学和工业研究机构——英联邦科学和工业研究组织（CSIROO）工作，担任分子科学部的首席研究学家，并在 1997 年退休前一直担任此职。

除了在基因重组方面的研究以外，霍利迪还有超过 250 篇科学论文是对于基因修复、基因表达以及细胞衰老领域的研究，为个体衰老方面的研究做出了重大贡献。他还拥有几部著作，其中包括《人类进步的科学》（*The Science of Human Progress*）（1981）、《基因、蛋白质和细胞老化》（*Gene, Proteins and Cellular Ageing*）（1986）及《认识衰老》（*Understanding Ageing*）（1995）。

3. 史崔辛格（George Streisinger，1927～1984）

史崔辛格，匈牙利犹太裔分子生物学家，1927 年出生于匈牙利布达佩斯。1937 年，为了躲避德国法西斯的迫害，他和家人离开布达佩斯来到美国纽约。史崔辛格就读于纽约公立学校，毕业于布朗士高中。1944 年，获得了康奈尔大学学士学位。1950 年，在伊利诺伊大学获得博士学位，1953 年，史崔辛格在加州理工学院完成博士后研究。

从康奈尔大学毕业后致力于研究噬菌体在不同寄主中噬菌体颗粒不同表现型的研究，在 1956 年发表相关文章，这些对病毒学的研究产生了深远的影响。在加州理工学院博士后期间继续对 T_2 和 T_4 噬菌体杂交进行进一步研究，发现了 DNA 修饰现象。1966 年，史崔辛格提出了异常重组的链滑动假说，认为通过新合成的 DNA 链与模板链的错配可导致移码突变，若在较大的范围内发生链的滑动，可以产生 DNA 碱基的增加或缺失。

在俄勒冈大学期间（1960 年开始），他率先在他的实验室对斑马鱼展开转基因研究，斑马鱼转基因相对容易，研究人员可以通过修饰斑马鱼基因来模拟疾病的某些特点，并进行分析。1975 年，史崔辛格成为美国国家科学院院士。1984 年病逝于俄勒冈大学，享年 57 岁。

二、核心事件

1. 同源重组的发现

1910 年，美国遗传学家摩尔根和他的学生布里奇斯、斯特蒂文特用果蝇进行了大量的杂交试验，研究了两对基因的遗传，发现了完全连锁、不完全连锁现象，提出不完全连锁是由于基因之间发生了重组，实际上，这是人们首次在真核生物发现同源重组现象。

1928 年，英国医生、细菌学家格里菲斯利用肺炎双球菌对小鼠进行感染实验，发现了转化现象，1944～1949 年埃弗里进行的系列转化实验，证明遗传物质是 DNA，这是在细菌发现的同源重组现象。1946 年，莱德柏格与泰塔姆联合发表了《大肠杆菌的基因重组》一文，报道了细菌基因重组的实验结果，指出用辐射处理大肠杆菌所得到的突变株之间可以相互重组。细菌基因重组现象的发现，进一步证明细菌像高等生物一样也有基因，基因间也可以发生重组。这是在原核生物发现的同源重组现象。

1946 年，德尔布吕克和赫尔希两人独立地发现了噬菌体能够交换（重组）基因物质的证据。赫尔希和卢里亚宣布发现了噬菌体 r、h 突变和基因重组，并且提出可以利用基因重组数据对噬菌体进行基因作图。这是在噬菌体发现的同源重组现象。

1952 年，津德和莱德伯格在研究鼠伤寒沙门氏菌（*Salmonella typhimurium*）的重组时发现了细菌的转导现象，这是细菌发生基因转移的第三条途径。莱德伯格和津德尔把研究结果以《沙门氏菌的遗传交换》为题发表于 1952 年的《细菌学杂志》上。由于转导也是发生在 DNA 的同源性序列之间，因此转导也属于同源重组。

2. 同源重组模型的建立

自从 1910 年美国遗传学家摩尔根和他的学生发现真核生物的同源重组现象后，人们对同源重组的机制就开始了不断地探索,在染色体水平、分子水平上设想出了各种各样的机制和模型,试图解释同源重组现象。

交叉假说的提出:在摩尔根等确立遗传的染色体学说之前,1909 年比利时的细胞学家詹森斯(F. A. Janssens)在研究两栖类和直翅目昆虫的减数分裂时,观察到二价体(相互配对的两条同源染色体, bivalent)的交叉,提出交叉型假设(chiasmatype hypothesis),这是最早的重组理论。认为每次交叉都表明父、母本的两条染色单体互相接触、断裂和重接,形成一个新的组合,其他两条染色单体仍保持完整状态。因此每个交叉是重组行为可见的表现形式,其要点是:①生物在形成配子的过程中,都要经减数分裂,在第一次减数分裂前期,两个同源染色体配对,配对中的同源染色体不是简单地平行靠拢,而是在非姐妹染色单体间的某些点上出现交叉缠结的图像,每一个点上这样的图像称为一个交叉(chiasma),这是同源染色体间对应片段发生过交换(crossing-over)的地方。②处于同源染色体的不同座位的相互连锁的两个基因之间如果发生了交换,就导致这两个连锁基因的重组。

这个假说还认为一般情况下,染色体越长,显微镜下可以观察到的交叉数越多。一个交叉就代表一次重组。两个基因在染色体上的距离越远,二者之间发生重组的比率越大;距离越近,比率越小。同源重组要求两个 DNA 分子的序列同源,同源区域越长越有利,同源区越短越难发生重组。交叉理论虽然得到遗传学家的支持,却遭到细胞学家的反对,因为找不出理论中有关断裂和重接的任何证据。从显微镜照片上来看确实很难想象存在断裂和融合的现象。直到 1928 年,贝林提出交换发生在减数分裂较早时期,此时同源染色体紧密相连,因此在双线期观察到的交叉并不表明交换的过程,而是交换的直接结果。也就是说,遗传学上的交换发生在细胞学上的交叉出现之前。于贝林的研究工作和他对交叉假说的解释,使细胞学家的争论告一段落。但仍然有一个问题使人们感到困惑,那就是交叉点是在变化的,在接近细胞分裂中期 I 时明显减少了,而交换一旦发生,其数目应是固定不变的,因此,一些科学

家仍然怀疑交叉学说。1931 年,英国的植物细胞学家达林顿(C. D. Darlington)发现,减数分裂过程中交叉数目的减少是交叉端化的结果,此时才排除了对交叉假说的异议。

1978 年蒂斯(C. Tease)和琼斯(C. H. Jones)采用姐妹染色单体差别染色(SCE)来直接检验交叉和重组的关系。SCE 法可将姐妹染色单体一条染上颜色呈现深紫色,显示为暗的;另一条染不上色,显示为明的。他们用 SCE 法来处理蝗虫细胞减数分裂的染色体,结果发现明暗转换发生在交叉处。这就澄清了前面留下的问题。实验表明交叉正是发生交换的位点。

交叉假说用大量的证据,在染色体水平上证明了同源重组发生的现象,但是该假说既没有在染色体水平,也没有在分子水平上揭示同源重组的机制和具体过程。

断裂重接模型的提出:1937 年,达林顿仔细地观察研究了减数分裂的过程,提出重组的断裂和重接的模型。他认为在减数分裂中一对同源染色体相互分离就像将绳子的两股分开一样,会产生扭曲,为了消除张力,只有当两姐妹染色单体在对应点发生断裂时才能使张力达到平衡,然后非姐妹染色单体的"断头"相互重接,产生了重组。根据这个模型重组应发生在粗线期,因重组是一个相互的过程,所以重组的产物也应当是对称的。

染色体断裂并发生再连接的最有力的证据是来自哈佛大学生物实验室的分子生物学家梅塞尔森(M. Meselson)和韦格勒(J. Weigle)所做的实验。1961 年,他们用两个品系的 λ 噬菌体同时感染大肠杆菌。一个品系 λ 噬菌体在染色体一端具有标记基因 c 和 mi,这个品系用同位素 ^{13}C 和 ^{15}N 进行标记,因而形成"重"链。另一个品系的相应座位带有 c^+ 和 mi^+ 标记基因,并以 ^{12}C 和 ^{14}N 作为标记,因而具有"轻"的 DNA 链。两种噬菌体混合感染大肠杆菌细胞后,培养在正常的培养基中,直到裂解。后代噬菌体从裂解细胞中释放出来,收集后进行子代噬菌体 DNA 的氯化铯密度梯度离心,结果获得了很宽的噬菌体带。在一系列的条带中,既有重链和轻链两个亲本类型的染色体,也有一系列重链与轻链发生断裂重新接合的中间类型。从遗传标记方面也证明了不仅具有 c mi 和 c^+mi^+ 亲

本组合，同时也有 c mi⁺ 和 c⁺mi 新组合。由此表明，重组的发生必定是通过 DNA 的物理断裂与再连接而实现的。

断裂重接模型明确提出同源重组过程是染色体的断裂，然后进行重接时的阴差阳错所致。但是这个模型仍然没有阐明染色体是如何断裂的，又是如何重接的？

模板选择模型的提出：模板选择模型是由贝林首先提出的，但 1933 年他又撤回了这一假设。1948 年，赫尔希（A. D. Hershey）发现在噬菌体的杂交中产生的重组子有时是非对称的。为了解释这个现象，他接受了斯特蒂文特（A. H. Sturtevant）的建议，提出了在噬菌体中重组可能不是遗传结构的断裂和重接，而是复制时改变了模板所致，即两条染色单体作为复制的模板，新的染色单体各以一个单体模板进行复制，在复制过程中相应交换模板，从而造成重组。模板选择模型能够很好地解释基因转变的现象，因此在 20 世纪 50 年代兴盛起来。

Holliday 模型的提出：Holliday 模型又称双链侵入模型、重组杂合 DNA 模型。1964 年，霍利迪在《真菌中基因转换的机制》一文中对模板选择模型受到人们的支持提出了缘由。他写道："模板选择假设的好处是它做出了几个十分特别的预测：①基因物质的复制是连续不断的；②基因配对先于基因复制或与基因复制同时发生；③如果把这个假设用于解释交换和转换，并消除通过断裂和再接合引起的姐妹链交换，那么沿着染色体长度连续的交换应该包含相同的两个染色单体；④在一个给定的杂合子位置处，从突变体转换到野生型等位基因和从野生型转换到突变体等位基因应该以相同的频率出现；⑤在相同的基因内，在不同的突变体之间的交叉中，转换到野生型等位基因的频率应该正比于这些突变体之间的距离，于是允许用附加的重组频率构建线性基因图谱。"接着，霍利迪又指出模板选择模型遇到的困难。他指出："显然，预测①～③暂时没有得到实验证据的支持。此外，累积的证据不支持预测④。"为了更科学地解释和说明同源重组现象，霍利迪综合几个假说的优点，结合自己的研究和观点，提出了 Holliday 模型。由于这个模型在分子水平上较好地解释了同源重组现象，并阐明了 DNA 分子是如何断裂和重接的。因此，到目前为止，大多数学者都接受了这个学说。

3. 玉米跳跃基因的发现

在 20 世纪初，国际上有两个著名的遗传学研究小组，一个是美国以爱默生为首的玉米遗传研究小组；另一个是美国以摩尔根为首的果蝇遗传研究小组。1930 年前后，麦克林托克在康奈尔大学从事玉米遗传学研究，成为玉米遗传研究小组的骨干力量。她在玉米染色体遗传变异研究方面建树颇丰，如玉米染色体的易位、倒位、缺失、环状染色体、双着丝粒染色体、断裂—融合—桥周期和核仁组织区功能等，都包含着她的心血和汗水，使她很早就成为国际上知名的学者。但是真正使她名垂史册的却是她在玉米中对转座因子的研究和长达 40 年对这一研究结果的坚持。

美国遗传学家爱默生首次发现玉米籽粒上有时会出现斑斑点点的现象，他的猜测是：基因的不稳定性造成了这一结果。麦克林托克则从研究染色体尤其是其断裂端的行为，开始步入这一领域。从 1932 年开始，麦克林托克在印度彩色玉米中观察到了籽粒和叶片色斑不稳定遗传现象：在某些籽粒中色斑显示出一些稀奇古怪的样式；而且色斑的大小和出现的早晚似乎与某些因素有关。玉米在经典遗传学研究中是一个理想的供试对象，因为它的籽粒和叶片有颜色变化，且与果蝇相比，玉米的 10 条染色体的形态特征都比较明显。这种色斑变化是由遗传结构的改变引起的，但具体机制人们并不清楚，因为当时人们还不知道什么是 DNA。1941 年 6 月，麦克林托克进入美国纽约长岛的冷泉港实验室，正式开始了她的著名研究。这期间，她年复一年地在田间观察和记录玉米籽粒和叶片的颜色发生的变化，并将采下的材料带回实验室，观察玉米染色体的断裂和重组情况。

麦克林托克发现，玉米籽粒和叶片颜色的有无与一些位于 9 号染色体上的基因有关，如基因 C 就是用来控制色素形成的。一般情况下，当显性基因 C 存在时，籽粒或叶片有色，当此位点上是隐性基因 c 时则表现为无色。斑斑点点是一个玉米籽粒上有紫色的斑块又有无色的斑块。麦克林托克分析在一个玉米籽粒上出现这么多的斑块，显然不是基因突变所致，也不是染色体缺失所致。麦克林托克用了 6 年的时间，分析了大量的实验结果以及观察了玉米的染色体结构变化情况，1950 年，麦克林托克大胆提出了玉米"Ds- Ac 调控系统"。她认为在玉米 9 号染色体短臂上存在色素基因 C，在色素基因 C 附近存在解离因子 Ds、激活因子 Ac。在 Ac 作用下可以使 Ds 跳跃到色素基因 C 的近旁或跳跃到色素基因 C 的内部，导致色素基因 C 的结构被破坏，功能不能表达，从而形成无色的斑块；同时 Ds 还可以从色素基因 C 的近旁或色素基因 C 的内部跳跃出来，使其恢复结构和功能，形成紫色斑块。由于来回跳跃的频率较高，所以形成许多的斑斑点点。而且，由于跳跃的时间早晚不同，形成的斑点大小也不同。麦克林托克提出的跳跃基因的假说和理论很好地解释了他的实验结果，是人类第一次发现了基因具有跳跃、改变自己位置的功能。

麦克林托克在 1950 年发表了《玉米易突变位点的由来与行为》和 1951 年发表了《染色体结构和基因表达》，特别是在 1951 年的冷泉港生物学专题讨论会上，她系统地向同行报告了她的新理论"移动的控制基因学说"，提出遗传基因可以在细胞中自发地转移，能从染色体的一个位置跳到另一个位置，甚至从一条染色体跳到另一条染色体上。她把这种能自发转移的遗传基因称为"transopsable ement"，并进一步阐明，转座因子除了具有跳动的特性之外，还具有控制其他基因开闭的作用。

染色体上的基因能自发地移动位置，从染色体的一个位置"跳"到另一个位置，甚至"跳"到别的染色体上，这对当时的遗传学家来说是闻所未闻甚至不敢想象的。所以，这一违背经典遗传学的超前发现当时并不被人们接受，很多人斥之为"天方夜谭"。尽管如此，麦克林托克仍初衷不改，继续坚守自己的科学研究。不久她又发现了被称为 Spm 的另一转座突变调节体系。由于与传统的遗传学理论相悖，这使她陷于孤立，人们用怀疑的目光看待她，朋友和同事多与她渐渐疏远。

1960～1961 年，法国遗传学家莫诺和雅各布因

用大肠杆菌做实验提出了"乳糖操纵子模型"。"操纵子"与麦克林托克的"转座因子"同属于基因调控的概念，都是揭示生物体内基因调控的机制，麦克林托克再一次看到希望，她专门为此写了一篇题为《玉米和细菌基因控制体系的比较》的论文并予以发表，以期引起科学界对她的重视。然而，因为大肠杆菌是被大家所熟悉的实验材料，科学界很快接受了"操纵子学说"，莫诺和雅各布因此于 1965 年获得了诺贝尔生理学或医学奖。但科学界仍然无法接受转座因子学说，这给了麦克林托克又一次沉重打击。

从 20 世纪 60 年代开始，科学家在其他一些生物体中发现了类似于麦克林托克的转座因子的现象。泰勒在 1963 年发现噬菌体(Mu)能随机地插入细菌染色体基因组内；贝克威斯等于 1966 年发现了大肠杆菌中的可以整合在染色体上也可游离于染色体外的 F 因子(性因子)；60 年代末，科学家在大肠杆菌中发现存在插入序列(IS)；后又在沙门氏菌中发现了基因的流动性(转座子)和抗药性基因等。这些发现激起人们对麦克林托克研究工作的兴趣，迫使人们不得不回过头来重新审视麦克林托克有关玉米转座因子的研究，人们这才开始慢慢了解到麦克林托克所做的工作。

进入 20 世纪 70 年代，分子遗传学家找到了越来越多的可移动的遗传因子。这些因子不仅存在于细菌中，同时也存在于某些较高等的动物中。1976 年，冷泉港召开"DNA 插入因子、质粒和游离基因"专题讨论会，明确地承认可以用麦克林托克的术语"transposable ement"来说明所有能够插入基因组的 DNA 片段。

4. 果蝇转座因子的发现

20 世纪 70 年代初期，发现在黑腹果蝇的一些品系间杂交后形成的子代表现一些异常现象，如卵巢发育不全、分离比异常、雄性个体的减数分裂中出现重组、高的突变率、染色体畸变等。当时把这种现象称作"杂种劣育(hybrid dysgenesis)综合征"。那么，为什么会出现这种现象呢？

1977 年，美国遗传学家基德韦尔(M. G. Kidwell)等对"杂种劣育"现象进行了深入研究。他把黑腹果蝇中作为父方的、造成"杂种劣

育"的品系称为父方品系(patenal strains)，简称 P 品系；把作为母方的、与 P 系杂交能造成"杂种劣育"的品系称为母方品系(maternal strains)，简称 M 品系。他让 P 品系雌与 P 品系雄杂交，F₁ 正常；M 品系雌与 M 品系雄杂交，F₁ 正常。P 品系雌与 M 品系雄杂交，F₁ 正常；但是当 M 品系雌与 P 品系雄杂交时，F₁ 出现"杂种劣育"。既然 P 品系能使 F₁ 形成"杂种劣育"，那么，为什么 P 品系雌与 P 品系雄杂交时，F₁ 正常呢？P 品系雌与 M 品系雄杂交，F₁ 也正常呢？为什么当反交 M 品系雌与 P 品系雄杂交时，F₁ 出现了"杂种劣育"呢？基德韦尔对 P 品系的染色体 DNA 作了深入的研究，发现在 P 品系果蝇的染色体上存在一些可以转移位置的序列，也即 P 因子。在 F₁ 性腺细胞的减数分裂过程中这些 P 因子会高频率地发生转座，从而使形成的配子不育。

既然 P 系果蝇的染色体上存在 P 因子，当 M 品系雌与 P 品系雄杂交时，使 F₁ 含有 P 因子，出现了"杂种劣育"。那么，为什么 P 品系雌与 P 品系雄杂交，使 F₁ 杂种同样含有 P 因子，但 F₁ 却正常；P 品系雌与 M 品系雄杂交，使 F₁ 杂种含有 P 因子，F₁ 也正常呢？基德韦尔等认为这是由于母本的细胞质的原因，他们提出在 M 品系雌的细胞质中的转座阻遏蛋白基因缺失，使 F₁ 不能形成转座阻遏蛋白，所以，M 品系雌与 P 品系雄杂交形成的 F₁ 含有 P 因子，高频率转座，出现了"杂种劣育"。而其他几种杂交形成的 F₁ 的细胞质含有 P 因子，但细胞中有转座阻遏蛋白，使转座不能发生，所以，F₁ 是正常的。后来许多学者的深入研究，已经搞清楚一个 P 品系的果蝇带有 30～50 个拷贝的 P 因子，P 因子的结构、组成，以及 P 因子转座和切离的机制也陆续被揭示。

5. 重组时同源区段联会的分子证据

1964 年，霍利迪提出了著名的同源重组的模型——Holliday 模型，这个模型的核心要点之一就是两个 DNA 分子之间要进行同源区段的配对联会，那么，同源重组过程中有没有这个过程呢？怎样能用直接的证据来证明这一现象呢？

1976 年，美国分子生物学家波特和德雷斯勒从大肠杆菌细胞中提取质粒，在电子显微镜下观察放射自显影图像，发现有一些环状的质粒，还有一些"8"字形的结构，如图 11-1 所示。他们分析这种"8"字形的结构，可能是一个环状质粒的扭曲，也可能是两个环状质粒靠在一起所致。经过测量"8"字形结构的长度，刚好是他们所提取的质粒的二倍，因此，他们认为"8"字形结构是两个质粒在一起形成的。那么，这两个质粒是随机靠在一起呢？还是两个质粒在同源配对联会呢？他们分析如果是两个质粒随机靠在一起，则切割后形成的"X"状结构的几个末端不对称，如图 11-2 所示。即短臂与短臂不一样长，长臂与长臂不一样长。

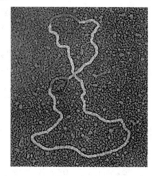

图 11-1　两个环状 DNA 分子同源重组的电镜照片

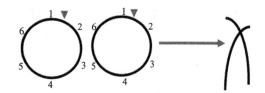

图 11-2　两个质粒随机在一起时酶切后的示意图

如果两个质粒是在进行同源区段的配对联会，则切割后形成的几个末端是对称的，如图 11-3 所示，即短臂与短臂一样长，长臂与长臂一样长。结果出现了下面的图像(图11-4)，两两对称，整个形状似希腊文 chi，称为 chi 结构。直接说明了同源重组时有同源区段的配对和联会发生。

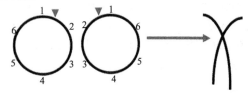

图 11-3　两个质粒联会时酶切后的示意图

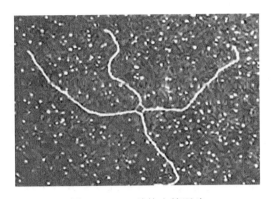

图 11-4 chi 结构电镜照片

三、核心概念

1. 遗传重组、连锁互换

遗传重组（genetic recombination）指不同DNA 分子或片段间重新连接组合的过程。从广义层面，任何造成基因型变化的基因交流过程都可以称作遗传重组，如高等生物减数分裂中非同源染色体之间的随机组合、同源染色体之间的连锁互换、雌雄配子结合形成新的基因型等，低等生物细菌的杂交、转导、转化、转座，噬菌体的插入、整合等。从狭义层面，遗传重组仅仅涉及 DNA分子断裂-愈合的基因交流过程，包括连锁互换、细菌杂交、转导、转化、转座、整合等。遗传重组是生物的一种非常重要的现象，也是生物进化的结果，有利于生物的生存和自身的保护。遗传重组可以发生在减数分裂、有丝分裂、无丝分裂过程中，也可以发生在性细胞之间、体细胞之间、细胞器内、体外、代与代之间、细胞与细胞之间、分子与分子之间等。可以说，凡是有 DNA 的地方每时每刻都在发生着遗传重组。

连锁互换（linkage and crossing-over）则是指高等生物一对同源染色体之间发生的同源区段的交换，或细菌染色体与外源相应同源区段发生的交换。连锁互换属于遗传重组的一种重要体现。

2. 同源重组、位点特异性重组

同源重组（homologous recombination，HR）指在两条同源 DNA 序列之间发生的遗传信息的重组或交换过程，又称普遍性重组（generalized recombination）、一般性重组（general recombination）。同源重组可以是两个DNA分子完全同源，也可以是两个 DNA 分子之间，在较大的一区段上同源。它是涉及大片段同源 DNA 序列之间的交换。在真核生物减数分裂过程中发生的这种重组是一种交互重组的类型；在细菌中转化、接合和普遍性转导中所产生的重组子是一个单向重组，即仅使受体发生重组，供体并未发生改变。同源重组的主要特点一是同源区段，二是需要RecA 蛋白。

位点特异性重组（site-specific recombination）指通常发生在同一位点、依赖于重组序列间有限的序列相似性的 DNA 分子重组过程，又称作位点特异的交换。这种重组的两个 DNA 分子间不需要大段的、同源的序列，仅仅需要有点相似、存在位点特异性重组酶即可。这种重组经常是不对等的、不相互的，往往是一方整合到另一方的分子上，所以，又称作整合式重组（integrative recombination）。同时，这种重组过程中没有 DNA的复制，因此，还称为保守型重组（conservative recombination）。噬菌体 DNA 分子对寄主细胞染色体 DNA 分子的插入、删除、转位等都属于此种重组。

3. 转座、转座因子

转座（transposition）又称转位，指一个转座子或转座因子由基因组的一个位置移到另一个位置的过程，是既不同于同源重组，也不同于位点特异性重组的一种特殊的重组类型。转座因子与插入位点没有同源关系，转座过程中涉及 DNA 的复制。转座需要特殊的转座酶及解离酶和 DNA聚合酶共同参与。从基因组的一个位点转移到另一个位点的过程。

转座因子（transposable element）指存在于染色体或质粒 DNA 分子上的、能在染色体或质粒上移动位置的一段特异性核苷酸序列片段。或指基因组中能从一个位点转移到另一个位点，并影响到与之相关基因功能的遗传因子。传统的基因概念认为基因在染色体上是一个稳定的实体，它是不会改变其功能的，除非发生基因突变。而且基因不会任意移动位置和插入其他染色体中去。现在的研究表明，有些遗传因子或基因不仅能改变功能，而且可以任意移动而改变原来的位置。

转座子（transposon）指的是转座因子的另一

种类型。如果说转座因子是存在于染色体或质粒DNA分子上的、能在染色体或质粒上移动位置的一段特异性核苷酸序列片段。那么，转座子则是没有位于染色体或质粒DNA分子上，如一些转座噬菌体、噬菌体的Tn系列等。

转座因子、转座子在这里本质是一样的，在一些外文原版教材中都还可以称为控制因子(controlling element)、跳跃基因(jumping gene)、活动基因(mobile gene)、游动基因(roving gene)和活动遗传分子(mobile genetic element)等。

4. 复制型转座、保守型转座

复制型转座(replicative transposition)指转座子被复制，一个拷贝仍然保留在原来的位置上，另一个插到一个新的部位的转座。转座过程伴随着转座子拷贝数的增加。

非复制型转座(nonreplicative transposition)指转座子作为一个物理实体直接由一个部位转移到另一部位的转座。转座过程的结果是转座子拷贝数不增加。

5. 反转座、反转座子

反转座(retrotransposition)指从DNA到RNA再到DNA的转移过程。实际上是由RNA介导的转座过程。

反转座子(retrotransposon)指能够发生反转座的一类结构单位，如反转录病毒、酵母的Ty元件、果蝇的copia、人类的Alu家族等。

四、核心知识

1. Holliday模型中几个重要概念

单链断裂和双链侵入：Holliday模型认为在发生重组时，首先两个DNA分子要互相靠在一起，进行同源区段的联会。然后内切酶分别切开每个DNA分子的一条链，称为单链断裂。断裂的单链各自离开自己的DNA分子，分别向对方的DNA分子侵入，这个过程称作双链侵入，也因此有人把Holliday模型称作双链侵入模型。这个模型中联会、单链断裂和双链侵入是必不可少的步骤。

Holliday结构和Holliday中间体：双链侵入后，在连接酶作用下把侵入的单链接头与DNA分子中的接头连起来，此时就在两个DNA分子之间形成了一个交叉，这个交叉就是Holliday结构。Holliday结构是重组过程中必然要出现的分子图像，此种图像已经被实验证实。Holliday中间体是Holliday结构(或交叉点)向两个DNA分子末端迁移，形成的交联桥结构中的两条链相对于另一条链旋转180°后形成的一个在平面上看到的一种结构。因此，Holliday结构与Holliday中间体是两个概念，两种不同的结构图像。Holliday模型认为，重组过程中只有形成了Holliday中间体，才能形成重组。

分支迁移和交联桥：分支迁移指的是Holliday结构形成后，在酶的作用下Holliday结构逐渐向两个DNA分子末端的移动过程。当Holliday结构移动到一定位置时，两个DNA分子之间形成交联桥，为Holliday中间体的形成打下了基础。

异源双链DNA和异源双链区：Holliday结构向两个DNA分子末端移动，移动到一定位置时，每个DNA分子的两条链都是杂合的，即各自都含有对方DNA分子部分片段，此时的DNA分子称作异源双链DNA。在重组结束后形成的重组DNA分子中，都有一段是杂合的，此部位称作异源双链区。

2. 转座因子的遗传效应及其应用

转座因子是实实在在的一段DNA序列，有它特殊的结构和组成，如具有核心序列和核心序列两端的反向重复序列。发生转座以后会使染色体结构、基因的结构、基因的功能等多方面发生变化，在实践中，我们可以利用这些变化来为生产实践服务。其主要的遗传效应和应用有如下几点：①引起染色体结构变异。当转座因子插入后会引起受体位点多出一份转座因子，同时会使受体位点DNA上的靶序列(正向重复序列)加倍成为双份。同时，当转座因子从受体上切离时有两种可能，第一是切离重组发生在两个正向重复序列(靶序列)之间，则造成转座因子丢失，一个靶序列丢失，同时由于切离的不太准确，会造成受体其他染色体片段的丢失。如果切离重组发生在两个反向重复序列之间，则造成转座因子的倒位。②诱发基因突变。转座因子可以插入基因的内部，也可以插入基因近旁。当插入基因内部时就破坏了基因的结构，导致基因不能正常表达，形成基因突变。当插入到基因近旁时会不同程度地影响基因的表达量，称为渗漏突变。生产实践中可以利用转座子的这一特点来控制某一基因的表达。③外显子混编。当两个转座因子同时转座到染色体的邻近位置后，两个转座因子之间的 DNA 序列将会变得非常容易被转座，如果二者之间的 DNA 序列是基因的部分，含有外显子，则这些外显子可能被转座到另一个基因中，造成外显子混编。④调节基因表达。转座因子插入基因内部或者基因近旁时会影响基因的表达，不少的转座因子含有增强子，有的还含有启动子，都可以调节附近的基因的表达。⑤产生新的变异。有的转座因子本身携带有抗病基因、致病基因以及其他功能的基因，转座因子往往会像载体一样，随着自己的转座把一些基因带入受体，使受体发生性状变化。⑥标记目的基因。一些产物微量、表达时间较短的基因往往难以分离和提纯。若转座因子转座后某一这类基因发生了变化，则可以认为此基因就位于转座因子附近，可以用标记的转座因子作为探针对目的基因进行鉴定和分离。

3. 复制型转座的分子机制

转座子有它的核心序列，在核心序列两端具有反向重复序列。转座时在受体 DNA 分子中需要有靶序列(图 11-5)。转座发生后的结果是在供体上的转座子仍然存在，在受体上出现一份转座子，而且使受体上的靶序列加倍，成了两份，并且分别位于转座子两端(图 11-6)。为什么会出现这样的结果呢？

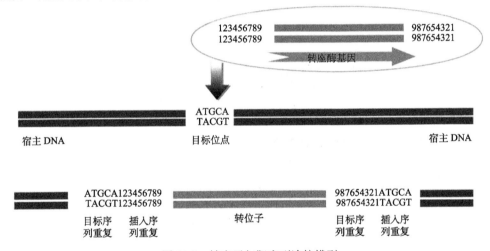

图 11-5　转座子与靶序列连接模型

复制型转座首先是供体与受体互相识别，在具有转座子序列和靶序列的地方互相靠近；然后在转座酶的作用下分别切开转座子的两条链、靶序列的两条链；在连接酶作用下，转座子的游离端 A 与靶序列的游离端 D 连接，转座子的游离端 B 与靶序列的游离端 C 连接；在 DNA 聚合酶作用下，对连接起来后形成的单链区进行复制，形成一个共整合体，也称作共联体；最后在解离酶作用下，共整合体被拆开。因此，在供体上保留转座子，在受体上又多出一份转座子的原因是在转座过程中有复制事件的发生；靶序列位点的加倍也是由于复制事件的发生；至于加倍的靶序列位于转座子的两端，则是由于转座酶切割后形成的 4 个游离末端互相连接。

4. 反转录转座的分子机制

除反转录病毒外，反转录转座子可以分成两类：一类是病毒超家族(viral superfamily)，这类反转录转座子编码反转录酶或整合酶(integrase)，能自主地进行转录，其转座的机制同反转录病毒相似，但不能像反转录病毒那样以独立感染的方式进行传播；另一类是非病毒超家族(nonviral superfamily)，自身没有转座酶或整合酶的编码能力，而在细胞内已有的酶系统作用下进行转座。病毒超家族同非病毒超家族都来源于

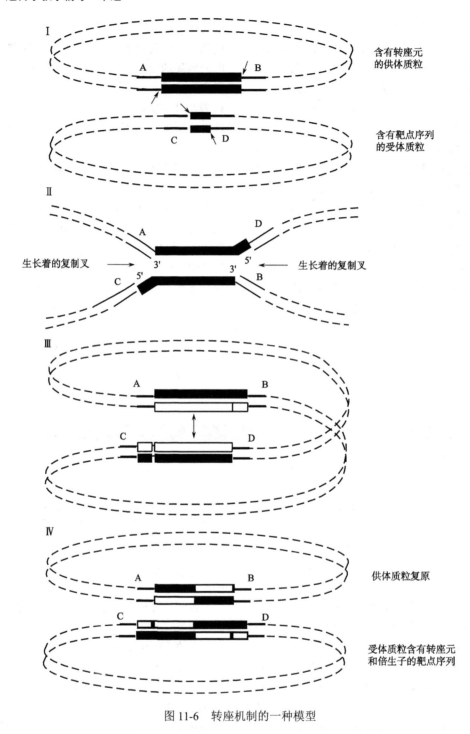

I 含有转座元
的供体质粒

含有靶点序列
的受体质粒

II 生长着的复制叉 → 生长着的复制叉 ←

III

IV 供体质粒复原

受体质粒含有转座元
和倍生子的靶点序列

图 11-6　转座机制的一种模型

细胞内的转录物，两者的明显区别在于病毒超家族成员的 DNA 分子两端有长末端重复序列（long terminal repeats，LTR），这是反转录病毒 DNA 基因组的特征性结构，非病毒超家族的成员没有 LTR 结构。同时，病毒超家族成员都能编码产生转座酶或整合酶，或者二者兼而有之，所以能自主地进行转座。非病毒超家族成员不产生有生物学活性的酶，因此不能进行自主转座。但所有反转录转座子都有一个共同的特点，即在其插入位点上产生短的正向重复序列。

反转录转座子的第一步是该因子被转录成mRNA；然后剪接复合体识别并对该mRNA进行剪接；反转录转座子产生的反转录酶识别剪接后的mRNA，并以此mRNA为模板形成cDNA；以此cDNA为模板形成线状双链DNA；反转录转座子产生的整合酶对线状双链DNA进行酶切，形成5′黏性末端，同时对靶双链DNA也进行酶切，产生5′黏性末端；在整合酶作用下使靶双链DNA的5′黏性末端与反转录转座子DNA的5′黏性末端互补配对；在连接酶作用下使靶双链DNA的5′端与反转录转座子DNA的3′端连接起来；DNA单链区由DNA聚合酶进行修复连接。

正是两个DNA之间黏性末端的互补配对以及连接，特别是连接以后对存在的单链区的复制修复，导致反转座以后在反转座子两边存在靶DNA特征性的正向重复序列。也即转座以后靶DNA的特征序列——正向重复序列加倍。

5. 转化、转导、接合三种重组的异同

细菌的转化、转导以及接合都属于同源重组的范畴，三者有相同的地方也有区别的地方。在发生重组时三者都需要同源序列；都需要重组蛋白（重组酶）的参与；都需要同源区段之间的配对联会；都需要连接酶参与；重组过程中都没有DNA的复制过程。三者之间的区别是转化、转导需要的供体DNA片段较短，接合时需要的DNA片段较长；转化、接合时供体DNA片段是以单链形式结合到受体DNA分子上，转导是以双链形式结合到受体DNA分子上；转化、接合时不需要载体，转导时需要载体；转化时会出现相反的重组子，转导、接合不会出现相反的重组子；转化的结果是形成转化子，转导的结果是形成转导子，接合的结果是形成重组子。

五、核心习题

例题 1. 转座后导致供体上转座因子得到保持，受体上得到一份转座因子，受体上靶序列加倍。是什么机制导致了这种结果？

知识要点：

(1) 复制型转座过程中有DNA复制事件发生。即当转座子序列与靶位点序列靠在一起后，由专一的酶分别对二者进行切割，然后靶序列分别在转座子两端与之连接，然后进行复制。

(2) 转座过程中供体与受体形成的共联体在分开的过程中有交换事件发生。

解题思路：

(1) 根据知识要点(1)，一份东西成为了两份，一定是经过了复制。

(2) 根据知识要点(2)，当一个含有两份靶序列的大分子要分开成为两个分子，并且想让两个靶序列都分到同一个分子上去，那就一定要经过交换。

参考答案：供体与受体形成共联体过程中，转座因子要进行复制，靶位点也要进行复制，然后经过交换所致。

例题 2. 将果蝇野生型红眼基因(W，表现型为红眼)插入一个不完整的p因子中去，这个不完整的p因子在一个质粒上，将这个带有不完整p因子的质粒与另一个带有完整p因子的质粒混合，然后将混合物注入一个null突变(无效突变，w)纯合子(ww)的果蝇胚，从这个注射胚发育成的果蝇的成体都是白眼，但当它们与未注射的白眼果蝇(ww)杂交时，有一些后代是红眼。请解释这些红眼后代的来源。

知识要点：

(1) 果蝇的p因子是一种转座因子，位于其上的基因能与它一块转移。

(2) 果蝇的p因子有两种类型，一种是完整的p因子，含有转座酶基因，在生殖细胞中可以发挥作用，形成转座酶。在体细胞中转座酶基因表达，但形成一种转座的抑制因子。另一类不完整的p因子，不能编码转座酶，其转座功能依赖于完整p因子。

解题思路:

(1)根据知识要点(1),可以得出体重的结果可能是位于p因子上的基因发生了转座所致。

(2)根据知识要点(2),可能是完整的p因子与不完整的p因子之间的相互作用。

参考答案:题中第一种情况后代全部是白眼。虽然完整的p因子、不完整的p因子(带有显性基因W)混合注射了果蝇胚,完整的p因子可以让不完整的p因子中的显性基因W发生转移,但实际上不能发生转移,因为完整的p因子只能在生殖细胞中发挥作用,形成转座酶。在体细胞中转座酶基因表达,形成了一种转座的抑制因子。

题中的第二种情况后代有一些是红眼,这是由于完整的p因子、不完整的p因子都处在生殖细胞中,完整的p因子协助不完整的p因子发生转座,位于不完整的p因子中的显性基因W随同一起发生转移,开始表达。

例题3. 假设一个转座子已经在靶序列 5′-TTAGCA-3′ 插入,转座子左边的反向重复序列是 5′-GCAATGGCA-3′,现将该转座子作为供体分子,在受体分子中的新靶序列 5′-GATCCA-3′ 进行转座,请画出转座以后,下面几种情况分子的DNA结构示意图(假设转座子的反向重复序列是完整的)。

(1)受体分子的DNA结构。

(2)如果是保守型转座,供体分子的DNA结构。

(3)如果是复制型转座,供体分子的DNA结构。

知识要点:

(1)转座的过程、结果和机制。

(2)保守型转座没有复制的发生,直接把自己转到受体上。

(3)复制型转座是把转座子自己复制一份,转到受体上。

解题思路:

(1)根据知识要点(1),转座后受体分子上不仅含有了转座子(包括两边的反向重复序列),而且靶序列成为双份。由此,可以得出转座后受体的分子结构。

(2)根据知识要点(2),转座后在供体上已经没有了转座子,仅仅剩下了原先的两个靶序列连在一块。

(3)根据知识要点(3),转座后在供体上仍然有转座子、原先的靶序列和反向重复序列。

参考答案:

(1)5′-GATCCAGCAATGGCA-   -TGCCATTGCGATCCA-3′

(2)5′-TTAGCATTAGCA-3′

(3)5′-TTAGCAGCAATGGCA-   -TGCCATTGCTTAGCA-3′

例题4. 为什么在同一粒无色玉米籽粒上出现许多紫色斑点?紫色斑点为什么有大有小?

知识要点:

(1)基因突变的频率非常低,往往为几百万分之一。

(2)跳跃基因的概念和行为。

解题思路:

(1)根据知识要点(1),这不可能是基因突变所致,因为在同一粒玉米籽粒上出现许多紫色斑点。

(2)根据知识要点(2),推测可能是跳跃基因在作用。

参考答案:在玉米籽粒有色为显性性状,由显性基因C控制。这颗玉米籽粒基因型可能为Cc,但是,在激活因子Ac作用下解离因子Ds跳跃到了C基因近旁或者C基因内部,导致C基因结构破坏,功能丧失,从而表现为无色。

但是，在玉米籽粒发育过程中，在个别细胞中又发生了基因跳跃事件，仍然在激活因子 Ac 作用下解离因子 Ds 从 C 基因近旁或者 C 基因内部跳跃出来，恢复了 C 基因结构，功能得到恢复，从而表现为紫色。

紫色斑点之所以有大有小，是因为在玉米籽粒发育过程中，Ds 因子从色素基因 C 近旁或者从色素基因 C 中跳跃出来的时间早晚不一致，跳跃出来早的细胞形成的紫色斑点就大，跳跃出来晚的细胞形成的紫色斑点就小。

例题 5. *E. coli rec* 基因突变会减少整个 *E. coli* 基因组的重组，但座位间也有差异：*RecA* 突变型在细菌生长时能大量降解 DNA，在 UV 照射下降解增加，*RecB* 突变型不降解，在 UV 照射时，也只有少量降解，实验得以下资料：$RecA^+B^+$=正常，没有降解；$RecA^-B^+$=相当多的降解；$RecA^+B^-$=很少降解；$RecA^-B^-$=很少降解。
问 *RecA* 或 *RecB* 哪一个基因产物与所观察到的 DNA 降解有关？

知识要点： 判断 *RecA* 或 *RecB* 哪一个基因产物与所观察到的 DNA 降解有关的关键在于分析哪种基因突变后对降解影响大。

解题思路： 根据知识要点，在没有 *RecA* 的产物，而有 *RecB* 的产物时（$RecA^-B^+$）使降解增加；相反，没有 *RecB* 的产物（$RecA^+B^-$ 或 $RecA^-B^-$）时，降解很少。所以，*RecB* 的产物可能对降解有相当大的作用。

参考答案： *RecB* 的产物可能对降解有相当大的作用。

例题 6. 分离到一段含有 1000 个碱基对的 DNA 片段，用什么方法鉴定该片段是否含有转座子？

知识要点：
(1)转座子一般都含有反向重复序列。
(2)转座子中的反向重复序列可以形成颈-环结构。
(3)有反向重复序列、能形成颈-环结构不一定就是转座子序列。

解题思路： 根据转座子的结构特征设计实验进行鉴定和推测。

参考答案： 热变性后快速冷却再做电镜观察，若不能看到颈-环结构，说明这段序列不含有转座子；若能看到颈-环结构，说明这段序列可能含有转座子；最终的结论还要进行测序分析，若形成颈-环结构的重复序列的特征符合转座子中的重复序列特征，才能最后做出肯定的回答。

例题 7. 在电镜下观察某细菌的 DNA 分子，可以看到"O""8"两种形状的结构，如何鉴定这是一个环状DNA分子扭曲的结果还是两个环状 DNA 分子靠在一起所致？如果是两个环状 DNA 分子靠在一起所致，那么环状 DNA 分子是随机靠在一起还是在发生联会重组？

知识要点：
(1)一种细菌 DNA 分子的长度是固定的，在电镜下是可以测量的。
(2)发生重组时是同源区段进行联会，因此联会的位置是固定的。
(3)限制性内切核酸酶切的位点是固定的。

解题思路：
(1)根据知识要点(1)，对电镜下看到的"O""8"两种形状的结构进行测量。
(2)根据知识要点(2)、(3)，用限制性内切核酸酶对"8"形结构进行处理，对处理后的图形进行分析。

参考答案： 对"O"形结构和"8"形结构进行测量，若"8"形结构的长度与"O"形结构的长度相等，说明是一个环状 DNA 分子扭曲的结果；若"8"形结构的长度是"O"形结构长度的两倍，说明是两个环状 DNA 分子靠在一起的结果。

用限制性内切核酸酶对"8"形结构进行处理，会出现各种各样的"X"形结构。若每个"X"形结构都是上面两个尾巴长度相等，下面两个尾巴长度相等，说明两个 DNA 分子是有规则地靠在一起进行联会；

若出现的每个"X"形结构都不规则，上面两个尾巴长度不相等，下面两个尾巴长度也不相等，说明两个DNA分子是随机地靠在一起。

例题 8. 重组极性杂合 DNA 模型中的异常分离现象最早是在酵母不同交配型 A×a 的杂交中发现的。合子减数分裂产生的 4 个子囊孢子除了正常的 2A∶2a 分离外，出现了 3A∶1a 或者 1A∶3a 的分离，试用某种 DNA 重组模型加以说明，并附图解。

知识要点：

(1)基因转变的概念和机制。减数分裂过程中同源染色体联会时，一个基因使相对位置上的基因发生相应的变化导致真菌中不规则分离的现象。如酵母不同交配型 A×a 的杂交中，合子减数分裂产生的 4 个子囊孢子除了正常的 2A∶2a 分离外，还出现了 3A∶1a 或者 1A∶3a 的分离现象。

(2)Holliday 模型的机制和过程，异源双链的形成以及基因转变往往伴随着两侧基因重组的特点。

解题思路：

(1)根据知识要点(1)，出现了 3A∶1a 或者 1A∶3a 的分离现象，说明是合子减数分裂过程中发生了基因转变。

(2)根据知识要点(2)，Holliday 模型可以解释这一现象。

参考答案： 同源染色体复制，形成 4 条染色单体；两条非姐妹染色单体的 DNA 单链上产生缺口；缺口交联并移动，产生异源双链区；形成中空的十字构型；产生缺口，重新连接。最后形成的染色体类型中，每条 DNA 双链都存在异源双链区，即存在不配对的区域。异源 DNA 是不稳定的，如果这些异源 DNA 区都得到正确修复，则一次单交换所产生的亲组合和重组合呈现正常的分离比(2A∶2a)；如果未全部正确修复或未修复，都会出现基因转变现象，从而出现异常的分离比(3A∶1a 或者 1A∶3a)。图略。

例题 9. 某噬菌体在其线状 DNA 分子的两端有基因 a^- 和基因 x^+，用等量的 a^+ 和 x^- 噬菌体颗粒感染细菌培养物，掌握条件使 DNA 复制不能进行。噬菌体的平均裂解周期为一次，25% 后代具有 a^+x^+ 基因型。参与重组过程的原始 DNA 分子的比例是多少？

知识要点：

(1)两个基因型不同的噬菌体同时感染一个宿主细胞，称作混合感染或双重感染。

(2)共同存在同一个宿主细胞中的两个噬菌体的 DNA 也可以发生交换，产生基因重组。

(3)重组是一个相互的过程，可以产生两种类型的重组子。

解题思路：

(1)根据知识要点(1)、(2)，两种基因型的噬菌体可以在同一个被感染的细菌细胞中发生交换重组。

(2)根据知识要点(3)，得到的后代 25% 具有 a^+x^+ 基因型(重组型)，那么可以肯定后代中也有 25% 具有 a^-x^- 基因型(重组型)，也即后代中重组型共有 50%。

(3)题中条件是使噬菌体的 DNA 复制不能进行，噬菌体的平均裂解周期为一次。那么，在此条件下既然产生了 50% 的亲本型，50% 的重组型后代，可以推测是全部的 DNA 分子都参与了重组。

参考答案： 所有 DNA 参与重组过程。

例题 10. 由于转座子复制速度比较恒定，可以推测各种细菌在亿万年代的生长过程中，某种细菌的细胞中可能会含有数以千计的长时间积累起来的转座子拷贝。然而，实际上通常只存在一两份拷贝。

(1)解释为什么拷贝数这么少？

(2)假定在自然界曾出现过一种突变，它使转座频率比通常的高 1000 倍。问这样的转座子今天是否还会存在？

(3)如果该突变发生在实验室菌株中，问与(2)中的情况有不同吗？

知识要点：

(1)细菌基因组中冗余序列较少，通常基因的长度大于间隔区和前导区的长度。

(2)基凶组中转座了的增加会导致大量的突变产生。

(3)转座频率越高，导致发生突变的机会越多，刈细菌细胞的伤害就越大。

(4)在培养基比较丰富的条件卜，细菌往往能承受比自然界更多的突变。

解题思路：

(1)根据知识要点(1)、(2)，转座子有较多的机会积累或发生在基因区中，但是转座往往引起基因的突变，突变的经常发生对细菌细胞的生存是不利的。

(2)根据知识要点(3)，这样的转座子是不可能存在的。

(3)根据知识要点(4)，突变发生在实验室菌株中与自然界中的情况会有所不同。

参考答案：

(1)转座子的转座或转座子在基因中的积累，往往导致基因的突变。大量的、大区域的突变对细菌是很不利的，会导致细菌的死亡，所以转座子不可能在细菌中大量积累。

(2)这样的转座子今天不会存在，因为反复的转座或基因的插入，会造成无功能基因产物的大量快速积累，从而导致细菌死亡。

(3)该突变发生在实验室菌株中与自然界中的情况稍有不同，存活率稍高一些。因为实验室中培养基比较丰富，细菌细胞可以比在自然界中承受更多的突变。

第十二章　细菌和病毒的遗传分析

一、核心人物

1. 莱德伯格 (Joshua Lederberg, 1925～2008)

莱德伯格，美国遗传学家、分子生物学家。1925 年 5 月 23 日出生于美国新泽西州东北部的蒙特克雷亚，父母是犹太移民。莱德伯格在曼哈顿的华盛顿高级特区长大，就读于施托伊弗桑特高中，这所高中因为开设著名的科学课程而备受赞誉。16 岁高中毕业时，莱德伯格对细胞生物学的研究十分着迷，并且已进行了一些自己的独立研究。1941～1944 年，在哥伦比亚大学获文学学士学位，同时取得动物学优等成绩。由于立志成为一名内科医生，1944～1946 年，莱德伯格进入哥伦比亚学大学医学院学习内科学和外科学，在此期间，他在动物学系瑞恩 (Francis Ryan) 教授指导下作兼职研究。1946 年夏天，莱德伯格利用科简·科芬儿童医学研究基金会 (Jane Coffin Childs Fund for Medical Research) 提供的特别研究生基金进入耶鲁大学微生物学和植物学系学习，在耶鲁大学，莱德伯格对细菌遗传学的研究更加入迷，决定不再回医学院而留在耶鲁大学继续学习，成为微生物学家和生物化学家泰特姆 (Edward Lawrie Tatum) 实验室的一名实验室助理，随后成为泰特姆的研究生。1946 年，莱德伯格与比德尔 (George Wells Beadle) 的硕士研究生茨默尔 (E.

M. Zimmer) 结婚。茨默尔 1946 年获得硕士学位，1950 年又在威斯康星大学获博士学位，其后一直全力协助丈夫莱德伯格从事科学研究工作，在微生物遗传领域做出了突出成绩。但是，二人并没有留下子女。后来，莱德伯格又与在法国巴黎出生、在美国接受教育、成为精神病医生的玛格瑞特结婚，留下两个子女。1947 年，莱德伯格任威斯康星大学遗传学助理教授，1948 年，莱德伯格获得博士学位，1950 年任副教授并兼任伯克利加利福尼亚大学细菌学访问教授，担任总统科学顾问委员会小组的成员。1954 年任威斯康星大学教授。1957 年，负责组建了医学遗传学系并担任系主任，另外还兼任澳大利亚墨尔本大学富布赖特细菌学访问教授。从 1957 年起，莱德伯格就成为美国国家科学院院士、医学研究所特约研究员、总统直属癌症专门委员会主席、国会所属技术评估咨询委员会主席。1959 年，莱德伯格又到斯坦福大学医学院组建遗传学系，任教授、系主任。1962 年，被任命为肯尼迪分子医学实验室主任。1978 年，莱德伯格出任洛克菲勒大学校长。1979 年，成为美国国防科学委员会和卡特总统的癌症专家小组主席成员。1989 年获得美国国家科学奖章。1990 年以后，莱德伯格继续积极从事科学研究工作，研究领域集中在细菌中基因功能和突变起源，后来成为萨克勒 (Sackler) 基金会学者、分子遗传学和信息学荣誉教授等。1994 年，他率领的小组到美国在海湾战争中的部队中去，调查海湾战争综合征对健康的影响。2002 年，莱德伯格又得到了本杰明·富兰克林奖。2006 年，获得美国总统自由勋章。

1946 年，莱德伯格在耶鲁大学读硕士学位期间发现了细菌的遗传重组现象，与导师泰特姆一起发表了《大肠杆菌的基因重组》的论文。1951 年，他和妻子茨默尔证明了泰特姆用来杂交的大肠杆菌 K_{12} 菌株中含有原噬菌体，并命名为 λ。

1952 年，他发现了细菌的 F 因子(致育因子)，发现了沙门氏杆菌中的普遍性转导现象。1953 年，发现大肠杆菌温和噬菌体 λ 在染色体上占有一定的位置。1956 年，发现 λ 噬菌体可以进行局限性转导。一系列的、开创性的研究成果和新的发现，奠定了微生物遗传学的基础，谱写了遗传学新的一章，并为分子生物学和分子遗传学的诞生创造了条件。诸多辉煌的成就使莱德伯格年纪轻轻就成为微生物遗传学领域著名的专家和学者，被誉为细菌遗传学之父。1958 年，年仅 33 岁的比德尔与他的导师泰特姆一起荣获诺贝尔生理学或医学奖。2008 年 2 月 2 日，莱德伯格在纽约由于肺炎去世，享年 83 岁。

2. 泰特姆(Edward Lawrie Tatum, 1909～1975)

泰特姆，美国遗传学家，1909 年 12 月 14 日出生于美国科罗拉多州波尔德。其父亲是威斯康星大学药物系主任。1930 年，从威斯康星大学毕业，获化学学士学位；1932 年获微生物硕士学位；1934 年在威斯康星大学麦迪逊分校获得生物化学博士学位。1937～1941 年在斯坦福大学(Stanford University)做研究员，并在那里与比德尔(George Wells Beadle)用脉孢菌作材料，共同研究了基因与生物化学反应之间的关系。1945～1948 年，泰特姆担任耶鲁大学的教授，在这里遇到了他最优秀的学生莱德伯格，成为莱德伯格的顾问和研究生导师，两人合作对细菌进行了变异研究。1948 年，泰特姆回到斯坦福大学。1952 年被选入美国国家科学院，同时，还成为《遗传学年度综论》(Annual Review of Genetics)的创立者之一。1957 年，进入纽约市的洛克菲勒医学研究院(Rockefeller Institute of Medical Research，如今的洛克菲勒大学)担任教授，一直到 1975 年辞世。

在从事脉孢菌的研究中，泰特姆与比德尔发现基因受到特定化学过程的调控。泰特姆的实验主要包括用 X 射线处理红色面包霉以造成突变。在一系列的实验中，他们发现，这些突变引起参与代谢途径的特异性酶的变化。这些实验结果于 1941 年发表，他们提出了基因和酶的反应的直接联系，被称为"一基因一酶假说"。此项开创性的研究工作和他们大胆提出的假说，改变了人们对基因的概念，极大地促进了分子遗传学和分子生物学的发展。同时，泰特姆与他的研究生莱德伯格合作，发现了细菌的基因重组现象，促进了微生物遗传学的发展。由此，泰特姆与比德尔以及他的学生莱德伯格一起获得了 1958 年的诺贝尔生理学或医学奖。

1975 年 11 月 5 日，因复杂的慢性肺气肿导致的心脏衰竭，泰特姆在纽约州纽约市不幸病逝，享年仅 66 岁。

3. 德尔布吕克(Max Ludwig Henning Delbrück, 1906～1981)

德尔布吕克，美籍德裔遗传学家、分子生物学家。1906 年 9 月 4 日出生于德国的格吕内瓦尔德(Grunewald)，也就是现在柏林的一个郊区。德尔布吕克是家中 7 个孩子里最小的一个，他的父亲汉斯·德尔布吕克(Hans Delbrück)是柏林大学的历史学教授，还在杂志《普鲁士年鉴》(Prussian Yearbooks)做了很多年的编辑和政治专栏作家。德尔布吕克的母亲提尔施·德尔布吕克(Tiersch Delbrück)是一位外科学教授的女儿和化学家巴伦·冯·李比希(Baron von Liebig)的孙女。德格吕内瓦尔德是当时柏林一个非常舒适的郊区，德尔布吕克在这个郊区长大。德尔布吕克小时候就对数学尤其是天文学有着浓厚的兴趣。1924 年，从格吕内瓦尔德高中毕业后，18 岁的德尔布吕克考入德国蒂宾根大学攻读天文学。1926 年，他转学到哥廷根大学，开始把兴趣中心转移到了量子论上，随后便提出了量子论的最终形式。1930 年，在格丁根大学麦克斯·玻恩 (Max Born) 教授指导下获理论物理学博士学位。1931 年夏天，又到丹麦哥本哈根，在著名物理学家、诺贝尔奖获得者玻尔 (Niels Bohr) 教授的指导下进行博士后研究。玻尔实验室那种科学求实精神、公开争论的学术气氛对德尔布吕克以后的科学风格产生了极大影响。德尔布吕克不久获得洛克菲勒基金的资助到英国的布里斯托尔从事研究工作。1932 年回到柏林，作为著名物理学家哈恩 (Otto Hahn) 的助手，也曾与女科学家迈特纳 (Lise Meitner) 一起工作。

1932 年，玻尔在哥本哈根举行的国际光疗会议上发表了《光和生命》的著名演讲，以一种天才的直觉能力，借助于量子力学的范例，预感到在生物学中将有某些新的发现。这无疑给人们一种深刻的启示，并向当时的物理学家和生物学家提出了挑战。德尔布吕克受到这个著名演讲的启发，对广阔的生物学领域将可能揭示的前景充满了热忱，转而研究生物学，准备迎接挑战，选择了一条把遗传学与物理学结合在一起的道路。1935 年，德尔布吕克与苏联遗传学家梯莫菲也夫·雷索夫斯基 (Timofeeff Ressovsky) 和物理学家齐默尔 (K. G. Zimmer) 合作，应用物理学概念研究果蝇的 X 射线诱变现象，建立了一个突变的量子模型。他们三人共同署名发表的论文《关于基因突变和基因结构的性质》，代表了德尔布吕克的早期生物学思想，可以认为是量子遗传学的最早端倪，因此，德尔布吕克是信息学派的先驱者之一。德尔布吕克的论文影响了著名的物理学大师薛定谔，促使薛定谔写了《生命是什么》的著名小册子，这本小册子影响了更多的科学家投身到了生物学的研究，诱发了 20 世纪 50 年代的"生物学革命风暴"，极大促进了生物学的发展。

由于对希特勒统治下的德国的科学气氛无法忍受，1937 年，他得到洛克菲勒基金的赞助而到了美国加州理工学院摩尔根实验室从事遗传学研究，想采用最简单的生物来探讨"基因的化学本质是什么"的问题。然而，摩尔根研究的果蝇使他感到一筹莫展，因为果蝇过于复杂而不适应于一个物理学家惯有的简单性思维。在德尔布吕克感到迷茫时，遇上了同一实验室专门研究噬菌体的埃里斯 (E. L. Ellis)，在埃里斯的帮助与启发下，他喜欢上了噬菌体，并加入噬菌体研究。不久，与埃里斯共同设计并进行了著名的"一级生长试验"，1939 年发表了《噬菌体的生长》一文，成为现代噬菌体遗传研究的开端。1940 年，德尔布吕克在田纳西州纳什维尔的范特彼尔特大学获得了一个教师职位，二战期间，受聘为物理学讲师，并获得定居美国的绿卡，成为德裔美国人。1940 年 12 月 28 日，在费城召开的一次物理学会上，德尔布吕克遇见了原籍意大利的美国哥伦比亚大学噬菌体研究者卢里亚，由于共同兴趣，谈话十分投机，决定合作研究。次年夏天，他们又在冷泉港相会。以后一年一度的冷泉港学术年会他们都在一起，由此，形成了"噬菌体小组"的雏形。1941 年夏天，德尔布吕克与布鲁斯小姐 (M. A. Bruce) 在冷泉港结婚，后来他们育有 4 个子女。1943 年，德尔布吕克与卢里亚发表了一篇题为《细菌从对病毒敏感性到对病毒抗性的突变》的著名论文。同年，赫尔希从华盛顿大学来到范德彼尔特大学拜访德尔布吕克，不久也参加了噬菌体小组。1946 年，他和赫尔希两人独立地发现了病毒能够交换 (重组)。同年，接受比德尔之邀，德尔布吕克辞去范德彼尔特大学物理学教职，于 1947 年到加州理工学院生物系赴任，自此全身心投入生物学研究，直到他生命结束。从 1950 年起，他的科学兴趣又从噬菌体转向感觉生理学，以一种真菌研究其趋光反应，企图作为感觉生理学的模式系统推广应用到更加复杂的生物系统中去，但是未获成功。

德尔布吕克证明了病毒的生长和复制的机理，开创了噬菌体遗传研究的新领域。因此，德尔布吕克是微生物遗传学的奠基者之一，也是分子生物学的开拓者之一。他曾被选为美国国家科学院院士、美国艺术科学院院士、美国哲学学会等学术团体会员，还担任过《美国国家科学院院报》等学术刊物的编委。1969 年，他与赫尔希、卢里亚共同获得了诺贝尔生理学或医学奖。1977年，从加州理工学院退休，1981年3月9日，德尔布吕克病逝于美国加利福尼亚州的帕萨迪纳，享年75岁。

4. 卢里亚（Salvador Edward Luria, 1912~1991）

卢里亚，美国著名的微生物学家，1912年8月13日出生于意大利都灵的一个犹太中产阶级家庭。早年，他在都灵大学的医学院完成了大学学业。1937年，卢里亚赴罗马师从当时意大利的物理学新星费米（Fermi），希望由生物物理学转向遗传学，后来，他又结识了微生物学家瑞塔（Rita），由于瑞塔的指引而与"噬菌体"结下了不解之缘。卢里亚出色的研究工作大大地促进了分子生物学的发展，特别是有力地加强了对病毒繁殖与突变的研究，也促进了DNA操作技术和遗传工程领域的技术进步。

早在1938年，卢里亚就在法国巴黎的巴斯德研究院进行有关细菌和噬菌体的研究工作。1940年，巴黎沦陷后，28岁的卢里亚来到了美国，见到了著名的德国微生物学家马克斯·德尔布吕克。当时，德尔布吕克在美国正领导着一个专门研究细菌的学术小组，这个非正式小组的成员都是当时研究细菌的著名科学家和微生物学家，卢里亚于是就加入进了这个小组。正是在这种氛围中，卢里亚在1942年成功拍下了噬菌体在电子显微镜下的照片，这是第一次将病毒在人类的视野中呈现出来。这时，病毒还仅仅被认为只是一种抗生素粒子。在卢里亚用显微镜所拍的照片中，噬菌体不再只是一个模糊的斑点，而是终于露出了较长的身子、圆圆的头部、细细的尾部之真面目。1943年1月，卢里亚前往布鲁明顿的印第安纳大学，想到了如何证明细菌基因的突变。不久，他与德尔布吕克合作发表了著名的《卢里亚-德尔布吕克波动试验》。这是细菌基因突变研究方面的一项开创性成果。

卢里亚另一项重要的发现是X射线"致死"噬菌体的重组修复。卢里亚和德尔布吕克在合作研究中，发现了一些无法解释的现象。一些被X射线照射致死的噬菌体经过一段时间的沉默之后又奇迹般地复活了。1946年，卢里亚进一步的研究表明：这种致死噬菌体必须同时有两个或多个致死突变株的存在才能成功复活，原来这两个或多个噬菌体仍能感染细胞并在细胞中进行重组（即交换了部分基因），重组的结果是得到了一个具有破坏细菌功能的"复活"噬菌体。卢里亚关于噬菌体重组现象的发现第一次表明，噬菌体也是有基因的，因为重组也是基因的行为特征之一。

卢里亚还有一项重要成就是细菌基因限制/修饰现象的发现。1952年，卢里亚得到了一种特别的突变菌，噬菌体颗粒可以感染并杀死它，但从被感染噬菌体的细菌中并不能释放出子代噬菌体来。卢里亚一直无法解释这一现象。一天，卢里亚不小心将装有被噬菌体感染的大肠杆菌的试管打碎了，为了重新试验，卢里亚到隔壁借来了痢疾杆菌（志贺氏菌），他原以为结果应该大致相同。出乎意料的是，在被感染的痢疾杆菌释放出了噬菌体。这一结果使卢里亚感到既迷惑又兴奋，最终秘密还是被揭开了：噬菌体在突变菌中被修饰了而不能生长，只有到其他菌种上才能繁殖。亚伯（W. Arber）等于20世纪70年代在分子水平上解开了这一谜团：细菌的酶对于入侵噬菌体DNA发生作用，将其切成小片段。而这些DNA被特殊修饰"标记"后就不会被切割了。亚伯找到了这种切割的酶，叫作限制性内切核酸酶，它能识别DNA顺序上特定的DNA位置并在这个地方切割。这种酶后来被广泛地使用于基因工程中，亚伯因此荣获了1978年的诺贝尔奖。

卢里亚与德尔布吕克对于现代分子生物学的重要贡献是证明了噬菌体和细菌都有基因，它们是一种非常合适的生物学研究材料，从而为分子生物学的诞生奠定了坚实的基础。德尔布吕克和卢里亚于1969年荣获诺贝尔奖。

卢里亚著有《病毒学概述》，是分子生物学的奠基之作。卢里亚是一位充满了人文精神的科学家。1974年，卢里亚成为麻省理工学院癌症研究所的所长，他的第一部非学术性书籍《生命：一次未完成的实验》获得了美国国家图书奖。这本书因其专业的深远和议题的广泛被翻译成了德语、法语、意大利语、西班牙语和日语等多种语言，并让他再一次引起世界医学界和科学界的重视。同时卢里亚在噬菌体的辨别方面所取得的成就为有效地防御病毒指明了方向和途径，并在防御并最终战胜癌症的道路上提供了科学和技术的支持。在他的一生中，卢里亚对自己所坚信的事业总是充满了热情与信心。1991年2月6日，卢里亚因心脏病猝死在家中，时年79岁。他为后人留下了一个科学先驱者的传奇，他的研究和发现为复杂的医学科学发展，特别是基因工程和DNA遗传重组技术做出了非凡的贡献。

二、核心事件

1. 细菌的接合现象的发现

1946年，莱德伯格作为研究生开始工作时，细菌遗传学仍然是介于遗传学及（医学）细菌学之间的一个无人问津的领域。细菌是否也像其他所有生物体一样具有基因？是否也能发生遗传重组？细菌之间是否也有性别之分？这些问题困扰着遗传学向微生物领域的发展。

1946年，莱德伯格与他的导师泰特姆进行了著名的"细菌的接合"实验，即细菌的杂交试验。莱德伯格将细菌的两个双重或三重突变体品系分别接种于基本培养基上，均不能生长，更没有原养型出现；但是若将它们混合培养后，经离心洗涤、除去残留的完全培养基，再制成悬液接种于基本培养基上，结果获得了野生型（原养型）。例如，将不能合成甲硫氨酸和生物素的 A 品系（met⁻ bio⁻ thr⁺ leu⁺ thi⁺）与不能合成苏氨酸、亮氨酸和硫胺素 B₁ 的 B 品系（met⁺ bio⁺ thr⁻ leu⁻ thi⁻）混合培养之后会产生野生型重组子（met⁺ bio⁺ thr⁺ leu⁺ thi⁺）；将不能合成生物素和甲硫氨酸的 A 品系（bio⁻ met⁻ pro⁺ thr⁺）与不能合成脯氨酸和苏氨酸的 B 品系（bio⁺ met⁺ pro⁻ thr⁻）混合培养之后，会产生野生型重组子（bio⁺ met⁺ pro⁺ thr⁺）。莱德伯

格和泰特姆在英国《自然》杂志和《冷泉港量子生物学会刊》上分别以《大肠杆菌的基因重组》和《在细菌生物化学突变型混合培养物中出现的新基因型》为题发表这些实验的结果及其解释。在实验中，莱德伯格采用多重突变型细菌进行混合培养即接合或杂交，得到的野生型重组子的频率为 10^{-7}。而多重突变体要通过回复突变变成野生型的频率是远低于这个数字的（因为二重突变体回复突变率为 $10^{-7} \times 10^{-7} = 10^{-14}$，三重突变体为 $10^{-7} \times 10^{-7} \times 10^{-7} = 10^{-21}$）。回复突变的可能性被完全排除。但有人认为细菌杂交试验所获得的重组子可能是转化的结果；也可能是培养基中两个亲本的代谢产物互相弥补了对方的不足而得以生长。莱德伯格针对以上两种疑问又进行了另一些实验。例如，他们用过滤的方法除去一个亲本细菌的细胞，只将滤液加入另一细菌的培养物中，结果并不能使后者转化产生原养型。这意味着两个品系细菌菌体的直接接触是产生原养型所必需的。1950年，戴维斯（B. D. Davis）设计了一个 U 形管的实验（图 12-1），他将两个品系的细菌分装在 U 形管的两臂，其底部中间用一滤片隔开，上面的微孔只允许 DNA 或其他营养物质通过，而细菌本身并不能通过，通气使两边物质充分交流，但结果是从两边的培养物中均不能获得重组细菌。这一实验结果彻底地排除了转化或营养物质互补的可能性，充分证明了细菌的直接接触乃是出现原养型重组子的必要条件。莱德伯格和戴维斯等的实验清楚地表明：细菌的接合是造成细菌基因重组的前提。1952年，安德森（T. F. Anderson）在电镜下获得了大肠杆菌细胞接合的图像（图 12-2）。

2. 细菌遗传物质单方向转移的发现

莱德伯格最初提出的接合是同宗结合，即两种菌株是一样的，而且遗传物质的传递是相互的。但是微生物学家安德烈·洛夫（Andre Lwoff）和安托瓦内特·古特曼（Antoinette Gutmann）在 1949 年和 1950 年的实验中却发现，在 140 株大肠杆菌菌株之中，只有 9 个菌株能出现莱德伯格那样的实验现象。1952 年，英国生物学家威廉·海耶斯（William Hayes）在用链霉素处理进行重组的 A 和 B 两种菌株中的 A 菌株，使 A 菌株失去分裂能力，但是并不影响与 B 菌株之间发生遗

传物质的转移和重组；然而，若同样用链霉素处理 B 菌株，B 菌株也失去了分裂能力，但与 A 菌株混合培养之后，两者之间却不能发生遗传物质的转移和重组。于是他得出的结论是：A 菌株中的遗传物质能够进入 B 菌株的细菌细胞中去，而 B 菌株细菌中的遗传物质却不能进入 A 菌株的细菌细胞中去，即 A 细菌是遗传物质的供体，而 B 菌株是遗传物质的受体，细菌杂交是一个单向的过程。由于这很类似于高等动物的雌雄个体现象。在对 A 菌株的进一步研究中发现供体细菌中含有不与染色体联系的 F 因子[F 是 fertility（生殖力）的首字母]，受体中不含有 F 因子。而莱德伯格当年所用实验材料恰巧是分别具有 F 因子的菌株（供体、雄性）和不具有 F 因子的菌株（受体、雌性）。

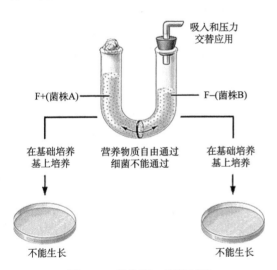

图 12-1　戴维斯 U 形管试验

图 12-2　细菌接合作用

3. 噬菌体研究小组的成立

1932 年 8 月，玻尔在一次国际会议上提出了生命过程是物理和化学过程的互补的观点，直接使德尔布吕克的兴趣由量子物理学研究转向了生物学研究。1937 年，德尔布吕克到加州理工学院摩尔根的实验室工作，试图用物理学的理论和方法来研究果蝇的遗传学问题。在对实验室里实验工作感到迷茫时，遇到了埃里斯，埃里斯把噬菌体介绍给了德尔布吕克。德尔布吕克深厚的物理学背景知识使他马上认识到了噬菌体的重要性，认为噬菌体对生物学就相当于氢原子对物理学一样。1941 年，在美国费城召开的物理学会会议上，德尔布吕克遇到了卢里亚。出生于意大利的卢里亚虽然是生物学家，但对物理学感兴趣。两人在噬菌体这个话题上产生了共同的兴趣，便来到了位于纽约的内外科医学院卢里亚的实验室，进行了两天的实验，奠定了他们后来 10 多年合作的基础。1941 年夏天，德尔布吕克计划参加在冷泉港举行的年度学术会议，邀请卢里亚前往，以便在会后的时间继续实验，卢里亚接受了邀请。噬菌体小组就正式诞生了。1943 年，德尔布吕克又邀请在华盛顿大学进行噬菌体研究的、善于做实验的赫尔希到范德比尔大学共同做一些实验，这样噬菌体小组的三个核心人物真正走到了一起。

德尔布吕克是这个群体的精神领袖，是一个具有超凡魅力和才华横溢的、由物理学转向生物学研究的美籍德裔科学家。德尔布吕克把噬菌体的研究从含糊的经验知识变成了一门精确的科学。他分析和规定了精确测定生物效应的条件，与卢里亚一起精心设计出定量的方法，并且确立了统计求值的标准。有了这些，才有可能在后来展开深入的研究。德尔布吕克是一位物理学家，又善于组织和管理；卢里亚是一位内科医生、生物学家，善于理论方面的分析；赫尔希是一位生物化学家，善于设计和进行实验。他们三个人互相配合，奠定了成功的基础。他们各有自己的学术背景和研究方法，因此能够对一些根本问题展开真正的"集中攻击"，他们各自独立工作，但又保持密切的联系。起初，他们形成自己的学派，所创造的富有启发性的学术气氛吸引了一些来自不同领域、有着许多不同观点的有才华的科学家。

在他们的指导下,事业以爆炸性的速度向前发展。1943 年,德尔布吕克和卢里亚证明,在对噬菌体敏感的细菌培养液中,由于自发变异和选择,出现了对噬菌体有抵抗力的变种。1945 年,赫尔希和卢里亚各自独立地发现:噬菌体和它们的寄主菌体一样发生自发的变异。1952 年,赫尔希和助手蔡斯证明了病毒的遗传物质也是核糖核酸。1953 年,沃森和克里克正是在噬菌体研究小组的研究成果的启发下,提出了脱氧核糖核酸的双螺旋结构。

噬菌体研究小组是由不同大学的科学家在一起或者分散地研究噬菌体的非正式的组织,其核心人物是德尔布吕克、卢里亚和赫尔希,他们紧密合作,优势互补,开创了微生物遗传学的新领域,该研究小组的三名核心人物在 1969 年共同分享了诺贝尔生理学或医学奖。

4. 细菌基因重组的发现

1946 年,莱德伯格来到耶鲁大学作泰塔姆教授的科研助理,并很快成为泰塔姆的研究生。当时人们对细菌的结构了解较少,认为细菌细胞过于简单,没有细胞核和基因,只能通过无性繁殖扩大群体。为了验证这个理论,莱德伯格与他的导师泰塔姆利用存活于人体胃肠道中的大肠杆菌(Escherichia coli)作材料,用辐射处理大肠杆菌细胞,得到各种各样的突变菌株,他们筛选出了两种不同营养缺陷型的大肠杆菌 K12 突变株,其中 A 菌株的基因型是 met^-、bio^-、thr^+、Leu^+,B 菌株的基因型是 met^+、bio^+、thr^-、Leu^-,将它们在完全培养基上混合培养后,再涂布于基本培养基上,结果发现,在基本培养基上出现了 met^+、bio^+、thr^+、$1eu^+$ 的原养型菌落(约为10^{-7}),而分别涂布的两种亲本菌株对照组都不出现任何菌落。进一步的实验证实,上述遗传重组的形成,是两个亲本细胞接合以后发生基因重组的结果。1946 年,莱德柏格与泰塔姆联合发表了《大肠杆菌的基因重组》一文,指出:用辐射处理大肠杆菌所得到的突变株之间可以相互重组,遗传物质总是从供体株传给受体株。细菌基因重组现象的发现,证明细菌像高等生物一样也有基因,基因间也可以发生重组。他们的研究证明细菌繁殖模仿了高等生物的标准受精过程,这是一个具有重大意义

的突破。细菌的快速生长和简单结构,以及细菌接合、重组这些普遍存在的事实为遗传学研究提供了一片新的天地。

5. 细菌转导作用的发现

1952 年,津德和莱德伯格在研究鼠伤寒沙门氏菌(Salmonella typhimurium)的重组时发现了细菌的转导现象,这是细菌发生基因转移的第三条途径。他们将甲硫氨酸和组氨酸营养缺陷型菌株 LT-2,以及苯丙氨酸、色氨酸和酪氨酸营养缺陷型菌株 LT-22 分别都用噬菌体 P22 感染过,然后将这两种菌株分别加入一支 U 形管的两臂中,管的中部用一个玻璃细菌滤片将两臂隔开,这种细菌滤片保证两边的细菌细胞不能通过(只允许液体和比细菌小的颗粒通过)。用泵在 U 形管两端交替抽吸,使两端的液体来回流动混合。在仔细的观察中,他们意外地发现,其中一端的菌体表达了存在于另一端菌体中的基因,即发现在 LT-22 这一边有不需要任何氨基酸的原养型细菌出现。由于两臂之间是用细菌滤片隔开的,导致原养型出现的基因重组不是通过细菌接合,而是通过某种滤过因子将 LT-2 的基因传递给 LT-22。通过对滤过因子的大小、质量、抗血清及热处理的失活速度和寄主范围方面的全面鉴定,证实它就是沙门氏菌的 P22 噬菌体。是 P22 噬菌体将 LT-2 的基因传递给了 LT-22,他们把这种现象称作转导。莱德伯格和津德尔把研究结果以《沙门氏菌的遗传交换》为题发表于 1952 年的《细菌学杂志》上。

进一步的研究证明,LT-2 菌株在没有游离噬菌体存在的条件下偶尔能裂解并释放有感染力的噬菌体 P22。这种特性称为溶原性,是一种相当稳定的遗传性状。凡能使细菌溶原化的噬菌体都称为温和噬菌体,以不活动的状态存在于细菌细胞中的温和噬菌体称为原噬菌体。原噬菌体在一定条件下可以进入营养生长状态而复制繁殖,并终于导致细胞裂解而释放出噬菌体。因此可以对上述转导现象的过程作这样的推断:当在 LT-2 细胞中的 P22 原噬菌体进行 DNA 复制和繁殖时,它们的外壳蛋白偶尔会错误地将 LT-2 染色体的某些 DNA 片段(这上面有苯丙氨酸基因、酪氨酸基因和色氨酸基因)包装到噬菌体内。这种噬菌体

在从 LT-2 细胞释放出来后可以通过滤片去感染 LT-22 细胞，由此导入的基因再经重组整合到 LT-22 的染色体上使 LT-22 原来的缺陷型变成原养型细菌。

此后这种转导现象得到广泛的研究，在大肠杆菌、肺炎克氏杆菌(Klebsiella pneumoniae)、痢疾志贺氏菌(Shigella dysenteriae)、金黄色葡萄球菌(Staphylococcus aureus)、枯草芽孢杆菌(Bacillus subtilis)、鼠伤寒沙门氏菌等几十种细菌中都有发现，在放线菌和高等动物的细胞株中也有报道。后来，莱德伯格和他的学生还发现了细菌的另一种转导方式——局限性转导(或称特异性转导)。

6. 噬菌体基因重组的发现

1936 年，伯内特(F. M. Burnet)报道了噬菌体能产生突变体，其噬菌斑的外形和野生型的有明显区别，可惜未能引起重视。1940 年，德尔布吕克和卢里亚、赫尔希合作组成噬菌体小组，共同开创了美国噬菌体遗传学派。1944 年，在德尔布吕克的倡导下，还通过了所谓的"噬菌体条约"，规范了噬菌体研究中有关材料和方法方面诸多事项，使各国的噬菌体研究得以深入，成果便于交流。噬菌体研究人员由原先的两三人发展到最盛时期的来自 37 个国内外机构和大学的数百人之多。1946 年，德尔布吕克和赫尔希两人独立地发现了噬菌体能够交换(重组)基因物质的证据。为了了解两种不同类型的噬菌体在相同的细菌细胞中是否能繁殖，德尔布吕克将两种噬菌体对细菌进行复合感染，结果发现不但它们能在同一个细菌细胞中繁殖，通过对噬斑类型的分析还看到其后代包含了两种新的类型，这是噬菌体在这种原始有机体中基因重组的第一个证据。赫尔希进一步指出，这样的基因重组或许能构造出病毒的遗传图谱。1946 年第 11 届冷泉港学术讨论会上，在宣布比德尔"一基因一酶假说"的胜利以及莱德伯格和泰特姆细菌杂交试验报告的同时，赫尔希和卢里亚宣布发现了噬菌体 r、h 突变和基因重组，并且提出可以利用基因重组数据对噬菌体进行基因作图。赫尔希和卢里亚用 T_2 噬菌体的两个不同表型特征：一个噬菌体的基因型是 hr^+，另一个噬菌体的基因型是 h^+r。h^+ 表示宿主范围

(host range)，是野生型，能在 E. coli B 菌株上生长，r 表示快速溶菌(rapid lysis)，产生的噬菌斑大，边缘清楚。h 噬菌体能在 E. coli D 和 B/2 品系上生长，r^+ 产生小而边缘模糊的噬菌斑，能产生透明的噬菌斑，而 h^+ 因只能裂解 E. coli D，所以在 B 和 B/2 的混合菌上产生的噬菌斑是半透明的。杂交时 hr^+ 和 h^+r 混合感染 E. coli B 和 B/2，在 B 和 B/2 混合菌苔上出现了 4 种噬菌斑，表明 hr^+ 和 h^+r 之间有一部分染色体在 B 菌株的细胞中进行了重组，释放出的子噬菌体有一部分的基因型为 h^+r^+ 和 hr。

三、核心概念

1. 溶原性、溶原性细菌

溶原性(lysogeny)又称溶原化，指用温和噬菌体感染细菌，使之转变为溶原性细菌的过程。其本质是噬菌体的 DNA 整合到寄主细菌的染色体基因组上，并随着寄主细菌的染色体基因组的复制而复制。

溶原性细菌(lysogenic bacteria 或 lysogen)又称溶原化细菌，指在细菌的染色体基因组上整合有一套完整的，但处于抑制状态的噬菌体基因组 DNA 的细菌。有的整合上去的噬菌体基因不完整，不能完成溶菌周期，含有这种噬菌体的细菌，称作缺陷性的溶原性细菌。

2. 原养型、营养缺陷型

原养型(prototroph)指表型和野生型相同的菌株或指营养缺陷型突变株经回复突变或重组后产生的在营养要求上与野生型一样的菌株。野生型特指那些在自然界中原本存在的、传统的、标准的生物体表型或基因型。例如，一个野生型的菌株经过诱导处理变成了营养缺陷型菌株，这个营养缺陷型菌株由于恢复突变或者重组又形成了与原来的野生型一模一样的营养要求，可以说此营养缺陷型菌株又变成了原养型菌株，而不能说变成了野生型菌株。因为它在本质上已经与最初的野生型菌株不一样了。所以原养型与野生型还是有区别的，不能混为一谈。在高等动植物没有描述某些个体为原养型，原养型这一词汇仅仅应用在微生物方面的描述。在微生物发生了营养物质方面的突变，一般不说突变型，而是说营养缺

陷型。在高等动植物中不管发生了什么突变都描述为突变型，而不描述为营养缺陷型。实际上在高等动植物中营养缺陷型非常罕见，如人类个体人人都是维生素 C 的缺陷型，但一般不这样去描述。

3. 转化子、转导子

转化子(transformant)指经由转化作用获得了外源遗传信息的并具有外源来的遗传性状的细胞。或指受体细胞经复制分裂后出现了供体性状的子代。

转导子(transducant)指已经从转导病毒或转导噬菌体获得了新的遗传信息并具有新的性状的细胞。

4. 转导噬菌体、原噬菌体

转导噬菌体(transducing phage)指能够携带寄主的遗传信息，从一个细胞转移到另外一个细胞的噬菌体。有的噬菌体具有转导的功能，有的噬菌体没有转导的功能，具有转导功能的噬菌体就称作转导噬菌体。

原噬菌体(prophage)指在溶原性细菌中，整合在寄主染色体基因组上，处于抑制状态的完整的噬菌体 DNA 及非整合状态的但处于抑制状态的完整的噬菌体 DNA。当温和噬菌体处于整合的、稳定的遗传状态时就称为原噬菌体。如果这个整合状态的噬菌体缺少了某些基因或 DNA 片段，此时称作缺陷性的原噬菌体。

转导病毒(transducing virus)、原病毒(provirus)与转导噬菌体、原噬菌体具有同样的概念和含义。

5. 性导、转染

性导(sexduction)指 F⁻ 细菌通过获得F′因子而改变遗传性状的过程或现象。F⁺细菌中的 F 因子整合到细菌的染色体组上使F⁺细菌成为高频重组品系(Hfr)，当 F 因子从 Hfr 品系的染色体上脱离时会携带部分 Hfr 细菌的染色体片段，携带有部分 Hfr 细菌的染色体片段的 F 因子就成为 F′ 因子。F⁻细菌也可以通过获得 F′ 因子而改变遗传性状，这样一个过程称作 F 因子转导，又称作性导。

转染(transfection)对于原核生物指用噬菌体或者病毒的 DNA 或 RNA 感染受体菌细胞，产生正常噬菌体或病毒的现象。对于真核生物指细胞捕获外源 DNA，通过渗入作用而获得新的遗传信息的过程。其也是真核生物的一种转化现象。

转染是转化的一种特殊形式，与转化的不同点在于：①转染过程中进入细胞的是完整的病毒 DNA，转化过程中进入细胞的是染色体 DNA 片段或者质粒 DNA。②转染过程中外源 DNA 一般不整合到染色体上，转化过程外源 DNA 往往整合到染色体上。③转染效果可以用单位量的 DNA 引起的病斑或噬菌体的多少来表示，转化效果则要用一定量的 DNA 所带来的被转化的受体细胞菌落数目来表示。

四、核心知识

1. 细菌接合的机制

接合是一个供体(donor)即雄性细胞与另一个受体(recipient)即雌性细胞接触，而使 DNA 直接从供体细胞转移至受体细胞的过程。某些类型的质粒携带有发生接合所必需的遗传信息，它们被称为转移因子(transfer factor)或性因子(sex factor)。只有含有这种质粒的细胞才能作为供体；而那些缺乏性因子的细胞则充当受体。DNA 在细菌细胞之间通过接合而进行的转移，需要供体与受体细胞之间的直接接触。能介导接合的质粒携带有编码在供体细胞表面产生 $1\sim2\mu m$ 长的蛋白附属物的基因。该附属物称为菌毛(pilus)。菌毛的尖端附着于受体细胞的表面，把两个细胞连接在一起，使 DNA 得以通过菌毛进入受体细胞。有可能(但不是绝对肯定)转移实际上是通过菌毛发生的；或者说，菌毛可能是作为一种使供体和雌性细胞借以吸引到一起的结构而起作用的。在绝大多数情况下，在接合期间唯一被转移的 DNA 是介导接合过程的性因子(质粒)。性因子的环状 DNA 的一条链在特异性位点处形成开放的缺口，其游离末端被传递至受体细胞内。DNA 在转移期间被复制，故每个细胞只得到一个拷贝。由于供体的能力依赖于是否拥有一个拷贝的性因子，因此得到性因子的细胞可转变成供体，能进一步与受体细胞接合而使它们发生转变。通过这种方式一个性因子可以迅速传遍整个受体细胞群，这一过程有时被称为质粒的传染性传播

(infectious spread)。

细菌接合的生物学意义相当于高等动植物的有性生殖过程，但是两者之间有以下几点重要的区别：①高等生物中通过受精作用结合在一起的细胞一般只限于雌雄性配子，这些雌雄性配子通过减数分裂产生。细菌接合中的两个细胞并不是通过减数分裂产生，它们就是一般的营养细胞。②高等生物的单倍体雌雄配子通过受精作用融合成为一个合子细胞。细菌接合过程中两个细胞只是暂时沟通而不融合。③高等动植物的合子中包含来自雌雄配子的两套染色体，细菌接合后所形成的是部分合子，这里面包含受体（雌性）细菌的完整的染色体和供体（雄性）细菌的染色体片段。④高等动植物的减数分裂过程中任何一个染色体的任何一个部分都有可能发生重组，细菌的部分合子中发生重组的部分只限于进入受体细菌的染色体片段。⑤高等动植物的基因重组通过染色体交换，细菌接合过程中的基因重组通过不同的方式进行，不出现联会复合物和交叉。

2. 转化的机制和作图原理

转化是指受体菌直接吸收了来自供体菌的DNA片段，通过交换把它整合到自己的基因组中，从而获得了新的遗传特性的现象。大多数的细菌都不能从环境中摄取外源DNA，但是都能产生能识别并分解外源DNA的核酸酶，即不能发生转化现象。但有一些属的细菌，如肺炎球菌、流感嗜血杆菌（*Haemophilus influenae*）及某些芽孢杆菌，能够摄取人工提取的或其他菌株裂解释放的DNA，可以发生转化。即便是能够发生转化现象的细菌，也只有在某些生长条件下，通常是在对数生长期晚期，而芽孢杆菌则是在芽孢形成期。

发生转化作用的第一个条件首先是受体菌要处于转化感受态（competent），才能吸收外源DNA实现转化。细菌的感受态是一种生理状态，它可以通过感受态因子（细菌生长到一定阶段分泌一种小分子的蛋白质）在细胞间的转移而获得。这种感受态因子与细胞表面受体相互作用，诱导一些感受态——特异蛋白表达，其中一种是自溶素，它的表达使细胞表面的DNA结合蛋白及核

酸酶裸露出来，使其具有与DNA结合的活性。目前，人们可以人工诱发细菌处于感受态。例如，处理大肠杆菌的方法是在有钙离子存在的条件下，给予低温（4℃）孵育，接着短时放置于42℃下。其他一些因素包括其他金属离子也能刺激转化的过程。在造成大肠杆菌感受态细胞的过程中，对钙离子的绝对需要表明，大概是细胞壁的结构发生了改变，并且改变得足以使外源DNA分子能够通过。

发生转化作用的第二个条件是外源DNA必须具备相对高的分子质量和同源性：①转化DNA的相对分子质量通常在$1×10^7$以下，约占细菌染色体组的0.3%，否则活性丧失。多数研究中，基因转移使用的是双链线性DNA，某些单链、共价闭合环状DNA也可用于转化。②外源DNA与受体的DNA亲缘关系比较近，亲缘关系越近，DNA的纯度越高，则转化率越高。

转化过程首先是供体双链DNA与受体细胞壁上的接受位点相结合。此反应最初是可逆的，但随着与细胞膜蛋白的进一步作用，其与细胞壁的结合则变得十分稳定而不可逆。随后其中一条链被细胞表面上的核酸酶降解，降解产生的能量协助把另一条链推进受体细胞。当单链DNA分子进入受体细胞后，便与双链结构的受体染色体DNA同源片段结合，形成供体DNA-受体DNA复合物，然后发生交换重组，供体DNA整合入受体DNA分子中。再通过DNA复制和细胞分裂而表现出转化性状，形成转化子。

供体DNA片段可以携带一个、几个或更多的基因，距离相距越近的基因往往越容易位于同一个供体DNA片段上，即同一个转化因子上，一块被转入受体，形成一定的性状。因此，可以根据得到的各种性状转化子的多少来进行基因定位。在不同的实验设计或者不同类型的转化作用方面的习题解析中，根据转化作图的基本原理可以演化出不同的解题思路。例如，思路Ⅰ：连锁的基因发生共转化的频率远远大于非连锁的基因。思路Ⅱ：两个基因间相距越远，发生交换的频率越大。思路Ⅲ：基因相距越近，发生共同转化的频率越高，反之越低。

3. 转导的机制和作图原理

转导是指通过噬菌体为媒介，把供体细胞的 DNA 片段携带到受体细胞中，通过交换与整合，从而使后者获得前者部分遗传性状的现象。获得新性状的受体细胞，称为转导子(transductant)。携带供体部分遗传物质(DNA 片段)的噬菌体称为转导噬菌体。在噬菌体内仅含有供体菌 DNA 的称为完全缺陷噬菌体；在噬菌体内同时含有供体 DNA 和噬菌体 DNA 的称为部分缺陷噬菌体(部分噬菌体 DNA 被供体 DNA 所替换)。根据噬菌体和转导 DNA 产生途径的不同，可将转导分为普遍性转导(general transduction)和局限性转导(specialized transduction)。

普遍性转导是通过完全缺陷噬菌体对供体菌任何 DNA 小片段的"误包"，而实现其遗传性状传递至受体菌的转导现象。其机制是"包裹选择模型"，即当噬菌体侵染敏感细菌并在细菌内大量复制增殖时，也把寄主 DNA 降解为许多小的双链片段，在装配时，少数噬菌体($10^{-8} \sim 10^{-6}$)错误地包装了宿主的 DNA 双链片段才能形成"噬菌体"，这种噬菌体称普遍性转导噬菌体(为完全缺陷噬菌体)。随着细菌的裂解，转导噬菌体也被大量释放。当这些转导噬菌体再次侵染受体菌时，其中的供体双链 DNA 片段被注入受体菌。该双链 DNA 片段能与受体菌 DNA 同源区段配对，并以双链的形式整合到受体的基因组中，形成稳定的转导子。如果该双链 DNA 片段不能与受体菌 DNA 进行交换、整合和复制，只以游离和稳定的状态存在，而仅进行转录、转译和性状表达，称流产转导。

局限性转导是通过部分缺陷的温和噬菌体将供体菌的少数特定基因携带到受体菌中，并获得表达的转导现象。其机制是"杂种形成模型"，λ 噬菌体的线状双链 DNA 分子的两端为 12 个核苷酸单链(黏性末端 cos 位点)，在溶原状态下，以前噬菌体状态存在于细胞染色体上。被诱导后，在裂解细菌时，其以黏性末端形成的环状分子通过滚环复制形成一个含多个基因组的 DNA 多联体，以 2 个 cos 位点之间的距离决定其包装片段的大小而进行切割、包装，最终形成转导噬菌体。在极少数情况下(约 10^{-5})，在前噬菌体两端邻近

位点上与细菌染色体发生错误的切割，使其重新形成的环状 DNA 中，同时失去前噬菌体的一部分 DNA 和增加了一段相应长度的细菌宿主染色体 DNA，这样形成的杂合 DNA 可正常被包装、复制。形成的新转导噬菌体称为部分缺陷噬菌体。因为 λ 前噬菌体位点两端是细菌染色体的 gal$^+$(发酵半乳糖基因)和 bio$^+$(利用生物素基因)，故形成的转导噬菌体通常带有 gal$^+$或 bio$^+$基因，故这些部分缺陷噬菌体表示为 λdgal(缺陷型半乳糖转导噬菌体)或 λdbio(缺陷型生物素转导噬菌体)。这些转导噬菌体可重新侵入受体菌，侵入后，噬菌体 DNA 与受体菌的 DNA 同源区段配对，通过双交换而整合到受体菌的染色体组上，使受体菌获得了供体的这部分遗传特性。

不管是普遍性转导还是局限性转导，不管是在包装过程还是侵染到受体中，以及最后整合到受体基因组中，供体 DNA 都是以双链形式参与的(表 12-1)。

表 12-1　普遍性转导与局限性转导的区别

比较项目	普遍性转导	局限性转导
转导的发生	自然发生	人工诱导
噬菌体形成	错误的装配	前噬菌体反常切除
形成机制	包裹选择模型	杂种形成模型
内含 DNA	只含宿主染色体 DNA	同时有噬菌体 DNA 和宿主 DNA
转导性状	供体的任何性状	多为前噬菌体邻近两端的 DNA 片段
转导过程	通过双交换使转导 DNA 替换了受体 DNA 同源区	转导 DNA 插入，使受体菌为部分二倍体

在进行基因作图时，根据不同的实验设计，有的运用两个基因越远发生单个转导的频率越高的原理；有的运用两个基因位置越近越容易被共同包装，发生共转导的机会越多的原理。

4. 中断杂交机制和作图原理

F 因子是由原点、配对区和致育因子三部分组成的环状结构，在 F$^+$细菌细胞中 F 因子处于游离状态。有的 F$^+$细菌细胞中 F 因子会在致育因子与原点的交接处断开，整合到细菌的基因组中，

在细菌杂交时整合有 F 因子的基因组能够在原点处断开，原点就像火车头一样拉着后面的基因快速向受体菌转移，这种整合有 F 因子的细菌就变成了高频重组品系(Hfr)。而且 F 因子在细菌基因组上整合的位置是随机的，整合在什么部位，就拉着什么部位的基因开始转移；F 因子在细菌基因组上整合的方向也是随机的，因此，同样的一个基因，有时可能被原点拉着首先转移，有时可能被原点拉着最后转移。

中断杂交作图原理是离原点愈近的基因进入 F^- 越早，出现在 F^- 中的比例越大，反之，则越小。在 Hfr×F 杂交中，把接合中的细菌在不同时间搅拌中断杂交，分析受体菌基因型，以 Hfr 品系的基因出现在 F^- 中的先后为顺序，以转移的时间(分钟)为图距单位进行基因作图。

5. 细菌基因重组的特征和作图原理

细菌基因重组的特征与真核生物的基因重组不一样。真核生物的基因重组发生在完整的二倍性细胞中，细菌的基因重组发生在部分二倍体中；真核生物的基因重组发生在性细胞减数分裂过程中，细菌的基因重组发生在营养细胞的分裂过程中；真核生物的基因重组单交换、双交换都有意义，即都可以产生重组子，细菌的基因重组只有双交换才有意义，才能够产生重组子(因为是部分二倍体，单交换会形成线性的、无活性的产物)；真核生物的基因重组有相反的重组子出现，细菌基因重组结果没有相反的重组子出现。

细菌基因作图是利用重组子类型占所有类型的比例来测定基因间的距离和顺序，不管是真核生物或是细菌乃至噬菌体，在进行基因重组时，都遵循基因间越远，交换的频率越高，形成的重组子越多，反之则越少的原理。

6. 噬菌体基因重组的特征和作图原理

噬菌体基因重组的特征与真核生物基因重组一样，首先重组时以线形存在，以相似于真核生物的二倍性状态，有相反重组子出现，单交换、双交换都有意义。因此，当有三对等位基因在进行基因重组时，后代会有 8 种基因型，其中有 2 种亲本类型的、6 种交换类型的。但具体的重组过程与真核生物又有区别(表 12-2)。

表 12-2　噬菌体与真核生物基因重组的区别

比较项目	真核生物基因重组	噬菌体基因重组
发生时期	减数分裂某一阶段	感染后任何阶段
交换次数	一次	可以多次
相反重组子	数目相等	不一定相等
DNA 数目	4 个	2 个

由于噬菌体的基因重组特征与真核生物一样，因此，可以套用真核生物基因作图的方法和原理来进行基因作图。

五、核心习题

例题 1. 酵母菌的中性小菌落的线粒体 DNA 有缺陷，但决定线粒体的核基因是正常的。分离型小菌落的线粒体 DNA 是正常的，但带有一个决定线粒体有缺陷的隐性核基因。将这样的中性小菌落和分离型小菌落杂交。问：二倍体 F_1 表型是什么？由二倍体细胞产生的子囊孢子发育成的单倍体世代的表型如何？

知识要点：

(1)酵母菌是单细胞子囊菌，它的生活周期中具有形态上相同的单倍体和二倍体世代交替。成熟的二倍体营养细胞可以进行出芽生殖。但在某些环境条件下，二倍体细胞会进行减数分裂，形成单倍性的 4 个子囊孢子，子囊孢子释放出来后长大形成单倍体成体细胞。

(2)酵母菌二倍体细胞是由两个单倍性的子囊孢子相互结合形成的，双方提供等量的核物质和细胞质。正常的核基因、正常的细胞质基因是显性。

(3)酵母菌的小菌落类型分为分离型小菌落、中性型小菌落、抑制型小菌落。分离型小菌落是由于核基因发生了突变，表现为经典的孟德尔式遗传，与野生型大菌落杂交形成的二倍体细胞为正常的，二倍体细胞减数分裂形成的 4 子囊孢子 1/2 发育成大菌落，1/2 发育成小菌落；中性型小菌落是由于细胞质中线粒体上的基因发生了突变，大多数中性小菌落都没有 mtDNA，与野生型大菌落杂交形成的二倍体细胞为正常的，但此二倍体细胞减数分裂形成的 4 个子囊孢子全部发育成为大菌落；抑制型小菌落是许多突变型的表现，是由于核基因的突变或者是由于 mtDNA 的突变，或者两方面因素都存在。抑制型小菌落可以在二倍体中表现出来，完全抑制型的可以把二倍体细胞全部转变成小菌落的，也可以把由此产生的 4 个子囊孢子都转变成小菌落的。

解题思路：

(1)根据知识要点(1)知道此二倍体 F_1 是生活周期中的一个时期。根据知识要点(2)知道此杂交产生的二倍体 F_1 细胞质中有正常线粒体也有不正常线粒体，细胞核中有突变基因也有正常基因，因此，此二倍体 F_1 的表现型为正常大菌落。

(2)根据知识要点(3)知道此二倍体 F_1 减数分裂形成的 4 个子囊孢子的细胞质中有正常细胞质也有不正常细胞质，但是，有 2 个子囊孢子的核基因是突变的，有 2 个子囊孢子的核基因是正常的，因此，产生的 4 个子囊孢子的表现型为 2 个正常大菌落、2 个小菌落。

参考答案： 二倍体 F_1 表型是正常大菌落。由二倍体细胞产生的子囊孢子发育成的单倍体世代的表型是 2 个大菌落、2 个小菌落。

解题捷径： 分离型小菌落、中性型小菌落，只要核中有不正常基因，不管细胞质中是否有正常基因，其表型都为小菌落。当核中有正常基因时，胞质中有正常基因的表型为大菌落，胞质中没有正常基因的表型为小菌落。

例题 2. 细菌中断杂交试验，Hfr 基因型为 M N O P，F^- 为 m n o p。试验Ⅰ的结果，基因传递次序为 M，P，N，O；试验Ⅱ为 M，O，N，P；试验Ⅲ为 P，M，O，N。据以上结果，绘出细菌染色体示意图，标明上述基因。另外绘制 3 个细菌染色体图，分别标明上述三个试验的 F 因子的插入位置和方向。

知识要点：

(1)基因单方向转移情况下，当某基因有时是第一个转移进去，有时是最后一个转移进去时，说明该生物的染色体为环状的(已有实验证明细菌的染色体为环状的)。

(2)细菌的基因从 Hfr 到 F^- 为单方向转移，离原点越近的基因转移得越早，否则转移得越晚。

(3)Hfr 菌株的形成是由于 F 因子插入到染色体 DNA，F 因子插入时的方向、位置是随机的。

(4)细菌在基因转移时是先在 F 因子的原点处断开，然后原点就像火车头一样拉着其他基因进入 F^- 细胞。

解题思路：

(1)根据知识要点(1)说明细菌的染色体是环状的。

(2)根据知识要点(2)可以确定基因在染色体上的位置次序。

(3)根据知识要点(3)、(4)可以绘出三个 Hfr 菌株中 F 因子插入的位置和方向。

参考答案：

细菌的染色体及几个基因的排列次序为

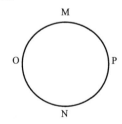

试验 I 中 Hfr 菌株 F 因子的插入位置和方向为

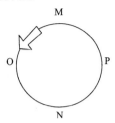

试验 II 中 Hfr 菌株 F 因子的插入位置和方向为

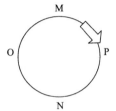

试验III中 Hfr 菌株 F 因子的插入位置和方向为

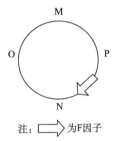

注：⇨ 为F因子

解题捷径：关键是记住细菌的染色体为环状，遗传物质单方向转移，F 因子插入的位置、方向是随机的。

例题 3. 两个杆菌基因 a 和 b 基因转化实验数据如下表。根据转化分析中连锁的定义，指出这两个基因是否连锁？如果是连锁的，二者相距多远？

实验	供体 DNA	受体 DNA	重组子类型	个体数
A	$a^+ b^-$	$a^- b^-$	$a^+ b^-$	232
	$a^- b^+$	$a^- b^+$		341
			$a^+ b^+$	7
B	$a^+ b^+$	$a^- b^-$	$a^+ b^-$	130
			$a^- b^+$	96
			$a^+ b^+$	247

知识要点：

(1)相互连锁的基因共同转化的可能性远远大于两个不连锁的基因。

(2)两个实验中双转化类型比例一样时不连锁。双转化类型比例不一样时连锁。

(3)转化过程中两个基因相距越远，发生交换的可能性越大。

(4)两个连锁的基因 a、b 或不连锁的基因 a、b 都有发生共同转化的可能，但当降低 DNA 浓度时，基因 a、b 同时转化的频率与单独转化时的频率相等，说明连锁。若不连锁，则 a、b 同时下降比例远远大于单个基因转化时的频率。

解题思路：

(1)根据知识要点(1)可以知道这两个基因是连锁的，因为在实验 A 中 a^+ 与 b^+ 基因是在不同的 DNA 片段上，可以视为不连锁。此时，a^+ 与 b^+ 的双转化的个体数仅有 7 个，比例为：7/(232+341+7)×100%=1.21%；而实验 B 中只有一种 DNA 片段，a^+ 与 b^+ 的双转化的个体数有 247 个，比例为：247/(130+96+247)×100%=52.2%。因此，两个基因是连锁的。

(2)根据知识要点(2)，两个实验中双转化类型的比例明显不一样，所以，a^+ 与 b^+ 是连锁的。

(3)根据知识要点(3)可以利用实验 B 的数据，找出交换类型 a^+b^- 和 a^-b^+，利用它们的数据计算两个基因间的距离。

参考答案：这两个基因连锁。这两个基因间相距 47.78 个图距单位，即(130＋96)/(130＋96＋247)×100%=47.78%。

解题捷径：直接比较两个实验中双转化类型的数目，判断是否连锁。若题中给的有降低 DNA 浓度的条件，则可以利用知识要点(4)进行判断。

例题 4. 用一野生型菌株提取出来的 DNA 转化一个不能合成丙氨酸(Ala)、脯氨酸(Pro)和精氨酸(Arg)的突变菌株，产生不同类型的菌落，其数目如下：①ala^+ pro^+ arg^+8400；②ala^+ pro^- arg^+2100；③ala^+ pro^- arg^-840；④ala^- $pro^+$$arg^+$420；⑤$ala^+$ pro^+ arg^-1400；⑥ala^- pro^- arg^+840；⑦ala^- $pro^+$$arg^-$840。

试问这三个基因在基因组上的排列顺序和距离如何？

知识要点：

(1)两个基因相距越远，转化时发生交换的可能性越大。

(2)细菌的重组特点是没有相反重组子出现。

(3)双交换类型是数目最少的类型。

解题思路：

(1)根据题意是用得到的 ala^+ pro^+ arg^+ DNA 片段去转化 $ala^-pro^-arg^-$ 菌株。

(2)根据知识要点(1)可以根据交换类型的多少测定基因间的距离，ala-pro 间的交换类型有类型 2、3、4、7；pro-arg 间的交换类型有类型 2、5、6、7；ala-arg 间的交换类型有类型 3、4、5、6。

(3)根据知识要点(2)转化后只能出现 1～7 七种类型的转化子菌落，不会出现 $ala^-pro^-arg^-$。并且在计算各个基因间距离的公式中分母只能有 6 种类型的数目。例如，ala-pro=2+3+4+7/1+4+2+3+5+7=0.30；pro-arg=2+5+6+7/1+2+4+5+6+7=0.37；ala-arg=3+4+5+6/1+2+3+4+5+6=0.25。根据以上的计算可以判定 ala 基因位于中间。

(4)根据知识要点(3)可以直接判定 ala 基因位于中间。

参考答案：这三个基因在基因组上的位置和次序为

      pro   0.30   ala   0.25   arg

解题捷径：数目最少的类型是双交换类型，直接把基因定位在中间，然后分别计算基因 pro-ala 间、基因 ala-arg 间的值即可。

至于在上面计算出的 pro-arg 间的值仅有 0.37，那是由于少计算了双交换值，类型 3、4 其实都为 pro-arg 之间的交换，但是在计算时没有算上，即(840+420)/14 000=0.09，所以加上二倍双交换值即 0.37+2×0.09=0.55，刚好与 0.30+0.25 相等。

例题 5. 用基因型为ＡＣＮＲＸ的菌株作为原始的 DNA，来转化一个基因型为 ａｃｎｒｘ 的菌株，这里，基因的顺序是未知的。发现如下子代菌株：除 ＡｃｎＲｘ、ａｃＮｒＸ、ａＣｎＲｘ和ＡｃｎｒＸ外，还有单个基因转化的类型 ａＣｎｒｘ。问这些基因的顺序如何？

知识要点： 转化过程中相距较近的基因发生共转化的可能性大。

解题思路： 根据知识要点，出现ＡｃｎＲｘ说明Ａ与Ｒ近，出现ＡｃｎｒＸ，说明Ａ与Ｘ近。因此，基因顺序可能为：ＸＡＲ 或 ＡＲＸ，但结果中没有ＲＸ出现，因此，基因顺序只能是ＸＡＲ。

出现ａｃＮｒＸ 说明Ｎ与Ｘ近，可能为ＮＸＡ或ＮＡＸ，结果中没有ＮＡ出现，因此只能是ＮＸＡ。4个基因的顺序为：ＮＸＡＲ。

出现ａＣｎＲｘ说明Ｃ与Ｒ近，可能为ＮＸＡＲＣ或ＮＸＡＣＲ，结果中没有ＡＣ出现，因此，只能是ＮＸＡＲＣ。

参考答案： 这些基因的顺序为 <u>Ｎ　Ｘ　Ａ　Ｒ　Ｃ</u>。

解题捷径： 牢记知识要点即可。

例题 6. 噬菌体感染宿主细胞 $a^+ b c^+$，得到转导噬菌体 $a^+ b c^+$，此噬菌体再感染细胞 $a b^+ c$，得到：①$a^+ b^+ c$ 3%；②$a^+ b c^+$ 46%；③$a^+ b^+ c^+$ 27%；④$a b c^+$ 1%；⑤$a^+ b c$ 23%。计算基因间的距离，写出基因的位置顺序。

知识要点：

(1) 两个基因相距越远，发生单个转导的频率越高，即发生交换的频率越高。重组子的数目代表了基因间距离的大小。

(2) 数目较少的类型往往是双交换类型。

解题思路：

(1) 根据知识要点(1)可以计算基因间的距离，如类型 1、3、4 属于基因 a-b 间的交换；类型 1、4、5 属于基因 a-c 间的交换；类型 3、5 属于基因 c-b 间的交换。

(2) 根据知识要点(2)可以从类型①$a^+ b^+ c$ 3%直接确定基因 a 位于中间，因为只有该类型是 a 基因发生了交换，即顺序为 <u>ｂ　ａ　ｃ</u>。

在此没有用数目最少的类型 4$a b c^+$ 1%，因为该种类型是基因 b、c 发生了交换，是四线双交换的结果，由于四线双交换，数目更少。虽然判断基因的位置时没用到该种类型，但该种类型数目比类型①更少，更说明了基因 a 位于中间。

参考答案： 基因间的距离为

a-b＝(3+27+1)/(3+46+27+1+23)＝0.31

a-c＝(3+23+1)/(3+46+27+1+23)＝0.27

c-b＝(27+23)/(3+46+27+1+23)＋2(3+1/3+46+27+1+23)＝0.58

根据以上的计算结果，基因间的顺序为

<u>ｃ　　0.27　　ａ　　　0.31　　ｂ</u>

解题捷径： 根据知识要点(2)可以直接确定基因的位置顺序。根据位置顺序把各种类型的基因型重新书写，然后计算基因间距离。

例题 7. 用 pro$^+$ argx$^-$ 作为供体，pro$^-$ argy$^-$ 作为受体，利用 P1 噬菌体作 arg 拟等位突变型的精细结构分析。根据下表在 pro$^+$转导子中测得 arg$^+$重组子数的结果，计算各个基因间的距离，写出 arg-1、arg-2、arg-3 的位置和图距。

供体 pro⁺ argx⁻	受体 Pro⁻ argy⁻			
	arg-1		arg-2	
	pro⁺ arg⁺		pro⁺ arg⁺	
arg-1	—	—	14 459	492
arg-2	12 358	403	—	—
arg-3	2 978	55	18 239	998

知识要点：

(1)位置越近的基因越容易被共同包装，发生共转导的机会越多。

(2)拟等位基因指位置上紧邻、功能上相关的一些基因。

(3)相距较远的基因交换的机会较多，产生的重组子就多。

解题思路：

(1)根据知识要点(1)，题中讲的 pro 基因与 arg 基因位置较近，二者可以发生并发转导。这个实验是利用 pro 基因与 arg 基因的并发转导进行 arg-1、arg-2、arg-3 位点的遗传分析。

(2)根据知识要点(2)，arg-1、arg-2、arg-3 基因位置相距非常近，功能相关，彼此之间可以发生交换，产生重组子。

(3)根据知识要点(3)，当测定 pro⁺转导子时，同时为 arg⁺(arg⁺是 argx⁻与 argy⁻之间的重组类型)的比例，就是测定各个 arg 基因之间的距离。例如，表中 pro⁺ arg-1⁻转化受体 pro⁻arg-2⁻产生了 492 个 pro⁺ arg-2⁺，比例占 3.4%，这说明了 arg-1 与 arg-2 两个基因之间的距离。

参考答案：基因之间的距离为：

RF(arg-1-arg-2)=492/14 459×100%=3.4%

RF(arg-2-arg-1)=403/12 358×100%=3.26%

RF(arg-3-arg-1)=55/2978×100%=1.85%

RF(arg-3-arg-2)=996/18 239×100%=5.46%

在分母中都仅用了一个数据，如在计算 RF(arg-1-arg-2)之间的值时仅用了 14 459，而没有用 492，这是因为在 14 459 个 pro⁺中有 492 个为 pro⁺ arg-2⁺，其他同理。

三个基因的顺序为：

arg-3   1.85   arg-1   3.33   arg-2

(3.33 为 3.4 和 3.26 的平均)

解题捷径：根据 996/18 239 的数据可以直接把基因 arg-1 定位在中间。

例题 8.   一个共转导结果有如下 7 种类型的数据：①AB = 0.3，②AC = 0.2，③BC = 0.05，④CD = 0.08，⑤CE = 0.3，⑥DE = 0.4，⑦DB = 0.1，判断基因的顺序和距离。

知识要点：

(1)两个基因相距越近，发生共转导的频率就越高。

(2)P1 噬菌体能包装大肠杆菌基因组的 1/50，即相当于 2min 的图距。

(3)P1 噬菌体共转导频率=$(1-d/L)^3$。d 为以分钟计算的供体两个基因间的距离；L 为以分钟计算的转导 DNA 的长度，此公式中 L=2。求共转导率可以测基因的顺序，求 d 值可以测基因间的距离。

解题思路：

(1)首先把题中给的资料数据进行整理，把互相有联系的数据集中在一起，如利用类型①AB= 0.3，②AC= 0.2，

③BC=0.05 可以确定基因 A、D、C 的顺序。利用类型④CD = 0.08、⑤CE = 0.3、⑥DE = 0.4 可以确定基因 C、E、D 的顺序。

(2)根据知识要点(1)和直线定律确定基因的顺序。例如，基因 A、B、C 的顺序的确定，题中可以看到基因 A、B、C 之间 B、C 的共转导率最小，为 BC = 0.05，因此，这二个基因的顺序为 B A C。基因 C、E、D 之间 C、D 的共转导率最小，为 CD = 0.08，因此，这三个基因的顺序为 C E D。则以上 5 个基因的顺序为 B A C E D。在此可以看到 BD 基因之间相距最远，应该共转导率最小，但题中资料 BD 基因的共转导率为 DB = 0.1，不是最小的，比类型③、类型④都大，这是因为基因组是环状的。

(3)根据知识要点(3)将有关数据代入共转导的公式即可以计算基因间的距离。

参考答案：

基因的排列顺序为：　　B　　A　　C　　E　　D

基因间的距离为：
$$A\text{-}B \quad 0.3 = (1-d/2)^3 \quad d = 0.662$$
$$A\text{-}C \quad 0.2 = (1-d/2)^3 \quad d = 0.8$$
$$C\text{-}E \quad 0.3 = (1-d/2)^3 \quad d = 0.662$$
$$E\text{-}D \quad 0.4 = (1-d/2)^3 \quad d = 0.85$$
$$D\text{-}B \quad 0.1 = (1-d/2)^3 \quad d = 1.08$$

解题捷径：牢记基因相距远时发生共转导率低，相距近时发生共转导率高的要点。对题中资料进行整理，每次分析三个基因。

例题 9. a、b、c、d、e 是 $T_4 r II$ 的点突变体，1、2、3、4 为缺失突变体。根据下列结果画出缺失突变体的缺失图和点突变的位置、顺序。表中"+"和"−"表示它们对 *E. coli* B 混合感染时有无野生型重组子出现。

	a	b	c	d	e
1	+	+	−	+	+
2	+	+	−	−	−
3	−	−	+	−	+
4	+	−	+	+	+

知识要点：

(1)缺失可以发生在 $T_4 r II$ 区段的不同部位，形成不同的缺失突变体。

(2)$T_4 r II$ 区段可以在不同的位点发生突变，形成不同的点突变体。

(3)只有野生型才能在对 *E. coli* B 感染后产生噬菌斑。若用缺失突变型和点突变型混合感染 *E. coli* B，若出现噬菌斑说明二者发生了重组，说明点突变的位置不在该缺失区段内，若不出现噬菌斑，说明二者没有发生重组，说明点突变的位置在该缺失区段内。

解题思路：

(1)根据知识要点(1)，可以假定野生型的 $T_4 r II$ 是含有 1、2、3、4 号区段。$T_4 r II$ 的缺失突变体 1 是 1 号区段缺失，缺失突变体 2 是 2 号区段缺失，缺失突变体 3 是 3 号区段缺失，缺失突变体 4 是 4 号区段缺失。

(2)根据知识要点(2)，$T_4 r II$ 的 5 种点突变体可以发生在 $T_4 r II$ 的不同区段。

(3)根据知识要点(3)分析表中实验结果，可以推测点突变的位置。

参考答案：缺失突变体的缺失图为

正常噬菌体 DNA	1	2	3	4
缺失 1 区突变型	2	3	4	
缺失 2 区突变型	1	3	4	
缺失 3 区突变型	1	2	4	

缺失 4 区突变型 ___1___ ___2___ ___3___

点突变的位置：点突变 a 位于 3 区，点突变 b 位于 3、4 区，点突变 c 位于 1、2 区，点突变 d 位于 2、3 区，点突变 e 位于 2 区(有些缺失突变体的缺失区段互相有重叠)。

点突变的顺序：

```
          e      a
     |c¦c  d¦d  b¦b |
     1区 2区 3区 4区
```

解题捷径：点突变与缺失突变体混合感染后若不出现噬菌斑，说明二者不能发生重组，说明点突变位于该缺失区段。

若两个点突变都与某一区段缺失的突变型不能互补，则两个基因相距较近。

例题 10. 一个 RNA 病毒形成的 A、B、C、D、E 5 种蛋白质以及每种蛋白质的产量数据如下：A=250、B=150、C=200、D=50、E=100，有一点突变使 5 种蛋白质的量发生变化，A=250、B=50、C=200、E=5、D=1。确定这 5 个基因的顺序和点突变的位置。

知识要点：

(1)RNA 病毒的整个基因组往往作为一个转录单位，随着转录、翻译的进行，结构基因编码的蛋白质总是按一定的比例合成，上游基因编码的蛋白质比例较大，越靠下游的基因编码的蛋白质比例越小(天然极性)。

(2)点突变在某一位置发生后仅仅会影响该位点下游的基因的表达，使下游基因的表达量下降，位于该位点下游越远，基因表达量下降的幅度越大，而对该位点上游的基因的表达没有影响(极性效应)。

解题思路：

(1)根据知识要点(1)可以利用每种蛋白质量的大小来进行基因定位，表达量最大的基因在上游，表达量最小的基因在下游。5 个基因的顺序为：A C B E D。

(2)根据知识要点(2)可以利用每种蛋白质比例下降的幅度确定点突变的位置。题中看到 B 蛋白下降为原来的 1/3，E 蛋白下降为原来的 1/20，D 蛋白下降为原来的 1/50，A 蛋白、C 蛋白没有下降，因此，可以判断点突变发生在基因 C 与 B 之间。

参考答案：

5 个基因的顺序为：___A___ ___C___ ___B___ ___E___ ___D___

点突变发生的位置：___A___ ___C___ ___*B___ ___E___ ___D___

解题捷径：该题属于转录定位，哪个基因的表达量最大，哪个基因在最前端，从哪个基因的表达量开始下降，点突变就位于哪个基因的前面。

例题 11. T₄噬菌体的两个品系感染大肠杆菌。其一是 A：小噬菌斑(m)、快速溶菌(r)、噬菌斑浑浊(tu)突变型；另一品系是野生型大噬菌斑、正常溶菌、噬菌斑清亮(＋＋＋)。将感染后的溶菌物涂平板培养，获得如下结果：

m	r	tu	3467	＋	＋	＋	3729
m	r	＋	853	m	＋	tu	162
m	＋	＋	520	＋	r	tu	474
＋	r	＋	172	＋	＋	tu	965

根据以上结果确定三个基因的排列次序和其间的距离，计算其并发系数。

知识要点：

(1)噬菌体基因重组的特征与真核生物一样，重组时 DNA 以线形存在，有相反重组子出现，单交换、双交换都有意义。

(2)数目最少的类型是双交换类型。

(3)并发系数是实际双交换值与理论双交换值的比，并发系数最大为 1，最小为 0，并发系数与干涉的关系为，干涉=1–并发系数，当一般情况下干涉最大为 1，最小为 0。但当干涉的值大于 1 时，说明可能存在负干涉。

解题思路：

(1)根据知识要点(1)，噬菌体的基因重组过程与真核生物一样，在分析计算时与真核生物计算交换值一样将各个数据代入公式即可。

(2)根据知识要点(2)，可以利用双交换类型直接确定基因的顺序，然后逐个计算基因间的距离。例如，m + tu 162、+ r + 172 两种类型是双交换的，是基因+与 r 间发生的，因此，基因顺序为

m   r   tu

(3)根据知识要点(3)可以计算并发系数。

参考答案：

基因顺序为：m   r   tu

基因间的距离为

m-r =(162+520+474+172)/10 342=12.84%

r-tu =(853+162+172+965)/10 342=20.81%

m-tu =(853+520+474+965)/10 342=27.19%

并发系数=[(162+172)/10342] /12.84%×20.81%=1.21

并发系数等于 1.21，则干涉=1–1.21= –0.21，说明可能存在负干涉。

解题捷径：利用双交换类型直接确定基因的顺序。

例题 12. 有 4 株大肠杆菌分别为 1、2、3、4，它们的基因型为 a^+b，另外四株分别为 5、6、7、8，基因型为 $a\,b^+$。将基因型不同的菌株两两混合培养，在基本培养基上测定重组子 a^+b^+ 出现情况如下表。写出每一个菌株的性别(即是 F^+、F^- 还是 Hfr)(表中 O 代表无重组体，M 代表有重组体，L 代表有大量重组体)。

菌株	5	6	7	8
1	O	M	M	O
2	O	M	M	O
3	L	O	O	M
4	O	L	L	O

知识要点：

(1)细菌的遗传物质的转移是单方向性的，即只能从 Hfr 或 F^+ 转向 F^-。

(2)Hfr×F^- 有大量重组体，F^+×F^- 有少量重组体，其他的接合没有重组体。

解题思路：根据知识要点(2)，7 号菌株与 1 号菌株接合后产生大量重组体，说明 1 号菌株可能是 Hfr、F^-，7 号菌株也可能是 Hfr、F^-。但 7 号菌株与 4 号菌株接合产生重组体，说明 4 号可能是 F^+、F^-，7 号也可能是 F^+、F^-，据以上分析 7 号菌株只能是 F^-。知道了 7 号菌株是 F^-，则 1、2、3、4 号菌株的类型就可推出，进而推出 5、6、8 菌株的类型。

参考答案：1.Hfr；2.F^-；3.F^+；4.F^+；5.F^+；6.F^+；7.F^-；8.Hfr。

解题捷径：从表中横行具有 L 类型又有 M 类型的一行开始分析，只要推出一种的类型就可以很快推出

全部的类型。从表中竖行具有 L 类型又有 M 类型的一行开始分析也可以很快得出结果。

例题 13. 下表是 A、B、C、D、E 5 种缺陷型菌株在含 W、X、Y、Z 4 种物质的培养基上的生长情况("–"表示不能生长,"+"表示能生长),画出这 4 种物质的代谢途径和 A、B、C、D、E 5 个基因在代谢途径中作用的位置。

物质	A	B	C	D	E
Z	+	+	–	–	+
Y	–	–	–	–	–
X	+	+	–	+	+
W	–	+	–	–	–

知识要点:

(1)微生物代谢途径中的每一步都涉及一种酶的作用,这种酶可能是由一个基因形成的,也可能是由几个基因共同形成的。

(2)几种营养突变型在哪种物质上都不生长,说明哪种物质在代谢途径中最靠前,在哪种物质上都生长,说明哪种物质在代谢途径中最靠后。

(3)某营养突变型在多种物质上都生长,说明在代谢途径中基因作用最靠前,在多种物质上都不生长,说明在代谢途径中基因作用最靠后。

解题思路:

(1)根据知识要点(1)可以知道题目中该物质的代谢要经过 3 个步骤,而突变型有 5 种,即突变的基因有 5 个,很可能在代谢的某一步涉及 2 个基因。

(2)根据知识要点(2)可以分析哪种物质在代谢途径中靠前,哪种靠后。如 5 种突变型在物质 Y 上都不生长,则物质 Y 在代谢途径中最靠前;5 种突变型有 4 种都在物质 X 上生长,则物质 X 在代谢途径中最靠后。依据这个知识要点分析出其他几种物质在代谢途径中的位置。

(3)根据知识要点(3)可以分析哪个基因作用最靠前,哪个基因作用最靠后。如突变型 B 在三种物质上都生长,说明基因 B 在代谢途径中作用最靠前;突变型 C 在哪一种物质上都不生长,说明基因 C 在代谢途径中作用最靠后。依据这个知识要点分析出其他几个基因在代谢途径中作用的位置。

参考答案:这 4 种物质在代谢途径的位置为

$$Y \longrightarrow W \longrightarrow Z \longrightarrow X$$

5 个基因在代谢途径中作用的位置为

$$Y \longrightarrow W \longrightarrow Z \longrightarrow X \longrightarrow$$
$$\quad B \qquad AE \qquad D \qquad C$$

解题捷径:从竖行分析代谢途径,根据表中"+""–"符号多少确定每种物质的代谢途径位置。对应表中"–"号最多的那种物质在代谢途径中最靠前。从横行分析基因作用位置,根据表中"+""–"符号多少确定每个基因作用的位置。对应表中"–"符号最多的那个基因作用最靠后。

例题 14. 已经知道 6 个点突变包括在三个顺反子中，用 "+" 符号表示可以互补，"−" 符号表示不能互补，完成下表。

突变菌株	1	2	3	4	5	6
1	−	+		+	+	+
2		−	+			+
3			−		−	
4				−		
5					−	+
6						−

知识要点： 互补指两个突变型混合感染后产生野生型性状，两个突变型间能互补说明二者的突变位点不在同一个顺反子中，不能互补则说明二者的突变位点在同一个顺反子中（顺反子是基因的同义语）。

解题思路： 根据知识要点对表格中数据进行分析，已经知道 6 个突变位点分属于 3 个顺反子，利用数据不太完整的表格可以确定每个突变位点所在的顺反子。把表中的纵行与横行进行比对分析，可以看到突变型 1 与突变型 2、4、5、6 能互补，说明突变位点 1 与 2、4、5、6 不在同一个顺反子中；突变型 2 与突变型 3、6 能互补，说明突变位点 2 与 3、6 不在同一个顺反子中；突变型 5 与突变型 6 能互补，说明突变位点 5 与 6 不在同一个顺反子中。

表中还可以看到突变型 3 与突变型 4 不能互补，说明突变位点 3 与 4 在同一个顺反子中，即突变位点 1 与 6、2 与 6、5 与 6 不在同一个顺反子，3、4 在同一个顺反子，因此，6 只能与 3、4 在一个顺反子，即 6 3 4。已知 1 与 2、4、5、6 不在一个顺反子，3 与 4 在一个顺反子，则只有突变位点 1 在一个顺反子，即 1。2 与 1，2 与 3、6 不在一个顺反子，所以，2 只能是在第三个顺反子上，5 与 1，5 与 6 不在一个顺反子，所以也只能与 2 在同一个顺反子上，即 5 2。知道了每个突变位点所在的顺反子便可以非常容易地把表中缺的数据填上。

参考答案：

突变菌株	1	2	3	4	5	6
1	−	+	+	+	+	+
2		−	+	+	−	+
3			−	−	+	−
4				−	+	−
5					−	+
6						−

解题捷径： 先确定哪些位点位于哪个顺反子，然后填充表中的空位。

例题 15. 现有 5 个不能在 *E. coli* K12(λ) 中生长的 $T_4 rⅡ-$ 突变株，将它们两两混合后接种在 *E. coli* K12(λ) 中，结果如下（"+" 表示有噬菌斑生长）。

	1	2	3	4	5
1	−	+	+	−	+
2		−	−	+	+
3			−	+	+
4				−	+
5					

根据表中结果，可以确定几个基因？哪些突变株属相同的互补群？

知识要点：

(1)两个突变型间能互补说明二者的突变位点不在同一个顺反子中，不能互补则说明二者的突变位点在同一个顺反子中。

(2)通常基因间可以互补产生野生型性状，但在链孢霉、酵母菌、大肠杆菌、沙门氏菌等生物中发现也存在基因内互补现象，互补群就是指在基因内互补现象的一系列突变位点构成的一个群体。

解题思路：

(1)根据知识要点(1)对表中数据分析，突变型 1 与突变型 4 在同一个基因；突变型 2 与突变型 3、5 在同一个基因；突变型 3 与突变型 5 在同一个基因。因此，这 5 个突变型涉及 2 个基因。

(2)根据知识要点(2)互补群的概念，可以确定哪些突变株属于同一个互补群。

参考答案： 根据表中结果可以确定 2 个基因。

突变株 1、4 属于一个互补群，突变株 2、3、5 属于一个互补群。

解题捷径： 横行从上往下分析或竖行从右向左分析。

例题 16. *E. coli* 中两个 *trp* 突变位点 *trp*A 和 *trp*B 紧靠 *cys* 位点，一个具有 *cys trp*A 的菌株被来自另一个菌株 *cys trp*B 的噬菌体转导。相反的转导也同时进行，即 *cys trp*B 菌株被来自 *cys trp*A 菌株的噬菌体转导，结果两个实验中挑出的原养型个体数目相等。试分析判断两个 *trp* 突变位点和 *cys* 位点的顺序。

知识要点：

(1)转导过程也是一个同源重组过程，原养型就是形成的 *trp*A *trp*B 重组类型。

(2)产生重组子的数目多少与基因间的距离远近有关。

解题思路：

(1)根据知识要点(1)，该题中所说的转导实质上是基因型为 *cys trp*A 的菌株与 *cys trp*B 菌株之间的同源重组，基因型为 *cys trp*B 的菌株与 *cys trp*A 菌株之间的同源重组。挑出的原养型个体就是指基因型为 *trp*A *trp*B 的个体。

(2)根据知识要点(2)，题中两种转导结果出现的原养型个体数目相等，说明突变位点 *trp*A 到 *cys* 位点的距离与突变位点 *trp*B 到 *cys* 位点的距离相等，因此，位点 *trp*A、位点 *trp*B 只能分别位于 *cys* 位点的两边。

参考答案： 三个位点的顺序为： *trp*A _____ *cys* _____ *trp*B

解题捷径： 两种转导产生的原养型数目相等就说明 *cys* 位点位于中间。

例题 17. *E. coli* Hfr p^{-1} ad⁺str^s× F⁻ p^{-2} ad⁺ str^r(其中 p^1 和 p^2 是两个靠近的基因位置，p^- 为不能利用乳糖作能源)，经过 1h 后，将混合物在有葡萄糖作能源的有 str 的培养基上培养，许多 ad⁺的克隆能利用乳糖。但在反交时即 Hfr p^{-2}ad⁺str^s×F⁻ p^{-1} ad⁺ str^r，得到的 ad⁺克隆很少能利用乳糖的。写出这些基因的位置，并说明理由(在端部)。

知识要点：

(1) 大肠杆菌杂交后产生的能利用乳糖的类型就是重组类型。

(2) 重组类型产生的多少代表了有关基因间的距离远近。

解题思路：

(1) 题中已经告诉 p^1 基因与 p^2 基因靠近，不管哪一个发生突变都使大肠杆菌不能利用乳糖。

(2) 题中正交的基因型实质上是 Hfr $p^{-1}p^{+2}ad^+str^s \times F^-$ $p^{+1}p^{-2}ad^+str^r$，反交的基因型实质上是 Hfr $p^{-2}ad^+str^s \times F^-$ $p^{-1}ad^+str^r$，题的要求是让推导出 p^1 基因与 ad 基因近还是 p^2 基因与 ad 基因近。

(3) 正交是供体菌给了受体菌 p^{+2} 基因，得到许多能利用乳糖的克隆，反交是供体菌给了受体菌 p^{+1} 基因，得到了很少能利用乳糖的克隆。根据知识要点(2)，p^{+2} 基因距 ad 基因远，p^{+1} 基因距 ad 基因近。

参考答案： 基因顺序为：$\underline{p^2 \quad p^1 \quad ad}$

因为题中已经告诉 p^2、p^1 两个基因靠近，因此，二者不可能分别位于 ad 基因的两侧。因为正交中产生的原养型较多，所以 p^2 基因距 ad 基因远。反交中产生的原养型较少，所以 p^1 基因距 ad 基因近。

解题捷径： 关键是搞清楚供体菌、受体菌的基因型，产生原养型多说明相关基因距 ad 基因远，反之则近。

例题 18. 现有 T_4 rⅡ 点突变体 r1～r6，其中 r1、r2、r3 属于一个顺反子，r4、r5、r6 分属另一个顺反子。问：

(1) 将 r1 和 r3 共同感染 *E. coli* K(λ)，结果如何？为什么？

(2) 将 r2 和 r5 共同感染 *E. coli* K(λ)，结果如何？为什么？

(3) 有一 rⅡ 突变体 rx，用它与 r1、r2、r6 分别杂交都能得到 rⅡ$^+$，但与 r3、r4、r5 杂交不能获得 rⅡ$^+$，说明 rx 突变体的特征。

(4) 若将 rx 和 r1 共同感染 *E. coli* K(λ)，结果如何？为什么？

知识要点：

(1) T_4 rⅡ 野生型既能感染 *E. coli* B 菌株又能感染 *E. coli* K(λ) 菌株，都是产生小噬菌斑。T_4 rⅡ 各种突变体能感染 *E. coli* B 菌株，产生大噬菌斑，但不能感染 *E. coli* K(λ) 菌株，无噬菌斑产生。

(2) T_4 rⅡ 区分为 rⅡA、rⅡB 两个区域，属于两个顺反子。

(3) 两个点突变体同时感染 *E. coli* K(λ) 菌株，若能裂解细菌，产生像野生型一样的表型，则此两个点突变不在一个顺反子中。

(4) 缺失突变型由于缺失了某些部位，不能与相应的点突变体发生互补。

解题思路：

(1) 根据知识要点(2)和题中介绍知道 r1、r2、r3 位于一个顺反子中，r4、r5、r6 位于另一个顺反子中。

(2) 根据知识要点(3)可以推导每一种感染情况的结果。

(3) 根据知识要点(4)可知 rx 可能是缺失突变体。

参考答案：

(1) 不能感染 *E. coli* K(λ) 菌株，不能裂解，没有噬菌斑出现。因为 r1 和 r3 位于同一个顺反子中，二者不能互补。

(2) 能感染 *E. coli* K(λ) 菌株，裂解，出现小噬菌斑，因为 r2 和 r5 分别位于两个顺反子中，二者可以互补。

(3) 该突变体 rx 可能是缺失突变体，而且可能是缺失了 r3、r4、r5 区域的片段，从而使该突变体不能与 r3、r4、r5 互补。

(4) 裂解 *E. coli* K(λ) 细胞，会出现小噬菌斑。因为该突变体 rx 除了缺失 r3、r4、r5 区域的片段外，其他部位都是正常的，因此，可以发生互补作用。

解题捷径：两个点突变不在一个顺反子时二者可以互补，感染后产生野生型表型。

例题 19. 色氨酸是使 T 偶数噬菌体吸附于寄主细胞的一个环境条件，这种噬菌体被称为色氨酸依赖型 (C)，某些噬菌体突变为色氨酸非依赖型 (C⁺)。有趣的是当用 (C) 和 (C⁺) 噬菌体感染细菌时，将近一半的色氨酸非依赖型子代在进一步的实验中表现为基因型 (C)，如何解释这种现象？

知识要点：

(1) 基因回复突变的频率是非常低的。

(2) 当两种基因型的噬菌体混合感染大肠杆菌细胞后，会使细胞中出现两种噬菌体的染色体、两种类型的噬菌体外壳蛋白。在噬菌体进行组装时，是一个随机的过程，可能同类的染色体与相关蛋白质组装起来形成噬菌体，也可能噬菌体的染色体与不相关的蛋白质组装起来形成噬菌体。两种情况的发生概率各为 1/2。

解题思路：

(1) 根据知识要点 (1)，题中所说的情况不属于回复突变。因为得到的色氨酸非依赖型的子代中将近有一半在进一步的实验中证明为基因型 (C)。

(2) 根据知识要点 (2)，可以推测是混合感染后在进行组装时，发生了噬菌体的染色体与噬菌体的蛋白质错误组装。

参考答案：这是一种表型与染色体的混合所致，即在组装时 C⁺蛋白包装了 C 的染色体，并且发生的机会为 1/2。而噬菌体的感染取决于蛋白外壳的性质。所以，当这种 C⁺蛋白外壳、C 的染色体的噬菌体再去感染细胞时，就会表现为 C 的表型。

例题 20. 假定你得到一个大肠杆菌的突变菌株，为了确定其基因型，在两种温度下测定其生长的营养需要。将 10^8 个细胞涂布在补充有各种氨基酸的固定基本培养基上，于 25℃ 或 42℃ 培养 (菌苔是细菌在固定培养基上大量生长形成的)。

培养基补充物	温度/℃	菌落生长情况(计数)
His Trp	25	0
His Leu	25	10
Leu Trp	25	菌苔
His Leu Trp	25	菌苔
His Trp	42	0
His Leu	42	8
Leu Trp	42	12
His Leu Trp	42	10

(1) 该菌株的基因型是什么？

(2) 为什么在 25℃ 条件下而不是在 42℃ 条件下，在含有 Leu 和 Trp 的平板上出现菌苔？

(3) 为什么在含有 His、Trp 的平板上不出现菌苔？

知识要点：

(1) 补充培养基是在基本培养基上加上某种或某几种物质而成的培养基。补充培养基可以用来鉴定细菌菌株的基因型。

(2) 在基本培养基上加上某物质生长，不加某物质不生长，则为某物质的缺陷型。

(3)温度敏感突变型记作 T^s,是指仅在某个温度范围内显示与野生型不同表型的突变型。例如,在 25℃ 情况下,表现为与野生型一样的表型;在 42℃ 情况下,表现为与野生型不一样的表型,常常可以表现为致死。

解题思路:

(1)根据知识要点(1)、(2),可推导出该菌株基因型为 Leu$^-$ Trp$^-$。

(2)根据知识要点(1)、(2)以及题中给出的数据,不管是在 25℃ 情况下还是在 42℃ 情况下,在含有 His 和 Trp 两种氨基酸的情况下都没有菌落生长,说明该菌株不是 His 的缺陷型。培养集中只有加上 Leu 和 Trp 两种氨基酸时才能生长出现菌落。

(3)根据知识要点(3),可知该菌株也属于温度敏感突变型 T^s,在 25℃ 情况下培养时,与野生型表现一样,但在 42℃ 情况下培养时则与野生型表现不一样,不能生长形成菌落。

参考答案:

(1)该菌株基因型为 T^s Leu$^-$ Trp$^-$。

(2)因为该菌株同时也为温度敏感突变型。

(3)因为培养基上缺少 Leu。

第十三章　基因表达调控

一、核心人物

1. 莫诺(Jacques Lucien Monod, 1910～1976)

莫诺，法国遗传学家。1910年2月9日生于法国巴黎一个胡格诺派教徒(法国基督教新教徒派)家庭。莫诺的母亲是苏格兰血统的美国人，父亲卢森·莫诺(Lucien Monod)是个画家，爱好音乐和读书，经常阅读达尔文的著作。受父亲画家艺术敏感性和出众的博学的影响，莫诺很小的时候就对生物学非常感兴趣。1917年，莫诺全家移居于法国东南地中海城市戛纳。在进大学前莫诺一直在这里接受小学和中学教育。1928年，莫诺进入巴黎大学文理学院学习自然科学，1931年获理学学士学位。在北部生物实验站实习期间，莫诺结识了泰瑟尔(G. Teissier)、拉普金(L. Rapkine)、利沃夫(A. Lwoff)和伊弗吕西(B. Ephrussi)4位法国生物学家，他们对莫诺的科学生涯具有十分重要的影响，特别是利沃夫，一直是莫诺的老师、同事和终生挚友。

大学毕业后，莫诺受过一年微生物学方面的训练，研究了三年单细胞纤毛虫，还到过格陵兰进行生物学考察。1934年成为巴黎大学动物实验室助教。1936年，伊弗吕西获得洛克菲勒基金会资助在法国发展遗传学。利用这笔资金，伊弗吕西便带上他十分赏识的莫诺，到美国加州理工学院摩尔根实验室学习一年。在那里，莫诺深受摩尔根小组学风的影响，也从此进入遗传学研究领域。莫诺回国后在巴黎大学动物实验室，在泰瑟尔指导下准备博士论文。从1937年起，他听从利沃夫的劝告和指导，改用大肠杆菌进行生理学研究。在实验中，他发现了所谓"双峰生长曲线"(diauxie growth curve)的现象，也就是今天遗传学教材中讲的"二次生长现象"。这实际上已经是莫诺关于基因调控研究工作的非常有意义的开端，也为他几十年后获得诺贝尔奖做好了一个很好的铺垫。1938年，莫诺与犹太姑娘布鲁尔(Odette Bruhl)结婚，布鲁尔是一位考古学家，对中国西藏和尼泊尔艺术有专攻，后来成为一座博物馆的馆长。

1939年9月，二战爆发，1940年6月，巴黎沦陷。在大批学者纷纷逃离法国的情况下，莫诺和他的导师利沃夫选择留在了法国，他们以研究工作为掩护，积极进行抗击德国纳粹的斗争。莫诺先是参与了一些地下报纸的发放工作，接着又加入了更加直接地对抗德国侵略的组织中。他把自己的犹太妻子以假身份安置在巴黎以外的地方，秘密加入了装备最好、最激进的抵抗组织——共产主义武装"党的自由射手"(FTP)。他是一位精明强干的军官，而且成为法国内部抵抗军(FFI)的高级工作人员之一，负责协调德国占领法国后期的抵抗活动。莫诺带人收集武器弹药，策划破坏德军的行动和给养，在盟军进军巴黎期间，帮助协调巴黎的市民暴动等。为祖国的解放竭尽所能，毫不吝啬地奉献自己的才华。

尽管莫诺处在抵抗运动的关键性位置上，成为许多事件的中心人物，但在紧张的对敌工作中，他依然没有放弃自己钟爱的科学研究工作。1941年夏天，莫诺在巴黎大学获自然科学博士学位并留校工作。1943年，为躲避德军的搜捕，莫诺被迫离开巴黎大学，转到巴斯德研究所利沃夫实验室，和利沃夫一起一边从事反法西斯斗争，一边从事细菌遗传学研究。1944 年底，战争结束后莫诺退役回到巴黎大学，全力投入科学研究，重新开始对细菌二次生长现象进行深入研究，由于他的研究内容不被学校重视，1945 年秋天又转到利沃夫所在的巴斯德研究所，在微生物生殖实验室继续其大肠杆菌生理的研究。1950 年，莫诺的好朋友雅各布加入他们的研究工作。1953 年，莫诺任巴斯德研究所细胞生物化学部主任。他和利沃夫、雅各布集中精力对细菌的生长代谢进行研究。1960 年，莫诺受聘为美国艺术和科学学院外籍名誉院士。1961 年，他和雅各布在英国分子生物学杂志上共同发表了《蛋白质合成的遗传调节机制》论文，发现和阐明了基因表达和调控的机理，提出了乳糖操纵子学说。被认为是分子生物学发展史上的一个里程碑，是生命的三大原理之一，在生物学界，基因调控理论被放在与 DNA 双螺旋结构的发现同等的位置。1965 年，莫诺与导师利沃夫以及好朋友雅各布一起获得诺贝尔生理学或医学奖，同年，又成为德国自然科学院外籍名誉院士。1968 年，成为英国皇家学会外籍会员。1971 年，莫诺任巴斯德研究所所长，并出版了《偶然性和必然性》专著，书中对一些科学问题的思考，引起了学术界的高度重视。1976 年 5 月 31 日，莫诺在戛纳患白血病去世，享年 66 岁。

2. 雅各布（Francois Jacob, 1920～2013）

雅各布，法国分子生物学家。1920 年 6 月 17 日出生于法国东北部城市南锡（Nancy）一个中产阶级的犹太家庭。父亲西蒙是一个商人，外祖父是一位四星上将，是雅各布童年时代崇拜的偶像。1927 年，7 岁的雅各布进入巴黎的卡诺中学，1938 年高中毕业，以优异成绩考入巴黎大学，

立志成为一名外科医生。但第二次世界大战的爆发使雅各布中断了学业，1940 年 6 月，德国法西斯攻占巴黎，法国大部分地区沦陷。正在读大学二年级的、刚刚 20 岁的雅各布不甘做亡国奴，毅然痛别故土逃往英国，加入戴高乐将军领导的自由法国军队参加抵抗德国的斗争。不久，雅各布被派到非洲担任医务官员，期间由于战争而受伤，1944 年诺曼底盟军登陆战役中胳膊和腿部受到更加严重的战伤。由于在第二次世界大战中的卓越贡献，雅各布被授予法国军人最高奖赏——十字解放勋章。

二战结束后，雅各布继续学业并于 1947 年提交了博士论文，但由于战伤缘故，雅各布无法从事外科工作不得不放弃理想而转向其他领域的工作。雅各布先后尝试做新闻记者和演员，还曾考虑做公务员从政，但最终在法国青霉素中心找到一份工作，主要负责新抗生素的寻找。期间，雅各布阅读大量生物学书籍，逐渐对这个隐藏巨大潜力领域产生浓厚兴趣，但年龄问题（已接近 30 岁）和知识背景缺乏使雅各布担心是否适合进入这个新的领域。同事鼓励打消雅各布顾虑，并建议加入法国著名生命科学圣地——巴斯德研究所。1950 年，雅各布加入著名微生物学家利沃夫实验室，开始了自己的学术生涯。为弥补生物学基础知识缺陷，雅各布进入索邦大学进修相关课程，迅速熟悉生物学基础知识和最新进展，1951 年获得理学学士学位，1954 年，以《溶原细菌和前病毒概念》的论文获得理学博士学位。1956 年，雅各布被任命为巴斯德研究所的实验室主任。雅各布科学兴趣浓厚、思想活跃、善于钻研、长于实验，他的加盟促进了莫诺和利沃夫的研究，特别是在建立细菌有性繁殖遗传实验分析方法、乳糖代谢体系研究计划的开展起了关键作用。1961 年，他和莫诺在英国分子生物学杂志上共同发表了《蛋白质合成的遗传调节机制》论文，发现和阐明了基因表达和调控的机理，提出了乳糖操纵子学说。为此，1965 年，他与他的导师利沃夫、大师兄莫诺一起获得诺贝尔生理学或医学奖。二战时，他们三人是忠诚的爱国者，是反法西斯的英雄，和平时期又是科研方面的黄金搭档，一起获得诺贝尔奖。三人的爱国情怀和合作精神在生

物学发展史上被作为一段佳话传颂。

在导师和师兄相继去世后，雅各布感到责任重大，主动挑起了研究工作的重担，获得了许多研究成果。雅各布的卓越贡献也得到科学界普遍认可，得到许多荣誉称号。1962 年，当选丹麦皇家艺术与科学院外籍院士。1964 年，成为美国艺术与科学院外籍院士。1966 年，成为法兰西学院教授。1969 年，成为美国国家科学院外籍院士、美国哲学会外籍会员。1973 年，成为比利时科学院外籍院士、英国皇家学会外籍会员。1977 年，成为法国科学院院士。1986 年，成为匈牙利科学院外籍院士。1987 年，成为西班牙科学院外籍院士。1996 年，成为法兰西学院院士。雅各布一生成果颇丰，出版了大量生物学、伦理学和哲学方面的著作，其中 1970 年出版的《生命的逻辑：遗传史》、1981 年出版的《可能与实际》、1997 年出版的《果蝇、小鼠和人》等专著备受人们青睐。雅各布还积极参与社会事务，是法国生命科学伦理委员会成员，他充分利用自己的科学知识毕生致力于反对种族主义和防止遗传学滥用，积极在电视和报纸上宣扬自己的观点。2013 年 4 月 19 日，雅各布在法国巴黎逝世，享年 93 岁。

3. 利沃夫（André Lwoff，1902～1994）

利沃夫，法国微生物学家、分子生物学家。1902 年 5 月 8 日出生于法国的艾奈堡（阿列省）。19 岁时进入巴斯德研究所，一边在实验室工作，一边完成学业。1921 年，利沃夫师从著名的微生物学家 Edouard Chatton，并在 17 年内一直与其共事。在 Chatton 的帮助下，利沃夫进入了巴斯德研究所 Felix Mesnil 的实验室。最初研究寄生纤毛虫的发育环及形态发生。后来，研究原生动物的营养问题。1927 年，利沃夫获医学博士学位，

1932 年获哲学博士学位。

1933 年，利沃夫得到洛克菲勒基金会的资助，得以在海德堡大学 Otto Meyerhof 的实验室工作了一年，研究了鞭毛虫的生长因素正铁血红素、前正铁血红素的特异性在不同数量情况下对生长的影响，以及它在呼吸催化剂系统中所起的作用。1936 年，利沃夫和他的妻子又得到洛克菲勒基金会的资助，在剑桥大学 David Keilin 的实验室中呆了 7 个月。他用辅酶 I 鉴定了流感嗜血杆菌所需的第五因子，并弄清了它对细菌生理所起的作用。他还进行了许多关于鞭毛虫及纤毛虫生长因素的研究，研究了生长因素、功能缺失及生理发育等，然后开始研究溶原性细菌。1938 年，利沃夫博士被任命为巴斯德研究所的部门领导。1940 年 6 月，巴黎沦陷，德国法西斯占领了法国许多地方，满怀爱国之志的利沃夫决定留在法国，一边继续进行研究工作，一边与他的得力弟子莫诺一块积极参加抵抗德国法西斯的活动，给从事抵抗运动的人员提供掩护和一些物品。二战结束后，利沃夫与莫诺恢复了正常的研究工作。1950 年，他的又一个得力弟子雅各布加盟了他的研究团队，加快了研究进程。1950 年，利沃夫带领学生对细菌的溶原现象和溶菌现象进行研究，发现了紫外辐射的诱导作用，提出外界因素能诱导噬菌体的生成。1954 年，利沃夫开始研究脊髓灰质炎病毒的发育对温度的敏感性与神经毒力之间的关系，并在此启发之下开始考虑病毒感染问题，搞清楚了非特异性因素在初次感染的发展过程中起重要作用。1961 年，与他的学生莫诺、雅各布对大肠杆菌的乳糖代谢进行研究，提出乳糖操纵子模型，开创了基因表达调控研究的新领域，极大地促进了分子生物学的发展，1965 年，师生三人同时获得诺贝尔生理学或医学奖。

由于利沃夫的突出贡献，法国科学院曾授予利沃夫许多奖励：拉勒芒奖、努里奖、朗尚奖、肖西埃奖、小奥尔莫瓦奖及夏尔-莱奥波德·迈耶基金会奖等。1956 年，获得英国生物化学学会的基林奖章。1960 年，他还获得法国医学科学院的巴比埃奖、荷兰皇家艺术和科学学院的列文虎克奖章。1954 年成为哈维学会会员。1956 年成为美国植物学会的通讯会员。1959 年，被任命为巴黎

大学理学系微生物学教授。1961 年成为美国生物化学会会员。1962 年成为普通微生物学会的名誉会员。他还担任过国际微生物学会联合会会长、医学科学组织国际委员会会员。他还是法国动物学会会员、法国病理学会会员、法语国家微生物学家学会会长、纽约科学院名誉院士、美国艺术与科学院名誉外国院士、美国国家科学院非正式院士及伦敦皇家学会外籍会员。他还被芝加哥大学、牛津大学、格拉斯哥大学、卢万大学授予名誉博士学位。1994 年 9 月 30 日，利沃夫在法国巴黎因病逝世，享年 92 岁。

4. 利根川进（Susumu Tonegawa, 1939～）

利根川进，日本生物学家。1939 年 9 月 6 日出生于日本名古屋（Nagoya）。其父亲是乡下纺织厂的工程师，因为工作的关系必须要在各个工厂之间轮调，利根川进的童年也就这样随父亲在乡下度过，充分享受了乡间的旷野与自由，无忧无虑地度过了童年时代。他的父母认为教育是父母能给孩子最大的资产，把利根川进送入东京极有名望的日比谷高中（Hibiya High School）就读，他在高中时对化学产生了浓厚兴趣。1959 年，考入京都大学化学系，1963 年获得京都大学化学学士学位，同年前往加利福尼亚大学圣迭戈分校生物系林正树（Masaki Hayashi）实验室，从事 λ 噬菌体的转录调控机理研究，并于 1968 年获得博士学位。

1969 年进入索尔克研究所杜尔贝科（Renato Dulbecco）实验室，重点研究 SV40 病毒在细胞内的转录调节，后接受杜尔贝科的建议，于 1971 年到瑞士巴塞尔免疫研究所任主任研究员，尝试利用分子生物学进行免疫学问题的研究。利根川进运用他自己的分子生物学基础和当时新发明的

限制酶酶切和重组 DNA 等技术对抗体多样性的遗传起因展开了研究，确定了抗体多样性是由 B 淋巴细胞中抗体基因片段的染色体重排和突变所造成的，在否定生殖系理论的同时，证明了体细胞突变理论的正确性。根据估算：抗体基因通过 DNA 重排和突变可以产生 100 亿种不同抗体，提出和证明了抗体多样性产生的机制和原理，改变了"一个基因编码一种蛋白质，在发育和细胞分化过程中不发生变化"的传统看法。1987 年，因其在免疫系统遗传学上的研究成果而获得诺贝尔生理学或医学奖。1981 年，利根川进到美国麻省理工学院癌症研究中心，从事体细胞重组在抗体基因激活方面的作用以及进行 T 细胞的抗原受体方面的研究。发现抗体重链基因的转录需要组织特异性增强子，鉴定、克隆并测定了 T 细胞受体 α 亚基的基因，还发现一个 T 细胞受体新亚基——γ 亚基，这些对理解 T 细胞介导的免疫系统工作机理具有十分重要的意义。之后又转向神经生物学的研究，利用基因敲除技术，对小鼠进行了学习和记忆的研究。改进基因敲除技术使特定基因在成年动物大脑特定区域关闭，第一次鉴定与学习能力相关的基因，即 α-钙离子/钙调素依赖的激酶 II，敲除小鼠表现出空间学习能力受损的表型，这对全面理解大脑功能所有基因活动的研究走出了第一步。利根川进和同事借助小鼠模型，充分利用多学科方法鉴定出多种与学习和记忆有关的基因，还发现这些基因与特定疾病有密切联系，成功制备如精神分裂症、阿尔茨海默病和痴呆等相关动物模型。1996 年，利根川进和同事利用条件敲除技术使小鼠海马 CA1 区域的 N-甲基-D-天冬氨酸受体 1（NMDAR1）缺失，小鼠的空间记忆能力丧失。2001 年，利根川进又发现大脑皮质中 N-甲基-D-天冬氨酸受体基因在神经细胞交流和长期记忆追忆过程中发挥着重要作用。

利根川进曾任麻省理工神经生物学教授以及 Picower 学习和记忆研究所所长、日本理化研究所-麻省理工学院神经路环遗传学中心主任、日本理化研究所脑科学研究所中心主任。1988 年起担任霍华德休斯医学研究所的研究员。利根川进是美国国家科学院外籍院士和美国艺术与科学学院院士。除获得诺贝尔奖和拉斯克大奖外，1982 年，

利根川进还获得过美国哥伦比亚大学授予的 Louisa Gross Horwitz 奖。1983 年，获得加拿大授予的 Gairdner 基金会奖。1986 年，获得德国授予的罗伯特科赫奖。作为一名有成就的科学家，利根川进把"不敢冒险的人，或者只会考试得分的人，是不适合科学研究的""科学家的最重要的才能是要有怀疑的能力，还要有丰富的想象力"这两句话作为自己的座右铭，并经常用这两句话教育自己的学生。

5. 法尔（Andrew Fire，1959～）

法尔，美国分子生物学家、生物医学家。1959 年出生于美国加利福尼亚州圣克拉拉县。本科在加利福尼亚大学伯克利分校主修数学，仅用 3 年时间就拿到了学士学位。求学期间逐渐对涉及生命奥秘的遗传学产生了极大兴趣，并将其作为自己终身的学术追求。法尔曾在美国和英国多所高校和研究机构求学和工作，1983 年获美国麻省理工学院生物学博士学位。

1998 年，仅 39 岁的法尔和好朋友美国马萨诸塞大学医学院教授梅洛在《自然》杂志上共同发表了题目为 *Potent and specific genetic interference by double-stranded RNA in Caenorhabditis elegans* 的论文，报道了基因沉默是由于 RNA 的干扰，阐述了 RNA 干扰的机制。该文被同行称为是"近一段时间来分子生物学最激动人心的发现之一"。被美国《科学》杂志列入 2001、2002 年度十大科学进展之一。他的研究成果开创了基因调控的新的理论和途径，很快被用于基因功能的研究、遗传疾病的诊断和基因治疗，甚至人们把癌症的最后攻破也寄托于 RNA 干扰方面的研究。2006 年，47 岁的法尔因在 RNA 干扰机制方面的突出贡献，与梅洛双双获得了诺贝尔生理学或医学奖。目前，法尔任美国斯坦福医学院病理学和遗传学教授。

6. 梅洛（Craig Cameron Mello，1960～）

梅洛，美国分子生物学家。1960 年出生于美国康涅狄格州纽黑文市。梅洛的父亲是一名古生物学家，梅洛童年时经常跟着父亲在美国西部寻找化石，受父亲的影响，从那时起，他就迷上了远古时代、地球历史和人类生命的起源等问题，可以说是恐龙骨把他引入了生命科学的世界。梅洛读高中时，是生物科学飞速发展的时代，当得知科学家克隆了人类胰岛素基因，并将其 DNA（脱氧核糖核酸）插入到细菌中，可以人工合成无限多的胰岛素，这一成果为全球数百万糖尿病患者带来了福音的科学事件后，梅洛的兴趣逐渐转移到了基因工程方面的研究。他曾回忆说："科学研究能够真正地对人类健康产生影响，这个想法激起了我的兴趣。"1982 年，梅洛在布朗大学获得学士学位，1984 年进入美国哈佛大学，1990 年，在哈佛大学获得博士学位。1990～1994 年在弗雷德·哈钦森癌症研究中心攻读博士后。之后，与好朋友法尔一起进行基因功能方面的研究。1998 年，仅 38 岁的梅洛和好朋友法尔在《自然》杂志上共同发表了题目为 *Potent and Specific Genetic Interference by Double-stranded RNA in Caenorhabditis elegans* 的论文，报道了基因沉默是由于 RNA 的干扰，发现了一个有关控制基因信息流程的关键机制——RNA 干扰。2006 年，46 岁的梅洛因在 RNA 干扰机制方面的突出贡献，与法尔一起获得了诺贝尔生理学或医学奖。自 2000 年起担任霍华德·休斯医学研究所研究员。目前，梅洛在美国马萨诸塞州大学医学院任医学分子生物学教授。

7. 格登（John Bertrand Gurdon，1933～）

格登，英国生物学家，1933 年 10 月 2 日出生于英国。格登自小就对自然科学感兴趣，中学期间，格登前后养了上千条毛毛虫，并且等它们一一孵化成飞蛾，这让他的老师非常厌恶。格登并不是一个聪明的孩子，甚至有些笨头笨脑，常常会因为问一些稀奇古怪的问题而惹老师讨厌。虽然他非常喜爱生物学，但他的生物学成绩很不理想，生物学实验也做得马马虎虎，为此，经常受到老师的冷嘲热讽，这令格登非常苦恼。格登的中学生涯是在英国著名的贵族中学伊顿公学度过的，他的学习成绩并不理想。学校为了提高他们这些"差生"的学习成绩，特意聘请博物馆馆长加德姆给他们补课。格登很高兴，因为加德姆在自然科学方面学识广博，由加德姆当自己的老师，他一定会学到更多的知识。但是，格登的学习成绩总是提不上去，1948 年，15 岁的格登在伊顿公学全年级 250 名男生中，生物课成绩排名最末。1949 年夏季学期期末考试，几门课满分 550 分，格登只得到 231 分，在全班 18 名学生中，排名倒数第一。加德姆对格登的古怪想法和做法感到反感，对学习成绩差、实验动手能力也差，尤其是生物学成绩差的格登感到失望，武断地对他下了个文字性的评语："我相信格登想要成为一名科学家，但从他的表现来看，这个想法简直是痴人说梦……无论对于格登本人以及教育他的老师，（让他学习生物学）都是在完完全全地浪费时间。"加德姆老师的评语使格登暂时放弃了他热爱的自然科学，高中毕业时报考了牛津大学基督学院的古典文学专业。到牛津大学基督学院古典文学系报到后，格登就对自己的选择后悔了，因为他发现自己对文学并不感兴趣，他感兴趣的是

自然科学。他决定挑战加德姆老师的预言，沿着自己的兴趣走下去。于是，他向牛津大学提出申请，从古典文学专业调整到了动物学专业。

在牛津大学攻读硕士学位和博士学位期间，格登成功地让一对成熟的体细胞转换为多功能干细胞。他把一只成年青蛙的体细胞核移植到另一只青蛙的卵细胞里。这个全新的细胞，经过孵化、发育，最终变成一只完整的、发育完全的青蛙。1962 年，在英国《胚胎学与实验生态学》杂志上发表论文，首次指出细胞的特化机能可以逆转，这篇论文在生物界引起了巨大反响，因为在此之前专家们一致认为成熟的细胞发育过程是不可逆的。同年，格登终于在牛津大学获得动物学博士学位。格登的学术观点在 10 年后被生物学界认同，革命性地改变了人们对细胞和生物体的理解，为现代克隆羊的诞生打下了理论基础。2012 年，格登获得诺贝尔生理学或医学奖。颁奖典礼上面对记者镜头的时候，这位 79 岁的老人却把一张中学成绩报告单和加德姆老师的评语放在最显眼的位置，以此告诉后人，即便是小时候最差的学生，只要有追求，不放弃，总有实现目标的时候。这张成绩报告单和评语一直被装裱在一个精致的木质相框中，并且被挂在格登剑桥大学的办公室里，始终是格登追求真理的动力。

二、核心事件

1. 乳糖操纵子的发现

1937 年，莫诺听从导师利沃夫的劝告和指导，改用大肠杆菌进行生理学研究。1940 年，第二次世界大战爆发后，为了能继续进行实验工作，莫诺与导师利沃夫留在了沦陷的巴黎，一边开展研究工作，一边秘密参与反抗德国法西斯的斗争。1940 年末，莫诺用葡萄糖和乳糖同时作为能源对细菌进行培养，开始时曲线上升，在葡萄糖用完时，曲线变得平坦，但是，过一段时间以后曲线再次上升。这就是莫诺发现的细菌"二次生长现象"。为什么会出现这种现象呢？莫诺认为给细菌两种作为能量来源的糖类，它们会先消耗其中一种，再消耗另一种。于是他推测：细菌在利用另一种自己不喜欢的糖类之前，会先把自己最喜欢的糖类用光。但这是一种什么机制呢？为什么

呢？对这一问题的思索，使莫诺有意无意地进入了基因调控的新领域。实际上这是莫诺关于基因调控研究工作的非常有意义的开端，成了莫诺 20 年后取得重大成就的起点，也为他几十年后获得诺贝尔奖做好了一个很好的铺垫。

二战结束后，莫诺和利沃夫马上重新开始了对细菌"二次生长现象"的研究。在相当长的时间里，莫诺受早先有人提出过的"酶的适应作用"这一思想影响，直到 1943 年，莫诺在研究了前人的许多实验和假说的基础上仍然认为，细菌中发现的二次生长曲线是表明酶的适应作用的一种特殊生化模式，"适应酶"是由于对"底物"的适应而从体内已经存在的"前体"转变而来的。但是，到 1948 年，由于他和美国纽约大学的科恩的合作研究，他宣布放弃"酶的适应作用"的概念，建立起"酶的诱导作用"的概念，即分解乳糖的酶是由于"底物"的诱导产生的。"适应酶"也从此改称"诱导酶"。这时，莫诺又发现在乳糖代谢中不是只有一种酶而是有三种酶的共同参与。除了 β-半乳糖苷酶外，还有 β-半乳糖苷通透酶和 β-半乳糖苷转乙酰酶。这三种酶都由一个共同诱导物激活，莫诺推论控制这三种酶合成的基因在染色体上必定是相邻的。

1950 年，另一位反法西斯勇士雅各布，受兴趣驱使，带着伤残之躯，投奔利沃夫而来。雅各布思想活跃、善于钻研，又长于实验，他的加入大大加快了莫诺和利沃夫的研究进程。特别是雅各布建立的细菌有性繁殖遗传实验分析方法对莫诺乳糖体系研究计划的开展起了关键作用。雅各布一方面帮助利沃夫用细菌接合方法分析研究溶原性噬菌体的遗传性，一边与莫诺合作研究蛋白质合成的遗传调节机制。1957 年 9 月，更由于美国加州伯克利大学病毒实验室的帕迪（Arthur Pardee）利用休假来到莫诺实验室工作，使他们三人有机会得以共同进行一项用细菌遗传分析研究乳糖体系的计划，这就是在科学史上十分有名的所谓"Pa、Ja、Mo 实验"（Pa、Ja、Mo 分别由三个人姓名的前两个字母拼成）。"Pa、Ja、Mo 实验"的基本内容是：将能合成 β-半乳糖苷酶的细菌（z^+）与不能合成该酶的细菌（z^-），以及加入诱导物后能合成该酶的细菌（i^+）与不需诱导物就能合成该酶的细菌（i^-），进行相互之间的交配（正反交），记录酶产生的时间和酶活性的增长速度，找出相互之间的关系。这是由帕迪、雅各布、莫诺三人合作进行的一系列实验，主要由帕迪实际操作，是一项既花费时间和精力又十分枯燥乏味的劳动。1958 年 5 月，他们终于完成了实验，在对这一系列实验结果的解释时，发现了细菌的乳糖操纵子，形成了基因调控一个崭新遗传理论的诞生。他们的研究成果由莫诺执笔撰写了名为《蛋白质合成的遗传调节机制》的论文，与雅各布联合署名后，发表在 1961 年英国的《分子生物学杂志》上。

2. mRNA 的发现

1953 年沃森和克里克提出 DNA 双螺旋结构，1958 年克里克进一步提出中心法则，阐明遗传信息从 DNA 到蛋白质传递规律，虽然确定 RNA 是 DNA 到蛋白质的重要中介，但是并没有确定是何种 RNA 发挥了作用。1960 年以前，已经发现了 tRNA 和 rRNA。科学家还发现蛋白质的合成主要是在核糖体完成的，而核糖体富含 rRNA，因此自然推测 rRNA 是 DNA 到蛋白质的中介分子。但是该假说无法解释的事实是，由于 rRNA 种类较少（原核生物中只有 3 种），是无法满足细胞内众多蛋白质种类的需求的。而 tRNA 尽管数量比 rRNA 多一些，但低于 100 个碱基的长度使它们也没有办法对应上千氨基酸组成的蛋白质。这种矛盾就提示着可能存在第三种 RNA。

1960 年，在做了关于细菌乳糖调控代谢的一系列实验之后，莫诺和雅各布大胆提出：应当另有一类不稳定的、寿命很短的 RNA（核糖核酸），把遗传物质从 DNA 传递到核糖体上去，并在那里与核糖体结合，指导核糖体合成蛋白质。他们将这类担负信使作用的 RNA 称为信使 RNA。认为 DNA 指导蛋白质合成需要经过两个步骤：首先以 DNA 为模板产生 mRNA，然后再以 mRNA 为模板合成蛋白质，而核糖体只是作为一个蛋白质合成场所发挥作用，其拥有的 rRNA 并不拥有模板功能。此假说可以有效解释已有大量事实尤其是"Pa、Ja、Mo 实验"结果，还能更精确地预测实验的结果。同年，Franois Jacob 和 Matthew Meselson 确定了蛋白质是在细胞质的核糖体上组装的，指出细胞核里的染色体和细胞中的核糖体之间必然有一种联系的桥梁，即细胞内存在一种将细胞核里的遗传信息转移到细胞质的机制——mRNA 桥梁作用假说。

为了证明是否存在 mRNA，雅各布和 Matthew Meselson 选用细菌为研究对象，将放射性 ^{35}S 加入细菌的培养基，以追踪蛋白质的合成，因为经过几代的培养，细胞内的 Cys 和 Met 应该被 ^{35}S 标记，而被标记的 Cys 和 Met 会被掺入到合成的多肽链上，而不会掺入到 DNA 或糖类上。经过一段时间标记以后，他们使用温和的方法将细菌打破，然后使用蔗糖密度梯度离心对细胞的组分进行分离，结果发现同位素标记的新合成的蛋白质与核糖体结合。如果先让 ^{35}S 短暂标记（脉冲），然后使用大量的 ^{32}S 进行追踪，那么，就会发现与核糖体结合的放射性存留的时间很短，在追踪实验不久，就发现核糖体失去绝大多数放射性，而失去的 ^{35}S 标记出现在细胞的可溶性蛋白上。这说明在脉冲标记期间合成的蛋白质已经完成并离开了核糖体。上述实验表明，蛋白质是在含有 RNA 的核糖体上从氨基酸合成而来，一旦合成完成以后，就从核糖体上释放出来。

当确定核糖体是蛋白质合成的场所以后，雅各布和 Matthew Meselson 曾想过：会不会是核糖体里面的 RNA 作为翻译的模板呢？也许核糖体 RNA 负责将细胞核里的遗传信息传到细胞质。如果的确如此，那么细胞内应该有许多不同的核糖体。不同的核糖体应该含有不同的 RNA 模板，而不同的 RNA 模板应该来自不同的基因，编码大小不一的蛋白质。然而，这种可能性很快就被排除，因为他们发现核糖体是完全一样的。既然编码遗传信息的 DNA 在细胞核里，而遗传信息最后的表达发生在细胞质的核糖体，而现在又发现核糖体 RNA 也不可能是传递信息的媒介，那么，在细胞内肯定存在其他的成分充当遗传信息传递的载体。鉴于细胞内大多数 RNA 是 rRNA，但并不都是 rRNA，那么，也许细胞内还有其他种类的 RNA 充当遗传的信使。1961 年，雅各布和莫诺提出了信使 RNA 假说，认为细胞内肯定存在一种特殊的 RNA 是直接从 DNA 上合成的，它们的序列与 DNA 上的基因序列互补，然后被

运输到细胞质为蛋白质合成提供模板。在一种蛋白质合成结束以后，它的 mRNA 将离开核糖体，为其他的 mRNA "让路"。

1964 年，mRNA 的假说很快得到了布伦纳、雅各布和 Matthew Meselson 的实验确认。病毒感染细菌细胞后，会按照自己的遗传信息合成自己的蛋白质外壳，那么，病毒蛋白质的合成是形成自己的一套核糖体呢？还是利用细菌的核糖体来合成呢？如果是利用细菌的核糖体来合成蛋白质，那么给这个核糖体下达指令的肯定是病毒的遗传信息，即病毒形成 mRNA。他们先使用重同位素标记细菌，然后，在 T_4 噬菌体感染细菌以后，将细菌转移到正常的轻的培养基上培养，同时，将放射线标记的 RNA 合成前体（^{14}C-尿嘧啶）加到培养基上。可以预计，新制造的核糖体将是轻的，新合成的 RNA 将会带放射性。按照上述程序，病毒指导的合成进行一段时间以后，裂解细菌，对核糖体进行 CsCl 密度梯度离心分析。结果表明，病毒感染的细胞没有制造新的轻核糖体，它们使用的核糖体仍然是以前重的旧核糖体。由此可见，T_4 噬菌体实际上 "用旧瓶装新酒"，利用老的细菌核糖体合成新的病毒蛋白质。新的病毒指导的含有 ^{14}C 标记的 RNA 在病毒感染以后被合成，这种新合成的 RNA 先与细菌内旧的核糖体结合在一起，然后再发生解离，当将病毒指导合成的含有 ^{14}C 标记的 RNA 与病毒 DNA 混合在一起时，发现它们很容易杂交，而将病毒 RNA 与细菌 DNA 混合在一起时，并无杂交事件发生。这些实验结果证明 mRNA 假说是正确的。

3. RNA 干扰的发现

早在 20 世纪 70 年代，人们就认识到了 RNA 会影响生物体的整个生命活动。但当时人们对于 RNA 的理解，还仅限于 tRNA、rRNA 和 mRNA 三种类型，并了解这三种 RNA 的主要作用。1990 年，美国 DNA 植物技术公司的里奇·乔根森（Rich Jorgensen）为紫色矮牵牛花插入了另外一份控制紫色的基因，期待能够得到更紫的花朵，结果事与愿违，不仅转入的基因未表达，而且自身的色素合成也减弱了，转基因的花出现了白色或全白色，当时他们把该现象称作共抑制，实际上这就是 RNA 干扰的基因沉默现象，但当时没人注意，

也没人能够解释这种现象。1995 年，中国复旦大学毕业的郭苏赴美国康奈尔大学留学，郭苏和导师肯·康费斯(Ken Kemphues)为了鉴别一个基因，给线虫——一种显微镜下才能看清楚的蠕虫注入了对应的"反义"RNA，同时给对照组的线虫注入了"正义"RNA。反义 RNA 与正义 RNA 的"字母"正好互补。按照传统理论，前者会抑制目标基因，科学家就可以由此确定他们是否找对了基因。结果同样令人困惑：不仅反义 RNA 组的基因被抑制，正义 RNA 组的基因也被抑制了。实际上等于郭苏和导师已经发现了 RNA 干扰，但他们仍然没有合理地解释这种现象，更没有深入地研究下去。在此期间，美国斯坦福医学院的法尔教授和好朋友美国马萨诸塞州大学医学院的梅洛教授以及法尔实验室的技术员中国的留学生徐思群一起进行基因功能方面的研究。他们首次将分子较小的双链 RNA 或单链 RNA 导入线虫基因中，发现双链 RNA 较单链 RNA 能更高效地特异性阻断相应基因的表达，他们称这种现象为 RNA 干扰。1998 年，法尔作为第一作者，徐思群作为第二作者，好朋友梅洛签名联合在英国的《自然》杂志上发表了题目为 Potent and Specific Genetic Interference by Double-stranded RNA in Caenorhabditis elegans 的论文，报道了基因沉默的原因是 RNA 的干扰，并阐述了 RNA 干扰的机制，明确指出给线虫注入正义 RNA 和反义 RNA 组成的双链 RNA，是导致目标基因关闭的原因。他们的成果在于发现了一个有关控制基因信息流程的关键机制——RNA 干扰。后来在对真菌、线虫、果蝇、老鼠等动物细胞的进一步研究中，也发现了这种现象，使 RNA 干扰这种现象得到了生物学界的普遍承认，了解了小 RNA 分子是某些基因沉默现象的"幕后使者"。

4. 细胞全能性的发现

2012 年诺贝尔生理学或医学奖获得者格登在小学、中学阶段学习成绩经常倒数第一，动手能力尤其是做生物学实验的能力很差，经常问老师一些不着调的问题。例如，问老师被砍掉的手指头为什么不能再生？老师回答说因为手指头离开了躯体，没有神经支配了，所以不能再生。他又反问老师，那么，受精卵也是离开了躯体，它

为什么就可以再生呢？一系列的行为和表现，让老师认为格登是一个极差的、愚蠢的学生，在期末考试的评语上"我相信格登想要成为一名科学家，从他的表现来看，这个想法简直是痴人说梦……"这位老师还写到："他连基本的生物学知识都学不会，想在这个领域有所成就完全不可能。"考入牛津大学后，格登从没忘记过老师这些严苛的评语，他把这张成绩报告单和评语装裱在一个精致的木质相框中，放在家中和自己的办公室里，作为激励自己、鞭策自己的一面镜子，暗暗发誓一定要做出一番大事业来证明自己。

不可否认，格登的基础很差，为了通过专业考试，他往往要付出比别人更多的努力和辛苦。牛津大学是一个人才辈出的地方，许多同学已经发表或撰写出了一些有分量的论文，而格登却一直悄无声息。但他一直没有忘记中学阶段他问加德姆老师"被砍掉的手指头为什么不能再生"的问题，他把自己关在实验室里，一次又一次地实验，一次又一次地失败。在最失意的时候，他会自觉不自觉地拿出中学那张最糟糕的成绩单，一遍又一遍地回想老师的预言。往往此时，格登的心里就会产生一种强大的动力，他对自己说："我能行，我要证明自己！"就这样，格登从一次次失败中站起来，重新开始自己的实验；从一次次打击中振作起来，重新调整自己的思路。经过 12 年的艰苦奋斗，格登在牛津大学拿到了生物学博士学位。在博士后的研究中，他完成了一个著名的实验：把一只成年青蛙的体细胞核，移植到另一只青蛙的卵细胞里。这个全新的细胞，经过孵化、发育，最终变成一只完整的、发育完全的青蛙。1962 年，格登在英国《胚胎学与实验生态学》杂志上发表了论文，首次指出细胞的特化机能可以逆转，即发现了体细胞的全能性。这篇论文在生物界引起了巨大反响，因为在此之前专家一致认为成熟的细胞发育过程是不可逆的。按照格登的说法，砍掉的手指头在特定的条件下，是可以像受精卵那样自由生长的。虽然，格登的工作是划时代的，但当时没有引起生物学界高度的重视，10 年后，人们才普遍接受了格登的体细胞全能性的理论。特别是 1997 年 2 月 22 日克隆羊多莉的诞生，使人们再次感到体细胞全能性理论的重要

意义，再次回忆起 35 年前发现体细胞全能性的格登。随着干细胞治疗技术和人造器官技术的发展，体细胞全能性的理论在医学上产生了越来越大的价值。2012 年，因为分别独立发现"成熟、分化的细胞能重新具备未成熟细胞发育成完整个体的能力"，格登获得了诺贝尔生理学或医学奖。当年最差的学生成了当今最聪明的科学家，格登用实际行动证明了自己。

5. 抗体多样性机制的发现

生物或人体每天接触的外界物质多种多样，对每一种有害的物质，人体都能够产生一定的抗体来应对，来保护自己。根据一基因一酶的理论，自然界有多少种物质，人体就要能产生多少种抗体，也就要有多少个基因来编码，实际上人类细胞所含的基因是有限的。那么有限的基因如何编码了那么多种类的抗体呢？20 世纪 70 年代以前，抗体多样性产生的机制一直是困扰免疫学界的一大难题。

1963 年，学习化学专业的利根川进即将大学毕业时，阅读到了莫诺和雅各布关于操纵子理论的论文，被论文中描述的精美理论所吸引，于是，决定改行进入生命科学领域进行研究。在渡边格教授的推荐下，利根川进进入美国加利福尼亚大学圣迭戈分校生物系林正树实验室，从事 λ 噬菌体的转录调控机理的研究，并由此于 1968 年获得博士学位。之后，利根川进仍然在林正树实验室进行博士后研究，重点转向 ΦX174 噬菌体的形态学观察。1969 年 4 月，利根川进转到加利福尼亚大学附近索尔克研究所的杜尔贝科的实验室工作，在这里，学到了许多生物学的新知识，掌握了许多分子生物学的技能。1971 年，在杜尔贝科推荐下，利根川进进入瑞士新建的巴塞尔免疫研究所，从事免疫学问题的研究。当时对抗体多样性的机制有两种理论：一是生殖系理论，认为所有抗体都由专一基因负责；二是体细胞突变理论，认为抗体基因可以发生突变和重组。不管是哪一个理论都缺乏直接的实验证据支持。利根川进凭借自己的分子生物学基础并应用当时发明的限制酶酶切和重组 DNA 技术，进行了实验的探索。他纯化了抗体的 mRNA，然后将其与 DNA 杂交并进行观察，这个实验可有效计算抗体的基因数目，结果表明基因的数目远远少于抗体数目。利根川进用自己的实验证据果断否定了生殖系理论。

为了证明抗体多样性的机制是否为体细胞突变理论，利根川进组织比较庞大的研究团队，对抗体基因的表达进行了深入系统的研究。当时 Southern 分子杂交技术（1975 年发明）尚未发明，DNA 杂交试验的工作非常繁重，需要用限制性内切核酸酶对基因组 DNA 进行消化，然后利用大规模凝胶琼脂糖电泳进行分离，将包含特定条带的凝胶进行回收并在液相反应体系中进行 DNA 杂交。另外，由于切口平移（nick-translation）和 cDNA 克隆技术均尚未发明，因此杂交探针使用的抗体轻链 mRNA 不得不首先从细胞中纯化，然后用放射性碘元素标记。利根川进带领研究团队，克服了重重困难，结果发现来自不产生 Ig 的胚胎细胞和产生 Ig 的骨髓瘤细胞的杂交模式明显不同。1976 年，利根川进比较胚胎细胞（不产生抗体）和骨髓瘤细胞（产生抗体）中抗体轻链基因的分布情况时，惊奇地发现在胚胎期不同抗体基因的距离比较远，而在骨髓瘤细胞中这些基因距离比较靠近，说明生殖细胞在发育成 B 淋巴细胞的过程中，抗体基因出现了重分布现象。利根川进在此基础上对抗体基因的重分布现象及机制进行了全面研究，用 5 年的时间，用一系列坚实的实验证据确定了体细胞突变理论的正确性，即抗体多样性是由于 B 淋巴细胞中抗体基因片段的染色体重组和突变所造成的。根据这种理论，抗体基因通过 DNA 重组和突变可以产生 100 亿种不同的抗体，非常圆满地解释了抗体多样性遗传机制问题。

三、核心概念

1. 基因表达、基因调控

基因表达（gene expression）指通过 DNA 转录和 RNA 翻译等步骤，将基因携带的遗传信息转变为 RNA 转录物或蛋白质的过程。有的基因表达物是蛋白质，有的基因的表达物是 tRNA，有的是 rRNA。细胞生长分化过程中，基因的表达是严格地按照一定的时间顺序和空间发生变化，同时也受细胞内外环境的影响。基因的表达过程就像是在演一部戏，所有的环节在剧本中已经编排好了，每个基因就像是舞台上的一个个演员。

基因调控（regulation of gene expression）指基因活动过程中的有序状态以及对环境变化做出的一整套反应机制。基因调控主要发生在 DNA 复制、转录和翻译三个水平上。其中转录水平的调控是最重要的调控，尤其是原核生物。微生物通过基因调控可以改变代谢方式以适应环境的变化，这一类的调控是短暂的，并且是可逆的。多细胞的真核生物的基因调控是细胞分化、形态发生和个体发育过程，这类调控是长期的，往往又是不可逆的（图 13-1）。

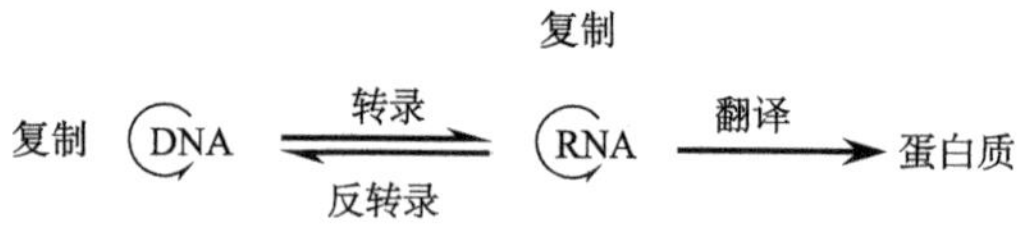

复制
$$复制 \, \widehat{DNA} \, \underset{反转录}{\overset{转录}{\rightleftarrows}} \, \widehat{RNA} \, \overset{翻译}{\longrightarrow} \, 蛋白质$$

图 13-1　中心法则

2. 操纵子、操纵基因

操纵子（operon）指由结构基因、操纵基因和启动基因组成的功能单位。有的教材中认为操纵子包括调节基因，有的认为操纵子仅仅包含结构基因和操纵基因，这些说法都是不适合的。由于调节基因可以距离结构基因较近，也可以较远，甚至可以不在同一个 DNA 分子中，

因此，操纵子不应该包括调节基因。以前，人们把 operon 称作操纵子，但按照习惯的翻译规则，以"on"作词尾的，往往翻译成"元"，"元"代表的是一个单元。再者根据一些外文教材中的提法，这里把"operon"翻译成"操纵元"较合适。

操纵基因（operator）指位于结构基因前端、与阻遏蛋白一起控制结构基因转录的基因。同样，按照习惯的翻译规则，以"or"或以"er"作词尾的，往往翻译成"子"，"子"代表的是一个位点。根据一些外文教材中的提法，这里把"operator"翻译成"操作子"较合适。若调节基因的产物——阻遏蛋白结合到操纵基因上，则 RNA 聚合酶向结构基因的滑动受阻，从而使结构基因不能转录。

3. 调节基因、启动基因

调节基因（regulatory gene）指能产生调节蛋白，对转录起调节作用的基因。因为产生的调节蛋白多为阻遏物，所以又称作阻遏物基因（repressor gene）。

启动基因（promoter）指位于操纵基因上游、可以让 RNA 聚合酶特异性结合使转录启动的基因，也可以称作启动子。启动基因本身不被转录，仅仅是作为 RNA 聚合酶识别和结合的位点（图 13-2）。

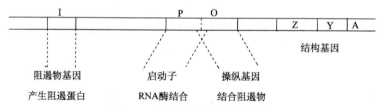

图 13-2　原核生物基因表达调控

4. 组成型基因、诱导型基因

组成型基因（constitutive gene）指可不受外界环境影响连续不断的表达的基因。或者指在所有类型的细胞中均表达，并为所有类型的细胞的生存提供必需的基本功能的一类基因。这类基因在生命周期中始终都在持续表达，所以又称为组成型表达基因，如管家基因（housekeeping gene），这类基因编码的产物大多是所有活细胞的基本成

分，如 tRNA 分子、rRNA 分子、核糖体蛋白质、RNA 聚合酶、参与新陈代谢过程的其他类型的蛋白质等。组成型基因的来源：野生型基因本身、野生型基因突变、其他基因突变等。

由组成型基因产生的、不管诱导与否都持续表达的一些酶称作组成酶（constitutive enzyme），一些蛋白质称作组成型蛋白质。

诱导型基因（inducible gene）指只有在环境诱

导物作用下才表达其活性的一类基因。这类基因易受外界环境影响、不能连续地表达。这类基因对细胞或者个体的发育的重要性逊于组成型基因。这类基因的来源:有些基因本身就是、由组成型基因突变而成等。把促使基因表达活性启动的过程称作诱导,把能够引起诱导反应的物质称作诱导物。有些诱导型基因也称作可调节基因(regulated gene)。

由诱导型基因产生的、只有在诱导时才表达的一些酶称作诱导酶(constitutive enzyme),一些蛋白质称作诱导型蛋白质。

5. 组成型突变、诱导型突变

组成型突变(constitutive mutation)指原本表达活性受调控的诱导型基因突变成表达活性不再受调控的基因。也即诱导型基因变成了组成型基因。

诱导型突变(inducible mutation)指原本表达活性不受调控的组成型基因突变成表达活性受调控的基因。也即组成型基因变成了诱导型基因。

6. 阻遏型操纵子、诱导型操纵子

阻遏型操纵子(repressible operon)指在没有诱导物,操纵子才开放进行转录活动的一类操纵子。例如,大肠杆菌的色氨酸操纵子,没有色氨酸诱导物时,调节基因的产物阻遏蛋白处于游离状态,操纵子开放。有色氨酸诱导物时,色氨酸与调节基因的产物阻遏蛋白结合,形成的复合物同操纵基因结合,操纵子关闭。大多合成代谢的操纵子属于阻遏型操纵子。无诱导物、阻遏蛋白处于游离状态时开放。

诱导型操纵子(inducible operon)指只有在加入诱导物之后,操纵子才开放进行转录活动的一类操纵子,如大肠杆菌的乳糖操纵子。此类操纵子中调节基因的产物与操纵基因结合,操纵子就关闭,调节基因的产物从操纵基因离开,操纵子就开放。所以,此类操纵子的活动关键是利用诱导物促使调节基因的产物从操纵基因离开,是诱导物与调节基因的产物结合,操纵子开放。大多分解代谢的操纵子属于诱导型操纵子。有诱导物、阻遏蛋白处于结合状态时开放。

7. 负控制、正控制

负控制(negative control)指调节基因产物——阻遏蛋白起抑制阻遏结构基因转录作用的控制。例如,大肠杆菌的乳糖操纵子,阻遏蛋白在操纵基因上存在,操纵子就关闭,在操纵基因上不存在,操纵子就开放。

正控制(positive control)指一些调节基因产物——调节蛋白起促进结构基因转录作用的控制。例如,大肠杆菌乳糖操纵子启动基因序列中,有一个 CAP 蛋白结合位点,当 CAP 蛋白与这个位点结合,便对操纵子的转录起极大的促进作用,若 CAP 蛋白没有与这个位点结合,便对操纵子的转录起极大的抑制作用。这个 CAP 蛋白起的作用就属于正控制。

8. 阻遏蛋白、辅阻遏物

阻遏蛋白(repressor protein)又称作阻遏物(repressor),指由调节基因产生的、可以结合在操纵基因上阻止转录启动的一类蛋白质,属于一种负调节蛋白。一般把能对转录和翻译起负调节作用的蛋白质或者 RNA 都称作阻遏物。

辅阻遏物(corepressor)有助于阻遏物与操纵基因结合,使操纵子关闭的一类小分子代谢物质。例如,大肠杆菌色氨酸代谢中的色氨酸便是辅阻遏物,又称作效应物,它与阻遏物结合,改变阻遏物的结构,使其与操纵基因结合,使转录活动关闭。

9. 诱导物、安慰诱导物(无偿诱导物)

诱导物(inducer)指一类能与阻遏蛋白结合而启动结构基因转录的小分子物质。或者指能诱导操纵子开放的一类小分子物质。这类物质包括糖类、氨基酸、核苷等,而且这类物质能被诱导出来的酶所分解,如大肠杆菌乳糖操纵子活动中的乳糖。

安慰诱导物(gratuitous inducer)又称作无偿诱导物、义务诱导物。指能够诱导操纵子开放,合成某种特定的蛋白酶,而本身不是这种特定蛋白酶作用底物的一类物质。这类物质有强的诱导操纵子开放的效应,但不被自己所诱导的酶所分解的物质,如 IPTG 是 β-半乳糖苷酶的安慰诱导物。

10. 顺式作用、反式作用

顺式作用(cis-acting)指只能对其位于同一条染色体上或同一个 DNA 分子上的效应位点发生

的作用,如乳糖操纵子中启动基因、操纵基因、结构基因间的作用。与受其调控的效应基因位于同一条染色体或同一个 DNA 分子上的转录调控区的遗传元件称作顺式元件或顺式作用因子。

反式作用(*trans-acting*)指能对位于独立的另一条染色体上或 DNA 分子上的遗传元件(阻遏基因、转录因子等)发生的作用。反式作用是通过产生一种能够间隔距离发生作用的扩散性物质(蛋白质、RNA 分子等)来干扰调控位于另一条染色体上或 DNA 分子上的其他基因的活性。参与反式作用的遗传元件称作反式元件或反式作用因子。

四、核心知识

1. 乳糖操纵子结构和调控机制

大肠杆菌乳糖操纵子含有 Z、Y、A 三个结构基因,分别编码半乳糖苷酶、通透酶和半乳糖苷乙酰转移酶;此外在结构基因上游还有一个操纵基因 O、一个启动基因 P。在启动基因上游有一个调节基因 I,负责产生阻遏蛋白。在启动基因 P 的序列又分为 CAP 结合位点、RNA 聚合酶识别结合位点(图 13-3)。

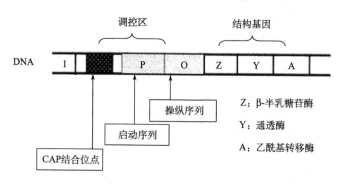

图 13-3　乳糖操纵子

在大肠杆菌正常情况下,也即基因型为 lac⁺、培养基中没有乳糖时,调节基因的产物阻遏蛋白与操纵基因 O 结合,就像一个绊脚石一样,阻止 RNA 聚合酶从启动基因向下游滑动,操纵子处于关闭状态,结构基因的转录活动停止。但当培养基中有乳糖时,乳糖与调节基因的产物阻遏蛋白结合,改变了阻遏蛋白的结构,使其不再能与操纵基因 O 结合,RNA 聚合酶顺利地从启动基因向下游滑动,操纵子处于开放状态,结构基因的转录活动开始,形成分解乳糖的酶。由于在这个调节过程中,调节基因的产物起的是阻遏作用,因此,乳糖操纵子的调控属于负控制。

2. 乳糖操纵子的正控制与葡萄糖效应

在乳糖操纵子启动基因 P 的序列分成 3 个部分,从上游依次是 CAP 蛋白结合位点、RNA 聚合酶识别位点、RNA 聚合酶结合位点。CAP 蛋白是位于大肠杆菌基因组其他部位的 CAP 基因的编码产物。这种产物可以与乳糖操纵子启动基因 P 序列中的 CAP 位点结合,结合后能够极大促进

RNA 聚合酶识别启动基因 P 序列中的 RNA 聚合酶识别位点,促进 RNA 聚合酶高效地与 RNA 聚合酶结合位点结合,结果是促进操纵子转录活动的进行。由于 CAP 蛋白是促进了操纵子的活动,因此属于正控制。

葡萄糖效应(glucose effect)指在葡萄糖存在时会使乳糖操纵子关闭的现象,即培养基中有葡萄糖时,操纵子关闭,不进行转录活动,没有葡萄糖时,操纵子开放,进行转录。那么,为什么葡萄糖有这个作用呢?CAP 蛋白作用时是先与细菌细胞中的 C-AMP(环腺苷酸)结合形成复合物,这个复合物结合到启动基因的 CAP 位点上,促进操纵子转录。C-AMP 是细胞中 ATP 代谢的产物,C-AMP 越多则与 CAP 蛋白形成的复合物越多,就越能促进操纵子开放。那么葡萄糖与 C-AMP 是什么关系呢?

葡萄糖的中间代谢物 X 一方面可以抑制 ATP 到 C-AMP 的过程,使 C-AMP 含量降低;另一方面可以促进 C-AMP 到 5′-AMP 的过程,使 C-AMP

含量更低。C-AMP 含量低,则与 CAP 形成的复合物减少,导致调节基因的 CAP 位点上没有复合物结合,降低了 RNA 聚合酶与启动基因的高效识别与高效结合(图 13-4)。

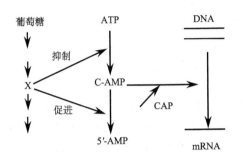

图 13-4 乳糖操纵子的正控制与葡萄糖效应

在培养基中同时存在葡萄糖和乳糖时,大肠杆菌会先利用葡萄糖,等到葡萄糖用完了,再去利用乳糖。但在从利用葡萄糖到利用乳糖的转换过程中会有一个停顿,或者是一个适应期间,在这个适应期间,大肠杆菌的生长受到影响而降低,培养曲线会出现两个峰,这就是莫诺当年发现的"二次生长现象"。这实际上是细菌演化成的节约、节能的一种巧妙机制,当有葡萄糖时,不需要乳糖,所以不需要分解乳糖的酶,操纵子关闭。当需要乳糖的时候,则操纵子活动,形成分解乳糖的酶。

3. 色氨酸操纵子的结构和调控机制

色氨酸操纵子是一个合成代谢操纵子,其结构从上游到下游有启动基因 P,操纵基因 O,5 个结构基因 E、D、C、B、A,5 个结构基因编码三种与色氨酸合成有关的酶。色氨酸操纵子的结构特点是第一个结构基因 E 与操纵基因 O 之间有一个前导肽编码区、一个衰减子区。距离色氨酸操纵子较远的上游存在调节基因 R,负责编码阻遏蛋白(图 13-5)。

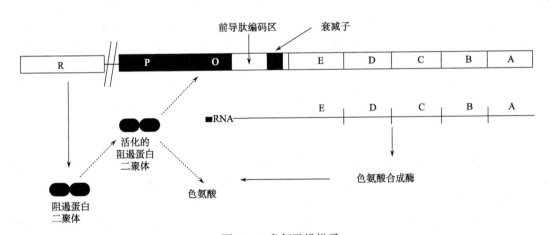

图 13-5 色氨酸操纵子

当培养基中没有色氨酸时,大肠杆菌就需要自己来合成色氨酸。此时,阻遏蛋白不能与色胺酸形成复合物,不与操纵基因结合,使操纵基因上面不存在绊脚石,RNA 聚合酶顺利通过操纵基因,向下游滑动到结构基因,操纵子开放,形成合成色氨酸有关的酶。

当培养基中有色氨酸时,阻遏蛋白与色氨酸形成复合物,其结构改变,这个复合物能够结合到操纵基因上,阻止了 RNA 聚合酶顺利通过操纵基因,由于 RNA 聚合酶不能到达结构基因,因此结构基因不转录,操纵子关闭,不形成合成色氨酸有关的酶。由于在色氨酸操纵子中阻遏蛋白与操纵基因结合就导致操纵子关闭,因此,此操纵子也属于负控制的范畴。

4. 顺式显性的机制

顺式显性(cis-dominant)指仅对位于同一条染色体或者同一个 DNA 分子上的基因呈现显性关系的现象。例如,大肠杆菌乳糖操纵子中操纵基因 O 突变成组成型 O^c,O^c 往往是 O 的显性,但这个显性的实现必须是与结构基因 X 之间是顺式排列，即顺式显性，因为二者位于同一个 DNA 分子上。在大肠杆菌的部分二倍体中，有时会形成这样的基因型：$O^c X^+/O X$，这种基因排列方式属于顺式排列，此时，O^c 基因就是 O 基因的显性，表现为组成型，不管有没有乳糖，操纵子始终开放。但是，当基因型为 $O^c X /O X^+$，此时基因的排列为反式排列，尽管在 DNA 分子上有 O^c 基因，也有正常结构基因 X^+，操纵子不能表现为组成型的，因为 O^c 基因与 X^+ 基因不在同一个 DNA 分子上。操纵子中的调节基因的产物是蛋白质，它的作用是扩散性的，可以跨域作用，所以，调节基因与结构基因之间不存在顺式显性现象，这是在区别哪一个是操纵基因、哪一个是调节基因时重要的鉴别依据。

5. 抗体多样性的遗传机制

人类生活在千变万化、极其复杂的环境中，每时每刻都会接触到各种各样的微生物以及一些类似抗原之类物质的侵扰，从而导致机体致病。为了抵御这些外来侵扰，为了自身继续很好地生存，人类机体必须能形成几十万、几百万甚至更多种相应的特异性抗体来与外界的抗原物质针锋相对，才能免遭其危害，很好地保护自己。抗体是一种免疫球蛋白，是一种蛋白质，根据一般概念，一种蛋白质就需要一个基因来编码，然而，人类基因组才仅有 2 万多个基因，远远不能满足编码多样性抗体产生的需要。那么，人类机体是靠什么机制使为数不多的基因来产生多种多样的特异性抗体的呢？

抗体是由 B 细胞识别抗原后增殖分化为浆细胞所产生的一类能与抗原特异性结合，具有免疫功能的免疫球蛋白（Ig）。免疫球蛋白分子的基本结构是由两条相同的、约含 214 个氨基酸的轻链（L_λ 或 L_κ 链）和两条相同的、约含 440 个氨基酸的重链（H 链）组成的。在每条重链或者轻链上又分为恒定区（C 区）和可变区（V 区），免疫球蛋白种类的多样性就在于每条重链上的可变区（V 区）、每条轻链上的可变区（V 区）是多变的。那么，是什么机制在控制免疫球蛋白重链和轻链上可变区（V 区）的多变性呢？除了可变区的因素之外，还有哪些机制使抗体种类的多样性更丰富呢？

1）重链基因各种片段的随机重组　20 世纪 60 年代美国加州理工学院的 Dreyer 和 Bennett 提出体细胞基因重排学说，认为在 B 细胞成熟过程中，染色体发生了重排，不同的基因片段间进行重新组合，产生新的基因，导致新的抗体的产生。1976 年，日本学者利根川进根据 DNA 重组实验结果，证明了体细胞基因重排学说，提出编码免疫球蛋白肽链的基因是由各个分隔开的 DNA 片段经过剪接重排而形成的，从根本上解释了抗体多样性的问题，1987 年，利根川进为此获得诺贝尔生理学或医学奖。目前，已经知道哺乳类如人类的 B 细胞在骨髓发育成熟过程中，遇到特异性的抗原就会在重组酶如重组激活酶、末端脱氧核苷酸转移酶、DNA 外切酶、DNA 合成酶等作用下，经过剪切、连接、修复等步骤，首先完成重链可变区基因的重排。

人类控制免疫球蛋白 H 链的基因位点在第 14 号染色体长臂上，由编码可变区的 V 基因片段（VH）、D 基因片段（DH）、J 基因片段（JH）、C 基因片段（CH）四类基因片段组成，其中 VH 有 45 种、DH 有 23 种、JH 有 6 种、CH 有 9 种。H 链上的恒定区由 C 基因片段控制，一般是恒定不变的；H 链上的可变区由 VH、DH 和 JH 三种基因片段控制。在浆细胞成熟过程中重链基因的 VH、JH、DH 三种基因片段间可以发生随机重组，不同的组合导致产生不同结构的重链基因。根据这三种基因片段的种类和数目，人体约可以形成：VH×JH×DH=45×23×6=6210 种结构的重链基因。

2）轻链基因各种片段的随机重组　根据体细胞基因重排学说，B 细胞在完成重链可变区基因的重排后，开始轻链（L_λ 链和 L_κ 链）可变区基因的重排。人类控制 L_λ 链的基因位点在第 22 号染色体长臂上，有 Vλ、Jλ 和 Cλ 三类基因片段，其中 Vλ 基因片段有 30 种、Jλ 基因片段有 4 种、Cλ 基因片段有 4 种。L_λ 链上的恒定区由 C 基因片段控制，一般是恒定不变的；L_λ 链上的可变区由 Vλ 和 Jλ 两种基因片段控制。在浆细胞成熟过程中 L_λ 链基因的 Vλ 和 Jλ 两种基因片段间可以发生随机重组，不同的组合导致产生不同结构的 L_λ 链基因。根据这两种基因片段的种类数目，人体约可以产生：Vλ×Jλ = 30×4 = 120 种结构的 L_λ 链基因。

人类控制 $L_κ$ 链的基因位点在第 2 号染色体短臂上，有 Vκ、Jκ、Cκ 三类基因片段，其中 Vκ 基因片段有 40 种、Jκ 基因片段有 5 种、Cκ 基因片段仅 1 种。同样的原理和方法，人体可以产生：$Vκ × Jκ = 40 × 5 = 200$ 种结构的 $L_κ$ 链基因。

3）重链、轻链基因片段的连接　免疫球蛋白重链基因片段之间、轻链基因片段之间的连接方式不太稳定，往往有替换、插入或缺失核苷酸的情况发生。当在两个片段连接时有单个核苷酸插入或缺失发生，将导致密码子错位，形成的免疫球蛋白氨基酸序列发生变化；当在两个片段连接时有多个核苷酸插入或缺失发生，则会导致免疫球蛋白肽链的氨基酸数目发生变化；当在两个片段连接时有替换发生，会使免疫球蛋白肽链中某个氨基酸发生变化。因此，重链、轻链基因片段的不准确连接也会导致形成的重链基因的多样性和轻链基因多样性，最后导致免疫球蛋白——抗体的多样性更加丰富。

4）体细胞高频突变　一般的体细胞自发突变的频率较低，为 $10^{-10} \sim 10^{-7}$，而 B 细胞在完成重链基因、轻链基因的重排后，成熟的 B 细胞在外周淋巴器官生发中心接受抗原刺激后会发生高频度的突变，主要在重链区基因发生碱基点突变。平均每次细胞分裂，每对碱基发生突变的频率约为 $1/1000$，比其他体细胞、其他基因的自发突变率高 10^6 倍。体细胞的高频突变极大增加了免疫球蛋白基因的多样性，同时体细胞高频突变还可以使形成的抗体的亲和力进一步成熟。

以上重链基因各片段的随机重组、轻链基因各片段的随机重组、重链和轻链基因片段的连接、体细胞高频突变等都是在 DNA 水平上形成抗体基因的多样性。在多样性抗体基因指导下，形成多种多样的重链蛋白质分子和多种多样的轻链蛋白质分子。

5）蛋白质重链与轻链间的随机重组　蛋白质重链与轻链间的随机重组是在蛋白质水平上进一步使抗体多样性的过程。免疫球蛋白的两条重链与两条 $L_λ$ 链的随机结合，即 6210 种重链分子与 120 种 $L_λ$ 链分子的随机结合，可以形成：$6210 × 120 = 745 200$ 种免疫球蛋白分子；免疫球蛋白的两条重链与两条 $L_κ$ 链的随机结合，即 6210 种重链分子与 200 种 $L_κ$ 链分子结合，可以形成 $6210 × 200 =$ 1 242 000 种免疫球蛋白分子。以上二者加起来是 $745 200 + 1 242 000 = 1 987 200$ 种免疫球蛋白分子。

如果再考虑到重链和轻链基因片段的连接、体细胞高频突变等因素，人体形成的抗体种类远不止 1 987 200 种免疫球蛋白分子。另外，受体编辑、免疫球蛋白的类别转换等因素也可以大大增加免疫球蛋白结构的多样性。可以说，自然界有多少种抗原物质，人体就能产生多少种免疫球蛋白分子，就能形成多少种抗体。

6. 操纵子结构的组成部分

关于操纵子结构由哪几部分组成，各种遗传学、细胞生物学、生物化学以及分子生物学等教材中说法不一，主要有以下几种观点。

操纵子包括结构基因和操纵基因两部分。例如，1979 年科学出版社出版的《遗传学词典》中认为："操纵子是由操纵基因以及紧接着的若干结构基因组成的功能单位。"1989 年湖南科学技术出版社出版的《遗传学手册》中认为："操纵基因同一个或几个结构基因联合起来，在结构上与机能上形成一个协同活动的整体称为一个操纵子。"1990 年青岛出版社出版的《遗传学》教材中认为："操纵基因与一系列结构基因合起来就成一个操纵子。" 1983 年人民卫生出版社出版的《医学遗传学》书中认为："在细菌染色体上的邻近的几个基因组成一组，其中一个为操纵基因，另外是一些直接受它控制、能决定多肽形成的结构基因，这样一组基因称为操纵子。" 1986 年河南科学技术出版社出版的《常用生物科技词典》中指出："操纵子是由操纵基因和紧接着的若干结构基因所组成的一个功能单位。"显然，在 20 世纪 80 年代人们对操纵子的理解是不合适的。

操纵子包括结构基因、操纵基因、启动基因和调节基因。例如，1991 年化学工业出版社出版的《生物工程名词解释》认为："在染色体上与启动子、操纵基因、结构基因相连接并一律由调节基因加以控制的一系列 mRNA 转录单位称为操纵子。"1998 年南京大学出版社出版的《分子遗传学》指出："一个或几个结构基因与一个调节基因和一个操纵位点组成一个操纵子""后来人们发现参与转录起始的启动子也是操纵子的一部分"。1997 年高等教育出版社出版的《现代分子生物学》认为："大肠杆菌乳糖操纵子包括三个结构基因 Z、Y 和 A，以及启动子、控制子和阻遏子等。"

操纵子由结构基因、操纵基因和调节基因组成。例如，1990 年武汉大学出版社出版的《遗传学》教材中写道："乳糖代谢的操纵子即乳糖操纵子，它包括 Z、Y 和 A 三个结构基因及 i 和 o 两个调节基因。"有的书上把终止基因也划入操纵子的成分，而把调节基因排除在外。例如，1980 年上海科学技术出版社出版的《遗传的结构与功能》一书中对操纵子的描述是："它由三个结构基因 LacZ、LacY、LacA 组成，还有它们自己的启动基因 LacP、操纵基因 LacO 和终止基因 t。"此种观点没有把启动基因列入操纵子结构中，显然是不妥的。

操纵子包括结构基因、操纵基因和启动基因。例如，1983 年中国大百科全书出版社出版的《中国大百科全书·生物学分册》认为："操纵子是细菌的主要的基因调控单位，也就是转录单位。大肠杆菌的乳糖操纵子是第一个被发现的典型的操纵子，它包括依次排列着的启动基因、操纵基因和三个结构基因。" 1982 年上海辞书出版社出版的《简明生物学辞典》中指出操纵子是："一系列在作用上密切相关而又排列在一起的结构基因连同前端紧接着的启动区和操纵基因的总称。"1992 年河南大学出版社出版的《分子遗传学》指出："通常把若干或一个结构基因及其紧邻的操纵基因和启动子组成的一个转录功能单位叫操纵子。" 1991 年高等教育出版社出版的《遗传学》认为操纵子："它是由五个紧密连锁但功能不同的 DNA 区段组成的，其中三个区段分别携带着三个结构基因……在另两个区段上分别携带着操纵基因 O……启动子 P。"

河南师范大学的卢龙斗、杜启艳教授在 2000 年发表论文，认为调节基因不属于操纵子的部分。他们认为调节基因是对操纵子起控制作用的，是凌驾于操纵子之上的一个因素，另外，他们已把操纵子理解为结构紧凑，即紧密连锁的几个部分构成的功能单位和转录单位，而调节基因的位置离结构基因位置可近可远，在大肠杆菌乳糖操纵子中调节基因 LacI 离启动基因仅 82bp，但在色氨酸合成代谢操纵子中调节基因 trpG 在 100min 处，5 个结构基因都在 27min 处，相距甚远，半乳糖分解代谢操纵子中，调节基因 galR 位于 55min 处，结构基因位于 17min 处，也相距较远，在这相距很长的一段距离中肯定还坐落有其他基因，把调节基因划入操纵子的组成部分显然是不合适的。另外还存在着一些定义为一个调节基因及若干个操纵子所组成的一个代谢调节系统的调节子，如鼠伤寒沙门氏菌的组氨酸利用操纵子中是由 4 个结构基因构成两个操纵子，受同一个调节基因 hutC 控制。在大肠杆菌精氨酸合成代谢中有关的 8 个结构基因组成 5 个操纵子，同由一个调节基因控制。大肠杆菌阿拉伯糖分解代谢中 5 个结构基因也组成 3 个操纵子，并同由一个调节基因 C 控制。鼠伤寒沙门氏菌组氨酸合成代谢中的 9 个结构基因组成一个操纵子，在上游由 S、T、W、U、O 五个调节基因所控制。从调节子现象和对调节子的定义来看，操纵子不应该包括调节基因，只有调节子包括调节基因。另外，在基因型为 $i^s o^+ Z^- Y^-/F'i^+ o^+ Z^+ Y^+$ 的大肠杆菌细胞中调节基因 i^s 位于一个操纵区，i^+ 位于另一个操纵区，由于 i^s 是 i^+ 的显性，所以 i^s 的产物既可作用于 $O^+ Z^- Y^-$ 操纵区又可作用于 $O^+ Z^+ Y^+$ 操纵区，从而使细菌的表型为超阻遏的。在此，i^s 与 $O^+ Z^+ Y^+$ 操纵区不连锁或者相距较远而不在一个操纵区中。这种情况也说明操纵子不包括调节基因。

总之，操纵子的概念以及组成是比较混乱的，其造成的原因可能是：第一，由于基因调控理论发展的局限性影响，在不同的年代人们对操纵子的研究水平不同，所以认识也不同。在早期还没有搞清启动基因的作用时人们就认为操纵子仅包括结构基因和操纵基因，在搞清调节基因的作用时，人们又认为操纵子也包括调节基因。第二，受到一些英文原版教材的影响，即使是 20 世纪 90 年代中期出版的一些原版教材中对操纵子的概念依然是众说纷纭。第三，由于各种书的编者所参考接触的资料不同，往往会有不同的认识和理解。依据多数学者的观点，操纵子应该包括结构基因、操纵基因和启动基因。

五、核心习题

例题 1. 现分离了一 DNA 片段,可能含有编码多肽的基因的前几个密码子。该片段的序列如下:

5′CGCAGGATCAGTCGATGTCCTGTG 3′

3′GCGTCCTAGTCAGCTACAGGACAC 5′

(1)哪条链是转录的模板链?

(2)其 mRNA 的核苷酸序列如何?

(3)翻译是从哪里开始的?

知识要点:

(1)mRNA 序列与 DNA 双链中的模板链互补。

(2)mRNA 序列与 DNA 双链中的有义链相比,只存在 U 和 T 的差异。

(3)所有的翻译均需要起始密码子 AUG。

解题思路:

(1)根据知识要点(2)和(3),只有上链中存在 ATG,因此下链为模板链。

(2)根据知识要点(2),只需把有义链中的 T 代换为 U 即为 mRNA 序列。

(3)根据知识要点(3),mRNA 中只有一个 AUG,所以翻译从此开始。

参考答案:

(1)下链为模板链。

(2)mRNA 的核苷酸序列为 5′CGCAGGAUCAGUCGAUGUCCUGUG 3′。

(3)翻译从 AUG 开始。

解题捷径: 每条链都从 3′ 读起,看哪一条链中有 TAC,即哪一条链为模板链。

例题 2. 对于下列的各个大肠杆菌二倍体来说,请指出在添加和不添加诱导物时其 β-半乳糖苷酶和通透酶是否是可诱导的或者组成型的或者是负的。

(1)$I^+O^cZ^-Y^+/I^-O^cZ^+Y^+$。

(2)$I^+O^cZ^+Y^+/I^-O^-Z^-Y^-$。

(3)$I^-O^+Z^-Y^+/I^-O^cZ^+Y^+$。

(4)$I^+O^cZ^-Y^+/I^-O^cZ^-Y^-$。

(5)$I^-O^cZ^+Y^-/I^+O^cZ^-Y^-$。

知识要点:

(1)野生型乳糖操纵子由一个调节基因(lacI)、一个启动序列(lacP)、一个操纵基因位点(lacO)及三个结构基因(Z、Y、A)组成。

(2)操纵基因和启动序列的突变总是顺式显性、反式隐性;调节基因的突变则顺式和反式均为显性。

(3)O^+:阻遏物不存在时,操纵基因开放其操纵子内的结构基因,即位于同一个 DNA 片段(顺式)中的 Z、Y 基因可以编码产生蛋白质;存在阻遏物时,操纵基因关闭其操纵子内的结构基因,即位于同一个 DNA 片段(顺式)中的 Z、Y 基因不能编码产生蛋白质。

O^c:操纵基因的组成性突变,对阻遏物不敏感,处于永久开启状态。

Z^+:如果操纵子是开放的,则产生 β-半乳糖苷酶。

Z^-:一个错义突变,产生一个没有活性的 β-半乳糖苷酶。

Y^+:如果操纵子是开放的,则产生 β-半乳糖苷通透酶。

Y^-:一个错义突变,产生一个没有活性的 β-半乳糖苷通透酶。

I^+：产生可以在细胞内扩散的阻遏蛋白，在没有乳糖时，与 O^+ 结合，使其关闭；在乳糖存在时，与乳糖结合，O^+ 开放。

I^-：由于突变，不能产生有活性的阻遏物。

解题思路：

(1) 据以上知识要点，(1)、(2)、(3) 中均存在 O^c，且顺式的 Z、Y 均有一个拷贝是正常的，所以(1)、(2)、(3) 中 Z、Y 为组成型表达。

(2) 据以上知识要点，(4) 中，Z、Y 基因均为突变型基因，因此无论在何种情况下均不产生有活性的酶。

(3) (5) 中，虽然存在 O^c 但顺式的 Z、Y 均为突变型；与 O^+ 顺式的 Z^+Y^-，因此，Z 基因为诱导型表达，Y 基因无论在何种情况下均不产生有活性的酶。

参考答案：

基因型	表型			
	加诱导物		无诱导物	
	Z	Y	Z	Y
$I^+O^cZ^+Y^+/I^+O^cZ^+Y^+$	+	+	+	+
$I^+O^cZ^+Y^-/I^-O^-Z^-Y^-$	+	+	+	+
$I^-O^+Z^+Y^+/I^+O^cZ^+Y^+$	+	+	+	+
$I^+O^cZ^-Y^-/I^-O^-Z^-Y^-$	–	–	–	–
$I^-O^cZ^+Y^-/I^+O^-Z^-Y^-$	+	–	–	–

例题 3. 在一个含 70% U 和 30% C，并有 RNA 聚合酶的系统中，假定在合成 mRNA 时，核苷酸的连接为随机，则 mRNA 中所有可能的三联体密码子的期望频率为多少？

知识要点：

(1) 遗传密码为三联体。

(2) 某一种核苷酸在某一位置出现的概率与此种核苷酸的含量比例有关，含量比例大，出现的机会就多。

解题思路： 根据知识要点(1)、(2)，每一种三联体密码子出现的概率等于此密码子中三个核苷酸各自概率的乘积。

在该 mRNA 中，U 占 70%，C 为 30%，则它们出现在某一特定位置的概率分别为 70% 和 30%。例如，密码子 UUC 的概率为 70%×70%×30%=0.147。其他的密码子的概率类推。

参考答案： UUU、UUC、UCU、UCC、CUU、CUC、CCU、CCC 的期望频率分别是 0.343、0.147、0.147、0.063、0.147、0.063、0.063、0.027。

例题 4. 一个 RNA 病毒形成的 A、B、C、D、E 5 种蛋白质及每种蛋白质的含量如下：A=250、B=150、C=200、D=50、E=100。有一种点突变使 5 种蛋白质的量发生变化：A=250、B=50、C=200、D=1、E=5。确定这 5 个基因的排列顺序，确定点突变发生的位置，说明蛋白质含量下降的规律和机制。

知识要点：

(1) 在一个含有多个基因的 RNA 分子中，基因的位置越靠前，其表达的量越多，越靠近下游，其表达的量越少。

(2) 极性突变指上游基因发生无义突变对下游基因的影响。例如，基因的顺序为 Z、Y、A，则 Z 基因无义突变会影响下游 Y、A 基因的表达；Y 基因发生无义突变会影响下游 A 基因的表达，不会影响上游 Z 基因的表达。同时在一个基因内发生突变的位置越靠前，对下游基因的影响越大。

(3)翻译开始时 30S 亚基和 50S 亚基结合形成 70S 的复合体，在遇到终止密码子时 50S 亚基脱落下来，30S 亚基继续向下游滑动，遇到又一个起始密码子时，50S 亚基再结合上去。

解题思路：

(1)根据知识要点(1)，依据题中各个基因表达的量，确定 5 个基因的位置顺序。

(2)根据知识要点(2)，确定发生无义突变的位置。

(3)根据知识要点(3)，解释为什么会有极性效应。

参考答案： 5 个基因的排列顺序为：A C B E D。

点突变发生的位置在 B 基因。

由于点突变发生在 B 基因，因此，上游的 A、C 基因的表达量没有受到影响，而 B 基因本身的量受到影响，下游的 E 基因的表达量下降为原来的 1/20，D 基因的表达量下降为原来的 1/50。最下游的 D 基因的表达量受影响最大。这是因为在翻译过程中遇到终止密码子时 50S 亚基脱落下来，30S 亚基继续向下游滑动，遇到下一个起始密码子时，50S 亚基再结合上去。剩下的 30S 亚基向下游滑动过程中容易脱落，而且滑动的距离越长脱落的机会越多。

例题 5. 下表列出了大肠杆菌 lac 操纵子的基因型，请根据以下菌株中基因的特征完成该表的填写。

基因型	β-半乳糖苷酶		通透酶	
	无乳糖	乳糖	无乳糖	乳糖
样品 $I^+P^+O^+Z^+Y^+/I^+P^+O^+Z^+Y^+$	−	+	−	+
a. $I^-P^+O^cZ^-Y^-/I^+P^+O^+Z^+Y^+$				
b. $I^+P^-O^cZ^-Y^+/I^+P^+O^cZ^+Y^-$				
c. $I^sP^+O^+Z^+Y^+/I^+P^+O^+Z^+Y^+$				
d. $I^sP^+O^+Z^+Y^+/I^-P^+O^+Z^+Y^+$				
e. $I^+P^+O^cZ^-Y^+/I^+P^+O^+Z^+Y^+$				
f. $I^-P^-O^+Z^+Y^+/I^+P^+O^+Z^+Y^-$				
g. $I^+P^+O^+Z^-Y^+/I^+P^+O^+Z^+Y^-$				

知识要点：

(1)大肠杆菌中乳糖操纵子的基本知识。

(2)O^c 为组成型突变，即不受阻遏蛋白的影响。

(3)I^s 为超阻遏突变，即无论诱导物是否存在，该操纵子均受阻遏。

解题思路：

(1)操纵基因为顺式调控因子，阻遏蛋白为反式调控因子。

(2)结构基因的野生型对于突变型为显性。

参考答案：

样品	β-半乳糖苷酶		β-半乳糖苷酶	
	无乳糖	乳糖	无乳糖	乳糖
a.	+	+	−	+
b.	+	+	−	+

续表

样品	β-半乳糖苷酶		β-半乳糖苷酶	
	无乳糖	乳糖	无乳糖	乳糖
c.	−	−	−	−
d.	−	−	−	−
e.	+	+	+	+
f.	+	+	−	−
g.	−	+	−	+

例题 6. 从脑、肝和肌肉细胞中分离出细胞核，加入 α-^{32}P-UTP 并使其合成 RNA，同时还加入了抑制 RNA 合成起始的物质。分离出带有放射性的 RNA 与一个基因芯片杂交（每一个方框代表一个基因）。下图为杂交结果，颜色深浅大致代表了与基因芯片杂交的 mRNA 的多少。问：

(1) 为什么基因间的杂交密度会有所不同？

(2) 不同的 RNA 分子在不同组织中呈现出不同的杂交模式有何意义？

(3) 有些基因在三种组织中都表达，它们应该属于什么样的基因？

(4) 为什么在制备反应混合物中要加入 RNA 合成起始抑制剂？

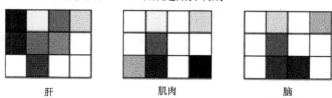

肝　　　　　　　　肌肉　　　　　　　　脑

知识要点：

(1) 基因芯片是把众多不同的 DNA 片段点布在盖玻片上而制成的，其上的每一个点相当于 Southern 杂交中的探针。可以同时检测多种基因的表达。

(2) 分子杂交的本质是 DNA 分子的变性和复性。

解题思路： 基因的表达具有时空特异性。不同的基因在同一细胞或组织中表达的水平差异较大。

参考答案：

(1) 杂交程度的高低代表着不同基因的 RNA 的量不同。

(2) 不同组织中不同基因的表达量存在差异。

(3) 这些基因是管家基因。

(4) 加入 RNA 合成起始抑制剂是为了防止 RNA 的体外合成，以确保实验结果与体内实际情况相符。

例题 7. 指出下列每一种部分二倍体①是否合成 β-半乳糖苷酶?②是诱导型还是组成型？（斜线左侧是质粒基因型，右侧是染色体基因型。）

A. lacZ$^+$lacY$^-$/lacZ$^-$lacY$^+$

B. lacO^{c}lacZ$^-$lacY$^+$/lacZ$^+$lacY$^-$

C. lacP$^-$lacZ$^+$/lacO^{c}lacZ$^-$

D. lacI$^-$lacP$^-$lacZ$^+$/lacI$^-$lacZ$^+$

知识要点：

(1) 大肠杆菌中乳糖操纵子的基本知识。

(2) 操纵基因为顺式调控因子，阻遏蛋白为反式调控因子。

(3)结构基因的野生型对于突变型为显性。

解题思路： 在单倍体中，如果某一基因发生突变，仍能检测到酶的活性，则它一定不是结构基因。如果没有诱导物也可以检测到酶的活性，则这个基因可能是操纵基因或阻遏基因。

lacZ、lacY 为结构基因，lacO 为顺式作用元件，lacI 为反式作用元件，lacP 为启动子。

参考答案：

A. 由于没有 I 和 O 的信息难以分析，但是如果两者默认为均正常，则可以合成 β-半乳糖苷酶，可诱导型。

B. O 发生突变所以组成性表达 Y，假定默认 F′ 的 I⁺O⁺ 能够合成 Z，所以可以合成 β-半乳糖苷酶，由于质粒上的 Z 受 I 调控，因此属于可诱导型。

C. 由于染色体上启动子突变，不能与 RNA 聚合酶结合，因此不能转录 Z，而 F′ 虽然 O 发生突变，可以组成型表达相关基因，但是 Z 基因发生了突变，所以不能合成 β-半乳糖苷酶，故属于组成型。

D. 由于染色体上启动子突变，不能与 RNA 聚合酶结合，所以不能转录 Z，F′ 虽然 I 发生突变，但是由于 I 是反式作用元件，染色体上 I 基因的产物可以作为阻遏物调控 F′ 上 Z 的表达。所以可以合成 β-半乳糖苷酶，故属于诱导型。

例题 8. 根据下表有关大肠杆菌对于某一种酶的诱导合成方面的 3 个突变型的表型，说明哪一个是结构基因？哪一个是操纵基因？哪一个是调节基因？（假定这几个基因和色氨酸操纵子中的基因具有同样的性质。）

基因型		表型	
		不加辅阻遏物	加辅阻遏物
1.	M1++	+	+
2.	+M2+	−	−
3.	++M3	+	+
4.	+++/M1M2M3	+	+
5.	++M3/M1M2+	+	+
6.	+M2+/M1+M3	+	+
7.	M1++/+M2M3	+	−

知识要点：

(1)结构基因能形成酶。

(2)辅阻遏物就是色氨酸。

(3)大肠杆菌中色氨酸操纵子中，调节基因组成型合成一个无功能蛋白——阻遏蛋白。当色氨酸过量时与阻遏蛋白结合形成有功能的阻遏物复合体，与操纵基因结合抑制结构基因的转录，操纵子关闭。当没有色氨酸时，调节基因产生的阻遏蛋白不能形成有功能的阻遏物复合体，不能与操纵基因结合，操纵子开放，结构基因转录。

解题思路：

(1)根据知识要点(1)，分析每一种基因型的表现，若某个基因为"−"的，但仍然有酶形成，则此基因一定不是结构基因。例如，在表中的 1. M1++，有酶形成，则 M1 一定不是结构基因；表中的 3. ++M3，有酶形成，则 M3 一定不是结构基因；M1 与 M3 都不是结构基因，那么 M2 就一定是结构基因了；表中的 2. +M2+，没有酶形成，更说明 M2 是结构基因。

(2)根据知识要点(2)、(3)，表中的 5.＋＋M3/M1M2＋，不管有无色氨酸存在均能检测到酶的活性。假定 M1 是调节基因、M3 是操纵基因，则调节基因的产物阻遏蛋白，不管有没有色氨酸存在，不管是否形成复合物，都不能与操纵基因结合，因为操纵基因突变了。所以，导致不管有没有色氨酸存在操纵子都开放、转录，形成酶。

但是，如果假定 M3 是调节基因、M1 是操纵基因，则调节基因形成的阻遏蛋白，在无色氨酸时不形成复合物，不能与操纵基因结合，操纵子开放，转录形成酶。但当有色氨酸时，阻遏蛋白就与色氨酸结合形成复合物，结合到操纵基因上，操纵子关闭，不转录，不形成酶。但题表中的 5.＋＋M3/M1M2＋，不管有无色氨酸存在均能检测到酶的活性。所以，M3 不是调节基因。

参考答案：M2 是结构基因，M1 是调节基因，M3 是操纵基因。

解题捷径：首先确定哪一个是结构基因，然后分析其他两个基因的性质。

例题 9. 假定分离到一种 lac⁻突变型，遗传分析得知此菌株为 Z⁺Y⁺，又在 i 基因中发现 iˢ 的突变。构建 iˢZ⁺Y⁺/i⁺Z⁺Y⁺部分二倍体，发现是 lac⁻表型；部分二倍体 iˢ Z⁺Y⁺/i⁺OᶜZ⁺Y⁺是 lac⁺。问 iˢ 突变是何性质？

知识要点：

(1)调节基因 I⁺产生一个可扩散的阻遏蛋白，在没有乳糖时，阻遏蛋白与操纵基因结合，抑制操纵子的表达。乳糖存在时，阻遏蛋白与乳糖结合，改变了结构而不再能与操纵基因结合，操纵子开放。

(2)操纵基因 Oᶜ 对各种阻遏物都不敏感，永久开启乳糖操纵子。

解题思路：

(1)根据知识要点(1)，iˢZ⁺Y⁺/ i⁺Z⁺Y⁺部分二倍体的表型是 lac⁻，说明 iˢ 突变是一种超阻遏突变，尽管操纵子中其他基因均正常，也表现为 lac⁻。而且还说明 Iˢ 是 I⁺ 的显性。

(2)根据知识要点(2)，部分二倍体 iˢO⁺Z⁺Y⁺/ i⁺OᶜZ⁺Y⁺是 lac⁺，说明 iˢ 的产物对 Oᶜ 没有作用，不能结合到 Oᶜ 上，操纵子开放转录。

参考答案：说明 iˢ 是超阻遏突变基因，而且 Iˢ 是 I⁺ 的显性。还说明 iˢ 的超阻遏作用对基因 Oᶜ 没有作用。

例题 10. 在一个基因型为 I⁺Z⁺Y⁺的大肠杆菌细胞中，在一个既不含葡萄糖又不含乳糖的培养基上有多少种蛋白质结合到组成 lac 操纵子的 DNA 上？若存在葡萄糖时又有多少呢？若只有乳糖存在时又有多少种呢？

知识要点：

(1)结合到操纵子上的蛋白质均为调节操纵子表达活性的蛋白。

(2)操纵子中能够结合蛋白质的位点包括操纵基因、启动子和上游的 cAMP-CAP 复合物结合位点。

(3)在不同的环境中，不同的蛋白质结合到操纵子上调节操纵子的表达以适应环境。

解题思路：操纵基因开放的条件是启动子上结合 RNA 聚合酶，操纵基因上无阻遏蛋白，cAMP-CAP 复合物结合位点上结合有 cAMP-CAP。关闭操纵子的条件是存在葡萄糖或不存在乳糖，此时阻遏蛋白与操纵基因结合。在葡萄糖和乳糖同时存在时操纵子也关闭。

参考答案：只有阻遏蛋白结合。

只有阻遏蛋白结合。

cAMP-CAP 复合物和 RNA 聚合酶两种。

第十四章 基因的结构和功能

一、核心人物

1. 本则尔（Seymour Benzer, 1921～2007）

　　本则尔，美国遗传学家和现代行为遗传学的创始人，1921 年 10 月 15 日出生于纽约，是家中的第三个孩子，并且还是唯一的男孩。1942 年本则尔从布鲁克林学院（Brooklyn College）获得物理学学士学位，开始的专业是物理学，随后来到普渡大学（Purdue University）并分别于 1943 年和 1947 年获得物理学硕士和博士学位，随后在普渡大学开始了职业生涯。在普渡大学期间，他发现了一种锗晶体，这种晶体后来被用于电子设备控制电流的晶体管中，虽然在当时这是物理学的一个较为前沿的领域，并且在电子学领域有成功的希望，但是随后本则尔却逐渐对生物学产生了浓厚的兴趣。本则尔和二战后的许多物理学家如德尔布吕克和克里克一样，由物理学转移到了生命科学领域。本则尔主要受到薛定谔的著作《生命是什么》的影响，感觉到固态物理和晶体学、基因结构和电子能量水平之间存在着一定的相似性，因此决定放弃物理学而研究生物学。

　　本则尔在 1948 年访问了美国国家橡树岭实验室，随后三年里在加州理工学院德尔布吕克实验室工作，接着在法国跟随利沃夫、雅各布和莫诺工作了一年。就是在这重要的几年间，一方面在这些分子生物学领域的大师身上，本则尔学习

到了重要的经验和知识；另一方面本则尔开始结合自己在物理学方面的背景，开启了自己的生命科学研究。

　　1952 年，本则尔回到普渡大学并成为生物物理学的助理教授，受德尔布吕克和卢里亚在噬菌体研究方面的影响，本则尔选择以噬菌体为材料进行自己的研究。本则尔决定首先研究基因的结构，当时关于基因结构存在多种理论，一些科学家认为基因像细线上穿着的珠子，可以组装但不可以发生交换，但本则尔却推测基因内部应该既可以组装也可以重组。1954 年，他发现基因可以被分成若干个更小的单位，再重组成一种名为突变体（mutant）的新基因，他还画出了第一批详细的基因内部结构图谱。本则尔的顺反子学说使人们对基因的概念有了更深入的认识，本则尔也由于对基因精细结构的研究而与他人分享了 1971 年的拉斯克基础医学奖。

　　本则尔在 1957 年来到英国分子生物学的圣地——卡文迪什实验室与克里克、布雷内等合作，在这期间本则尔为分子生物学的发展做出了卓越贡献，如提出无义突变和无义突变的抑制基因。随后本则尔在 1958 年回到普渡大学，从此开始研究 tRNA 的结构及功能，本则尔开始了一系列的研究，这些研究为理解 tRNA 的作用方式发挥了重要的作用。

　　本则尔在 1960 年以后认为分子生物学的基础已经基本建立，因而再一次改变了研究的方向。这次转变的起因是他的两个女儿，两个女儿的生活环境非常相似，但是行为上却有巨大的差异。从此本则尔对行为学产生了浓厚的兴趣。本则尔选择果蝇作为实验材料。当本则尔开始自己的研究时，许多科学家提出了怀疑甚至嘲笑，大部分学者认为果蝇研究不可能对人的行为研究有多大帮助，但是随后的一系列的成果改变着这个看法。本则尔本身具有令人惊讶的洞察力，他对果蝇行

为遗传学研究的认识，给人类的行为和大脑疾病的研究带来了难以想象的促进作用，由于本则尔的这些贡献，获得了 1991 年的沃尔夫医学奖、1993 年的克拉福德奖、2004 年的盖德纳尔国际奖。

1992 年，本则尔退休成为了加州理工学院的荣誉教授，但现在仍然进行着行为遗传学的研究。1998 年，他和他的同事们宣布，在果蝇中发现了"玛士撒拉"（《圣经·创世纪》中人物，一个高寿的人）基因。这种变异的基因可以使果蝇的平均寿命延长约 1/3。这一发现对研究人类衰老有重大意义，科学家开始思考人类的衰老进程是否可以被掌控。

2007 年 12 月 30 日，在神经遗传学、行为遗传学领域做出巨大贡献的本则尔去世，享年 86 岁。本则尔是一位杰出的科学家，一位具有创新精神的思想家，他以非凡的洞察力在几个不同领域内奠定了坚实的基础。他的同事认为，无论是在研究中，还是在工作之外，本则尔都是一个具有开拓探险精神的人。作为遗传学的先驱，他的研究彻底改变了人们对基因以及基因是如何影响行为这一问题的理解。此外，本则尔还为人们对基因结构和作用的认识做出了重要贡献。

2. 罗伯茨（Richard John Roberts，1943～）

罗伯茨，英国生物化学家、分子生物学家。罗伯茨获得的殊荣还有英国皇家科学院院士、美国人文与科学院院士。1993 年，罗伯茨教授与美国科学家夏普同获诺贝尔生理学或医学奖。

罗伯茨于 1943 年 9 月 6 日在英国的德比郡出生，是家中唯一的男孩子，他的父亲是一位工作繁忙的机械师，而母亲则在家照顾家庭，成为了罗伯茨的第一任老师。 到了 1947 年，罗伯茨全家就搬到了巴思市，罗伯茨的初等教育在这里完成了。布劳科斯是当时学校的校长，是他真正意义上的启蒙老师。布劳科斯给罗伯茨讲了许多知识，数学是布劳科斯着重鼓励罗伯茨学习的科目。在学校期间，罗伯茨喜欢一些智力游戏，还着迷侦探文化，这些都使罗伯茨实际解决难题的能力有很大的提高。罗伯茨的父母给他提供了很好的学习环境，他父亲有一个比较大的书橱，里面涉及了很多化学方面的书籍。在不断的学习过程中，罗伯茨发现了制造火药的方法，并且比较幸运的是没有严重的受伤和爆炸。

罗伯茨在 1959 年的时候进入到了英国谢菲尔德大学，他之所以选择这所学校就是因为化学系非常著名。因为有很好的基础，罗伯茨很快完成了化学、物理和数学等主科，紧接着罗伯茨选择生物化学作为他的副科，随后罗伯茨于 1965 年毕业，同时罗伯茨考取了著名有机化学教授厄利斯的博士。在博士的学习期间，罗伯茨选择的课题由于有实验室人员的帮助以及选择的材料也比较适当，整个课题进展顺利。在博士期间，在科研之外罗伯茨阅读了大师肯德鲁的《晶体学与分子生物学》，造成罗伯茨的研究兴趣继而发生了转变，分子生物学深深地吸引住罗伯茨的目光，随后就决定博士毕业以后的研究方向定为生物化学和分子生物学。

罗伯茨于 1969 年来到美国哈佛大学求学，跟随斯陶敏格学习，斯陶敏格是当时生物化学与分子生物学的讲座教授。分子生物学的许多名词让罗伯茨一开始如坠雾中，但是不久后就熟悉了基本原理以及实验操作。当时，tRNA 测序作为研究对象被罗伯茨选择，在罗伯茨研究之前，只有很少种 tRNA 的序列被测定，以 1968 年诺贝尔生理学或医学奖获得者霍利最早开发的方法为基本方法，但是该方法比较烦琐，罗伯茨在阅读完相关文献后，决定采用剑桥大学分子生物学先驱桑格开发出的更理想的方法。直到 1970 年底，罗伯茨获得了足够纯净的甘氨酸-tRNA，他为了更好地测序来到剑桥大学进行了短暂的学习，他在学习期间对分子生物学的爱好更加强烈。回到哈佛大学后，罗伯茨应用新的方法开始了 tRNA 的测序工作，新的方法非常成功，在著名的英国《自然》杂志上发表了相关研究，因为这种方法在美国是第一次使用，所以许多的研究者开始向罗伯茨学习这种技术。因此许多科学家注意到了罗伯茨的研究，沃森也对他欣赏有加，并热烈邀请罗伯茨加入冷泉港的实验室进行研究。

罗伯茨于1972年9月来到长岛的冷泉港实验室，从此开始了新的研究方向，开始了对限制性内切核酸酶的研究工作。在技术员迈耶斯的帮助下，限制酶的寻找工作开展得十分顺利，其中早期大约3/4的限制酶都是他们实验室发现并阐明的。罗伯茨在冷泉港工作期间，就发现科学界对限制酶的需求在不断增加中，这一发现促使罗伯茨开始考虑是不是可以将限制酶作为一种可以出售的化学试剂，最开始时罗伯茨试图说服实验室来建立一家小的公司，通过公司来管理这项事务，而且可以将盈利返还给实验室，然而比较遗憾的是，沃森和其他科学家都对这个项目缺乏兴趣，缺兴趣的原因是他们认为这不可能获得大量的盈利。后来，罗伯茨遇到新英格兰生物实验室的奠基者克姆，与他谈及此事，巧合的是当时克姆也在考虑出售限制酶，在此基础上二人最终达成了协议。

罗伯茨于1974年接触到了可引起普通感冒的腺病毒，正是这次转变才使罗伯茨最终有了重大发现。罗伯茨发现腺病毒主要感染高等生物，且基因组特征和真核细胞类似，罗伯茨认为这是研究真核生物基因的很好模式。罗伯茨于是在1977年3月与电子显微镜方面的专家周芷夫妇合作，开始使用电子显微镜观察核酸的杂交情况，观察的结果使他们非常吃惊，因为并不是像预期那样一个RNA分子和一段连续DNA对应，而是和4段分割的DNA对应。根据以上证据罗伯茨认为基因中的遗传信息是不连续排列的。随后罗伯茨在紧接着的研究中深入研究真核生物基因结构，从而发现大多数都是断裂基因，断裂基因包含由编码序列的外显子和不编码的内含子，这类基因最早转录出RNA前体，紧接着通过特定的剪接机制将内含子给切除掉，将外显子连接为RNA。鉴于罗伯茨和夏普在"断裂基因方面的独立发现"，他们共同获得了1993年的诺贝尔生理

学或医学奖。

罗伯茨于1992年来到位于贝弗利的新英格兰生物实验室，被任命为研究部主任。限制和修饰机制是罗伯茨目前主要的研究项目，同时将新发现的酶进行分类，且同时研究其特性，因此罗伯茨每过一段时间之后会将相关资料进行整理出版，同时会将相关知识放入他自己建立的数据库。

此外，罗伯茨还在研究DNA测序过程中开创了计算机应用的先河，他在生物信息学方面也有诸多建树。罗伯茨是英国皇家学会院士，此外还是多个学校的客座教授并获得多个名誉博士学位。2005年，谢菲尔德大学化学系将新建的一座大厦以罗伯茨的名字命名，以纪念这位杰出的校友。

3. 桑格（Frederick Sanger，1918～2013）

桑格，英国化学家、分子生物学家。1918年8月13日出生在英格兰雷德考布的一个医生家庭。在他上学期间，学习成绩一般，但是他的父母并没有一味地要求取得高分，而是提供给他一个宽松的家庭环境。由于受到父亲和哥哥的影响，他对生物学产生了浓厚的兴趣，他与哥哥经常一起采集和制作动植物标本，阅读生物学方面的科普书籍。1939年他从剑桥的布里斯顿和圣约翰学院毕业，获自然科学硕士学位。1940～1943年桑格在剑桥大学学习生物化学，以《赖氨酸的代谢》为论文获博士学位。1944～1951年任剑桥大学拜脱纪念基金会研究员，从事化学和医药学研究。

1945年，在前人研究的基础上，桑格开始研究一条肽链上各氨基酸的排列顺序。首先，他尝试确定链上一端（氨基端）氨基酸成分的一般方法。经实验，他采用一种能和游离氨基结合，但不与肽键结合的二硝基氟苯化学试剂（FDNB，后

人以他的名字将其命名为桑格试剂），这种试剂与蛋白质结合产生肽链的二硝基酚（DNP）衍生物，经水解肽链分解成一个个的氨基酸，把标记的 DNP 氨基酸分离出来。由于 DNP 基团呈黄色，因此在纸上层析法的色谱上表现为一个黄色斑点。桑格还测定了肽链的另一端氨基酸，即"C 端氨基酸"。他试着把肽链的几个氨基酸一个个解脱下来，确定它们的末端序列。

1949 年，桑格选择胰岛素作为研究整条肽链的结构是非常恰当的。胰岛素是一种具有激素作用的蛋白质，也是一种最小的蛋白质，它的相对分子质量只有 6000。他和他的同事们先用二硝基氟苯与整个胰岛素反应，发现胰岛素分子中有两个氨基端残基，说明它是由两个肽链所构成的。他们又利用电泳和层析法分离、用酸和酶降解胰岛素及其 A、B 链所产生的碎片，逐个加以鉴定。

1952 年，桑格和他的同事搞清了 A 链和 B 链上的所有氨基酸排列顺序。接着，他们又研究两条链的结合问题。经过了近 10 年的艰苦努力，1955 年，桑格测定了牛胰岛素的化学结构，为此，1958 年，桑格获得诺贝尔化学奖。桑格还用同一方法相继测定了其他 4 种胰岛素的化学结构。桑格不仅发明了测定蛋白质中氨基酸顺序的方法，他对胰岛素结构的研究还为人工合成胰岛素开辟了道路。桑格这一成果对准确研究蛋白质的结构和功能之间的关系及人工合成蛋白质有着重要的意义。

20 世纪 50 年代后期，桑格将他的注意力转移到核酸结构的研究上。经过一段时间的努力，桑格与其他科学家发现了一种测定 RNA 序列的微量 ^{32}P 标记寡核苷酸法。经过不断地研究后，1975 年，桑格发明了一种新的、更巧妙、快速、精确地分析 DNA 序列的方法——双脱氧法。桑格利用自己发明的方法对噬菌体 ΦX174 的 DNA 进行分析，发现其基因组是一个单链环状的 DNA 分子，发现在 ΦX174 的 11 个基因中存在重叠现象，如 B 基因在 A 基因之中，E 基因在 D 基因内部，K 基因在 A-C 基因的连接处，与 A 基因的尾部、C 基因的首部相重叠，D 基因的终止点即 J 基因的开始处，还发现了基因之间的间隔序列现象。为此，1980 年，桑格又一次获得诺贝尔化学

奖。桑格的发明对基因定位、目的基因的分离与合成、基因工程载体构建、杂交探针制备、重组体 DNA 组成和研究基因的复制、表达与调控及鉴定突变、物种差异等方面都具有重大意义。

1962 年，桑格转入新成立的剑桥分子生物学实验室工作，直到 1983 年退休。由于桑格在科学上所取得的巨大成绩，他获得了国内外的多种奖项和荣誉称号，是世界上 4 位两次获得诺贝尔奖的科学家之一。在科学的道路上，他并没有停息，20 世纪 90 年代他把注意力又转到糖的研究上。桑格能够成功，一方面在于他研究眼光独到，选对了研究的目标，他研究所涉及的蛋白质和核酸是生物体中两种最重要的生物大分子；另一方面在于他的性格，桑格的性格比较内向，不擅长做领导人，又无筹措资金的能力。但是，这种性格恰恰使他免于面对多种选择，减少了外来干扰，可以把全部精力集中在自己的研究工作上。2013 年 11 月 19 日上午，桑格在英国剑桥郡阿登布鲁克医院熟睡中安然去世，享年 95 岁。

4. 比德尔（George Wells Beadle，1903～1989）

比德尔，美国分子生物学家。1903 年 10 月 22 日出生在美国内布拉斯加州一户农民家庭，1926 年和 1927 年先后获内布拉斯加林肯大学理科学士和硕士学位。随后，他到康奈尔大学，在遗传学大师爱默生领导的"玉米小组"攻读博士学位，从事玉米细胞遗传学研究。

1931 年获博士学位后，他又到加州理工学院，在遗传学大师摩尔根领导的"果蝇室"从事果蝇细胞遗传学研究。比德尔由于提出"一基因一酶假说"而被公认为生化遗传学的创始人。他最被人称道的成就是和泰特姆共同进行的红色面

包霉营养缺陷型遗传控制的研究。这项工作的前奏则是他和伊弗吕西共同进行的果蝇眼色素变异的遗传学研究。比德尔和 1933 年到"果蝇室"做访问学者的法国胚胎学家伊弗吕西深入讨论后，申请并获得 1800 美元经费（比德尔一直认为这是摩尔根解私囊资助的款项），与伊弗吕西一起到巴黎进行果蝇器官移植的实验，希望能证明这种猜测。这是第一次把基因的作用与控制特定生化反应的酶联系起来了。比德尔和伊弗吕西的论文以《通过移植研究果蝇眼色素的变异》为题发表在 1936 年的《遗传学》杂志上，引起了广泛的重视。不久，他们的解释就得到了生化研究的证实。

1937 年，比德尔到斯坦福大学与微生物学家泰特姆合作，改用链孢霉属的红色面包霉作为实验材料，进一步研究基因发挥作用的机制。红色面包霉因其生活世代短，且以单倍体世代为主，因而突变基因都能得以表达，是遗传学研究的好材料。比德尔和泰特姆先用 X 射线照射红色面包霉孢子以增加突变率，然后将处理过的孢子放到相对接合型的原子囊上进行杂交，从每一个成熟的子囊果取一个子囊孢子接种到完全培养基上使它生长，再将每一株红色面包霉接种到基本培养基上。所谓基本培养基，就是需要红色面包霉进行所有基本合成反应的培养基。野生型红色面包霉当然能在基本培养基上生长。如果某一株系能在完全培养基上生长而不能在基本培养基上生长，即可认定是某种营养缺陷型突变株。如果在基本培养基中添加了某种营养物质后它又能生长了，则可推断出它是哪一种营养缺陷型突变株。比德尔和泰特姆在进行了许多不同类型的营养缺陷型突变株的筛选、鉴定和杂交试验后发现，每一种营养缺陷都在杂交试验中呈现孟德尔分离。这说明，营养缺陷和基因突变是直接相关的，并且每一种基因突变只阻断某一生化反应。人们早已熟知每一种生化反应都特异性地依赖于一种酶的催化。由此，比德尔和泰特姆得出：基因的作用乃是控制一种特定酶的产生；基因突变影响某种酶的正常合成，从而阻断该酶所催化的生化反应，从而影响性状。比德尔和泰特姆的论文以《红色面包霉中生化反应的遗传控制》为题发表在 1941 年的《美国国家科学院院报》上。1945 年，

比德尔和泰特姆正式用"一基因一酶假说"这样简洁的语言来表述他们的思想。"一基因一酶假说"随后又顺理成章地发展成为"一个基因一条多肽链假说"。

基因的作用在于控制一种特定的酶或一条特定多肽链的产生，基因的作用居然如此明确而具体。比德尔和泰特姆在美国冷泉港定量生物学讨论会上作报告时，其反应之热烈只有好几年后的 1953 年该讨论会听取沃森和克里克关于 DNA 双螺旋结构模型的报告时可与之媲美。比德尔和泰特姆以及莱德伯格共获 1958 年的诺贝尔生理学或医学奖。

2001 年，科学家查清人的基因总数仅为 3.5 万左右，人的蛋白质总数显然不止此数，于是有人就指责"一基因一酶假说"是错误的，教科书中再写"一基因一酶假说"更是错误的。他们不知道，"一基因一酶假说"的实质是在于阐明基因的具体作用机制，明确了蛋白质是基因的产物而不是基因本身，这与 20 世纪 60 年代克里克提出的"中心法则"在本质上完全一致，不存在什么"过时"或"错误"的问题。"一基因一酶假说"的提出，是遗传学史上一个极其重要的转折点，它不仅标志着生化遗传学的兴起，也为分子遗传学的诞生做了准备。比德尔当之无愧地被誉为现代生物技术的奠基人。

比德尔是美国国家科学院院士、英国皇家学会会员、丹麦皇家科学院院士。他于 1946 年被选为美国遗传学会主席。他曾获美国耶鲁大学、英国牛津大学等著名大学共 35 种名誉学位和称号，以及美国国家科学院、美国公共卫生协会等颁发的 6 种重要学术奖项。比德尔爱好攀岩、滑雪和园艺；晚年不幸罹患阿尔茨海默病，于 1989 年 6 月 9 日病逝，享年 86 岁。

5. 鲍林（Linus Carl Pauling, 1901～1994）

鲍林，美国化学家、分子生物学家。1901 年 2 月 28 日出生于美国俄勒冈州波特兰市的一户平民家庭。他自小便有强烈的求知欲望，9 岁时读遍家中藏书，父亲特地写信向一家报纸的编辑求援，请求他们为鲍林提供可读书目。小鲍林 9 岁那年，父亲不幸离世，家中生活困难，他不得不打工养家，骑着自行车为邮局送信、到电影院当

放映员、给人送牛奶，这使他小小年纪就养成了相当独立的个性和极强的自信心。鲍林的朋友劳埃德有个小实验室。一天放学后，劳埃德邀请鲍林去观看他的化学实验。劳埃德先将氯酸钾和糖混合在一起，然后在上面滴一滴硫酸，结果引起化学反应，并释放出水、产生出碳。这个有趣的实验使鲍林下决心要当一名化学家。鲍林在读中学时各科成绩都很好，尤其是化学成绩一直名列全班第一名。他经常埋头在实验室里做化学实验，立志当一名化学家。1917 年，鲍林以优异的成绩考入俄勒冈州农学院化学工程系，他希望通过学习大学化学最终实现自己的理想。鲍林的家境很不好，母亲多病，家中经济收入微薄，居住条件也很差。由于经济困难，鲍林在大学曾停学一年，自己去挣学费，复学以后，他靠勤工俭学来维持学习和生活，曾兼任分析化学教师的实验员。大学三年级时他便自学完分析化学，后受校方委托兼任这门课程的讲师。四年级时还兼任过一年级的实验课。鲍林在艰难的条件下，刻苦攻读。他对化学键的理论很感兴趣，同时，认真学习了原子物理、数学、生物学等多门学科。这些知识，为鲍林以后的研究工作打下了坚实的基础。1922 年，他又考取了加利福尼亚理工学院的研究生。同年，他应用 X 射线衍射技术测定了钼晶体的结构。在加州理工学院读研究生期间，他的导师——著名化学家诺伊斯，指导他完成了人生中的第一个科研课题——测定辉铝矿的晶体结构。这项研究的出色完成，让鲍林在化学研究领域初展锋芒，而对他自己而言，这也是一个让他坚定从事科学研究信心的过程。导师诺伊斯的认可，为鲍林开启了更广阔的化学天地的大门，因为导师诺伊斯的推荐，迪肯森、托尔曼给予了鲍林精

心的指导，使鲍林的知识结构更加合理，视野也更加广阔。1923 年，诺伊斯写了一部新书，名为《化学原理》，此书在正式出版之前，他要求鲍林在一个假期中，把书上的习题全部做一遍。鲍林用了一个假期的时间，把所有的习题都准确地做完了，诺伊斯看了鲍林的作业，十分满意。诺伊斯十分赏识鲍林，并把鲍林介绍给许多知名化学家，使他很快地进入了学术界的社会环境中。这对鲍林以后的发展十分有用。1925 年，鲍林以出色的成绩获得化学哲学博士学位。他系统地研究了化学物质的组成、结构、性质三者的联系，同时还从方法论上探讨了决定论和随机性的关系。他最感兴趣的问题是物质结构，认为人们对物质结构的深入了解，将有助于人们对化学运动的全面认识。

在古根海姆奖学金资助下，鲍林到欧洲游学 2 年。在那里，他所接触的都是世界第一流的科学家，如尼尔斯·玻尔等。这使他有机会直接面对科学的前沿问题。当时的科学研究成果表明，原子之间依赖离子键相互连接。鲍林认为，这种说法太过简单，决定对此作更深一层的探究。1931 年，鲍林前往欧洲学习电子衍射方面的技术。回国后，他发表了一篇论述化学键的文章。美国政府为他颁发首届朗缪尔奖。1939 年，鲍林出版了化学史上有划时代意义的《化学键的本质》。此书影响甚远，成为随后数十年来美国化学专业学生的必修教材，还被翻译成多国语言，堪称 20 世纪最有影响力的化学专业书籍。鲍林提出，化学键有混合特征，除了"共价"和"离子"两种极端的化学键外，他还建立了介于两者之间的"杂化"概念。不仅如此，他的突出贡献还有：提出了"电负性"概念、杂化轨道理论，为碳原子的研究开辟了通往有机化学王国的道路。鲍林还把化学研究推向生物学，他实际上是分子生物学的奠基人之一，他花了很多时间研究生物大分子，特别是蛋白质的分子结构，20 世纪 40 年代初，他开始研究氨基酸和多肽链，发现多肽链分子内可能形成两种螺旋体，一种是 α 螺旋体，一种是 g 螺旋体。经过研究他进而指出：一个螺旋是依靠氢键连接而保持其形状的，也就是长的肽键螺旋缠绕，是因为在氨基酸长链中，某些氢原

子形成氢键的结果。作为蛋白质二级结构的一种重要形式，α螺旋体已在晶体衍射图上得到证实，这一发现为蛋白质空间构象打下了理论基础。由于在化学键和蛋白质结构方面的突出研究成果，鲍林在1954年荣获了诺贝尔化学奖。

作为一名和平主义者，鲍林终生为推动和平事业不遗余力。为此，他遭到了美国保守势力的严酷打击，被限制出国。直到1954年他要出国领取诺贝尔化学奖，美国政府才被迫取消了对他的出国禁令。1958年，鲍林向联合国递交了由自己起草、经49个国家11 000余名科学家联合签名的《科学家反对核实验宣言》。迫于强大压力，美、苏、英三国签署了《部分禁止核实验条约》。鲍林因此被授予诺贝尔和平奖。

1970年，鲍林依据自己多年的研究，出版了《维生素C与普通感冒》一书。书中提出了这样的观点：每天服用1000mg或更多的维生素C可以预防感冒。这本书获得了读者的好评，还被评为了当年美国最佳科普图书。但医学界却对这本书及其中提出的观点并不买账，不仅医学权威纷纷激烈地反对鲍林的观点，就连一些权威的医学机构也纷纷表态，对鲍林予以驳斥，甚至有人还将他讥讽为"江湖医生"，一时间，鲍林深陷重围，大有晚节不保的意味。但鲍林哪肯就此低头，他于1979年又与卡梅伦博士合作了《癌症和维生素C》一书，建议癌症患者"尽可能早地开始服用大剂量维生素C，以此作为常规治疗的辅助手段。"该观点一提出，鲍林便再度遭到了医学界的炮轰。为了证明自己观点的可信性，鲍林曾8次向国家癌症研究所申请资助，希望通过动物实验做进一步的研究，但这些申请均遭到了否定。尽管如此，有些患者还是用自己的实际案例来支持鲍林，不过这对于改变当时鲍林所处的境况帮助甚微。鲍林与医学界最大的分歧，在于维生素C每天的服用量上。直到鲍林去世之前，双方仍各执一词，美国的权威机构——食品营养委员会对维生素C的推荐剂量是每天60mg，而有些营养学家认为只需要每天30～40mg就足够。但鲍林推荐的剂量，却是专家推荐剂量的几十倍甚至几百倍。

鲍林在世时，几乎是孤立无援地对抗医学权威的猛烈炮火，为此还饱受嘲弄与轻蔑。或许真是世事弄人，在鲍林去世之后，对鲍林冷嘲热讽的医学权威们，却在维生素C的剂量和作用的认识上，悄然发生了变化。如今，论争仍在继续，虽说医学界仍不认为维生素C是治疗癌症的灵丹妙药，但美国和世界各国的许多专家学者已经亦步亦趋地朝着鲍林的观点接近。鲍林是第一个提出"分子病"概念的人，他通过研究发现，镰状细胞贫血就是一种分子病，包括了由突变基因决定的血红蛋白分子的变态。即在血红蛋白的众多氨基酸分子中，如果将其中的一个谷氨酸分子用缬氨酸替换，就会导致血红蛋白分子变形，造成镰状细胞贫血。

在人类历史上，鲍林是第一个独得两个领域诺贝尔大奖的伟人。鲍林的人生，因为对化学研究的执着和对和平事业的追求，两度登上诺贝尔奖的领奖台，享受如潮水般的掌声，然而，他却因晚年涉足医学领域而饱受争议，孤军奋战长达20年之久。或许他的很多观点，仍尚待时间的检验。但他对科学的不懈追求，对未知的无畏探索，却是在任何时代都不可或缺的精神。

晚年，鲍林提出用维生素C抗癌的建议，为医药事业做出了巨大贡献。不幸的是，他自己却抵不过癌症病魔的袭击，于1994年8月19日在大瑟尔附近的农场逝世，享年93岁。

6. 泰明（Howard Martin Temin, 1934～1994）

泰明，美国分子生物学家，1934年12月10日出生于美国宾夕法尼亚州费城。他的父亲亨利是一位辩护律师，而母亲安妮特则从事市政工作，特别是教育方面。泰明是他们3个儿子中的第2个。哥哥米歇尔后来也是费城的一位辩护律师。

弟弟彼得是坎布里奇麻省理工学院经济学教授。泰明在费城的公立学校接受初中和高中教育。他对生物学的特殊兴趣是在 1949~1953 年形成的。那段时间的夏季，在缅因州巴尔港和费城肿瘤研究所先后为高中学生安排了一些项目，泰明都积极地参加了。1951~1955 年泰明以优异成绩进入斯沃思摩尔学院学习生物学。1955 年在杰克逊实验室经过一个夏季以后，泰明成为加州理工学院生物系的研究生，主修实验胚胎学。一年半以后，改而从事动物病毒学，并在雷拉托·杜贝科教授的实验室作博士研究生。泰明的博士论文是关于劳斯肉瘤病毒的。关于这种病毒，泰明早期的研究是与亨利·鲁宾博士一同进行的，鲁宾也是杜贝科实验室的博士后研究生。在加州理工学院，泰明还极大地受到德尔布吕克教授和梅塞尔森博士等的影响。

1959 年，泰明在博士学位论文完成后又在杜贝科实验室做博士后研究。在这一年，泰明进行了一些实验，这使他在同年提出关于劳斯肉瘤病毒的"前病毒假说"。1960 年，泰明转到威斯康星大学麦迪逊分校医学院肿瘤学系，成为麦克阿戴尔肿瘤研究实验室的助理教授。在一间地下室里进行组织培养和生物化学实验。在此，他完成了那些在 1960 年提出而在 1964 年形成的 DNA 前病毒假说的实验。

在遗传科学发展史上，沃森和克里克在发现 DNA 双螺旋结构之后，很快涉及遗传信息传递问题，紧接着提出了遗传的中心法则，即 DNA—RNA—蛋白质。按照中心法则，遗传信息的流动是单方向的。泰明在遗传科学领域的最大贡献是，他和巴尔的摩（D. Baltmore）在对劳斯鸡肉瘤等病毒的研究中发现了反向转录酶，从而使克里克分子生物学的中心法则得以修正而更加完善。尽管克里克的原始公式并不排斥遗传信息从 RNA 到 DNA 的逆向传递，但自然界中的生物体似乎并不需要这样一种逆向传递，而且有许多生物学家当时认为，一旦揭示出这种逆向传递，就会动摇中心法则。

泰明则在 20 世纪 60 年代初进行了一项揭示出遗传信息从 RNA 传递到 DNA 的实验。他用了劳斯肉瘤病毒（RSV）作为实验材料，这种病毒因在 50 年前劳斯在洛克菲勒研究所的发现而命名，能使家禽产生肿瘤。泰明用这种病毒进行了一系列实验。例如，他证明这种病毒既不是像痘病毒那样的 DNA 病毒，也不是脊髓灰质炎那样的纯 RNA 病毒，而是一种基因组由 RNA 和 DNA 交替组成的病毒。泰明和胡宾（H. Hubin）等在加利福尼亚理工学院进行的研究表明，劳斯肉瘤病毒能感染某些细胞，并把它们转化成肿瘤细胞。一般来说，多数病毒的增殖与细胞的分裂是对抗的，即病毒引起感染细胞的死亡。而感染劳斯肉瘤病毒的雏鸡细胞，不仅存活下来，而且继续分裂并产生新的病毒颗粒。

在 20 世纪 60 年代初期，已发现一种抗生素——放线菌素 D，可以用来阐明有 RNA 病毒感染的细胞内遗传信息的传递方式。放线菌素 D 能抑制以 DNA 为模板的 RNA 的合成，但不影响以 RNA 为模板的 RNA 合成。泰明把放线菌素 D 加入形成 RSV 的细胞培养物中，发现这种抗生素抑制了全部 RNA 的合成。而正像所期待的那样，以一种 RNA 病毒基因组为模板复制 RNA，则可以无阻碍地进行。这一结果首次直接证明，RSV 复制的分子生物学与其他 RNA 病毒是不同的。放线菌素 D 的实验使作者提出了 DNA 前病毒假说。这一假说认为：RSV 是通过一种 DNA 中间物而进行复制的。

泰明和巴德尔（J. B. Bader）在国立癌症研究所进行的另一些实验也支持了上述假说，即用 RSV 感染细胞，需要以 RNA 为模板合成新的病毒 DNA，这种病毒 DNA 的合成不同于细胞正常的 DNA 合成。但是，泰明的前病毒假说要得以稳固确立，必须要找到一种中间产物病毒 DNA 作为重要证据才行。

1969 年，水谷哲（S. Mizutani）来到泰明实验室进行博士后研究，他发现：在有蛋白质合成抑制物存在的条件下，用 RSV 处理静态细胞培养物，细胞仍能受到感染。泰明认为，这个实验说明：能以病毒 RNA 为模板合成 DNA 的酶在细胞受到感染以前就已经存在了。泰明因此决定在 RSV 颗粒中寻找能以病毒 RNA 为模板的 DNA 聚合酶。后经几个月的实验，终于成功地证明了在纯化的 RSV 颗粒中存在着一种 DNA 聚合酶。

在泰明早期的文章中，他把这种新发现的病毒酶称作"依赖于 RNA 的 DNA 聚合酶"，因为 RNA 是模板，DNA 是产物。后来发现这种酶也可用 DNA 为模板合成 DNA，因此改称为"RNA 指导的 DNA 聚合酶"，而《自然》杂志最先把这种酶单独称为"反转录酶"，泰明认为它的含义不明确，因此也不喜欢这一名称，但是反转录酶这一名称已得到了广泛传播。

在 1971 年，已报道在人的肿瘤细胞中也发现了依赖于 RNA 的 DNA 聚合酶。泰明认为这在胚细胞分化过程中可能起着重要作用。并且他认为，这一发现最重要的意义还有可能消除关于癌症起源的病毒学说和遗传学说之间的矛盾对立。从现有的实验结果来看，泰明关于癌症起源的假说已越来越得以证实。由于泰明在发现肿瘤病毒与细胞遗传物质的相互作用方面的重大贡献，1975 年他与巴尔的摩和杜贝科共同获得诺贝尔生理学或医学奖。

自 1970 年 DNA 前病毒假说被普遍承认以来，泰明获得了许多荣誉。这包括与巴尔的摩一起获得的 3 年一度的沃伦奖、佛罗里达州迈阿密早期癌症检查研究所的帕普奖、得克萨斯州豪斯顿 M. D.安德森医院和肿瘤研究所贝特纳奖、美国国家科学院分子生物学 U. S.斯蒂尔基金奖、美国酶化学学会奖、法国维里祖夫肿瘤发育研究会格里夫奖、美国肿瘤研究会克洛斯奖、盖纳国际奖(与巴尔的摩一起)、艾伯特·拉斯卡基础医学研究奖以及从斯沃思摩尔学院到纽约医学院的荣誉学位。

泰明是美国艺术科学院成员，也是美国国家科学院成员。泰明于 1962 年与雷拉·格林伯格在纽约布鲁克林结婚。雷拉是一位群体遗传学家，也是一位贤内助，他们生有两个女儿。泰明于 1994 年 2 月 9 日在美国费城逝世，享年仅 60 岁。

二、核心事件

1. 基因三位一体概念的形成

基因三位一体指的是基因是一个功能单位，是一个重组单位，是一个突变单位，即一个基因控制一个性状，重组时是以基因为单位发生的，突变时也是以基因为单位发生的。基因三位一体概念的形成经历了不同的历史时期。1866 年，孟德尔在豌豆杂交试验论文中，把控制性状的某种物质称作"因子"(factor)，用大写英文字母表示显性因子，如 A、B、C、D 等，用小写英文字母表示隐性因子，如 a、b、c、d 等。因子作为性状的符号，可以从亲代忠实地传递给子代，表明生物的某种性状由因子负责传递，遗传下来的不是具体的性状，而是因子，同时孟德尔提出了因子传递的分离定律和自由组合定律，认为一个因子控制一个相应的性状，因子与性状完全是一对一的关系。例如，A 因子控制豌豆的红花性状，a 因子控制豌豆的白花性状。1909 年，约翰逊提出"基因"这一术语，用它来指任何一种生物中控制任何性状而其遗传规律又符合孟德尔定律的"因子"。1910 年美国遗传学家摩尔根通过对果蝇的研究，创立了遗传的连锁互换定律，也认为在果蝇中基因与性状是一对一的关系。例如，基因 R 控制果蝇的红眼性状，基因 r 控制果蝇的白眼性状。孟德尔当年提出的因子就是今天我们说的基因，也就是一个基因控制一个性状。

1910 年，美国遗传学家摩尔根在果蝇中发现白眼突变型，说明基因可以在自然条件下发生自发突变，1927 年，摩尔根的弟子穆勒用 X 射线照射果蝇，使果蝇产生了各种各样达几千种的突变型，证明了基因可以在外部条件干预下发生诱发突变，开辟了辐射遗传学、基因突变研究的新领域。穆勒将产生的突变型分别与野生型杂交，其遗传传递符合孟德尔的定律和摩尔根的连锁互换定律，由于摩尔根、穆勒的研究工作及 20 世纪 50 年代以前一些遗传学家的工作，人们逐渐形成了基因是一个突变单位的概念，认为在发生突变时是以一个基因为单位进行的，也即发生突变的最小单位是基因。

1910 年，美国遗传学家摩尔根对果蝇的许多性状的遗传进行了深入研究，发现控制果蝇性状的众多基因有连锁在一起往后代传递的趋势，同时也有互相分开单独往后代传递的现象，大量的实验数据和正确的分析，创立了连锁互换定律，测定了连锁基因间的相对距离，对每个基因进行了基因定位，绘制了果蝇的连锁图。摩尔根当年的工作以及 20 世纪 50 年代以前一些遗传学家的工作，使人们形成了基因是一个交换或重组单位的概念，认为在进行交换时是以一个基因为单位进行的，也即发生交换的最小单位是基因。

2. 基因三位一体概念的打破

20 世纪 50 年代以前，基因三位一体概念逐渐形成并被遗传学界普遍接受。但随着科学的发展、研究手段的改进以及研究内容的深入，基因三位一体的概念逐一被打破。1866 年，孟德尔在豌豆杂交试验中就发现豌豆开红花的植株同时结灰色种皮的种子，叶腋上有黑斑；开白花的植株同时结淡色种皮的种子，叶腋上无黑斑；1909 年，瑞典遗传学家尼尔森·厄勒研究了小麦种皮的红色与白色的遗传传递，提出控制小麦种皮颜色的基因有 3 个；在 20 世纪 30 年代就形成的基因互作、多因一效、一因多效概念等，实际上都是对基因是一个功能单位概念的质疑。而真正用实验数据打破基因是一个功能单位、一个基因对一个性状概念的是 1937 年比德尔与泰特姆的工作，他们用诱变剂处理红色面包霉得到各种营养缺陷型突变体，其中一种精氨酸缺陷型性状是由精氨酸代谢过程中（鸟氨酸到瓜氨酸到精氨琥珀酸到精氨酸）所需的 argE、argF、argG、argH 4 种酶不正常所致。说明精氨酸代谢这个性状需要 4 个基因作用，他们提出了"一基因一酶假说"，即一个基因并不能决定一个性状，而是几个基因才决定一个性状。1955 年，美国遗传学家本则尔证明 T_4 噬菌体 R_{II} 区的 RIIA 基因决定一条多肽链，RIIB 基因决定一条多肽链，两条多肽链合起来才形成一种酶，才使 T_4 噬菌体在大肠杆菌 K 菌株上生长。可见 T_4 噬菌体在大肠杆菌 K 菌株上生长这个性状需要 2 个基因。以上两项划时代的研究工作，打破了基因是一个功能单位或一个基因一种性状的概念。

1955 年，本则尔还证明 T_4 噬菌体 R_{II} 区的 RIIA 基因含有 800bp，RIIB 基因含有 500pb，在每个基因中的每对核苷酸都可以发生突变，即 RIIA 基因在 800 个位点上都可以发生突变，RIIB 基因在 500 个位点上都可以发生突变，提出了突变子的概念，打破了基因是一个突变单位的概念，而是一个基因含有多少对核苷酸就有多少个突变位点，一对核苷酸就是一个突变单位，突变时是以核苷酸对为单位进行的。

本则尔对 T_4 噬菌体 R_{II} 区的 RIIA 基因、RIIB 基因的研究，还发现 RIIA 基因可以有许多种重组类型，RIIB 基因也可以有许多种重组类型，在每个基因的每对核苷酸都可以发生重组或交换，出现各种各样的重组类型，提出来重组子的概念，认为基因之间在发生交换或者重组时可以以核苷酸为单位进行，即 RIIA 基因可以在 800 个位点上发生重组，RIIB 基因可以在 500 个位点上发生重组，打破了基因是一个重组或交换单位的概念。

3. "一基因一酶"理论的形成

研究基因如何起作用，一直是遗传学的主要课题，从生化途径研究基因的功能，关键是认识基因怎样控制或调节生物代谢问题。1896 年，美国细胞学家威尔逊（E. B. Wilson）指出："遗传是同一代谢类型在连续世代中的重现。"1908 年，英国医生加罗德（A. E. Garrod）通过研究几种先天性代谢缺陷病征，提出孟德尔遗传因子很可能通过酶调节代谢从而决定性状的设想，把基因和酶联系起来，无疑是超前的见解。1936 年，美国遗传学家比德尔和法国胚胎学家伊弗吕西通过果蝇眼基因移植来研究复眼各种色素突变型之间的关系，发表了基因和酶相关联的第一篇论文。1941 年比德尔和泰特姆以脉孢霉为材料进一步研究了基因功能的实质，证明脉孢霉各种突变体的异常代谢是由于一种酶的缺陷，产生这种酶缺陷的原因是单个基因的突变，充分证明了单个基因与单个酶之间直接对应关系。因此，比德尔和泰特姆提出"一基因一酶假说"，深化了基因功能的研究，推动了分子遗传学的发展，1958 年，二人双双获得诺贝尔生理学或医学奖。

比德尔和泰特姆用 X 射线处理脉孢霉的分生孢子，得到各种营养缺陷型突变体，其中一种是精氨酸缺陷型。精氨酸缺陷型能在加精氨酸的基本培养基上生长，在本实验中获得了许多这种单一缺陷的营养突变型，且这种营养依赖可以遗传，暗示了控制精氨酸合成过程中某个步骤的基因有了缺陷。另外，在一些情况下，不同的突变引起相同的营养缺陷，如精氨酸的合成需经历许多步骤，要求一系列的酶，这些酶由不同的基因编码，所以，在精氨酸合成途径中，任何一个编码酶的基因发生变化都会导致精氨酸依赖突变型的产生。为了研究突变型与酶缺陷之间的关系，进行精氨酸合成生化途径分析，用不同的精氨酸突变型菌株，在培养基上分别添加鸟氨酸、瓜氨酸、精氨酸等，结果是精氨酸合成代谢突变品系中的 4 个突变位点 argE、argF、argG 和 argH 的缺陷型对鸟氨酸、瓜氨酸、精氨琥珀酸和精氨酸的反应不同，如 argE 品系能在添加其中任何一种氨基酸的基本培养基上生长，而 argH 品系仅在添加了精氨酸的培养基上才能生长。这个实验说明，品系是由于合成鸟氨酸的代谢途径发生缺陷，即控制合成乙酰鸟氨酸酶的基因发生了突变，而其他步骤的酶都正常，同理其他缺陷品系也表明了相应的酶缺陷。因此，一个基因的缺陷导致一个基本酶的缺陷，从而产生一个生长依赖突变型，即一个基因一种酶。由此推测一个基因的功能相当于一个特定酶的作用。现已知道，这 4 个突变品系的 4 个突变位点分别位于 4 条不同的染色体上。另外，比德尔和泰特姆也对其他的突变体进行筛选、鉴定和杂交试验，发现每一种营养缺陷在杂交试验中都呈现孟德尔式的分离，而且合成主要代谢物质如维生素、氨基酸等的酶促反应都由可鉴别的基因控制。因此，比德尔和泰特姆认为一个基因决定一种酶，即生物体内的每一步化学反应都需一种酶来催化，而酶的产生受基因控制，或者基因通过控制酶的合成来控制代谢过程，从而控制生物体的性状。

"一基因一酶假说"首先阐明了基因通过对酶的控制而决定生物的性状，比德尔和泰特姆的工作之后，从许多不同的生物中发现很多酶的缺陷是由单个基因的突变引起的。基因本身决定酶的特异性，因此也控制或调节该过程的特异反应，基因发生突变就导致了酶的突变，或者说，酶的特异性是由基因所包含的某种信息决定的。因此，"一基因一酶假说"具有重要的意义，它暗示了基因的作用是指导蛋白质分子的最后构型，从而决定其特异性，这对人们认识基因控制蛋白质生物合成具有很大的启发作用，促进了对基因和蛋白质线性对应关系的认识，为以后的研究指明了方向。此外，"一基因一酶假说"为基因功能的

实质研究奠定了基础，确认基因的功能是通过酶控制的生化反应而控制生物的性状，证实了 30 多年前加罗德的设想，也说明生物的性状往往由一系列基因控制，绝不仅仅是"一个基因一个性状"。另外，比德尔和泰特姆的研究创造了一种研究基因控制代谢的新方法，开创了生化遗传学研究的新领域，具有重要的意义。

4. "一个基因一条多肽链"理论的诞生

镰状细胞贫血是发现最早、患病人数最多的一种 Hb 分子病。自 1910 年 Herrick 报告以来，本病多见于非洲、美洲黑色人种；其次见于希腊、土耳其、印度等民族或有上述血统的混血儿；世界范围内以热带非洲黑色人种发病率最高，达 40%。据统计镰状细胞贫血在非洲发病率最高，东非达人口的 40%，西非为 20%～25%，美国黑色人种仅 9%，尤其在儿童中发病率高。非洲每年出生 25 万该病患儿，有 10 万出生在尼日利亚。故镰状细胞贫血严重地摧毁着黑色人种儿童的健康。

"一个基因一条多肽链"的直接证据是人的镰状细胞贫血。镰状细胞贫血是一种常染色体隐性遗传病。正常人红细胞中血红蛋白为圆盘状，其不仅使红细胞具有红色，而且循环全身运载氧气。但是，镰状细胞贫血患者的红细胞不能运载氧气，在低氧条件下，红细胞是弯曲的镰刀状。血红蛋白分子由圆球形变为长条形，于是饱和氧分子的能力降低，使患者输氧不足，容易引起贫血症，而且有时镰状细胞聚结成一团，堵塞血液流动，引起疼痛的血管堵塞。

1949 年，鲍林认为镰状细胞贫血是因红细胞（RBC）内 Hb 异常所致，从而提出了 Hb 分子病的新概念。鲍林将正常人、镰状细胞贫血患者、镰状细胞贫血基因携带者的血红蛋白进行电泳，发现正常人的和患者的血红蛋白电泳图谱明显不同，而携带者血红蛋白的电泳图谱，与由正常人的和患者的血红蛋白以 1∶1 比例配成的混合物的电泳图谱非常相似，鲍林推测镰状细胞贫血是由血红蛋白分子的缺陷造成的。研究结果表明，正常的血红蛋白基因是 HbA，突变基因是 HbS。基因型为 HbS·HbS 的人，红细胞在缺氧时都成镰状，血红蛋白异常。基因型为 HbA·HbS 的

人，血红蛋白有 HbA 和 HbS 两种，因此，在缺氧时一部分红细胞成镰状，血红蛋白有 40% 是异常的，但由于 HbA 可携带氧气，因而不表现临床症状。基因型为 HbA·HbA 的是正常人，红细胞不会成为镰状，血红蛋白正常。因此，镰状细胞贫血是"分子病"，由血红蛋白分子发生突变所致，或者是由一个基因控制的分子病。

1950 年，Pemtr 等证实了在低氧分压下 HbS 形成结晶是本病的特点。在希腊北部 20%~30% 的人有 HbS 基因，在沙特阿拉伯东部占 25%，印度某些洲占 20%~30%，这主要取决于 HbS 基因的发生率，其次取决于疾病基因的选择。具有镰状细胞特征的人对疟疾有一定的抵抗力，易于生存，从而有利于基因的传递。1954 年，Allson 前瞻性研究发现 HbS 基因地理分布差异多见于恶性疟疾的高发区，即中非热带地区，恶性疟疾病情重、预后差、可致死流行区 30%~50% 的儿童。人们在非洲疟疾流行的地区，发现镰状细胞杂合基因型个体对疟疾的感染率，比正常人低得多。这是因为镰状细胞杂合基因型在人体本身并不表现明显的临床贫血症状，而对寄生在红细胞里的疟原虫却是致死的，红细胞内轻微缺氧就足以中断疟原虫形成分生孢子，终归于死亡。因此，在疟疾流行的地区，不利的镰状细胞基因突变可转变为有利于防止疟疾的流行。这一实例，也说明基因突变的有害性是相对的，在一定外界条件下，有害的突变基因可以转化为有利。在不同人群中进行珠蛋白 DNA 结构的研究发现，HbS 有不同的突变，这与奴隶买卖从西非传入这些地区有关。1958 年，Macher 在牙买加发现 1 例中国人与非洲黑色人种的混血儿所患的是镰状细胞贫血，1975 年曾在我国广东佛山地区发现 1 例镰状细胞贫血患者，其家族中又发现 2 例患者，均为非洲血统的混血儿。故随着异国婚配增多，镰状细胞贫血的发病率随之增加。

随着分子遗传学的进展，到 1957 年终于由英国学者英格兰姆阐明了它的分子机制。原来正常成人血红蛋白是由两条 α 链和两条 β 链相互结合成的四聚体，α 链和 β 链分别由 141 个和 146 个氨基酸连接构成。英格兰姆发现镰状细胞贫血是由 β 链中第 6 个氨基酸发生变化引起的。正常健康的人第 6 个氨基酸是谷氨酸，而患镰状细胞贫血的人则由一个缬氨酸代替谷氨酸。因为珠蛋白的 β 基因发生单一碱基突变，正常 β 基因的第 6 位密码子为 GAG，编码谷氨酸，突变后为 GTG，编码缬氨酸，使成为 HbS。在纯合子状态，当形成 HbS 后，HbS 在脱氧状态下聚集成多聚体，因形成的多聚体排列方向与膜平行，与细胞膜的接触又非常紧密，所以当多聚体达到一定量时，细胞膜便由正常的双凹形盘状变成镰刀形。该细胞僵硬，变形性差，易破而溶血，造成血管阻塞，组织缺氧、损伤、坏死。在杂纯合子状态，镰状细胞则是由 HbS、HbA 杂合而成。患者从父母继承了一个正常的 β 基因和一个异常的 β 基因，与 α 组成 HbS。这种患者 HbS 占 20%~45%，其余为 HbA。患者平时往往无症状，因 HbS 浓度低，在一般情况下细胞并不变形。然而在特殊缺氧条件下，红细胞可能发生镰变，此类型往往不需要治疗，但应避免高山等缺氧环境。

英格兰姆的这一发现，使遗传机制的研究从基因水平深入到分子水平，在不到 20 年的时间里，就发现了 100 多种血红蛋白的分子突变型，都是因为蛋白质多肽链上个别氨基酸变化引起的分子突变。蛋白质多肽链中个别氨基酸的变化，归根到底是遗传物质 DNA 中个别碱基的改变。总之，在人的血红蛋白基因中，仅改变其中一个碱基就可以使血红蛋白的性质发生改变，从而控制生物体的性状。因此，20 世纪 40 年代末至 50 年代初，基因通过控制合成特定蛋白质以控制代谢决定性状的原理变得清晰起来。

5. 中心法则的提出

今天，分子生物学成为生命科学研究的主流，并取得一系列重大成果，大大推动了科学的发展。分子生物学的诞生标志是 1953 年沃森和克里克 DNA 双螺旋模型的提出，而真正成为分子生物学研究内容标志的则是 1958 年克里克提出的中心法则，在分子生物学已经取得巨大成就的今天，中心法则的部分内容仍然是研究热点之一。

1916 年 6 月 8 日，克里克出生于英格兰的北安普顿，但由于第一次世界大战后的经济大萧条，克里克全家搬到伦敦。1933 年，克里克进入伦敦大学学院 (London University College) 物理系学习，主修物理和数学，1937 年获得了理学学士学位。接着克里克考取了研究生，开始研究高温下水的黏度。在研究即将完成时，1939 年第二次世界大战爆发。二战结束后，克里克已到而立之年，此时他却选择投身基础研究。克里克在天才如林的近代科学界能取得后来重大的成果，是极为罕见的大器晚成者。克里克在和朋友聊天过程中明确了自己的目标，即挑战生命的本质，因此决定献身生物学。在随后几年中克里克花费大量时间自学了相关知识，完成了从物理学家到生物学家的转变。1949 年，克里克进入剑桥大学卡文迪什实验室佩鲁兹领导的医学研究委员会进行研究生学习，主要研究蛋白质的结构。克里克在蛋白结构方面的成就使他在 1954 年获得博士学位。

克里克学术生涯的一个重要转折是 1951 年与美国科学家沃森的相遇。那年沃森进入卡文迪什实验室进行博士后研究，共同兴趣使二人决定合作研究，他们相信如果 DNA 分子三维结构被阐明，那么基因传递方式也将被揭示。由于英国财政问题，二人并没有获得在 DNA 研究方面的支持，他们并没放弃，而是在业余时间研究，从这个意义上说 DNA 双螺旋模型的提出在科学史上完全是一个"意外"，可以说是一件"业余成果"。在接下来的两年中，沃森和克里克在不屈不挠地追求着自己的理想，探索着 DNA 的结构。沃森和克里克从一开始就选定方向，充分发挥理论水平，建立科学模型，在此过程中也犯过许多错误，也曾构建出错误模型，但二人仍然义无反顾地努力着，凭着一股不服输的精神继续奋斗。尽管沃森和克里克并没有太大的优势，但他们的综合知识应用得到了充分的体现，克里克带来 X 射线衍射方面的知识，沃森应用噬菌体和细菌遗传学方面的知识，同时还结合夏格夫法则、富兰克林和威尔金斯得到的 DNA X 射线衍射照片以及分子模型的物理线索等方面的知识，终于在 1953 年上半年得到了收获。

1953 年 4 月 25 日是分子生物学家值得纪念的一天，沃森和克里克在著名的《自然》上发表了那篇有重要历史意义的论文《核酸的分子结构——DNA 的一种可能结构》，标志着分子生物学的诞生。在随后的 5 月 30 日《自然》上，二人还发表了"DNA 结构的遗传应用"，进一步阐述了 DNA 的结构和功能的关系。在 1953 年春天和夏天，克里克自己以及和沃森合作共发表了 4 篇关于 DNA 结构和功能的文章，系统阐述 DNA 的结构和作用机理，从而建立了完善的 DNA 结构模型。1962 年，克里克、沃森和威尔金斯由于"发现了核酸的分子结构和生物体内信息传递的重要性"而分享了科学界最高奖——诺贝尔生理学或医学奖。

克里克在阐明 DNA 双螺旋结构后并没有停止研究，而是继续在分子生物学基础理论方面积极探索，为它的快速发展起到了巨大的推动作用。1958 年，克里克为英国实验生物学协会做了一次名为"关于蛋白质合成"的报告，而现在看来这次报告在生命科学史上具有里程碑意义。正如朱德森（Horace Freeland Judson）在他的历史评价中所描述的"持久地改变着生物学的逻辑"。尽管当时对 DNA 的功能有了较全面的认识，但关于蛋白质的合成问题还悬而未决。克里克提出了包含在 DNA 中基因的基本功能——制造蛋白质，而蛋白质是生命过程的基本原料，因此理解了信息从 DNA 传递的过程才可以全面地理解生命过程。对于蛋白质合成，克里克提出了两个普通的原理：序列假说和中心法则。这个原理都与 DNA 的已知功能相符，但是都没有被实验明确地证明。序列假说认为 DNA 中碱基顺序代表着特定蛋白质中氨基酸顺序，该假说揭示了 DNA 序列与蛋白质顺序的对应关系，同时克里克还探讨了"密码问题"。由于 4 种核苷酸对应 20 种蛋白质，因此克里克认为最简单的编码就是"三联体"，即序列中的 3 个碱基编码 1 种氨基酸。后来克里克提出通过删去 1 个碱基、2 个碱基、3 个碱基观察蛋白质氨基酸顺序变化来确定遗传密码，他的假说不久被科学家证实并在 20 世纪 60 年代中期破译了全部 64 个密码子。

克里克第一次明确提出遗传学中基本原理——中心法则。在中心法则中，克里克认为储存着信息传递的 DNA 本身可以复制（在 1953 年的第 2 篇论文中已经阐明），另外信息可以从 DNA 传递给 RNA 再到蛋白质，而不能反向传递，这意味着信息只能由 DNA 传递到蛋白质。中心法则，用克里克的话可以表述为：信息一旦进入蛋白质，它就不可能再输出。详细地说，信息的传递从核酸到核酸或从核酸到蛋白质或许是可能的，但从蛋白质到蛋白质或从蛋白质到核酸则是不可能的。此处所说的信息是指序列的精确决定，既指核酸的碱基也指蛋白质中的氨基酸残基。综合克里克本人的思想以及后来沃森对中心法则的解释，可以看出中心法则的要点有三：①遗传信息是指核酸中的碱基序列及蛋白质中的氨基酸序列。生物的全部遗传信息都包含于这种大分子的遗传密码之中。②从 DNA 到 RNA 到蛋白质的遗传信息流是严格的单程路线。由于信息一旦进入蛋白质，就不可能再行输出，而蛋白质又是一切性状形成的工作分子，所以性状形成的一切信息都包含于 DNA 之中。③中心法则要求作为基因的 DNA 序列与其所转译的 RNA 序列和蛋白质的氨基酸序列必须有严格的共线性。根据以上的叙述表明：DNA 含有生命系统的全部遗传信息，或者说，DNA 是一切遗传信息的源头，是生命遗传密码的唯一载体。

后来随着一系列新的证据的出现，中心法则还进行了适当的修改，1970 年，泰明等在 RNA 病毒中发现了反转录酶，它可以用 RNA 为模板合成 DNA，从而证明了从 RNA 到 DNA 的逆向转录。对于 RNA 到 DNA 的传递方式，克里克说："我从来也没有认为它不能发生，而且就我所知也从来没有任何一位我的同僚认为它不能发生。"这种争辩显然是软弱无力的。在提出中心法则时，克里克虽然没有谈到 RNA 到 DNA 的传递不能发生，但也没有明确 RNA 到 DNA 可能发生。不错，克里克在表述中心法则时是说："从核酸到核酸或从核酸到蛋白质的信息传递是可能的。"这里的"从核酸到核酸……"似乎既可指 DNA 到 RNA，也可指 RNA 到 DNA，也就是说，DNA 与 RNA 可以互为模板。但克里克的"从核酸到核酸……"，显然指的是从 DNA 到 RNA，不含有从 RNA 到 DNA 的意思。因为克里克在解释 RNA 时曾强调："在细胞质中至少有两种类型的 RNA"，即模板 RNA 与代谢 RNA。什么是模板 RNA 呢？克里克说得很明确，首先它是位于核糖体内的，其次它是在 DNA 指导下在核内

合成的。这显然是现在所说的 mRNA。如果克里克当时思想上很明确 RNA 到 DNA 是包含在中心法则之中，那在论述模板 DNA 时，一定会把它分为两种：一种是合成蛋白质的模板 RNA，一种是合成 DNA 的模板 RNA。更何况，长期以来科学界在谈到中心法则时，总是以"单程性"传递为它的特点。这在克里克最亲密的同僚沃森所著的《基因的分子生物学》一书中表达得非常明确，克里克从来没有提出这种单程性的说法是对中心法则的误解。事实上，只是在泰明等的工作提出后，才使克里克对中心法则进行了必要的修正，把原来"严格的单程"修正为"中途单程式"的中心法则。泰明的反转录酶的发现是克里克所始料不及的，否则就没有重新修正中心法则的必要。但是，这并没有损害中心法则的基本思想：遗传信息一旦进入蛋白质则不可能再行输出。

在泰明等关于反转录的工作发表后，克里克重新解释了中心法则，克里克认为，泰明等的工作与他原来的观点并无矛盾，至于中心法则因此而被动摇更是误解。1970 年反转录的发现使克里克将中心法则进行了完善，及时地补充了一些新知识，成为今天中心法则的基本内容，成为分子生物学的"中心"。

中心法则不但对过去几十年分子生物学的发展起到指导性作用，如复制、转录及翻译细节的阐明，基因工程的诞生等；而且还会对今后生命科学的发展起到巨大的推动作用。中心法则所包含的划时代的生物学意义在于它揭示了生命最本质的规律，今天和明天的生命科学都是建立在分子生物学的中心法则之上，它无疑是 20 世纪人类科技史上的一个伟大的里程碑。

6. 断裂基因的发现

美国马萨诸塞技术学研究所的夏普(P. A. Sharp)和马萨诸塞新英格兰生物实验室的罗伯茨(R. J. Roberts)由于在基因工程技术方面的杰出贡献而获得了 1993 年诺贝尔生理学或医学奖，奖金为 82.5 万美元。诺贝尔委员会指出："断裂基因的发现，改变了我们对高等生物基因在进化中是如何发展的观点，对今天生物学的基础研究有着十分重要的意义，对有关癌症和其他遗传病发展的研究也有十分重要的意义。"罗伯茨 1943 年 9

月 6 日出生在英国的德比。他在读完英国谢菲尔德大学化学和有机化学专业后，于 1969 年移居美国，先在哈佛大学和纽约长岛冷泉港实验室执教，后在马萨诸塞州贝弗利新英格兰生物实验室执研。他现为美国生物化学学会、美国微生物学会和美国科学促进会会员。自从 1979~1980 年被提名以来，他一直是美国约翰·西蒙·古根海姆学会会员。夏普 1944 年 6 月 6 日生于美国肯塔基州的法尔茅斯。他在肯塔基大学和伊利诺伊大学学习化学和数学。毕业后先在加州理工学院和冷泉港实验室执教，后入麻省理工学院癌症研究中心任教授。他因出色的工作而多次获奖，其中有设在纽约的美国国家科学院 1980 年生物学和医学奖、1988 年路易莎·格罗斯·霍维茨奖和被称为诺贝尔医学奖前奏的艾伯特·拉斯克医学研究奖。1983 年他已是美国艺术科学院成员，也是美国国家科学院及其医学会的成员。

早在 1977 年，这两位美国科学家在科尔德斯普林港召开的一次会议上报告：单个的腺病毒信使 RNA 分子与 4 个不同的 DNA 编码区相对应。他们经过各自分别的研究发现个体基因并非总是像一个连续的信息带始终与 DNA 链并列存在。确切地说，剩余的"无意义"DNA 片段可以存在于非细菌生物体每个基因的有效小片段之间。为了激活基因（细胞通过此过程制造蛋白），细胞必须复制为所需蛋白编码的基因的每个片段。然后细胞必须将这些片段拼接成一个连续的 RNA 带，此带含有制造那种蛋白所需的信息。

夏普和罗伯茨公布了他们对腺病毒 DNA 研究的结果，原来，基因中的 DNA 竟是以不连续的方式排列的。他们称这类基因为断裂基因。接着，他们利用基因重组技术证实，真核生物的结构基因大多为断裂基因。一个断裂基因含有几个编码顺序，称为外显子。不仅在两侧有非编码区，而且在基因内部也有许多不编码蛋白质的间隔序列，称为内含子。内含子与外显子相间排列，转录时一起被转录下来，然后 RNA 中的内含子被剪接切除掉，外显子连接在一起成为成熟的 mRNA，作为蛋白质合成的模板。不同的断裂基因的结构，复杂程度大不相同。如人血红蛋白 β-珠蛋白基因有 3 个外显子和 2 个内含子，全长约 1700 个碱基对，编码的 β-珠蛋白含有 146 个氨基酸；人类第Ⅷ因子基因有 26 个外显子和 25 个内含子，全长约 1816 万个碱基对，编码的第Ⅷ因子共有 2552 个氨基酸。其他研究人员证明"断裂基因"可以在所有较高级的生物体内发生。多项研究表明，同一个 DNA 可以被拼接成产生不同蛋白（具有不同功能）的各种形式。

以前生物学家推测，生物 DNA 中演变的发生像是一系列小变化的累积。但是断裂基因的发现直接证明基因的每一个片段可能与一种蛋白的某一特殊亚功能相对应。只要使这些较大的 DNA 片段移动并重新组合，或者交换基因之间的片段就可以出现具有不同功能的新蛋白质。理解基因拼接的作用也有助于研究人员鉴定许多种遗传性疾病的机制。例如，地中海贫血可以追溯到遗传的基因拼接错误。由此种拼接错误产生的缺陷蛋白使血红细胞的寿命缩短。

断裂基因是怎样产生的呢？用分子生物技术研究进化发现，断裂基因产生的机制，是不等交换的基因改组事件。"等额"交换形式，是减数分裂过程中多见的事件。一对染色体的两个成员排成一行，在相应的点上断开，交换同源片段，通过互补碱基的配对而重组，从而引起遗传的多样性。然而，在不等交换罕见事件中，染色体并不完全对齐；非同源片段进行交换，并通过某种尚未明确的重组过程，造成包括基因重复在内的比较彻底的重排。罗伯茨和夏普指出，通过不等交换引起的基因重复，在进化中起着主要作用。大多数现存的基因都是从少数几个祖先基因通过重复进化来的。通过"独立"的重复，便会产生两个隔开而又相同的基因。一个拷贝发生突变便产生一种新的蛋白质，而另一拷贝仍专司原来的蛋白质，这样就扩充了生物体的蛋白质库。在"融合"即连接重复时，相当于原始基因的全部或部分重复片段就结合在一起，形成一个加长的新基因，它专司一个新的蛋白质产物。遗传学家断言，断裂基因起源于两条途径：多数为同样或相似祖先基因的独立重复；有些则是通过外显子的随机组合而装配起来的。分子生物学家终于悟出了生物进化的真谛。他们指出，对断裂基因的揭示，将成为探秘生物进化的热点，他们比喻道：进化像白铁匠那样起作用，DNA 剪接则为加速遗传信息修补的理想工具。

研究表明，剪接机构出现在真核生物存在之前，甚至出现在有膜细胞存在之前。RNA 可能在 DNA 之前就作为有细胞形态以前的复制系统的初级遗传物质了。剪接装置能通过 RNA 分子产生许多不同的分子，从而把散在于原始基因组的一个区域内的有用信息集合在一起。按照这种推理方法，现在的原核生物并不是真核细胞的祖先。相反，原核生物是这样一些细胞的后裔，这些细胞在进化过程中逐步去除多余的非编码 DNA，从而通过减少每一代中必须重复的 DNA 量来提高它们的生长速率；最后终于把所有的内含子都去掉，于是剪接机制就变成多余的了。另外，在真核细胞中，剪接机构随着生物的进化而逐渐改良，因此大量非编码 DNA 并不会造成很大的能量负担。对这些生物来说，剪接机构为从老的功能产生新的功能提供了极好的机制，从而为生物开拓出新的进化大道。分子生物技术历经 40 年的攻研得出结论：人类疾病大都可称为遗传病。断裂基因的发现提供了查明遗传病的途径。

7. 重叠基因的发现

重叠基因(overlapping gene)是指两个或两个以上的结构基因共用一段核苷酸序列的现象，即同一段 DNA 编码顺序，由于可读框架不同或终止区段不同，同时编码两个以上的基因。原核生物和一些病毒或噬菌体的基因组很小，但要编码一些必不可少的蛋白质，怎样利用有限的碱基携带更多的遗传信息呢？1977 年，英国剑桥大学著名的生物化学家桑格对噬菌体 ΦX174 的 DNA 进行分析，发现其基因组是一个单链环状的 DNA 分子，仅有 5386 个核苷酸，组成了 11 个基因，而编码蛋白质的总相对分子质量为 25 万，所需核苷酸数应为 6078 个，进一步分析发现 ΦX174 的 DNA 中存在重叠现象，如 B 基因在 A 基因之中，E 基因在 D 基因内部，K 基因在 A-C 基因的连接处，与 A 基因的尾部、C 基因的首部相重叠，D 基因的终止点即 J 基因的开始处。

在原核生物、G_4 噬菌体、微小病毒和 SV40 中，重叠基因是一种较为普遍的现象，可能由于噬菌体和病毒基因组比较小，但又必须编码一些

维持生命和繁殖的基因，因此在生存选择的压力下，保留了这种重叠基因的形式。基因重叠的方式有很多种：①大基因内包含小基因，由于可读框不同而得到不同的蛋白质。②前后基因首尾重叠，前后重叠 1～2bp。③三个基因之间的三重重叠，三个基因存在同一条 DNA 链上，分别相互重叠。④反向重叠，DNA 双链都转录，可读框相同，方向不同。⑤重叠操纵子，结构基因与调控序列的重叠、调控序列之间的重叠。最近，在真核生物甚至人的基因组中也偶尔发现重叠基因，一般来说，结构基因由若干个外显子和内含子组成，但是外显子和内含子的关系并不是固定不变的，有时同一条 DNA 链上的某一段 DNA 顺序，作为编码某多肽链的基因时是外显子，而作为编码另一多肽链的基因时则是内含子，结果同一基因可以转录为两种或两种以上的 mRNA。另外，对秀丽隐杆线虫(*Caenorhabditis elegans*)全基因组序列分析表明，有的内含子序列中包含了编码 tRNA 的 tDNA 基因，且 tDNA 基因的转录方向不一定与其包含的基因的转录方向相同。

重叠基因的存在具有很重要的意义，虽然重叠基因使用同样的 DNA 序列，但其表达时使用的可读框不同，表达的蛋白质不同。因而，重叠基因可经济利用基因组，产生更多的基因产物，且复制过程所需的时间和能量将减少，对于携带有限遗传信息含量的生物具有一定的适应意义。在重叠基因中，如果一个碱基变化引起几个基因的变化，即在共同序列上发生的突变可能影响其中一个基因的功能，也可能影响 2 个或 3 个基因的功能。因此，一个生物的重叠基因越多，在进化中越保守。另外，重叠基因在一些基因的表达中起调控作用，如翻译的偶联等。但是，关于重叠基因的生物学意义及其在进化过程中如何形成的等问题，有待于进一步研究。

三、核心概念

1. 内含子、外显子

内含子(intron)指在两个外显子之间的一段不被编码的间隔序列。这些间隔序列仅出现在基因中，但不出现在成熟的 mRNA 中。内含子是阻断基因线性表达的序列。在遗传学上通常将能编

码蛋白质的基因称为结构基因。真核生物结构基因的重要特征之一是断裂的基因。基因的内含子序列会被转录到前体 mRNA 中，但前体 mRNA 中的内含子序列会在前体 mRNA 离开细胞核进行翻译前被剪除。

外显子(exon)指断裂基因中被编码的序列。一个个外显子连接起来，出现在成熟的 mRNA 中。外显子是一个基因的重要部分，也是基因储存遗传信息的部分。基因功能的表达以及对性状的控制靠的都是外显子部分。

断裂基因是真核生物基因组或者基因的真质标记，绝大多数真核生物的基因都为断裂基因，由外显子和内含子组成。不同的基因外显子、内含子的数目可多可少，长度可长可短。一般内含子常比外显子长，且占基因长度的比例更大。例如，鸡卵清蛋白基因有 8 个外显子、7 个内含子，鸡卵伴清蛋白基因有 18 个外显子、17 个内含子，α-珠蛋白基因有 3 个外显子、2 个内含子，卵黏蛋白基因有 7 个外显子、6 个内含子。每一类基因中外显子、内含子的长度都各异，即便是在同一个基因中各个外显子的长度、各个内含子的长度也不一样。

2. 复制子、复制因子

复制子(replicon)指能够独立进行复制的一段 DNA 序列。又称作可以进行复制的遗传单元，有的又称作含有一个复制起点的 DNA 复制单元。1963 年，雅各布等在有关染色体复制调节机制活动的假说中把能够自主复制的单位称作复制子。原核生物的基因组含有一个复制子，如大肠杆菌的基因组 DNA、质粒的基因组，噬菌体的基因组 DNA 或 RNA 病毒也含有一个复制子。大肠杆菌基因组复制子的结构包括复制起点、复制区域和复制终点。复制起点、复制终点都有特殊的序列，若这些序列发生变化，就不能很好地进行复制。真核生物的基因组比较大，DNA 复制的速度也比较慢，为了解决这个问题，真核生物的基因组演化成为含有多个复制子，即在一条染色体上或一个 DNA 上含有多个复制子，每个复制子完成复制后，再分别把复制的部分连接起来，形成一个完整的 DNA 分子。真核生物复制子的结构比较简单。

复制因子(replicator)又称作复制区，指在质粒分子中一个包含有复制起点和编码质粒复制所需蛋白质的 DNA 序列。复制因子属于复制子的一个组成部分，在质粒 DNA 复制过程中，当复制因子同起始因子蛋白结合时，便会启动与之相连的 DNA 进行复制。

3. 转录子、转录因子

转录子(transcripton)指由两个以上紧密连锁并且共同转录在同一个 mRNA 中的结构基因组成的复合单位。在原核生物往往几个基因连在一块被转录，形成一个多顺反子 mRNA。在真核生物是单个基因被转录，形成一个单顺反子 mRNA。不管是多个基因一块被转录或者是单个基因被转录，都形成一个转录单位，因此，有时把转录子也称作转录单位。

转录因子(transcription factor)指具有同真核生物基因启动区特异 DNA 序列结合活性的蛋白质分子。其作用是激活或者抑制基因的转录活性。

4. 断裂基因、重叠基因

断裂基因(split gene)指在真核生物结构基因中发现的一种编码序列不连续的基因，即在编码区序列中插入有一定长度的非编码序列，使一个基因的编码序列被分割成不连续的区段。其中的编码序列被称作外显子，不编码的序列被称作内含子。

重叠基因(overlapping gene)指核苷酸编码序列彼此重叠的、编码不同蛋白质的两个或多个基因，即两个或两个以上的基因共有一段 DNA 序列，或是指一段 DNA 序列成为两个或两个以上基因的组成部分。迄今为止，发现重叠基因重叠的方式有完全重叠、部分重叠、二重重叠、三重重叠等。

不管是断裂基因还是重叠基因，都有使基因组扩大遗传信息量的作用。

5. 顺反测验、顺反子

顺反测验(*cis-trans* test)又称作顺反位置效应测验、互补测验，是用来鉴定同一个基因的两个突变所产生的相应构型，对其表达活性之影响的一种遗传学检验方法。连锁的两对等位基因或者同一个基因的两个位点，有顺式构型和反式构型两种情况，顺反测验就是检测在顺式情况下基因的表达活性、反式情况下基因的表达活性，根据基因的表达活性情况测定两个位点是属于两个基因或是属于同一个基因的两个不同位点。当两个突变是反式构型，表现型为野生型，则是假等位（两个突变位点位于不同的基因上）；当两个突变是反式构型，表现型为突变型，则是真等位（两个突变位点位于同一个基因上）。

顺反子(cistron)指根据顺反测验确定的一种遗传单位。或者指两个不同突变之间没有互补的功能区。例如，一个 DNA 分子片段上有 a、b 两个突变，当两个位点排列为反式构型时，不能产生野生型，说明不能互补，则这个 DNA 分子片段就是一个顺反子；当两个位点排列为反式构型时，能产生野生型，说明能互补，则这个 DNA 分子片段分属于两个顺反子，或者说这两个突变位点分别位于不同的顺反子中。顺反子就是一个遗传区段的功能基因，因此，顺反子常作为基因的同义语。顺反子在染色体或 DNA 分子上的区域称作座位(locus)，每个座位上又有许多位点(site)。位点可以小到一对核苷酸。顺反子可以表达相应的活性，因此，具有功能上的完整性。顺反子中的每一对核苷酸都是一个突变位点，称作突变子，每一对核苷酸都可以作为一个交换重组的单位，称作重组子。因此，顺反子又有功能上的分割性。

四、核心知识

1. 基因的经典概念与基因的现代概念

基因经典概念的核心是基因的三位一体观点，认为基因是一个功能单位，一个基因决定一种性状；基因是一个突变单位，在发生突变时是以基因为单位进行的；基因是一个交换单位，在发生交换时，也是以基因为单位进行的。基因的现代概念打破了基因的三位一体概念，认为一个性状可能由几个或多个基因控制，如有的性状是由几种酶参与才形成的，每个基因决定一种酶。甚至有的一种酶可以由几条多肽链组成，也即一种酶可以由几个基因来共同决定。在突变、交换时也不是准确地按照基因为单位来进行，在基因的任何位点上都可以突变，都可以交换，突变的最小单位和交换的最小单位可以是一对核苷酸。

基因的经典概念认为基因是不重叠的、不断裂的、基因与基因之间是无间隔的、基因在染色体上的位置是稳定的。现代基因的概念是基因可以重叠，不但可以部分重叠，也可以完全重叠，不仅可以一重重叠，也可以多重重叠；基因可以断裂，基因与基因之间可以有间隔，基因在染色体上的位置可以不固定，可以跳跃。

基因的经典概念认为基因与性状之间是一对一的关系。现代基因的概念认为基因与性状间不一定是一对一的关系。一个基因可能影响多个性状，也可能多个基因共同影响一个性状。

2. 基因的功能

基因有控制遗传性状和活性调节的功能。基因通过复制把遗传信息传递给下一代，并通过控制酶的合成来控制代谢过程，从而控制生物的个体性状表现。基因还可以通过控制结构蛋白的成分，直接控制生物性状。

生物体细胞中的 DNA 分子上有很多基因，但并不是每一基因的特征都表现出来。即使是由同一受精卵发育分化而来的同一人体不同组织中的细胞，如肌肉细胞、肝脏细胞、骨细胞、神经细胞、红细胞和胃黏膜细胞等。它们的细胞形状都是各不相同的。为什么会出现这种现象呢？原来，细胞核中的基因在细胞的一生中并非始终处于活性状态，它们有的处于转录状态，即活性状态，这时基因打开，有的处于非转录状态，即基因关闭。在生物体的不同发育期，基因的活性是不同的，而且基因的活性有严格的程序。基因活性的严格程序是生命周期稳定的基础。各种不同的生物因其细胞内的基因具有独特的活性调节而呈现不同的形态特征。

那么，基因是如何决定性状的呢？生物体的一切遗传性状都受基因控制，但是基因并不等于性状，从基因型到表现型(性状)要经过一系列的发育过程。基因控制生物的性状主要通过两条途径：一是通过控制酶的合成来控制生物的性状。这是因为由基因控制的生物性状要表现出来，必须经过一系列的代谢过程，而代谢过程的每一步都离不开酶的催化，所以基因是通过控制酶的合成来控制代谢过程，从而控制生物个体性状的表现的。另一条途径是基因通过控制结构蛋白的成分直接控制生物的形状。蛋白质多肽链上氨基酸序列都受基因的控制，如果控制蛋白质的基因中 DNA 的碱基发生变化，则可引起信使 RNA 上相应的碱基的变化，从而导致蛋白质的结构变异。

此外，遗传性状的表现，不但要受到内部基因的控制，还受到外部环境条件的制约。因此，不同基因型的个体在不同的环境条件下可以产生不同的表现型，即使同一基因型的个体，在不同环境条件下，也可以产生不同的表现型。也就是说，表现型是基因型与环境共同作用的结果。

3. 基因的结构

真核生物的基因是断裂的，存在内含子、外显子；往往一个基因为一个转录单位；5′端有调控序列，如①5′端转录起始点上游有 RNA 聚合酶的识别结合位点 TATA box。②在 5′端转录起始点上游有 RNA 聚合酶的另一个结合位点 CAAT box。③在 5′端转录起始点上游有增强子序列。④在 3′端终止密码子的下游有加尾序列 AATAAA。

原核生物的基因是连续的，不存在内含子、外显子；多数以操纵子形式存在，具有同类功能的多个基因聚集在一起，处于同一个启动子的调控之下，形成一个转录单位；5′ 端上游含有调节基因、启动基因、操纵基因；下游同时具有一个终止子；两个基因之间存在长度不等的间隔序列。

4. 基因精细作图

1955 年，本则尔对快速溶菌突变型 rⅡ 进行详细而深入的研究，rⅡ 区有 3000 多个突变型（它们都有相同的表型），用顺反测验证明这些突变型分别属于 rⅡ 区的 A 基因和 rⅡ 区的 B 基因。本则尔又用两两突变型混合感染的方法对 rⅡ 区 A 基因中的众多突变位点、rⅡ 区 B 基因的众多突变位点进行了距离的测定和位置顺序的确定，即进行了基因的精细作图。正常的 T4 噬菌体可以感染 E. coli B 菌株、E. coli K 菌株，形成噬菌斑。在 rⅡ 区上发生任何突变的噬菌体可以感染 E. coli B 菌株，形成噬菌斑，但不能感染 E. coli K 菌株，不能形成噬菌斑。例如，将 rⅡ 区 A 基因中的两个突变型混合感染 E. coli B 菌株，然后收集裂菌液，和 E. coli K 菌株混合后倒在固体平板上，结果在 E. coli K 菌株的菌苔上观察噬菌斑的有无和多少，以测量每对突变位点间的重组频率，通过以下公式计算相邻不同位点的遗传距离：

$$\frac{2\times(r^+噬菌斑数)}{总噬菌斑数}$$
$$=\frac{2\times[在E.\,coli\,K(\lambda)上能生长的噬菌斑数]}{在E.\,coli\,B上能生长的噬菌斑数}$$
$$\times100\%$$

式中，r^+ 代表 E. coli K 菌苔上的噬菌斑数，但为什么要乘以 2 呢？因为交换重组是相互的，还有一半的重组后代是双重突变型，在 E. coli K 菌苔上不能生长，为了得到整个重组的后代数，故将 E. coli K 菌苔上的 r^+ 噬菌斑数乘以 2。另外，由于突变型和野生型都能生长，E. coli B 噬菌斑数可以表示总的噬菌体后代数。

两种突变型都不能感染 E. coli K 菌株，但混合感染后却出现了能感染 E. coli K 菌株的 T4 噬菌体，也即出现了野生型的，从现象上看是由互补所致，实际上是由交换和重组所致。例如，成对的 rⅡ 突变型如 r47 + 和 + r104 对 E. coli B 菌株进行共感染，形成噬菌斑后收集菌液，稀释后分成两份，一份再接种在 E. coli B 菌株上，复感染的两种 rⅡ 突变型 r47+ 和 + r104 及其重组子 r47r104、++ 都能生长，因此可以利用 E. coli B 菌株上的噬菌斑数估计溶菌液中的噬菌体数目。

由于交换重组是相互的，而另一份接种到 E. coli K(λ) 菌株上，只有 ++ 重组子能够生长，交互重组子 r47r104 不能生长，所以，在公式中 r^+ 噬菌斑数应该乘以 2。

基因与基因之间的距离以及基因之间的顺序可以用测算重组值的方法来确定，本则尔的方法是利用测定重组值的方法测算一个基因内部不同位点间的距离和顺序，而且精确度达到十万分之一，即 0.001，也就是 0.001 个图距单位，故称为基因的精细作图。根据多个两两混合感染的结果，绘制 rⅡ 遗传学图，用该方法测定重组频率非常灵敏，重组的检出率达 $1/10^6$，理论上可测得 0.002% 的重组值，但实际上所观察的最小重组频率为 0.02%，即 0.02 个图距单位。T4 染色体有 1.8×10^5bp，长度为 1500 个图距单位，因此 0.02 个图距单位约等于 2bp，即 $(0.02/1500)\times1.8\times10^5=2.4$bp，所以在基因内相邻核苷酸位置上的突变是可能重组的，重组子的单位可小到相当于一个核苷酸对。

5. 基因数目的估算

目前，有很多种计算基因数目的方法，如通过基因表达测算、通过突变分析测算及通过基因密度测算等。

通过基因表达测算：主要根据 mRNA 的数目来计算基因数目。例如，哺乳动物细胞内一般平均有 10 000～20 000 种 mRNA，而全部基因中估计 60%在脑细胞表达，根据脑细胞中已知的 mRNA 分子种类推算出有 90 000 种 mRNA，由于一些基因不在脑细胞表达，据此推算人类的基因可能多于 90 000 个。但也有些基因出现选择性剪接，一个基因可能有两种以上的 mRNA，因此基因数目与 mRNA 的种类数之间是不确定的对等关系，通过该方法只能大概估计某个生物的基因数目。

通过突变分析测算：若在染色体某区段充满致死突变，测定此染色体区段的致死突变位点数量可得知这段染色体上必需基因的数目，然后推出整个基因组中基因的数目。通常情况下，基因组的基因总数可能与必需基因的数量相差不大，利用该方法计算出果蝇的致死基因数目为 5000 个。但是无法知道非必需基因的数量。

通过基因密度测算：首先测出平均每个可读框（ORF）的大小及每个可读框之间的间隔，然后计算出基因的数目，该方法能够相对精确地确定基因的数目。随着人类基因组测序的完成，部分生物的基因组已经完成测序，因此，根据 DNA 序列能相对容易地识别出基因和可读框的数目，如酵母菌的基因组全长为 12 000kb，平均每个可读框长度为 1.4kb，基因间隔平均为 600bp，可得出基因数目为 6000 个。人类基因的实测数量在 2.5 万个左右，远远少于以前估计的 10 万个基因，而秀丽隐杆线虫的基因为 19 141 个，比预测数增加 46%，大肠杆菌的基因实测数为 5886，也远远超过当初预测的 2350 个基因。因此，生物体的基因数目往往与根据部分实验数据得出的预测数不一致。

6. 基因的鉴定

根据片段大小鉴定：判断一个 DNA 片段是否为一个基因，首先从基因的大小上来初步鉴定，一般真核生物基因比较大，如哺乳动物的基因可达 100kb，少有小于 2000bp 的，大多在 5～100kb。原核生物基因比较小，如 ΦX174 的 K 基因仅仅 167 个核苷酸。分析一段 DNA 序列时，如果小于 100 个密码子的就不能被看作一个基因。

根据编码序列与非编码序列的差别鉴定：基因为编码序列，一般能产生 mRNA，非常保守、可读框较长、含有特殊序列、终止密码子出现无规律、起始密码子出现无规律。非基因片段为非编码序列，一般不产生 mRNA、不保守、可读框较短或无可读框、不含特殊序列、终止密码子出现有规律（概率为 3/64）、起始密码子出现有规律（概率为 1/64）。

与 RNA 杂交鉴定：根据基因表达将产生与基因互补的 RNA 产物的原理，以待测的 DNA 序列为探针，与从不同组织中提取的 mRNA 或总 RNA 进行杂交，如呈现阴性结果表明没有基因存在，如为阳性结果表明 DNA 片段中可能存在基因，然后用 cDNA 文库进一步筛选。但是利用该方法确定基因存在缺陷，如有些基因仅仅在特殊组织细胞、特殊发育时期表达，导致某一组织或时期的 RNA 产物或 cDNA 文库中没有这些基因。另外，如果杂交信号比较弱，阳性杂交信号也不容易检测出来。

Zoo-blot 杂交鉴定：利用基因序列的保守性或在不同物种都存在的可能性，以及含有可读框的特性进行基因鉴定。将待测的 DNA 序列与不同种类的基因组进行 Southern 杂交，然后对产生阳性杂交信号的基因组进行测序，检查其是否含有可读框。如果含有可读框，分离附近的基因组序列，鉴定整个基因，然后分离相应的 cDNA 和 mRNA。

GC 岛鉴定：利用基因序列中含有特殊序列的特性进行鉴定。例如，脊椎动物基因的 5′ 端常有短的、低甲基化的、富含 GC 的序列，称为 GC 岛（GC island）。GC 岛的（G+C）含量超过 60%比平均量高 10%～20%，认为可能是基因序列，然后进一步通过 Southern 杂交判断是否为真正的基因。但是，GC 岛鉴定方法不适用于不含 GC 岛的基因。

计算机分析鉴定：利用生物信息学的方法对测序后 DNA 序列进行分析，主要通过同源性分析和编码区预测判断某一段 DNA 序列是否为基因序列。若试图发现在 DNA 序列中哪一部分为蛋白质编码，那么了解什么样的多肽被编码在所有 6 个可读框中将有助于发现基因。同源性分析是指通过数据库的搜索程序把 DNA 序列的 6 种可读框序列和相应的氨基酸序列与数据库中的 DNA 序列和蛋白质序列进行比较，如果序列间明显符合，表明与基因有关。如果序列的某一段含有许多终止密码子，则极少能成为编码区域，而且编码倾向、DNA 中调节信号的特征序列、基因表达过程的特征等都可用以推测在 DNA 序列中蛋白质编码的区域处于什么地方。此外，还有很多方法可用于鉴定基因，如外显子捕捉、扣除杂交等，虽然这些基因鉴定方法都有局限性，但是将这些方法结合起来，能方便容易地进行基因鉴定。

五、核心习题

例题 1. 重叠基因在遗传上有什么样的特点？由一条 DNA 单链的同一片段所产生的不同氨基酸顺序最大限度的种类是多少？一个 DNA 双螺旋的两条链最多能产生多少种不同的氨基酸顺序？

知识要点：

(1) 重叠基因的概念。

(2) 可读框阅读的方法。

解题思路：

(1) 根据知识要点 (1)，重叠基因是指几个基因共用 DNA 链中的某一序列或某一两个碱基。

(2) 根据知识要点 (2)，对一个可读框阅读时，可以从第一个核苷酸读起，也可以从第二个核苷酸读起，还可以从第三个核苷酸读起。

参考答案： 使一个基因可以形成多种蛋白质，扩大了基因组中的信息量。3 种。6 种。

例题 2. 基因型 +a/b+，如果有互补作用，表示什么意思？没有互补又是表示什么意思？

知识要点： 互补测验或顺反测验时若顺式、反式时都可以互补，说明两个位点属于不同的顺反子或基因；若顺式可以互补，反式时不可以互补，说明两个位点属于同一个顺反子或基因。

解题思路： 根据知识要点看互补测验的结果。

参考答案： 有互补作用表示 a 和 b 属于不同的顺反子，也即属于不同的基因；

没有互补表示 a 和 b 属于同一顺反子，也即属于同一个基因。

例题 3. 用两个 T_4 噬菌体 r II B 的突变型混合感染大肠杆菌菌株 B，将一份溶菌液稀释 10^2 倍后取 0.1ml 接种在菌株 K 上，将另一份溶菌液稀释 10^5 倍后取 0.1ml 接种在菌株 B 上。在菌株 K 平板上形成 20 个空斑，菌株 B 平板上形成 20 个空斑。问这两个突变之间的图距为多少？

知识要点：

(1) r II B 是 T_4 噬菌体 r II 区的一个基因。T_4 噬菌体 r II B 基因正常时，可以感染大肠杆菌 B 菌株、K 菌株，形成噬菌斑；当 r II B 基因不正常时，仅可以感染大肠杆菌 K 菌株，形成噬菌斑。

(2) 基因精细作图原理：T_4 噬菌体 r II B 基因可以产生许多种突变型，不同的突变型混合感染时二者可以发生重组，产生重组子。可以根据重组子的多少测定在一个基因内不同突变位点之间的距离，即重组值=重组噬菌斑数/总噬菌斑数。

(3) 重组或者交换是相互的，重组后可以产生两种重组子，但只有一种重组子可以感染菌株 K，形成噬菌斑。

解题思路：

(1)根据知识要点(1)，在菌株 K 平板上形成的 20 个空斑才是混合感染后形成的重组子所致。在菌株 B 平板上形成的 20 个空斑是重组子、非重组子所致。

(2)根据知识要点(2)，可以利用在菌株 K 平板上形成的 20 个空斑、在菌株 B 平板上形成的 20 个空斑来计算重组值。

(3)根据知识要点(3)，在计算重组子数目时应该乘以 2。

(4)由于在涂平板时稀释的倍数不一样，因此在把具体数值代入公式时应该考虑到稀释倍数。

$$\frac{2\times(r^+噬菌斑数)}{总噬菌斑数}=\frac{2\times[在E.coli\ K(\lambda)上能生长的噬菌斑数]}{在E.coli B上能生长的噬菌斑数}\times100\%$$

$$=\frac{2\times20\times10^2}{20\times10^5}\times100\%=0.2图距单位$$

参考答案： 0.2 图距单位。

例题 4. 一个顺反子由 1500bp 组成，该顺反子中突变子的数量最多是多少？实际检出的突变是高于这个数字，还是低于这个数字？为什么？

知识要点：

(1)顺反子是基因的同义语。

(2)突变子指能发生突变的最小单位，可以小到每对核苷酸。

(3)密码子具有兼并性、断裂基因、翻译的过程。

解题思路：

(1)根据知识要点(1)、(2)，该顺反子中突变子的数量最多是 1500 个。实际上检出的数字要低于这个数字。

(2)根据知识要点(3)，回答为什么。

参考答案： 1500 个。实际上检出的数字要低于这个数字。

原因如下：部分突变会形成兼并密码子，表现型不发生改变；由于内含子的存在，并不是所有的核苷酸都被转录；mRNA 中不是所有的核苷酸都被翻译；多肽前体在形成高等结构前有一些氨基酸将被切除。

例题 5. 下表列出了 T_4 噬菌体一个基因区 6 个不同突变型的互补实验结果，表中"+"表示两个突变体互补，"−"表示两个突变体不互补。请问该基因区包含多少个顺反子？每个顺反子中包含哪几个突变型？

知识要点：

突变型	1	2	3	4	5	6
1	−	+	−	+	−	−
2	+	−	+	−	+	+
3	−	+	+	+	−	−
4	+	−	+	+	+	+
5	−	+	−	+	+	−
6	−	+	−	+	+	−

(1)顺反子是基因的同义语，一个基因就是一个顺反子。

(2)两个突变体能互补，说明这两个突变位点不在同一个顺反子中，反之则说明两个突变位点在一个顺反子中。

解题思路： 根据知识要点(1)、(2)，突变型1与3，5，6不能互补，说明在一个顺反子；突变型2与4不能互补，说明在一个顺反子；突变型3与1，5，6不能互补，说明在一个顺反子；突变型4与2不能互补，说明在一个顺反子；突变型5与1，3，6不能互补，说明在一个顺反子；突变型6与1，3，5不能互补，说明在一个顺反子。综合分析，该基因区包含2个顺反子，一个顺反子包含突变型1，3，5，6，一个顺反子包含突变型2，4。

参考答案： 该基因区包含两个顺反子；一个顺反子包含突变型1，3，5，6，一个顺反子包含突变型2，4。

解题捷径： 此种习题，不用看表格中的全部结果，仅看表中第一行、第二行结果即可，或者仅看第一列、第二列结果即可。

例题6. 从某种培养细胞中分离出5个突变体，它们的生长都需要G化合物。已知细胞内几种化合物 A、B、C、D、E 的生物合成途径，并如下表测验了这几种化合物能否支持每种突变体(1～5)生长。试问：A、B、C、D、E、G 6种化合物在生物合成途径中的先后次序是什么？每种突变体在这一生物合成途径的哪一点发生阻断？

突变体	A	B	C	D	E	G
1	−	−	−	−	−	+
2	−	−	−	+	−	+
3	−	+	−	+	−	+
4	−	+	+	+	−	+
5	+	+	+	+	−	+

注："+"表示突变体能生长；"−"表示突变体不能生长

知识要点：

(1) 各种突变体在哪种物质上都生长，说明哪种物质在代谢途径中越靠下游。反之则越靠上游。

(2) 各种物质使哪种突变体都生长，说明哪种突变体作用位置越靠上游。反之则越靠下游。

解题思路：

(1) 根据知识要点(1)，各种突变体在物质G上都能生长，所以，物质G在代谢过程中最靠下游。各种突变体在物质E上都不能生长，所以，物质E在代谢过程中最靠上游。其他几种物质在代谢过程中的位置根据表中(竖行分析)"+"号的多少或者"−"号的多少确定。

(2) 根据知识要点(2)，5种物质上都使突变体5生长，说明突变体5作用位点在都需要G化合物中靠最上游，5种物质上都使突变体1不能生长，说明突变体1作用位点靠最下游。其他几种突变体作用位点的位置根据表中(横行分析)"+"号或"−"号的多少确定。

参考答案： 6种化合物在生物合成途径中的先后次序是E、A、C、B、D、G。

每种突变体在这一合成途径中发生阻断的位置分别是：

$$E \xrightarrow{5} A \xrightarrow{4} C \xrightarrow{3} B \xrightarrow{2} D \xrightarrow{1} G$$

解题捷径： 根据竖行"+"号数目，确定物质的代谢顺序，根据横行"+"号数目，确定突变体的作用位点。

例题 7. 7 个突变株之间的互补测验结果如下表，"+"表示互补，"-"表示不能互补，这 7 个突变型分属于多少个顺反子？

突变株	a	b	c	d	e	f	g
a	-	+	+	-	+	+	-
b	+	-	+	+	-	+	+
c	+	+	-	+	+	+	+
d	-	+	+	-	+	+	-
e	+	-	+	+	-	+	+
f	+	+	-	+	+	-	+
g	-	+	+	-	+	+	-

知识要点：

(1) 顺反子是基因的同义语，一个基因就是一个顺反子。

(2) 两个突变体能互补，说明这两个突变位点不在同一个顺反子中，反之则说明两个突变位点在同一个顺反子中。

解题思路： 根据知识要点(1)、(2)对表中数据进行分析，竖行与横行交叉处为"-"号的，说明两个突变位点处于同一个顺反子中；竖行与横行交叉处为"+"号的，说明两个突变位点不处于同一个顺反子中。例如突变型 a 不能与突变型 d、突变型 g 互补，说明 a、d、g 在同一个顺反子中；突变型 b 不能与突变型 e 互补，说明 b、e 在同一个顺反子中；突变型 c 不能与突变型 f 互补，说明 c、f 在同一个顺反子中。

参考答案： 这 7 个突变型分属于 3 个顺反子。

解题捷径： 对题目所给表格进行纵行与横行比对分析，凡是遇到"-"号的，就把两个突变型位点定在同一个顺反子中。

例题 8. 已经知道 6 个点突变包括在三个顺反子中，用"+"号表示可以互补，"-"号表示不能互补，完成下表。

突变菌株	1	2	3	4	5	6
1	-	+		+	+	+
2		-	+			+
3			-		-	
4				-		
5					-	+
6						-

知识要点：

(1) 顺反子是基因的同义语，一个基因就是一个顺反子。

(2) 两个突变体能互补，说明这两个突变位点不在同一个顺反子中，反之则说明两个突变位点在同一个顺反子中。

解题思路：

(1) 判断两个突变体是否能够互补，首先要知道两个突变体的突变位点是否位于同一个顺反子中。

(2)根据题意已经知道 6 个突变位点分属于 3 个顺反子。根据知识要点和题中对表格中数据进行分析，根据表格中数据知道①突变体 1 与 2、4、5、6 不在一个顺反子中；②突变体 2 与 3、6 不在一个顺反子中；③突变体 3 与 4 在一个顺反子中；④突变体 5 与 6 不在一个顺反子中。

突变体 3 与 4 在一个顺反子中，假设为第一个顺反子；根据①，突变体 1 不在第一个顺反子中；根据②，突变体 2 不在第一个顺反子中。根据①、②，突变体 1 在一个顺反子中，假设为第二个顺反子，突变体 2 在一个顺反子中，假设为第三个顺反子。根据①、②，突变体 6 既不在第二个顺反子中，也不在第三个顺反子中，那么突变体 6 只能在第一个顺反子中，即 3、4、6 在一个顺反子中。根据①，突变体 1 不在第一个顺反子中，也不在第三个顺反子中，那么只能在第二个顺反子中。根据④，突变体 5 不在第一个顺反子中，根据①也不在第二个顺反子中，那么只能在第三个顺反子中，即 2、5 在一个顺反子中。

参考答案：

突变菌株	1	2	3	4	5	6
1	−	+	+	+	+	+
2		−	+	+	−	+
3			−	−	+	−
4				−	+	−
5					−	+
6						−

解题捷径：先确定哪些位点位于哪个顺反子，然后填充表中的空位。

例题 9. 用 T_4 噬菌体一个特殊 DNA 区段的不同突变体研究互补作用，获得如下资料。试根据这个资料判断本区域应该有几个顺反子？每个顺反子包括哪几个突变位点？

	1	2	3	4	5	6	7	8	9
1	−	+	−	+	−	−	+	+	+
2	+	−	+	−	+	+	+	+	+
3	−	+	−	+		−	+	+	+
4	+	−		−	+	+	+	+	+
5	−	+		+	−		+	+	+
6	−		−			−	+	+	+
7	+	+	+	+	+	+	−	+	−
8	+	+	+	+	+	+	+	−	+
9	+	+	+	+	+	+	−	+	−

知识要点：

(1)顺反子是基因的同义语，一个基因就是一个顺反子。

(2)两个突变体能互补，说明这两个突变位点不在同一个顺反子中，反之则说明两个突变位点在一个顺反子中。

解题思路：根据知识要点判断，可以得到 9 句话，① 突变体 1、3、5、6 在一个顺反子中，②突变子 2、4 在一个顺反子中，③突变体 3、1、5、6 在一个顺反子中，④突变体 4、2 在一个顺反子中，⑤突变体 5、1、

3、6 在一个顺反子中，⑥突变体 6、1、3、5 在一个顺反子中，⑦突变体 7、9 在一个顺反子中，⑧突变体 9、7 在一个顺反子中，⑨突变体 8 在一个顺反子中。

从第①句话开始分析，③与①实际含义相同，删去③；④与②实际含义相同，删去④；⑤与①实际含义相同，删去⑤；⑥与①实际含义相同，删去⑥；⑧与⑦实际含义相同，删去⑧。剩下的①、②、⑦、⑨ 4 句话即为 4 个顺反子。

把剩下的①、②、⑦、⑨4 句话进行分析，得到每个顺反子上的突变位点。

参考答案： 该区域有 4 个顺反子。

第一个顺反子上有突变位点 1、3、5、6，第二个顺反子上有突变位点 2、4，第三个顺反子上有突变位点 9、7，第四个顺反子上仅仅有突变位点 8。

解题捷径： 从表格第一行开始往下分析，每一行写出一个分析结果，9 行共写出 9 个分析结果，把 9 个结果或 9 句话中实际含义相同的话删掉，剩下的实际含义不相同的话有几句就是有几个顺反子，每句话中的含义就是每个顺反子中的突变位点情况。

例题 10. 测定了大肠杆菌 $T_4 r II$ 噬菌体 A 顺反子的 7 个位点缺失突变型，结果如下图（"+"代表可以获得野生型重组子，"0"代表不能获得野生型重组子）。绘出这 7 个缺失突变型的缺失位置和缺失片段。

	1	2	3	4	5	6	7
1	0	+	0	0	+	0	0
2		0	0	0	+	+	0
3			0	0	+	+	0
4				0	+	0	0
5					0	0	0
6						0	0
7							0

知识要点：

(1) 一个基因内部不同位点发生的缺失突变之间可以发生重组。

(2) 一个基因内部发生的缺失突变之间若能重组，说明这两个缺失位置不在同一个区段，反之，在同一个区段。

(3) 如果两个缺失突变型缺失的区段完全重叠或部分重叠，则不能出现重组子。

解题思路： 根据知识要点(1)、(2)、(3)，缺失突变型 1 与缺失突变型 3、4、6、7 重叠，与缺失突变型 2、5 不重叠，因此，可得出：

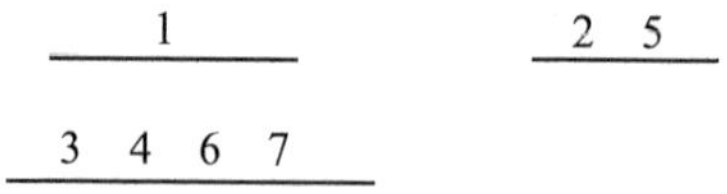

       1   2 5
        3 4 6 7

缺失突变型 2 与缺失突变型 3、4、7 重叠，与缺失突变型 1、5、6 不重叠，因此，可得出：

      1   2   5
        3 4 7
       6

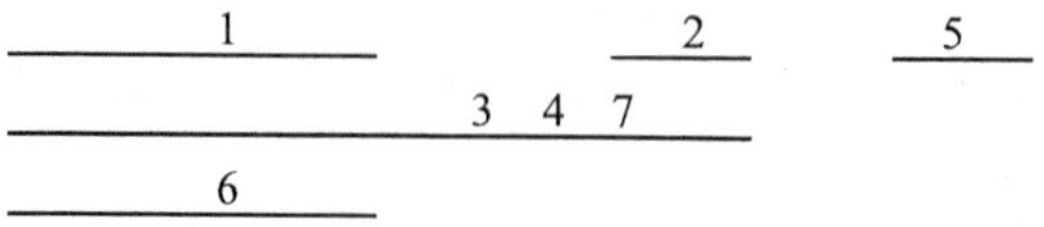

缺失突变型 3 与缺失突变型 1、2、4、7 重叠，与缺失突变型 5、6 不重叠，因此，可得出：

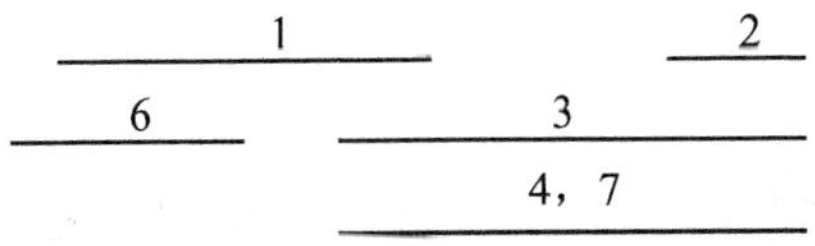

```
        1               2         5
   6          3
                 4，7
```

缺失突变型 4 与缺失突变型 1、2、3、6、7 重叠，与缺失突变型 5 不重叠，因此，可得出：

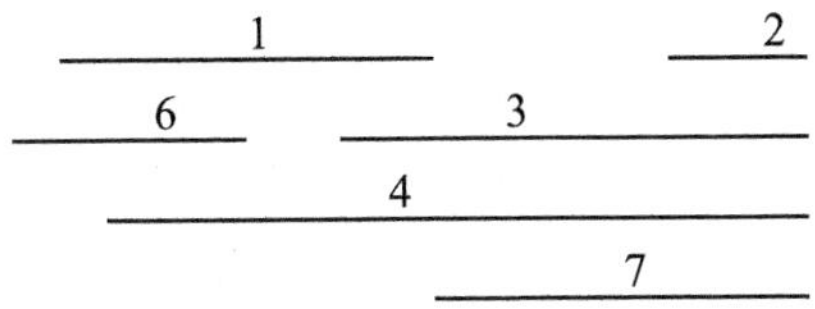

```
        1               2         5
   6          3
          4
               7
```

缺失突变型 5 与缺失突变型 6、7 重叠，与缺失突变型 1、2、3、4 不重叠，因此，对上面得出的图修改，把缺失突变型 5 放在缺失突变型 1 的左边，同时把缺失突变型 7 向左边延长：

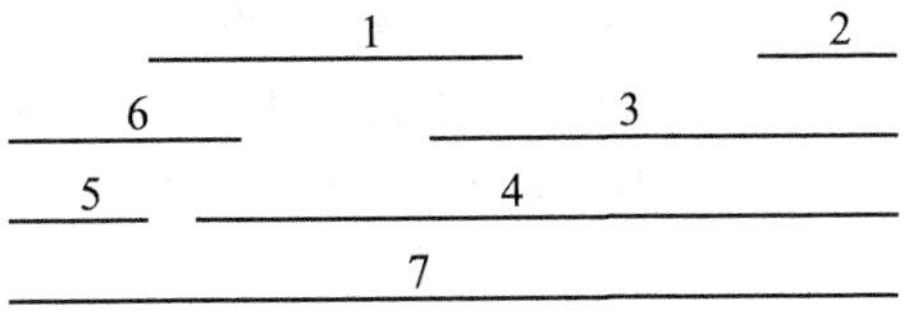

```
        1               2
   6          3
  5          4
        7
```

缺失突变型 6 与缺失突变型 1、4、5、7 重叠，与缺失突变型 2、3 不重叠；缺失突变型 7 与缺失突变型 1、2、3、4、5、6 都重叠，与缺失突变型 2、3 不重叠；因此，上面得出的图完全符合题目中的要求。

参考答案：即上面绘出的图，图中的线段表示缺失的区段，图中各区段的长度是相对的。

第十五章　基因工程和基因组学

一、核心人物

1. 伯格（Paul Berg，1926～）

伯格，美国著名分子生物学家，1926 年 6 月 30 日出生于美国的布鲁克林。但他的父母是由俄国移民到美国，父亲是一位服装制造商。伯格天资聪颖，用一年时间读完初中两年学业。在人生成长的道路上，伯格认为辛克莱·路易斯的《阿罗史密斯》和保罗·德·克鲁伊夫的《微生物猎人》激发了他对科学的兴趣。在就读的中学示范实验室的监管人和科学俱乐部的顾问苏菲·伍尔芙（Sophie Wolfe）的指导下，伯格通过实验和查阅资料，自己解决疑难问题，培养了独立思考和独立解决问题的能力，进而使他产生了成为一名科学家的强烈愿望。在父母的支持和鼓励下，他不断地学习奋斗，朝着预定的目标努力。1943 年，从亚伯拉罕·林肯中学毕业后，伯格离开布鲁克林，去宾夕法尼亚州立大学求学。在 1943～1946 年，伯格暂时搁置学业，积极投入第二次世界大战，进入美国海军服役。随后他又回到宾夕法尼亚州立大学继续学业，并于 1948 年取得生物化学学士学位。此后，伯格在俄亥俄州克利夫兰市的西储大学（现在的凯斯西储大学）完成他的生物化学研究生学业，并于 1952 年获得博士学位。

获得博士学位后，伯格又到丹麦哥本哈根大学的细胞生理学学院做了一年博士后研究。此后，他就职于密苏里州圣路易斯市的华盛顿大学，在生物化学家亚瑟·科恩伯格（Arthur Kornberg）实验室进行研究工作。1955 年，他晋升为微生物学助理教授。1959 年，伯格被聘任为生物化学教授而前往加利福尼亚州的斯坦福大学医学院任教。在伯格的早期研究中，他的两位导师（丹麦的赫尔曼·卡尔卡和美国的阿瑟·科恩伯格）都是非常有创造力的学者，对伯格以后的研究产生了巨大影响，在这两个实验室他取得了一些重要的发现。在卡尔卡实验室，伯格与他人合作发现了核苷三磷酸形成过程中的一种新酶——核苷二磷酸激酶，该酶能把核苷二磷酸活化成核苷三磷酸用于核酸的合成；在科恩伯格实验室，他发现了一种新的化合物——酰基腺嘌呤核苷酸，它是由脂肪酸、ATP 和辅酶 A 形成脂酰辅酶 A 过程中的一种中间产物。他还发现，这种类似的反应也是氨基酸被激活为氨酰基腺嘌呤核苷酸的重要方式。从此，他开始逐渐地将注意力由经典的生物化学转到分子生物学方面，并专心于探索基因和蛋白质如何发挥作用的问题。

1972 年，伯格领导的研究小组，率先完成了世界上第一例成功的 DNA 体外重组实验。他们先用一种限制性内切核酸酶 *Eco*R I，分别对猿猴病毒 SV40 的 DNA 和 λ 噬菌体的 DNA 进行酶切，然后再用 T_4 DNA 连接酶将两种酶切 DNA 片段连接起来，构建了由 SV40 病毒和 λ 噬菌体 DNA 组成的杂交 DNA 分子，即重组 DNA 分子，从而建立了 DNA 体外重组技术，奠定了基因工程的基础。这种技术使得科学家能够从不同的生物体上剪接 DNA，然后将它们重组。这一技术不仅具有重要的科学研究价值，同时也应用在医学、工业及农业等许多领域。也正因为这个 DNA 体外重组技术，在 1980 年，伯格与美国的沃尔特·吉尔伯特（Walter Gilbert）及英国的桑格（Frederick Sanger）共同获得诺贝尔化学奖。自 1985 年始，伯格任贝克曼分子生物学和医学中心主任、癌症研究中心的分子生物学系资深教授。从 2000 年至今任贝克曼分子生物学和医学中心名誉主任。

2. 穆利斯（Kary Mullis，1944～）

穆利斯，美国著名分子生物学家，1944 年 12 月 28 日出生于美国北卡罗来纳州的勒诺。其父亲是一位办公家具的推销员，母亲原是家庭妇女，后从事一些社区服务，继而经营房地产。穆利斯有兄弟 4 人，家庭生活的宽松条件使他的童年生活丰富多彩。他从小就热爱学习，对科学有着浓厚的兴趣。由于从小学到高中成长环境非常宽松，使他享有充分的自由和空间，这为他性格的形成提供了条件。1962 年他在佐治亚州理工学院学习化学，获学士学位。1966 年，穆利斯到加利福尼亚大学伯克利分校攻读博士学位，并于 1972 年获得生物化学博士学位。

从获得博士学位后到 1979 年的 7 年间，穆利斯的生活游荡不定，他写过小说、做过一个小餐馆的经理，以及在加利福尼亚大学旧金山分校医学院的一个实验室当过初级研究助理。此时的穆利斯不仅生活上不如意，事业上也没有明确的方向。1979 年，35 岁的穆利斯的命运还没有出现转机的任何迹象。穆利斯在读博士学位时的同事、加利福尼亚州旧金山湾区的西特斯（Cetus）生物技术公司的怀特（Tom White）引荐穆利斯进入了该公司，在"DNA 合成实验室"工作。该实验室的主要工作就是合成各种不同的寡核苷酸。1981 年 4 月，怀特升任该公司"重组 DNA 分子研究部"主任，穆利斯则为"DNA 合成实验室"的主管。怀特给他提出的主要任务就是提高效率，加速和优化寡核苷酸的合成。此时的穆利斯对西特斯公司的工作环境很满意，他曾回忆道："当时，

公司里到处是各种关于以后我们该干什么的大胆设想，科学的想象力似乎完全不受限制。" 正是在这样一个环境下，穆利斯提出了聚合酶链反应（PCR）的设想，并在同事的协助下完善了这一技术，使 DNA 片段的复制由生物学的复杂过程变成了简单的机械学方法。1993 年，穆利斯因发明了 PCR 技术而获得了诺贝尔化学奖。

穆利斯的个性独特，易于激动，但面对复杂问题他能有巧妙的解决方法。他兴趣广泛，发表过诗歌、散文和小说，在大学期间，学习化学专业的穆利斯就发表过物理学方面的论文。获奖后他曾激动地说："我感谢诺贝尔奖评选委员会，在我还能够尽情享受生活的年龄及时地把诺贝尔奖授予我。"

3. 科恩伯格（Arthur Kornberg，1918～2007）

科恩伯格，著名的美国分子生物学家，1918 年 3 月 3 日出生于美国纽约市。他自幼聪慧过人，学习成绩优异，在初等和中等教育阶段曾 3 次跳级。1937 年在纽约城市学院获理学学士学位，1941 年在罗切斯特大学获医学博士学位，1942 年进入美国国立卫生研究院从事研究工作。

1947 年，科恩伯格在美国国立卫生研究院组建了酶学研究室并任主任。1953 年，他应聘到华盛顿大学医学院微生物学系担任教授。1954 年，科恩伯格分离得到参与 DNA 生物合成的 DNA 聚合酶，并在体外实验证明 DNA 可以在 DNA 聚合酶的催化下合成新的 DNA 链，使得 DNA 分子能够在体外进行复制，将遗传信息世代延续。1956 年科恩伯格发表了《脱氧核糖核酸的酶促合成》论文，从理论上阐述了 DNA 合成的酶学机制。科恩伯格的这些研究成果，为分子遗传学、分子

生物学和酶学领域研究奠定了基础，也为以后基因工程、DNA 测序、DNA 聚合酶链反应(PCR)等的出现及发展奠定了基础和开辟了道路。DNA 聚合酶的发现及 DNA 合成的酶学机制的阐明，使科恩伯格被誉为"DNA 酶学之父"，1959 年，获得诺贝尔生理学或医学奖。

1959 年，科恩伯格组建了斯坦福大学医学院生物化学系，并担任教授。由于杰出的科研成就，科恩伯格当选为美国国家科学院院士、英国皇家学会会员。1965 年又当选为美国生物化学学会主席。科恩伯格的一生都活跃在分子生物学领域，为分子生物学的发展做出了巨大的贡献。他对酶的痴迷无人能及，1989 年，他甚至将自己出版的传记起了个非常煽情的名字《酶的情人》。科恩伯格十分注重培养孩子们在科学上的兴趣，周末的时候他就带着孩子们去实验室，在那里做一些很简单的工作，大儿子罗杰·科恩伯格就是在那个时候对生物学产生了强烈的兴趣，找到了他一生要从事的事业，在"真核转录的分子基础"研究领域做出了突出贡献，2006 年，获得诺贝尔化学奖。科恩伯格使诺贝尔奖历史上"子承父业"的奇迹再次上演，诞生了世界上第六对"诺贝尔奖父子"。

科恩伯格喜欢网球、旅游、音乐，享受与家人在一起的时刻。2007 年 10 月 26 日，阿瑟·科恩伯格病逝，享年 89 岁。

4. 萨瑟恩(Edwin Mellor Southern, 1938～)

萨瑟恩，著名的英国分子生物学家，1938 年 6 月 7 日出生于英国西北部的兰恩夏郡的伯恩利，从小就对许多问题充满了好奇，自称为"问题的解决者"。1954～1958 年，萨瑟恩在曼彻斯特大

学化学系学习，成绩极为优秀。1962 年，萨瑟恩从格拉斯哥大学获得生物化学博士学位，毕业后在剑桥大学南极研究中心低温研究站工作了 4 年。

1967 年，萨瑟恩加入爱丁堡的英国生命科学研究会(MRC)哺乳动物基因组研究小组，从而开始了自己的科研生涯。哺乳动物基因组研究小组充满了浓厚的学术气氛，大家可以自由分享科学研究的经验和乐趣，因此大大促进了生命科学的革新进程。他最早选择的研究内容是分析豚鼠和小鼠中卫星 DNA 的碱基序列差异，这项研究开创了早期 DNA 的测序研究。卫星 DNA 的研究使科学家提出了 DNA 串联重复序列结构和进化起源理论，而且还引发了关于高等真核生物中是否存在非编码序列的争论。萨瑟恩通过对卫星 DNA 的深入研究，发现需要开发新的工具来分析 DNA 的序列结构，他最早使用限制性内切核酸酶Ⅱ来研究真核中 DNA 的序列结构。萨瑟恩还发现爪蟾的卵巢和体细胞的 5S rRNA 存在序列差异，这项研究促使了 RNA 聚合酶Ⅲ内部启动子的最终发现。

1973 年，萨瑟恩为了解决 DNA 研究中的难题而开发了著名的 Southern 印迹(Southern blotting)技术。为了纪念萨瑟恩，该方法被称为 Southern blotting，该方法是将限制性内切核酸酶技术、电泳技术和印记技术三者合一的技术。尽管后来研究者对该方法进行了适当的修改，如改为电转移和选择尼龙膜等，但它的基本原理仍然是萨瑟恩当时的构思，该方法在 1975 年发表于《分子生物学杂志》，这篇文章已成为《分子生物学杂志》中单篇引用率最高的论文，至今已远远超过了 3 万多次。Southern 印记不仅是研究 DNA 结构的一种重要方法，还为另一项广泛应用于分离遗传性疾病相关基因和人类基因组图谱绘制的 DNA 指纹技术(finger printing)的发明奠定了基础。Southern 印迹技术操作简单，重复性强，已经成为分子生物学和生物技术研究的常规方法。

1978 年，萨瑟恩发现了镰状细胞贫血发生的基因基础。1979 年，萨瑟恩设立了第一个研究计划，决定使用分子生物学方法对人类基因组进行作图。为了这个计划当中大规模序列分析的需要，萨瑟恩进行了多项技术革新，包括使用凝胶电泳对经限制性内切核酸酶切割后的片段精确分子质量的确定，根据凝胶结果对 DNA 序列进行自动读取，此外还发明了大片段 DNA 分离的方法，这些研究更促使了下一个重大发明的出现。

1980 年，萨瑟恩担任哺乳动物基因组研究小组主任和临床与群体细胞遗传学小组的副主任。1985 年，萨瑟恩离开爱丁堡的英国生命科学研究会来到牛津大学，并成为这里的生物化学讲座教授，1985～1991 年担任生物化学系的系主任。

1987 年，萨瑟恩构思出了他的第二个重大的发明，即基因芯片技术。萨瑟恩开始了自己的新研究发现，即基因芯片技术的研发。1988 年，萨瑟恩在特殊的玻璃表面通过有效的组合化学方法合成了特定寡核苷酸序列，该方法最终发展成为 DNA 芯片。DNA 芯片技术的出现为大规模 DNA 和 RNA 的检测铺平了道路，成为目前许多大型实验室的基本工具，广泛应用于遗传表型分析、序列测定和基因表达研究，已经在多个生命科学领域显示出了巨大的应用潜力。特别是在医学应用方面也得到了极为广泛的应用。

1996 年，萨瑟恩建立了牛津基因技术公司，主要进行高通量的核酸分析工作。除了进行基因组研究外，还包括核酸杂交等的基础研究，如研究核酸单链结构对杂交过程中双链形成的影响。萨瑟恩的研究小组还改进了反义核酸试剂使其效果更加理想，开发新的基因剔除试剂从而在细胞内基因操作方面得到广泛应用。

萨瑟恩由于在分子生物学技术方面的卓越成就而获得了大量的荣誉：1990 年，获得盖德纳尔基金会国际奖；2003 年 6 月在 65 岁生日之际被授予了爵位；2005 年，获得有"美国诺贝尔奖"之称的拉斯克临床医学研究奖并成为英国皇家学会会员。

5. 伯耶（Herbert Wayne Boyer，1936～）

伯耶，著名的美国化学家、分子生物学家，1936 年 7 月 10 日出生于美国宾夕法尼亚州西部匹兹堡的一个贫穷小镇上，父亲是一位煤矿和铁路工人。童年期间，伯耶对橄榄球表现出极大的爱好，12 岁时就向往将来成为一名优秀的橄榄球队员。然而入学后伯耶的理想却发生了根本的改变，因为他的橄榄球教练还是一位理科教师，非常擅长自然科学，在他的感召下伯耶逐渐对化学和物理学产生了浓厚的兴趣，觉得做科学实验和打橄榄球一样具有吸引力。1954 年，伯耶进入宾夕法尼亚圣义森特学院医学预科班学习，这是一所教会开办的艺术学校，在这里伯耶开始了医学预科班的学习，然而一件科学界的大事又一次改变了伯耶的选择。1953 年沃森和克里克在伦敦做出了突破性的发现——他们阐明了 DNA 双螺旋结构，从而开创了分子生物学的时代。伯耶决定放弃医学学习而转向 DNA，他选择了当时的细菌遗传学。1958 年，伯耶毕业并获得生物学和化学学士学位，为了实现自己的梦想，他又到宾夕法尼亚州立大学进行研究生学习，并于 1963 年获得宾夕法尼亚州匹兹堡大学博士学位。

1972 年 11 月，美国和日本的科学家联合在夏威夷举办了一次关于细菌质粒会议，这次会议促使伯耶和科恩合作，开创了基因工程的时代。在会上伯耶和科恩都各自宣读了自己的论文，伯耶提到自己使用限制性内切核酸酶将 DNA 在特定位置实现了切割，并获得了黏性末端，而科恩则报道了分离获得了携带对抗生素具有抗性的质粒，并将其重新整合到大肠杆菌内，从而实现了质粒的克隆。两位科学家都对对方的工作充满了兴趣，会后又继续讨论科学问题，他们都意识到伯耶的酶可以为科恩的研究提供极有价值的工具，而科恩的质粒是进行 DNA 片段克隆的理想载体，所以伯耶和科恩决定进行合作共同完成这个目标。

1973 年，两位科学家发表了他们的结果，这项成就宣告基因工程的诞生，因为这是人类第一次打破物种界限实现了基因转移。第二年，伯耶和科恩研究小组继续合作，成功地将含有非洲爪蟾基因的质粒整合到宿主菌中，这个成功对其应用具有十分重要的意义，因为它意味着将来动物甚至人类的基因都可以在大肠杆菌中表达，因此具有超强繁殖能力的大肠杆菌将可以作为高等生物目的蛋白质生产的理想工厂。

1976 年，伯耶成为加利福尼亚大学生物化学的全职教授，这一年还成为了霍华德休斯研究所 (HHMI) 的研究员。由于对基因工程的卓越贡献，伯耶得到了全世界科学界的认可，并获得了大量荣誉，这些奖项大多为伯耶和科恩分享。伯耶于 1979 年当选为美国科学和艺术学院院士，1985 年又当选为美国国家科学院院士，此外还是美国微生物学会会员。

1976 年，伯耶敏锐地看到了自己发现的商业价值，因为可以利用廉价的细菌进行药物蛋白质的生产，伯耶投资了 5 万美元与斯旺逊共同组建了 Genentech 公司，公司名称代表了基因工程技术 (genetic engineering technology)，伯耶担任副总裁。Genentech 公司的建立更加促进了基因工程的发展，公司在伯耶的领导下取得了迅猛的发展。随着 Genentech 公司的蓬勃发展，伯耶也成为了一位百万富翁，但是却遭到了学术界的批评，此外还遭到对新基因工程所产生的伦理学问题质疑人士的抨击，许多人认为伯耶等的基因工程技术是在与上帝作对，甚至还有人相信基因工程产品的生产和买卖是一种新的奴隶制度。在这些批评的影响下，伯耶开始从公众的视线中消失，1990 年辞去副总裁职务，只是由于持有一定量的公司股票，还作为董事会的一名成员。伯耶回到了实验室重新开始了基础方面的研究，此时重点在于 DNA 甲基化的修饰模式，与匹兹堡大学研究小组的合作使他们在分子水平上阐明了限制性内切核酸酶的作用机理。

6. 科恩 (Stanley Norman Cohen, 1935～)

科恩，美国分子生物学家，1935 年 2 月 17 日出生。1956 年在拉特格斯大学获学士学位。1960 年在宾夕法尼亚大学医学院获医学博士学位。1975 年在斯坦福大学任教授，1977 年起任该校遗传学教授及医学院遗传系主任。

科恩对原核生物的质粒尤其是对抗药性质粒进行了多年比较深入的研究。在质粒的提取、结构与功能以及质粒的转化机理等方面，都进行了不少开创性的工作，并把细菌质粒作为载体应用于重组 DNA 技术。

1970 年，科恩和伯耶合作，把外源 DNA 插入细菌质粒，并功能性地进行表达，为重组 DNA 技术的迅速发展打下了良好的基础。该技术获得了"生物功能 DNA 复制方法"的专利。为此，科恩和伯耶常被称为"基因工程"(genetic engineering) 的创始人。

科恩于 1970 年曾获巴勒斯-韦尔科姆奖、马太奖和罗奇分子生物学研究所奖；1980 年获拉斯克奖；1981 年获沃尔夫奖。

科恩是美国国家科学院院士，也是美国遗传学会、生物化学学会、微生物学会会员。1975 年成为国际科学联合会遗传工程委员会的成员。

7. 史密斯 (Hamilton Smith, 1931～)

史密斯，美国微生物学家，1931 年 8 月 23 日出生于美国纽约市，父亲是位大学教授，母亲是中学教师。史密斯于 1956 年结婚，夫人伊丽莎白·安妮·波尔顿是名护士，他们有 4 个儿子和一个女儿。史密斯的业余爱好是古典音乐和钢琴。

幼年的史密斯于 1937 年随全家搬到伊利诺伊州的厄巴纳，8 岁开始学钢琴。1948 年从厄巴纳高中毕业后，进入伊利诺伊州大学主修数学，1950 年转到加利福尼亚大学伯克利分校主修生物学，1952 年毕业获学士学位。此后进入约翰·霍普金斯大学学医，1956 年获医学博士学位。

史密斯在获博士学位后先在圣路易斯实习，然后在圣迭戈和亨利福特医院工作，同时自学遗传学。1957～1959 年在美国海军服役。1962～1967 年在美国密歇根大学执教人类遗传学。1967 年受聘前往约翰·霍普金斯大学执教。1973 年任该校微生物教授，1975～1976 年在苏黎世大学执教微生物学。1981 年为约翰·霍普金斯大学的分子生物学和遗传学教授。1994 年 5 月，与他人合作研究基因组，1998 年 7 月参加了测序果蝇和人类基因组，2002 年 11 月加入克雷格文特尔研究所。

早在 20 世纪 50 年代末和 60 年代初，阿尔伯在研究噬菌体时发现细菌体内存在着改变 DNA 结构的限制性内切核酸酶（Ⅰ型限制性内切核酸酶）。从 1968 年起，史密斯开始用流感嗜血杆菌作为研究模型，研究基因重组，很快他分离纯化了一种新的限制性内切核酸酶（Ⅱ型限制性内切核酸酶），并确定了这种限制性内切核酸酶在 DNA 上的特殊识别序列，此酶可以在某个特定的核苷酸的连接处以特定的方式切断 DNA 链，使 70 年代初开始的 DNA 重组技术得到了极大进展。1975 年，史密斯获得古根海姆学会奖。史密斯的实验室相继发现十多个 DNA 转化基因的细菌。Ⅱ型限制性内切核酸酶的发现和切割机制的阐明，使人们找到了基因探查的方法，使研究人员可以更容易地澄清 DNA 的结构和编码。为此，1978 年史密斯与阿尔伯、纳森斯等一块分享了诺贝尔生理学或医学奖。1998 年评为美国癌症协会杰出的名誉教授。

8. 兰德尔（Eric Steven Lander，1957～）

兰德尔，美国分子生物学家，1957 年 2 月 3 日出生于美国纽约市的布鲁克林。少年的兰德尔想要成为一名数学家。他就读的施托伊夫桑特高中，在纽约市是一所专门进行数学和科学方面教育的学校。在读期间兰德尔是施托伊夫桑特高中

数学队的队长。1974 年兰德尔以全班第一的成绩高中毕业。同年，因为他所做的一个针对"准最佳"数字的项目，获得了威斯丁豪斯发现科学天才奖。然后他进入了普林斯顿大学主修数学，1978 年毕业并获学士学位，在毕业典礼上他是告别演讲者。作为一名获得罗氏奖学金的研究生，兰德尔于 1981 年毕业于牛津大学数学系并获博士学位。兰德尔在数学方面一帆风顺，按常规似乎应成为一名数学家，然而他的个性却改变了职业轨迹。兰德尔虽然喜欢纯数学，但不愿意将数学作为终身职业，他更喜欢和周围人士进行大量交流，因此，毕业后并没有从事数学专业。

1981 年，24 岁的兰德尔进入哈佛研究生院工商管理专业任教，所教课程是管理经济学。当时兰德尔对经济学几乎一无所知，然而这丝毫无法难倒兰德尔，他认为经济学比纯数学更适合自己，不足之处可通过业余时间自学来弥补。兰德尔的自学能力惊人，并且在教学方面也具有超强的天赋，不久他将经济学讲授得得心应手并得到学生和同行的肯定，1987 年升任副教授。经济学方面已有所见长的兰德尔在工作中却发现经济学也并非自己的最爱，决定再次寻找其他方向。当兰德尔学习神经生物学的哥哥给他寄了关于神经生物学的文章之后，兰德尔开始对遗传学感兴趣了。他旁听了哈佛大学的一门生物课程，并且晚上到哈佛大学生物实验室当志愿者。他还从果蝇中克隆了基因。1985 年，兰德尔遇到了生物学家大卫·波斯坦因。波斯坦因请兰德尔帮助他开发用于跟踪疾病中的基因的统计工具，从而与波斯坦因合作研究遗传学。兰德尔仍是哈佛商学院副教授，但他获得了麦克阿瑟奖学金(1987 年)，使他在讲授经济学的同时还能够进行生命科学的实验。

在麻省理工学院进行生物学研究早期，兰德尔将自己在数学和经济学方面的背景充分应用到生物学领域，这些尝试获得了极大的成功。兰德尔开始使用新方法来革新传统生物学研究，兰德尔于 1990 年获得 NIH 人类基因组计划首个资助，从而在怀特海研究所建立怀特海研究所麻省理工学院基因组研究中心，该中心成为人类基因组计划的重要组成部分并发挥了关键性的作用。在人类基因组计划之初，主要由公共基金支持，涉及多个国家的研究机构和科学家，目的是将成果为公众免费开放，但一直进展缓慢。主要原因是美国能源部作用不太明晰和当时测序技术不太成熟，但一家私人赛雷拉基因组公司（Celera Genomics）的进入大大改变了这个进程。赛雷拉的目的是将获得的信息申请专利，并对这些信息使用者收取费用（后来取消该政策，也将大量序列信息免费开放），这是一个巨大挑战。为了免费开放目的则加快了研究步伐。兰德尔力促弗朗西斯·柯林斯首先完成基因组草图绘制，从而与赛雷拉小组能够于 2001 年同时发表这些结果。整个测序过程中，兰德尔领导的 WICGR 小组完成整个人类基因组测序工作的 1/3，兰德尔本人亲自完成 60 页论文大部分内容的书写，因此论文发表时兰德尔成为众多贡献者中的第一位。他是推动基因组学革命的一员。在使用实验室方法、数学方法、计算机方法绘制人类基因组以及为人类基因组排列顺序的工作中，还有在探寻诸如心脏病和癌症等复杂性状疾病的遗传起源中，兰德尔都起着先驱者的作用。

兰德尔由于在基因组和医学研究方面的巨大贡献而获得大量荣誉。获得的重要奖励包括：普林斯顿大学威尔逊公共服务奖（1998 年）、内科学奖（2001 年）、Gairdner 基金会国际奖（2002 年）、美国科学促进会公共科学和技术奖（2004 年）、当代最有影响力百人之一（2004 年）。除卓越科研才能外，兰德尔还是一位富有激情的教师，在麻省理工学院讲授生物学通论达 10 年以上，1992 年，赢得麻省理工学院纪念贝克本科生教学奖。兰德尔还为科学家和普通民众介绍遗传学的医学及社会应用，2000 年在白宫做了新千年演讲。兰德尔于 1997 年当选美国国家科学院院士（40 岁），1999 年当选美国医学院院士，此外还是美国艺术和科学院院士和美国科学促进会会员。兰德尔还是一些政府组织、学术机构、科学团体和商业公司的顾问。兰德尔已在顶尖杂志上发表重要研究论文达 200 多篇，涵盖数学、经济学和生物学等多个领域。兰德尔的工作经历也像他试图破译的 DNA 结构一样，呈螺旋样结构，从数学到经济学最终到生命科学，是当代罕见的科学天才之一。

9. 杨焕明（Yang Huanming，1952～）

杨焕明，中国遗传学家，1952 年 10 月 6 日出生于浙江温州，籍贯浙江乐清。1978 年从杭州大学生命科学学院毕业获学士学位，1982 年在南京铁道医学院生物系获硕士学位，1988 年在丹麦哥本哈根大学医学遗传学研究所获博士学位。后到法国马赛免疫中心人类分子遗传实验室进行研究。曾先后在美国哈佛大学、洛杉矶大学加州分校从事博士后研究工作。

1997 年任中国医学科学院、中国协和医科大学医学遗传学教授，博士生导师。现任中国科学院遗传与发育生物学研究所人类基因组中心主任，联合国教科文组织生物伦理委员会委员，国际人类基因组计划中国协调人，中国人类基因组计划秘书长，中国人类基因组多样性委员会秘书长。2007 年当选中国科学院院士，2008 年当选发展中国家科学院院士，2009 年当选印度国家科学院外籍院士，2012 年当选德国科学院院士，2014 年当选美国国家科学院外籍院士。

杨焕明一直从事基因组科学的研究。他的科研团队所承担的人类基因组、水稻基因组，以及家猪、家鸡、家蚕基因组等重大项目，使中国的基因组研究得以跻身于世界前沿。2003 年"华大基因"又在水稻基因组完成图、家蚕基因组框架图的绘制以及 SARS 冠状病毒的基因组研究及建立诊断方法方面都做出了新的成绩。

杨焕明与于军、汪建等创立了华大基因，为中国争取了人类基因组测序 1% 的任务，并提前完成。人类基因组计划是生命科学中的一项世界性重大科学工程，旨在得到人类基因组的全部核酸序列，鉴定人类的全部基因。人类将通过此项计划的实现，破译生命"天书"，解读了人类自身的奥秘。特别引人关注的是继美、英、德、日、法之后，中国是第 6 个参与人类基因组计划的国家，虽然中国参与这一计划最晚，而且是唯一的发展中国家，但是中国科学家仅用了半年多的时间，于 2000 年 4 月底，就已经按照人类基因组的测序任务，拿到了 3 号染色体短臂上 3000 万对碱基的"工作框架图"。

杨焕明特别关注基因组研究的社会影响和基因知识的普及。在世界首次利用全基因组"霰弹法"策略对大型植物基因组进行测序后，杨焕明带领团队独立完成了超级杂交水稻父本籼稻"93-11"基因组（大小约为 4.6 亿个碱基对）的"工作框架图"。该项目的完成，建立和完善了基因组学、生物信息学和蛋白质组学研究的多个技术平台，其水平与发达国家齐步，使中国成为继美国之后的第二个具有全面测定和分析大型全基因组能力的国家，而且从无到有地开发了重复序列识别及注释系统，并率先公布了数据库，促进了"国际联盟"的工作进程，在国际上产生了巨大而深远的影响。

杨焕明和他的团队为"人类基因组计划""人类单体型图计划""千人基因组计划"等国际合作的基因组计划，以及第一个亚洲人基因组、人类泛基因组学、古人类基因组、肠道 Meta 基因组、癌症基因组、外显子组和甲基化组的研究做出了重大贡献。尤其在中国 2003 年抗击"非典"的行动中，他带领年轻人团队，同舟共济，团结一心，在 SARS 冠状病毒的基因组研究及建立诊断方法上又做出了贡献，使中国的基因组研究走向了世界，得到国内外同行与有关部门的肯定。

杨焕明曾获多项荣誉及奖项，2002 年获香港求是科技基金会授予的杰出科技成就集体奖、国家自然科学奖二等奖，当年还获评美国《科学美国人》杂志"2002 年世界科学领袖"，2003 年获评日本经济新闻社"亚洲科技奖"、中国科学院重人创新贡献团队奖、北京市政府"五一劳动奖"、中国科学技术协会授予的"全国防治非典型肺炎优秀科技工作者"、撰写的《解读生命从书》荣获首届北京市优秀科普作品奖最佳奖及第五届全国优秀科普作品奖科普图书类一等奖、2003 年度中国科学院杰出成就科技奖，2004 年获中国科学院政府特殊津贴，2005 年获日本蚕丝协会特别奖、发展中国家科学院 TWAS 生物奖，2006 年获何梁何利基金科学与技术进步奖生命科学奖、发展中国家科学院（TWAS）生物奖，2008 年获深圳市科技创新奖，2010 年获深圳经济特区 30 年杰出创新人物称号，2010 年获人类基因组组织（HUGO）卓越科学成就奖、撰写的《"天"生与"人"生：生殖与克隆》获得第二届中国出版政府图书奖及国家科技进步奖二等奖，2014 年获评汤森路透社"2014 最具影响力研究人员"称号。

10. 文特尔（John Craig Venter，1946～）

文特尔，美国基因组学家和著名企业家，1946 年 10 月 14 日出生于美国盐湖城，不久全家移居到加利福尼亚州的密尔布莱。上高中的时候，文特尔曾在游泳队中打破过学校纪录，但却差点因学习成绩不好而退学。文特尔的弟弟基恩（美国宇航局设计师）说："文特尔当时在学习上没什么动力，他对这些根本不上心。"中学毕业后，文特尔参加了海军医院兵团，在新兵智力测试中，他得了最高分，此后在接受了医护兵训练后，被派往越南战场。他对战争深恶痛绝，但越南战争对他影响很大，他因此意识到生命的珍贵。他离开越南后，回到了加利福尼亚州，他的学术生涯是从加利福尼亚州的一所称为圣马帝奥学院 (College of San Mateo) 的社区大学开始的。之后文特尔 1972 年在加利福尼亚大学圣迭戈分校获得生物化学学士学位，1975 年获得生理学及药理学哲学博士学位。

获得博士学位后，文特尔进入纽约州立大学水牛城分校担任教授。1984 年，文特尔进入了美国国立卫生研究院。在此期间，文特尔学到了快速辨识细胞中 mRNA 的技术，并将其应用到人类大脑基因的辨认中。以这种方式发现的互补 DNA (cDNA) 序列片段称为表达序列标签 (expressed sequence tag, EST)。

1990 年 10 月，国际人类基因组计划启动，美、英、日、法、德、中 6 国相继加入其中，按最初的设想，该项目将耗资 30 亿美元，在 2005 年完成全人类基因组的测序工作。

1998 年 5 月，文特尔在帕金·埃尔默公司 3.3 亿美元投资的支持下组建了塞雷拉基因组公司 (Celera Genomics)，该公司是一个私营性质的基因研究机构，"Celera" 一语的含义就是 "发现了决不等待"。文特尔组建的公司与国家基因组公司展开了竞争，他曾狂妄地声称，要在 3 年内完成人类基因组的序列测定，目的是抢在 "国际人类基因组计划" 前完成，以便将人类基因组图谱申请成专利，靠垄断人类基因组信息来谋利。这场计划开始于 1999 年，特色之一是使用了 "散弹定序法" (shotgun sequencing)。塞雷拉研究计划的目的是要建立一个需付费才能使用的基因组数据库。此目的在遗传学界并不受欢迎，并激起许多团队加速将成果公开。文特尔的塞雷拉基因组公司的活动，打乱了 "人类基因组计划" 的原有步调，极大促进了人类基因组计划的研究进程。

当时，由政府支持的人类基因组工程已经花了 8 年时间，仅排定了 3% 的基因组。所以大部分参与 "人类基因组计划" 的科学家对文特尔的话持怀疑态度，认为他只是在吹牛。不过，美国国家人类基因组研究所还是加快了研究进度，他们发表声明说，"人类基因组计划" 的全部基因测序工作将比原计划提前两年，即在 2003 年完成。文特尔领导的研究小组很快向全世界证明了

自己的实力：一年过去了，塞雷拉公司在基因组研究方面取得了一个又一个突破，似乎真的走在了 "人类基因组计划" 的前面。

2000 年 4 月 6 日，塞雷拉公司突然宣布完成了基因组测序工作。4 天后，美国国家人类基因组研究所所长弗朗西斯·柯林斯发表声明说，塞雷拉的测序结果值得怀疑，他们本该对基因测序数据核查 10 次，却只核对了 3 次。不论塞雷拉公司的测序结果是否足够成熟，但该公司超速的研究进度迫使国际人类基因组计划于 2000 年 5 月 10 日宣布，基因测序工作的完成时间将再度提前，从原定的 2003 年 6 月提前至 2001 年 6 月。"公" "私" 两组研究人员之间的竞争日趋白热化。

塞雷拉公司用来研究基因组的 DNA 来自 5 个人，其中一位便是文特尔本人。最后私有化的意图并未达成，但文特尔与人类基因组计划的代表弗朗西斯·柯林斯共同出席了由美国总统克林顿主持的基因组计划完成宣告仪式。2002 年，塞雷拉公司董事会将文特尔解雇。

文特尔是克莱格·文特尔研究所 (J. Craig Venter Institute，由 TIGR 所建立) 的主席，这家研究机构涉足许多不同领域。2005 年，他与其他人合伙建立了合成基因组公司 (Synthetic Genomics)，期望研究出能生产可替代燃料的生命形式，研究专门以经过改造的微生物生产作为替代燃料的乙醇 (酒精) 与氢。文特尔等取得了一系列重要发现，他们至少找到了 1800 个新物种，以及超过 120 万个新基因。其中 782 个基因的蛋白质产物对光敏感，可能蕴含微生物将阳光转化为能量的秘诀。此外还有约 5000 个新基因，其功能涉及将化合物中的氢原子释放出来，而氢气正是人类急需的新型能源。文特尔还表示，这些新发现的基因组序列都将免费向公众开放。2007 年，文特尔成为世界上最有影响力的人物之一，《时代》杂志也在 2000 年 7 月将文特尔与人类基因组计划代表弗朗西斯·柯林斯同时选为封面人物。

2010 年 5 月 20 日，克莱格·文特尔研究所宣布世界首例人造生命——完全由人造基因控制的单细胞细菌诞生，项目的负责人文特尔将 "人造生命" 起名为 "辛西娅" (Synthia，意为 "人造

儿"）。这项具有里程碑意义的实验表明，新的生命体可以在实验室里"被创造"，而不是一定要通过"进化"来完成。

二、核心事件

1. DNA 聚合酶的发现

1953 年以前，基因的物质本性一直是困扰全世界生物学家的问题。1953 年 4 月 25 日《自然》杂志发表了沃森和克里克的 DNA 双螺旋结构模型的论文，既反映了 DNA 分子可能具有的无穷多样性，又能立刻提出 DNA 分子自我复制的可能机制，使生物学家接受了基因的物质本性就是 DNA。DNA 双螺旋结构模型虽然是以众多的实验结果为依据，但它本身却尚有待于实验证明。尤其是，DNA 果真是一种能自我复制的分子吗？如果 DNA 是一种能自我复制的分子，那么是一种什么物质或者什么酶在维持这种自我复制呢？

科恩伯格和同事试图用实验证明 DNA 能否自我复制、是什么物质在起作用？1954 年，他们分离得到了 DNA 和 RNA 生成过程中 5 种核苷酸合成的相关酶类，科恩伯格将研究重点放在 DNA 合成酶上，由于 DNA 的合成过程十分复杂，大多数科学家认为体外合成 DNA 无法完成。科恩伯格坚持不懈，并于 1955 年以大肠杆菌提取液为材料，用放射性同位素标记核苷酸的方法证明存在催化核苷酸多聚化的酶。1957 年，科恩伯格研究团队将该酶进行提纯，首次在试管中合成了 DNA 分子，实验证明 DNA 可以在核苷酸多聚化的酶的催化下合成新的 DNA 链，正是这种生理机制使得 DNA 分子能够进行复制，将遗传信息世代延续。科恩伯格把这种酶称作 DNA 聚合酶。此项开创性的研究工作，使科恩伯格被誉为"DNA 酶学之父"。1955 年，另一位美国科学家奥乔亚（Severo Ochoa de Alhornoz）也在实验室中利用大肠杆菌作为实验材料发现了催化生成 RNA 的酶，即 RNA 聚合酶。由于这两位科学家的重大发现，合成 DNA 及 RNA 的研究有了极大的进展。尤其是科恩伯格发现的 DNA 聚合酶为分子生物学和酶学领域研究奠定了基础，为以后基因工程、DNA 测序、DNA 聚合酶链反应等的出现及发展开辟了道路。因为 RNA 聚合酶与 DNA 聚合酶的发现，这两位科学家共享了 1959 年的诺贝尔生理学或医学奖。

2. 限制性内切核酸酶的发现

1952 年，卢里亚发现一种细菌的自我保护现象，从某菌株中分离的噬菌体再次感染该菌株的效率为 100%，但感染其他菌株的效率极低，此现象称为限制与修饰。1962 年，阿尔伯（Werner Arber）提出著名的限制-修饰系统理论，预测在细菌细胞中存在限制酶与修饰酶。

1963 年，伯耶来到耶鲁大学进行博士后研究，这次选择的内容是酶学和蛋白质化学，因为他对当时预测的一种重要的酶——限制酶产生了极大的兴趣，该酶也是伯耶终身研究的一个重点，也正是对该酶的研究而开创了基因工程时代。1966 年，伯耶离开东海岸来到加利福尼亚大学旧金山分校并成为生物化学与生物物理系的助理教授，在这里伯耶获得了一个实验室，从而可以允许他继续进行限制酶方面的工作。1968 年，伯耶最终锁定了大肠杆菌作为研究目标，从中分离限制酶。在一位年轻生物化学家古德曼（Howard Goodman）的帮助下，伯耶研究小组最终分离得到了一种限制性内切核酸酶，根据命名原则称为 *Eco*R I，对该酶的性质进行深入研究，发现其可以在特定位置将 DNA 切开，并且还可以获得具有黏性末端的 DNA 片段，这个性质使伯耶意识到 *Eco*R I 可能具有更大的应用潜力，而他与另一位科学家科恩（Stanley Norman Cohen）的相识使这个想法得到了实现。同年，马特·梅索森从大肠杆菌 K 菌株分离出限制性内切核酸酶 *Eco*K、阿尔伯分离到限制性内切核酸酶 *Eco*B（Ⅰ型酶），但这两种酶切割 DNA 具有随机性，不能在体外对 DNA 分子进行精确的切割，在实践中没有实用价值。1970 年，H. O. Smith 等从嗜血流感杆菌（*Haemophilus influenzae*）的 Rd 菌株中分离到限制性内切核酸酶 *Hin*d Ⅱ（Ⅱ型酶），发现该酶具有精确的切割位点和识别序列，使得 DNA 分子的体外精确切割成为可能。从此，相关研究进一步展开，目前已从 10 000 种以上的微生物中筛选出了 3000 多种限制性内切核酸酶（分为Ⅰ型、Ⅱ型和Ⅲ型酶），其中Ⅱ型限制性内切核酸酶达 2300 多种。Ⅱ型限制性内切核酸酶切割的序列对称，切割位点固定在识别序列内，是目前基因工程操作中应用的主要酶类。大量的限制性内切核酸酶的发现和运用，证实了当年阿尔伯提出的限制-修饰系统理论，也完全证实了阿尔伯预测的限制酶的存在。

3. 基因工程的诞生

1971 年底，美国斯坦福医学院有一位一年级的学生在科恩的实验室实习时，发现了一个有意思的现象，即质粒的转化现象。这位学生发现经过处理的大肠杆菌细胞可以吸收质粒 DNA 分子，而且，细胞分裂繁殖产生的后代细胞里也都有质粒。实际上这是人类找到了一种把一个质粒 DNA 分子扩增为成千上万个完全一样的分子的方法。这种得到大量的、均一的 DNA 分子复制品的过程就叫 DNA 克隆。用质粒 DNA 转化大肠杆菌方法的建立，使科恩的信心倍增。他设想，质粒的自主复制区，如果连接上不同的 DNA 片段，得到的人工质粒 DNA 分子，应该可以通过转化进入大肠杆菌细胞，并在细胞内繁殖。这就使他们能够在大肠杆菌细胞中观察到不同 DNA 片段的功能。质粒转化现象的发现，促进了基因工程的诞生，使质粒成为基因工程操作中必不可少的运载工具——载体。

1972 年，伯格首次将 SV40 病毒的 DNA 与 λ 噬菌体 P22 的 DNA 在体外重组成功，建立了 DNA 体外重组技术，奠定了基因工程的基础，标志着基因工程的诞生，但是，由于考虑到伦理问题和技术风险，伯格没有把这种技术深入进行下去，使基因工程这门技术仍然仅仅停留在理论阶段。

1972 年 11 月，美国和日本的科学家联合在夏威夷举办了一次关于细菌质粒会议，也正是这次会议促使伯耶和科恩的合作而开创了基因工程的时代，因此这次会议也被看作一个传奇。在会上伯耶和科恩都宣读了自己的论文，伯耶提到使用限制性内切核酸酶将 DNA 在特定位置实现了切割，并获得了黏性末端，而科恩则报告其分离获得了携带对抗生素具有抗性的质粒，并将其重新整合到大肠杆菌内，从而实现了质粒的克隆。两位科学家都对对方的工作充满了兴趣，因此，会后他们继续讨论相关问题，意识到伯耶的酶可

以为科恩的研究提供极有价值的工具，而科恩的质粒是进行 DNA 片段克隆的理想载体，互相欣赏使伯耶和科恩决定进行合作，共同完成这个目标。

伯耶和科恩将两种抗性不同的环形质粒 DNA 提取出来之后，用一种名为 EcoR I 的限制性内切核酸酶分别切断，再将两者连起来形成一个大环。这种"杂交"产生的质粒 DNA 如果被重新引入细菌，可以使细菌同时具备四环素和链霉素两种抗性。这两个人成功地将青蛙的 DNA 插入细菌中，这些细菌开始自我复制，同时也复制了插入其中的青蛙基因。这种技术被称为重组 DNA。经过一年的研究实验，1973 年两位科学家发表了他们的结果，这项成就宣告基因工程的诞生。这种技术使得科学家能够从不同的有机体上剪接 DNA，然后将它们重组。两位科学家的天作之合也宣告了重组 DNA 技术的诞生和基因工程时代的到来。

科恩和伯耶都没想到他们的研究竟能给糖尿病患者带来巨大的福音！大名鼎鼎的硅谷 KPCB 基金的合伙人罗伯特·斯旺森（Robert Swanson）看中了二人的研究。沟通后科恩和伯耶毅然决定分头辞职，共同创立一家生物技术公司，探索基因工程的应用前景。利用科恩和伯耶的重组 DNA 技术，1982 年，第一支基因重组人胰岛素正式上市。

实践证明，利用重组 DNA 技术，可以对不同生物的基因进行新的组合，得到性状发生改变的新生物。这意味着人类可以根据自己的意愿设计新的生物，并把它构建出来。人的创造性又一次得到生动的体现。从此，生物科学完全超越了经验科学的阶段，第一次具备了工程学科的性质，以致我们今天把基于重组 DNA 技术的新的学科分支，称为目前众所周知的"基因工程"。

4. PCR 技术的发明

20 世纪 70 年代末、80 年代初，一项与寡核苷酸合成有关的技术创新是 DNA 合成仪的发明和应用。穆利斯通过朋友很早就弄来了一台样机，穆利斯平时是一个爱摆弄计算机的人，他通过编写新的程序对这台原型机进行优化改进后，使他们合成寡核苷酸的效率提高了十几倍。合成寡核

苷酸工效的提高使得穆利斯有充分的时间去思考他所感兴趣的问题。

镰状细胞贫血病因是 β-珠蛋白基因单个碱基的突变。当时西特斯公司的一个重要开发项目是以检测 β-珠蛋白基因突变为模式，建立一种人基因突变的诊断试剂盒。用同位素标记的探针进行分子杂交的方法可以检测突变点，但这种方法程序太过烦琐且灵敏度不高，其所需的 DNA 量很大，而临床上不大可能提供这个数量的样本。穆利斯决定另辟蹊径，用 DNA 测序来代替 DNA 杂交法。他设想了几个可一举攻克常规方法中的"灵敏度难题"的方法。在他诸多的实验方案中，一个是用两个分别位于目标基因双链两侧的引物来代替当时普遍采用的单引物法。穆利斯认为，这样就可以得到互补的两条 DNA 链，其序列可同时被测定，这样，测序结果还可以互相印证。

"双引物"思路是发明 PCR 技术的关键点，虽然穆利斯开头只是把它作为一种提高测试灵敏度的方法，并没有想到基因扩增的问题，但在具体实施的过程中，它就必然会显示出在基因扩增上的巨大潜力。后来穆利斯回忆道："出现在我头脑中的两条分别与反向平行、含有目标基因序列的模板链相结合，3'端直接指向对方的寡核苷酸链，事实上已使我走到了发明 PCR 的边缘。"但当时他确实还没有 PCR 的概念。据穆利斯后来回忆，在他头脑中把双引物思路与 DNA 扩增（即 PCR 技术）联系起来的故事是这样的：1983 年春天的一个周末，穆利斯驾车去乡间别墅的路上，老是思考着他设想的实验方法。突然他意识到，在这个方法中，如果多次重复实验过程，它将会产生按指数增长的目标 DNA 量。同样，这个方法也可以在试管中无限量地扩增任何需要的 DNA 分子。整个周末穆利斯头脑中反复地检查他设想中的"思想试验"，并确认没有问题，至少在理论上它是成立的。穆利斯感到很兴奋，在返回西特斯后，穆利斯立即到图书馆查找资料，没有发现任何这方面的线索。穆利斯兴奋地对西特斯的同事们讲解自己的新发现，但是没有一个人相信和支持他的想法。当时在他实验室工作的利文森（Corey Levenson）回忆说："穆利斯第一次把他的构思写出来的时候，几乎每个人都戴着有色眼镜看他，都极力找否定它的理由。因为这个方法太简单了，不需要很多解释。公司里的人一旦听了穆利斯对 PCR 机制的介绍，马上想当然地认为，肯定有什么理由使之无法实施。"

在这种情况下，穆利斯心中也有点感到迷惑：这么简单但又具有巨大应用潜力的方法怎么会没有人想到呢？穆利斯对自己的想法经过反复思考后，仍深信不疑。在提出 PCR 构想的三个月后，他开始启动实验来证明他的构想。此后，PCR 技术的开发逐渐得到了公司的重视，穆利斯在公司的支持和直接参与下，PCR 研究取得了迅速进展。但由于技术上的限制，特别是需要在实验的中途添加新的 DNA 聚合酶，以补充由于加热变性失活的 DNA 聚合酶，严重影响实验结果。在经过了多次失败和方法上的改进（尤其是耐热的 *Taq* 酶的应用）后，在 1985 年前后，PCR 终于完成了"从概念到工具"的发展过程，成了一项被广泛接受和应用的新技术。1989 年，PCR 与它所用的聚合酶被美国《科学》杂志评为这一年的"年度分子"。对于这项技术的潜力，该刊编辑部配发的文章说："PCR 是一项多快好省的技术，它应当从发表第一批论文的 1985 年算起。专家们差不多用了 4 年时间来评价这项技术的潜力，而范围更广的学术界还要用更长的时间才可能开始真正探明其威力。"如今 PCR 技术可将痕量的 DNA 在几小时内扩增数百万倍，它不仅已经广泛应用于生物医学研究和临床疾病基因诊断等各领域，还扩展到法医学、考古学等领域，极大地促进了这些学科的发展。PCR 仪也从最初的由 3 个不同温度的水浴锅组合，到现在小巧玲珑的多种型号的迷你型仪器。PCR 技术的发明已经公认为是一次真正的"科学技术革命"，它是一个古老的原理（DNA 复制理论）发展成的一个新技术，也是理论转变成应用的典型范例之一，1993 年穆利斯因此获得诺贝尔化学奖。

5. DNA 体外重组技术的发明

DNA 体外重组技术主要发明人为保罗·伯格，20 世纪 70 年代，伯格在研究分离基因的过程中，设计了多种方法，以图在选定位点分裂 DNA 分子并使该分子的片段连接到病毒 DNA 或质粒上，然后将带有外源 DNA 的病毒 DNA 或质粒转入细菌细胞或动物细胞。外来 DNA 被结合到宿主细胞中，并使宿主细胞合成在正常情况下不能合成的蛋白质。当时没有被分离出来的哺乳动物基因，要想将外源基因导入哺乳动物细胞的设想看来是不可能的。所以，他首要的任务是要设计出一种在体外能将两种不同的 DNA 分子连接在一起的方法。要想在体外对 DNA 进行操作，必须要有操作的"工具"。"工具"的发现对重组 DNA 技术的实施起了关键性的作用。在随后的几年时间里科学家分离并纯化了不同的限制性内切核酸酶、DNA 连接酶、T$_4$ DNA 连接酶。他利用 λ 噬菌体具有在大肠杆菌中独立复制的特性，将猿猴病毒 SV40 的 DNA 和 λ 噬菌体的 DNA 拼接成一个新的 DNA 分子。他和他的同事使用同一种限制性内切核酸酶分别切割这两种 DNA 分子，形成相同的黏性末端，然后用连接酶将其重新组合，λ 噬菌体就会含有 SV40 的一个或几个基因。伯格采用这种方法将不同的 DNA 分子在体外连接了起来。接着他试图用这种重组的 DNA 分子感染大肠杆菌，研究只可能来自 SV40 基因在该大肠杆菌中产生的新蛋白质。

1971 年夏天，伯格的一个学生参加了有关培养哺乳动物细胞的学术会议，她在会上提到伯格上述设想，会议主持人普赖克听到这个想法大吃一惊。普赖克随即打电话给伯格，提醒伯格要慎重考虑。伯格接受了普赖克的建议，决定终止导入大肠杆菌的实验，并由此引发了重组 DNA 分子的大讨论。如果当初伯格没有听从普赖克的建议，继续实验，他也会以失败而告终。因为他们拼接的重组 DNA 分子中，SV40 DNA 恰好插入在噬菌体 DNA 起复制功能的片段上，而不能在大肠杆菌中复制。

伯格是基因工程的开拓者和创始人，他一直处于遗传工程前沿，不仅因为他是一种开创性程序的发明家，还因为他是一位担忧基因研究风险的基因工程的推动者，他的另一个重要贡献是帮助和促进建立了重组 DNA 技术的准则。他在基因工程建立初期就认识到把癌基因植入大肠杆菌的危险性。大肠杆菌普遍存在于污水或人体中，如果重组的大肠杆菌逃离实验室，就可能导致癌症发病率的上升。伯格想到其他的实验室也会制造出这种危险的重组有机体。从 1973 年开始，伯格召集了许多著名的科学家，出于科学家的社会责任感，开展了一场关于这一技术的实验室安全性和潜在危害的讨论，并制订了相应的保护措施。

6. DNA 测序方法的发明

早在沃森和克里克提出 DNA 双螺旋结构后不久，就有人报道过 DNA 测序技术，但是当时的操作流程复杂，没能形成规模。20 世纪 50 年代以前，桑格主要研究蛋白质的结构，经过多年的研究他找到了一种能够用于测定蛋白质结构的试剂，即 2,4-二硝基氟化苯，又称桑格试剂。应用此试剂可确定标记氨基酸氮端和碳端，测定蛋白质大分子内各氨基酸分子的连接顺序。桑格应用逐段递增的方法，花费了 10 年的心血，终于在 1955 年测定出胰岛素两条肽键上分别含有 21 个和 30 个氨基酸的排列顺序和位置，为以后人工合成蛋白质奠定了理论和技术基础。

20 世纪 60 年代后，桑格的工作转向了核酸方面，致力于以 RNA 和 DNA 结构的分析研究。他利用酶的生物活性确定了 RNA 中各种碱基的排列顺序和 DNA 中核苷酸的排列顺序。桑格首先发展了广泛应用的酶图解谱法，利用酶的切割作用在特定的位置上把 RNA 切割成很小的碎片，这样就能比较容易地确定 RNA 上碱基的顺序。1975 年，桑格又发明了一种更新、更巧妙、更快速、更精确的分析方法——直读法，也即双脱氧法，又称为链终止法(chain termination method)、"双脱氧终止法"(dideoxy termination method)、"桑格法"等。1977 年，桑格利用这种方法成功地测定了 ΦX174 DNA 的全部共 5386 个核苷酸的排列顺序，这是人类首次对核酸分子的结构所进行的最精密的测定，这一工作作为人工合成 RNA 和 DNA 打下了基础，同时，也为后来实施的人类基因组计划提供了理论基础和技术支撑。

1975 年，桑格实验室的同事，同时也是合作者的吉尔伯特(Walter Gilbert)及马克萨姆探索用另外一种化学方法进行 DNA 测序。1977 年，他们对核碱基特异性地进行局部化学改性，接下来在改性核苷酸毗邻的位点处 DNA 骨架发生断裂，然后电泳，直接读出序列，这种方法也称为马克萨姆-吉尔伯特测序(Maxam-Gilbert sequencing)。

7. 人类基因组计划的实施

人类基因组计划(human genome project, HGP)是由美国科学家于 1985 年率先提出,于 1990 年正式启动的。美国、英国、法国、德国、日本和我国科学家共同参与了这一预算达 30 亿美元的人类基因组计划。人类基因组计划是一项规模宏大,跨国跨学科的科学探索工程。人类基因组计划与曼哈顿原子弹计划和阿波罗计划并称为三大科学计划,被誉为生命科学的"登月计划"。其宗旨在于测定组成人类染色体(指单倍体)中所包含的 30 亿个碱基对组成的核苷酸序列,从而绘制人类基因组图谱,并且辨识其载有的基因及其序列,达到破译人类遗传信息的最终目的。截至 2005 年,人类基因组计划的测序工作已经完成。其中,2001 年人类基因组工作草图的发表(由公共基金资助的国际人类基因组计划和私人企业塞雷拉基因组公司各自独立完成,并分别公开发表)被认为是人类基因组计划成功的里程碑。

人类基因组计划是怎样被提出的呢?1984 年 12 月,美国犹他大学的 Wenter 受美国能源部的委托,主持讨论了 DNA 重组技术及测定人类整个基因组 DNA 序列的意义。1985 年 6 月,美国能源部提出"人类基因组计划"的初步草案。最早提出测定人类基因组序列的是美国科学家罗伯特·辛西默(Robert Sinshimer)。1986 年 3 月,美国的诺贝尔奖获得者雷纳多·杜尔贝柯石(Renato Dulbecco)在《科学》杂志上发表的短文中率先提出"测定人类的整个基因组序列"的主张,后经世界性的讨论取得共识。1987 年美国开始筹建"人类基因组计划"实验室。1988 年科学家开始讨论如何才能更快、更多、更好地研究与人类的生老病死有关的所有基因——全部的人类基因组。1989 年,美国成立"国家人类基因组研究中心",诺贝尔奖获得者、DNA 分子双螺旋结构模型的提出者沃森担任第一任主任。1990 年 10 月,美国首先正式启动"人类基因组计划",完成人类全部 DNA 分子核苷酸序列的测定。1993 年,美国对这一计划做了修订,其中最重要的任务就是人类基因组的基因图构建与序列分析,需最优先考虑、必须保质保量完成的 DNA 序列图。

随后,英国、法国、日本、加拿大、苏联、中国等许多国家积极响应,都开始了不同规模、各有特色的人类基因组研究。1999 年 12 月 1 日,人类首次成功地完成人体染色休基因完整序列的测定。2000 年 6 月 26 日,6 国科学家公布人类基因组工作框架图,成为人类基因组计划进展的一个重要里程碑。2001 年 2 月 12 日人类基因组图谱及初步分析结果首次公布。2003 年 4 月 15 日,美、英、德、日、法、中 6 个国家共同宣布人类基因组序列图完成,人类基因组计划的所有目标全部实现,提前 2 年实现了目标。

8. 转基因技术的发明

转基因技术是现代分子生物学发展的产物。20 世纪 50 年代沃森和克里克揭示了 DNA 双螺旋结构之后,人类开始真正从分子水平上认识了基因,同时也开始了通过直接改造基因来改造生物的科学实践。1972 年,美国科学家把浸染细菌的病毒——噬菌体 λ 的 DNA 片段插入浸染哺乳动物细胞的病毒——猿猴病毒 SV40 的基因组中,并导入大肠杆菌中进行扩增,发明了 DNA 重组技术,之后科学家又建立了较为完善的"分子克隆"技术,开始利用细菌来生产人们需要的蛋白质,如 1978 年,科学家把来源于人的胰岛素基因植入大肠杆菌,让大肠杆菌合成人胰岛素。实际上这已经是转基因技术的实践应用。

随着科学技术的不断进步,科学家逐渐开始了对动物和植物的转基因改造。转基因动物的诞生要早于转基因植物。第一个转基因动物是 1980 年科学家 Gordon 用显微注射法获得的转基因小鼠,并标志着动物转基因技术的建立。1982 年美国科学家 Palmiter 将大鼠生长激素基因导入小鼠受精卵的雄性原核中,获得了个体增大一倍的转基因"超级鼠"。之后,科学家 Church 获得了首例转基因牛,为首个人类饲养的转基因牲畜。至今,人们已获得了转基因鼠、鸡、山羊、猪、绵羊、牛、蛙及多种转基因鱼。

1983 年,利用农杆菌介导的方法,美国华盛顿大学和威斯康星大学的科学家 Zambryske 分别宣布将卡那霉素抗性基因导入烟草和将大豆基因转入向日葵,标志着植物转基因技术的建立。1985 年,Fromm 等建立了电击转化原生质体方法,并于 1986 年利用该方法获得了转基因玉米植株。1987 年，Klein 等发明了基因枪转基因方法，随后该方法被广泛应用于植物转基因。

三、核心概念

1. 遗传工程、基因工程

遗传工程(genetic engineering)属于生物工程的四大工程(细胞工程、生化工程、微生物工程、遗传工程)之一，指以改变生物有机体性状特征为目标的遗传信息量的操作。包括经典的遗传育种和现代的基因克隆等两种不同的技术层次。广义的概念，遗传工程包括基因工程、染色体工程等；狭义的概念，遗传工程仅指基因工程。遗传工程与基因工程在概念、方法以及操作水平上还是有区别的，不能混为一谈。遗传工程包括的面较广，既有个体水平的操作，又有细胞水平的、染色体水平的以及分子水平的操作。而基因工程主要是在分子水平的操作。

基因工程(gene engineering)指在体外应用 DNA 重组技术将外源目的基因插入载体，转移到受体细胞，并在受体内能稳定表达的系列过程。在有些教材和著作中也有的把基因工程称作分子克隆(molecular cloning)、基因克隆(gene cloning)、基因操作(gene manipulation)、DNA 重组技术(recombinant DNA technique)等。

2. 载体、受体

载体(vector)指可以用来插入外源 DNA 片段，构建重组分子，并导入活细胞的质粒、噬菌体或其他基因组，有时也称为基因克隆载体。把外源基因转入受体细胞，就如同把外面的物品运输到一个车间，需要一个运输工具，在基因工程操作中这个运输的工具就是载体。载体是基因工程操作中的三大构件(工具酶、载体、受体)之一。

受体(recipient)指接受外源遗传物质的细胞或者个体。最初指细菌基因转移过程中接受遗传物质的菌株或细胞，所以，也称作受体菌株或受体细胞。受体也是基因工程操作中的三大构件(工具酶、载体、受体)之一。基因工程中所说的受体，与分子生物学中的"受体"不是一个概念，英文名称为"receptor"。

3. 克隆载体、表达载体

克隆载体(cloning vector)指用来将外源的 DNA 片段转移到活的受体细胞内的、经过适当改造的质粒、噬菌体或者动物病毒等。克隆载体的目的是复制出更多的目的基因拷贝。

表达载体(expression vector)指一类按照特殊要求设计构建的，具有调节外源基因正确表达的控制信号，可以使外源基因在受体中高效表达的专门载体。就是在克隆载体基本骨架的基础上增加一些表达元件，如强启动子、核糖体结合位点(ribosome binding site，RBS)、终止子等。

克隆载体的目的在于复制足够多的目标质粒或目的基因。表达载体的目的在于使目的基因在受体中正常高效表达。二者在结构组成上、在功能上是有区别的。

4. 限制性内切核酸酶、限制片段

限制性内切核酸酶(restriction endonuclease)又称作限制酶(restriction enzyme)，指能够识别双链 DNA 分子中的某种特定核苷酸序列，并在此部位对 DNA 分子进行切割的一种内切酶。限制性内切核酸酶属于基因工程操作工具酶(限制性内切核酸酶、连接酶、聚合酶、核酸酶和修饰酶)中重要的一种酶。限制性内切核酸酶有 I 型、II 型、III型和IIS 型 4 种类型，基因工程中应用的是 II 型的酶。

限制片段(restriction fragment)指大分子质量的 DNA 分子经过限制性内切核酸酶消化后产生的一定长度的 DNA 片段。消化后 DNA 片段的长度如何，取决于用哪一种限制性内切核酸酶，取决于这种酶在 DNA 分子上的识别序列的长度。如果某种酶在DNA分子上的识别序列的长度为4对核苷酸，则产生的限制片段长度为4^4=256bp；如果某种酶在DNA分子上的识别序列的长度为6对核苷酸，则产生的限制片段长度为4^6=4096bp。

5. 基因文库、基因组文库

基因文库(gene library)又称作克隆文库(clonal library)、鸟枪法收集、基因银行(gene bank)等，指将基因组 DNA 或 cDNA 随机酶切成一个个片段，然后将这些片段连到载体上，转入受体细胞，形成的一个个克隆的总称。因此，基因文库包括基因组文库和 cDNA 文库。

基因组文库(genomic library)指将生物核基因组的全部DNA进行酶切形成的诸多DNA片段连接到多个载体上,转入受体细胞并进行复制繁殖形成的一个个克隆的集合体。基因组文库属于基因文库的一种类型,也是在基因工程发展初期形成和运用的从中获取目的基因的库。

由于在基因组文库中含有的DNA片段较多,而且有的片段上有基因,有的片段上没有基因,这对操作者从其中获取目的基因非常不利,费时费工。而且,由于这个克隆群体较大,在保存这些克隆时也形成极大的浪费。

为了解决这一问题,人们又创建了cDNA文库(cDNA library),这属于基因文库的另一种类型。这是将处于特定发育阶段的真核生物的特定器官或组织中纯化的mRNA,经过反转录作用合成双链的cDNA群体后,再与适当的载体重组,并转化给寄主菌株。如此建成的cDNA文库又称作cDNA克隆。cDNA文库仅包含了在特定发育阶段、特定组织或器官中表达的基因,而不是生物体的全部基因。cDNA文库较小,保存比较方便,基本上每个DNA片段都包含有基因。因此,在基因工程操作中,从cDNA文库中获取目的基因相对简便可行。对于真核细胞来说,从基因组DNA文库获得的目的基因与从cDNA文库获得的不同,基因组文库所含的目的基因是带有内含子和外显子的基因,而从cDNA文库中获得的是已经过剪接、去除了内含子的基因。

6. 选择基因、报道基因

通常说的标记基因(marker gene)是指其功能和染色体上座位已知、易于根据编码产物检测其存在的一类独特基因。根据基因表达物的特征、基因的种类等又把标记基因分为选择基因和报道基因。

选择基因(selectable gene)指已知效应的或已知序列的,能使个体具备特定的特征并且通过生理学、形态学、生物化学或分子生物学检测能够发现其存在的基因。或者指一类编码可使抗生素或除草剂失活的蛋白酶基因。选择基因编码产物能使转化的细胞、组织具有对抗生素、除草剂的抗性,或使转化的组织、细胞具有代谢的优越性,在培养基中加入抗生素或除草剂等选择试剂的情况下,非转化的细胞死亡或生长受到抑制,而转化的细胞、组织能继续存活,从而将转化的细胞、组织从大量的细胞或组织中筛选出来的一类基因,即选择基因用来检测和筛选转化组织和未转化组织。

报告基因(reporter gene)又称为报道基因,指编码产物能被快速测定,常用来判断外源基因是否已成功的导入受体细胞、组织或器官,并检测其表达活性的一类特殊基因。报告基因编码产物能够被快速测定、且不依赖于外界压力的一类基因。报告基因是用来检测目的基因调控、启动子的活性等。

7. 基因诊断、基因治疗

基因诊断(gene diagnosis)指应用专门设计的DNA分子探针,对受检者的特定基因或者特定mRNA进行分子杂交,并做出诊断的分子生物学技术。有的教材中也将其称作分子诊断技术、DNA分子探针技术。

基因治疗(gene therapy)指应用基因工程方法,在基因水平上对人类遗传疾病进行治疗的技术。是将外源正常基因导入靶细胞,以纠正或补偿因基因缺陷和异常引起的疾病,以达到治疗目的。基因治疗策略包括以下几个方面:基因矫正、基因置换、基因增补、基因失活、自杀基因、免疫治疗、耐药治疗等。

8. 遗传标记、分子标记

遗传标记(genetic marker)指可识别的等位基因、等位片段,通过突变或不发生突变,可以观察到的生物有机体的遗传性状特征。遗传标记一般包括形态学标记(morphological marker)、细胞学标记(cytological marker,第一代遗传标记)、生物化学标记(biochemical marker,第二代遗传标记)和分子标记(molecular marker,第三代遗传标记)等4种类型。遗传标记具有两个基本特征,即可遗传性和可识别性,因此生物的任何有差异表型的基因突变型均可作为遗传标记。

分子标记(molecular marker)是以个体间遗传物质内核苷酸序列变异为基础的遗传标记。是DNA水平遗传多态性的直接的反映。与其他几种遗传标记相比,分子标记具有的优越性有:大多数分子标记为共显性,对隐性的农艺性状的选择十分便利；基因组变异极其丰富，分子标记的数量几乎是无限的；在生物发育的不同阶段，不同组织的 DNA 都可用于标记分析；分子标记揭示来自 DNA 的变异；表现为中性，不影响目标性状的表达，与不良性状无连锁；检测手段简单、迅速。

9. 基因组、基因组计划

基因组（genome）指生物体所拥有的全部的 DNA 序列。这些序列包括所有的基因以及基因之间的序列。可以分为细胞核染色体基因组、线粒体基因组、叶绿体基因组和质粒基因组。在原核生物，基因组就是它的染色体 DNA 的全部序列。在真核生物，基因组指一组基本的、物种特异的染色体组，所以，有时候基因组也可以称作染色体组。对于二倍体生物，基因组就是胚子中的一套染色体。例如，玉米有 20 条染色体，它的基因组包含 10 条染色体。对于人类来说，基因组包括 22 条常染色体、1 条 X 染色体和 1 条 Y 染色体。

基因组计划（genome project）指对基因组 DNA 中碱基序列、基因排列位置、基因的结构、基因的功能等进行研究和分析的计划。如果研究的对象是人，就称作人类基因组计划，如果研究的对象是玉米，则称作玉米基因组计划。

10. 基因组学、蛋白质组学

基因组学（genomics）指对某种生物的所有基因进行基因组作图，研究基因组中染色体 DNA 的碱基顺序、基因的位置及表达调控的机制的科学。根据研究的目标不同，可以分为结构基因组学、功能基因组学和比较基因组学等。

蛋白质组学（proteomics）指分析生物体所有蛋白质的种类、结构与功能，研究不同的蛋白质之间的相互作用机理，在不同的时间、不同的空间发挥功能的蛋白质群体及蛋白质修饰作用的科学。根据研究目标和手段的不同，可以分为结构蛋白质组学、功能蛋白质组学、表达蛋白质组学和细胞图谱蛋白质组学等。

四、核心知识

1. 基因工程的工具酶

基因工程涉及众多的工具酶，可粗略地分为限制酶、连接酶、聚合酶、核酸酶和修饰酶五大类。其中，以限制性内切核酸酶和 DNA 连接酶在分子克隆中的作用最为突出。

1）限制性内切核酸酶　　生物体内能识别并切割特异的双链 DNA 序列的一种内切核酸酶称为限制性内切核酸酶。它可以将外来的 DNA 切断，从而限制异源 DNA 的侵入并使之失去活性，但对菌体自己的 DNA 则由于可被限制酶识别和作用的特殊部位的某些碱基已被甲基化，相应酶切位点的修饰而无损害作用，这样可以保护细胞原有的遗传信息，这对细菌的生存和繁衍具有重要意义。由于这种切割作用是在 DNA 分子内部进行的，故名限制性内切核酸酶（简称限制酶），限制性内切核酸酶分为 I 型、II 型和III 型。目前已经发现的限制性内切核酸酶有数千种，已提纯的限制性内切核酸酶有 100 多种，许多已成为基因工程研究中必不可少的工具酶，基因工程常用 II 型酶。II 型限制性内切核酸酶的基本特性包括：①每种酶都有其特定的 DNA 识别位点，通常是由 4～8 个核苷酸组成的特定序列（靶序列）。②识别序列的对称性，靶序列通常具有双重旋转对称的结构，即双链的核苷酸顺序呈回文结构。③切割位点的规范性，交错切或对称切。对称切形成平末端的 DNA 分子；交错切可以形成具黏性末端的 DNA 分子，而且，根据交错点的位置不同，可以切成具 5′ 黏性末端的 DNA 分子，也可切成具 3′ 黏性末端的 DNA 分子。

2）DNA 连接酶　　DNA 连接酶又称合成酶，是一类催化一个双螺旋 DNA 内相邻核苷酸 3′-羟基和 5′-磷酸甚至两个双螺旋 DNA 两端的 3′-羟基和 5′-磷酸发生连接反应形成 3′,5′-磷酸二酯键的酶。DNA 连接酶在催化连接反应时需消耗能量。根据能量供体的性质，连接酶可以分为两类：第一类使用 NAD^+，第二类使用 ATP。细菌的 DNA 连接酶属于第一类，真核细胞、病毒和噬菌体的连接酶属于第二类。

DNA 连接酶的作用特点包括：①连接的两条 DNA 链，必须分别含有自由 3′-OH 和 5′-Pi，而且这两个基团彼此相邻；②在羟基和磷酸基团间形成磷酸二酯键是一种耗能过程。E. coli DNA 连接酶是连接具互补碱基黏性末端和平末端，但以前者效果较好，需 NAD^+作为辅助因子，活性低，不常用。T_4 DNA 连接酶是连接具互补碱基黏性末端和平末端，需 ATP 作为辅助因子，活性高，常用。

3）核酸酶　　核酸酶（nuclease）是水解核苷酸之间的磷酸二酯键的一种水解酶。在高等动植物中都有很多作用于磷酸二酯键的核酸酶。不同来源的核酸酶，其专一性、作用方式有所不同。有些核酸酶只能作用于 RNA，称为核糖核酸酶（RNase），有些核酸酶只能作用于 DNA，称为脱氧核糖核酸酶（DNase），有些核酸酶专一性较低，既能作用于 RNA 也能作用于 DNA，因此统称为核酸酶（nuclease）。

根据核酸酶作用的位置不同，又可将核酸酶分为核酸外切酶（exonuclease）和核酸内切酶（endonuclease）。有些核酸酶能从 DNA 或 RNA 链的一端逐个水解下单核苷酸，所以称为核酸外切酶。只作用于 DNA 的核酸外切酶称为脱氧核糖核酸外切酶，只作用于 RNA 的核酸外切酶称为核糖核酸外切酶；也有一些核酸外切酶可以作用于 DNA 或 RNA。核酸外切酶从 3′ 端开始逐个水解核苷酸，称为 3′→5′ 外切酶。例如，蛇毒磷酸二酯酶就是一种 3′→5′ 外切酶，水解产物为 5′ 核苷酸；核酸外切酶从 5′ 端开始逐个水解核苷酸，称为 5′→3′ 外切酶，如牛脾磷酸二酯酶就是一种 5′→3′ 外切酶，水解产物为 3′ 核苷酸。核酸内切酶催化水解多核苷酸内部的磷酸二酯键。有些核酸内切酶水解 5′ 磷酸二酯键，把磷酸基团留在 3′ 位置上，称为 5′-内切酶；而另一些酶则水解 3′-磷酸二酯键，把磷酸基团留在 5′ 位置上，称为 3′-内切酶。还有一些核酸内切酶对磷酸酯键一侧的碱基有专一要求。例如，胰脏核糖核酸酶（RNaseA）就是一种高度专一性内切核酸酶，它作用于由嘧啶核苷酸 3′ 处的羟基与下一个核苷酸 5′ 处的磷酸形成的 3′,5′-磷酸二酯键，产物为以 3′ 嘧啶核苷酸结尾的低聚寡核苷酸和以 5′ 核苷酸开头的低聚寡核苷酸。

4）修饰酶　　修饰酶也有不少种类，如末端转移酶（terminal transferase）是一类不依赖于 DNA 模板的 DNA 聚合酶。该类酶可以在没有模板链存在的情况下，将核苷酸连接到 dsDNA 或 ssDNA 的 3′-OH 上，特别是有利于平末端的双链

DNA 末端加尾。最常见的用途是给外源 DNA 片段及载体分子加上互补的同聚物尾巴，从而产生黏性末端，用于 DNA 重组。

2. 基因工程的载体

基因工程用的载体根据来源分为质粒载体、噬菌体载体、病毒载体；根据用途分为克隆载体、表达载体。根据其性质分为温度敏感型载体、融合型表达载体、非融合型表达载体。根据质粒在宿主细胞中存在的数目分为"严紧型"质粒（stigent plasmid），拷贝数为 1~3；"松弛型"质粒（relaxed plasmid），拷贝数为 10~60。根据质粒是否可以接合转移分为转移性质粒（含有 *tra* 基因，能通过接合作用从一个细胞转移到另一个细胞）和非转移性质粒（不含 *tra* 基因，可以被转移性质粒所带动转移）。

作为载体必须具备以下特性：①载体必须是复制子；②具有合适的筛选标记，便于重组子的筛选；③具备多克隆位点（MCS）即酶切位点，便于外源基因插入；④自身分子质量较小，拷贝数高；⑤在宿主细胞内稳定性高。

基因工程操作中，受体如果是细菌，可以用质粒载体、噬菌体载体；受体如果是真核细胞，可以用病毒载体；如果所克隆的基因或者 DNA 分子较大，需要用人工染色体载体，如酵母人工染色体（YAC）、细菌人工染色体（BAC）；如果要求所克隆的基因既能在原核生物中复制，又能在真核生物中复制，则用穿梭载体。

3. 基因工程的模式生物

模式生物（model organism）是人们研究生命现象过程中长期和反复作为实验模型的动物、植物和微生物，通过对这些物种的科学研究来揭示某种具有普遍规律的遗传现象。例如，将人类基因组与模式生物基因组进行比较，这一方面有助于根据同源性方法分析人类基因的功能，另一方面有助于发现人类和其他生物的本质差异，探索遗传语言的奥秘。

模式生物的种类有很多，常见的模式生物有病毒中的噬菌体、原核生物中的大肠杆菌、真菌中的酿酒酵母（*Saccharomyces cerevisiae*）、低等无脊椎动物中的秀丽新小杆线虫（*Caenorhabditis elegans*）、昆虫纲的黑腹果蝇（*Drosophila melanogaster*)、鱼纲的斑马鱼(*Danio rerio*)、哺乳纲的小鼠(*Mus musculus*)及植物中的拟南芥(*Arabidopsis thaliana*)等。模式生物都有一些基本的共同点：①有利于回答研究者关注的问题，生理特征能够代表生物界的某一大类群；②实验材料容易获得并易于在实验室内饲养和繁殖，研究维持费用低；③世代短、子代多、遗传背景清楚；④对人体和环境无害；⑤容易进行实验操作，特别是具有遗传操作的手段和表型分析的方法。

4. 分子标记的原理和应用

1974 年，Grozdicker 等在鉴定温度敏感表型的腺病毒 DNA 突变体时，利用限制性内切核酸酶酶解后得到的 DNA 片段的差异，首创了 DNA 分子标记。所谓分子标记是根据基因组 DNA 存在丰富的多态性而发展起来的可直接反映生物个体在 DNA 水平上的差异的一类新型的遗传标记，它是继形态学标记、细胞学标记、生化标记之后最为可靠的遗传标记技术。广义的分子标记是指可遗传的并可检测的 DNA 序列或蛋白质分子。通常所说的分子标记是指以 DNA 多态性为基础的遗传标记。分子标记技术本质上都是以检测生物个体在基因或基因型上所产生的变异来反映基因组之间的差异。

在遗传学研究中广泛应用的 DNA 分子标记已经发展了很多种，一般依其所用的分子生物学技术大致可以分为三大类：第一类是以分子杂交为核心的分子标记，包括限制性片段长度多态性(restriction fragment length polymorphism，RFLP)、DNA 指纹技术等，这类分子标记被称为第一代分子标记；第二类是以 PCR 为核心的分子标记，包括随机扩增多态性 DNA 标记(random amplified polymorphic DNA, RAPD)、简单序列重复(simple sequence repeats, SSR)、扩增片段长度多态性(amplified fragment length polymorphism, AFLP)、序列标签位点(sequence-tagged site, STS)等，为第二代分子标记；第三类是一些新型的分子标记，如单核苷酸多态性(single nucleotide polymorphism, SNP)标记、表达序列标签(expressed sequence tag, EST)标记等，也以 PCR 技术为基础，为第三代分子标记。

限制性片段长度多态性由 Grozdicker 于 1974 年创立，1980 年由 Bostein 再次提出。基本原理是物种的基因组 DNA 在限制性内切核酸酶作用下，产生相当多的大小不等的片段，用放射性同位素标记的 DNA 作探针，把与被标记 DNA 相关的片段检测出来，从而构建出多态性图谱。用某一种限制性内切核酸酶来切割来自不同个体的 DNA 分子，内切酶的识别序列有差异，就是由限制性酶切位点上碱基的插入、缺失、重排或点突变所引起的。这种差异反映在酶切片段的长度和数目上。

限制性片段长度多态性在基因突变分析、基因定位、基因诊断、个体识别、亲缘鉴定、物种分类和进化关系研究，以及组建高密度的遗传图谱和育种操作等方面都有一定的应用和重要的实用价值。其优点包括：①无表型效应，不受环境条件和发育阶段的影响；②共显性，非常稳定；③起源于基因组 DNA 自身变异，数量上几乎不受限制。缺点包括：①检测步骤多，周期长，需 DNA 量大，费时；②用作探针的 DNA 克隆制备、保存不方便；③放射性同位素，易造成环境污染。

简单序列重复(SSR)即微卫星 DNA，微卫星是指以少数几个核苷酸(1~6 个)为单位多次串联重复的 DNA 序列。微卫星由核心序列和两侧的保守侧翼序列构成。保守的侧翼序列使微卫星特异地定位于染色体某一区域，核心序列重复数的差异则形成微卫星的高度多态性。其原理为重复次数的不同及重复程度的不完全造成了每个位点的多态性。根据其两端的保守序列设计一对特异性引物，PCR 扩增，再经聚丙烯酰胺凝胶电泳即可显示不同基因型个体在这个 SSR 位点的多态性。

简单序列重复是种群研究和进化生物学最常用的分子标记之一，广泛地应用于生物杂交育种、遗传连锁图谱、种群遗传多样性、系统发生等研究领域。其优点包括分布广泛、多态性丰富、杂合度高、通用性好，以及扩增反应所需模板量少、重复性好，共显性遗传，检测方便，结果稳定。缺点是增大了基因型错误判别的可能性。

扩增片段长度多态性是 1992 年由荷兰 Key Gene 公司的科学家 Zabeau 和 Vos 发展起来的一种检测 DNA 多态性的分子标记。基本原理是基因组 DNA 经限制性内切核酸酶双酶切，其中包括一个酶切位点稀有的内切酶（识别位点一般为 6 个碱基或 8 个碱基）和一个酶切位点丰富的内切酶（识别位点一般为 4 个碱基）的酶切组合，形成分子质量大小不等的随机限制性片段。酶切片段先与有共同黏性末端的人工接头连接，连接后的黏性末端顺序和接头顺序作为 PCR 反应的引物结合位点，通过 PCR 反应把酶切片段扩增，然后将扩增的酶切片段在高分辨率的顺序分析胶上进行电泳，其多态性即以扩增片段的长度不同而被检测出来。

AFLP 作为一种高效的指纹技术，已在遗传育种研究中发挥它的优势。在医学、农业、林业、畜牧业、渔业等领域中得到了广泛的应用。AFLP 优点包括高度特异性、实验周期短、可信度高、检测速度快。缺点是技术过程复杂、实验成本较高且受专利保护。

单核苷酸多态性标记（SNP）是指在基因组水平上由单个核苷酸的变异所引起的 DNA 序列多态性，即 SNP 是同一物种不同个体间染色体上遗传密码单个碱基的变化。主要表现为基因组核苷酸水平上的变异引起的 DNA 序列多态性，包括单碱基的转换或颠换，以及单碱基的插入或缺失等。SNP 与 RFLP 及 SSR 标记的不同有两个方面：其一，SNP 不再以 DNA 片段的长度变化作为检测手段，而直接以序列变异作为标记；其二，SNP 标记分析完全摒弃了经典的凝胶电泳，代之以最新的 DNA 芯片技术。

单核苷酸多态性标记应用于种群生物学特征、遗传性疾病检测、疾病关联分析及特定功能基因或片段的分型等研究，在基因组作图和数量性状定位等方面也有越来越多的应用。其优点包括数量多、分布广泛、检测快速易于实现自动化、遗传稳定性高。缺点为成本高、错误信号多。

表达序列标签（EST）是在人类基因组计划实施过程中，由美国国立卫生研究院生物学家文特尔提出的发现基因的新战略。EST 是指从 cDNA 文库中随机挑取克隆并对其 3′端或 5′端进行单轮测序所获得的短 cDNA 序列，一般长度为 300～500bp。其原理为由于 EST 是短的核苷酸序列，而且根据构建文库时所采用引物的差异，所测定

的序列可以是 cDNA 的各个区段，包括 5′端和 3′端，以及 5′上游非翻译区（UTR）和 3′UTR，也可以是 cDNA 的任何内部序列。因为 cDNA 来源于 mRNA，所以每一个 EST 均代表了文库构建原组织的基因组 DNA 中一个表达基因的部分转录片段。

表达序列标签标记技术应用于构建遗传学图谱、分离与鉴定新基因、基因差异表达的研究、基因的定位克隆用于制备 cDNA 芯片等。其优点为数量多、分布广泛、检测快速易于实现自动化、遗传稳定性高。缺点是获得的基因组信息不全、费用高、对 DNA 质量和 cDNA 文库要求高。

5. 基因组文库的构建

基因组文库（genomic library）是指把某种生物基因组的全部遗传信息通过克隆载体贮存在一个受体菌克隆子群体中，这个群体即为这种生物的基因组文库。基因组文库类型根据所选用的载体可以分为质粒文库、噬菌体文库、黏粒文库、人工染色体文库（细菌人工染色体文库、酵母人工染色体文库等）。基因组 DNA 文库的质量标准除了尽可能高的完备性外，一个理想的基因组 DNA 文库应具备下列条件：①重组克隆的总数不宜过大，以减轻筛选工作的压力；②载体的装载量最好大于基因的长度，避免基因被分隔克隆；③克隆与克隆之间必须存在足够长度的重叠区域，以利于克隆排序；④克隆片段易于从载体分子上完整卸下；⑤重组克隆能稳定保存、扩增、筛选。基因组文库构建的一般步骤如下。

1）载体的选择和制备　　出于压缩重组克隆的数量，基因组文库构建的载体通常选装载量较大的 λ-DNA 或考斯质粒；对于大型基因组（如动植物和人类）需使用 YAC 或 BAC 载体。由于绝大多数真核生物的 mRNA 小于 10kb，因此用于 cDNA 文库构建的载体通常选质粒或 λ-DNA。

2）高纯度、大分子质量基因组 DNA 的提取　　为了最大限度保证基因在克隆过程中的完整性，用于基因组文库构建的 DNA 在分离纯化操作中应尽量避免过度的断裂。制备的 DNA 分子质量越大（至少是插入片段大小的 3～5 倍），文库的重组率和完备性也就越高。用常规方法制备的染色体 DNA 的长度一般在 100kb 左右。如果先

将细胞固定在低熔点凝胶中，然后置入含有 SDS 蛋白酶 K、RNaseA 的缓冲液中浸泡，可获得 >100kb 大小的 DNA 片段。

3）基因组 DNA 的部分酶切与分级分离　用于基因组文库构建的 DNA 片段的切割一般采用超声波处理和限制性内切核酸酶部分酶切两种方法，其目的是保证 DNA 片段之间存在部分重叠区、保证 DNA 片段大小均一。超声波处理后的 DNA 片段呈平头末端，需加装人工接头。部分酶切法一般选用 4 碱基识别序列的限制性内切核酸酶，如 Sau3A Ⅰ 或 Mbo Ⅰ 等，这样 DNA 酶解片段的大小可控。连接前，上述处理的 DNA 片段必须根据载体的装载量进行分级分离，以杜绝不相干的 DNA 片段随机连为一体。

4）载体与 DNA 片段的连接　在基因组文库的构建过程中，大量体系连接前先使用小体系连接来寻找最佳比例，方法包括黏性末端连接与人工接头法。

5）转化或侵染宿主细胞　在基因组文库的构建过程中，最好选择转化效率高的进口感受态细胞和质量稳定的进口包装蛋白。

6）筛选鉴定基因组及保存　在基因组文库的构建过程中，最应引起重视的问题是严禁外源 DNA 片段之间的连接。为了避免上述情况的发生，可采取下列措施的组合：①将待连接的 DNA 片段根据载体的装载量分级分离；②用碱性磷酸单酯酶除去 DNA 片段的末端磷酸基团；③在 DNA 片段的末端添加人工接头。

6. DNA 测序技术进展

DNA 测序技术的发展历史主要有以下几个历程：20 世纪 70 年代末，吉尔伯特发明化学法和桑格发明双脱氧终止法；20 世纪 80 年代中期，出现自动测序仪（应用双脱氧终止法原理），荧光代替同位素，计算机进行图像识别；20 世纪 90 年代中期，测序仪有了重大改进，集束化的毛细管电泳代替了凝胶电泳。

测序方法可以分为以下三代技术，第 1 代测序技术是荧光标记的桑格法，桑格法是根据核苷酸在某一固定的点开始，随机在某一个特定的核苷酸处终止，并且在每个核苷酸后面进行荧光标记，产生以 A、T、C、G 结束的 4 组不同长度的

一系列核苷酸，然后在尿素变性的聚丙烯酰胺凝胶上电泳进行检测，从而获得可见的 DNA 碱基序列。桑格法测序的原理就是，每个反应含有所有 4 种脱氧核糖核苷三磷酸（dNTP）使之扩增，并混入限量的一种不同的双脱氧核苷三磷酸（ddNTP）使之终止。由于 ddNTP 缺乏延伸所需要的 3′-OH 基团，使延长的寡聚核苷酸选择性地在 G、A、T 或 C 处终止，终止点由反应中相应的双脱氧核糖核苷三磷酸而定。每一种 dNTP 和 ddNTP 的相对浓度可以调整，使反应得到一组长几个至千个或以上，相差一个碱基的一系列片段。它们具有共同的起始点，但终止在不同的核苷酸上，可通过高分辨率变性凝胶电泳分离大小不同的片段，凝胶处理后可用 X 线片放射自显影或非同位素标记进行检测。

第 2 代测序技术是循环阵列合成测序法，在第 2 代测序技术中，序列都是在荧光或者化学发光物质的协助下，通过读取 DNA 聚合酶或 DNA 连接酶将碱基连接到 DNA 链上的过程中释放出的光学信号而间接确定的。除了需要昂贵的光学监测系统，还要记录、存储并分析大量的光学图像。这都使仪器的复杂性和成本增加。依赖生物化学反应读取碱基序列更增加了试剂、耗材的使用，在目前测序成本中比例相当大。直接读取序列信息，不使用化学试剂，对于进一步降低测序成本是非常可取的。在一个正在发生突破瓶颈巨变的领域内，很难准确预测未来将发生什么。

第 3 代测序技术是直接测序，将基因组 DNA 随机切割成 100kb 左右的片段，制成单链并与六寡聚核苷酸探针杂交。后驱动结合了探针的基因组文库片段通过可寻址的纳米孔阵列。通过每个孔的离子电流均可独立测量。追踪电流的变化确定探针杂交在每个基因组片段上的精确位置。利用基因组片段上杂交探针的重叠区域将基因组片段文库排列起来，建立一组完整的基因组探针。

7. 转基因技术的利与弊

随着转基因技术的发展，转基因食品也已悄然走上人们的餐桌。转基因食品是指以转基因生物为原料加工生产的食品，可分为四类：第一类，植物性转基因食品；第二类，动物性转基因食品；第三类，微生物转基因食品；第四类，转基因特

殊食品。例如，利用遗传工程，将普通的蔬菜、水果、粮食等农作物，变成能预防疾病的神奇的"疫苗食品"等。

转基因食品之所以发展迅速，在于转基因食品有许多有利的方面：①速度快，不必进行多次选育；②高产、优质、有抗性，降低栽培成本；③生产有利于健康和抗疾病的食品；④可以摆脱季节、气候的影响；⑤打破物种界限。

科学是把双刃剑。最早提出转基因食品安全问题的人是英国的阿伯丁罗特研究所的普庇泰教授。1998 年，他在研究中发现，幼鼠食用转基因土豆后，会使内脏和免疫系统受损，这引起了科学界的极大关注。随即，英国皇家学会对这份报告进行了审查，于 1999 年 5 月宣布此项研究"充满漏洞"。更多的科学家用实验表明转基因食品是安全的。首先，任何一种转基因食品在上市之前都进行了大量的科学试验，国家和政府都制定了相关的法律法规进行约束。其次，传统的作物在种植的时候农民也会使用农药来保证质量，而有些转基因食品无非是注入了抗病虫的基因以达到甚至超过喷洒农药的效果。再次，一种食品会不会造成中毒主要是看它在人体内有没有受体和能不能被代谢，转化的基因是经过筛选的、作用明确的，所以转基因成分不会在人体内积累，也就不会有害。但是，直到目前为止，转基因食品在推出市场前都没有经过长远的安全评估，人类长期食用是否安全仍然成疑，而科学界对这些食品是否安全也没有共识。联合国粮食及农业组织、世界卫生组织及经济合作组织这些国际权威机构都表示，人工移植外来基因可能令生物产生"非预期后果"，也就是说我们到现在为止还没有足够的科学手段去评估转基因生物及食品的风险。国际消费者联会（成员包括全球 115 个国家的 250 个消费者组织）表示"现时没有一个政府或联合国组织会声称转基因食品是完全安全的"。

科学看待转基因食品，实际上，自然界中的基因重组一直都没有停止过，人类今天种植的普通谷物正是几千年来自然选择和人为选择的结果。我们在吃这些食物时，就吃进了从这种食物的野生亲缘种来的抗病基因和各种其他基因，这是一般人没有意识到的。传统的杂交育种会引入成千上万个新基因，其中许多基因是人类尚不了解的，不知道会引起什么后果。而转基因技术只是在已经普遍种植的作物品种中，加入一两个已知性状的新基因，因此它培育新品种的效率更高，而风险并不一定比传统育种更大。据报道，包括婴儿食品在内，转基因食品目前在美国市场上已接近 4000 种，有 2 亿人食用，近十几年来很少有关于转基因食品安全问题的报道。到目前为止，全球实现商业化的转基因作物种植面积达几千万公顷，也没出现确定的环境安全问题。

转基因技术是一种新的尖端生物技术，在提高粮食产量、减少农药使用、生产含有更多营养成分的健康食品方面有巨大潜力。公众存在担忧情绪，主要是怕它被错误地利用。一些学者认为，与任何食品一样，转基因食品的安全性需要慎重对待和严格管理，转基因作物对生态环境的长远影响也需要更多的跟踪研究。面对转基因食品，我们需要的是严格的食品安全把关制度，及时制止未经允许就擅自加入转基因食品成分的行为。此外，我们也要具备严谨的科学态度，对于转基因产品，不能片面地给予排斥。

我国对转基因食品有严格的控制机制。早在 1993 年，国家科学技术委员会就颁布了《基因工程安全管理办法》，指导全国性的基因工程开发和研究；2002 年 4 月卫生部颁布了《转基因食品卫生管理办法》，明确规定了转基因食品的食用安全性和营养质量评价、申报与审批以及标识，未经卫生部审查批准的转基因食品不得生产或者进口，也不得用作食品或食品原料；转基因食品应当符合《食品卫生法》及其有关法规、规章、标准的规定，不得对人体造成急性、慢性或其他潜在性健康危害。在我国，凡是转基因食品，强制要求在显著位置标示。我们既不能将转基因食品看作人类的救星而欣然接受，也不能谈虎色变、将转基因食品拒之门外，我们要正确地认识、理智地分析和审慎地选择转基因食品。正如杂交水稻之父袁隆平在接受采访时所说"转基因食品不能全否，也不能全肯，它们中有的不存在安全问题，但有的还要对其安全性做进一步的深入研究"。

五、核心习题

例题 1. 利用 Ti 质粒把卡那霉素抗性基因(Kanamycin resistance gene)转化入烟草细胞并获得两株具有抗性的植株。植株 1 与野生型杂交获得的子代植株中 50％具有抗性，50％敏感；植株 2 与野生型杂交则获得了 75％的抗性植株和 25％的敏感植株。如何解释这样的结果？在植株 1 中，一个拷贝的抗性基因插入了一个位点并表达；植株 2 中，有两个拷贝的抗性基因插入到了两个位点并表达，在非同源染色体上。

知识要点：

(1)Ti 质粒可以有效地把外源基因介导入植物细胞，并整合入基因组中。

(2)外源基因在植物基因组中的整合位点是随机的，整合的拷贝数为 1 到数个拷贝。

(3)外源基因在植物基因组中的行为符合孟德尔规律。

解题思路：

(1)植株 1 与野生杂交子代中，抗性与敏感为 1：1，相当于单因子杂交；说明只有一个拷贝的外源卡那霉素抗性基因起作用且为杂合体。

(2)植物 2 与野生杂交子代中，抗性与敏感为 3：1；只有在两个拷贝的外源卡那霉素抗性基因起作用且为杂合体；同时位于非同源染色体上，才能得到合理的解释。

参考答案：在植株 1 中，一个拷贝的抗性基因插入了一个位点并表达；植株 2 中，有两个拷贝的抗性基因插入到了两个位点并表达，在非同源染色体上。

例题 2. 一小鼠基因组 DNA 片段长 8kb，命名为片段 F，克隆于质粒 pBR322 的 *Eco*R I 位点。把重组质粒用三种不同的限制性内切核酸酶或组合切割，琼脂糖凝胶电泳后得到如下图谱，接下来进行 Southern 印迹。如果用该片段为探针，哪些片段会产生阳性杂交带？如果把质粒 pBR322 标记作为探针，哪些片段会产生阳性杂交带？

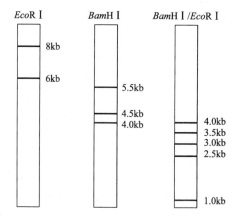

知识要点：

(1)限制性内切核酸酶切割 DNA 产生的各个片段总和等于 DNA 片段的总长。

(2)Southern 印迹的分子基础是碱基序列的互补。

解题思路：

(1)首先画出质粒的限制性内切核酸酶图谱，在其上标出基因组 DNA 的位置和质粒序列的位置。

(2)包含有小鼠基因组 DNA 序列的片段，在以 F 为探针时，产生阳性杂交带；包含有质粒序列的片段，在以 pBR322 为探针时，产生阳性杂交带。

参考答案：

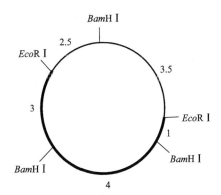

以 F 为探针产生的阳性杂交带

以 pBR322 为探针产生的阳性杂交带

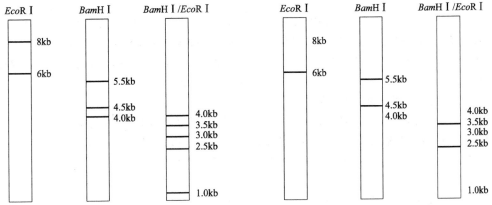

例题 3. 用连接酶把限制性内切核酸酶 *Sau*3A I（↓GATC）切割的 DNA 与经限制性内切核酸酶 *Bam*H I（G↓GATCC）切割的 DNA 连接起来后形成一个 DNA 分子，这个新的 DNA 分子能够被 *Sau*3A I 切割的概率有多大？

知识要点：

(1)限制性内切核酸酶可以识别双链 DNA 的特定位点并切开。

(2)黏性末端可以互补配对并被 DNA 连接酶重新连接。

(3)DNA 分子序列中碱基的排列是随机的。

解题思路：

(1)根据知识要点(1)，两个 DNA 分子分别在两种限制酶作用下被切成都具有黏性末端的 DNA 分子。

(2)根据知识要点(2)，两个具有黏性末端的 DNA 分子可以在连接酶作用下通过互补配对而连成一个新的 DNA 分子。在这个新的 DNA 分子的连接处的互补配对区仍然是限制性内切核酸酶 *Sau*3A I 的识别序列。

(3)根据知识要点(3)，限制性内切核酸酶 *Sau*3A I 的识别序列的碱基排列也是随机的，所以，该酶对这种序列切割的概率为每个核苷酸结合上去的概率的乘积。

参考答案：这个新的 DNA 分子能够被 *Sau*3A I 切割的概率为$(1/4)^4$。

例题 4. 计算下列 4 种酶各自在染色体 DNA 序列上识别位点间的平均距离：

1. *Alu* I : 5′ AGCT 3′　　　　　　2. *Eco*R I : 5′ GAATTC 3′
　　　　　 3′ TCGA 5′　　　　　　　　　　　　3′ CTTAAG 5′

3. *Acy* I :5′ GPuCGPyC 3′　　　4. *EcoN* I :5′ CCTNNNNNAGG 3′

　　　　3′ CpyGCPuG 5′　　　　　　　　3′ GGANNNNNTCC 5′

知识要点：

(1)限制性内切核酸酶可以识别双链 DNA 分子的特定序列，并可以在这个特定序列的某个位置进行切割。

(2)DNA 分子中非基因编码区碱基序列是随机分布的，限制性内切核酸酶的识别序列内的碱基也是随机分布的。

(3)限制性内切核酸酶识别序列内的一些多余的任意碱基不管有几个，可以不考虑，如果不是任意碱基则应该考虑。

解题思路：

(1)根据知识要点(1)、(2)，第 1 种酶的识别序列是 4 对碱基，则此酶在 DNA 序列上识别位点间的平均距离为 4 种碱基各自概率的乘积的倒数，即 4^4。以此类推，第 2 种酶在 DNA 序列上识别位点间的平均距离为 4^6。

(2)根据知识要点(2)，第 3 种酶的识别序列中，有的位置上是非任意碱基。例如，在识别序列中标为 Pu 或 Py，Pu 为嘌呤(purine)的缩写，意思为在此位置可以是腺嘌呤也可以是鸟嘌呤；Py 为嘧啶的缩写，意思为在此位置可以是胞嘧啶也可以是尿嘧啶(如果识别序列中没有标出 Pu 或 Py，则此酶识别系列是 6 对核苷酸，则在 DNA 序列上识别位点间的平均距离为 4^6)。由于是在两个位置上标出了 Pu 或 Py，因此，第 3 种酶在 DNA 序列上识别位点间的平均距离应该为 $4^{6-2} = 4^4$。

(3)根据知识要点(3)，第 4 种酶的识别序列是 6 对核苷酸，但在这 6 对核苷酸之间又写了 5 个 "N"，"N" 代表的是任意核苷酸，也就可以是 4 种核苷酸的任意一种。由于是任意的，不管有几个 "N"，都可以不予考虑。因此，第 4 种酶在 DNA 序列上识别位点间的平均距离应该为 4^6。

参考答案：

第 1 种酶在 DNA 序列上识别位点间的平均距离应该为 4^4。

第 2 种酶在 DNA 序列上识别位点间的平均距离应该为 4^6。

第 3 种酶在 DNA 序列上识别位点间的平均距离应该为 4^4。

第 4 种酶在 DNA 序列上识别位点间的平均距离应该为 4^6。

例题 5. 为了绘制长为 3kb 的 *Bam*H I 限制酶切片段的限制酶图谱，分别用 *Eco*R I 和 *Hpa* II 及双酶切消化这一片段，电泳后获得如下图谱。请绘制出该片段的限制酶图谱。

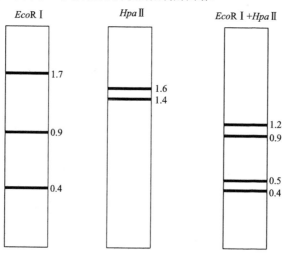

知识要点：

(1)限制酶在环状 DNA 分子上的切点数目等于切割后产生的片段数目。限制酶在线状 DNA 分子的切点数目等于切割后产生的片段数目加减一。

(2)小的 DNA 片段是由大的 DNA 片段切割而来。产生的大小片段可以在电工用图谱上区别开，小的片段电泳中跑得较快，其电泳带位于前段。

解题思路：

(1)根据知识要点(1)，题中给出的是 DNA 片段，因此，可以看作线状的。*Eco*R I 酶切时产生了 3 个片段，说明 *Eco*R I 酶在这个 DNA 片段上有 2 个切割位点；*Hpa* II 酶切时产生了 2 个片段，说明 *Hpa* II 酶在这个 DNA 片段上只有 1 个切割位点。

(2)根据知识要点(2)，*Hpa* II 酶切时产生了 2 个片段，1 个长度为 1.6kb，另一个长度为 1.4kb，所以，此酶的切点位置比较靠近这个 3kb 片段的中部。

(3)根据知识要点(2)，双酶切时产生的 1.2kb 和 0.4kb 刚好是 *Hpa* II 酶单酶切时 1.6kb 的分割，0.9kb 和 0.5kb 刚好是 *Hpa* II 酶单酶切时 1.4kb 的分割。所以，*Eco*R I 酶的 2 个切点，一个位于 1.6kb 中，另一个位于 1.4kb 中。而且，一个切点距离 *Hpa* II 酶切点较近，一个切点距离 *Hpa* II 酶切点较远。

参考答案：

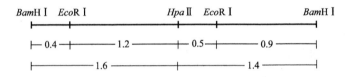

例题 6. 你打算扩增下图所示的 DNA 片段，请从给定的引物中选出最合适的一对。

5′GACCTGTGGAAGC—————CATACGGGATTG3′
3′CTGGACACCTTCG—————GTATGCCCTAAC5′

第一组引物	第二组引物
5′GACCTGTGGAAGC3′	5′CATACGGGATTG3′
5′CTGGACACCTTCG3′	5′GTATGCCCTAAC3′
5′CGAAGGTGTCCAG3′	5′GTTAGGGCATAC3′
5′GCTTCCACAGGTC3′	5′CAATCCCGTATG3′

知识要点：

(1)PCR 反应过程中，PCR 的引物必须为一对，一个为上游引物，另一个为下游引物。

(2)引物都能够与待扩增 DNA 某部位互补配对结合。

(3)DNA 聚合酶只能在 3′ 位点合成延长新的 DNA 链。

解题思路：

(1)根据知识要点(1)，必须选出 1 对引物。其中一个引物可以与上面的一条链结合，另一个引物可以与下面的一条链结合。

(2)根据知识要点(2)，引物的 3′ 一定要与待扩增 DNA 的相应 5′ 位置互补配对。

参考答案： 第一组引物中的 5′GACCTGTGGAAGC3′ 作为下面一条链的引物。第二组引物中的 5′ CAATCCCGTATG3′ 作为上面一条链的引物。

例题 7. 有一 DNA 片段，用一种限制性内切核酸酶得到 3′ 突出的黏性末端 5′GATC 3′，但是在克隆载体上只能找到 3 种酶切位点，分别切出如下 3′ 突出的黏性末端：5′TTAA 3′，5′CTAG 3′，5′TCGA 3′，请问你将如何设计连接实验以达到更高的连接效率？

知识要点：

(1)两个 DNA 片段高效率地连接在一起的前提条件有两个：第一是两个 DNA 片段都具有方向相同的黏

性末端；第二是两个 DNA 片段之间的黏性末端是匹配的，即二者是互补的。

(2)利用人工合成的接头可以为 DNA 片段连接上特定的黏性末端。

(3)利用 DNA 聚合酶和一种或两种脱氧核糖核苷酸可以对已经存在的黏性末端进行修饰。

解题思路：

(1)根据知识要点(1)，题中给出的 DNA 片段的黏性末端为 5′ GATC 3′。克隆载体应该在酶切后得到 5′ GATC 3′ 的黏性末端，二者才能高效率连接起来。但是，克隆载体上 3 种酶分别切出：5′ TTAA 3′、5′ CTAG 3′、5′ TCGA 3′。显然，这个 DNA 片段的黏性末端与克隆载体酶切后形成的 3 个黏性末端都不能匹配，无法高效率连接起来。

(2)根据知识要点(2)，设计试验，使 DNA 片段的黏性末端与克隆载体的黏性末端匹配。

参考答案：

(1)接头连接法，选择含有双链部分含有 GATC 序列、单链为 5′ TTAA 3′ 或 5′ CTAG 3′ 或 5′ TCGA 3′ 的接头，分别与克隆载体酶切形成的 3 种黏性末端连接，形成一个 DNA 分子，然后再进行酶切，即可产生匹配的黏性末端。

① 5′ GATCTTAA 3′+5′ TTAA 3′

    3′ CTAG 5′

连接后得到下面的双链结构：

    5′ GATCTTAA 3′

    3′ CTAGAATT 5′

对得到的连接分子酶切后得到预期的 5′ GATC 3′。

② 5′ GATCCTAG 3′+5′ CTAG 3′

    3′ CTAG 5′

连接后得到下面的双链结构：

    5′ GATCCTAG 3′

    3′ CTAGGATC 5′

对得到的连接分子酶切后得到预期的 5′ GATC 3′。

③ 5′ GATCTCGA 3′ + 5′ TCGA 3′

    3′ CTAG 5′

连接后得到下面的双链结构：

    5′ GATCTCGA 3′

    3′ CTAGAGCT 5′

对得到的连接分子酶切后得到预期的 5′ GATC 3′。

(2)修饰黏性末端。修饰载体的黏性末端，把载体用可以产生 5′ TCGA 3′ 的限制酶切割，然后加入 dATP 和 dGTP 及 DNA 聚合酶进行反应，形成 3′GA 突出的黏性末端，就可以与外源 DNA 酶切后形成的 5′ GATC 3′ 匹配了。

还可以修饰外源片段 DNA 酶切后形成的黏性末端，把外源片段 DNA 酶切后形成的 5′ GATC 3′，加入 dTTP 和 dCTP 以及 DNA 聚合酶，形成 3′ TC 突出的黏性末端，就可以与载体形成的 5′ TCGA 3′ 匹配了。

例题 8. 已知某 β-地中海贫血病是由于 β-珠蛋白基因序列发生 C→T 的点突变，随之在该序列中增加了一个 *Mae* I 限制酶识别位点，如下图。问：

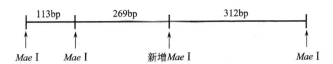

(1) 如何用 PCR 方法对该病进行基因诊断，写出方法和步骤。

(2) 图示正常、异常和杂合子个体诊断结果并做出解释。

知识要点：

(1) PCR 反应的基本原理。

(2) 突变可以是某一特定的酶切位点产生或消失，从而产生酶切片段多态性。这种多态性可以通过 PCR 和凝胶电泳的方式检测出。

(3) 限制性内切核酸酶可以识别双链 DNA 的特定位点并切开。限制酶在线状 DNA 分子上的切点数目等于切割后形成的片段数目减一。

解题思路：

(1) 根据知识要点(1)，设计 269+312=581bp 这一区段两端的引物，通过 PCR 反应，把 581bp 这一段 DNA 扩增出来。

(2) 根据知识要点(2)，对扩增出来的 DNA 进行凝胶电泳。

(3) 根据知识要点(3)，分析电泳带的数目，与正常个体的电泳带进行对比。

找出正常个体和患病个体在 DNA 序列上的差异；设计包括该差异位点在内的 PCR 引物扩增这一片段，经酶切和电泳根据结果判断出某一个体是否发生突变。

参考答案：

(1) 设计 269+312=581bp 这一区段两端的引物，通过 PCR 反应，把 581bp 这一段 DNA 扩增出来。然后对扩增出来的 DNA 进行凝胶电泳。最后分析电泳带的数目多少，与正常个体的电泳带进行对比。

(2) 图示如下：

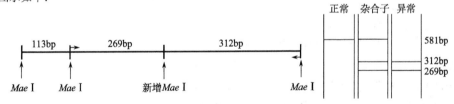

正常纯合个体含有的两个 581bp 区段都无切点，所以是一条电泳带；杂合子个体含有的一个 581bp 区段无切点，一个 581bp 区段有切点，所以，出现了三条电泳带；异常个体含有的两个 581bp 区段都有切点，所以，出现了两条电泳带。

例题 9. 在红色面包霉细胞中具有 7 条染色体，各染色体大小差异较大。请画出以下几种红色面包霉菌株在脉冲场凝胶电泳上的图谱：a.1 号染色体(最大的染色体)臂内倒位；b.1 号染色体(最大的染色体)臂间倒位；c.1 号染色体的一半和 7 号染色体(最小的染色体)的一半相互易位；d.1 号染色体大段重复；e.2 号染色体大段缺失；f.2 号染色体缺体。

知识要点：

(1) 脉冲场凝胶电泳可以分离完整的染色体 DNA。

(2) 染色体发生缺失，DNA 片段变小；发生重复 DNA 片段变大；发生倒位 DNA 片段长度不变。易位后染色体可能变大，也可能变小。

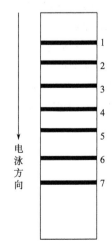

正常红色面包霉 7 条染色体电泳图谱

解题思路：根据知识要点，让染色体发生变化的菌株的染色体 DNA 电泳图谱与正常菌株的染色体 DNA 的电泳图谱比较，DNA 分子变小则泳动速率加大，电泳带比较靠前；DNA 分子变大则泳动速率减小，电泳带比较靠后；DNA 分子若大小不变，则电泳带位置不变化。

参考答案：

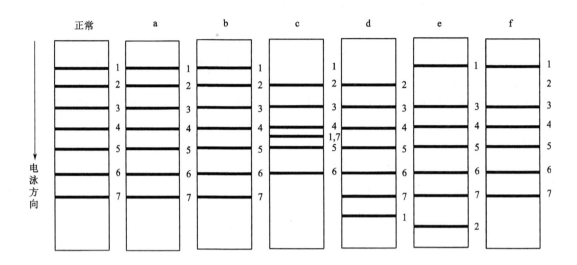

例题 10. 小鼠中，*Hind*Ⅲ消化后利用某一探针可以检测到 1.7kb 和 3.8kb 两个等位基因。一小鼠对弯尾为显性杂合，且该 RLFP 也杂合；另一小鼠为野生型和 3.8kb 纯合。二者杂交，弯尾子代个体中 40% 表现为 3.8kb 纯合；60% 为 1.7kb 和 3.8kb 两个等位基因杂合。问：

(1) 弯尾位点与 RLFP 位点连锁吗？

(2) 图示出亲代和子代的基因型。

(3) 在野生子代中，各型 RLFP 分别占多大比例？

知识要点：

(1) RFLP 可以作为遗传标记使用也可以作为一个基因位点。

(2) 遗传的连锁互换规律，交换型配子较少，亲本型配子较多。

(3) 测交的概念和含义。

解题思路：

(1) 首先根据题意设小鼠的弯尾基因为 B，正常尾基因为 b；3.8kb 为 r1，1.7kb 为 r2。

(2) 根据知识要点 (1)，把限制性酶切片段多态性的 1.7kb 和 3.8kb 作为一对等位基因，即把 RFLP 作为某一遗传标记看待，分析这个标记与所研究的基因的位置关系结合连锁互换规律即可解答该类问题。

(3) 根据知识要点 (2)、(3)，这实际上是一个测交，写出杂交的亲本的基因型以及杂交后代的基因型和表现型。

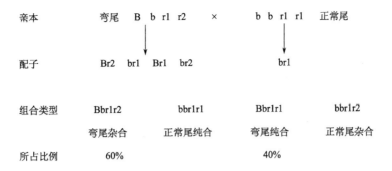

杂交结果 4 种类型的比例不是 1∶1∶1∶1 的比例，所以二者是连锁关系。根据杂交结果可知 Br2 为非交换型配子，占 60%，Br1 为交换型配子，占 40%，所以，二者之间的距离是 40。

参考答案：

(1) 弯尾位点与 RLFP 位点连锁。

(2) 亲本基因型为：Br2 /br1×br1 /br1。子代的基因型为：Bbr1r2、bbr1r1、Bbr1r1、bbr1r2。

(3) 在野生子代中，RLFP 片段纯合的占 60%，杂合的占 40%。

例题 11. 已知 5 个含有基因组片段的 YAC 克隆都可以与人类基因组的特定染色体带杂交。把人类基因组 DNA 用稀有切点的限制性内切核酸酶消化并进行 Southern 印迹，5 个 YAC 克隆经放射性同位素标记后作为探针分别与上述印迹杂交，得到如下结果：

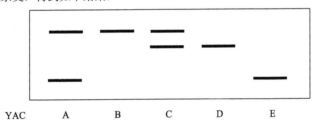

利用这些结果对 3 个杂交带进行排序。画出 5 个 YAC 与限制片段的关系。

知识要点：

(1) Southern 杂交可以检测某一特定 DNA 片段的存在，并可以对几个片段的位置关系进行基因定位。

(2) 能够与同一探针杂交的 DNA 片段，必定含有相同的 DNA 片段，二者可以在此重叠在一起，或者可以认为二者是连在一起的。

解题思路：

(1) 题中稀有切点的限制性内切核酸酶是指那些识别位点超过 6 个碱基的内切酶，可以产生较大的 DNA 片段。题中的 YAC 是指克隆容量非常大的酵母人工染色体。

(2) 习题的要求是要你把杂交图谱中，从上到下三条带基因定位排序。排序结果得出后，再把 5 个 YAC 与限制片段的关系绘制出来。

(3) 根据知识要点 (2)，带 1、带 3 两个片段可以与同一探针 YAC-A 杂交，说明这两个片段相连较近；带 1、带 2 两个片段可以与同一探针 YAC-C 杂交，说明这两个片段相连较近。因此，带 1 一定位于中间，带 2 和带 3 位于两边。

参考答案： 三个杂交带的顺序是：213 或 312。5 个 YAC 与限制片段的关系如下图：

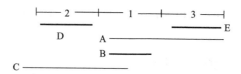

例题 12. 在酵母中克隆了 3 个基因：leu2、ade3 和 mata。一研究红色面包霉的遗传学家想知道红色面包霉中是否存在这 3 个基因的同源基因。他分离了红色面包霉的基因组 DNA 并进行了 PAGE，用这 3 个基因标记后作为探针与之进行杂交，获得以下结果。在红色面包霉中存在哪几个基因？位于几号染色体上？

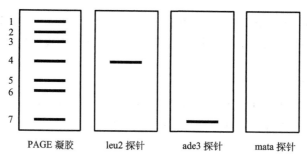

知识要点：

(1)在不同的生物中可能存在同源的基因，而且同源的基因具有相似的碱基序列，可以通过分子杂交的方法进行检测。

(2)脉冲场凝胶电泳可以分离大小片段的 DNA。

(3)红色面包霉的 7 条染色体 DNA 可以在电泳图谱上显示 7 条不同的带。

解题思路： Southern 杂交可以检测某一特定 DNA 片段的存在。如果在某一染色体 DNA 带的位置检测到了阳性杂交带，则探针序列被定位到该染色体上。

参考答案： 在红色面包霉中存在 leu2 和 ade3 两个基因。

leu2 位于 4 号染色体上，ade3 位于 7 号染色体上。

例题 13. 以下为人类 DNA 的 5 个 YAC 克隆，分别检测其中 STS1 到 STS7 标记存在与否，结果如下表。

(1)画出表明 STS 顺序的物理图谱。

(2)对 YAC 进行排序以获得一个重叠群。

YAC	STS						
	1	2	3	4	5	6	7
A	+	−	+	+	−	−	−
B	+	−	−	−	+	−	−
C	−	−	+	+	−	−	+
D	−	+	−	−	+	+	−
E	−	−	+	−	−	−	+

知识要点：

(1)STS 是一种分子标记，对于人类基因组遗传图谱和物理图谱的构建发挥了重要作用。

(2)YAC 是克隆容量非常大的酵母人工染色体，它可以携带人类大片段的 DNA。

(3)如果两个或几个 STS 位点同时存在于同一个 YAC 克隆，说明这些 STS 位点相距较近或者相连。

(4)如果几个 YAC 克隆都存在某一 STS 位点，说明这几个 YAC 克隆相连或距离较近。

解题思路：

(1)根据知识要点(3)，利用表中结果分析这 7 个 STS 位点的顺序。

YAC-A 中同时具有 1、3、4，说明 1、3、4 是邻接的；YAC-B 中含有 1 和 5，说明 1 和 5 是邻接的；YAC-D 中含有 2、5 和 6，说明它们三者是邻接的；综合 B 和 D 的结果，可以认为 STS 的排列为 1、5、2、6 或 1、5、6、2，但左右序列未定。YAC-E 中含有 3 和 7，说明 3 和 7 邻接；综合 A 和 E 的结果，可以认为 STS 的排列顺序是 7、3、1、4 或 7、3、4、1，但左右序列未定。

YAC-C 中含有 3、4、7，所以应当是 7、3、4、1。结合 B，则为 73415；结合 D 则为 7341526 或 7341562。

(2)根据知识要点(4)，利用表中结果分析 5 个 YAC 克隆的位置。

3 在 A、C、E 都有，说明 A、C、E 邻接。1 在 A、B 都有，说明 A、B 邻接。4 在 A、C 都有，说明 A、C 邻接。5 在 B、D 都有，说明 B、D 邻接。7 在 C、E 都有，说明 C、E 邻接。

由此可以推出重叠群为：DBACE。

参考答案：

(1)STS 的顺序为：7341526 或 7341562。

(2)重叠群的排序是 DBACE。

例题 14. 以下是线虫 2 号染色体一个区域的重叠群，A～H 为黏粒(cosmid)克隆。

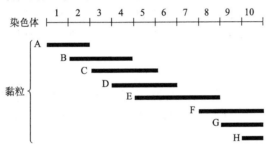

(1)一个克隆在 pBR322 中的基因 X 可以与黏粒 C、D 和 E 杂交。基因 X 在染色体上的大致位置如何？

(2)一个克隆在 pUC18 中的基因 Y 可以与黏粒 E 和 F 杂交。基因 Y 在染色体上的大致位置如何？

(3)为什么二者都可以与黏粒 E 杂交？

知识要点：

(1)黏粒是一种克隆载体，能够克隆较大的 DNA 片段。pBR322 和 pUC18 也是一种克隆载体，但仅克隆较小的 DNA 片段。

(2)重叠群是指一组载体所克隆的外源 DNA 片段，可以通过末端的重叠群序列相互连接成连续的 DNA 长片段。

(3)pBR322 和 pUC18 上携带的某基因若可以与某黏粒克隆杂交，说明该黏粒克隆上带有此基因，通过分析该黏粒克隆的位置就可以确定基因在染色体上的位置。

解题思路：

(1)根据知识要点(1)、(2)，题中图上面的染色体上的数字标注的是染色体上的区段，如标注 3，代表染色体上的 3 区段。图下面 A、B、C、D、E、F、G、H 是 7 个黏粒克隆，横粗线代表在每个黏粒克隆上的基因在染色体上的对应位置。

(2)根据知识要点(3)，克隆在 pBR322 中的基因 X 可以与黏粒 C、D 和 E 杂交，说明基因 X 位于染色体的 5 区，因为在 5 区这个位置，三个黏粒克隆上是重叠的，即都有此区段。

克隆在 pUC18 中的基因 Y 可以与黏粒 E 和 F 杂交，说明基因 Y 位于染色体上的 8 区。

图表中 X、Y 两个基因都可以与黏粒 E 杂交，说明黏粒 E 包含有 5 区和 8 区。

参考答案：

(1) X 基因位于染色体 5 区。

(2) Y 基因位于染色体 8 区。

(3) 黏粒 E 包含有染色体 5 区和 8 区。

例题 15. 利用 Ti 把卡那霉素抗性基因转化入烟草细胞，获得 2 株具有抗性的植株，当让植株 1 与野生型杂交时得到的子代植株中 50%具有抗性、50%敏感；当让植株 2 与野生型杂交时得到的子代植株中 25%具有抗性、75%敏感。如何解释这样的结果？

知识要点：

(1) 转移进入受体细胞的基因可以是双链同时整合到了受体细胞的染色体上，也可以单链形式整合到受体细胞的染色体上。

(2) 减数分裂过程中同源染色体的行为。

解题思路：

(1) 根据知识要点(1)，植株 1 可能是抗性基因以双链形式整合到了受体细胞的染色体上，植株 2 可能是抗性基因以单链形式整合到了受体细胞的染色体上。

(2) 根据知识要点(2)，若是抗性基因以双链形式整合到了受体细胞的染色体上，通过减数分裂会产生抗性配子和敏感配子，比例为 1：1；若是抗性基因以单链形式整合到了受体细胞的染色体上，通过减数分裂会产生抗性配子和敏感配子，比例为 1：3。

参考答案： 抗性是显性性状。

植株 1 是抗性基因以双链形式整合到了受体细胞的染色体上，减数分裂产生了抗性配子和敏感配子，比例为 1：1；植株 2 是抗性基因以单链形式整合到了受体细胞的染色体上，减数分裂产生了抗性配子和敏感配子，比例为 1：3。

主要参考文献

白绍静. 2006. 遗传学中基因频率和基因型频率的有关问题[J]. 生物学通报, 41(4): 21-22

蔡绍京. 2016. 关于《遗传学名词》(第二版)若干问题的讨论[J]. 生物学杂志, 33(1): 126-129

蔡向昱. 2002. 什么是基因[J]. 生物学教学, 27(4): 40-41

曹为洁, 蒋敢. 1991. 如何理解分离规律中的 F_1 和 F_2[J]. 生物学杂志, (5): 42

常重杰, 杜启艳, 彭仁海, 等. 2015. 基因工程[M]. 北京: 科学出版社

陈侠. 2015. "基因突变"的概念教学[J]. 生物学通报, 50(6): 35-37

陈志勇. 1983. 鲍文奎[J]. 山西农业科学, (5): 49

程霞英. 2004. 叶绿体遗传转化的研究进展[J]. 生物学通报, 39(3): 15-17

邓传良, 高武军, 卢龙斗. 2012. 核型分析与组型分析概念辨析[J]. 教育教学论坛, (33): 125-126

董荣, 白艳玲, 周腊梅, 等. 2008. 线粒体遗传工程及其意义[J]. 生物学通报, 43(3): 13-16

方鸿辉. 2009. 真理令人获得自由——谈家桢的科学人生[J]. 自然杂志, 31(5): 306-310

冯永康. 2009. 关于"等位基因"概念的诠释[J]. 生物学通报, 44(5): 32-33

复旦大学遗传研究所. 1979. 遗传学词典[M]. 北京: 科学出版社

高翼之. 2005. 威廉·贝特森[J]. 遗传, 27(2): 171-172

高翼之. 2006. 奥斯瓦德·西奥多·艾弗里[J]. 遗传, 28(2): 127-128

高翼之. 2006. 蒋有兴[J]. 遗传, 28(8): 911-912

高翼之. 2006. 乔治·威尔斯·比德尔[J]. 遗传, 28(3): 255-256

高翼之. 2006. 徐道觉[J]. 遗传, 28(7): 767-768

高翼之. 2007. 西德尼·布伦纳[J]. 遗传, 29(9): 1033-1034

高智华. 2008. 《遗传学》教学中易混淆概念的辨析[J]. 生物学杂志, 25(5): 72-74

光晓云. 2002. 基因概念的思想渊源及其历史发展[J]. 安庆师范学院学报, 8(4): 94-97

郭超文. 1999. 生物遗传的连锁和交换[J]. 生物学杂志, 16(6): 32-33

郭静成, 滕晓月. 2006. 基础生物化学题解[M]. 北京: 科学出版社

郭晓强. 2007. 埃德温·迈勒·萨瑟恩[J]. 遗传, 29(8): 905-906

郭晓强. 2007. 奥利弗·史密斯[J]. 遗传, 29(6): 649-650

郭晓强. 2007. 欧文·夏格夫[J]. 遗传, 29(10): 1161-1162

郭晓强. 2007. 西莫尔·本则尔[J]. 遗传, 29(3): 257-258

郭晓强. 2008. 行为遗传学之父——本泽尔[J]. 自然杂志, 30(3): 180-184

郭晓强. 2009. DNA 酶学之父——科恩伯格[J]. 自然杂志, 31(4): 245-248

郭晓强. 2009. 约翰·罗伯茨[J]. 遗传, 31(8): 769-770

郭晓强. 2010. 埃里克·史蒂文·兰德尔[J]. 遗传, 32(2): 95-96

郭晓强. 2012. 细菌遗传学之父——乔舒亚·莱德伯格[J]. 自然杂志, 34(2): 119-124

何风华, 高峰. 2005. 二项分布在遗传学概率计算中的应用[J]. 生物学通报, 40(7): 39-41

贺竹梅. 2002. 现代遗传学[M]. 广州: 中山大学出版社

洪一江, 梁卫红, 张素巧, 等. 2014. 细胞生物学考研精解[M]. 北京: 科学出版社

忽军. 2013. 基因学之父——马里奥·卡佩琦[J]. 青苹果, (12): 46-48

胡继飞. 2006. 转座因子的发现与进展及其科学启示[J]. 生物学通报, 41(5): 58-60

黄超峰. 2003. 基因型和基因表型[J]. 生物学通报, 38(11): 10-12

黄青阳. 1995. 基因概念的现代发展[J]. 生物学杂志, 12(1): 3

江绍慧, 顾惠娟. 1987. 遗传学题解[M]. 北京: 北京大学出版社

金清波, 张世良, 卢龙斗, 等. 1993. 遗传学习题集[M]. 开封: 河南大学出版社

李德成. 2012. 遗传平衡定律的推广及应用[J]. 生物学通报, 47(4): 14-15

李汝祺, 谈家桢, 盛祖嘉, 等. 1983. 中国大百科全书——生物学分册[M]. 北京: 中国大百科全书出版社

李绍武, 王永飞, 李雅轩. 2002. 考研精解——遗传学[M]. 北京: 科学出版社

李学宝. 2011. 遗传学教程[M]. 北京: 科学出版社

李寅昊, 赵庆新. 2016. 教学中关于同源染色体概念的思考[J]. 生物学通报, 51(1): 14-16

梁前进. 2010. 遗传学[M]. 北京: 科学出版社

梁前进, 邴杰, 张根发. 2009. 达尔文——科学进化论的奠基者[J]. 遗传, 31(12): 1171-1176

梁前进, 王纯. 2008a. ABO 血型的遗传平衡问题解析[J]. 生物学通报, 43(1): 15-17

梁前进, 王纯. 2008b. 人类眼睑的遗传[J]. 生物学通报, 43(1): 23

刘承健, 蔡武城. 1990. 分子生物学习题集[M]. 北京: 科学出版社

刘国瑞. 1982. 遗传学三百题解[M]. 北京: 北京师范大学出版社

刘进平. 2005. 几个遗传学概念的辨析[J]. 河北农业大学学报, 7(1): 41-49

刘进平, 郑成木, 庄南生. 2002. 遗传学中基因概念教学的探讨[J]. 华南热带农业大学学报, 8(2): 53-57

刘坤. 2004. 同源染色体概念的问题与探讨[J]. 生物学杂志, 21(4): 50-51

刘庆昌, 张献龙, 孙传清, 等. 2007. 遗传学[M]. 北京: 科学出版社

刘望夷. 1984. 双螺旋——发现 DNA 结构的故事[M]. 北京: 科学出版社

刘用生. 2013. 重提达尔文的遗传学说——泛生论[J]. 遗传, 35(5): 680-684

刘祖洞, 江邵慧. 1979. 遗传学[M]. 北京: 人民教育出版社

柳军. 2008. 对一类基因频率题解法的分析[J]. 生物学通报, 43(1): 54-55

卢龙斗. 1986a. 基因型、表现型的快速画法[J]. 河南师范大学学报教育科学版, (4): 25-28

卢龙斗. 1986b. 减数分裂过程中染色体的行为[J]. 成人教育, (3): 33-34

卢龙斗. 1992. 同源染色体辨析[J]. 中学生物学, 3: 11-13

卢龙斗. 2003. 关于计算中各种碱基比例试题类型分析[J]. 生物学通报, 38(5): 54-55

卢龙斗, 杜启艳. 2000. 操纵子概念[J]. 生物学杂志, 17(5): 10-11

卢龙斗, 高武军, 邓传良, 等. 2016. 普通遗传学[M]. 北京: 科学出版社

卢龙斗, 高武军, 邓传良, 等. 2017. 遗传学考研精解. 2 版[M]. 北京: 科学出版社

卢龙斗, 石晓卫. 2016. 人类抗体多样性的机制和原因[J]. 生物学通报, 51(12): 1-2

卢龙斗, 孙富丛. 2002. 减数分裂中的四分体不等于四分子[J]. 生物学通报, 37(4): 16-17

卢龙斗, 孙富丛. 2005. 连锁基因自交后代中各种基因型、表现型概率的简捷计算[J]. 生物学通报, 40(1): 24-25

卢龙斗, 王琼. 2006. 基因双链中有义链、反义链界定的探讨[J]. 生命的化学, 26(1): 67-69

卢龙斗, 邓传良, 高武军. 2010. 自由组合定律中各种类型表现型比率的简捷计算[J]. 生物学通报, 45(12): 17-18

卢龙斗, 刘林, 孙富丛. 2012. 人类 X 染色体与 Y 染色体是否为同源染色体[J]. 生物学通报, 47(03): 26-28

卢龙斗, 孙富丛, 邓传良, 等. 2012. 维持 DNA 结构稳定性的因素[J]. 生物学通报, 47(06): 12-13

路铁刚, 丁毅, 孙英莉, 等. 2008. 分子遗传学[M]. 北京: 高等教育出版社

罗洪, 罗静初. 2003a. 托马斯·亨特·摩尔根[J]. 遗传, 25(2): 3-4

罗洪, 罗静初. 2003b. 约翰·孟德尔[J]. 遗传, 25(1): 1-2

吕吉尔. 2013. 弗朗索瓦·雅各布[J]. 世界科学, (7): 51, 64

马三梅, 王永飞. 2005. 标记基因和报告基因的辨析[J]. 农业与技术, 25(3): 79-80

马修科布. 2016. DNA 发现之前的基因——遗传学家是如何揭示生命结构单元之基础的[J]. 自然杂志, 38(2): 132-135

毛慧玲, 朱笃, 龙中儿, 等. 2014. 生物化学考研精解[M]. 北京: 科学出版社

毛盛贤. 1981. 数量遗传的本质及其应用[J]. 生物学通报, (5): 29-31

莫日根, 邢万金, 哈斯阿古拉. 2012. 基因是什么?分子遗传学教学中的体会和理解[J]. 生物学杂志, 29(4): 92-95

聂剑初. 1988. 雅克·莫诺——基因调节理论的创立者[J]. 生物学通报, (6): 44-46

潘宝平, 卜文俊. 2005. 线粒体基因组的遗传与进化研究进展[J]. 生物学通报, 40(8): 1-3

潘沈元, 华卫建. 1995. 交换值, 重组值的概念及其相互关系[J]. 遗传, 17(6): 34-37

皮妍. 2015. 基因神探——DNA 指纹的遗传分析[J]. 高校生物学教学研究-电子版, (4): 3-4

屈艾, 高焕, 朱必才, 等. 2000. 浅谈遗传规律教学中的几个问题[J]. 遗传, 22(6): 416-418

任本命. 2000. 纪念孟德尔遗传学论文重新发现 100 周年[J]. 遗传, 22(5): 322

任本命. 2003a. 芭芭拉·麦克林托克[J]. 遗传, 25(4): 47-48

任本命. 2003b. 尼古拉·伊万诺维奇·瓦维洛夫[J]. 遗传, 25(6): 3-4

任本命. 2004. 赫尔曼·约瑟夫·穆勒[J]. 遗传, 26(1): 1-2

任本命. 2005a. 奥古斯特·魏思曼[J]. 遗传, 27(1): 2-3

任本命. 2005b. 雨果·德弗里斯[J]. 遗传, 27(3): 7-8

任本命. 2006a. 霍华德·马丁·泰明[J]. 遗传, 28(11): 1343-1344

任本命. 2006b. 卡尔·兰德斯坦纳[J]. 遗传, 28(1): 1-2

任本命. 2006c. 麦克斯·德尔布吕克[J]. 遗传, 28(4): 383-384

任本命. 2006d. 乔舒亚·莱德伯格[J]. 遗传, 28(5): 511-512

任本命. 2007. 西德尼·奥尔特曼[J]. 遗传, 29(12): 1417-1418

任衍钢, 白冠军, 宋玉奇, 等. 2015. 核小体是怎样发现的[J]. 生物学通报, 50(1): 55-58

任衍钢, 宋玉奇. 2011. 普鲁辛纳与朊病毒的发现[J]. 生物学通报, 46(9): 60-62

任衍钢, 卫红萍. 2009. 质粒的发现与认识过程[J]. 生物学通报, 44(10): 57-59

上海师范大学, 中国科学院, 南京师范大学, 等. 1978. 辞海——生物分册[M]. 上海: 上海辞书出版社

邵元健. 2006. 质量性状和数量性状含义的辨析[J]. 生物学杂志, 23(4): 55-57

陶娟, 刘瑞, 卢龙斗. 2017. 基因中碱基数目的正确计算[J]. 生物学教学, (12): 55-57

陶慰孙. 1984. 生物化学和分子生物学习题与计算[M]. 北京: 高等教育出版社

王春明. 2016. 本科遗传学教学中的遗传漂变概念探讨[J]. 遗传, 38(1): 82-89

王虹. 2006a. 保罗·伯格[J]. 遗传, 28(12): 1487-1488

王虹. 2006b. 凯利·穆利斯[J]. 遗传, 28(6): 639-640

王金发, 和海琼, 陈中健, 等. 2000. 分子生物学与基因工程习题集[M]. 北京: 科学出版社

王林嵩. 2015. 普通生物化学[M]. 北京: 科学出版社

王曼莹, 杨玲, 邹伟, 等. 2006. 分子生物学[M]. 北京: 科学出版社

王亚馥, 戴灼华, 赵寿元, 等. 1999. 遗传学[M]. 北京: 高等教育出版社

温勇刚. 2008. 遗传分析中"正反交结果"的几点归纳[J]. 生物学通报, 43(9): 25-26

吴东北. 2006. 雨果·德弗里斯和"突变论"[J]. 生物学通报, 41(8): 62

吴乃虎. 1998. 基因工程原理[M]. 北京: 科学出版社

吴乃虎, 张方, 黄美娟. 2006. 基因工程术语[M]. 北京: 科学出版社

向义和. 2013. 基因表达调控机制——操纵子模型的确立[J]. 自然杂志, 35(4): 286-297

向义和. 2015. DNA 同源重组机制的确立[J]. 自然杂志, 37(4): 287-296

谢兆辉. 2010. 基因概念的演绎[J]. 遗传, 32(5): 448-454

徐承水, 曲志才, 党本元. 1992. 分子细胞生物学手册[M]. 北京: 中国农业大学出版社

徐晋麟, 徐沁, 陈淳, 等. 2005. 现代遗传学原理[M]. 北京: 科学出版社

徐晋麟, 赵耕春, 秦敏君. 2008. 现代英汉遗传学词典[M]. 北京: 科学出版社

闫晓梅, 乔中东, 祝建云. 2012. 关于英文术语 operator 的中文译名[J]. 生物学教学, (12): 15

杨清香, 卢龙斗, 高武军. 2009. 多对基因自交后代中交换值计算的数学方法[J]. 中国教学与研究杂志, 21(8): 77-78

杨仙荣, 王美琴, 李少华. 2014. 人类 Y 染色体的演化[J]. 遗传, 36(9): 849-856

姚敦义. 1984. 可移动的基因[J]. 生物学通报, (5): 19-22

查向东, 曹淑华. 1996. 遗传重组的几个问题及其数学处理[J]. 生物学杂志, 13(4): 3

张飞雄, 李雅轩, 居超明, 等. 2013. 普通遗传学[M]. 北京: 科学出版社

张海银. 1993. 遗传的染色体学说的建立[J]. 生物学通报, (9): 46-47

张昊. 2011. 生命科学怪杰——克雷格·文特尔[J]. 生物学通报, 46(10): 60-62

张翮, 翁屹. 2013. 埃弗里转化实验引发的思考[J]. 广西民族大学学报, 19(3): 31-35

张化浩, 张小谷, 熊晓敏. 2016. 真核生物转座子的水平转移研究进展[J]. 生物学杂志, (1): 73-77

张辉, 丁兰, 梁前进, 等. 2009. 基因组学中几个遗传学问题的探讨[J]. 生物学通报, 44(3): 16-19

张建民, 张荣岩. 1997. 核酸分子中碱基含量的计算[J]. 生物学通报, (8): 9-11

张敏, 顾蔚. 2003. 关于遗传学教材中"染色体数目变异"一节几个问题的商榷[J]. 遗传, 25(5): 581-582

张延滨. 1997. 重组值和交换值[J]. 生物学通报, (11): 17

张勇. 2002. 基因概念之演变[J]. 生物学通报, 37(10): 53-54

赵晓平. 2012. 遗传学与分子生物学中"子"名词的含义及其生物学意义[J]. 生物学通报, 47(12): 11-14

赵永迅. 1991. 关于 X 和 Y 是同源染色体吗[J]. 生物学杂志, (3): 47

赵跃华. 1988. 基因概念和含义的简述[J]. 生物学杂志, (3): 41-45

周静, 张贵友. 1999. 基因概念的发展[J]. 生物学通报, (5): 41-42

周希澄. 1982. 遗传学[M]. 北京: 高等教育出版社

朱军, 刘庆昌, 段天真, 等. 2001. 遗传学[M]. 北京: 中国农业出版社

朱正歌, 赵宝存, 贾栋, 等. 2013. 分子生物学考研精解[J]. 北京: 科学出版社

祝远超. 2013. DNA 计算的规律及其在解题中的应用[J]. 生物学通报, 48(10): 39-41

Beale GH, Knowles JKC. 1984. 核外遗传学[M]. 蔡以欣, 等译. 北京: 科学出版社

Krebs JE, Goldstein ES, Kilpatrick ST. 2014. Lewin 基因 X[M]. 江松敏, 译. 北京: 科学出版社

Luria SE. 1999. 掌熊与鱼[M]. 颜青山, 等译. 青岛: 青岛出版社

Strachan T. 2007. 人类分子遗传学[M]. 孙开来, 等译. 北京: 科学出版社

Stubbe H. 1981. 遗传学史[M]. 赵寿元, 译. 上海: 上海科学技术出版社

Watson JD, Tania AB, Stephen PB. 2005. 基因的分子生物学[M]. 杨焕明, 等译. 北京: 科学出版社